Lehr- und Übungsbuch Mathematik
Band 1

Herausgeber

Prof. Dr. Wolfgang Preuß, Hochschule für Technik und Wirtschaft Dresden
   FB Informatik, Mathematik, Naturwissenschaften
Prof. Dr. Günter Wenisch, Fachhochschule Darmstadt
   FB Mathematik und Naturwissenschaften

Autoren

Dipl.-Ing. Ronald-Ulrich Schmidt, Marl
Prof. Dr. Werner Schmidt, Greifswald
Dr. Peter Steinacker, Leipzig

Lehr- und Übungsbuch
MATHEMATIK

Band 1

Grundlagen – Funktionen – Trigonometrie

2., neu bearbeitete Auflage

mit 189 Bildern, 356 Beispielen und 673 Aufgaben mit Lösungen

Eigentum des Landes Sachsen-Anhalt

Fachbuchverlag Leipzig
im Carl Hanser Verlag

Autoren

Dipl.-Ing. Ronald-Ulrich Schmidt (Kapitel 4 und 6)
Studienkreis, Kreis Recklinghausen

Prof. Dr. Werner Schmidt (Kapitel 5)
Universität Greifswald, Institut für Mathematik und Informatik
http://sun-10.math-inf.uni-greifswald.de/numerik/schmidt/home

Doz. Dr. Peter Steinacker (Kapitel 1 bis 3)
Universität Leipzig, Institut für Logik und Wissenschaftstheorie
http://www.uni-leipzig.de/~logik

Beispiele, Bilder und Aufgaben sind teilweise aus den Bänden I, II und III der alten Ausgabe des „Lehr- und Übungsbuches Mathematik" entnommen.

Bibliografische Information Der Deutschen Bibliothek

Die Deutsche Bibliothek verzeichnet diese Publikation in der Deutschen Nationalbibliografie; detaillierte bibliografische Daten sind im Internet über http://dnb.ddb.de abrufbar.

ISBN 3-346-22083-6

Dieses Werk ist urheberrechtlich geschützt.
Alle Rechte, auch die der Übersetzung, des Nachdruckes und der Vervielfältigung des Buches oder Teilen daraus, vorbehalten. Kein Teil des Werkes darf ohne schriftliche Genehmigung des Verlages in irgendeiner Form (Fotokopie, Mikrofilm oder ein anderes Verfahren), auch nicht für Zwecke der Unterrichtsgestaltung – mit Ausnahme der in den §§ 53, 54 URG genannten Sonderfälle –, reproduziert oder unter Verwendung elektronischer Systeme verarbeitet, vervielfältigt oder verbreitet werden.

Fachbuchverlag Leipzig im Carl Hanser Verlag
© 2003 Carl Hanser Verlag München Wien
Internat: http://www.fachbuch-leipzig.hanser.de
Lektorat: Christine Fritzsch
Herstellung: Renate Roßbach
Gesamtherstellung: Druckhaus „Thomas Müntzer" GmbH, Bad Langensalza
Printed in Germany

Vorwort

Am Beginn eines Hochschulstudiums in einem naturwissenschaftlich-technischen oder wirtschaftswissenschaftlichen Studiengang steht Mathematik. Nach unseren Erfahrungen sind die Kenntnisse der Studienanfänger im Fach Mathematik sehr unterschiedlich, und oft werden die erwarteten und vorausgesetzten Grundkenntnisse in Mathematik nicht mitgebracht.

Mit dem Band 1 dieser Reihe im bewährten Konzept eines Lehr- und Übungsbuchs wird dem Studierenden die Möglichkeit geboten, schon vor Studienbeginn und vor allem studienbegleitend im ersten Semester Lücken zu füllen und die Basis für eine erfolgreiche Teilnahme an den Mathematik-Lehrveranstaltungen zu schaffen. Dabei wird die Mathematik präzise, aber ohne lange Herleitungen dargestellt. Das Einüben der mathematischen Kenntnisse erfolgt über ausführlich vorgerechnete und erläuterte Übungsbeispiele und insbesondere über ein umfangreiches Angebot von Aufgaben.

In diesen Aufgaben werden einerseits die rechentechnischen Fertigkeiten im Umgang mit mathematischen Formeln und Gleichungen geübt und gefestigt. Andererseits wird anhand vieler praktischer Aufgabenstellungen aus Wissenschaft und Technik das logische Strukturieren eines Problems und das Erstellen eines mathematischen Modells in Form einer Funktion oder Gleichung erlernt. Vor allem diese Fähigkeit ist Voraussetzung für eine erfolgreiche Tätigkeit im Berufsleben.

Dieser erste Band setzt die bewährte Tradition der Reihe „Lehr- und Übungsbuch Mathematik" in einer neuen Form fort. Die Anpassung der Inhalte an die zeitgemäße mathematisch exakte Formulierung ist erfolgt; ebenso sind Beispiele und Aufgaben nach heutigen Erfordernissen ausgewählt und neu zusammengestellt.

In der 2. Auflage dieses Bandes wurden Hinweise von Dozenten und Studenten berücksichtigt und bekannt gewordene Fehler berichtet. Das gesamte Buch wurde überarbeitet und insbesondere Kapitel 4 und 6 etwas gestrafft. Außerdem wurden einige Unstimmigkeiten zum Band 2 der Reihe behoben und Aufgaben und Lösungen zeitgemäß formuliert. Damit fügt sich Bd.1 – auch in der Gestaltung – harmonisch in die Reihe der drei Grundbände ein und ist mit Bd. 2: „Analysis" sowie Bd. 3: „Lineare Algebra und Stochastik" ein wichtiges Hilfsmittel zur Bewältigung des Vordiploms an einer Fachhochschule.

Für das weitere Studium liegen drei Ergänzungsbände vor:

Mathematik für Informatiker – Lineare Algebra und Anwendungen
Mathematik in Wirtschaft und Finanzwesen
Numerische Mathematik – mit Softwareunterstützung

Für die eingegangenen Zuschriften bedanken sich Autoren, Verlag und Herausgeber und nehmen auch weiterhin Hinweise und Anregungen, besonders aus dem Kreis der Studierenden, gern entgegen.

Herausgeber und Verlag

Inhalt

1 Logik und Mengenlehre 11

    1.1 Aussagen- und Prädikatenlogik 11
        1.1.1 Aussagen und Aussagenverknüpfungen 11
        1.1.2 Wahrheitsfunktionen 13
        1.1.3 Die Folgebeziehung und ihr Nachweis, Beweisverfahren 20
        1.1.4 Aussageformen und Quantoren 24
    1.2 Grundbegriffe der Mengenlehre 25
        1.2.1 Der Begriff der Menge 25
        1.2.2 Beziehungen zwischen Mengen (Mengenrelationen) 29
        1.2.3 Mengenoperationen 32

2 Aufbau der reellen Zahlen 40

    2.1 Natürliche und ganze Zahlen 40
        2.1.1 Addition natürlicher Zahlen 41
        2.1.2 Subtraktion. Die Notwendigkeit der Zahlbereichserweiterung 42
        2.1.3 Multiplikation. Rechnen mit Klammerausdrücken. Binome 45
    2.2 Rationale Zahlen 51
        2.2.1 Division. Eine zweite Zahlbereichserweiterung 51
        2.2.2 Rechenvorschriften für die Division 54
        2.2.3 Rechnen mit Brüchen 58
    2.3 Reelle Zahlen 65
        2.3.1 Potenzen. Binomische Formeln 66
        2.3.2 Ganzzahlige Potenzen 72
        2.3.3 Wurzeln. Dritte Zahlbereichserweiterung 77
        2.3.4 Reelle Zahlen. Darstellungsweisen 79
        2.3.5 Potenzen mit gebrochenem Exponenten 81
        2.3.6 Logarithmen 92
    2.4 Gleichungen und Ungleichungen 97
        2.4.1 Gleichungen 98
        2.4.2 Ungleichungen 101

3 Komplexe Zahlen 104

    3.1 Grundbegriffe 104
        3.1.1 Die Imaginäre Einheit i und imaginäre Zahlen 104
        3.1.2 Der Begriff der komplexen Zahl 108
        3.1.3 Die Gaußsche Zahlenebene 109
    3.2 Grundrechenarten für komplexe Zahlen 110
        3.2.1 Addition und Subtraktion komplexer Zahlen 110
        3.2.2 Multiplikation komplexer Zahlen 112
        3.2.3 Division komplexer Zahlen 113
    3.3 Goniometrische Darstellung komplexer Zahlen
        (Darstellung in Polarkoordinaten) 115

		3.3.1	Grundbegriffe und Umrechnung in die goniometrische Darstellung	115
		3.3.2	Multiplikation und Division bei goniometrischer Darstellung	119
		3.3.3	Potenzieren und Radizieren komplexer Zahlen (Satz von Moivre)	122
	3.4	Die Exponentialform komplexer Zahlen		126
		3.4.1	Die Eulersche Gleichung und die Exponentialform	126
		3.4.2	Rechnen mit komplexen Zahlen in Exponentialform	129
		3.4.3	Umwandlungen komplexer Zahlen aus der Exponentialform und in die Exponentialform	130
	3.5	Anwendungen. Die Exponentialform in der Elektrotechnik		132

4 Funktionen und Gleichungen 135

	4.1	Funktionen		135
		4.1.1	Funktionsbegriff und Darstellung von Funktionen	137
		4.1.2	Eigenschaften von Funktionen	157
		4.1.3	Umkehrfunktion	161
		4.1.4	Rationale Funktionen	167
		4.1.5	Potenz- und Wurzelfunktionen	189
		4.1.6	Exponential- und Logarithmusfunktionen	196
	4.2	Gleichungen		201
		4.2.1	Gleichungen 1. Grades	202
		4.2.2	Proportionen	218
		4.2.3	Gleichungen 2. Grades	225
		4.2.5	Wurzelgleichungen	248
		4.2.6	Exponentialgleichungen	254
		4.2.7	Logarithmische Gleichungen	258

5 Trigonometrie 261

	5.1	Definition der trigonometrischen Funktionen		261
		5.1.1	Winkeleinheiten und Maßzahlen	261
		5.1.2	Definition der trigonometrischen Funktionen am Einheitskreis	264
		5.1.3	Periodizität der trigonometrischen Funktionen	266
		5.1.5	Die trigonometrischen Funktionen im rechtwinkligen Dreieck	269
		5.1.6	Veranschaulichung des Kurvenverlaufs	270
		5.1.7	Vorzeichen der Werte von trigonometrischen Funktionen	273
	5.2	Beziehungen zwischen trigonometrischen Funktionen		274
		5.2.1	Zusammenhang zwischen den Funktionswerten desselben Winkels	274
		5.2.2	Funktionswerte für besondere Winkel	276
		5.2.3	Beziehungen trigonometrischer Funktionen für Winkel, die sich zu ganzen Vielfachen von 90° $\left(\dfrac{\pi}{2}\right)$ ergänzen	278
		5.2.4	Beziehungen für Winkel, die sich um ganze Vielfache von 90° $\left(\dfrac{\pi}{2}\right)$ unterscheiden	279
	5.3	Additionstheoreme und andere goniometrische Formeln		281

		5.3.1	Additionstheoreme	281
		5.3.2	Trigonometrische Funktionen von Vielfachen eines Winkels	285
		5.3.3	Funktionen des halben Winkels, Viertelwinkels, Achtelwinkels	288
		5.3.4	Summen und Differenzen trigonometrischer Funktionen	290
		5.3.5	Potenzen trigonometrischer Funktionen	292
	5.4		Zyklometrische Funktionen	293
	5.5		Goniometrische Gleichungen	297
		5.5.1	Lineare goniometrische Gleichungen	297
		5.5.2	Quadratische goniometrische Gleichungen mit derselben Winkelfunktion	298
		5.5.3	Lineare goniometrische Gleichungen mit zwei Summanden einer trigonometrischen Funktion	300
		5.5.4	Gleichungen mit verschiedenen Winkelfunktionen gleicher Argumente	302
		5.5.5	Gleichungen mit verschiedenen Funktionen und verschiedenen Argumenten	303
		5.5.6	Goniometrische Gleichungen mit zwei Unbekannten	305
		5.5.7	Graphische Lösung goniometrischer Gleichungen	306
	5.6		Berechnungen des rechtwinkligen Dreiecks	308
	5.7		Berechnungen des schiefwinkligen Dreiecks	313
		5.7.1	Der Sinussatz	314
		5.7.2	Der Kosinussatz	315
		5.7.3	Grundaufgaben, die mit dem Sinus- oder dem Kosinussatz gelöst werden	315
		5.7.4	Halbwinkelsätze	318
		5.7.5	Umkreis- und Inkreisradius eines Dreiecks, Heronische Formel	318
		5.7.6	Anwendungen	320
	5.8		Näherungsformeln für trigonometrische Funktionen	329

6 Grenzwerte und Stetigkeit ... 332

	6.1		Zahlenfolgen und Reihen	332
		6.1.1	Zahlenfolgen, arithmetische und geometrische Folge	332
		6.1.2	Der Grenzwert einer Zahlenfolge	343
		6.1.3	Zahlenreihen, die geometrische Reihe	350
		6.1.4	Anwendungen der geometrischen Folgen und Reihen	353
	6.2		Grenzwerte von Funktionen	363
		6.2.1	Der Grenzwert einer Funktion an der Stelle $x = a$	363
		6.2.2	Grenzwerte von Funktionen für $x \to \pm \infty$	372
		6.2.3	Die Stetigkeit einer Funktion	373
	6.3		Anwendungsaufgaben	376

Lösungen ... 379

Literaturverzeichnis ... 424

Sachwortverzeichnis ... 425

1 Logik und Mengenlehre

Zu den Besonderheiten der Mathematik zählen zweifellos ihre sehr abstrakten Begriffsbildungen, ebenso wie die formale Herangehensweise und ein hoher Standard der Begründungstechniken (Beweise). Stellt man an den Anfang eines Mathematik(lehr)buchs einen Abschnitt über Logik und Mengentheorie, so geschieht dies meist in fundamentaler Absicht.

In diesem Kapitel soll es darum gehen, die Fundamente des Gesamtgebäudes in den Grundzügen darzustellen. So ist es gerade die Logik, die eine formale Sprache für die Behandlung mathematischer Fragen bereitstellt sowie Techniken der Beweisführung einführt und Kriterien für die Analyse von Schlüssen anbietet. Die Mengenlehre wird hier insbesondere unter dem Aspekt der Darstellung von Grundprinzipien, nach denen Begriffe zusammengesetzt und zerlegt werden können, behandelt. Beispiele und Aufgaben dienen zur Illustration und nehmen nur gelegentlich, sofern sie auf mathematischem Gebiet angesiedelt sind, etwas aus späteren Abschnitten vorweg. Da es sich fast ausnahmslos um elementare Zusammenhänge aus den späteren Abschnitten handelt, ist dadurch das Verständnis der Grundbegriffe sicher nicht beeinträchtigt.

1.1 Aussagen- und Prädikatenlogik

1.1.1 Aussagen und Aussagenverknüpfungen

Unter einer **Aussage** *versteht man eine sprachliche Einheit, die einen Sachverhalt ausdrückt.*

In welcher Sprache dieser Sachverhalt ausgedrückt ist, ob es sich dabei um eine natürliche oder eine Kunstsprache handelt, ist belanglos. Unwichtig ist auch, welchem Gebiet der Sachverhalt zuzuordnen ist, ob es sich um einen Fakt aus den Naturwissenschaften, eine Feststellung über das Wetter in der letzten Woche oder über die siebzehnte Stelle in der Dezimalentwicklung der Zahl π handelt. Die für die Logik entscheidende Charakteristik einer Aussage ist ihr Wahrheitswert. Alle anderen möglichen Charakteristika sollen deshalb im Folgenden vernachlässigt werden.

Je nachdem, ob der durch den Satz ausgedrückte Sachverhalt besteht oder nicht, bezeichnet man die entsprechende Aussage als **wahr** oder **falsch**. „Wahr" bzw. „falsch" werden die (möglichen) **Wahrheitswerte** einer Aussage genannt. Ein Grundprinzip der klassischen Logik ist das Zweiwertigkeitsprinzip:

Jeder Aussage kommt genau einer der beiden Wahrheitswerte zu, d. h., jede Aussage ist entweder wahr oder falsch.

Wichtig ist hierbei die Feststellung, dass der Wahrheitswert einer Aussage nicht unbedingt bekannt sein muss, um einen entsprechenden sprachlichen Ausdruck als Aussage einzuordnen. Auch wenn alle Wissenschaft letztendlich auf die Feststellung von Wahrheitswerten orientiert ist, brauchen wir doch ganz wesentlich sprachliche Mittel, um Sachverhalte zu beschreiben (auszudrücken), über deren Bestehen oder Nichtbestehen noch entschieden werden muss.

BEISPIELE

1.1 Aussagen sind:
Die Straße ist nass.
Wenn ein Dreieck rechtwinklig ist, so ist die Summe der Kathetenquadrate gleich dem Hypotenusenquadrat.
All dogs are dangerous.
$3 > \pi$
$C + O_2 \to CO_2$
Dagegen sind keine Aussagen:
die Stadt Berlin
Schließ das Fenster!
NaCl
die nasse Straße ∎

1.2 Die Aussagen
Chemie ist eine Naturwissenschaft.
$C + O_2 \to CO_2$
7 lässt sich nicht ohne Rest durch 3 teilen.
haben jeweils den Wahrheitswert *wahr*.
Die Aussagen
$3 > \pi$
Berlin ist eine Kleinstadt.
Alle Primzahlen sind ungerade.
haben jeweils den Wahrheitswert *falsch*. ∎

Bei näherer Betrachtung stellt man rasch fest, dass es Aussagen gibt, die andere Aussagen als ihren Bestandteil enthalten; solche sollen zusammengesetzte Aussagen heißen. Ein Beispiel dafür ist der Satz „Wenn sich die Quersumme einer Zahl *a* durch 3 teilen lässt, so ist *a* selbst durch 3 teilbar".

Ist eine Aussage nicht in Bestandteile zerlegbar, die selber wieder Aussagen sind, so heißt sie **einfache** Aussage. Als Beispiel mag der Satz „Am Südrand des Harzes liegt der Kyffhäuser" genügen.

Ein anderes Beispiel für eine zusammengesetzte Aussage ist:

Paul ist sehr tüchtig, und er versteht es, andere zur Arbeit anzuhalten.

Offensichtlich sind die beiden einfachen Sätze, die als Bestandteile in die zusammengesetzte Aussage eingehen: „Paul ist sehr tüchtig" sowie „Er (Paul) versteht es, andere zur Arbeit anzuhalten". Diese beiden einfachen Aussagen kann man auch auf andere Weise miteinander verknüpfen, z. B. kann man folgende zusammengesetzte Aussagen bilden:

(i) Paul ist sehr tüchtig, oder er versteht es, andere zur Arbeit anzuhalten.
(ii) Weil er es versteht, andere zur Arbeit anzuhalten, ist Paul sehr tüchtig.
(iii) Wenn Paul es versteht, andere zur Arbeit anzuhalten, ist er sehr tüchtig.
(iv) Obwohl er es versteht, andere zur Arbeit anzuhalten, ist er sehr tüchtig.

Wie man sieht, entstehen auf diese Weise verschiedene zusammengesetzte Aussagen, die sich auch in ihren Wahrheitswerten unterscheiden können. Die Unterschiede zwischen ihnen sind allein durch die unterschiedlichen Verknüpfungen bedingt. Im Folgenden sollen einige der möglichen Aussagenverknüpfungen näher betrachtet werden.

Aussagenverknüpfungen sind solche sprachlichen Ausdrücke, mit deren Hilfe aus einer oder mehreren Aussagen neue Aussagen gebildet werden können. Die Anzahl der in die komplexe Aussage eingehenden elementaren Aussagen bestimmt die Stelligkeit der Verknüpfung. Nachfolgend werden ausschließlich ein- und zweistellige Verknüpfungen betrachtet. Den Grundprinzipien der klassischen Aussagenlogik folgend, wollen wir dabei unsere Darstellung auf solche Aussagenverknüpfungen einschränken, die so beschaffen sind, dass der Wahrheitswert der mit ihrer Hilfe gebildeten zusammengesetzten Aussage allein von den Wahrheitswerten der Teilaussagen abhängt. Von den angeführten Beispielen genügen außer *weil* (Beispiel (ii)) alle Verknüpfungen diesem Grundsatz.

Im folgenden Beispiel ist die Aussagenverknüpfung jeweils durch Unterstreichung hervorgehoben.

BEISPIEL

1.3 a) Paul ist nicht sehr tüchtig.
    b) Paul ist sehr tüchtig, er versteht es, andere zur Arbeit anzuhalten.
    c) Entweder Arthur kommt, oder das Spiel muss ausfallen.
    d) Weder der Schiedsrichter noch der Linienrichter hatten das Foul gesehen. ∎

1.1.2 Wahrheitsfunktionen

Die entscheidende Rolle der Verknüpfung in zusammengesetzten Aussagen haben die obigen Beispiele deutlich illustriert. Zugleich wird aber auch sichtbar: Ob man als Verknüpfung „und", „, " bzw. „obwohl" wählt, stets entsteht ein zusammengesetzter Satz, der dann und nur dann wahr ist, wenn beide Teilsätze wahr sind. Vernachlässigt man also „stilistische" Elemente und reduziert die Betrachtung auf Wahrheitsbedingungen, so lassen sich unterschiedliche sprachliche Bestandteile als Realisierungen ein und desselben wahrheitsfunktionalen Zusammenhangs ansehen. Da dabei gleichzeitig Mehrdeutigkeiten sprachlicher Ausdrücke vermieden werden können, liegt es nahe, anstelle der vielfältigen sprachlichen Ausdrücke die entsprechenden **Wahrheitsfunktionen** zu analysieren.

Zugleich wollen wir vereinbaren, dass als Zeichen für beliebige Aussagen (Aussagenvariablen) die Symbole $p, q, r, \ldots$ verwendet werden. Wir beginnen mit der einfachsten, einer einstelligen Wahrheitsfunktion.

Die Negation (Verneinung)

Die **Negation** *einer Aussage p ist diejenige Aussage, die genau dann den Wahrheitswert* **falsch** *hat, wenn p den Wahrheitswert* **wahr** *hat.* Wir bezeichnen die Negation von p mittels $\bar{p}$ (gelegentlich auch $\sim p$ oder $\neg p$).

1 Logik und Mengenlehre

In einer Tabelle lässt sich die Wahrheitsfunktion der Negation wie folgt darstellen:

p	$\bar{p}$
w	f
f	w

Ganz offensichtlich ist das Ergebnis der wiederholten Anwendung der Negation auf eine Aussage p:

p	$\bar{p}$	$\bar{\bar{p}}$
w	f	w
f	w	f

Die doppelte Negation einer Aussage hat den gleichen Wahrheitswert wie die ursprüngliche Aussage.

In der natürlichen Sprache wird die Negation meist mit „nicht" realisiert; „Er erschien nicht zum verabredeten Termin" ist die Negation von „Er erschien zum verabredeten Termin". Den gleichen Effekt hat die Wendung „Es ist nicht wahr, dass ...", allerdings wird sie aus stilistischen Gründen seltener gebraucht. Auch „kein" wird zum Ausdruck der Negation verwendet.

In Programmiersprachen wird mit NOT die logische Negation, also genau die hier beschriebene Wahrheitsfunktion, bezeichnet.

BEISPIEL

1.4 a) Anna kommt heute nicht.
    b) Es gibt keine größte natürliche Zahl.
    c) Es ist nicht wahr, dass $2^3 \neq 8$. ∎

Die Konjunktion (UND-Verknüpfung)

Im Unterschied zur Grammatik, wo Konjunktion ein sog. „Bindewort" schlechthin bezeichnet, wird die logische Konjunktion als eine bestimmte (zweistellige) Satzverknüpfung definiert:

Die **Konjunktion**[1] *$p \wedge q$ zweier Aussagen p und q hat genau dann den Wahrheitswert wahr, wenn beide Konjunktionsglieder (d. h. p und q) den Wahrheitswert wahr haben. Ist wenigstens eine der Aussagen p oder q falsch, so ist auch die Konjunktion falsch. Also:*

---

[1] Strenggenommen ist die Konjunktion die Verknüpfung, also $\wedge$. Es hat sich jedoch die (abkürzende) Redeweise eingebürgert, nach der auch das Ergebnis der Anwendung der Verknüpfung, also hier $p \wedge q$, nach dieser benannt wird; dieser Tradition folgt die Darstellung auch für die folgenden Wahrheitsfunktionen.

1.1 Aussagen- und Prädikatenlogik

p	q	$p \wedge q$
w	w	w
w	f	f
f	w	f
f	f	f

Eine Konjunktion wird gewöhnlich gebildet, wenn zwei Aussagesätze mit „und" verknüpft werden: „Maria entdeckte das Versteck und bewahrte das Geheimnis". Auch mit „aber", „obwohl", „sowie", „ , " u. Ä. kann eine Konjunktion ausgedrückt werden.

In vielen Programmiersprachen ist mit AND die logische Konjunktion, also genau die hier beschriebene Wahrheitsfunktion, bezeichnet.

BEISPIEL

1.5   a) Stefan wurde reich und verließ das Land.
     b) Obwohl Berlin eine Kleinstadt ist, findet dort die Herbstolympiade statt.
     c) Die Zahl 15 ist gerade, ihre Quersumme durch 3 teilbar. ∎

Ob das erste der Beispiele ein wahrer Satz ist oder nicht, hängt ganz von Stefan und seinen Lebensumständen ab, nicht aber davon, ob er zuerst reich wurde und dann das Land verließ oder umgekehrt, oder aber beide Ereignisse gleichzeitig stattfanden. Soll „und" eine logische Konjunktion ausdrücken, so gilt: Sind beide Teilsätze wahr, dann und nur dann ist auch der gesamte Satz wahr. Die beiden anderen Beispielsätze sind beide falsch, weil sie wenigstens ein falsches Konjunktionsglied enthalten.

Natürlich lassen sich auch Konjunktionen mit mehr als zwei Konjunktionsgliedern bilden. „Er kam, sah und siegte" ist ein gängiges Beispiel. Allgemein gilt: *Eine Konjunktion ist genau dann wahr, wenn alle ihre Konjunktionsglieder wahr sind*, auch hier spielt die Reihenfolge der Glieder keine Rolle.

Die Disjunktion (Alternative; ODER-Verknüpfung)

Die durch „oder" wiedergegebene Satzverknüpfung gibt häufig Anlass zu Präzisierungen: Man hat zu erklären, ob ein einschließendes oder ein ausschließendes „oder" gemeint ist. Die Definition der Disjunktion ist eindeutig:

p	q	$p \vee q$
w	w	w
w	f	w
f	w	w
f	f	f

16   1 Logik und Mengenlehre

Diese Tabelle erklärt eindeutig, dass es sich bei der **Disjunktion** (Alternative)[1] $p \vee q$ um *eine Wahrheitsfunktion* handelt, *die dann und nur dann den Wahrheitswert wahr annimmt, wenn wenigstens eines der beiden Disjunktionsglieder den Wahrheitswert wahr annimmt.* Sind beide Disjunktionsglieder falsch, so ist auch $p \vee q$ falsch. Das aber ist nichts anderes als die Wahrheitsfunktion des *einschließenden oder*.

In Programmiersprachen wird gewöhnlich mit OR diejenige Funktion bezeichnet, die hier als Disjunktion beschrieben ist.

Wie schon für Konjunktionen, so gilt auch für Disjunktionen, dass sie sich leicht auf mehrgliedrige Ausdrücke verallgemeinern lassen, wiederum spielt die Reihenfolge keine Rolle; eine *Disjunktion ist genau dann wahr, wenn wenigstens eines ihrer Glieder wahr ist.*

BEISPIEL

1.6   a) Hans fliegt nach Hamburg oder nach Lyon.
      b) Der Zug fährt über Halle oder über Leipzig.
      c) Die Zahl π ist gerade oder ungerade, oder π ist keine natürliche Zahl.   ∎

In den beiden ersten Fällen gilt, dass die Aussagen nur dann falsch sind, wenn beide Teilaussagen falsch sind; wahr sind sie, wenn auch nur eines der Disjunktionsglieder wahr ist. Im dritten Fall wurde zwar auch „oder" verwendet, unsere Sachkenntnis sagt uns aber, dass der Fall, dass jeweils zwei der drei Disjunktionsglieder gleichzeitig wahr werden können, ausgeschlossen ist.

In Gesetzen und Verordnungen wird, um die Zweideutigkeit hinsichtlich des einfachen „oder" auszuschließen, das *einschließende oder* häufig durch „oder/und" wiedergegeben; soll dagegen ein *ausschließendes oder* unzweideutig ausgedrückt werden, so greift man im Deutschen auf „entweder ... oder" zurück.

BEISPIEL

1.7   a) Entweder lese ich das Buch, oder ich sehe mir den Film an.
      b) Der Vertrieb oder/und Gebrauch der Ware ist in Südfrankreich verboten.   ∎

AUFGABEN

1.1   Geben Sie eine Wahrheitswertetafel für „entweder ... oder" an!

1.2   Beschreiben Sie die Situation, in der der Satz „Die Vorstellung im Schauspielhaus findet heute statt, oder sie findet nicht statt" falsch ist!

Komplexe Wahrheitsfunktionen

Schon die letztgenannte Aufgabe zeigt, dass man auch zusammengesetzte Aussagen bilden kann, in denen mehr als eine Verknüpfung vorkommt. Ersetzt man den einfachen Satz „Die Vorstellung im Schauspielhaus findet heute statt" durch p, so ist die aussagenlogische

---

[1] In der deutschsprachigen Literatur wird noch sehr oft „Alternative", gelegentlich auch „Adjunktion" gebraucht, im Englischen dagegen nur „disjunction". Nach DIN 5473 wird die beschriebene Funktion Disjunktion genannt.

(wahrheitsfunktionale) Struktur dieses komplexen Satzes $p \vee \overline{p}$. Auch für diesen Ausdruck lässt sich eine Wahrheitsfunktion angeben, man erhält diese, wenn man ausgehend von den möglichen Wahrheitswerten für p Schritt für Schritt die Wahrheitswerte für $\overline{p}$ und schließlich für $p \vee \overline{p}$ berechnet:

p	$\overline{p}$	$p \vee \overline{p}$
w	f	w
f	w	w

Das Ergebnis erstaunt kaum: Eine Aussage der Struktur $p \vee \overline{p}$ ist **stets wahr**, unabhängig von der konkreten Situation (d. h. unabhängig davon, ob p wahr oder falsch ist) und unabhängig davon, für welche Aussage p steht.

Aussagenlogische Ausdrücke, deren Wahrheitsfunktion identisch wahr ist (d. h. bei beliebiger Verteilung der Wahrheitswerte auf die Aussagenvariablen stets den Wert wahr annimmt), heißen **aussagenlogische Gesetze**, *die entsprechenden Aussagen –* **Tautologien**.

Aussagenlogische Ausdrücke, deren Wahrheitsfunktion identisch falsch ist (d. h. bei beliebiger Verteilung der Wahrheitswerte auf die Aussagenvariablen stets den Wert falsch annimmt), heißen **kontradiktorische Ausdrücke**, *die entsprechenden Aussagen –* **Kontradiktionen oder formale Widersprüche**.

BEISPIEL

1.8 Man berechne die Wahrheitsfunktion für den Ausdruck $\overline{p \vee q}$. Gleichzeitig wird die Wahrheitsfunktion für $\overline{p} \wedge \overline{q}$ berechnet, da diese beiden Funktionen anschließend miteinander verglichen werden sollen. In Tabellenform erhält man eine übersichtliche Darstellung:

p	q	$p \vee q$	$\overline{p \vee q}$	$\overline{p}$	$\overline{q}$	$\overline{p} \wedge \overline{q}$
w	w	w	f	f	f	f
w	f	w	f	f	w	f
f	w	w	f	w	f	f
f	f	f	w	w	w	w

Da die 4. und die 7. Spalte der vorliegenden Tabelle übereinstimmen, haben die Ausdrücke $\overline{p \vee q}$ und $\overline{p} \wedge \overline{q}$ offensichtlich die gleiche Wahrheitsfunktion. Das bedeutet, dass die „Sätze" „Es ist nicht wahr, dass p oder q" und „Nicht p und nicht q" dieselben Wahrheits- (und somit auch dieselben Falschheits-) bedingungen haben, welche konkreten Sätze auch immer anstelle von p und q stehen. Zwei Aussagenverbindungen einer solchen Struktur sind also stets gleichwertig. ∎

Mittels der bisher beschriebenen Verknüpfungen kann man Ausdrücke beliebiger Komplexität bilden; die diesen Ausdrücken zugehörigen Wahrheitsfunktionen lassen sich in der dargestellten Art und Weise Schritt für Schritt berechnen. Die Reihenfolge, in der die Berechnung erfolgt, ist durch die Klammersetzung im Ausdruck vorgegeben.

Wie auch in der Arithmetik können Vorrangregeln angegeben werden, wobei festgelegt wird, dass die Priorität der Verknüpfungen in der Reihenfolge Negation, Konjunktion, Disjunktion abnimmt. Das bedeutet, dass z. B. der Ausdruck $p \vee q \wedge r$, wenn keine Klammern gesetzt sind, wie $p \vee (q \wedge r)$ zu verstehen ist. Analog ist $\overline{p \wedge \overline{q}}$ eindeutig als die Negation des Ausdrucks $p \wedge \overline{q}$ zu verstehen. Wie schon vorher erläutert, ist bei mehrgliedrigen Konjunktionen oder Disjunktionen die Reihenfolge belanglos, also kann auch auf eine Klammerung verzichtet werden.

AUFGABEN

1.3 Berechnen Sie jeweils die Wahrheitsfunktion für die komplexen Ausdrücke! Welche sind aussagenlogische Gesetze?

    a) $\overline{q \wedge \overline{q}}$ b) $\overline{p \wedge \overline{q}}$ c) $\overline{p \vee \overline{p \wedge \overline{q}}}$ d) $\overline{p \wedge \overline{q}} \wedge q \vee \overline{q}$

1.4 Welche der folgenden Paare von Ausdrücken haben dieselbe Wahrheitsfunktion:

    a) $\overline{p \wedge \overline{q}}$ und $\overline{q \wedge \overline{p}}$

    b) $\overline{p \vee \overline{p \wedge \overline{q}}}$ und $\overline{p} \wedge \overline{q} \wedge p$

    c) $p \wedge \overline{q}$ und $\overline{\overline{p} \vee q}$

Man kann sich davon überzeugen, dass alle beliebigen – auch mehr als zweistellige – Wahrheitsfunktionen als Kombinationen der bisher beschriebenen Wahrheitsfunktionen dargestellt werden können, dass also beliebige Verknüpfungen mittels Negation, Konjunktion und Disjunktion beschrieben werden können. Diese Eigenschaft nennt man die **funktionale Vollständigkeit** der beschriebenen Gruppe von Wahrheitsfunktionen (bzw. der entsprechenden Gruppe von Verknüpfungen). Man kann zeigen, dass allein Negation und Konjunktion bzw. Negation und Disjunktion jeweils funktional vollständig sind.

Wir führen jedoch – nicht nur aus Gründen der Tradition – noch zwei weitere Verknüpfungen ein, da diese für das Verständnis der Logik und ihrer Gesetze wichtig sind.

Die Implikation

Die **Implikation** zweier Aussagen wird durch die folgende Wahrheitsfunktion eindeutig beschrieben:

p	q	$p \rightarrow q$
w	w	w
w	f	f
f	w	w
f	f	w

Es handelt sich also hier um eine Verknüpfung, die aus zwei Teilaussagen p und q genau dann eine falsche zusammengesetzte Aussage (bezeichnet mit $p \rightarrow q$) erzeugt, wenn die erste Teilaussage wahr und die zweite Teilaussage falsch ist. In Programmiersprachen wird diese Funktion gewöhnlich mit IF ... THEN wiedergegeben.

Welche sprachlichen Ausdrücke lassen sich auf diese Wahrheitsfunktion zurückführen? Offenbar ist z. B. der Satz:

> Wenn Georg das Spiel gewinnt, kommt er heute abend mit in die Ausstellung.

falsch, wenn der erste Teilsatz wahr ist, der zweite dagegen falsch. Vergleicht man die anderen Fälle der Verteilung der Wahrheitswerte auf die Teilaussagen, so bereiten offensichtlich die erste bzw. vierte Zeile der Tabelle (wenn beide Teilsätze wahr bzw. beide Teilsätze falsch sind) keine Probleme, in diesen Fällen ist die Gesamtaussage wahr. Bleibt der Fall, dass die erste Teilaussage falsch, die zweite dagegen wahr ist. Sicher würden wir den Beispielsatz in diesem Fall nicht als falsch ansehen (Georg gewinnt das Spiel nicht, kommt aber dennoch mit in die Ausstellung), dann aber bleibt nach dem Zweiwertigkeitsprinzip nur der Wert *wahr* übrig. Im Sinne der oben erwähnten funktionalen Vollständigkeit sei darauf verwiesen, dass sowohl $\bar{p} \vee q$ als auch $\overline{p \wedge \bar{q}}$ die Wahrheitsfunktion der Implikation exakt wiedergeben.

Andere sprachliche Ausdrücke für die beschriebene Wahrheitsfunktion sind: q, falls p, oder auch, p ist eine hinreichende Bedingung für q (resp. q ist eine notwendige Bedingung für p). Implikationen werden also auch zum Ausdruck notwendiger bzw. hinreichender Bedingungen verwendet.

Die Äquivalenz

Die **Äquivalenz** ist diejenige Aussagenverknüpfung, die Aussagenverbindungen mit folgender Wahrheitswertcharakteristik erzeugt: *Die so zusammengesetzte Aussage hat genau den Wert wahr, wenn beide Teilaussagen denselben Wahrheitswert haben.* In Tabellenform ist die entsprechende Wahrheitsfunktion leicht beschrieben:

p	q	$p \leftrightarrow q$
w	w	w
w	f	f
f	w	f
f	f	w

Sprachliche Realisierungen der Äquivalenz sind: dann und nur dann, wenn, genau dann, wenn, ist notwendige und hinreichende Bedingung für. So ist etwa der Satz „Theresa geht dann und nur dann mit in die Oper, wenn sie ihr Manuskript fertiggestellt hat" Beispiel für eine Äquivalenz. Man kann unschwer erkennen, dass die Äquivalenz durch Implikation und Konjunktion gleichwertig ausgedrückt werden kann: Dem komplexen Ausdruck $(p \rightarrow q) \wedge (q \rightarrow p)$ entspricht exakt die Wahrheitsfunktion der Äquivalenz.

AUFGABEN

1.5 a) Vergleichen Sie die Wahrheitsfunktionen für $p \rightarrow q$, $\bar{p} \vee q$, $\overline{p \wedge \bar{q}}$ miteinander!
b) Vergleichen Sie die Wahrheitsfunktionen für $p \rightarrow q$, $\bar{p} \rightarrow \bar{q}$ und $q \rightarrow p$ miteinander!

1.6 Welche der nachfolgenden Ausdrücke sind aussagenlogische Gesetze:
a) $(p \land (p \to q)) \to q$
b) $((p_1 \to p_2) \land \overline{p_1}) \to \overline{p_1}$
c) $(p \lor q) \to \overline{p}$
d) $(p \to q) \land (q \to r) \to (p \to q)$
e) $(p_1 \to p_2) \land \overline{p_2}$
f) $(\overline{q} \lor p) \leftrightarrow (\overline{p} \to \overline{q})$
g) $p_2 \lor \overline{p_2}$
h) $\overline{(q \land \overline{q})}$

1.1.3 Die Folgebeziehung und ihr Nachweis, Beweisverfahren

Die wichtigste strukturelle Beziehung zwischen Aussagen ist die **Folgebeziehung**. *Man sagt, dass eine Aussage q aus den Aussagen $p_1, ..., p_n$* **folgt** *oder dass zwischen den* **Prämissen** *$p_1, ..., p_n$ und der* **Konklusion** *q* **eine Folgebeziehung besteht**, *wenn die Wahrheit der Prämissen stets (aus rein formalen Gründen) die Wahrheit der Konklusion garantiert.* Das ist zum Beispiel der Fall bei den Prämissen $p_1 = p$ und $p_2 = p \to q$ und der zugehörigen Konklusion q: Ganz egal, wofür jeweils p und q stehen, es ist unmöglich, dass p und $p \to q$ wahr sind und gleichzeitig q falsch ist.

BEISPIEL

1.9 a) Aus den Sätzen „Das Dreieck ABC ist rechtwinklig" und „Wenn $\triangle ABC$ rechtwinklig, so gilt für die Seiten $a^2 + b^2 = c^2$" folgt „In $\triangle ABC$ gilt $a^2 + b^2 = c^2$".
b) Aus „Thomas gewinnt das Match" und „Wenn Thomas das Match gewinnt, verliert Andreas seine Wette" folgt „Andreas verliert seine Wette".
c) Aus „Wenn die Zahl a durch sechs teilbar ist, so ist sie auch durch drei teilbar" und „a ist nicht durch sechs teilbar" folgt nicht „Die Zahl a ist nicht durch drei teilbar". ∎

Ohne Schwierigkeiten weist man die Richtigkeit der dritten Behauptung nach, indem man einen Fall aufzeigt, wo beide Prämissen wahr sind und die Konklusion falsch ist. Das ist z. B. für $a = 15$ der Fall. Somit ist ein Fall aufgezeigt, wo $p \to q$ wie auch $\overline{p}$ wahr sind, $\overline{q}$ dagegen falsch ist. Damit ist nachgewiesen, dass aus $p \to q$ und $\overline{p}$ als Prämissen keinesfalls $\overline{q}$ folgt.

Die ersten beiden Beispiele entsprechen dagegen einem Muster: Aus p und $p \to q$ folgt q. Die nachstehende Wahrheitswertetafel zeigt, dass der Fall p und $p \to q$ seien wahr und q gleichzeitig falsch, gar nicht eintreten kann, egal, wovon in p bzw. q auch immer die Rede ist.

p	$p \to q$	q
w	w	w
w	f	f
f	w	w
f	w	f

Diesen Umstand macht man sich bei der Feststellung des Bestehens einer Folgebeziehung zunutze.

Kriterium für die Folgebeziehungen

Aus $p_1, ..., p_n$ folgt q (man schreibt auch $p_1, ..., p_n \Rightarrow q$) genau dann, wenn der Ausdruck

$$(p_1 \wedge ... \wedge p_n) \rightarrow q$$

ein (aussagen)logisches Gesetz ist.

Das trifft für die ersten beiden Beispiele offensichtlich zu (vgl. Aufgabe 1.6 a)). Mittels Wahrheitsfunktionen kann man nun beliebige Gruppen von Prämissen und zugehörigen Konklusionen auf das Bestehen oder Nichtbestehen von Folgebeziehungen untersuchen.

AUFGABE

1.7   Weisen Sie nach, dass
a) $p \rightarrow q, q \rightarrow r \Rightarrow p \rightarrow r$
b) $(p \rightarrow q) \rightarrow r, p \rightarrow q \Rightarrow r$
c) $(p \rightarrow q), (r \rightarrow q) \Rightarrow (p \vee r \rightarrow q)$

Bestehende Folgebeziehungen bilden das Grundgerüst für Beweise. Die grundlegende Eigenschaft der Folgebeziehung, d. h. die Übertragung der Wahrheit der Prämissen auf die Konklusion, garantiert die Folgerichtigkeit der Beweisschritte. Einige häufig verwendete Folgebeziehungen werden in der Form von **Schlussregeln** aufgeführt (Prämissen und Konklusion sind durch einen horizontalen Strich getrennt) und erhalten besondere Bezeichnungen, so z. B.

Modus ponens (Abtrennungsregel) $\dfrac{p, p \rightarrow q}{q}$

Modus tollens $\dfrac{p \rightarrow q, \overline{q}}{\overline{p}}$

Kettenschlussregel $\dfrac{p \rightarrow q, q \rightarrow r}{p \rightarrow r}$

Die Grundidee des Beweisens besteht nun darin, in regelgeleiteter Art und Weise die Wahrheit einer Behauptung aus der Wahrheit der Voraussetzungen abzuleiten. Dazu bedient man sich, gleichsam als einer Art Gerüst, der verschiedenen Schlussregeln. Hat man zum Beispiel gezeigt, dass

1. In einem rechtwinkligen Dreieck ABC mit den Seiten a, b, c stets gilt: $a^2 + b^2 = c^2$.
2. Jedes Dreieck ABC mit den Seiten a, b, c, in dem $a^2 + b^2 = c^2$ gilt, ist rechtwinklig.

so gelangt man nach der allgemein anerkannten (und durch die Logik gerechtfertigte) Schlussregel

$$\dfrac{p \rightarrow q, q \rightarrow p}{p \leftrightarrow q}$$

zu der Schlussfolgerung

Für ein Dreieck mit den Seiten a, b, c gilt $a^2 + b^2 = c^2$ genau dann, wenn das Dreieck rechtwinklig ist.

Direkter Beweis

Das Schema eines direkten Beweises besteht darin, dass man, ausgehend von den Annahmen des Beweises (Prämissen), unter Zuhilfenahme von logischen Regeln die Wahrheit der Beweisbehauptung (Konklusion) nachweist. Das geschieht in Teilschritten (Nachweis von Teilbehauptungen), die untereinander durch verschiedene logische Schlussregeln verbunden werden und so zum Nachweis der Gesamtbehauptung führen. Eine Besonderheit des direkten Beweises ist seine (relative) Geradlinigkeit, die zu beweisende Behauptung ist bekannt; auf sie ausgerichtet ist die Strategie des Auffindens geeigneter Teilbehauptungen.

BEISPIEL

1.10 Zu beweisen ist die *Behauptung*:
Die Summe zweier ungerader Zahlen ist stets eine gerade Zahl.
Beweis: Seien a und b zwei ungerade Zahlen (Beweisannahme), d. h., sie sind darstellbar:
$a = 2n + 1$ bzw. $b = 2m + 1$ (m, n sind ganzzahlig).
Betrachten wir nun die Summe von a und b
$a + b = (2n + 1) + (2m + 1) = 2n + 2m + 1 + 1 = 2(n + m) + 2 = 2(n + m + 1)$.
Da $a + b = 2n'$ (wobei in diesem Fall $n' = n + m + 1$), ist die Summe von a und b eine gerade Zahl. ∎

Indirekter Beweis

Der indirekte Beweis verläuft nach einem anderen Schema. Das Beweisziel besteht hier darin, einen Widerspruch zu finden, nachdem man zu den Annahmen des Beweises (Prämissen) die negierte Behauptung (Konklusion) hinzugefügt hat. Denn auch so kann man das Bestehen einer Folgebeziehung zwischen Beweisannahmen und Beweisbehauptung feststellen: Man zeigt, dass es nicht möglich ist, dass die Beweisannahmen und die negierte Beweisbehauptung gleichzeitig wahr sind; also auch in diesem Fall ist bei wahren Annahmen die Wahrheit der Behauptung garantiert. Wieder soll ein einfaches Beispiel dieses Beweisverfahren illustrieren.

BEISPIEL

1.11 Zu beweisen ist die *Behauptung*:
Die Zahl, die mit sich selbst multipliziert, zwei ergibt, ist keine rationale Zahl.
Beweis: Sei a die Zahl, die mit sich selbst multipliziert, 2 ergibt, also $a \cdot a = 2$. Man nimmt nun an, dass a rational ist, d. h.,
$a = \dfrac{p}{q}$, wobei p und q natürliche Zahlen sind, die außer 1 keinen gemeinsamen Teiler haben. Man betrachte nun $2 = a^2 = \dfrac{p^2}{q^2}$ und forme um: $2q^2 = p^2$. Offensichtlich steht auf der linken Seite der Gleichung eine gerade Zahl, also muss auch p^2 gerade sein. Das ist aber nur möglich, wenn in der Zerlegung von p in Primfaktoren $p_1, p_2,$ ... p_n die Zahl 2 vorkommt. Dann ist aber p^2 durch vier teilbar (p^2 enthält $2 \cdot 2$!). Das wiederum bedeutet, dass auch die linke Seite der Gleichung durch vier teilbar sein muss. Somit muss q^2 mindestens durch zwei teilbar sein, was wiederum nur

1.1 Aussagen- und Prädikatenlogik

möglich ist, wenn auch unter den Primfaktoren von q die 2 vorkommt. Damit sind wir aber zu einem Widerspruch gekommen, denn nach Voraussetzung haben p und q keine gemeinsamen Teiler außer 1. ∎

Vollständige Induktion

Ein weiteres Beweisverfahren, welches nicht allein durch die Aussagenlogik, sondern zusätzlich durch eine fundamentale Eigenschaft der natürlichen Zahlen gerechtfertigt ist, ist die vollständige Induktion. Auf dieses Verfahren sei kurz eingegangen. Die Grundidee dieses Beweisverfahrens lässt sich wie folgt charakterisieren. Man zeigt zuerst, dass eine Eigenschaft auf eine bestimmte natürliche Zahl zutrifft (*Induktionsbasis*). Sodann weist man nach, dass, wenn diese Eigenschaft auf irgendeine natürliche Zahl zutrifft, sie auch auf deren Nachfolger zutrifft (*Induktionsschritt*). Da die natürlichen Zahlen über die unmittelbare Nachfolgerschaft definiert sind, erhält man auf diese Weise ein allgemeines Ergebnis: Die fragliche Eigenschaft trifft, beginnend mit der Zahl, für die die Induktionsbasis bewiesen wurde, auf alle nachfolgenden natürlichen Zahlen zu. Hat man die Induktionsbasis für $n = 0$ (und natürlich den Induktionsschritt) bewiesen, so gilt die Eigenschaft für beliebige natürliche Zahlen.

BEISPIEL

1.12 Für die Summe der ersten k natürlichen Zahlen gilt: $\sum_{i=1}^{k} i = \frac{k(k+1)}{2}$.

Beweis: Man zeigt zunächst für $k = 2$:

$\sum_{i=1}^{2} i = 1 + 2 = \frac{2(2+1)}{2} = 3$, d. h., die fragliche Formel gilt für $k = 2$ (Induktionsbasis).

Wie man leicht sieht, gilt die Formel schon für $k = 1$, doch ist es hier eher fragwürdig, von einer Summe zu sprechen.

Angenommen, die Summenformel gelte für $k = n - 1$. Die Aufgabe besteht jetzt darin, die Gültigkeit der Formel auch für $k = n$ nachzuweisen.

$\sum_{i=1}^{n} i = \sum_{i=1}^{n-1} i + n = \frac{(n-1)(n-1+1)}{2} + n = \frac{(n-1) \cdot n}{2} + \frac{2n}{2} = \frac{n^2 - n + 2n}{2} = \frac{n(n+1)}{2}$.

Unter Voraussetzung der Summenformel für $k = n - 1$ wurde die Summenformel für $k = n$ errechnet und dabei festgestellt, dass sie genau die gesuchte Form hat. Damit gilt – gemäß dem Prinzip der vollständigen Induktion – die Behauptung für alle natürlichen Zahlen, beginnend mit der Zahl 1. ∎

AUFGABEN

1.8 Man zeige für beliebige natürliche Zahlen: Wenn $a > b$ und $b > c$, so stets $a > c$.
(Hinweis: $a > b$ bedeutet, dass es ein $d \geq 1$ gibt, so dass $a = b + d$; direkter Beweis)

1.9 Man weise nach, dass in einem konvexen ebenen n-Eck ($n \geq 3$) die Summe aller Innenwinkel stets gleich $(n-2) \cdot 180°$ ist.
(Hinweis: Als Beweisverfahren verwende man die vollständige Induktion; ein Vieleck heißt konvex, wenn alle Verbindungslinien zwischen zwei nicht benachbarten Eckpunkten stets innerhalb der Figur liegen.)

1.10 Man beweise, dass $\sqrt{7}$ keine rationale Zahl ist.

1.1.4 Aussageformen und Quantoren

Die Aussagenlogik lässt sich in der folgenden Art und Weise leicht verallgemeinern. Trifft zum Beispiel ein und dieselbe Eigenschaft auf verschiedene Objekte zu, so ist es zweckmäßig, dies auch formal auszudrücken: Statt Aussagen verwendet man dann **Aussageformen**, das sind solche sprachlichen Ausdrücke, die Variable für Objekte (Individuen) enthalten und die erst nach Einsetzung entsprechender Individuennamen zu Aussagen werden. Beispiele hierfür sind:

(i) „x ist durch zwei teilbar",
(ii) „z ist ein ebenes Vieleck",
(iii) „u ist größer als v" usw.

Je nach Einsetzung erhält man nun wahre oder falsche Aussagen. Setzt man in (ii) anstelle der Variablen z „Das Dreieck ABC" ein, so erhält man eine wahre Aussage, setzt man in (i) für x „7" ein, so erhält man eine falsche Aussage. (iii) ist eine Relation, hier spielt im Allgemeinen auch die Reihenfolge der Einsetzung von Individuennamen eine wesentliche Rolle. So führt, wenn zwei verschiedene Zahlen gegeben sind, nur eine der Einsetzungen zu einer wahren Aussage, nämlich genau die, in der anstelle der Variablen u die größere Zahl gesetzt wird. In der Sprache der formalen Logik werden Aussageformen mittels Prädikaten[1] wiedergegeben, in unseren Beispielen etwa durch $P(x)$, $Q(z)$, $R(u,v)$.

Es gibt jedoch noch eine weitere Operation, die aus Aussageformen Aussagen macht, die **Quantifikation**. Sie führt, ohne auf konkrete Individuen Bezug zu nehmen, zu allgemeinen Aussagen über einen gegebenen Individuenbereich. Solche Aussagen erhält man, wenn man z. B. feststellt, dass alle Individuen eines Bereichs die entsprechende Eigenschaft haben (Allaussagen) oder dass es im fraglichen Bereich Individuen gibt, die die entsprechende Eigenschaft haben (Existenzaussagen). Auf unsere Beispiele bezogen kann man z. B. feststellen:

(iv) Es gibt (natürliche) Zahlen, die durch zwei teilbar sind.

oder auch

(v) Alle Quadrate sind ebene Vielecke.

Da gerade All- und Existenzaussagen in der Mathematik eine große Rolle spielen, ist es durchaus zweckmäßig, für diese spezielle Ausdrucksmittel einzuführen. Die dafür verwendeten Zeichen sind $\forall$ (*Allquantor*) und $\exists$ (*Existenzquantor*). Man beachte, dass unmittelbar nach dem Quantor jeweils noch einmal die Variable angegeben wird, auf welche sich dieser Quantor bezieht. Somit lassen sich unsere Beispielsätze jetzt so darstellen:

(iv′) $\exists x P(x)$
(v′) $\forall z Q(z)$

Ähnlich wie für die Aussagenlogik lassen sich auch für die Prädikatenlogik Gesetze angeben, die bei der Analyse der Folgebeziehung und beim Beweisen hilfreich sind. Hier sei nur auf ein Paar solcher prädikatenlogischer Gesetze hingewiesen, die die Beziehungen zwischen All- und Existenzaussagen verdeutlichen. Es gilt für beliebige prädikatenlogische Ausdrücke H stets

---

[1] Daher stammt auch der Name für dieses Teilgebiet der Logik: Prädikatenlogik.

$$\boxed{\begin{array}{c}\overline{\forall x H} \leftrightarrow \exists x \overline{H} \\ \overline{\exists x H} \leftrightarrow \forall x \overline{H}\end{array}} \tag{1.1}$$

Abschließend noch eine Bemerkung zur Interpretation der Quantoren. Bei der Behandlung der aussagenlogischen Verknüpfungen wurden bereits mehrgliedrige Konjunktionen bzw. Disjunktionen erwähnt. Für den Fall endlicher Individuenbereiche sind All- bzw. Existenzaussagen stets durch (endliche) mehrgliedrige Konjunktionen bzw. Disjunktionen über alle Individuen des Bereichs zu ersetzen, für unendliche Individuenbereiche (und gerade Aussagen über unendliche Bereiche machen die Spezifik der Mathematik aus) sind sie jedoch ein unverzichtbares Ausdrucksmittel.

1.2 Grundbegriffe der Mengenlehre

Zu den grundlegenden Operationen der Mathematik gehört die des Zusammenfassens unterschiedlicher Objekte zu einer Gesamtheit. Da die Objekte aus sehr verschiedenen Gebieten stammen können, die Art und Weise, in der die Zusammenfassung erfolgt, gleichfalls vielfältig sein kann, erweist sich eine **allgemeine Theorie solcher Zusammenfassungen** als nützlich.

1.2.1 Der Begriff der Menge

Die Zusammenfassung von Dingen unterschiedlicher Art zu einer Gesamtheit, ist eine für die Wissenschaft typische Verfahrensweise. Aber auch im Alltag macht man von dieser in der Regel reichlich abstrakten Operation häufig Gebrauch. Wenn man etwa von den *Teilnehmern einer Diskussion* spricht, so hat man damit Personen unterschiedlichen Geschlechts und Alters, mit verschiedenen Interessen, möglicherweise – wenn die Diskussion mit Hilfe moderner Mittel der Telekommunikation geführt wird – mit unterschiedlichen Aufenthaltsorten, zu einer Gesamtheit zusammengefasst. Der einzige für die Zusammenfassung wesentliche Aspekt ist die Tatsache, dass diese Personen an der entsprechenden Diskussion teilgenommen haben. Viele ähnliche Beispiele aus Alltag oder Wissenschaft lassen sich anführen.

In der Mathematik, deren Objekte ungleich abstrakter sind, macht man von eben dieser Operation auf Schritt und Tritt Gebrauch. So werden etwa, wenn man von der Menge der Lösungen einer Gleichung spricht, verschiedene Zahlen zusammengefasst, denen in der Regel nur eines gemeinsam ist: die Eigenschaft, dass sie die entsprechende Gleichung lösen. Ähnlich spricht man über den Kreis als die Gesamtheit aller Punkte, die von einem Punkt, dem Mittelpunkt, einen konstanten Abstand haben. Die Menge der Schnittpunkte einer Funktion mit der Abszissenachse, die Menge der Primzahlen, die Gesamtheit der Zahlen, die sich als Verhältnis zweier natürlicher Zahlen darstellen lassen, sind weitere illustrierende Beispiele. Da diese Zusammenfassungen für die Mathematik von fundamentaler Bedeutung sind, sollen die Grundbegriffe der Mengenlehre kurz dargestellt werden.

26   1 Logik und Mengenlehre

> Unter einer **Menge** versteht man eine Zusammenfassung von einzelnen, wohlunterschiedenen Objekten zu einer Gesamtheit. Die Objekte, die durch die Art der Zusammenfassung in die Menge aufgenommen werden, sollen ihre **Elemente** heißen.

Es sollen große lateinische Buchstaben für die Bezeichnung von Mengen verwendet werden, mit kleinen Buchstaben werden deren Elemente bezeichnet.

BEISPIEL

1.13   a) Die Gesamtheit der auf der Erde lebenden Menschen bildet eine Menge im oben angeführten Sinne, denn man kann von jedem auf der Erde existierenden Lebewesen feststellen, ob es ein Mensch ist (und damit zur so bestimmten Menge gehört) oder nicht.
b) Eine wesentlich kleinere Menge von Menschen bildet die Menge der Vorstandsmitglieder des Vereins „Junge Helden von L.". Dies sind die Herren Lehmann, Hinrichs, Starke und Schwarz. Herr Gruber dagegen ist nicht Element dieser Menge.
c) Die Gesamtheit der natürlichen Zahlen bildet eine Menge, die mit **N** bezeichnet werden soll. Elemente dieser Menge sind u. a. die Zahlen 27; 1265; 3 000 000; dagegen gehört die Zahl 3,14159 nicht zu **N**.
d) Die Redewendung „eine Menge Unsinn" hat nichts mit dem hier erörterten Mengenbegriff zu tun, denn es ist keineswegs klar, was die Elemente dieser Menge (vielleicht irgendwelche Unsinne?!) sein sollen. In diesem Beispiel wird „eine Menge" schlechterdings synonym für „viel" gebraucht. ∎

Ein entscheidendes Charakteristikum einer Menge ist, dass sie ganz allein durch ihre Elemente bestimmt wird, die Zugehörigkeit zu einer Menge ist also eine fundamentale Beziehung. Ist M eine Menge, x ein Element, das dieser Menge angehört, so schreibt man

   $x \in M$ (gelesen: x ist Element von M).

Bezeichnet dagegen y ein Objekt (Element), das dieser Menge nicht angehört, so schreibt man

   $y \notin M$ (gelesen: y ist nicht Element von M).

Aussagenlogisch gesehen, ist $y \notin M$ die Negation der Aussage $y \in M$.

BEISPIEL (Fortsetzung)

1.13   e) In dem oben angeführten Beispiel c) lässt sich mit der jetzt eingeführten Symbolik kürzer schreiben (**N** bezeichne die Menge der natürlichen Zahlen):
$27 \in \mathbf{N}$, $1265 \in \mathbf{N}$, $3\,000\,000 \in \mathbf{N}$, $3{,}14159 \notin \mathbf{N}$

f) Bezeichnet man die Menge aller Primzahlen mit P, so gilt
$2 \in P$, $17 \in P$, $37 \in P$, $39 \notin P$, $1001 \notin P$. ∎

Die Angabe von Mengen

Wenn Mengen, wie behauptet, ausschließlich durch ihre Elemente bestimmt sind, so ist es für ihre effektive Handhabung erforderlich, dass sie auch unter Rückgriff auf ihre Elemente

1.2 Grundbegriffe der Mengenlehre

beschrieben werden können. Zwei Arten der Angabe von Mengen zeichnen sich schon in den angeführten Beispielen ab: Das ist zum einen

die Angabe einer Menge durch (vollständige) *Auflistung ihrer Elemente*,

zum anderen kann dies geschehen durch

die Angabe der *charakteristischen Eigenschaft*, die die Elemente der Menge von anderen, nicht der Menge zugehörigen Objekten unterscheidet.

Beide Verfahren haben Vor- und Nachteile. Betrachten wir zuerst die Auflistung der Elemente. Dies geschieht, indem man die Elemente in geschweiften Klammern auflistet. So ist etwa durch

$$M = \{1; 2; 3\}$$

die Menge M beschrieben, die genau die natürlichen Zahlen von 1 bis 3 enthält. Für diese Menge M gilt also

$$1 \in M, \quad 2 \in M, \quad 3 \in M, \quad 4 \notin M, \quad \ldots, 103 \notin M \text{ usw.}$$

Ähnlich beschreibt

$$L = \{\text{Lehmann; Hinrichs; Starke; Schwarz}\}$$

eine Menge, der genau die genannten vier Personen angehören.

Dieses Verfahren ist sehr effektiv, wenn die Menge nur wenige Elemente enthält. Zur Feststellung, ob ein Objekt Element der Menge ist oder nicht, genügt es, einfach die Auflistung durchzusehen und festzustellen, ob das Element dabei vorkommt. Bei vielen oder gar unendlich vielen Elementen können Schwierigkeiten auftreten. So kann man bei

$$U = \{1; 3; 5; 7; 9; \ldots\}$$

unschwer erkennen, dass es sich hierbei um die Menge der ungeraden Zahlen handelt. Schwieriger wird es dagegen, wenn man auf diese Weise die Menge aller Kubikzahlen angeben will.

$$K = \{1; 8; 27; 64; 125; \ldots\}$$

In diesen Fällen überwiegen die Vorteile der zweiten Darstellungsweise. Durch

$$U = \left\{ x \,\middle|\, x = 2n+1 \wedge n \in \mathbf{N} \right\}$$

ist die Menge der ungeraden Zahlen, durch

$$K = \left\{ x \,\middle|\, x = k^3 \wedge k \in \mathbf{N} \right\}$$

die Menge der Kubikzahlen ungleich eleganter beschrieben. Auch die zuerst genannte Menge M kann man durch Angabe der charakteristischen Eigenschaft ihrer Elemente bestimmen:

$$M = \left\{ x \,\middle|\, x \in \mathbf{N} \wedge 0 < x < 4 \right\}.$$

In diesem Fall liegt jedoch der Vorteil der ersten Darstellungsweise auf der Hand. Die zweite Darstellungsweise muss nicht unbedingt auf mathematische Objekte eingegrenzt sein, auch wenn sie dort angebrachter erscheint. Wenn sich jedoch eine charakteristische Eigenschaft für die unter L aufgelisteten Personen angeben lässt, so ist auch hier die zweite Darstellungsweise zulässig. So könnte u. U. die Menge L dargestellt sein als

$L = \{p \mid p$ ist Vorstandsmitglied des Vereins „Junge Helden von L."$\}$.

Auch für endliche Mengen kann die zweite Darstellungsweise bevorzugt werden, etwa, wenn man verlangt, die Menge aller Lösungen des Gleichungssystems G anzugeben. Dann ist die Menge eindeutig beschrieben, und die Aufgabe besteht „nur" darin, die erste Darstellungsweise dieser Menge zu finden.

BEISPIEL

1.14 a) Die Menge $S = \{x \mid x \in \mathbf{N} \wedge x \neq 5\}$ enthält alle natürlichen Zahlen mit Ausnahme der Zahl 5.

b) Die Menge $T = \{x \mid x \in \mathbf{N} \wedge x \leq 5\}$ enthält genau die gleichen Elemente wie die Menge $T_1 = \{0; 1; 2; 3; 4; 5\}$.

c) Die Menge $L = \{x \mid 3x + 6 = 0\}$ hat als einziges Element die Zahl -2. Dagegen hat die Menge $L_1 = \{x \mid x \in \mathbf{N} \wedge 3x + 6 = 0\}$ kein Element.

d) Die Menge aller kreisrunden Quadrate enthält ebenfalls kein Element, da es kein geometrisches Objekt gibt, das dieser Charakteristik genügt. ∎

Die in den beiden letzten Beispielen erwähnten Fälle sind nicht so selten, wie man eventuell annehmen könnte. Man spricht in diesem Fall von einer leeren Menge. Für zahlreiche quadratische Gleichungen ist die Menge ihrer reellen Lösungen leer, die Menge der Schnittpunkte paralleler Geraden, die Menge der Tage des letzten Jahres, an denen in N.Y. kein Kapitalverbrechen begangen wurde – auch dies sind Beispiele leerer Mengen.

Da Mengen ausschließlich durch ihre Elemente bestimmt sind, macht es keinen Sinn, verschiedene leere Mengen zu unterscheiden.

> Die **leere Menge** ist dadurch bestimmt, dass sie kein Element enthält. Als Symbol für die leere Menge verwendet man $\emptyset$.

Zur **Veranschaulichung** von Mengen verwendet man eine Art Diagramm, geschlossene Kurven, die die Elemente der Menge gleichsam zusammenhalten sollen. So wird bei einer solchen Darstellung angenommen, dass alle zur Menge gehörenden Elemente und nur diese innerhalb der Kurve liegen. Im Flächeninneren wird auch die Bezeichnung der Menge angegeben. Will man eine Menge oder einen Teil derselben besonders hervorheben, so geschieht dies durch Schraffur (Bild 1.2).

1.2 Grundbegriffe der Mengenlehre

AUFGABE

1.11 Wie heißen die Elemente der nachfolgend angegebenen Mengen?[1]

   a) $x \in M \leftrightarrow x \in \mathbf{N} \wedge 2 < x \leq 7$

   b) $Z = \{z \mid z = 2^n \wedge n \in \mathbf{N} \wedge n \geq 1\}$

   c) $b \in B \leftrightarrow b = \dfrac{1}{n} \wedge n \in \{1; 2; \ldots; 10\}$

   d) $M_1 = \{x \mid x \in \mathbf{N} \wedge 2|x \wedge 3|x\}$

   e) $M_2 = \{x \mid x \in \mathbf{N} \wedge [2|x \vee 3|x]\}$

   f) $K = \{y \mid y = x^3 \wedge x \in \mathbf{N} \wedge x \geq 1\}$

   g) $R = \left\{k \mid k = \dfrac{r+1}{r+2} \wedge r \in \mathbf{N}\right\}$

   h) $L = \{x \mid x < 5 \wedge x > 6 \wedge x \in \mathbf{N}\}$

   i) $L = \{x \mid x > 5 \wedge x < 6\}$

1.2.2 Beziehungen zwischen Mengen (Mengenrelationen)

Betrachtet man zwei beliebige Mengen M_1 und M_2, so können hinsichtlich ihrer Elemente folgende Fälle auftreten:

(i) M_1 und M_2 enthalten keine gemeinsamen Elemente. Dann heißen M_1 und M_2 *disjunkt* (Bild 1.1).

(ii) M_1 und M_2 enthalten wenigstens ein gemeinsames Element, dann sind sie nicht disjunkt (Bild 1.2). Für nichtdisjunkte Mengen sind speziellere Beziehungen beschreibbar, zwei solcher Relationen werden nachfolgend betrachtet.

Bild 1.1   Bild 1.2

BEISPIEL

1.15 a) Die Menge aller Trapeze und die Menge aller Quadrate sind nicht disjunkt.
    b) Die Menge aller britischen Inseln und die Menge aller Ostseeinseln sind disjunkt. ∎

---

[1] In den Aufgaben d) und e) bedeutet z.B. $2|x$, dass x ohne Rest durch 2 teilbar ist.

Teilmenge

> Sind alle Elemente der Menge M_1 auch Elemente der Menge M_2, so heißt M_1 **Teilmenge** von M_2.

Das Symbol $\subseteq$ dient zum Ausdruck dieser Relation, die auch **Inklusion** oder Enthaltenseinsbeziehung genannt wird; man schreibt entsprechend

$$M_1 \subseteq M_2$$

und liest „M_1 ist Teilmenge von M_2" oder auch „M_1 ist in M_2 enthalten". Dieser Sachverhalt wird gelegentlich auch so ausgedrückt, dass man das Symbol $\supseteq$ verwendet und schreibt

$$M_2 \supseteq M_1,$$

gelesen: „M_2 ist **Obermenge** von M_1" oder „M_2 umfasst (enthält) M_1".

Die leere Menge ist (trivialerweise) Teilmenge jeder Menge, also $\emptyset \subset M$.

Offensichtlich ist die Definition der Teilmenge so gefasst, dass für jede Menge M gilt

$$M \subseteq M.$$

Soll dieser triviale Fall ausgeschlossen werden, greift man auf folgende Definition zurück:

M_1 heißt **echte Teilmenge** von M_2, wenn M_1 Teilmenge von M_2 ist, d. h. alle Elemente von M_1 auch Elemente von M_2 sind, zudem aber M_2 mindestens ein Element enthält, das nicht Element von M_1 ist.

Man schreibt in diesem Fall $M_1 \subset M_2$.

BEISPIEL

1.16 a) Sei Q die Menge aller Quadratzahlen, G die Menge aller geraden Quadratzahlen. Dann ist $G \subset Q$, wobei in diesem Fall G eine echte Teilmenge von Q ist.
b) Die Menge aller Rhomben ist eine Teilmenge der Menge aller Vierecke.
c) Die Menge aller durch zwei teilbaren Zahlen ist eine (echte) Obermenge der Menge aller durch sechs teilbaren Zahlen. ∎

Mengengleichheit

Betrachten wir folgendes Beispiel: Sei Q die Menge aller natürlichen Zahlen, deren Quersumme durch 3 teilbar ist, V die Menge der Vielfachen von 3. Offensichtlich gilt

$$V \subseteq Q,$$

d. h. V ist Teilmenge von Q, denn jedes Vielfache von 3 hat eine durch 3 teilbare Quersumme. Zugleich gilt aber auch die umgekehrte Teilmengenbeziehung, d. h.

$$Q \subseteq V,$$

jede Zahl, deren Quersumme durch 3 teilbar ist, ist ein Vielfaches von 3.

Wenn, wie im beschriebenen Beispiel, jedes Element von V auch in Q enthalten und umgekehrt, jedes Element von Q zugleich in V enthalten ist, so haben offenbar beide Mengen ein und dieselben Elemente. Unter der Voraussetzung, dass eine Menge allein durch ihre Elemente bestimmt ist, nicht durch die Art der Zusammenfassung oder Charakterisierung derselben, liegt es nahe, diese beiden Mengen gleichzusetzen. Man schreibt deshalb in diesem Fall: $V = Q$.

> Zwei Mengen M_1 und M_2 heißen genau dann gleich (man schreibt $M_1 = M_2$), wenn sie dieselben Elemente enthalten.

Zuvor hatten wir im Beispiel die Gleichheit zweier Mengen über das wechselseitige Enthaltensein erklärt. Allgemein gilt:

$$M_1 = M_2 \leftrightarrow M_1 \subseteq M_2 \wedge M_2 \subseteq M_1.$$

BEISPIEL

1.17 a) $A = \{e; m; i; l\}$, $B = \{l; e; i; m\}$
Da A und B dieselben Elemente enthalten, gilt $A = B$.
b) Sei M die Menge aller natürlichen Zahlen, die mit einer 0 oder einer 5 enden, P sei die Menge aller durch 5 teilbaren Zahlen.
Wiederum kann man sich leicht davon überzeugen, dass $M = P$.
c) Es sei $R = \{x \mid x + x = x\}$, ferner sei $L_1 = \{x \mid x \in \mathbf{N} \wedge 3x + 6 = 0\}$. Die Menge R hat nur ein Element, da $x = 0$ die einzige Zahl ist, für die $x + x = x$. Es gilt also $R = \{0\}$. Andererseits ist L_1 als Beispiel für eine leere Menge bekannt (vgl. Beispiel 1.14 c im vorhergehenden Abschnitt), somit erhalten wir $R \neq L_1$.

Anmerkung: Die Menge R hat ein Element, die Zahl Null. Dagegen enthält die nachgewiesenermaßen leere Menge L_1 überhaupt kein Element, folglich können R und L_1 nicht gleich sein. ∎

AUFGABE

1.12 Untersuchen Sie, ob zwischen den folgenden Mengen die Relationen $\subset$ oder $=$ bestehen!
a) $A = \{0; 1; 2\}$, $B = \{0; 1; 2; 3; 4\}$
b) $M_1 = \{s; a; h; n; e\}$, $M_2 = \{h; a; n; s; e\}$
c) Q ist die Menge alle Quadrate, R ist die Menge aller rechtwinkligen Vierecke.
d) $G = \{y \mid y = 2x \wedge x \in \mathbf{N}\}$, $H = \{x \mid x \in \mathbf{N} \wedge 2 \mid x\}$
e) $x \in A \leftrightarrow x \in \mathbf{N} \wedge 7 \mid x$, $x \in B \leftrightarrow x \in \mathbf{N} \wedge 5 \mid x$
f) T sei die Menge aller Oktobertage des Jahres 2002, S sei die Menge aller Sonntage des Jahres 2002.
g) $\mathbf{N}$ sei die Menge der natürlichen Zahlen, P die Menge aller Primzahlen
h) $A = \{x \mid x \in \mathbf{N} \wedge 5 \leq x \leq 6\}$, $B = \{5; 6\}$
i) $A_1 = \{x \mid x \in \mathbf{N} \wedge 5 < x \leq 6\}$, $B_1 = \{6\}$
j) A sei die Menge aller Dreiecke,
   B sei die Menge aller gleichschenkligen Dreiecke,
   C sei die Menge aller gleichseitigen Dreiecke

1.2.3 Mengenoperationen

Der Vergleich gegebener Mengen führte zu Teilmengenbeziehungen bzw. zur Mengengleichheit. Man kann aber ebenso Operationen definieren, die aus gegebenen Mengen neue Mengen bilden lassen. Diese Operationen, Mengenoperationen genannt, widerspiegeln in einigen Fällen unsere alltägliche Praxis im Umgang mit Mengen.

Vereinigung von Mengen

Seien zwei beliebige Mengen M_1 und M_2 gegeben. Wenn man über die Elemente von M_1 und M_2 gleichzeitig sprechen will, muss man vorher beide zu einer Menge, z. B. M, zusammenfassen. Die entsprechende Operation heißt Vereinigung von M_1 und M_2, M die Vereinigungsmenge. Für die Vereinigung von Mengen findet das Symbol $\cup$ Verwendung, man schreibt

$$M = M_1 \cup M_2 \qquad \text{(gelesen: } M \text{ ist gleich } M_1 \text{ vereinigt mit } M_2\text{)}.$$

Eine exakte Definition der Vereinigung zweier Mengen M_1 und M_2 lautet

> Die **Vereinigung** zweier Mengen M_1 und M_2 ist eine Menge M, der genau diejenigen Elemente angehören, die wenigstens einer der beiden Mengen M_1 oder M_2 angehören.

Die beiden Bilder 1.3 und 1.4 illustrieren die Operation „Vereinigung zweier Mengen M_1 und M_2", das Ergebnis der Vereinigung ist dabei schraffiert dargestellt.

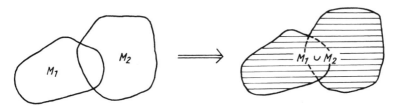

Bild 1.3 Vereinigung nichtdisjunkter Mengen

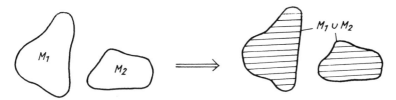

Bild 1.4 Vereinigung disjunkter Mengen

Unter Verwendung der logischen Symbole lässt sich diese obige Definition kurz fassen:

$$x \in M_1 \cup M_2 \leftrightarrow x \in M_1 \vee x \in M_2 \qquad (1.2)$$

Die Ähnlichkeit der Symbole $\cup$ und $\vee$ ist nicht zufällig, die logische und die mengentheoretische Operation stehen in einem engen Zusammenhang. Genauso wie bei der logischen Verknüpfung ist auch für die Vereinigung eine Verallgemeinerung möglich:

1.2 Grundbegriffe der Mengenlehre

Die Vereinigung M der Mengen $M_1, \ldots, M_n$ ist die Menge aller derjenigen Elemente, die in mindestens einer der Mengen $M_1, \ldots, M_n$ enthalten sind, symbolisch:

$$M = \bigcup_{1 \le i \le n} M_i \quad \text{(gebräuchlich ist auch: } M = \bigcup_{i=1}^{n} M_i \text{)}.$$

BEISPIEL

1.18 a) $A = \{l; e; i; m\}$, $B = \{t; o; p; f\}$, dann ist $A \cup B = \{l; e; i; m; t; o; p; f\}$

b) Sei G die Menge aller geraden Zahlen, U die Menge aller ungeraden Zahlen. Dann ist $G \cup U = \mathbf{N}$ (hier bezeichnet $\mathbf{N}$ die Menge der natürlichen Zahlen).

c) $P = \{1; 2; 3; 4; 5\}$, $Q = \{3; 4; 5; 6; 7; 8\}$, also $P \cup Q = \{1; 2; 3; 4; 5; 6; 7; 8\}$

d) Die Menge $F = \{M; V; T_1; S; T_2\}$ kann man darstellen als Vereinigung der Mengen $E = \{M; V\}$ und $K = \{T_1; S; T_2\}$, d.h. $F = E \cup K$. (Zur Illustration: Die Menge der Familienmitglieder F ist die Vereinigung der Menge der Eltern E mit der Menge der Kinder K).

e) Für jede Menge M gilt, wie man leicht sieht, $M \cup \emptyset = M$. ∎

Durchschnitt von Mengen

Seien zwei Mengen M_1 und M_2 gegeben. Will man von den Elementen sprechen, die M_1 und M_2 gemeinsam sind, so muss man eine andere Operation anwenden, die sogenannte Durchschnittsbildung. Dabei wird *eine neue Menge M gebildet, der alle die Elemente angehören, die sowohl in M_1 als auch in M_2 sind*. Diese Menge M heißt der **Durchschnitt** der Mengen M_1 und M_2, der entsprechende symbolische Ausdruck ist

$$M = M_1 \cap M_2 \quad \text{(gelesen: } M \text{ ist gleich } M_1 \text{ geschnitten mit } M_2 \text{)}.$$

Das Bild 1.5 illustriert diese Operation für den Fall, dass M_1 und M_2 gemeinsame Elemente haben, also nicht disjunkt sind.

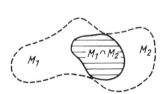 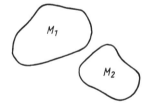

Bild 1.5 Durchschnitt nichtdisjunkter Mengen   Bild 1.6 Durchschnitt disjunkter Mengen

Für den Fall, dass M_1 und M_2 keine gemeinsamen Elemente haben (s. Bild 1.6), ist der Durchschnitt leer, d. h., es gilt

$$M_1 \cap M_2 = \emptyset,$$

da es kein Element gibt, das sowohl M_1 als auch M_2 angehört. Ganz allgemein gilt folgende Definition des Durchschnitts zweier Mengen:

> Der **Durchschnitt** M zweier Mengen M_1 und M_2 ist die Menge aller derjenigen Elemente, die sowohl M_1 als auch M_2 angehören.

Unter Verwendung logischer Symbole erhalten wir folgende Beschreibung des Durchschnitts M zweier Mengen M_1 und M_2:

$$x \in M_1 \cap M_2 \leftrightarrow x \in M_1 \wedge x \in M_2 \tag{1.3}$$

Wie schon bei der Vereinigung fällt auch hier die (beabsichtigte) Ähnlichkeit der Zeichen für die logische Konjunktion bzw. den mengentheoretischen Durchschnitt auf. Analog zum vorhergehenden kann man wiederum die Durchschnittsbildung leicht auf den Fall von mehr als zwei Mengen verallgemeinern:

Der Durchschnitt M der Mengen $M_1, \ldots, M_n$ ist die Menge aller derjenigen Elemente, die in jeder der Mengen $M_1, \ldots, M_n$ enthalten sind, symbolisch:

$$M = \bigcap_{1 \leq i \leq n} M_i \quad \text{(gebräuchlich ist auch } M = \bigcap_{i=1}^{n} M_i\text{)}.$$

BEISPIEL

1.19 a) Für $A = \{l; e; i; m\}$, $B = \{t; o; p; f\}$, ist $A \cap B = \varnothing$, denn A und B haben keine gemeinsamen Elemente.
b) Sei G die Menge aller geraden Zahlen, U die Menge aller ungeraden Zahlen. Dann ist $G \cap U = \varnothing$.
c) Wenn $P = \{1; 2; 3; 4; 5\}$ und $Q = \{3; 4; 5; 6; 7; 8\}$, so $P \cap Q = \{3; 4; 5\}$
d) Sei G die Menge der Punkte der Geraden g, K die Menge der Punkte der geschlossenen Kurve k in Bild 1.7. Dann ist der Durchschnitt S der beiden Punktmengen die Menge der Schnittpunkte von g und k: $S = \{a; b; c\}$.

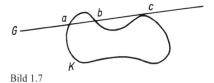

Bild 1.7

e) Wie man leicht sieht, gilt für jede Menge M: $M \cap \varnothing = \varnothing$. ∎

AUFGABEN

1.13 Seien G_1 und G_2 die Punktmengen, die durch zwei sich schneidende Geraden in einer Ebene bestimmt werden. Welche geometrische Bedeutung hat dann $G_1 \cap G_2$?

1.14 Durch E_1 und E_2 seien die Punkte von zwei nichtparallelen Ebenen im Raum gegeben. Welche geometrische Bedeutung hat $E_1 \cap E_2$?

1.2 Grundbegriffe der Mengenlehre

Was ergibt sich für $E_1 \cap E_2$, wenn die beiden Ebenen parallel liegen?

1.15 Sei K die Menge der Punkte auf einer Kugeloberfläche, E die Menge der Punkte einer Ebene. Welche Bedeutung hat $E \cap K$, wenn
a) die Ebene die Kugel schneidet;
b) die Ebene die Kugel tangiert;
c) alle Punkte der Kugel außerhalb der Ebene liegen?

1.16 Man beweise, dass für beliebige Mengen A und B stets
a) $A \cup B = B \cup A$ b) $(A \cap B) \cup A = A$ c) $(A \cup B) \cap A = A$

Differenz zweier Mengen

Immer dann, wenn man von einer Menge M_1 nur diejenigen Elemente benötigt, die nicht auch zugleich Elemente von M_2 sind, greift man auf die Operation zurück, die Differenzbildung von M_1 und M_2 genannt wird. Die so erzeugte Menge M heißt **Differenz** der beiden Mengen M_1 und M_2, man schreibt

$$M = M_1 \setminus M_2 \quad \text{(gelesen: } M \text{ ist die Differenz von } M_1 \text{ und } M_2\text{)}.$$

Die **Differenzmenge** M zweier Mengen M_1 und M_2 wird nun ganz allgemein folgendermaßen definiert:

> Die **Differenzmenge** M zweier Mengen M_1 und M_2 enthält genau diejenigen Elemente, die in M_1 und nicht in M_2 enthalten sind.

Erneut kann man auf die Schreibweise mittels logischer Symbole zurückgreifen, dann wird die Differenz von M_1 und M_2 so charakterisiert:

$$x \in M_1 \setminus M_2 \leftrightarrow x \in M_1 \wedge x \notin M_2 \tag{1.4}$$

Im Gegensatz zu den beiden vorhergehenden Mengenoperationen, wo die Reihenfolge der Operanden ohne Einfluss auf das Ergebnis war, gilt für Differenzmengen im allgemeinen

$$M_1 \setminus M_2 \neq M_2 \setminus M_1 .$$

Die Bilder 1.8 und 1.9 veranschaulichen die Differenzbildung für den Fall nichtdisjunkter und disjunkter Mengen.

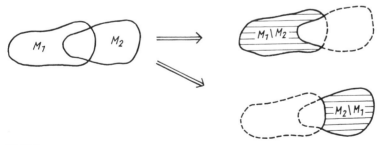

Bild 1.8

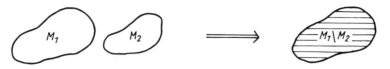

Bild 1.9

BEISPIEL

1.20 a) $A = \{0; 1; 2; 3; 4; 5\}$, $B = \{4; 5; 6; 7; 8\}$. Dann ist $A \setminus B = \{0; 1; 2; 3\}$, dagegen ist $B \setminus A = \{6; 7; 8\}$.

b) Sei wieder **N** die Menge der natürlichen Zahlen, G die Menge der geraden Zahlen, U die Menge der ungeraden Zahlen. Dann gilt
N $\setminus G = U$, **N** $\setminus U = G$, $G \setminus$ **N** $= \emptyset$.

c) Sei $M_1 = \{x \mid x \in \mathbf{N} \wedge 3 \mid x\}$, $M_2 = \{x \mid x \in \mathbf{N} \wedge 4 \mid x\}$. Dann ist die Menge $M_1 \setminus M_2$ die Menge derjenigen Zahlen, die durch 3, aber nicht gleichzeitig durch 4 teilbar sind:
$M_1 \setminus M_2 = \{3; 6; 9; 15; 18; 21; 27; \ldots\}$, dagegen ist
$M_2 \setminus M_1 = \{4; 8; 16; 20; 28; \ldots\}$, also die Menge der Zahlen, die durch 4, aber nicht gleichzeitig durch 3 teilbar sind.

d) Ohne Schwierigkeiten überzeugt man sich z. B. davon, dass $M \setminus \emptyset = M$. ∎

AUFGABEN

1.17 Durch zwei konzentrische Kreisflächen mit den Radien r_1 und r_2 seien die beiden Punktmengen K_1 und K_2 bestimmt (Bild 1.10). Welche Punktmengen werden dargestellt durch

a) $K_1 \cap K_2$ b) $K_1 \cup K_2$

c) $K_1 \setminus K_2$ d) $K_2 \setminus K_1$

1.18 Wie lauten die Antworten in der vorhergehenden Aufgabe im Fall $r_1 = r_2$?

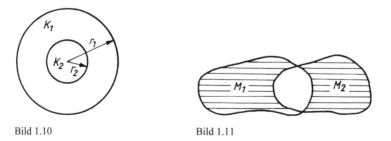

Bild 1.10   Bild 1.11

1.19 Wie lässt sich die in Bild 1.11 schraffierte Menge mittels Mengenoperationen aus M_1 und M_2 zusammensetzen?

1.20 Sei $A \subset B$. Wie lassen sich unter dieser Voraussetzung die folgenden Ausdrücke vereinfachen?

a) $A \cap B$, b) $A \cup B$, c) $A \setminus B$, d) $B \setminus A$

1.21 Was lässt sich jeweils über die Beziehung von M_1 und M_2 sagen, wenn

a) $M_1 \cup M_2 = M_2$ b) $M_1 \cap M_2 = M_1$ c) $M_1 \cap M_2 = \emptyset$
d) $M_1 \cup M_2 = \emptyset$ e) $M_1 \setminus M_2 = M_1$ f) $M_2 \setminus M_1 = \emptyset$

Komplement einer Menge

Im Unterschied zu den vorhergehenden Operationen handelt es sich hier um eine einstellige Operation. Zudem setzen wir voraus, dass – wie auch immer – ein allgemeiner Zusammenhang den Grundbereich bestimmt, aus dem die Elemente der jeweiligen Menge stammen. Dieser Grundbereich sei mit U bezeichnet. Dann wird die Komplementmenge als die Menge derjenigen Elemente aus U bestimmt, die nicht in M enthalten sind. Man bezeichnet die Komplementmenge einer Menge M mit $\overline{M}$.

Die **Komplementmenge** $\overline{M}$ einer Menge M enthält genau diejenigen Elemente (aus dem Grundbereich U), die nicht Element von M sind.

BEISPIEL

1.21 a) Sei $S = \{a; s; c; h; e\}$ gegeben und sei U die Menge der Kleinbuchstaben des lateinischen Alphabets. Dann ist $\overline{S} = \{b; d; f; g; i; j;...; r; t; u;...; y; z\}$.

b) Sei S die Menge der Wähler (W der Grundbereich aller Wahlberechtigten), dann bezeichnet $\overline{S}$ genau die Menge der wahlberechtigten Nichtwähler.

c) Sei G die Menge der geraden Zahlen, als Grundbereich sei **N** die Menge aller natürlichen Zahlen. Dann ist $\overline{G} = \{1; 3; 5;...\}$, d. h. die Menge der ungeraden Zahlen.

d) Wählt man in der vorhergehenden Aufgabe als Grundbereich dagegen die Menge **Q** aller rationalen Zahlen, so ist nunmehr $\overline{G}$ anders bestimmt, neben den ungeraden Zahlen gehören jetzt zu $\overline{G}$ u. a. auch die Zahlen $\frac{17}{3}$ sowie -5.

e) Sei K die Menge aller Punkte innerhalb oder auf der Kreislinie k. Dann bezeichnet $\overline{K}$ die Menge aller derjenigen Punkte, die außerhalb der Kreislinie k liegen (hier ist als Grundbereich U die Menge aller Punkte der Ebene vorausgesetzt). ∎

Wie schon aus dem Beispiel ersichtlich, ist die Bestimmung der Komplementmenge wesentlich vom Grundbereich abhängig. In den meisten Fällen ergibt sich jedoch aus dem Kontext der Darstellung eine eindeutige Festlegung des Grundbereichs. So hat es etwa in Beispiel 1.21 b wenig Sinn, als Grundbereich die Menge der Einwohner einer Stadt (eines Landes) oder gar die Menge der Zweibeiner, die sich auf dem entsprechenden Territorium aufhalten, anzunehmen.

Die Komplementmengenbildung ist eng mit der Differenz verbunden. Man sieht leicht, dass

$\overline{S} = U \setminus S.$ (U ist der zur Komplementbildung gehörende Grundbereich.)

Selbstverständlich sind eine Menge und ihr Komplement disjunkt (unabhängig von U), d. h., es gilt stets

$M \cap \bar{M} = \emptyset$, ebenso einleuchtend ist die Feststellung, dass stets

$M \cup \bar{M} = U$.

Kartesisches Produkt zweier Mengen

Die bisherigen Mengenoperationen führten zu neuen Mengen, die sich von den vorhergehenden in der „Anzahl" der Elemente unterschieden. Bei der Vereinigung gewinnt man im allgemeinen eine Menge, die größer ist, als jede der beiden Ausgangsmengen, bei der Durchschnittsbildung erzeugt man dagegen eine Menge, die in der Regel kleiner ist als jede der beiden Ausgangsmengen; bei der Differenzbildung schließlich verkleinert man im Regelfall die erste Menge. Die nachfolgend beschriebene Operation führt zu einer Menge, deren Elemente sich prinzipiell von den Elementen der Ausgangsmengen unterscheiden: Keines der Elemente der Ausgangsmengen ist ein Element der resultierenden Menge und umgekehrt, keines der Elemente der resultierenden Menge ist Element einer der Ausgangsmengen.

Zuvor sei jedoch der Begriff des geordneten Paars eingeführt.

Ein Objekt der Form $(a;b)$ heißt **geordnetes Paar** von a und b, wobei festgelegt ist, dass zwei geordnete Paare $(a_1;b_1)$ und $(a_2;b_2)$ genau dann gleich sind, wenn $a_1 = a_2$ und $b_1 = b_2$.

Diese Festlegung bedeutet insbesondere, dass in der Regel die Paare $(a;b)$ und $(b;a)$ voneinander verschieden sind.

> Das **kartesische Produkt** M der Mengen M_1 und M_2 ist genau die Menge geordneter Paare $(x_1;x_2)$, für die $x_1 \in M_1$, $x_2 \in M_2$, man bezeichnet
> $M = M_1 \times M_2$.

$M = M_1 \times M_2$ ist also genau die Menge geordneter Paare, deren jeweils erste Elemente aus der Menge M_1 und deren jeweils zweite Elemente aus der Menge M_2 ist.

Offensichtlich muss die Operation der Bildung des kartesischen Produkts nicht auf zwei Mengen beschränkt werden. Setzt man analog dem Begriff des geordneten Paars den Begriff des geordneten n-Tupels $(a_1;a_2;\ldots;a_n)$ voraus, so lässt sich das kartesische Produkt M der Mengen $M_1, M_2, \ldots M_n$ definieren als die Menge aller der n-Tupel, deren erste Komponente aus M_1, deren zweite Komponente aus M_2, ... und deren n-te Komponente aus M_n ist. Man schreibt in diesem Fall

$M = M_1 \times M_2 \times \ldots \times M_n$.

BEISPIEL

1.22 a) Bezeichne **R** die Menge der reellen Zahlen, so ist **R** × **R** die Menge aller Paare reeller Zahlen. Diese Menge verwendet man zur Beschreibung der Punkte in einem kartesischen Koordinatensystem (vgl. Abschnitt 4.1).

b) Wiederum sei **R** die Menge der reellen Zahlen. Die Menge aller Punkte im dreidimensionalen Raum kann jetzt mit **R** × **R** × **R** angegeben werden. Kartesische Raumkoordinaten können also als Elemente von **R**×**R**×**R** angesehen werden.

c) Bei der Beschreibung der Bewegung eines Punktes im Raum spielt neben dessen Position auch der Zeitpunkt, zu dem er die jeweilige Position einnimmt, eine entscheidende Rolle. Das kartesische Produkt **R**×**R**×**R**×**R** bildet die Menge der Raum-Zeit-Koordinaten zur Beschreibung der Bewegung des Punktes. ∎

Wichtig ist es anzumerken, dass bei der Bildung des kartesischen Produkts die Reihenfolge der Operanden eine wesentliche Rolle spielt. Im allgemeinen gilt

$$M_1 \times M_2 \neq M_2 \times M_1.$$

Diese Besonderheit gilt es zu beachten, da hier eine Analogie zur üblichen Multiplikation nicht angebracht ist. Dagegen gilt beim kartesischen Produkt jeweils gleicher Faktoren die auch in der üblichen Multiplikation gebräuchliche Potenzschreibweise, d.h., statt

$$\underbrace{M \times M \times \ldots \times M}_{n \text{ mal}}$$

schreibt man kurz M^n.

Unter Berücksichtigung dieser Schreibweise hätte man in den vorhergehenden Beispielen kurz **R**², **R**³, **R**³×**R** schreiben können.

AUFGABEN

1.22 Gegeben seien die Mengen
$A = \{1; 2; 3; \ldots; 10\}$, $B = \{5; 6; 7; \ldots; 15\}$, $C = \{a; b\}$. Zu bestimmen sind die Mengen
a) $A \cap B$,   b) $A \cup B$,   c) $A \setminus B$,   d) $B \setminus A$,   e) $A \times C$

1.23 Man bestimme
a) $A \cap A$ b) $A \cup A$ c) $A \cap \emptyset$ d) $A \cup \emptyset$
e) $A \setminus A$ f) $A \setminus \emptyset$ g) $\emptyset \setminus A$ h) $\{a\} \times A$

2 Aufbau der reellen Zahlen

Mathematik wird gewöhnlich zuerst mit dem Umgang mit Zahlen, also dem Rechnen, assoziiert. In diesem Abschnitt sollen die Zahlen und die Zahlbereiche sowie die Rechenregeln eingeführt werden. Dabei beginnt man mit den einfachsten Zahlen, das sind die sogenannten natürlichen Zahlen, und führt für diese Rechenregeln ein. Schrittweise wird dieser Zahlbereich erweitert, man erhält so ganze, rationale und reelle Zahlen. Hinweise für das Rechnen mit Gleichungen und Ungleichungen werden dieses Kapitel abschließen.

Ein wichtiger Aspekt ist, die Darstellung hinreichend allgemein zu halten. So geht es nicht darum, zu zeigen, dass $3 + 7 = 7 + 3$ ist, sondern eher darum, dass für die Addition genannte Operation („+" ist das entsprechende Operationszeichen) stets gilt, dass die beiden Operanden vertauschbar sind, das also stets $a + b = b + a$. Anstelle konkreter Zahlen verwendet man Variable (auch allgemeine Zahlen). Das hat den unbestrittenen Vorteil, dass man entsprechende Gesetze kurz und allgemeingültig formulieren kann. Die symbolische Darstellung legt zugleich eine Eindeutigkeit der Lesart fest.

Als Variable für Zahlen verwendet man kleine Buchstaben des lateinischen Alphabets, wobei für gegebene Zahlen meist die Anfangsbuchstaben des Alphabets, für unbekannte, gesuchte Zahlen – meist x, y oder z (möglicherweise auch mit Index, z. B. x_2) gebraucht werden.

2.1 Natürliche und ganze Zahlen

Natürliche Zahlen sind die einfachsten (natürlichsten) Zahlen. Auf ihnen bauen die anderen Zahlbereiche auf. Natürliche Zahlen verwendet man immer dann, wenn die Anzahl der Elemente einer Menge zu ermitteln ist, die Operation, die diesem Vorgang zugrunde liegt, nennt man *Zählen*. Dieser Vorgang ist so elementar, dass er keiner weiteren Erläuterung bedarf, jeder lernt das Zählen zugleich mit dem Gebrauch der Zahlwörter. Dabei ist völlig unwichtig, ob man englische, französische oder deutsche Zahlwörter gebraucht, sie alle verweisen, wenn man sie korrekt aus einer Sprache in die andere übersetzt, auf die gleiche (An)Zahl. In der Mathematik verwendet man anstelle der Zahlwörter *Zahlzeichen*. Es hat sich historisch so herausgebildet, dass unsere Zahlzeichen aus arabischen Ziffern zusammengesetzt werden. Ausgehend von den Ziffern 0, 1, 2, 3, ..., 9, die zugleich die Zahlzeichen für die ersten natürlichen Zahlen sind, kann man weitere Zahlzeichen durch nebeneinander Schreiben der Ziffern bilden, so etwa 10, 114, 34789. Die kleinste natürliche Zahleinheit ist die 1, durch fortgesetztes Hinzunehmen dieser Einheit kann man immer größere natürliche Zahlen bilden. Die einfachste Operation mit (natürlichen) Zahlen ist also das Hinzufügen der Einheit 1, dies entspricht dem kontinuierlichen Fortschreiten auf dem Zahlenstrahl.

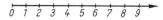

Bild 2.1

2.1.1 Addition natürlicher Zahlen

So sieht man leicht, dass dieses Fortschreiten von der 3 zur 4 führt, von der 27 zur 28 usw. Allgemein verwendet man das Zeichen + als Ausdruck des Fortschreitens auf dem Zahlenstrahl, so schreibt man für das Fortschreiten um eine Einheit

$$3 + 1 = 4, \qquad 27 + 1 = 28 \quad \text{usw.}$$

Nun ist der Fall, wo man sich schneller als in kleinsten Einheiten auf dem Zahlenstrahl fortbewegen (mehr als die kleinste Einheit zu einer Zahl hinzufügen) will, nahe liegend. Man verwendet auch hier das Zeichen + und gibt die Einheit des Fortschreitens nach dem Zeichen an: ein Beispiel ist der Ausdruck 3 + 2, allgemein $a + b$.

Diese Operation heißt Addition der Zahlen a und b, die Zahlen a und b heißen dabei *Summanden* und das Ergebnis der Operation ist wieder eine Zahl, welche die *Summe* von a und b genannt wird. Das Zeichen für die Addition („+") wird „plus" gelesen.

Noch einmal sei festgehalten: Die Addition basiert auf der elementaren Operation des Fortschreitens auf dem Zahlenstrahl um eine Einheit, $a + b$ ist also das Ergebnis des (nacheinander) Fortschreitens aus a um b Einheiten. Diese Operation (genauer: diese Folge von Elementaroperationen) ist so einfach, dass man unbesehen zu größeren Schritten (d. h. Fortschreiten um b Einheiten in einem Schritt) übergeht.

Für die Addition gelten folgende Gesetze:

| $a + b = b + a$ | Kommutativgesetz | (2.1) |
| $(a + b) + c = a + (b + c)$ | Assoziativgesetz | (2.2) |

Das Kommutativgesetz besagt, dass Summanden vertauscht werden können, ohne dass sich die Summe ändert, das Assoziativgesetz stellt fest, dass für Mehrfachadditionen die Reihenfolge, in der die Zwischensummen gebildet werden, ohne Einfluss auf das Ergebnis ist. Beide Gesetze können das Rechnen vereinfachen. Hat man z. B. die Summe (112 + 204) + 88 zu bilden, so kann man nach Assoziativ- und Kommutativgesetz umformen in (112 + 88) + 204 = 200 + 204 = 404.

Hat man nicht einfach Zahlen, sondern benannte Zahlen (Zahlen mit Maßeinheiten oder Zahlen mit bestimmten Objektangaben) zu addieren, so ist zu beachten, dass nur gleichbenannte Zahlen addiert werden können:

$$33 \text{ m} + 12 \text{ m} = 45 \text{ m}, \qquad 2 \text{ t} + 7000 \text{ kg} = 2 \text{ t} + 7 \text{ t} = 9 \text{ t}.$$

Ist einer der Summanden 0, so gilt

| $a + 0 = 0 + a = a$ | (2.3) |

d. h., die Addition von Null beeinflusst die Summe nicht.

Verwendet man neben den natürlichen auch allgemeine Zahlen, so gilt: Nur gleiche Ausdrücke können zusammengefasst werden. So ist

$$3a + 4b + 9a + 3b = 3a + 9a + 4b + 3b = 12a + 7b.$$

Solche Ausdrücke nennt man auch algebraische Summen.

AUFGABE

2.1 Man berechne (vereinfache) die folgenden Ausdrücke
  a) $4a + 3c + b + 2a + 3b$
  b) $3000 \text{ m} + 4 \text{ km}$
  c) $4 \text{ V} + 22 \text{ V} + 2 \text{ kV}$
  d) $12x + 33x + 3y + 8x + 13y$

Die Summe zweier natürlicher Zahlen ist stets wieder eine natürliche Zahl, d. h., die Addition ist im Bereich der natürlichen Zahlen uneingeschränkt ausführbar. Mithilfe der Addition kann man auch eine **Ordnungsrelation** im Bereich der natürlichen Zahlen einführen.

Die Zahl b heißt *größer/gleich* a (man schreibt $b \geq a$), wenn es eine (natürliche) Zahl c gibt, so dass $b = a + c$. In diesem Fall sagt man auch, dass a *kleiner/gleich* b ($a \leq b$) sei. Ist der Summand c von Null verschieden ($c \neq 0$), so heißt b *größer als* a ($b > a$), bzw. a *kleiner als* b ($a < b$).

Ganz offensichtlich gilt:

Es gibt keine größte natürliche Zahl, da man zu jeder beliebigen gegebenen natürlichen Zahl eine Eins addieren kann und so eine größere Zahl erhält.

Damit ist zugleich klar, dass es unendlich viele natürliche Zahlen gibt. Der Bereich der natürlichen Zahlen wird künftig mit **N** gekennzeichnet.

2.1.2 Subtraktion. Die Notwendigkeit der Zahlbereichserweiterung

Wenn die Addition natürlicher Zahlen als ein Fortschreiten auf dem Zahlenstrahl veranschaulicht wurde, so liegt die Frage nahe, welche Operation durch das Rückschreiten auf dem Zahlenstrahl veranschaulicht wird. Dabei fällt sofort auf, dass im Bereich **N** diesem Rückschreiten Grenzen gesetzt sind: Es gibt zwar keine größte natürliche Zahl, wohl aber eine kleinste, die Null. Will man z. B. von der 5 ausgehend 7 Einheiten zurückgehen, so erweist sich diese Aufgabe unter den bisherigen Voraussetzungen als nicht lösbar. Es ist nun nahe liegend, den Zahlenstrahl in der anderen Richtung zu verlängern und, der Einfachheit halber, die Numerierung der Punkte in der umgekehrten Reihenfolge vorzunehmen. Dabei ist jedoch allgemein zu beachten, dass die Punkte links und rechts von der Null unterschieden werden müssen. Das geschieht nun dadurch, dass man die Punkte links von der Null mit dem Vorzeichen „–" versieht. Dieses Zeichen wird Minuszeichen genannt, und die Zahlen mit diesem Vorzeichen heißen *negative* Zahlen. Die rechts von der Null liegenden Zahlen nennt man dementsprechend *positive* Zahlen. Sie tragen nun das Vorzeichen +, welches aber meist weggelassen wird. Eine von 0 verschiedene Zahl ohne Vorzeichen wird also stets als positive Zahl verstanden.

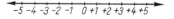

Bild 2.2

2.1 Natürliche und ganze Zahlen

Damit wurde faktisch schon der Zahlbereich der natürlichen Zahlen erweitert. Die Gesamtheit der natürlichen Zahlen und der so bestimmten negativen Zahlen bilden die **ganzen Zahlen**. Dieser Zahlbereich wird mit **Z** bezeichnet.

Die Notwendigkeit einer Zahlbereichserweiterung ergibt sich auch, wenn man folgende Aufgabenstellung betrachtet:

Gegeben sind ein Summand a und die Summe c, gesucht wird der zweite Summand x, der, mit dem ersten addiert, die gegebene Summe bildet, also

$$a + x = c \,.$$

Die entsprechende Aufgabe nennt man auch eine Subtraktion und schreibt sie in der folgenden Form:

$$c - a = x \,.$$

Die Subtraktion ist die **Umkehroperation** zur Addition. Es gilt

$$c - a = x \quad \text{genau dann, wenn} \quad a + x = c \,. \tag{2.4}$$

In $c - a = b$ heißt c der *Minuend*, a der *Subtrahend* und b die *Differenz*. Oftmals bezeichnet man den Ausdruck $c - a$ selbst als Differenz. Für die Subtraktion gilt kein Kommutativgesetz, vertauscht man Minuend und Subtrahend, so ändert sich im Allgemeinen die Differenz.

Für den Fall, dass $c \geq a$, ist diese Aufgabe *im Bereich der natürlichen Zahlen lösbar*, z. B. ist $9 - 3 = 6$, d. h., 6 ist die Zahl, die man zu 3 addieren muss, um die Summe 9 zu erhalten. Es gibt aber keine natürliche Zahl x, für die $7 + x = 5$. Geht man dagegen zum Bereich der ganzen Zahlen **Z** über, so ist die Lösung der Aufgabe $5 - 7 = x$ schnell gefunden, sie lautet -2; es gilt somit $7 + (-2) = 5$. Man muss sich also von der 7 zwei Einheiten zurückbewegen, um 5 zu erhalten.

Der Fall der Subtraktion, bei der entweder der Minuend oder der Subtrahend Null ist, sei wieder gesondert behandelt. Es gilt

$$a - 0 = a \quad \text{wegen} \quad 0 + a = a$$
$$a - a = 0 \quad \text{wegen} \quad a + 0 = a \,.$$

Die eingangs gestellte Frage nach der Operation, die dem Rückwärtsschreiten auf dem Zahlenstrahl entspricht, ist damit auch beantwortet. Diese Operation ist die Subtraktion.

Es fällt auf, dass die Vorzeichen „+" und „–" zugleich auch Zeichen für die Rechenoperationen Addition bzw. Subtraktion sind. Tatsächlich gibt es einen engen Zusammenhang zwischen Vorzeichen und Rechenoperation. Sind a und b gleichen Vorzeichens, so wird wie üblich addiert und das Vorzeichen auf das Ergebnis übertragen, sind a und b verschiedenen Vorzeichens, so findet eigentlich eine Subtraktion statt, das Vorzeichen des Ergebnisses ergibt sich aus der Subtraktion. In der Übersicht sind die verschiedenen Fälle an konkreten Zahlen dargestellt:

$$(+5) + (+7) = +12$$
$$(-5) + (-7) = -12$$
$$(-5) + (+7) = +2$$
$$(+5) + (-7) = -2$$

Den *absoluten Betrag* einer ganzen Zahl erhält man, wenn man das Vorzeichen außer Acht lässt. Der absolute Betrag wird angegeben, indem man die Zahl a in senkrechte Striche einschließt: | a |. Der absolute Betrag einer ganzen Zahl ist stets eine natürliche Zahl. Für positive ganze Zahlen fällt der Betrag selbst mit der Zahl zusammen, | 0 | = 0, und für negative Zahlen erhält man den Betrag, indem man das Vorzeichen weglässt. Den absoluten Betrag einer Zahl kann man auf der Zahlengeraden deuten als ihren Abstand vom Nullpunkt. *Entgegengesetzt* heißen Zahlen mit verschiedenen Vorzeichen, aber gleichen Beträgen, also − a und a, da gilt | − a | = | + a |.

Unter Verwendung dieses Begriffs kann man nun die Addition von Zahlen mit unterschiedlichen Vorzeichen allgemein erklären (a und b seien positive Zahlen):

$$\begin{aligned}
(+a)+(+b) &= +a+b = +(a+b) \\
(-a)+(-b) &= -a-b = -(a+b) \\
(+a)+(-b) &= +a-b = +(a-b) \quad \text{wenn } a>b \\
(-a)+(+b) &= -a+b = -(a-b) \quad \text{wenn } a>b
\end{aligned} \tag{2.5}$$

Zahlen mit gleichen Vorzeichen werden addiert, indem man die absoluten Beträge addiert und der Summe das gemeinsame Vorzeichen gibt. Zahlen mit unterschiedlichen Vorzeichen werden addiert, indem man den kleineren absoluten Betrag vom größeren absoluten Betrag subtrahiert und der Differenz das Vorzeichen der Zahl mit dem größeren absoluten Betrag gibt.

Für die Subtraktion, als Umkehroperation zur Addition, gilt

Eine Zahl wird subtrahiert, indem man sie mit entgegengesetztem Vorzeichen addiert.

Hieraus folgt unmittelbar, dass die Subtraktion von Zahlen mit unterschiedlichen Vorzeichen auf die Addition zurückgeführt werden kann. Die möglichen Fälle sind in der folgenden Übersicht zusammengestellt:

$$\begin{aligned}
(+a)-(+b) &= (+a)+(-b) = +a-b \\
(-a)-(-b) &= (-a)+(+b) = -a+b \\
(+a)-(-b) &= (+a)+(+b) = +a+b \\
(-a)-(+b) &= (-a)+(-b) = -a-b
\end{aligned}$$

BEISPIELE

2.1 $(+120m)+(+86m)+(-57m)+(-88m)+(-76m)$
 $= (+206\,m)+(-221m) = -(221m-206m) = -15m$ ∎

2.2 $(+8u)+(-6v)-(9u)-(-13v)+(+4u)$
 $= 8u-6v-9u+13v+4u = 3u+7v$ ∎

AUFGABEN

2.2 Man berechne
    a) $(+8)-(-6)$ b) $(+13)+(-9)$ c) $(+21)-(+30)$
    d) $(-96)-(+28)$ e) $(-104)+(+200)$ f) $(-53)-(-28)$

2.1 Natürliche und ganze Zahlen   45

2.3 Man berechne den Unterschied (absoluten Betrag) folgender Temperaturen:
   a) $+18\,°C$ und $+32\,°C$ b) $-43\,°C$ und $-81\,°C$
   c) $+18\,°C$ und $-32\,°C$ d) $-43\,°C$ und $+81\,°C$

2.4 Für die Werte $x = -8$ und $y = -5$ berechne man folgende Ausdrücke:
   a) $x + y$ b) $x - y$ c) $|x| + |y|$
   d) $|x| - |y|$ e) $|x - y|$ f) $|y - x|$

2.5 Man berechne
   a) $(-12) - (+14) - (-9) - (+16) - (-8) - (+11)$
   b) $(+18z) - (-5z) - (-39z) - (+12z) - (+3z)$
   c) $(+36u) - (-12v) + (+24v) - (+14u) + (-48v)$

2.6 Man addiere bzw. subtrahiere jeweils die zweite Zeile

   a) $\begin{array}{l} 28x - 14y + 9z \\ 36x - 15y - 12z \end{array} \bigg| \begin{array}{l} + \\ \pm \end{array}$ b) $\begin{array}{l} 9a - 8b + 7c - 3d \\ 5a - 6b - 3c + 2d \end{array} \bigg| \begin{array}{l} + \\ \pm \end{array}$

   c) $\begin{array}{l} 4x - 3y + 9u - 8v \\ 5x + 4y - 3u - 8v \end{array} \bigg| \begin{array}{l} + \\ \pm \end{array}$ d) $\begin{array}{l} m - 3n + p - 7 \\ m - 4n - p + 8 \end{array} \bigg| \begin{array}{l} + \\ \pm \end{array}$

2.1.3 Multiplikation. Rechnen mit Klammerausdrücken. Binome

Werden mehrere gleiche Summanden addiert, so kann man diese Operation abkürzen, indem man ein spezielles Zeichen „·" einführt und die Anzahl der Summanden auf der einen Seite und den Summanden auf der anderen Seite des Zeichens notiert. Statt

$3 + 3 + 3 + 3$ schreibt man also $4 \cdot 3$ (und liest „vier mal drei").

Allgemein, statt

$\underbrace{a + a + \ldots + a}_{b\text{ mal}}$ schreibt man $b \cdot a$.

Die so eingeführte Operation nennt man *Multiplikation* von a und b, das Ergebnis der Operation heißt das *Produkt* von a und b, a und b heißen *Faktoren*.

Wie schon für die Addition, so gelten auch für die Multiplikation Kommutativ- und Assoziativgesetz:

$a \cdot b = b \cdot a$	Kommutativgesetz der Multiplikation	(2.6)
$(a \cdot b) \cdot c = a \cdot (b \cdot c)$	Assoziativgesetz der Multiplikation	(2.7)

Man kann bei der Multiplikation die Faktoren vertauschen; ebenso ist es zulässig, bei der Multiplikation von mehr als zwei Faktoren Zwischenprodukte in beliebiger Reihenfolge zu bilden.

Eine geschickte Ausnutzung dieser Gesetze kann u. a. Rechenvorteile ergeben.

BEISPIEL

2.3 $(2 \cdot 17) \cdot 50 = (17 \cdot 2) \cdot 50 = 17 \cdot (2 \cdot 50) = 17 \cdot 100 = 1700$ ∎

Von besonderem Interesse sind die Faktoren 0 und 1. Hier gilt:

| $0 \cdot a = 0$ | $a \cdot 0 = 0$ |
| $1 \cdot a = a$ | $a \cdot 1 = a$ |

Ein Produkt hat also den Wert Null, wenn wenigstens einer der Faktoren den Wert Null hat. Auch die Umkehrung gilt: Hat das Produkt den Wert Null, so muss wenigstens einer der Faktoren den Wert Null haben.

Bei der Multiplikation von Variablen kann vereinbarungsgemäß der Punkt weggelassen werden, so schreibt man z. B. das Kommutativgesetz $a\,b = b\,a$ (lies: $a\,b$ gleich $b\,a$),

statt $\quad a \cdot b \quad\quad$ schreibt man $\quad\quad a\,b$.
$\quad\; 4a \cdot 5b \quad\quad\quad\; 4 \cdot 5 \cdot a\,b \quad\;$ oder $\quad 20ab$
$\quad\; 5z \cdot 3y \cdot 2x \quad\;\; 5 \cdot 3 \cdot 2 \cdot z\,y\,x \;\;$ oder $\quad 30xyz$

Sollen Zahlausdrücke, die Vorzeichen enthalten, miteinander multipliziert werden, so sind wieder vier Fälle zu unterscheiden (a und b seien positive Zahlen):

$(+a) \cdot (+b)$
$(-a) \cdot (+b)$
$(+a) \cdot (-b)$
$(-a) \cdot (-b)$

Der erste Fall entspricht der Multiplikation natürlicher Zahlen und ist durch die eingangs beschriebene Lesart der Multiplikation erklärt. Ist ein Faktor positiv, so soll dieser die Anzahl gleicher (in den Fällen zwei und drei – negativer) Summanden angeben, auch hier passt die beschriebene Lesart der Multiplikation. Der vierte Fall bedarf einer gesonderten Erklärung, denn es ist nicht klar, wie man eine (negative) Zahl eine negative Anzahl mal addieren soll. Es wird deshalb **festgelegt**, dass in diesem Fall das Produkt positiv und gleich dem Produkt der Beträge von a und b ist. Somit ergibt sich:

$(+a) \cdot (+b) = +a\,b$	
$(-a) \cdot (+b) = -a\,b$	
$(+a) \cdot (-b) = -a\,b$	(2.8)
$(-a) \cdot (-b) = +a\,b$	

und als Vorzeichenregel gilt:

Zwei Faktoren mit gleichen Vorzeichen ergeben ein positives, zwei Faktoren mit ungleichen Vorzeichen ein negatives Produkt.

Zweckmäßig ist es, immer zuerst das Vorzeichen eines Produkts zu bestimmen. Aus der genannten Regel lässt sich ableiten, dass allgemein das Produkt positiv ist, wenn eine gerade Anzahl negativer Faktoren vorkommt, andernfalls ist das Produkt negativ.

Das Produkt zweier natürlicher Zahlen ist stets eine natürliche Zahl. Ferner gilt, dass die Multiplikation auch im Bereich **Z** der ganzen Zahlen uneingeschränkt ausführbar ist, d. h., *das Produkt zweier ganzer Zahlen ist stets eine ganze Zahl.*

2.1 Natürliche und ganze Zahlen

BEISPIEL

2.4 a) $(+3u) \cdot (-4u) \cdot (-w) = 12uvw$
  b) $(-6t) \cdot (+8z) + (+2t) \cdot (-9z) = -66tz$ (zuerst Produkte berechnen!)
  c) $(-1) \cdot (-ab) = +ab$ ∎

AUFGABE

2.7 Man vereinfache
  a) $(+6t) \cdot (-8s) \cdot (-2w)$ b) $4 \cdot (-x) \cdot (+2y)$
  c) $(+3a) \cdot (-3b) \cdot (+3c)$ d) $(7c \cdot (-5c)) + (5d \cdot (-7d))$

Rechnen mit Klammerausdrücken, Vorrangregeln

Bereits in den unmittelbar vorhergehenden Ausdrücken wurden Klammern verwendet. Nunmehr sollen die Rechenregeln mit Klammerausdrücken ausführlich erläutert werden.

Klammern haben die Funktion, einen Ausdruck zu ordnen. Sie geben die Reihenfolge, in der die Teiloperationen komplexer Aufgaben ausgeführt werden müssen, eindeutig vor. Ein Beispiel mag das verdeutlichen: Auf die Frage „Wieviel ist sechs mal fünf plus drei?" kann man zwei verschiedene korrekte Antworten geben. Alles hängt davon ab, wie die Aufgabe zu verstehen ist. Es kann $(6 \cdot 5) + 3 = 33$ wie auch $6 \cdot (5 + 3) = 48$ gemeint sein. In beiden Fällen garantieren die Klammern eine eindeutige Aufgabenstellung, da nunmehr die Reihenfolge der Teiloperationen festgelegt ist. Die entsprechende Regel lautet:

> Sind Klammern vorhanden, so ist zunächst der Klammerausdruck auszurechnen. Sind mehrere Klammern ineinander geschachtelt, so berechnet man zuerst den Ausdruck in der „innersten" Klammer und bewegt sich schrittweise „nach außen".

Neben dieser Regel gibt es noch Festlegungen, wie Klammern eingespart werden können. Das geschieht immer dann, wenn die Eindeutigkeit der Lesbarkeit des Ausdrucks auch ohne Klammern gesichert ist. So kann aufgrund der Assoziativgesetze bei Summen mit mehreren Summanden (Produkten mit mehreren Faktoren) auf Klammern verzichtet werden. Auch die Regel „Punktrechnung geht vor Strichrechnung" kommt zur Anwendung, sie lautet exakt formuliert:

> Die Rechenart höherer Stufe (Multiplikation, Division) wird vor der Rechenart niederer Stufe (Addition, Subtraktion) ausgeführt, wenn nicht Klammern eine andere Schrittfolge vorschreiben.

Das bedeutet, dass der klammerlose Ausdruck $6 \cdot 5 + 3$ wie $(6 \cdot 5) + 3$ behandelt wird. Analog ist $a \cdot b + c \cdot d$ gleichbedeutend mit $(a \cdot b) + (c \cdot d)$.

Für Ausdrücke, in denen Variablen vorkommen, gibt es für Klammerausdrücke besondere Rechenregeln. Sie gewährleisten die gleichwertige Umformbarkeit dieser Ausdrücke, geben also Rechenregeln an, nach denen mit den Variablen „gerechnet" werden kann.

Distributivgesetze für Addition (Subtraktion) und Multiplikation

Im folgenden wird beschrieben, wie man eine algebraische Summe mit einer Zahl (oder einer Variablen) multipliziert. Es gilt:

$a(b+c) = ab + ac$	$(b+c)a = ba + ca$	(2.9a)
$a(b-c) = ab - ac$	$(b-c)a = ba - ca$	(2.9b)

Eine algebraische Summe wird mit einer Zahl multipliziert, indem man jedes Glied der Summe mit dieser Zahl multipliziert und die erhaltenen Teilprodukte addiert.

BEISPIEL[1]

2.5 a) $x - 4 \cdot (5a - x) = x - 20a + 4x = 5x - 20a$
   b) $3 \cdot (a - b) - (a + b - 1) \cdot 2a = 3a - 3b - 2a^2 - 2ab + 2a$
    $= 5a - 2a^2 - 2ab - 3b$ ∎

Die Gleichungen (2.9a) und (2.9b) können, so wie beschrieben und in den Beispielen illustriert, zur Umwandlung eines Produkts (bei dem wenigstens ein Faktor eine Summe darstellt) in eine Summe von Produkten dienen. Diese Umformung nennt man *Ausmultiplizieren*. Man kann aber auch die umgekehrte Umformung vornehmen, d. h. die Summe von Produkten in ein Produkt, bei dem wenigstens einer der Faktoren eine Summe darstellt, verwandeln. In diesem Fall spricht man vom *Ausklammern*.

→ Ausklammern →
$$ab + ac - ad = a(b + c - d)$$
← Ausmultiplizieren ←

Man sieht, dass Ausklammern und Ausmultiplizieren einander entgegengesetzte Operationen sind.

BEISPIEL

2.6 a) $8uv - 10uw + 14uz = 2u \cdot (4v - 5w + 7z)$
   b) $a^2 - 9b^2 - 18b = a^2 - 9b(b + 2)$
   c) $2q^2 + 8pq - 8q = 2q(q + 4p - 4) = 2q[q + 4 \cdot (p - 1)]$
   d) $a^2 + 2a + ab + 2b = (a^2 + 2a) + (ab + 2b) = a(a + 2) + b(a + 2)$
    $= (a + b) \cdot (a + 2)$ ∎

AUFGABEN

2.8 Die folgenden Ausdrücke sind umzuformen:
   a) $4 \cdot (14p - 15q)$ b) $x \cdot (x + 9y)$ c) $(4a - 7b) \cdot 3ab$
   d) $60u - 3(15u + 8)$ e) $14 \cdot (3s + 4t) - 8 \cdot (5s - 3t)$
   f) $(3x + 2y - 1) \cdot 5a$ g) $3[40x - 2 \cdot (5x + 8) + 10 \cdot (2 - x)]$
   h) $[a \cdot (a^2 + a - 1) - a^2 \cdot (a + 1)] \cdot 5$

2.9 Gemeinsame Faktoren sind auszuklammern, das Ergebnis prüfe man mithilfe der umgekehrten Umformung (Ausmultiplizieren)![2]
   a) $2\pi r^2 + 2\pi rh$ b) $72x^3 + 48x^2 - 96x$
   c) $57a^2 - 21ab - 42ac$ d) $x^2 - 3x + xy - 3y$

---

[1] a^2 wird als Abkürzung für $a \cdot a$ verwendet (vgl. Abschnitt 2.3.1)
[2] a^3 wird als Abkürzung für $a \cdot a \cdot a$ verwendet (vgl. Abschnitt 2.3.1)

2.1 Natürliche und ganze Zahlen

Multiplikation von Klammerausdrücken

Sind zwei algebraische Summen miteinander zu multiplizieren, so kann dies schrittweise erfolgen:

$$(a + b) \cdot (c + d) = a \cdot (c + d) + b \cdot (c + d) = ac + ad + bc + bd \qquad (2.10)$$

Man kann aber auch aufgrund der Formel (2.10) gleich vollständig ausmultiplizieren.

Zwei Summen werden miteinander multipliziert, indem man jedes Glied der ersten Summe mit jedem Glied der zweiten Summe multipliziert und die erhaltenen Teilprodukte addiert.

Die Anzahl der Glieder, die sich bei dieser Umformung (Ausmultiplizieren) ergibt, lässt sich leicht bestimmen: Es ist das Produkt aus den Anzahlen der Summanden in den miteinander zu multiplizierenden Summen.

BEISPIELE

2.7 a) $(a + b)(c - d) = ac - ad + bc - bd$
     b) $(a - b)(c + d) = ac + ad - bc - bd$
     c) $(a - b)(c - d) = ac - ad - bc + bd$
     d) $(a + b) \cdot (c + d - e) = ac + ad - ae + bc + bd - be$ ∎

2.8 Mehrfachklammern:
     $3a\,[(a + 2)(a - 1) - (a - 2)(a + 1)] = 3a\,[a^2 + 2a - a - 2 - (a^2 - 2a + a - 2)]$
     $= 3a\,(a^2 + a - 2 - a^2 + a + 2) = 3a \cdot 2a = 6a^2$ ∎

2.9 Ausnutzen von Rechenvorteilen: $449 \cdot 902$
     $449 \cdot 902 = (450 - 1) \cdot (900 + 2) = 450 \cdot 900 + 450 \cdot 2 - 900 - 2 = 405\,000 - 2$
     $= 404\,998$ ∎

2.10 Um wieviel vergrößert sich die Fläche eines Rechtecks, wenn man die Seite $a = 693$ m um 5 m und die Seite $b = 147$ m um 7 m verlängert?
     Lösung: Der Flächenzuwachs ist gegeben durch (ohne Maßeinheit)
     $(693 + 5) \cdot (147 + 7) - 693 \cdot 147 = 693 \cdot 7 + 5 \cdot 147 + 5 \cdot 7$
     $= 4851 + 735 + 35 = 5621$
     Der Flächenzuwachs beträgt 5621 m^2. ∎

Binomische Formeln

Sind in Formel (2.10) die beiden Klammerausdrücke gleich, so erhält man einen speziellen Ausdruck, nämlich:

$$(a + b)^2 = (a + b)(a + b) = a^2 + ab + ab + b^2 = a^2 + 2ab + b^2.$$

Dies ist die **erste binomische Formel**

$$(a + b)^2 = a^2 + 2ab + b^2 \qquad (2.11)$$

Analog lässt sich die **zweite binomische Formel** bestimmen.

$$(a - b)^2 = a^2 - 2ab + b^2 \qquad (2.12)$$

Beide binomische Formeln lassen sich im Ausdruck

$$(a \pm b)^2 = a^2 \pm 2ab + b^2$$

zusammenfassen, der Rechenvorteile beim Quadrieren bietet.

BEISPIEL

2.11 a) $43^2 = (40 + 3)^2 = 40^2 + 2 \cdot 40 \cdot 3 + 3^2 = 1600 + 240 + 9 = 1849$
b) $37^2 = (40 - 3)^2 = 40^2 - 2 \cdot 40 \cdot 3 + 3^2 = 1600 - 240 + 9 = 1369$ ∎

Hat man $(a + b)$ mit $(a - b)$ zu multiplizieren, so erhält man

$$(a + b)(a - b) = a^2 - ab + ab - b^2 = a^2 - b^2.$$

Das ist die **dritte binomische Formel**.

$$(a + b)(a - b) = a^2 - b^2 \qquad (2.13)$$

BEISPIELE

2.12 Man berechne unter Verwendung der dritten binomischen Formel $65 \cdot 55$!
Lösung: $65 \cdot 55 = (60 + 5)(60 - 5) = 60^2 - 5^2 = 3600 - 25 = 3575$ ∎

2.13 Man ergänze den Ausdruck $4x^2 - 4xy$ zum vollständigen Quadrat!
Lösung: Hier kommt eine Ergänzung nach der zweiten binomischen Formel (2.12) in Frage. Diese hat die allgemeine Form: $(a - b)^2 = a^2 - 2ab + b^2$. Offensichtlich ist $a = 2x$ (und damit $a^2 = 4x^2$), außerdem ist $-2ab = -4xy$, d. h. $b = y$. Damit ist der fehlende Summand gefunden, es ist y^2.
[Probe: $4x^2 - 4xy = (2x - y)^2 - y^2$] ∎

AUFGABEN

Man berechne jeweils:

2.10 a) $(m + 3)(n - 4)$ b) $(x - 5)(y + 3)$
c) $(x - 6)(x - 1)$ d) $(3a + b)(c + 8)$
e) $(u - 3v)(2w + 4z)$ f) $(7s - 10t)(-2s - 3t)$
g) $(9p - 2q + r)(2p + 5q)$ h) $(4c - 5d + 2)(8c - 2d + 4)$
i) $(7p + 9q - 3r)(4p - 7q + 3r)$

2.11 a) $(4a + b)^2$ b) $(3c - d)^2$
c) $(5x + 2y)^2$ d) $(8u - 5)^2$
e) $(m - 1)^2$ f) $(-9 + z)^2$
g) $(2a - 3)(2a + 3)$ h) $(4u - 2p)(4u + 2p)$
i) $(xy - 2)(yx + 2)$

2.12 a) $(a + b)^2 - (a^2 + b^2)$ b) $(a - b)^2 - (a^2 - b^2)$
c) $(a + b)^2 - (a - b)^2$ d) $(x + y)^2 + (x - y)^2$
e) $(3a + 2)^2 - (5a - 3)^2$ f) $(7u - 5v)^2 - (3v - 2u)^2$
g) $(2x - 5y)(2x + 5y)(4x^2 + 25y^2)$ h) $(a + b)(a - b)(b - a)$

2.13 Mithilfe der binomischen Formeln ist zu berechnen:
  a) 51^2 b) 73^2 c) 105^2 d) 98^2 e) $48 \cdot 52$

2.14 Die folgenden Ausdrücke sind in Produktform zu bringen:
  a) $x^2 + 2x + 1$ b) $16u^2 - 40uv + 25v^2$ c) $4x^2 + 12x + 9$
  d) $64a^2 - 25b^2$ e) $9r^2 - 1$ f) $2x^2 - 32$

2.15 Mit Hilfe der dritten binomischen Formel berechne man
  a) $8^2 - 2^2$ b) $55^2 - 54^2$ c) $n^2 - (n-1)^2$

2.16 Die folgenden Ausdrücke sind zu vollständigen Quadraten zu ergänzen
  a) $x^2 + 8x$ b) $x^2 - 10x$ c) $4x^2 + 8x$
  d) $9x^2 - 27x$ e) $4a^2 - 24ab$ f) $25u^2 + 49v^2$

2.17 Um wieviel wird die Fläche eines Rechtecks größer, wenn man seine Seite $a = 26$ m um 4 m und seine Seite $b = 18$ m um 2 m vergrößert?

2.18 Ein Rechteck und ein Quadrat haben den gleichen Umfang. Die große Rechteckseite ist 3 cm länger als die Quadratseite. Um wieviel ist die Fläche des Rechtecks kleiner als die des Quadrats?

2.2 Rationale Zahlen

Wieder ist es die Frage nach der Umkehroperation, die zur Zahlbereichserweiterung führt. Sucht man einen Faktor x, der, mit einem gegebenen Faktor a multipliziert, ein bestimmtes Produkt c ergibt, so ist diese Suche in einigen Fällen im Bereich der ganzen Zahlen erfolgreich. So ist z. B., wenn $a = -2$ und $c = 34$, die gesuchte Zahl $x = -17$. Aber schon für den Fall, dass $a = 2$, $c = 5$, ist die Aufgabe im Bereich der ganzen Zahlen **Z** nicht lösbar. Deshalb sollen jetzt die rationalen Zahlen, ihre Darstellungsweisen und die Gesetze des Rechnens mit ihnen betrachtet werden.

2.2.1 Division. Eine zweite Zahlbereichserweiterung

Die Division ist als Umkehroperation zur Multiplikation folgendermaßen erklärt:

Ist $a \cdot b = c$,   dann ist $c : b = a$,   sowie $c : a = b$.
z. B. $4 \cdot 3 = 12$ $12 : 3 = 4$ $12 : 4 = 3$.

Den Ausdruck a : b = c
liest man   *Dividend* : *Divisor* = *Quotient*.

Im Bereich **Z** der ganzen Zahlen ist die Division offensichtlich immer dann ausführbar, wenn der Dividend als Produkt ganzer Zahlen dargestellt werden kann, das den Divisor als einen Faktor enthält. Diese Eigenschaft liefert zugleich den Mechanismus, mit dem die Probe zu einer Division ausgeführt werden kann.

$a = b \cdot c$ genau dann, wenn $a : b = c$.

Außerdem gilt $\quad (a \cdot b) : b = a \quad$ und $\quad (a \cdot b) : a = b$

sowie $\quad\quad\quad (a : b) \cdot b = a \quad$ und $\quad (b : a) \cdot a = b$,

d. h., Multiplikation und (entsprechende) Division heben einander auf.

Multiplikation und Division sind entgegengesetzte (gleichrangige) Rechenarten.

Die Vorzeichenregeln für die Division ergeben sich dann aus den Vorzeichenregeln für die Multiplikation. Im einzelnen gilt (wieder seien a und b positiv):

$$\begin{aligned}(+\,a) : (+\,b) &= +\,a : b \\ (-\,a) : (-\,b) &= +\,a : b \\ (-\,a) : (+\,b) &= -\,a : b \\ (+\,a) : (-\,b) &= -\,a : b\end{aligned}$$

(2.14)

Der Quotient ist positiv, wenn Dividend und Divisor gleiche Vorzeichen haben, negativ bei verschiedenen Vorzeichen.

Ein Kommutativ- oder ein Assoziativgesetz gilt, im Gegensatz zu Multiplikation oder Addition, für die Division nicht.

Seien nun einige Sonderfälle betrachtet:

Aus $\quad a \cdot 1 = 1 \cdot a = a \quad$ schlussfolgert man:

$\quad\quad a : 1 = a \quad\quad$ bzw. $\quad a : a = 1$.

Eine Division mit dem Divisor 1 lässt den Dividenden unverändert; teilt man eine Zahl durch sich selbst, so ist der Quotient 1.

Wegen $\ (-\,a)(-\,1) = (+\,a) \ $ und $\ (+\,a)(-\,1) = (-\,a) \ $ gilt:

$\quad\quad (+\,a) : (-\,1) = (-\,a), \quad\quad (-a) : (-\,1) = (+\,a)$

sowie $\ (+\,a) : (-\,a) = (-\,1) \ $ und $\ (-a) : (+\,a) = (-\,1)$.

Wird eine Zahl durch $-\,1$ geteilt, so ändert sich nur das Vorzeichen; teilt man entgegengesetzte Zahlen durcheinander, so ist der Quotient $-\,1$.

Eine Division mit dem Divisor 0 ist nicht zulässig, denn es gibt keine Zahl, die, mit 0 multipliziert, a ergibt ($a \ne 0$). Auch für den Dividenden 0 wird eine Division durch 0 ausgeschlossen. **Eine Division durch 0 ist nicht zulässig.**

Ist $a \ne 0$, so gilt wegen $\quad 0 \cdot a = 0 \quad\quad 0 : a = 0 \quad (a \ne 0)$.

2.2 Rationale Zahlen

Alle bisherigen Bemerkungen und Festlegungen gelten auch nach der nun vorzunehmenden Zahlbereichserweiterung.

Rationale Zahlen und ihre Darstellungsweisen

Sind p und q ganze Zahlen und ist $q \neq 0$, so heißt jede Zahl der Form $\frac{p}{q}$ (wobei diese Schreibweise mit $p:q$ gleichbedeutend ist) eine *gebrochene Zahl*. Den Ausdruck $\frac{p}{q}$ nennt man einen *Bruch*, p und q heißen entsprechend *Zähler* bzw. *Nenner* des Bruches, sie sind durch den *Bruchstrich* getrennt[1].

Die Ausdrücke der Form $\frac{p}{q}$ (wobei $q \neq 0$) bilden die Gesamtheit der rationalen Zahlen. Diese wird mit **Q** bezeichnet.

Auch die ganzen Zahlen lassen sich in der Form eines Bruches darstellen, dazu genügt es, den Nenner gleich 1 zu setzen. In der Regel zieht man jedoch die vereinfachte Darstellung ohne Bruchstrich vor. Deshalb gilt, dass die natürlichen und die ganzen Zahlen in der Gesamtheit der rationalen Zahlen enthalten sind: **N** $\subseteq$ **Z** $\subseteq$ **Q**.

Das Vorzeichen eines Bruches ist durch die Vorzeichen von Zähler und Nenner bestimmt: Haben beide gleiche Vorzeichen, so ist der Bruch positiv, andernfalls negativ.

Das Ergebnis der Division $a:b$ kann man nun in Form einer gebrochenen Zahl schreiben: $a:b = \frac{a}{b}$. Damit ist klar, dass die Division ganzer Zahlen stets ein Ergebnis im Bereich der rationalen Zahlen hat, also nunmehr uneingeschränkt ausführbar ist. Im Folgenden wird gezeigt, dass im Bereich der rationalen Zahlen alle bisher eingeführten Rechenoperationen uneingeschränkt ausführbar sind, d. h. dass die Summe, die Differenz, das Produkt und der Quotient zweier rationaler Zahlen stets wieder eine rationale Zahl ist. Zuvor aber sollen noch alternative Darstellungsweisen rationaler Zahlen erläutert werden. Wie schon bemerkt, lassen sich natürliche wie auch negative ganze Zahlen ebenfalls in Bruchform schreiben.

Ein besonderer Fall der Darstellung rationaler Zahlen sind die *Dezimalbrüche*. Hierbei handelt es sich um Brüche, deren Nenner Zehnerpotenzen sind. So bedeutet etwa 0,4 nichts anderes als der Bruch $\frac{4}{10}$, 0,37 ist die Dezimalschreibweise von $\frac{37}{100}$, und 0,0037 ist die Dezimalschreibweise von $\frac{37}{10000}$. Dezimaldarstellungen werden im Abschnitt 2.3.4 ausführlich behandelt.

---

[1] Häufig, z.B. bei Zinsangaben, verwendet man auch einen schrägen Bruchstrich.

Schließlich sei noch auf eine Schreibweise rationaler Zahlen verwiesen, die man in Anwendungen häufig antrifft: Folgt auf eine natürliche Zahl ein Bruch, wie z. B. in $3\frac{1}{4}$ (oftmals auch 3¼), so meint dies die rationale Zahl $3 + \frac{1}{4}$. Auch hier sei auf Abschnitt 2.3.4 verwiesen.

2.2.2 Rechenvorschriften für die Division

Division durch eine ganze Zahl

BEISPIEL

2.14 a) $(-24a) : (-4a) = +6$ Probe: $(+6) \cdot (-4a) = -24a$
b) $(-81x^2) : (+3x) = -27x$ Probe: $(-27x) \cdot (+3x) = -81x^2$ ∎

AUFGABEN

2.19 Man berechne
a) $(-64) : (+4)$
b) $(+48) : (-6)$
c) $(+72a) : (-8)$
d) $(-72a) : 8a$
e) $(-18uv) : 9u$
f) $36z^2 : (-4z)$
g) $(-27x^2y^2z) : 3xy$
h) $8a^2b^2 : (-2a)$

2.20 Man berechne die Quotienten (der Bruchstrich steht anstelle des Divisionszeichens)
a) $\dfrac{-76a}{4a}$
b) $\dfrac{76a}{-4a}$
c) $\dfrac{-76a}{-4a}$
d) $\dfrac{-48pq^2r}{6pq} + \dfrac{54pqr^2}{-6pr} - \dfrac{15pq^2r^2}{-3pqr}$
e) $4a \cdot (-2c) + (-6abc) : 2b - 24abc : (-4b)$

Division von Klammerausdrücken durch eine ganze Zahl

Man dividiert eine algebraische Summe durch eine Zahl, indem man jedes Glied der Summe durch diese Zahl dividiert und die erhaltenen Quotienten addiert.

$$(a + b) : m = a : m + b : m \qquad (2.15)$$

Die Begründung für diese Regel ergibt sich aus der Rechenvorschrift für die Multiplikation einer algebraischen Summe mit einer Zahl sowie aus der Tatsache, dass die Division die Umkehroperation zur Multiplikation ist.

2.2 Rationale Zahlen

BEISPIEL

2.15 a) $436 : 4 = (400 + 36) : 4 = 400 : 4 + 36 : 4 = 100 + 9 = 109$
 b) $(54a - 36b) : 9 = 54a : 9 - 36b : 9 = 6a - 4b$
 c) $(8mn + 4m^2 - 12mp) : (-4m) = -2n - m + 3p$ ∎

AUFGABE

2.21 Man berechne
 a) $(13a - 13b) : 13$ b) $(18x + 27y) : 9$ c) $(12px - 18qx) : 6x$
 d) $(24qr - 21qs + 9q) : (-3q)$ e) $(100abc^2 - 75ab^2c + 25a^2bc) : 25abc$

Division durch eine Summe

Ist eine algebraische Summe durch eine algebraische Summe zu teilen, so versucht man, den Divisor als Faktor des Dividenden darzustellen. Mit anderen Worten, man bemüht sich, den Dividenden durch Ausklammern und ähnliche Umformungen in ein Produkt zu verwandeln. Diesen Vorgang nennt man *Faktorenzerlegung*. Dabei können Fälle unterschieden werden:

a) Sämtliche Summanden der zu zerlegenden Summe enthalten einen gemeinsamen Faktor.

BEISPIEL

2.16 a) $15abx - 9b^2y + 12bz = 3b\,(5ax - 3by + 4z)$
 b) $-mx + nx - x = x\,(-m + n - 1)$ bzw. $-mx + nx - x = -x\,(m - n + 1)$
 c) $(a + b)\,x - (a + b)\,y = (a + b)\,(x - y)$ ∎

b) Durch Zusammenfassen geeigneter Summanden lässt sich das Ausklammern gemeinsamer Faktoren mehrfach nacheinander wiederholen.

BEISPIEL

2.17 a) $ac - ad + bc - bd = (ac - ad) + (bc - bd) = a\,(c - d) + b\,(c - d)$
 $= (a + b)\,(c - d)$
 b) $ax - bx + cx + ay - by + cy = (a - b + c)\,x + (a - b + c)\,y = (a - b + c)\,(x + y)$
 c) $pq - qr - p + r = q\,(p - r) - (p - r) = (q - 1)\,(p - r)$ ∎

c) Eine Zerlegung gelingt mithilfe einer der binomischen Formeln.

BEISPIEL

2.18 a) $16a^2 + 24ab + 9b^2 = (4a + 3b)^2$
 b) $49p^2 - 14p + 1 = (7p - 1)^2$
 c) $64u^2 - 25v^2 = (8u + 5v)\,(8u - 5v)$
 d) $x^2 + 2xy + y^2 - z^2 = (x + y)^2 - z^2 = (x + y + z)\,(x + y - z)$ ∎

d) Eine Summe der Form $x^2 + px + q$ lässt sich in ein Produkt $(x + a)(x + b)$ zerlegen. Dabei sind a und b Zahlen[1], die den folgenden Bedingungen genügen:

$$a + b = p \; ; \quad a \cdot b = q.$$

(Wie man leicht sieht, gilt $(x + a)(x + b) = x^2 + (a + b)x + ab$. Setzt man in diesem Fall $a + b = p$ und $a \cdot b = q$, so erhält man die zu zerlegende Summe $x^2 + px + q$.)

BEISPIEL

2.19   a) $x^2 + 6x + 8 = (x + 2)(x + 4)$
       b) $x^2 - 5x + 6 = (x - 2)(x - 3)$
       c) $x^2 + 2x - 24 = (x + 6)(x - 4)$
       d) $x^2 - x - 12 = (x - 4)(x + 3)$ ■

Die Methode der Faktorenzerlegung erleichtert die Division einer algebraischen Summe durch eine algebraische Summe erheblich. Aus den binomischen Formeln erhält man u. a. die folgenden Divisionsbeispiele, die als Muster für ähnliche Divisionsaufgaben dienen können (Zu beachten ist, dass $a - b = (-1)(b - a)$; $(b - a)^2 = (a - b)^2$.):

$$(a^2 - b^2) : (a - b) = a + b$$
$$(a^2 - b^2) : (a + b) = a - b$$
$$(a^2 + 2ab + b^2) : (a + b) = a + b$$
$$(a^2 - 2ab + b^2) : (a - b) = a - b$$
$$(a^2 - 2ab + b^2) : (b - a) = b - a$$

BEISPIEL

2.20   a) $(x^2 - y^2) : (y - x) = (x + y)(x - y) : (y - x) = (x + y)(-1)(y - x) : (y - x)$
         $= -x - y$
      b) $(16a^2 - 24ab + 9b^2) : (4a - 3b) = (4a - 3b)^2 : (4a - 3b) = 4a - 3b$
      c) $(2uv + 2uw - 3v - 3w) : (v + w) = [v(2u - 3) + w(2u - 3)] : (v + w)$
         $= (v + w)(2u - 3) : (v + w) = 2u - 3$
      d) $(a^2 + ab - 2b^2) : (a - b) = (a^2 - b^2 + ab - b^2) : (a - b)$
         $= [(a + b)(a - b) + b(a - b)] : (a - b) = a + b + b = a + 2b$ ■

Partialdivision

Ist die Faktorenzerlegung schwierig oder nicht in geeigneter Weise möglich, so kommt das Verfahren der Partialdivision zur Anwendung. Man verfährt hierbei ähnlich der schriftlichen Division bestimmter Zahlen. Um die Analogie deutlich zu machen, betrachte man zunächst die Divisionsaufgabe $294 : 21$. In ausführlicher Darstellung sieht die Lösung so aus:

$$\begin{array}{l} (200 + 90 + 4) : (20 + 1) = 10 + 4 = 14 \\ \underline{-(200 + 10)} \\ 0 \;\; 80 + 4 \\ \underline{-(80 + 4)} \\ 0 \end{array}$$

---

[1] Hierbei ist zu beachten, dass a und b nicht unbedingt rationale Zahlen sind. Sie können auch reelle oder gar komplexe Zahlen sein (s. Abschnitte 2.3.4 und 3).

2.2 Rationale Zahlen

In gleicher Weise verfährt man nun auch mit algebraischen Summen.

Als Rechenvorschrift ist bei Aufgaben dieser Art zu beachten, dass die Glieder im Dividenden und Divisor nach gleichem Grundsatz geordnet sind, z.B. nach fallenden Potenzen einer Variablen. Man dividiert immer das erste Glied des Dividenden durch den Divisor, multipliziert das so erhaltene erste Glied des Quotienten mit dem gesamten Divisor und subtrahiert dieses Produkt vom Dividenden. Mit dem verbleibenden Rest verfährt man solange nach gleichem Grundsatz, bis keine Division mehr möglich ist.

BEISPIEL

2.21 a) $(6a^2 + 8ab - 15ac - 20bc) : (3a + 4b) = 2a - 5c$
$\underline{-(6a^2 + 8ab)}$
$\quad\quad 0 \quad - 15ac - 20bc$
$\quad\quad \underline{-(-15ac - 20bc)}$
$\quad\quad\quad\quad\quad 0$

b) $(2a^3 + 3a^2x^2 - 2ax - x^3) : (a^2 - x) = 2a + 3x^2$ Rest $2x^3$
$\underline{-(2a^3 \quad\quad -2ax)}$
$\quad 0 + 3a^2x^2 + 0 - x^3$
$\quad \underline{-(3a^2x^2 \quad - 3x^3)}$
$\quad\quad\quad 0 \quad\quad\quad + 2x^3$ ■

AUFGABEN

2.22 Man zerlege die folgenden Ausdrücke in Faktoren
a) $20ax - 35bx - 40x^2$
b) $63xy - 84y^2 + 98yz$
c) $10n^2 + 21xy - 14nx - 15ny$
d) $40x^2 - 2p + 5x - 16px$
e) $91x^2 - 112mx + 65nx - 80mn$
f) $90x^2 - 25ax - 288bx + 80ab$
g) $px + qx + rx - py - qy - ry$
h) $2ax - 5ay + a - 2bx + 5by - b$
i) $a^2 - 6a + 9$
k) $x^2 + 4x + 4$
l) $x^3 + 2x^2 + x$
m) $36x^2 - 25y^2$
n) $x^2 - 26xy + 169y^2 - 4z^2$
o) $x^2 + 12x + 35$
p) $x^2 + x - 20$
q) $x^2 - 5x - 24$
r) $a^2 - 7ab + 12b^2$
s) $a^2 - 7ab + 10b^2$
t) $x^2 + (a - b)x - ab$
u) $x^2 - (n - 3)x - 3n$
v) $a^2 - 3ab - 10b^2$
w) $a^2 + 2ab - 15b^2$
x) $x^3 + x^2 + x + 1$
y) $x^3 - 11x^2y + 24xy^2$

2.23 Die Division ist nach Faktorenzerlegung auszuführen:
a) $(9ab^2 - 6a^2b) : 3ab$
b) $(15uv - 20ux + 35u^2) : 5u$
c) $(8a + 4b) : (2a + b)$
d) $(3a^2 - 27) : (a - 3)$
e) $(16x^2 - 4y^2) : (2x + y)$
f) $(u^2 + 5uv + 4v^2) : (u + 4v)$
g) $(3ax - 6ay - 15bx + 30by) : (x - 2y)$

2.24 Mittels Partialdivision sind zu berechnen:

a) $(a^2 - 1) : (a - 1)$ b) $(a^3 - 6a^2 + 11a - 12) : (a - 4)$
c) $(x^3 + x^2y + xy^2 + y^3) : (x^2 + y^2)$ d) $(6x^2 - 2xy - 20y^2) : (3x + 5y)$
e) $(6x^2 + 5xy - 6y^2) : (3x - 2y)$ f) $(z^2 - z - 12) : (z + 3)$
g) $(12a^2 + ab + 16a - 6b^2 + 12b) : (3a - 2b + 4)$
h) $(8x^2 + 10xy + 2xz - 3y^2 + 10yz - 3z^2) : (2x + 3y - z)$
i) $(6a^2 - ab - 14b^2) : (3a + 4b)$

2.2.3 Rechnen mit Brüchen

Eine der wichtigsten Besonderheiten der Brüche besteht darin, dass verschiedene Brüche ein und dieselbe rationale Zahl darstellen können. So sind etwa die Brüche 0,5 (zur Erinnerung: die Dezimalbruchschreibweise für $\frac{5}{10}$) ebenso wie $\frac{1}{2}$, $\frac{-13}{-26}$ oder $\frac{25}{50}$ verschiedene Ausdrücke ein und derselben rationalen Zahl. Eine Normal- oder Standardform gibt es nicht, auch wenn man in diesem Beispiel sicher die Form 0,5 bzw. $\frac{1}{2}$ bevorzugen wird.

Die Operationen, die einen Bruch aus der einen in die andere, gleichwertige Form überführen, nennt man **Kürzen** bzw. **Erweitern**.

Beim *Erweitern* werden Zähler und Nenner eines Bruches mit demselben Faktor multipliziert, dabei ändert sich, wie schon erwähnt, nur die Form, der Wert des Bruches bleibt unverändert. So sind die oben genannten Formen aus dem Bruch $\frac{1}{2}$ durch Erweitern um 5, – 13 bzw. 25 hervorgegangen. In allgemeiner Form lautet die entsprechende Gesetzmäßigkeit, von der man hier Gebrauch macht

$$\frac{a}{b} = \frac{ac}{bc}, \quad \text{wobei } c \text{ beliebig ist.} \tag{2.16}$$

Die Umkehroperation ist das *Kürzen*. In diesem Fall wird ein gemeinsamer Faktor aus Zähler und Nenner gestrichen, wobei wiederum der Wert des Bruches unverändert bleibt. So erhält man etwa aus $\frac{13}{1001}$ durch Kürzen den gleichwertigen Bruch $\frac{1}{77}$ (gemeinsamer Faktor 13). In allgemeiner Form:

$$\frac{ma}{mb} = \frac{a}{b}. \tag{2.17}$$

Man beachte: Ein Bruch lässt sich stets erweitern, kürzen kann man nur dann, wenn Zähler und Nenner einen gemeinsamen Faktor haben.

BEISPIELE

2.22 Kürzen

a) $\dfrac{a^2bc^2d}{ab^2c} = \dfrac{acd}{b}$

b) $\dfrac{24a(b-c)}{6(b-c)} = 4a$

c) $\dfrac{6ax-4bx}{4ax+2bx} = \dfrac{2x(3a-2b)}{2x(2a+b)} = \dfrac{(3a-2b)}{(2a+b)}$

d) $\dfrac{u^2-2u+1}{u^2-1} = \dfrac{(u-1)^2}{(u+1)(u-1)} = \dfrac{u-1}{u+1}$

e) Die Brüche $\dfrac{a+b}{a\cdot b}$, $\dfrac{a^2+b^2}{a^2-b^2}$, $\dfrac{4a+9b}{2a+3b}$ lassen sich nicht kürzen. ■

2.23 Erweitern

a) $\dfrac{a+b}{a-b}$ wird mit $a+b$ erweitert: $\dfrac{(a+b)(a+b)}{(a-b)(a+b)} = \dfrac{(a+b)^2}{a^2-b^2}$.

b) $\dfrac{0{,}125xy - 0{,}5x}{x - 0{,}5y}$ mit $8x$ erweitert: $\dfrac{(0{,}125xy - 0{,}5x)\cdot 8x}{(x - 0{,}5y)\cdot 8x} = \dfrac{x^2y - 4x^2}{8x^2 - 4xy}$

c) Die Brüche $\dfrac{a}{b}, \dfrac{a}{c}, \dfrac{b}{ac}$ sollen jeweils auf den Nenner abc gebracht werden:

$\dfrac{a}{b} = \dfrac{a^2c}{abc}$ (erweitert mit ac) $\qquad\dfrac{a}{c} = \dfrac{a^2b}{abc}$ (erweitert mit ab)

$\dfrac{b}{ac} = \dfrac{b^2}{abc}$ (erweitert mit b).

d) Womit wurde erweitert im Fall $\dfrac{x+3}{x-2} = \dfrac{3x^2+15x+18}{3\cdot(x^2-4)}$?

Lösung: Es wurde mit $3\cdot(x+2)$ erweitert, denn

$\dfrac{3x^2+15x+18}{3\cdot(x^2-4)} = \dfrac{3\cdot(x^2+5x+6)}{3\cdot(x^2-4)} = \dfrac{3\cdot(x+2)(x+3)}{3\cdot(x+2)(x-2)}$. ■

Addition und Subtraktion von Brüchen

Brüche heißen *gleichnamig*, wenn sie den gleichen Nenner haben. Gleichnamige Brüche werden addiert (subtrahiert), indem man ihre Zähler addiert (subtrahiert) und den Nenner beibehält.

BEISPIEL

2.24 a) $\dfrac{3}{7} + \dfrac{2}{7} = \dfrac{3+2}{7} = \dfrac{5}{7}$

b) $\dfrac{4a}{m} + \dfrac{2b}{m} - \dfrac{3c}{m} = \dfrac{4a+2b-3c}{m}$

c) $\dfrac{8a+10b}{a^2-b^2} - \dfrac{2a+4b}{a^2-b^2} = \dfrac{8a+10b-(2a+4b)}{a^2-b^2} = \dfrac{6a+6b}{a^2-b^2} = \dfrac{6(a+b)}{a^2-b^2} = \dfrac{6}{a-b}$

(Im letzten Schritt wurde um den gemeinsamen Faktor $a+b$ gekürzt.) ■

2 Aufbau der reellen Zahlen

Ungleichnamige Brüche müssen vor der Addition (Subtraktion) gleichnamig gemacht werden. Die Hauptaufgabe besteht darin, so geschickt zu erweitern, dass die zu addierenden (subtrahierenden) Brüche einen gemeinsamen Nenner haben.

Man beachte, dass es für die Addition bzw. Subtraktion hinreichend ist, wenn die entsprechenden Brüche gleiche Nenner haben. Das kann man u. a. dadurch erreichen, dass man alle verschiedenen Nenner miteinander multipliziert und das Produkt als gemeinsamen Nenner nimmt.

BEISPIEL

2.25 a) $\dfrac{5}{6}+\dfrac{3}{4}=\dfrac{5\cdot 4}{6\cdot 4}+\dfrac{3\cdot 6}{4\cdot 6}=\dfrac{20+18}{24}=\dfrac{38}{24}=\dfrac{19}{12}$

b) $\dfrac{3m}{m+n}-2=\dfrac{3m}{m+n}-\dfrac{2(m+n)}{m+n}=\dfrac{3m-2(m+n)}{m+n}=\dfrac{m-2n}{m+n}$

c) $\dfrac{1}{4a}+\dfrac{2b+a}{6b^2}-\dfrac{3a+b}{9ab}=\dfrac{1\cdot 6b^2\cdot 9ab}{4a\cdot 6b^2\cdot 9ab}+\dfrac{(2b+a)\cdot 4a\cdot 9ab}{6b^2\cdot 4a\cdot 9ab}-\dfrac{(3a+b)\cdot 4a\cdot 6b^2}{9ab\cdot 4a\cdot 6b^2}$

$=\dfrac{54ab^3}{216a^2b^3}+\dfrac{72a^2b^2+36a^3b}{216a^2b^3}-\dfrac{72a^2b^2+24ab^3}{216a^2b^3}$

$=\dfrac{54ab^3+72a^2b^2+36a^3b-(72a^2b^2+24ab^3)}{216a^2b^3}$

$=\dfrac{36a^3b+30ab^3}{216a^2b^3}=\dfrac{6a^2+5b^2}{36ab^2}$ ∎

Gerade das letzte Beispiel illustriert, dass man sich bemühen sollte, den **kleinsten** gemeinsamen Nenner zu ermitteln. Dies ist das kleinste gemeinsame Vielfache der entsprechenden Nenner, es wird als *Hauptnenner* bezeichnet. Man findet den Hauptnenner, indem man die einzelnen Nenner in Produkte von Primfaktoren[1] zerlegt und das Produkt aus deren jeweils höchsten Potenzen bildet.

Dann ergibt sich die Erweiterungszahl eines Bruchs als Quotient von Hauptnenner geteilt durch bisherigen Nenner.

BEISPIEL

2.26 a) $\dfrac{5}{6}+\dfrac{3}{4}=\dfrac{5\cdot 2}{6\cdot 2}+\dfrac{3\cdot 3}{4\cdot 3}=\dfrac{10+9}{12}=\dfrac{19}{12}$

Hauptnenner: $6 = 2\cdot 3$; $4 = 2^2$; HN $= 2^2\cdot 3$

b) $\dfrac{1}{2a}+\dfrac{1}{3a}-\dfrac{1}{6a^2}$

Man ermittelt wieder zuerst den Hauptnenner, hier: $6a^2$. Die Erweiterungszahl für den ersten Bruch ist $3a$, der zweite Bruch ist mit $2a$ zu erweitern. Somit:

---

[1] D. h., die Faktoren sind Primzahlen, also solche natürlichen Zahlen, die ohne Rest nur durch 1 und durch sich selber teilbar sind.

2.2 Rationale Zahlen

$$\frac{1}{2a} + \frac{1}{3a} - \frac{1}{6a^2} = \frac{3a}{6a^2} + \frac{2a}{6a^2} - \frac{1}{6a^2} = \frac{3a+2a-1}{6a^2} = \frac{5a-1}{6a^2}$$

c) $\dfrac{x^2}{y^2} - 1 = \dfrac{x^2 - y^2}{y^2} = \dfrac{(x+y)(x-y)}{y^2}$ ∎

Multiplikation von Brüchen

Das Produkt zweier Brüche ist ein Bruch, dessen Zähler das Produkt der Zähler der Faktoren und dessen Nenner das Produkt der Nenner der Faktoren ist. Ein Bruch wird mit einer ganzen Zahl multipliziert, indem man den Zähler mit der Zahl multipliziert und den Nenner beibehält.

$$\frac{a}{b} \cdot \frac{c}{d} = \frac{a \cdot c}{b \cdot d} \qquad \frac{a}{b} \cdot m = \frac{a \cdot m}{b}$$

Offensichtlich gilt auch:

$$\frac{a}{b} \cdot b = a \qquad \frac{a}{b} \cdot \frac{b}{a} = \frac{a \cdot b}{b \cdot a} = 1.$$

Gilt für zwei rationale Zahlen, dass ihr Produkt 1 ist, so heißen die beiden Zahlen zueinander *reziprok*. So ist z. B. $\dfrac{1}{a}$ die reziproke Zahl zu a; $\dfrac{a}{b}$ ist reziprok zu $\dfrac{b}{a}$.

Wird ein Bruch mit -1 multipliziert, so sind verschiedene Schreibweisen des Ergebnisses möglich; es ist

$$-\frac{a}{b} = (-1) \cdot \frac{a}{b} = \frac{-a}{b} = \frac{a}{-b}.$$

BEISPIEL

2.27 Verschiedene Schreibweisen bei negativen Vorzeichen:

a) $-\dfrac{a+b}{a-b} = \dfrac{-a-b}{a-b} = \dfrac{a+b}{b-a}$
b) $-\dfrac{x-1}{x+1} = \dfrac{1-x}{x+1} = \dfrac{x-1}{-x-1}$

Multiplikation eines Bruches mit einer Zahl oder Summe:

c) $\dfrac{2ab^2}{21x^2 y} \cdot 14xy = \dfrac{2ab^2 \cdot 14xy}{21x^2 y} = \dfrac{4ab^2}{3x}$

d) $\left(\dfrac{1}{x} - \dfrac{1}{y}\right)(x+y) = \dfrac{x}{x} + \dfrac{y}{x} - \dfrac{x}{y} - \dfrac{y}{y} = \dfrac{y}{x} - \dfrac{x}{y}$

Multiplikation eines Bruches mit einem Bruch:

e) $\dfrac{2a^2 c}{3b^2} \cdot \dfrac{3b}{4ac} = \dfrac{2a^2 c \cdot 3b}{3b^2 \cdot 4ac} = \dfrac{a}{2b}$

f) $\dfrac{2x-3}{x+y} \cdot \dfrac{x-4}{x-y} = \dfrac{(2x-3)(x-4)}{(x+y)(x-y)} = \dfrac{2x^2 - 11x + 12}{x^2 - y^2}$

Multiplikation von Brüchen mit Vorzeichen:

g) $\left(-\dfrac{a}{b}\right)\cdot\left(-\dfrac{b}{ac}\right)=\dfrac{1}{c}$

h) $\dfrac{12uv}{-35w}\cdot\dfrac{-15uw^2}{8x}\cdot\left(-\dfrac{49x^2}{9u}\right)=-\dfrac{12uv\cdot 15uw^2\cdot 49x^2}{35w\cdot 8x\cdot 9u}=-\dfrac{7uvwx}{2}.$ ∎

Division von Brüchen

Die Division $a:b$ lässt sich grundsätzlich auf die Multiplikation von a mit dem reziproken Wert von b zurückführen. Dies berücksichtigend, erhält man folgende Rechenregeln für die Division von Brüchen:

$$\left.\begin{aligned}\dfrac{a}{b}:c &= \dfrac{a}{b\cdot c}\\ a:\dfrac{b}{c} &= \dfrac{a\cdot c}{b}\\ \dfrac{a}{b}:\dfrac{c}{d} &= \dfrac{a\cdot d}{b\cdot c}\end{aligned}\right\} \qquad (2.18)$$

BEISPIEL

2.28 Bruch durch ganze Zahl:

a) $\dfrac{24a^2}{7b}:6a=\dfrac{24a^2}{7b\cdot 6a}=\dfrac{4a}{7b}$ \qquad b) $\dfrac{-a}{4}:(-z)=\dfrac{a}{4z}$

c) $\left(\dfrac{y}{x}-\dfrac{x}{y}\right):(x+y)=\dfrac{y^2-x^2}{xy}:(x+y)=\dfrac{(y-x)(y+x)}{xy(x+y)}=\dfrac{y-x}{xy}$

Ganze Zahl durch Bruch:

d) $x:\dfrac{2a}{b}=\dfrac{bx}{2a}$ \qquad e) $25rs:\left(-\dfrac{5r}{2s}\right)=-\dfrac{25rs\cdot 2s}{5r}=-10s^2$

f) $18uv:\dfrac{1}{v}=18uv^2$ \qquad g) $(b-a):\dfrac{-3}{a+b}=\dfrac{(a-b)\cdot(a+b)}{3}=\dfrac{a^2-b^2}{3}$

Bruch durch Bruch:

h) $\dfrac{5ab}{6}:\dfrac{8ax}{9}=\dfrac{5\cdot 9\cdot ab}{6\cdot 8\cdot ax}=\dfrac{15b}{16x}$ \qquad i) $\dfrac{8ab}{15cd}:\dfrac{4a}{5c}=\dfrac{8ab\cdot 5c}{15cd\cdot 4a}=\dfrac{2b}{3d}$

k) $\dfrac{u+v}{7p}:\dfrac{6u+6v}{14p^2q}=\dfrac{(u+v)\cdot 14p^2q}{7p\cdot 6(u+v)}=\dfrac{pq}{3}$ ∎

2.2 Rationale Zahlen

Berechnung von Doppelbrüchen

Im Zähler oder Nenner eines Bruches kann wieder ein Bruch stehen. Einfache Doppelbrüche haben die Form $\dfrac{\frac{a}{b}}{\frac{c}{d}}$. Berücksichtigt man, dass der Bruchstrich ebenso ein Divisionszeichen ist wie der Doppelpunkt und beachtet man die Regeln für die Division von Brüchen, so kann der einfache Doppelbruch leicht umgeformt werden:

$$\dfrac{\frac{a}{b}}{\frac{c}{d}} = \frac{a}{b} : \frac{c}{d} = \frac{a \cdot d}{b \cdot c}.$$

BEISPIEL

2.29 a) Zähler und Nenner des Doppelbruchs werden zuerst berechnet:

$$\dfrac{\frac{1}{x-y} - \frac{1}{x+y}}{\frac{1}{x} + \frac{1}{y}} = \dfrac{\frac{x+y-(x-y)}{(x-y)\cdot(x+y)}}{\frac{y+x}{xy}} = \frac{2y}{(x-y)\cdot(x+y)} \cdot \frac{xy}{x+y} = \frac{2xy^2}{(x+y)^2(x-y)}$$

Der Doppelbruch wird mit dem jeweiligen Hauptnenner erweitert:

b) $\dfrac{\frac{1}{a} - \frac{1}{b}}{\frac{1}{a} + \frac{1}{b}} = \dfrac{\frac{ab}{a} - \frac{ab}{b}}{\frac{ab}{a} + \frac{ab}{b}} = \dfrac{b-a}{b+a}$ (hier ist ab der Hauptnenner)

c) $\dfrac{\frac{2}{m} - \frac{4}{n}}{1 + \frac{2}{m} \cdot \frac{4}{n}} = \dfrac{2n - 4m}{mn + 8}$ (Hauptnenner hier: mn) ∎

AUFGABEN

2.25 Folgende Brüche sind zu kürzen!

a) $\dfrac{64a^2b}{16ab^2}$ b) $\dfrac{6x-12}{7x-14}$ c) $\dfrac{3ax^2 - 2a^2x}{2ax^2 - 3a^2x}$

d) $\dfrac{3a-6b}{8b-4a}$ e) $\dfrac{a^2x - ax^2}{x^2 - a^2}$ f) $\dfrac{mx + m - x - 1}{m^2 - 1}$

2.26 Die nachfolgenden Brüche sind auf den Nenner $ab(a^2 - b^2)$ zu bringen (erweitern)!

a) $\dfrac{c}{a+b}$ b) $\dfrac{a}{b(a-b)}$ c) $\dfrac{b}{a^2 + ab}$ d) $\dfrac{a-b}{a^2b - ab^2}$

2 Aufbau der reellen Zahlen

2.27 Man addiere (subtrahiere) die gleichnamigen Brüche

a) $\dfrac{x+y}{2a} + \dfrac{x-y}{2a}$
b) $\dfrac{u+3v}{2v} - \dfrac{u-v}{2v}$
c) $\dfrac{x^2}{x-y} - \dfrac{y^2}{x-y}$

d) $\dfrac{4r^2-3r}{4m} - \dfrac{2+5r-8r^2}{4m} - \dfrac{-4r-6}{4m}$

2.28 Man addiere (subtrahiere) die Brüche:

a) $\dfrac{1}{a} + \dfrac{1}{b}$
b) $\dfrac{1}{a} + \dfrac{1}{b} - \dfrac{1}{c}$
c) $\dfrac{1}{a+b} + \dfrac{1}{a-b}$

d) $\dfrac{x^2}{y} - y$
e) $\dfrac{u^2}{x^2} + \dfrac{u}{x} - u$
f) $\dfrac{3a}{x} + \dfrac{5a}{6x} + \dfrac{a}{3x}$

g) $\dfrac{x}{m} + \dfrac{y}{n} + r + \dfrac{1}{mn}$
h) $\dfrac{1}{x-y} - \dfrac{1}{x+y}$
i) $\dfrac{r+1}{r-1} - 1$

k) $\dfrac{m}{m+n} + \dfrac{2mn}{m^2-n^2} - \dfrac{n}{m-n}$
l) $\dfrac{1}{x} + \dfrac{x+1}{x^2-x} - \dfrac{x-1}{x^2+x} - \dfrac{4}{x^2-1}$

m) $\dfrac{3a-4b}{4ab-2b^2} + \dfrac{8a-3b}{8a^2-4ab}$
n) $\dfrac{2x-3}{3x-3} - \dfrac{3x-1}{4x+4} - \dfrac{x+2}{x^2-1}$

o) $\dfrac{1}{a-1} - \dfrac{4}{1-a} - \dfrac{8}{1+a} + \dfrac{3a+7}{a^2-1}$
p) $\dfrac{2}{(a-1)^3} + \dfrac{1}{(a-1)^2} - \dfrac{2}{1-a} - \dfrac{1}{a}$

q) $\dfrac{2a-3b+4}{6} - \dfrac{3a-4b+9}{8} + \dfrac{a-1}{12}$
r) $\dfrac{3(2a-3b)}{8} - \dfrac{2(3a-5b)}{3} + \dfrac{5(a-b)}{6}$

s) $\dfrac{3u-5v}{15uv} - \dfrac{u-7w}{12uw} - \dfrac{5v-4w}{20vw} + \dfrac{3}{4u} + \dfrac{3}{5v} + \dfrac{4}{3w}$

t) $\dfrac{5a-2x}{10ax} - \dfrac{3b-4x}{12bx} + \dfrac{4a^2-5b}{20a^2b} - \dfrac{a^2-x}{4a^2x} - \dfrac{a-b}{5ab} + \dfrac{2}{3b}$

u) $\dfrac{a(3b-2c)}{6bc} - \dfrac{b(4a-5c)}{10ac} + \dfrac{8a^2+3b^2}{6ab} - \dfrac{5a-4b}{10c}$

2.29 Wie lautet das Ergebnis der Multiplikation?

a) $5x \cdot \dfrac{2}{15}$
b) $\dfrac{3a}{4} \cdot (-2a)$
c) $\dfrac{2a}{3bc} \cdot 6b^2$

d) $(m-n) \cdot \left(\dfrac{1}{m} - \dfrac{1}{n}\right)$
e) $\left(\dfrac{a}{4b} - \dfrac{4b}{a}\right) \cdot 4ab$
f) $(x^2-y^2)\left(\dfrac{x}{y} + \dfrac{y}{x}\right)$

g) $(8ab-b^2)\dfrac{2ab-b^2}{8a-b}$
h) $\dfrac{5a}{6b} \cdot \dfrac{3b}{10a}$
i) $\dfrac{8ax^2}{9b} \cdot \dfrac{3b^2}{4x}$

k) $\dfrac{72uv^2}{11rs} \cdot \dfrac{121r^2s}{8uv}$
l) $\dfrac{ax}{x+y} \cdot \dfrac{by}{x-y}$
m) $\dfrac{p}{x^2-16} \cdot \dfrac{x+4}{p(x-4)}$

2.3 Reelle Zahlen

n) $\dfrac{2u+v}{u-v} \cdot \dfrac{u^2-v^2}{4u+2v}$

o) $\left(\dfrac{a}{b}+\dfrac{b}{a}\right)^2$

p) $\left(\dfrac{4x}{3a}-\dfrac{3y}{5b}\right)\left(\dfrac{4x}{3a}+\dfrac{3y}{5b}\right)$

q) $\left(\dfrac{1}{x}+\dfrac{1}{y}+\dfrac{1}{z}\right)^2$

2.30 Wie lautet das Ergebnis der Division?

a) $\dfrac{98x^2}{15ab} : 49x$

b) $\dfrac{15mn}{2r} : (-3mn^2)$

c) $\left(\dfrac{8a}{5c}-\dfrac{6b}{7d}\right) : (-2ab)$

d) $\left(\dfrac{24u}{5x}-\dfrac{18v}{7x}+12\right) : 12uv$

e) $\left(\dfrac{a}{5}-\dfrac{5}{a}\right) : (a+5)$

f) $27m : \dfrac{3}{4}m$

g) $32z^2 : \dfrac{8z}{9x}$

h) $(pq-2qr) : \dfrac{2q}{pr}$

i) $\dfrac{8x}{9} : \dfrac{4x^2}{27}$

k) $\dfrac{36mn^2}{5x} : \dfrac{9m^2n}{10x}$

l) $\dfrac{p^2-q^2}{2a^2b^2} : \dfrac{p-q}{10ab}$

m) $\left(\dfrac{x}{y^2}+\dfrac{y^2}{x}\right) : \left(\dfrac{1}{x}+\dfrac{1}{y}\right)$

n) $\left(\dfrac{x}{y^2}-\dfrac{y}{x^2}\right) : \left(\dfrac{1}{x}-\dfrac{1}{y}\right)$

o) $\left(1-\dfrac{b^2}{a^2}\right) : \left(\dfrac{a-b}{2a}\right)$

2.31 Man vereinfache die Doppelbrüche!

a) $\dfrac{\dfrac{3}{a}-\dfrac{5}{b}}{\dfrac{5}{a}-\dfrac{3}{b}}$

b) $\dfrac{\dfrac{a+1}{a-1}-1}{1+\dfrac{a+1}{a-1}}$

c) $\dfrac{\dfrac{1}{x-y}+\dfrac{1}{x+y}}{\dfrac{1}{x-y}-\dfrac{1}{x+y}}$

d) $\dfrac{\dfrac{1}{a^2}-\dfrac{2}{ab}+\dfrac{1}{b^2}}{\dfrac{1}{a^2}-\dfrac{1}{b^2}}$

e) Welchen Wert hat $\dfrac{m-n}{1+mn}$ für $m=\dfrac{2}{3}$ und $n=-\dfrac{4}{5}$?

f) Welchen Wert hat $\dfrac{x}{1+x^2}$ für $x=\dfrac{a}{b}$?

2.3 Reelle Zahlen

In diesem Abschnitt wird die nächste Erweiterung des Zahlbereiches vorgenommen. Der Anlaß ist wiederum die nur eingeschränkte Ausführbarkeit einer Operation. Dabei handelt es sich wieder um eine Umkehroperation, das Radizieren. Bevor diese Umkehroperation beschrieben wird, sei jedoch auf das Potenzieren und die Rechengesetze mit Potenzen eingegangen.

2.3.1 Potenzen. Binomische Formeln

Die bereits verwendete abkürzende Schreibweise a^2 (für $a \cdot a$) bzw. a^3 (für $a \cdot a \cdot a$) soll nun verallgemeinert werden. Sei n vorerst eine natürliche, a eine rationale Zahl. Dann ist

a^n eine abkürzende Schreibweise für $\underbrace{a \cdot a \cdot \ldots \cdot a}_{n\text{ mal}}$.

a^n ist also eine Abkürzung für das Produkt aus n gleichen Faktoren a. Man nennt dabei a die *Basis* und n den *Exponenten* des Ausdrucks und liest „a hoch n" oder „a in der n-ten Potenz". Diese Rechenart nennt man Potenzieren. Das Potenzieren ist eine Rechenart höherer Stufe als Multiplikation und Division.

Um auch den Fall $n = 1$ zu erklären, setzt man

$$a^1 = a.$$

Schließlich wird für den Exponenten $n = 0$ eine weitere Festlegung getroffen:

$$a^0 = 1.$$

So ist z. B. $3 \cdot 3 \cdot 3 \cdot 3 = 3^4 = 81$; $3^1 = 3$; $3^0 = 1$.

Für spezielle Basen gilt:

$0^n = 0$ $(n \neq 0)$ **Man beachte: 0^0 ist nicht definiert !**
$1^n = 1$ für beliebige n.

Ist die Basis negativ ($a < 0$), so muss man zwischen geraden und ungeraden Exponenten unterscheiden:

$(-a)^{2n} = + a^{2n}$
$(-a)^{2n+1} = - a^{2n+1}$

Man vermutet zunächst, dass der Potenzwert mit wachsendem Exponenten rasch größer wird; aber hier ist Vorsicht geboten. Dies gilt schon dann nicht, wenn bei natürlichzahligem Exponenten die Basis kleiner als 1 ist. Man berechne etwa $\left(\frac{1}{4}\right)^2$, $\left(\frac{1}{4}\right)^3$, usw.

Für die *Addition und Subtraktion von Potenzen* lassen sich keine allgemeinen Gesetzmäßigkeiten anführen. Sind konkrete Zahlenwerte gegeben, so sind zuerst die Potenzwerte zu berechnen, danach wird die Addition bzw. Subtraktion ausgeführt.

Potenzen von Variablen lassen sich in algebraischen Summen nur so zusammenfassen, dass man jeweils Potenzen von gleicher Basis zusammenfasst.

BEISPIEL

2.30 a) $3^2 + 3^4 = 9 + 81 = 90$
b) $6x^2 + 8y^2 - 4z^2 - x^2 + 2y^2 = 5x^2 + 10y^2 - 4z^2$
c) $2a^3 - 4a^2 + 6a - a^3 + 3a^2 - 8a = a^3 - a^2 - 2a$
d) $(-a)^3 - a + 4a^3 = -a^3 - a + 4a^3 = 3a^3 - a$ ∎

2.3 Reelle Zahlen

Multiplikation von Potenzen

Sind Basis und Exponent verschieden, so lassen sich im Allgemeinen keine Gesetze für die Multiplikation solcher Ausdrücke angeben.

Sind zwei Potenzen mit gleichen Basen gegeben, z. B. a^3 und a^2, so gilt für ihr Produkt:

$$a^3 \cdot a^2 = a \cdot a \cdot a \cdot a \cdot a = a^5.$$

Im Exponenten des Produkts steht die Summe der Exponenten der Faktoren. Allgemein gilt:

$$a^m \cdot a^n = a^{m+n} \quad (2.19)$$

Potenzen mit gleichen Basen werden multipliziert, indem man die Basis mit der Summe der Exponenten der Faktoren potenziert.

Die Gleichung (2.19) kann man auch in umgekehrter Richtung zum Zerlegen eines Produkts in Faktoren verwenden.

BEISPIEL

2.31
a) $5a^6 \cdot 7a^3 \cdot 3a = 105a^{10}$
b) $x^2 y \cdot xy^3 = x^3 y^4$
c) $(-a)^4 \cdot a^3 = a^7$, aber $(-a)^3 \cdot a^4 = -a^7$
d) $(a+b)^{n-3} (a+b)^{5-n} = (a+b)^2$, wobei $n-3 \geq 0$, $5-n \geq 0$
e) $0{,}3 \cdot 10^7 = 0{,}3 \cdot 10 \cdot 10^6 = 3 \cdot 10^6 = 3$ Millionen
f) $a^5 + a^4 - a^3 = a^3 \cdot (a^2 + a - 1)$ ∎

AUFGABEN

2.32 Man vereinfache die folgenden Produkte!
a) $x^n \cdot x$
b) $a^{n-1} \cdot a^2$
c) $b^n \cdot b^n$
d) $p^3 \cdot p^{n-4}$
e) $x^{n-b} \cdot x^{m+b}$
f) $y^{n-3} \cdot y^{7-n}$
g) $2a^2 \cdot 3b^3 \cdot 4c^4$
h) $5x^3 \cdot 2x^4 \cdot x$
i) $3a^4 \cdot 6b^2 \cdot 2a^3$
k) $a^3 b^2 \cdot a^2 b^4$
l) $x^3 y^4 \cdot x^{n-3} y^{n-5}$
m) $a^{m-n+1} \cdot a^{m+n-8}$
n) $(-x)^3 \cdot (-x)^4$
o) $(-a)^6 \cdot (-a)^5 \cdot a^2$
p) $(-b)^{2n} \cdot b^n$

2.33 Man berechne die Ausdrücke:
a) $q \cdot q^{n-1}$
b) $q \cdot q^n - 1$
c) $q(q^n - 1)$
d) $q^n(q-1)$

2.34 Die folgenden Ausdrücke sind auszumultiplizieren:
a) $(x^3 - x^2 + x - 1)(x - 1)$
b) $(a^4 + a^2 b^2 + b^4)(a^2 + b^2)$
c) $(x^3 - y^3)(x^2 - y^2)$
d) $(x^2 + y^2)(x^2 - y^2)$

2.35 Man zerlege in Faktoren:
a) $x^8 + x^6 - x^4$
b) $a^3 b^6 - a^4 b^3 + a^5 b^2$
c) $(a^2 - b^2) + (a - b)^2$

Im Fall gleicher Exponenten lässt sich auch für Potenzen mit unterschiedlicher Basis eine Rechenregel angeben:
$$a^3 \cdot b^3 = a \cdot a \cdot a \cdot b \cdot b \cdot b = (ab)(ab)(ab) = (ab)^3,$$
allgemein:

$$a^n b^n = (ab)^n \qquad (2.20)$$

Potenzen mit gleichem Exponenten werden multipliziert, indem man das Produkt der Basen mit dem gemeinsamen Exponenten potenziert.

Gleichung (2.20), liest man sie in umgekehrter Richtung, besagt zugleich, dass man ein Produkt potenzieren kann, indem man jeden einzelnen Faktor potenziert und die so erhaltenen Potenzen miteinander multipliziert: $(a\,b)^n = a^n b^n$.

BEISPIEL

2.32 a) $2^4 \cdot 5^4 = (2 \cdot 5)^4 = 10^4 = 10000$
   b) $(-2a)^3 (-0{,}5b)^3 = (2 \cdot 0{,}5 \cdot ab)^3 = a^3 b^3$
   c) $(x+1)^2 \cdot (x-1)^2 = [(x+1)(x-1)]^2 = (x^2 - 1)^2$
   d) $(6ab)^3 = 6^3 a^3 b^3 = 216 a^3 b^3$
   e) $(2500)^2 = (25 \cdot 100)^2 = 25^2 \cdot 100^2 = 6250000$
   f) $(-2xy)^3 = (-2)^3 x^3 y^3 = -8 x^3 y^3$ ∎

Man beachte auch jeweils den Unterschied zwischen den Ausdrücken

$\dfrac{1}{2} a^2$ und $\left(\dfrac{1}{2} a\right)^2 = \dfrac{1}{4} a^2$ bzw. $3a^3$ und $(3a)^3 = 27 a^3$.

AUFGABE

2.36 Auf möglichst einfachem Wege sind zu berechnen:

a) $4^4 \cdot 25^4$
b) $0{,}4^4 \cdot 5^4$
c) $\left(\dfrac{1}{2}\right)^x \cdot 18^x \cdot \left(\dfrac{1}{3}\right)^x$

d) $\left(1\dfrac{1}{3}\right)^2 \cdot \left(1\dfrac{7}{8}\right)^2$
e) $(-3)^3 \cdot (-2)^3$
f) $(-ax)^3 \cdot (-by)^3 \cdot (abxy)^{n-3}$

g) $\left(\dfrac{a}{b}\right)^n \cdot \left(\dfrac{b}{c}\right)^n \cdot \left(\dfrac{c}{a}\right)^{n+1}$
h) $\left(\dfrac{2x}{3y}\right)^n \cdot \left(\dfrac{9y}{10x}\right)^n$

i) $\left(-\dfrac{7u}{6v}\right)^m \cdot \left(\dfrac{3v}{5u}\right)^m$
k) $\left(\dfrac{x-y}{a+b}\right)^2 \cdot \left(\dfrac{a^2 - b^2}{x^2 - y^2}\right)^2$

Potenzen von Binomen

Potenzen von Binomen haben die allgemeine Form $(a \pm b)^n$. Als einfache Spezialfälle wurden bereits binomische Formeln für den Fall $n = 2$ behandelt.[1] Die dritte Potenz eines

---

[1] Vgl. die Formeln 2.11 und 2.12

2.3 Reelle Zahlen

Binoms lässt sich nun einfach berechnen (wobei die Basen $a + b$ und $a - b$ in dem Ausdruck $a \pm b$ parallel behandelt werden):

$$(a \pm b)^3 = (a \pm b)^2 \cdot (a \pm b) = (a^2 \pm 2ab + b^2) \cdot (a \pm b)$$
$$= a^3 \pm 2a^2b + ab^2 \pm a^2b + 2ab^2 \pm b^3$$
$$= a^3 \pm 3a^2b + 3ab^2 \pm b^3.$$

Somit gilt für die dritte Potenz eines Binoms:

$$(a \pm b)^3 = a^3 \pm 3a^2b + 3ab^2 \pm b^3. \tag{2.21}$$

Analog kann man die vierte Potenz berechnen und erhält

$$(a \pm b)^4 = a^4 \pm 4a^3b + 6a^2b^2 \pm 4ab^3 + b^4.$$

Statt nun weitere Potenzen von Binomen stets neu durch Ausmultiplizieren zu berechnen, gibt man die allgemeine Gesetzmäßigkeit an, die sich schon in den Berechnungen für $n = 2$, 3 und 4 deutlich zeigt.

Die n-te Potenz eines Binoms $(a \pm b)$ ist

1. eine algebraische Summe mit $n + 1$ Summanden (ist die Basis $a - b$ – mit alternierenden Vorzeichen);

2. Die Summe der Exponenten in jedem Glied ist stets gleich n, sie beginnt mit dem Summanden a^n und endet mit b^n $(-b^n)$;

3. Sind die Summanden nach fallenden Exponenten von a geordnet, so kann man die jeweiligen Koeffizienten vor den Summanden dem Pascalschen[1] Dreieck entnehmen.

```
n = 0                           1
n = 1                         1   1
n = 2                       1   2   1
n = 3                     1   3   3   1
n = 4                   1   4   6   4   1
n = 5                 1   5  10  10   5   1
n = 6               1   6  15  20  15   6   1
n = 7             1   7  21  35  35  21   7   1
```

Offensichtlich ist das Pascalsche Dreieck symmetrisch, jede Zeile beginnt mit 1 und endet mit 1. Die anderen Zahlen einer Reihe erweisen sich jeweils als Summe der links und rechts darüber stehenden Zahlen der vorhergehenden Reihe.

---

[1] BLAISE PASCAL (1623–1662), französischer Mathematiker und Philosoph.

BEISPIEL

2.33 $(m-p)^6 = m^6 - 6m^5p + 15m^4p^2 - 20m^3p^3 + 15m^2p^4 - 6mp^5 + p^6$ ∎

AUFGABE

2.37 Man berechne

a) $(x+3)^5$ b) $(y-0{,}2)^6$ c) $(m+n)^3 - (m-n)^3$

d) $(a^3-a)^2$ e) $(5a-3x^2)^3$ f) $(a+x)^4 + (a-x)^4$

g) $(a+5)^4 - (a-5)^4$ h) $(2x+3)^5 - (2x-3)^5$

Die binomische Formel

Die oben beschriebene Verfahrensweise zur Feststellung der beliebigen Potenz eines Binoms soll nun durch die mathematisch üblichere Darstellung mittels allgemeinem Ausdruck verkürzt und vereinfacht werden.

Das PASCALsche Dreieck ist sehr anschaulich und bei kleineren Exponenten zur Berechnung der Koeffizienten gut zu gebrauchen. Für größere Koeffizienten oder gar die allgemeine Form der binomischen Formel ist es aber denkbar ungeeignet. Deshalb sei vorab eine Schreibweise eingeführt, die der effektiven Darstellung der Koeffizienten im binomischen Ausdruck dient.

Zunächst bezeichnet $n!$ (gelesen: n Fakultät) für $n \geq 1$ das Produkt der natürlichen Zahlen von 1 bis n, also $n! = 1 \cdot 2 \cdot \ldots \cdot n$. So ist etwa $1! = 1$, $4! = 24$ usw. Man legt weiter fest, dass $0! = 1$.

Ferner sei für $n \geq k > 0$ definiert

$$\binom{n}{k} = \frac{n!}{(n-k)!\,k!} \qquad \text{(gelesen: } n \text{ über } k\text{)}$$

Um für beliebige natürliche n und k diese Form zu definieren, legt man ferner fest, dass stets gelte

für $n \geq k = 0$ $\binom{n}{0} = 1$ sowie $\binom{n}{k} = 0$ im Falle $k > n \geq 0$.

BEISPIEL

2.34   a) $\binom{n}{1} = \frac{n!}{(n-1)!\,1!} = n$ b) $\binom{n}{n} = \frac{n!}{(n-n)!\,n!} = 1$

c) $\binom{n}{n-1} = \frac{n!}{(n-(n-1))!\,(n-1)!} = n$ d) $\binom{3}{2} = \frac{3!}{(3-2)!\,2!} = 3$

e) $\binom{7}{3} = \frac{7!}{(7-3)!\,3!} = \frac{7!}{4!\,3!} = \frac{5 \cdot 6 \cdot 7}{1 \cdot 2 \cdot 3} = 35$ f) $\binom{7}{5} = \frac{7!}{(7-5)!\,5!} = \frac{6 \cdot 7}{2!} = 21$ ∎

2.3 Reelle Zahlen

Man sieht aus den letzten drei Beispielfällen, dass die Binominalkoeffizienten mit Zahlen aus der entsprechenden Reihe des PASCALschen Dreiecks übereinstimmen. Berücksichtigt man nun, dass gemäß Festlegung $\binom{0}{0} = 1$ sowie Beispiel 2.34 b), so trifft diese Feststellung auch auf die ersten beiden Zeilen des PASCALschen Dreiecks zu.

Wir zeigen nun, dass stets $\binom{n+1}{k} = \binom{n}{k-1} + \binom{n}{k}$. In der Tat gilt

$$\binom{n}{k-1} + \binom{n}{k} = \frac{n!}{(n-(k-1))!(k-1)!} + \frac{n!}{(n-k)!k!} = \frac{n!}{(n-k+1)!(k-1)!} + \frac{n!}{(n-k)!k!} =$$

$$\frac{n!}{(n-k)!\cdot(n-k+1)\cdot(k-1)!} + \frac{n!}{(n-k)!\cdot(k-1)!\cdot k} = \frac{n!\cdot k + n!\cdot(n-k+1)}{(n-k)!\cdot(n-k+1)\cdot(k-1)!\cdot k} =$$

$$\frac{n!\cdot k + n!\cdot(n+1) - n!\cdot k}{(n-k)!\cdot(n+1-k)\cdot k!} = \frac{(n+1)!}{(n+1-k)!k!} = \binom{n+1}{k}$$

Nunmehr kann die allgemeine Form der binomischen Formel angegeben werden. Es gilt für beliebige n:

$$\boxed{(a \pm b)^n = \sum_{k=0}^{n} (-1)^k \binom{n}{k} a^k b^{n-k}\,.} \qquad (2.22)$$

Der Beweis dieser Behauptung ist nun mittels Induktion leicht erbracht. Dies sei hier für den Fall $(a+b)^n$ getan. Für $n=0$ sowie $n=1$ ist dies trivial, für $n=2$ handelt es sich um die klassischen binomischen Quadrate. Damit ist die Induktionsbasis bewiesen. Induktionsvoraussetzung ist also $(a+b)^m = \sum_{k=0}^{m} \binom{m}{k} a^k b^{m-k}$. Zu zeigen ist nun, dass diese Gleichung auch für $m+1$ gilt. Das leistet eine einfache Rechnung. Es ist nämlich

$$(a+b)^{m+1} = (a+b)^m \cdot (a+b) = \sum_{k=0}^{m} \binom{m}{k} a^k b^{m-k} \cdot (a+b) = a \cdot \sum_{k=0}^{m} \binom{m}{k} a^k b^{m-k}$$

$$+ b \cdot \sum_{k=0}^{m} \binom{m}{k} a^k b^{m-k} = \sum_{k=0}^{m} \binom{m}{k} a^k b^{m-k+1} + \sum_{k=0}^{m} \binom{m}{k} a^{k+1} b^{m-k}$$

$$= \binom{m}{0} a^0 b^{m+1} + \binom{m}{1} a^1 b^m + \ldots + \binom{m}{k} a^k b^{m-k+1} + \ldots + \binom{m}{m} a^m b^1$$

$$+ \binom{m}{0} a^1 b^m + \binom{m}{1} a^2 b^{m-1} + \ldots + \binom{m}{k} a^{k+1} b^{m-k} + \ldots + \binom{m}{m} a^{m+1} b^0$$

Fasst man in beiden Teilsummen jeweils gleiche Ausdrücke der Form $a^k b^{m-k+1}$ zusammen (sie haben die Koeffizienten $\binom{m}{k-1}$ und $\binom{m}{k}$), so erhält man wegen der oben bestimmten

Formel für diesen Teilausdruck den Koeffizienten $\binom{m+1}{k}$. Berücksichtigt man ferner, dass $\binom{m}{0} = \binom{m+1}{0}$ sowie $\binom{m}{m} = \binom{m+1}{m+1}$, so erhält man als Summe der beiden Teilsummen $\sum_{k=0}^{m+1} \binom{m+1}{k} a^k b^{m-k}$ und genau dies war zu zeigen. ∎

2.3.2 Ganzzahlige Potenzen

Division von Potenzen mit gleichen Basen

Da die Multiplikation von Potenzen mit gleichen Basen auf die Addition der Exponenten (und anschließende Potenzierung) rückführbar ist (vgl. Formel 2.19), liegt es nahe, die Division auf die Subtraktion der Exponenten zurückzuführen.

BEISPIEL

2.35 a) $3^6 : 3^4 = \dfrac{3 \cdot 3 \cdot 3 \cdot 3 \cdot 3 \cdot 3}{3 \cdot 3 \cdot 3 \cdot 3} = 3 \cdot 3 = 3^2 = 3^{6-4}$

b) $3^4 : 3^6 = \dfrac{3 \cdot 3 \cdot 3 \cdot 3}{3 \cdot 3 \cdot 3 \cdot 3 \cdot 3 \cdot 3} = \dfrac{1}{3^2} = \dfrac{1}{3^{6-4}}$ ∎

Beispiel a) könnte man so verallgemeinern, dass die Division von zwei Potenzen mit gleicher Basis der Potenzierung der Basis mit dem Ergebnis der Subtraktion Exponent des Dividenden minus Exponent des Divisors gleichwertig ist. Würde man auch im Beispiel b) so verfahren, erhielte man einen negativen Exponenten, nämlich −2. Damit auch dieser Fall in diese Gesetzmäßigkeit einzuordnen ist, nimmt man eine *Erweiterung des Potenzbegriffs* vor.

Man definiert für den Fall negativer Exponenten

$$a^{-n} = \frac{1}{a^n} \qquad (a \neq 0). \tag{2.23}$$

Die Einschränkung $(a \neq 0)$ ist notwendig, da eine Division durch 0 nicht statthaft ist.

Wegen

$$a^{-n} \cdot a^n = 1$$

kann man formulieren:

Eine Potenz mit negativem Exponenten ist gleich dem reziproken Wert der Potenz mit entsprechendem positivem Exponenten.

Die Verwendung negativer Exponenten bringt oftmals den Vorteil mit sich, dass die Bruchschreibweise vermieden werden kann und die Ausdrücke übersichtlicher werden.

2.3 Reelle Zahlen

BEISPIELE

2.36 Anwendungen der Schreibweise a^{-n} in Wissenschaft und Technik

a) Vermeidung von Dezimalbrüchen:

Längenausdehnungskoeffizient α von Kupfer [1] $1{,}65 \cdot 10^{-6}$ K^{-1}
                                                                                                                               statt $0{,}00000165$ K^{-1}

b) Um die Bruchform zu umgehen, schreibt man

die Einheit der Geschwindigkeit   m $\cdot$ s^{-1} statt $\dfrac{m}{s}$

die Einheit der Beschleunigung   m $\cdot$ s^{-2} statt $\dfrac{m}{s^2}$

die Einheit der Dichte   kg $\cdot$ dm^{-3} statt $\dfrac{kg}{dm^3}$

c) bei sehr kleinen Maßeinheiten

1 μm (Mikrometer) $= 10^{-6}$ m $= 10^{-3}$ mm
1 nm (Nanometer) $= 10^{-9}$ m $= 10^{-6}$ mm
1 pF (Pikofarad) $= 10^{-12}$ F   ∎

2.37 Berechnen von Ausdrücken mit negativen Exponenten

a) $12 \cdot 3^{-2} = \dfrac{12}{3^2} = \dfrac{4}{3}$ b) $\dfrac{4}{2^{-3}} = 4 \cdot 2^3 = 32$

c) $(-0{,}2)^{-2} = (0{,}2)^{-2} = \dfrac{1}{0{,}2^2} = 25$ d) $a^{-2} x^4 \cdot ax^{-3} = a^{-1} x = \dfrac{x}{a}$ ∎

2.38 Es ist so umzuformen, dass alle nichtpositiven Exponenten beseitigt sind

a) $a^0 x^0 = 1 \cdot 1 = 1$ b) $3(a-b)^0 = 3 \cdot 1 = 3$

c) $\left(a^0\right)^n = 1^n = 1$ d) $3x^{-1} = \dfrac{3}{x}$

e) $\dfrac{2}{x^{-2}} = 2x^2$ f) $\dfrac{a}{2} \cdot \left(e^0 + \dfrac{1}{e^0}\right) = \dfrac{a}{2} \cdot \left(1 + \dfrac{1}{1}\right) = a$ ∎

Nunmehr lässt sich die Rechenregel für die Division von Potenzen mit gleicher Basis in allgemeiner Form angeben.

Der Exponent des Quotienten ist gleich der Differenz der Exponenten von Dividend und Divisor.

$$\dfrac{a^m}{a^n} = a^{m-n} \qquad (a \neq 0) \tag{2.24}$$

---

[1] Die Temperatur wird dabei in Kelvin (K) angegeben.

2.39 a) $a^n : a = \dfrac{a^n}{a} = a^{n-1}$ \hspace{1cm} b) $a : a^n = \dfrac{a}{a^n} = a^{1-n} = \dfrac{1}{a^{n-1}}$

c) $\dfrac{a^{n+1}}{a^{n-1}} = a^{n+1-(n-1)} = a^2$ \hspace{1cm} d) $12m^6 : (-4m^2) = -\dfrac{12m^6}{4m^2} = -3m^4$

e) $\dfrac{(-2ax)^5}{8ax^6} = \dfrac{-2^5 a^5 x^5}{2^3 ax^6} = \dfrac{-2^2 a^4}{x} = -\dfrac{4a^4}{x}$

f) (Partialdivision)

$$(n^5 + v^5) : (n+v) = n^4 - n^3 v + n^2 v^2 - nv^3 + v^4$$

$$\underline{-(n^5 + n^4 v)}$$
$$0 + v^5 - n^4 v$$

geordnet $\quad -n^4 v + v^5$

$$\underline{-(-n^4 v - n^3 v^2)}$$
$$0 + v^5 + n^3 v^2$$

geordnet $\quad n^3 v^2 + v^5$

$$\underline{-(n^3 v^2 + n^2 v^3)}$$
$$\underline{-(-n^4 v - n^3 v^2)}$$
$$0 + v^5 - n^2 v^3$$

geordnet $\quad n^3 v^2 + v^5$

$$\underline{-(n^3 v^2 + n^2 v^3)}$$
$$0 + v^5 - n^2 v^3$$

geordnet $\quad -n^2 v^3 + v^5$

$$\underline{-(-n^2 v^3 - nv^4)}$$
$$0 + v^5 + nv^4$$

geordnet $\quad nv^4 + v^5$

$$\underline{-(nv^4 + v^5)}$$
$$0$$

∎

Division von Potenzen mit gleichem Exponenten

Ist der Quotient zweier Potenzen mit gleichem Exponenten zu ermitteln, so kann man nach folgendem Schema verfahren:

$$\dfrac{a^n}{b^n} = \dfrac{a \cdot a \cdot \ldots \cdot a}{b \cdot b \cdot \ldots \cdot b} = \dfrac{a}{b} \cdot \dfrac{a}{b} \cdot \ldots \cdot \dfrac{a}{b} = \left(\dfrac{a}{b}\right)^n,$$

d. h., es gilt allgemein:

$$\boxed{\dfrac{a^n}{b^n} = \left(\dfrac{a}{b}\right)^n.} \hspace{5cm} (2.25)$$

Potenzen mit gleichem Exponenten werden dividiert, indem man ihre Basen dividiert und diesen Quotienten mit dem gemeinsamen Exponenten potenziert.

2.3 Reelle Zahlen

BEISPIEL

2.40 a) $100^3 : 10^3 = \left(\dfrac{100}{10}\right)^3 = 10^3 = 1000$

b) $6{,}25^3 : 2{,}5^3 = \left(\dfrac{6{,}25}{2{,}5}\right)^3 = 2{,}5^3 = \left(\dfrac{5}{2}\right)^3 = \dfrac{125}{8} = 15{,}625$

c) $(a^3 b^2)^n : (a^2 b^3)^n = \left(\dfrac{a^3 b^2}{a^2 b^3}\right)^n = \left(\dfrac{a}{b}\right)^n$ ∎

Auch bei der Formel (2.25) ist gegebenenfalls die Umkehrung nützlich, man kann einen Quotienten auch potenzieren, indem man Zähler und Nenner einzeln potenziert und dann den Quotienten bildet.

BEISPIEL

2.41 a) Man rechnet $\left(\dfrac{4}{3} a\right)^2 = \dfrac{16}{9} a^2 \approx 1{,}78 a^2$,

nicht $\left(\dfrac{4}{3} a\right)^2 \approx (1{,}33 a)^2 \approx 1{,}77 a^2$, d.h., man rundet nicht vor dem Potenzieren!

b) $\dfrac{12^4}{18^3} = \dfrac{12^3 \cdot 12}{18^3} = \left(\dfrac{12}{18}\right)^3 \cdot 12 = \left(\dfrac{2}{3}\right)^3 \cdot 12 = \dfrac{2^3 \cdot 4 \cdot 3}{3^3} = \dfrac{32}{9}$ ∎

AUFGABEN

Man berechne jeweils:

2.38 a) $\dfrac{a^n}{a^3}$ b) $\dfrac{a^2}{a^n}$ c) $\dfrac{a^{n+1}}{a^{n-1}}$ d) $\dfrac{a^{n-2}}{a^{n+2}}$

e) $\dfrac{a^{x-1}}{a}$ f) $\dfrac{a}{a^{x-4}}$ g) $\dfrac{a^{2n}}{a^2}$ h) $\dfrac{a^3}{a^{3m}}$

i) $\dfrac{a^7}{a^{-3}}$ k) $\dfrac{x^m}{x^{n-1}}$ l) $\dfrac{ab^{-2}}{x^3 y^{-2}}$ m) $\left(\dfrac{1}{a}\right)^{-1}$

2.39 a) $x^{n-1} : x^{n+2}$ b) $x^{3-n} : x^{n+5}$ c) $x^{n-8} : x^{5-2n}$ d) $x^n : x^{2-n}$

e) $a^n b : (ab^n)$ f) $a^{m-1} b^{n-1} : (a^m b^n)$ g) $a^{-3} x^6 : (a^{-2} x^{-3})$

2.40 a) $\dfrac{(a-1)^4 (x-1)^3}{(a-1)^3 (1-x)^2}$ b) $\dfrac{a^5 (x-y)^2}{a(y-x)^5}$ c) $\dfrac{a^3 b^{-2}}{x^5 y^{-4}} \cdot \dfrac{a^{-2} b}{x^{-3} y^{-1}}$

d) $\dfrac{6 a^5 b^3 c^{n+1}}{5 x^3 y z^{n+4}} : \dfrac{3 a^3 b^4 c}{10 x^4 y^n z^5}$

2.41 a) $(ax^4 + bx^3 - cx^2 + dx - e) : x^2$ b) $(ax^m + bx^n + cx^{m+n}) : x^{m-n}$

c) $(a^5b - a^4b^2 + a^3b^3 - a^2b^4 + ab^5) : (a^2b^2)$

2.42 a) $(x^{2m} - y^{2n}) : (x^m - y^n)$ b) $(x^4 - 1) : (x - 1)$

c) $(a^4 - b^4) : (a - b)$

Potenzieren von Potenzen

Es sei ein Ausdruck, der selbst eine Potenz ist, zu potenzieren, z. B. von a^n sei die m-te Potenz zu bilden. Dann stellt man fest, dass

$$\left(a^n\right)^m = \underbrace{a^n \cdot a^n \cdot \ldots \cdot a^n}_{m \text{ mal}} = \underbrace{a \cdot a \cdot \ldots \cdot a}_{m \cdot n \text{ mal}} = a^{m \cdot n}.$$

Es gilt also allgemein:

Eine Potenz wird potenziert, indem man die Basis mit dem Produkt der beiden Exponenten potenziert.

$$\left(a^n\right)^m = a^{m \cdot n} \tag{2.26}$$

Das Potenzieren von Potenzen lässt sich somit auf die Multiplikation zurückführen. Die Aussage von Gleichung (2.26) lässt sich auch so formulieren, dass man den Exponenten einer Potenz in Faktoren zerlegen und mit diesen Faktoren in beliebiger Reihenfolge nacheinander potenzieren kann.

Wegen der Vertauschbarkeit der Faktoren in einem Produkt gilt stets

$$\left(a^n\right)^m = \left(a^m\right)^n.$$

BEISPIELE

2.42 a) $2^{10} = \left(2^5\right)^2 = 32^2 = 1024$ b) $\left(\dfrac{2x^2}{3y^3}\right)^2 = \dfrac{4x^4}{9y^6}$

c) $\left(4a^2\right)^3 = 4^3 a^6 = 64a^6$ ∎

2.43 Man beachte in den nachfolgenden Ausdrücken die Unterschiede!

a) $-(a^3)^2 = -a^6$ b) $(a^3)^2 = a^6 = (a^2)^3$

$(-a^3)^2 = +a^6$ $a^3 a^2 = a^5 = a^2 a^3$

$(-a^2)^3 = -a^6$ $a^{3^2} = a^9$, aber $a^{2^3} = a^8$ ∎

AUFGABEN

2.43 Man berechne

a) $(x^{n+1})^3$ b) $(a^3)^{n-1}$ c) $(3xy^2)^4$ d) $\dfrac{(a^3b^4)^3}{(a^2b^3)^2}$

2.3 Reelle Zahlen

e) $\left[(-3)^3\right]^2$ f) $(-x^3)^{-2}$ g) $\left(\dfrac{ab^2}{x^3}\right)^2 \cdot \left(\dfrac{xy^2}{a}\right)^3$

h) $\dfrac{(9xy^3)^3}{(12x^2y)^4} \cdot \dfrac{(8x^4y)^5}{(6x^5y^3)^3}$ i) $\left(\dfrac{4a^2-9b^2}{2x^2+3xy}\right)^3 : \left(\dfrac{2ab-3b^2}{4x^2-9y^2}\right)^3$

2.44 Welche Gestalt erhalten die Formeln
  a) $(a^2-b^2):(a+b)=(a-b)$ b) $(a^3-b^3):(a-b)=a^2+ab+b^2$,
wenn im Dividenden jeweils $a=x^m$ und $b=y^n$ eingesetzt werden?

2.3.3 Wurzeln. Dritte Zahlbereichserweiterung

Die Umkehroperationen des Potenzierens

Sind die Zahlen a, b und n ($n \in \mathbf{N}$) durch die Beziehung $a^n = b$ einander zugeordnet, so sind drei verschiedene Aufgabenstellungen möglich.

1. Gegeben sind a und n, gesucht ist b. Dann ermittelt man b durch *Potenzieren* von a mit dem Exponenten n.

2. Gegeben sind b und n, gesucht ist a, d.h., gesucht ist eine Zahl, die, mit n potenziert, b ergibt. Diese Rechenart heißt *Radizieren* oder *Wurzelziehen*.

3. Gegeben sind a und b, gesucht ist n, d.h., derjenige Exponent, der, angewandt auf die Basis a, den Wert b ergibt. Dies ist das *Logarithmieren*.

Das Wurzelziehen oder Radizieren und das Logarithmieren sind Umkehroperationen des Potenzierens. Das Logarithmieren wird in Abschnitt 2.3.6 behandelt, zunächst sollen die Rechengesetze für das Radizieren dargestellt werden.

Es gilt also zwischen Potenzieren und Radizieren der allgemeine Zusammenhang:

$$\text{Ist } \sqrt[n]{b} = a, \text{ so ist } a^n = b. \tag{2.27}$$

Unter der n-ten Wurzel $\sqrt[n]{b}$ aus einer Zahl b versteht man diejenige Zahl a, die mit n potenziert b ergibt.

Damit ist gleichzeitig bestimmt, wie man die Probe auf korrektes Radizieren durchführen kann: Man potenziert das Ergebnis mit dem entsprechenden Exponenten und vergleicht mit dem Radikanden.

In $\sqrt[n]{b} = a$ heißt a (n-te) *Wurzel* oder der *Wurzelwert*, b der *Radikand* und n der *Wurzelexponent*.

BEISPIEL

2.44 a) $\sqrt[3]{1000} = 10$,   denn $10^3 = 1000$
  b) $\sqrt[4]{81} = 3$,   denn $3^4 = 81$

c) Die Seitenlänge eines Quadrats mit der Fläche 64 m² beträgt $\sqrt[2]{64} = 8$ m, denn $8^2 = 64$.

d) Die Kantenlänge a eines Würfels mit dem Volumen V ist $\sqrt[3]{V}$, da $a^3 = V$. ∎

Die in technischen Anwendungen meistgebrauchten Wurzeln sind die mit den Wurzelexponenten 2 und 3. Im ersten Fall spricht man auch von der *Quadratwurzel* und schreibt statt $\sqrt[2]{a}$ kurz $\sqrt{a}$, die Wurzel mit dem Exponenten 3 wird meist *Kubikwurzel* genannt.

Einige Sonderfälle seien erwähnt:

$\sqrt[n]{1} = 1$, denn $1^n = 1$
$\sqrt[n]{0} = 0$, denn $0^n = 0 \quad (n \neq 0)$
$\sqrt[1]{a} = a$, denn $a^1 = a$.

Für den allgemeinen Fall gilt für die Wurzel folgende Definitionsgleichung:

$$\left(\sqrt[n]{a}\right)^n = a. \tag{2.28}$$

Diese Definitionsgleichung weist unmittelbar auf eine Besonderheit des Radizierens hin, die die Operation von allen bisherigen Rechenoperationen unterscheidet. Ein Beispiel mag diese Besonderheit verdeutlichen: Wie gezeigt wurde, gilt für gerade Exponenten, also auch für den Exponenten 2: $(-3)^2 = 3^2 = 9$. Das bedeutet aber, setzt man nur entsprechend in die Definitionsgleichung (2.27) ein, dass sowohl 3 als auch −3 Quadratwurzeln aus 9 sind.

Das Ergebnis des Radizierens ist bei geradzahligen Exponenten also keineswegs eindeutig bestimmt! Das ist von entscheidender Bedeutung für Umformungen; sind die Quadrate zweier Zahlen gleich (wie etwa für −2 und 2), so müssen ihre Quadratwurzeln nicht gleich sein, sie können sich durch das Vorzeichen unterscheiden. Ein weiteres Beispiel für die Zweideutigkeit:

Obwohl $(a-b) \neq (b-a)$, gilt doch $(a-b)^2 = (b-a)^2$.

In vielen Anwendungen wird nur der positive Wurzelwert berücksichtigt (man denke etwa an die Seitenlänge des Quadrats), man nennt diesen auch den *Hauptwert* der Wurzel.

Eine solche systematische Zweideutigkeit findet man dagegen bei den Kubikwurzeln und bei allen anderen ungeradzahligen Wurzeln nicht.

Es gilt z. B. $\sqrt[3]{8} = 2$, aber $\sqrt[3]{-8} = -2$.

Irrationale Zahlen

Offensichtlich kann man problemlos die Quadratwurzel aus einer Quadratzahl ziehen, auch die Kubikwurzel aus einer Kubikzahl lässt sich ermitteln. Mehr noch, es gilt: Jede rationale Zahl q ist als Ergebnis des Radizierens (z. B. mit dem Wurzelexponenten 2) einer rationalen Zahl darstellbar. Der Nachweis für diese Behauptung ist schnell erbracht und steht in engem Zusammenhang mit Gleichung (2.28): Die Zahl q wird mit dem entsprechenden Exponenten n potenziert, das Ergebnis ist eine rationale Zahl und die n-te Wurzel daraus hat als eine Lösung die Zahl q.

2.3 Reelle Zahlen

Die umgekehrte Behauptung gilt jedoch nicht. Nicht jede Wurzel aus einer rationalen Zahl ist eine rationale Zahl. Es sei hier auf Kapitel 1 verwiesen, wo bereits bewiesen wurde, dass $\sqrt{2}$ keine rationale Zahl ist. Es ist also, will man die Ausführbarkeit des Radizierens garantieren, eine erneute Zahlbereichserweiterung erforderlich. In diesem Abschnitt wird das Problem nur begrenzt gelöst. Die vorgenommene Zahlbereichserweiterung der rationalen um die sogenannten irrationalen Zahlen garantiert die Ausführbarkeit des Radizierens (im Falle eines geradzahligen Wurzelexponenten) nur für nichtnegative Radikanden. Für den Fall negativer Radikanden sei auf Abschnitt 3 verwiesen.

Kehren wir noch einmal auf das Problembeispiel $\sqrt{2}$ zurück. Wie bereits festgestellt, gibt es keine rationale Zahl, die, quadriert, 2 ergibt. Rationale Näherungen sind möglich. So stellt man leicht fest, dass

$$1{,}4^2 = 1{,}96 \qquad 1{,}5^2 = 2{,}25.$$

Weitere Näherungen ergeben:

$$1{,}41^2 = 1{,}9881 \qquad 1{,}45^2 = 2{,}1025$$
$$1{,}414^2 = 1{,}999396 \qquad 1{,}415^2 = 2{,}002225$$

Diesen Prozess kann man fortsetzen, ohne jedoch einen genauen Wert für $\sqrt{2}$ zu erhalten, denn jeder endliche Dezimalbruch ist Ausdruck einer rationalen Zahl (er lässt sich als Bruch mit einer Zehnerpotenz im Nenner darstellen). Aber schon für den Wert 1,414213562373 erreicht man eine sehr gute Näherung, denn $1{,}414213562373^2$ ist praktisch, d. h. in alltäglichen Aufgaben, nicht von 2 zu unterscheiden.

Man legt nun einfach fest, dass solche unendlichen (nichtperiodischen) Dezimalbrüche, die keine Darstellung als rationale Zahl zulassen, die aber durch rationale Zahlen mit einem *beliebigen vorgegebenen Grad an Genauigkeit* näherungsweise beschrieben werden können, **irrationale**[1] **Zahlen** heißen sollen. Der Prozess, durch den sich irrationale Zahlen praktisch mit beliebiger Genauigkeit durch rationale Zahlen annähern lassen, heißt Einschachtelung oder Intervallschachtelung. Dieser Prozess ist ausschließlich von theoretischem Interesse, da für alle praktischen Belange die irrationalen Zahlen auf Rechnern mit hinreichender Genauigkeit durch rationale Zahlen imitiert werden.

2.3.4 Reelle Zahlen. Darstellungsweisen

Die rationalen und die irrationalen Zahlen bilden zusammen die *reellen* Zahlen. Die Gesamtheit der reellen Zahlen wird mit **R** bezeichnet.

Es gilt also $\mathbf{Q} \subset \mathbf{R}$, d. h., alle rationalen Zahlen sind auch reelle Zahlen. Damit ergeben sich schon Hinweise auf die Darstellungsweisen reeller Zahlen. Bei den natürlichen und den ganzen Zahlen greift man auf die traditionelle Darstellungsweise (Dezimalzahlen mit und ohne Vorzeichen) zurück. Für die rationalen Zahlen verwendet man sowohl die herkömmliche Bruchschreibweise wie auch die Darstellung als Dezimalbrüche. Schon dabei treten

---

[1] (lat.) nicht rational, d. h., nicht (genau) berechenbar.

unendliche Dezimalbrüche auf, wie etwa im Fall $\frac{1}{6} = 0{,}16666666\overline{6}\ldots$ Für die irrationalen Zahlen ist die Dezimalschreibweise im Fall von konkreten Berechnungen am ehesten geeignet, da man ohnehin die unendlichen Dezimalbrüche durch endliche hinreichend genau ersetzt. Man kann aber ebensogut die Schreibweise verwenden, die die irrationale Zahl genau charakterisiert, z. B. $\sqrt{3}$ anstelle von $1{,}732050807569\ldots$

Angesichts der fast unbegrenzten Verfügbarkeit von Taschenrechnern und Computern nimmt die Dezimalbruchschreibweise mehr und mehr Raum ein, nicht nur für die irrationalen, sondern für die reellen Zahlen schlechthin.

Darstellung auf der Zahlengeraden

Die irrationalen Zahlen, die als Wurzel aus rationalen Zahlen erklärt sind, lassen sich leicht als Streckenlängen geometrisch interpretieren. So ist etwa $\sqrt{2}$ die Länge der Diagonale eines Quadrats mit der Seitenlänge 1, $\sqrt{3}$ ist die Länge der Höhe in einem gleichseitigen Dreieck mit der Seitenlänge 2. Die Bilder 2.3 und 2.4 veranschaulichen diese Größen. Mit einem Zirkel können diese Strecken auf der Zahlengeraden angetragen werden (Bild 2.5), sodass wir auf der Geraden, die bisher nur die rationalen Zahlen „beherbergte", nun die „Lücken" mit irrationalen Zahlen füllen. Jedem Punkt der Zahlengeraden ist somit eine reelle Zahl zugeordnet, die reellen Zahlen sind so beschaffen, dass ihre Abbilder auf der Zahlengeraden diese lückenlos ausfüllen. Man spricht nunmehr auch von der (reellen) Zahlengeraden.

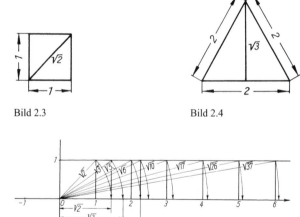

Bild 2.3   Bild 2.4

Bild 2.5

Es könnte nun allerdings der Eindruck entstehen, dass alle irrationalen Zahlen als Wurzel aus rationalen Zahlen darstellbar sind. Dass dies nicht so ist, zeigen die Zahlen π und e[1], die nicht durch einen solchen Wurzelausdruck darstellbar sind, aber auch nicht zu den rationa-

---

[1] π ist das Verhältnis des Umfangs eines Kreises zu seinem Durchmesser, e ist die Basis der natürlichen Logarithmen und heißt EULERsche Zahl.

len Zahlen gehören. Solche Zahlen heißen transzendente Zahlen. Auch sie finden Platz auf der Zahlengeraden, auch sie sind durch unendliche nichtperiodische Dezimalzahlen darstellbar und werden durch endliche Dezimalzahlen beliebig genau angenähert.

Die wichtigste Charakteristik der reellen Zahlen aus bisheriger Sicht ist nun: Addition und Subtraktion, Multiplikation und Division reeller Zahlen ergeben stets eine reelle Zahl (ausgeschlossen bleibt die Division durch 0). Auch das Potenzieren von reellen Zahlen hat als Ergebnis stets reelle Zahlen, ebenso ist das Radizieren nichtnegativer Zahlen stets ausführbar und ergibt reelle Zahlen.

2.3.5 Potenzen mit gebrochenem Exponenten

Bisher hatten wir als Exponenten beim Potenzieren nur ganze (ursprünglich nur natürliche) Zahlen zugelassen. Der Potenzbegriff soll nun in geeigneter Weise so erweitert werden, dass auch gebrochene Exponenten zugelassen sind. Dabei ist so zu verfahren, dass die bisherigen Gesetze für das Rechnen mit Potenzen ihre Gültigkeit behalten.

Betrachten wir einen einfachen Fall: Der Exponent der Zahl a sei die gebrochene Zahl $\frac{1}{2}$, d. h., der fragliche Ausdruck ist $a^{\frac{1}{2}}$. Wenn dieser Ausdruck nun z. B. quadriert wird, so erhält man nach den Gesetzen des Potenzierens von Potenzen (vgl. 2.26) z. B. für $a = 3$

$$\left(3^{\frac{1}{2}}\right)^2 = 3^{\frac{1}{2} \cdot 2} = 3^1 = 3 \ .$$

Andererseits gilt nach (2.28)

$$\left(\sqrt{3}\right)^2 = 3 \ .$$

Offensichtlich spielt der Ausdruck $3^{\frac{1}{2}}$ dieselbe Rolle wie $\sqrt{3}$, allgemein spielt $a^{\frac{1}{n}}$ dieselbe Rolle wie $\sqrt[n]{a}$. Deshalb legt man fest:

$$a^{\frac{1}{n}} = \sqrt[n]{a} \qquad (2.29)$$

Diese Definition wird nun auf beliebige Brüche erweitert, d. h., wir lassen zu, dass der Zähler von 1 verschieden ist. Man definiert:

$$a^{\frac{m}{n}} = \sqrt[n]{a^m} \qquad (2.30)$$

Das ist eine Erweiterung des Potenzbegriffes, die so vorgenommen wurde, dass alle bisherigen Potenzgesetze weiter gültig sind. Ist nun der Exponent nicht nur gebrochen, sondern auch negativ, so gilt aufgrund der Definition (2.23)

$$a^{-\frac{m}{n}} = \frac{1}{\sqrt[n]{a^m}} \ .$$

82   2 Aufbau der reellen Zahlen

Es liegt nun nahe, den Potenzbegriff noch einmal zu erweitern und nicht nur rationale, sondern auch reelle Exponenten zuzulassen. Da die irrationalen Zahlen ohnehin durch die rationalen beliebig angenähert werden können, kann man auch die irrationalen Potenzen durch die Annäherung mit entsprechenden rationalen Potenzen erklären. Es gilt also nunmehr: Beim Potenzieren sind beliebige reelle Exponenten zugelassen, das Ergebnis ist stets eine reelle Zahl.

Nach Formel 2.30 können Ausdrücke mit gebrochenem Exponenten stets in Wurzelausdrücke verwandelt werden und umgekehrt.

BEISPIELE

2.45   Man verwandle in gebrochene Exponenten:

a) $\sqrt[5]{a^3} = a^{\frac{3}{5}}$
b) $\left(\sqrt[5]{a}\right)^3 = a^{\frac{3}{5}}$
c) $\dfrac{1}{\sqrt{x}} = x^{-\frac{1}{2}}$

d) $\sqrt{(1+x^2)^3} = (1+x^2)^{\frac{3}{2}}$ ■

2.46   Man verwandle in Wurzelausdrücke:

a) $\left(\dfrac{a}{b}\right)^{\frac{4}{5}} = \sqrt[5]{\left(\dfrac{a}{b}\right)^4}$
b) $a^{-\frac{1}{3}} = \dfrac{1}{\sqrt[3]{a}}$
c) $a^{0,8} = a^{\frac{4}{5}} = \sqrt[5]{a^4}$

d) $a^{4,3} = a^4 \cdot a^{\frac{3}{10}} = a^4 \cdot \sqrt[10]{a^3}$ ■

AUFGABEN

2.45   Man schreibe als Potenzausdruck:

a) $\sqrt[4]{a^3}$ b) $\sqrt{x^n}$ c) $\sqrt[3]{(2+a)^2}$ d) $\sqrt[3]{2a}$ e) $\sqrt[3]{a^{-2}}$

f) $\dfrac{1}{\sqrt{b}}$ g) $\dfrac{1}{\sqrt[3]{3^4}}$ h) $\dfrac{1}{3\sqrt{3}}$ i) $\sqrt[3]{\sqrt[2]{x}}$ k) $\left(\sqrt[4]{\dfrac{1}{x}}\right)^{-3}$

2.46   Man schreibe als Wurzelausdrücke:

a) $x^{\frac{5}{6}}$ b) $a^{\frac{1}{n}}$ c) $a^{3,1}$ d) $a^{-0,4}$

Rechengesetze für Wurzeln

Allgemein gilt, da nach der vorgenommenen Erweiterung des Potenzbegriffs alle Wurzeln in Potenzen umgewandelt werden können, dass sich die Rechengesetze für Wurzeln aus den Rechengesetzen für Potenzen herleiten lassen.

Für die *Addition und Subtraktion* von Wurzeln lassen sich keine allgemeinen Gesetze angeben. Es lassen sich allenfalls Wurzeln mit gleichen Exponenten und gleichen Radikanden zusammenfassen. Dies erfolgt nach den allgemeinen Regeln für die Umformung algebraischer Summen.

2.3 Reelle Zahlen

Wurzeln mit gleichen Exponenten nennt man auch *gleichnamige* Wurzeln. Für deren Multiplikation gilt:

$$\sqrt[n]{a} \cdot \sqrt[n]{b} = \sqrt[n]{a \cdot b} \tag{2.31}$$

Gleichnamige Wurzeln werden miteinander multipliziert, indem man das Produkt ihrer Radikanden mit der gemeinsamen Wurzel radiziert.

BEISPIEL

2.47   a) $\sqrt{8} \cdot \sqrt{2} = \sqrt{8 \cdot 2} = 4$

       b) $\sqrt[3]{2} \cdot \sqrt[3]{-4} = \sqrt[3]{-8} = -2$

       c) $\sqrt{\dfrac{a}{b}} \cdot \sqrt{\dfrac{b}{c}} \cdot \sqrt{ac} = \sqrt{\dfrac{a \cdot b \cdot ac}{b \cdot c}} = \sqrt{a^2} = a$ (wobei $a \geq 0$, $b, c \neq 0$)   ∎

Wie man sieht, bringt dieses Gesetz in einigen Fällen erhebliche Rechenerleichterungen mit sich. Gleiches gilt auch für die umgekehrte Anwendung dieses Gesetzes.

Ein Produkt wird radiziert, indem man die Faktoren einzeln radiziert und die erhaltenen Wurzelwerte miteinander multipliziert:

$$\sqrt[n]{a \cdot b} = \sqrt[n]{a} \cdot \sqrt[n]{b} \tag{2.32}$$

Insbesondere für solche Wurzeln, in deren Radikanden sich entsprechende Potenzen als Faktoren abspalten lassen, kann diese Umformung nutzbringend sein. Ist dies der Fall, wie etwa bei

$$\sqrt[n]{a^n \cdot b} = \sqrt[n]{a^n} \cdot \sqrt[n]{b} = a \cdot \sqrt[n]{b}, \quad \text{(wieder sei } a \geq 0\text{)}$$

so spricht man vom partiellen Radizieren.

Man nennt $\sqrt{a \cdot b}$ das *geometrische Mittel* von a und b, analog heißt $\sqrt[3]{a \cdot b \cdot c}$ das geometrische Mittel von a, b und c.

BEISPIEL

2.48   a) $\sqrt{324} = \sqrt{4 \cdot 81} = \sqrt{4} \cdot \sqrt{81} = 18$

       b) $\sqrt[3]{7000} = \sqrt[3]{1000} \cdot \sqrt[3]{7} = 10 \cdot \sqrt[3]{7}$

       c) $\sqrt[3]{x^5} = \sqrt[3]{x^3 \cdot x^2} = x \cdot \sqrt[3]{x^2}$

       d) $a \cdot \sqrt{1 + \dfrac{b^2}{a^2}} = \sqrt{a^2 \cdot \left(1 + \dfrac{b^2}{a^2}\right)} = \sqrt{a^2 + b^2}$ (vorausgesetzt $a > 0$)

       e) $a \cdot \sqrt[4]{\dfrac{x}{a^2}} = \sqrt[4]{\dfrac{a^4 x}{a^2}} = \sqrt[4]{a^2 x} = \sqrt{a} \sqrt[4]{x}$ ($a > 0$)   ∎

Im Beispiel 2.48 d) und e) wurde die Formel des partiellen Radizierens umgekehrt, d. h., ein vor der Wurzel stehender Faktor wurde unter diese Wurzel gebracht.

2 Aufbau der reellen Zahlen

AUFGABEN

(In den folgenden Aufgaben seien a, b, x, y jeweils so gewählt, dass die auszuführenden Operationen zulässig und eindeutig sind, also die Nenner verschieden von Null und die Radikanden positiv sind und die Vorzeichen erhalten bleiben.)

2.47 Man vereinfache die folgenden Produkte:

a) $\sqrt{3} \cdot \sqrt{12}$ b) $\sqrt{7} \cdot \sqrt{28}$ c) $\sqrt{5} \cdot \sqrt{10}$ d) $\sqrt{2a} \cdot \sqrt{2x}$

e) $\sqrt{a} \cdot \sqrt{3a}$ f) $a\sqrt{x} \cdot b\sqrt{x}$ g) $5\sqrt{3} \cdot 2\sqrt{3}$ h) $\sqrt{3} \cdot \sqrt{4} \cdot \sqrt{12}$

i) $\sqrt{a} \cdot \sqrt{a^3}$ k) $\sqrt{q^{n+1}} \cdot \sqrt{q^{n-1}}$ l) $(3-\sqrt{6}) \cdot (2+\sqrt{6})$

m) $(3+\sqrt{6}) \cdot (3-\sqrt{6})$ n) $(\sqrt{3}+2\sqrt{5}) \cdot (3\sqrt{3}-\sqrt{5})$

o) $(\sqrt{2}+\sqrt{3}-\sqrt{5}) \cdot (\sqrt{2}-\sqrt{3}+\sqrt{5})$ p) $\sqrt[3]{3} \cdot \sqrt[3]{-9}$

q) $\sqrt[3]{9x} \cdot \sqrt[3]{9x^2}$ r) $\left(\sqrt[3]{4a^2}+\sqrt[3]{2b}\right) \cdot \left(\sqrt[3]{16a}-\sqrt[3]{4b^2}\right)$

2.48 Man verwende die Formel partiellen Radizierens:

a) $\sqrt{50}$ b) $\sqrt{500}$ c) $\sqrt[3]{72}$ d) $\sqrt[3]{192000}$

e) $\sqrt[3]{-81}$ f) $\sqrt{4ab^2}$ g) $\sqrt{9a^4b^2c}$ h) $\sqrt[3]{8ab^3}$

i) $\sqrt{z^3}$ k) $\sqrt[3]{z^7}$ l) $\sqrt{x^{2n+1}}$ m) $\sqrt{x^{2n-1}}$

2.49 Man unterscheide die folgenden Ausdrücke:

a) $\sqrt{4^2+2^2}$ b) $\sqrt{4^2 \cdot 2^2}$ c) $\sqrt{4^2 : 2^2}$

2.50 In den folgenden Aufgaben ist der Faktor unter das Wurzelzeichen zu bringen:

a) $\dfrac{1}{2}\sqrt{24}$ b) $a\sqrt{\dfrac{b}{a}}$ c) $3 \cdot \sqrt[3]{\dfrac{1}{9}}$ d) $x \cdot \sqrt{1-\dfrac{y^2}{x^2}}$

e) $\dfrac{a}{b} \cdot \sqrt{\dfrac{b}{a}}$ f) $\dfrac{a+1}{a-1}\sqrt{\dfrac{a-1}{a+1}}$ g) $ab \cdot \sqrt[3]{\dfrac{1}{a^2}-\dfrac{1}{b^2}}$

h) $\dfrac{1}{a} \cdot \sqrt[3]{a+a^2-a^3}$

2.51 Man vereinfache:

a) $\sqrt{32}+\sqrt{18}-\sqrt{50}$ b) $\sqrt[3]{(a+b)^2} \cdot \sqrt[3]{a^2-b^2}$

2.52 Man berechne das geometrische Mittel von $2+\sqrt{2}$ und $2-\sqrt{2}$!

Dividieren gleichnamiger Wurzeln

Berücksichtigt man das entsprechende Potenzgesetz $\dfrac{a^n}{b^n}=\left(\dfrac{a}{b}\right)^n$ und schreibt man Wurzeln als Potenzen mit gebrochenem Exponenten, so ergibt sich als Rechengesetz für die Division gleichnamiger Wurzeln

2.3 Reelle Zahlen

$$\frac{\sqrt[n]{a}}{\sqrt[n]{b}} = \sqrt[n]{\frac{a}{b}}. \tag{2.33}$$

Gleichnamige Wurzeln werden durcheinander dividiert, indem man die Radikanden dividiert und den erhaltenen Quotienten mit dem gemeinsamen Wurzelexponenten radiziert.

Natürlich ist damit gleichzeitig die umgekehrte Umformung gerechtfertigt, es gilt:

$$\sqrt[n]{\frac{a}{b}} = \frac{\sqrt[n]{a}}{\sqrt[n]{b}}. \tag{2.34}$$

Ein Bruch kann radiziert werden, indem man Zähler und Nenner einzeln radiziert und dann den Quotienten bildet.

BEISPIEL

2.49 a) $\dfrac{\sqrt{54}}{\sqrt{2}} = \sqrt{\dfrac{54}{2}} = \sqrt{27} = 3 \cdot \sqrt{3} \approx 5{,}1962$

b) $\sqrt[3]{48x^4 y^5} : \sqrt[3]{6xy} = \sqrt[3]{\dfrac{48x^4 y^5}{6xy}} = \sqrt[3]{8x^3 y^4} = 2x \cdot \sqrt[3]{y^4}$

c) $\sqrt{2\dfrac{1}{4}} = \sqrt{\dfrac{9}{4}} = \dfrac{\sqrt{9}}{\sqrt{4}} = \dfrac{3}{2}$ ∎

Rationalmachen des Nenners

Aus den verschiedensten Gründen versucht man irrationale Nenner in Brüchen zu vermeiden. Wenn sie dennoch auftreten, z. B. als Wurzelausdrücke, so kann man sie durch geschicktes Erweitern des Bruches beseitigen. Insbesondere gilt:

Ist ein Faktor im Nenner eines Bruches eine Quadratwurzel, so erweitert man den Bruch mit eben dieser Quadratwurzel.

BEISPIEL

2.50 a) $6 : \sqrt{3} = \dfrac{6}{\sqrt{3}} = \dfrac{6 \cdot \sqrt{3}}{\sqrt{3} \cdot \sqrt{3}} = \dfrac{6 \cdot \sqrt{3}}{3} = 2\sqrt{3}$

b) $\dfrac{a}{\sqrt{a}} = \dfrac{a \cdot \sqrt{a}}{\sqrt{a} \cdot \sqrt{a}} = \dfrac{a \cdot \sqrt{a}}{a} = \sqrt{a} \qquad (a > 0)$

c) $\dfrac{a^2 - b^2}{\sqrt{a-b}} = \dfrac{(a^2 - b^2) \cdot \sqrt{a-b}}{\sqrt{a-b} \cdot \sqrt{a-b}} = \dfrac{(a^2 - b^2) \cdot \sqrt{a-b}}{a-b} = (a+b) \cdot \sqrt{a-b}$

$(a > b)$ ∎

Man beachte besonders die beiden Spezialfälle $\frac{a}{\sqrt{a}} = \sqrt{a}$ sowie $\frac{1}{\sqrt{a}} = \frac{1}{a}\sqrt{a}$. Ist dagegen der Wurzelexponent im Nenner 3 oder größer, so muss man mit entsprechenden Wurzelausdrücken erweitern, wiederum mit dem Ziel, den Wurzelausdruck im Nenner zu beseitigen. Gleiches gilt für Nenner, die mindestens einen Wurzelausdruck als Summanden enthalten, hier ist die dritte binomische Formel von Nutzen, da man mit einem geeigneten Faktor aus dieser Formel erweitert.

BEISPIEL

2.51 a) $\dfrac{a}{\sqrt[3]{a}} = \dfrac{a \cdot \sqrt[3]{a^2}}{\sqrt[3]{a} \cdot \sqrt[3]{a^2}} = \dfrac{a \cdot \sqrt[3]{a^2}}{\sqrt[3]{a^3}} = \sqrt[3]{a^2}$

b) $\dfrac{b}{\sqrt[5]{b^2}} = \dfrac{b \cdot \sqrt[5]{b^3}}{\sqrt[5]{b^2} \cdot \sqrt[5]{b^3}} = \dfrac{b \cdot \sqrt[5]{b^3}}{\sqrt[5]{b^5}} = \dfrac{b \cdot \sqrt[5]{b^3}}{b} = \sqrt[5]{b^3}$

c) $\dfrac{a}{\sqrt[5]{a^2}} = a \cdot a^{-\frac{2}{5}} = a^{1-\frac{2}{5}} = a^{\frac{3}{5}} = \sqrt[5]{a^3}$

d) $\dfrac{3}{3+\sqrt{2}} = \dfrac{3 \cdot (3-\sqrt{2})}{(3+\sqrt{2}) \cdot (3-\sqrt{2})} = \dfrac{3 \cdot (3-\sqrt{2})}{9-2} = \dfrac{3}{7}(3-\sqrt{2})$ ■

AUFGABEN

2.53 Man vereinfache die folgenden Quotienten:

a) $\dfrac{\sqrt{12}}{\sqrt{6}}$ b) $\dfrac{\sqrt{3x}}{\sqrt{x}}$ c) $\dfrac{\sqrt{ax^3}}{\sqrt{bx}}$ d) $\dfrac{\sqrt{48x}}{\sqrt{6x}}$ e) $\dfrac{\sqrt[3]{40a}}{\sqrt[3]{5a}}$

f) $\dfrac{5}{\sqrt{5}}$ g) $\dfrac{1}{\sqrt{3}}$ h) $\dfrac{18}{\sqrt{6}}$ i) $\dfrac{8x}{\sqrt{2x}}$ k) $\dfrac{9\sqrt{5}}{2\sqrt{3}}$

l) $z : \sqrt[3]{z^2}$ m) $24x : \sqrt[3]{2x}$ n) $\sqrt{5} : 5\sqrt{2}$ o) $a : \sqrt{\dfrac{a}{b}}$ p) $az : \sqrt{\dfrac{a}{z}}$

q) $\dfrac{a}{x} : \sqrt{ax}$ r) $20 : 5\sqrt{\dfrac{4}{5}}$ s) $\sqrt{\dfrac{a}{b}} : a$ t) $\sqrt{\dfrac{a^3}{b}} : \dfrac{a}{b}$ u) $\sqrt{\dfrac{2a}{b}} : \sqrt{\dfrac{2b}{a}}$

2.54 Man erweitere so, dass der Nenner nicht mehr im Radikanden des Wurzelzeichens liegt.

a) $\sqrt{\dfrac{1}{2}}$ b) $\sqrt{\dfrac{7}{8}}$ c) $\sqrt{\dfrac{1}{0{,}75}}$ d) $c \cdot \sqrt[3]{\dfrac{x}{c}}$ e) $\sqrt{\dfrac{4{,}5a}{2b}}$

f) $\sqrt{\dfrac{a+1}{a-1}}$ g) $\sqrt{n + \dfrac{n}{n-1}}$ h) $\sqrt{\dfrac{x}{2} - \dfrac{x}{x+2}}$ i) $\sqrt[3]{r + \dfrac{1}{r}}$

2.3 Reelle Zahlen

2.55 In folgenden Brüchen ist für einen rationalen Nenner zu sorgen:

a) $\dfrac{6}{\sqrt{5}+1}$ b) $\dfrac{12}{3-\sqrt{5}}$ c) $\dfrac{1}{\sqrt{6}-\sqrt{5}}$ d) $\dfrac{3+\sqrt{6}}{\sqrt{3}+\sqrt{2}}$ e) $\dfrac{\sqrt{a}-\sqrt{b}}{\sqrt{a}+\sqrt{b}}$

f) $\dfrac{1}{a\sqrt{3}-a\sqrt{2}}$ g) $\dfrac{a+\sqrt{b}}{b+\sqrt{a}}$ h) $\dfrac{3+2\sqrt{x}}{5+3\sqrt{x}}$ i) $\dfrac{\sqrt{7-2\sqrt{6}}}{\sqrt{6}-1}$

k) $\dfrac{\sqrt{15}}{3\sqrt{5}+4\sqrt{3}}$ l) $\dfrac{\sqrt{10}+\sqrt{6}}{\sqrt{5}+\sqrt{3}}$ m) $\dfrac{11+2\sqrt{6}}{4+\sqrt{3}-\sqrt{2}}$ n) $\dfrac{1-\sqrt{3}-\sqrt{5}}{1+\sqrt{3}-\sqrt{5}}$

2.56 Folgende Produkte bzw. Quotienten sind zu berechnen:

a) $\left(\sqrt{a}+\sqrt{b}\right)\left(\sqrt{a}-\sqrt{b}\right)$ b) $\left(\sqrt{a}+\sqrt{b}\right)^2$ c) $\left(1+\sqrt{2}\right)^2$

d) $\left(\sqrt{x}-\dfrac{1}{\sqrt{x}}\right)^2$ e) $\left(\sqrt{ab}+a\sqrt{b}-b\sqrt{a}\right):\sqrt{a}$

f) $(1-a):(1-\sqrt{a})$ g) $\sqrt{a^2-\dfrac{1}{5}a^2}:\sqrt{a}$

Potenzieren von Wurzeln

Potenzieren und Radizieren sind Rechenarten einer Stufe (der dritten), sie sind in der Reihenfolge ihrer Ausführung vertauschbar. Diese Behauptung illustriert das folgende Beispiel

$\sqrt[3]{8^2} = \sqrt[3]{64} = 4$ (Radizieren einer Potenz)

$\left(\sqrt[3]{8}\right)^2 = 2^2 = 4$ (Potenzieren einer Wurzel)

Allgemein gilt:

Eine Potenz kann so radiziert werden, dass man zunächst die Basis radiziert und den erhaltenen Wurzelwert mit dem Potenzexponenten potenziert.

Oder gleichwertig:

Eine Wurzel kann so potenziert werden, dass man zunächst den Radikanden potenziert und schließlich den erhaltenen Wert mit dem Wurzelexponenten radiziert.

$$\sqrt[n]{a^m} = \left(\sqrt[n]{a}\right)^m \qquad (2.35)$$

Diese Rechenvorschrift lässt sich einfach begründen, wenn man die Wurzel als Potenz mit gebrochenem Exponenten darstellt, die Rechenvorschrift für das Potenzieren einer Potenz und die Kommutativität der Multiplikation (hier: der Exponenten) berücksichtigt:

$$\sqrt[n]{a^m} = \left(a^m\right)^{\frac{1}{n}} = a^{m\cdot\frac{1}{n}} = a^{\frac{m}{n}}, \qquad \text{man setzt fort} \qquad a^{\frac{m}{n}} = a^{\frac{1}{n}\cdot m} = \left(\sqrt[n]{a}\right)^m.$$

Das heißt aber:

Einen Potenzausdruck kann man radizieren, indem man den Potenzexponenten durch den Wurzelexponenten dividiert und mit dem so gewonnenen Exponenten potenziert.

88   2 Aufbau der reellen Zahlen

Der so entstehende gebrochene Exponent kann wie jeder andere Bruch erweitert oder gekürzt werden, d. h., beim Radizieren einer Potenz kann man die beiden Exponenten jeweils mit der gleichen Zahl multiplizieren bzw. durch die gleiche Zahl dividieren. Es gilt also

$$\sqrt[np]{a^{mp}} = \sqrt[n]{a^m}.\tag{2.36}$$

BEISPIELE

2.52 a) $\sqrt[12]{x^8} = \sqrt[3]{x^2}$ (größerer Wurzelexponent)

b) $\sqrt[4]{a^6} = \sqrt{a^3}$ (größerer Potenzexponent)

c) $\sqrt[8]{a^{-4}} = \sqrt[2]{a^{-1}} = \sqrt{\dfrac{1}{a}} = \dfrac{\sqrt{a}}{a}$ (negativer Potenzexponent) ∎

Diese Art der Vereinfachung wird immer dann besonders augenfällig sein, wenn man die Wurzeln als Bruchpotenzen schreibt:

$$\sqrt[12]{x^8} = x^{\frac{8}{12}} = x^{\frac{2}{3}} = \sqrt[3]{x^2}.$$

Multiplikation und Division ungleichnamiger Wurzeln

Man führt diesen Fall problemlos auf den zuvor behandelten (Multiplikation und Division gleichnamiger Wurzeln) zurück, da man durch „Erweitern" bzw. „Kürzen" nach Formel (2.36) beliebige Wurzeln gleichnamig machen kann.

BEISPIEL

2.53 a) $\sqrt[3]{5^2} \cdot \sqrt[2]{5} = \sqrt[3\cdot 2]{5^{2\cdot 2}} \cdot \sqrt[2\cdot 3]{5^3} = \sqrt[6]{5^4} \cdot \sqrt[6]{5^3} = \sqrt[6]{5^7} = 5 \cdot \sqrt[6]{5}$

b) $\sqrt[4]{a^3} : \sqrt[3]{a^2} = \sqrt[12]{a^9} : \sqrt[12]{a^8} = \sqrt[12]{a^{9-8}} = \sqrt[12]{a}$

c) $\sqrt[4]{a^3 b} \cdot \sqrt{ac} = \sqrt[4]{a^3 b} \cdot \sqrt[4]{a^2 c^2} = \sqrt[4]{a^5 b c^2} = a \cdot \sqrt[4]{abc^2}$ ∎

AUFGABEN

2.57 Man bringe die nachfolgenden Ausdrücke auf eine möglichst einfache Form!
    a) $\sqrt[4]{25}$ b) $\sqrt[6]{8}$ c) $\sqrt[3]{27^2}$ d) $\sqrt[9]{a^3}$ e) $\sqrt[6]{a^4 x^2}$

2.58 Es sind zu berechnen:
    a) $\sqrt[3]{125^2}$ b) $\sqrt{16^3}$ c) $\sqrt[4]{10000^3}$ d) $\sqrt[3]{0{,}008^2}$ e) $\left(\sqrt[8]{9}\right)^4$

2.59 Man berechne die folgenden Produkte bzw. Quotienten:
    a) $\sqrt{2} \cdot \sqrt[3]{2}$ b) $\sqrt{3} \cdot \sqrt[3]{4}$ c) $\sqrt[3]{4} \cdot \sqrt[4]{3}$ d) $\sqrt{a} \cdot \sqrt[3]{a^2}$ e) $\sqrt[6]{c} \cdot \sqrt[3]{c}$
    f) $\sqrt{a} \cdot \sqrt[4]{\dfrac{b}{a}}$ g) $\sqrt{\dfrac{m}{n}} \cdot \sqrt[6]{\dfrac{n}{m}}$ h) $\sqrt[3]{\dfrac{x}{y}} \cdot \sqrt[4]{\dfrac{y}{x}}$ i) $\sqrt[3]{4} : \sqrt{2}$
    k) $\sqrt[3]{100} : \sqrt{10}$ l) $\sqrt[3]{a^4} : \sqrt[4]{a}$ m) $\sqrt[3]{a^2} : \left(\sqrt{a}\right)^3$ n) $\sqrt{m} : \sqrt[3]{m}$

2.3 Reelle Zahlen

Radizieren einer Wurzel (Doppelwurzel)

Es sei ein Ausdruck der Form $\sqrt[m]{\sqrt[n]{a}}$ gegeben. Auch hier führt die Schreibweise mit gebrochenen Exponenten unmittelbar auf die entsprechende Rechenvorschrift. Es ist

$$\sqrt[m]{\sqrt[n]{a}} = \left(\sqrt[n]{a}\right)^{\frac{1}{m}} = \left(a^{\frac{1}{n}}\right)^{\frac{1}{m}} = a^{\frac{1}{n}\cdot\frac{1}{m}} = a^{\frac{1}{m\cdot n}} = \sqrt[m\cdot n]{a} \; , \; \text{kurz:}$$

$$\boxed{\sqrt[m]{\sqrt[n]{a}} = \sqrt[m\cdot n]{a} \, .} \tag{2.37}$$

Doppelwurzeln kann man in einfache Wurzeln umformen, deren Exponent gleich dem Produkt der gegebenen Exponenten ist.

Wegen der Kommutativität der Multiplikation gilt offensichtlich auch:

$$\boxed{\sqrt[m]{\sqrt[n]{a}} = \sqrt[n]{\sqrt[m]{a}} \, .} \tag{2.37a}$$

In Doppelwurzeln kann man die Wurzelexponenten vertauschen.

BEISPIEL

2.54 a) $\sqrt[3]{\sqrt{27}} = \sqrt{\sqrt[3]{27}} = \sqrt{3}$

b) $\sqrt[6]{16} = \sqrt[3]{\sqrt{16}} = \sqrt[3]{4}$

c) $\sqrt{a\sqrt{a}} = \sqrt{\sqrt{a^3}} = \sqrt[4]{a^3}$

d) $\sqrt{\sqrt[3]{a^{-4}}} = \sqrt[3]{\sqrt{a^{-4}}} = \sqrt[3]{a^{-2}} = \sqrt[3]{\frac{1}{a^2}} = \frac{1}{\sqrt[3]{a^2}} = \frac{\sqrt[3]{a}}{a}$

e) $\sqrt{2\sqrt{3\sqrt{5}}} = \sqrt{2\sqrt{\sqrt{3^2 \cdot 5}}} = \sqrt{2\sqrt[4]{45}} = \sqrt{\sqrt[4]{16 \cdot 45}} = \sqrt[8]{720}$ ∎

AUFGABE

2.60 Die folgenden Wurzelausdrücke sind zu vereinfachen bzw. zu berechnen:

a) $\sqrt{\sqrt[3]{100}}$ b) $\sqrt[4]{256}$ c) $\sqrt[6]{1000}$ d) $\sqrt[12]{64}$

e) $\sqrt[4]{\sqrt[3]{81}}$ f) $\sqrt[2]{\sqrt[3]{a}}$ g) $\sqrt[4]{\sqrt[3]{a^2}}$ h) $\sqrt{3\sqrt{5}}$

i) $\sqrt{\sqrt{x}}$ k) $\sqrt[3]{\sqrt{x}}$ l) $\sqrt{\sqrt[3]{x}}$ m) $\dfrac{\sqrt[3]{3\sqrt{3}}}{\sqrt[6]{3}}$

n) $\sqrt{2\sqrt{2\sqrt{2}}} \cdot \sqrt[8]{2}$ o) $\sqrt{a\sqrt{a\sqrt{a}}} : \sqrt[8]{a^3}$ p) $\sqrt{2 \cdot \sqrt[3]{a^2}} \cdot \sqrt[3]{a\sqrt{2}}$

Wie die vorhergehende Betrachtung zeigt, bieten sowohl die Wurzelschreibweise wie auch die Schreibweise mit gebrochenem Exponenten Vor- und Nachteile. Ein erheblicher Vorteil der letzteren ist die Tatsache, dass sich die Rechengesetze für Wurzeln unmittelbar aus den Potenzgesetzen erschließen lassen. Andererseits bietet die Wurzelschreibweise oft mehr Übersichtlichkeit. Entscheidend ist aber: *Die Ergebnisse sind* stets gleich, d. h., sie sind *unabhängig von der Schreibweise.*

Man vergleiche etwa die Regeln für das Potenzieren von Wurzelausdrücken und ein zugehöriges Rechenbeispiel in beiden Darstellungen:

$$\left(\sqrt[n]{a}\right)^m = \sqrt[n]{a^m} \qquad \left(a^{\frac{1}{n}}\right)^m = \left(a^m\right)^{\frac{1}{n}} = a^{\frac{m}{n}}$$

$$\left(\sqrt[3]{4}\right)^2 = \sqrt[3]{4^2} \qquad \left(4^{\frac{1}{3}}\right)^2 = \left(4^2\right)^{\frac{1}{3}} = 4^{\frac{2}{3}}$$

In einigen Aufgaben sind die Vorzüge der Wurzeldarstellung unübersehbar, so im

BEISPIEL

2.55 $\quad 0{,}008^{-\frac{2}{3}} = \left(\dfrac{1000}{8}\right)^{\frac{2}{3}} = \left(\sqrt[3]{\dfrac{1000}{8}}\right)^2 = \left(\dfrac{10}{2}\right)^2 = 25.$ ∎

Insbesondere gilt, dass bei numerischen Berechnungen zuerst alle Möglichkeiten der Vereinfachung und Umformung der Ausdrücke ausgenutzt werden. Man sollte nämlich nicht vergessen, dass die irrationalen Zahlen stets näherungsweise durch rationale ersetzt werden. Folgt man dem genannten Prinzip, so werden die durch Näherung bedingten Fehler minimiert.

Abschließend noch eine wesentliche Erinnerung zum Gültigkeitsbereich der Gesetze für das Rechnen mit gebrochenen Exponenten. Schon bei der Einführung des Wurzelbegriffs war darauf verwiesen worden, dass es z. B. keine reelle Zahl gibt, die beim Quadrieren eine negative Zahl ergibt. Deshalb waren negative Radikanden zunächst nicht zugelassen. Diese Einschränkung kann für ungerade Wurzelexponenten aufgehoben werden, indem man für diesen Fall festlegt:

$$\sqrt[2n+1]{-a} = -\sqrt[2n+1]{a}.$$

Das bedeutet für die Schreibweise mit gebrochenem Exponenten:

Die Basis einer Potenz mit gebrochenem Exponenten darf nur dann negativ sein, wenn der Nenner des Exponenten ungerade ist. Besondere Vorsicht ist deshalb auch bei der Erweiterungs-/Kürzungsregel für Exponenten geboten (vgl. Beispiel 2.56 c).

BEISPIEL

2.56 a) $(-8)^{-\frac{2}{3}}$ $\quad$ Hier sind die Wurzelgesetze anwendbar (Nenner ist ungerade).

$$(-8)^{-\frac{2}{3}} = \left(\dfrac{1}{-8}\right)^{\frac{2}{3}} = \sqrt[3]{\left(\dfrac{1}{-8}\right)^2} = \sqrt[3]{\dfrac{1}{64}} = \dfrac{1}{4}.$$

2.3 Reelle Zahlen

b) $(-2)^{-\frac{3}{2}}$ Dieser Ausdruck ist im hier betrachteten Zahlbereich nicht zulässig! Der Nenner im Exponenten ist eine gerade Zahl.

c) $\sqrt[3]{\sqrt{-64}}$ Die Wurzelgesetze sind nicht anwendbar, auch die Vertauschungsregel darf nicht angewandt werden!

d) $(-3)^{\frac{1}{3}} \cdot 3^{\frac{1}{6}} = (-3)^{\frac{2}{6}} \cdot 3^{\frac{1}{6}} = \cdots = \sqrt{3}$ **ist falsch!** Die erste Umformung (Erweiterung des Exponenten) ist nicht zulässig! Korrekt ist dagegen folgender Lösungsweg:

$(-3)^{\frac{1}{3}} \cdot 3^{\frac{1}{6}} = \sqrt[3]{-3} \cdot \sqrt[6]{3} = \sqrt[3]{(-1) \cdot 3} \cdot \sqrt[6]{3} = (-1)\sqrt[3]{3} \cdot \sqrt[6]{3} = -\sqrt[6]{3^2} \cdot \sqrt[6]{3} = -\sqrt[6]{3^3} = -\sqrt{3}$ ∎

AUFGABEN

2.61 Man berechne die folgenden Ausdrücke und gebe das Ergebnis als Potenz mit gebrochenem Exponenten und als Wurzelausdruck an:

a) $x^{\frac{1}{2}} \cdot x^{\frac{1}{4}}$ b) $x^{\frac{1}{2}} \cdot x^{\frac{1}{3}}$ c) $a^{\frac{1}{2}} \cdot a^{-\frac{1}{3}}$ d) $a^{\frac{3}{5}} \cdot a^{-\frac{3}{4}}$

e) $a \cdot a^{-\frac{2}{3}}$ f) $a^{\frac{1}{n}} \cdot a^{\frac{1}{m}}$ g) $a^{\frac{n}{2}} \cdot a^{\frac{m}{2}}$ h) $6^{\frac{3}{2}} \cdot 6^{\frac{3}{4}}$

i) $5^{\frac{1}{4}} \cdot 5^{\frac{3}{8}}$ k) $(-8)^{-\frac{2}{3}} \cdot 2^{-\frac{1}{2}}$ l) $(-0{,}125)^{-\frac{1}{3}} \cdot 0{,}5^{-1{,}5}$ m) $x^{0,2} \cdot y^{0,2}$

2.62 Man berechne die folgenden Ausdrücke und gebe das Ergebnis als Potenz mit gebrochenem Exponenten und als Wurzelausdruck an:

a) $a : a^{\frac{1}{2}}$ b) $a^{\frac{1}{2}} : a^{\frac{1}{6}}$ c) $a^{\frac{3}{4}} : a^{\frac{5}{8}}$ d) $c^{\frac{1}{2}} : c$ e) $c^{1,5} : c^2$

f) $z^{-0,8} : z^{0,2}$ g) $3^{\frac{3}{4}} : 3^{\frac{1}{2}}$ h) $8^{\frac{4}{3}} : 8^{\frac{5}{6}}$ i) $m^{\frac{3}{2}} : n^{\frac{1}{2}}$

k) $\left(a^3\right)^{\frac{1}{2}}$ l) $\left(c^{-2}\right)^{\frac{1}{3}}$ m) $\left(x^{\frac{2}{3}}\right)^{\frac{1}{4}}$ n) $\left(x^{-\frac{3}{5}}\right)^{-\frac{1}{2}}$

2.63 Man berechne die folgenden Ausdrücke:

a) $\left(2\frac{1}{4}\right)^{-\frac{1}{2}}$ b) $\left(-15\frac{5}{8}\right)^{\frac{2}{3}}$ c) $\left(9^{\frac{3}{4}}\right)^{\frac{2}{3}}$ d) $\left(2^{-\frac{1}{3}}\right)^{-6}$

e) $\dfrac{\left(1+a^2\right)^{\frac{3}{2}}}{a}$ für $a = \sqrt{\dfrac{1}{2}}$

2.64 Für die Ausdehnung des Dampfes im Zylinder einer Dampfmaschine sei die Abhängigkeit des Druckes p vom Volumen V gegeben durch die Gleichung
$p = 12{,}8 \cdot V^{-1,25}$ bar$\cdot$dm^3 (p in bar, V in dm^3).
a) Man berechne p für $V = 4$ dm^3!
b) Wie groß ist p, wenn das Volumen verdoppelt wird?

Eine bessere Anschaulichkeit der Operationen Potenzbildung und Wurzelziehen erreicht man, wenn man von der punktuellen Betrachtung, wie sie die Berechnung einzelner Potenz- oder Wurzelwerte darstellt, zur funktionellen Betrachtung übergeht. Dazu sei auf die entsprechenden Darlegungen in Abschnitt 4 verwiesen.

2.3.6 Logarithmen

Das Potenzieren hat als erste Umkehrung das Radizieren. Dabei wird die Frage beantwortet, welchen Ausdruck man mit einem gegebenen Exponenten potenzieren muss, um den Radikanden zu erhalten. Es ist jedoch eine zweite Umkehrung definierbar, das Logarithmieren.

Sei $a^b = c$ gegeben. Dann ist $a = \sqrt[b]{c}$. Im Ergebnis des Logarithmierens kann man nun die Frage beantworten, mit welchem Exponenten man eine gegebene Basis potenzieren muss, um einen bestimmten Wert, den sogenannten Numerus, zu erhalten. Den gesuchten Exponenten bezeichnet man in der Logarithmenrechnung als Logarithmus und schreibt

$$b = \log_a c \qquad \text{(,,}b \text{ ist der Logarithmus von } c \text{ zur Basis } a.\text{“)}$$

Dabei heißt b der *Logarithmus*, a die *Basis* des logarithmischen Systems und c der *Numerus*.

Offensichtlich ist $\log_2 8 = 3$, denn $2^3 = 8$. Analog findet man $\log_2 4 = 2$, $\log_2 0{,}5 = -1$. Allgemein wird definiert:

Der Logarithmus einer Zahl c zur Basis a ist der Exponent x, mit dem man a potenzieren muss, um c zu erhalten.

Da die beiden Gleichungen

$$a^x = c \quad \text{und} \quad x = \log_a c$$

gleichwertig sind, erhält man als Definitionsgleichung für den Logarithmus

$$a^{\log_a c} = c. \tag{2.38}$$

Die Gesamtheit aller Logarithmen zur Basis a nennt man das **Logarithmensystem zur Basis** a.

BEISPIEL

2.57 a) $\log_{10} 1000 = 3$, denn $10^3 = 1000$.

b) $\log_3 81 = 4$, denn $3^4 = 81$.

c) $\log_2 0{,}25 = -2$, denn $2^{-2} = 0{,}25$

d) $\log_9 3 = \dfrac{1}{2}$, denn $9^{\frac{1}{2}} = \sqrt{9} = 3$

e) $\log_8 0{,}5 = -\dfrac{1}{3}$, denn $8^{-\frac{1}{3}} = \dfrac{1}{8^{\frac{1}{3}}} = \dfrac{1}{\sqrt[3]{8}} = \dfrac{1}{2} = 0{,}5$ ∎

2.3 Reelle Zahlen

Einige wichtige Sonderfälle, die sich unmittelbar aus der Definition des Logarithmus und den Potenzgesetzen ergeben, seien hervorgehoben:

$\log_a a = 1$	(2.39)
$\log_a 1 = 0$	(2.40)
$\log_a(a^n) = n$	(2.41)

Der Logarithmus kann, wie die Beispiele zeigen, eine positive wie eine negative ganze Zahl sein, im Ergebnis des Logarithmierens kann man jedoch ebenso eine gebrochene Zahl erhalten.

Ebenso, wie bei den anderen Umkehrrechenarten Division und Wurzelziehen, gilt es auch beim Logarithmieren, Einschränkungen zu beachten.

1. Der Numerus darf nicht negativ sein. Andernfalls könnte man z. B. $x = \log_3(-27)$ suchen, obwohl es offensichtlich keine reelle Zahl x gibt, für die gilt $3^x = -27$.

2. Der Numerus darf nicht 0 sein, denn es gibt keine reelle Zahl x, die die Gleichung $a^x = 0$ erfüllt.

3. Die Basis darf nicht negativ und nicht gleich 0 sein, denn z. B. $(-2)^x = 8$ hat keine Lösung im Bereich der reellen Zahlen.

4. Ungeeignet ist auch die Basis 1, denn es ist stets $1^x = 1$, d. h., es gibt z. B. keine reelle Zahl x, für die $1^x = 2$ lösbar wäre.

Also: Als Numerus sind nur positive Zahlen, als Basis nur positive, von 1 verschiedene Zahlen zugelassen. Man beachte, dass die Basis auch ein positiver Bruch sein kann. Sind jedoch die genannten Bedingungen erfüllt, so gilt:

Es gibt stets ein x derart, dass $a^x = c$ ($a \neq 1$, a und c positiv).

AUFGABEN

2.65 Unter Verwendung der Beziehung $a^x = c$ genau dann, wenn $x = \log_a c$ berechne man:

  a) $\log_5 125$ b) $\log_2 128$ c) $\log_6 1$ d) $\log_8 8$

  e) $\log_4 \dfrac{1}{64}$ f) $\log_a \dfrac{1}{a}$ g) $\log_{\frac{1}{2}} 16$ h) $\log_{\frac{1}{3}} \dfrac{1}{27}$

2.66 In den folgenden Ausdrücken bestimme man x !

  a) $\log_3 x = 4$ b) $\log_9 x = 0{,}5$ c) $\log_8 x = \dfrac{2}{3}$

  d) $\log_{\frac{1}{8}} x = -2$ e) $\log_x 125 = 3$ f) $\log_x 144 = 2$

Rechengesetze für Logarithmen

Die nachfolgend beschriebenen Rechengesetze für Logarithmen gelten für beliebige Logarithmensysteme, d. h. für beliebige Basen. Im Alltag haben sich jedoch im wesentlichen nur zwei Logarithmensysteme als praktisch bedeutsam durchgesetzt. Es sind dies die dekadischen Logarithmen (Basis des Systems ist die 10) und die natürlichen Logarithmen (Basis ist die Eulersche Zahl e = 2,718281828...). Für diese Logarithmensysteme ist jeweils eine spezielle Bezeichnungsweise festgesetzt, man schreibt

$\lg c$ anstelle von $\log_{10} c$

und

$\ln c$ anstelle von $\log_e c$.

Hier sollen die Logarithmengesetze für die dekadischen Logarithmen formuliert werden. Es sei jedoch noch einmal ausdrücklich darauf verwiesen, dass sie auch für andere Logarithmensysteme gelten. Vier Logarithmengesetze sollen formuliert werden, sie betreffen die Addition, Subtraktion, Multiplikation und Division von Logarithmen (entsprechend: das Multiplizieren, Dividieren, Potenzieren und Radizieren der Numeri).

1. Logarithmengesetz

Es sind zwei Zahlen, geschrieben als Zehnerpotenzen, zu multiplizieren. Man hat also

$u = 10^m$ entsprechend $m = \lg u$

$v = 10^n$ entsprechend $n = \lg v$

deshalb

$u \cdot v = 10^{m+n}$ entsprechend $m + n = \lg(u \cdot v)$

Daraus ergibt sich das 1. Logarithmengesetz:

$$\lg(u \cdot v) = \lg u + \lg v \qquad (2.42)$$

Der Logarithmus eines Produkts ist gleich der Summe der Logarithmen der Faktoren.

BEISPIEL

2.58 a) $\lg(36 \cdot 12 \cdot 84) = \lg 36 + \lg 12 + \lg 84$
 b) $\lg 5000 = \lg(5 \cdot 1000) = \lg 5 + \lg 1000 = \lg 5 + 3$
 c) $\lg 3 + \lg 5 + \lg 4 = \lg(3 \cdot 4 \cdot 5) = \lg 60$ ∎

2. Logarithmengesetz

Analog begründet man das Logarithmengesetz für die Division:

$u = 10^m$ entsprechend $m = \lg u$

$v = 10^n$ entsprechend $n = \lg v$

deshalb

$\dfrac{u}{v} = 10^{m-n}$ entsprechend $m - n = \lg\dfrac{u}{v}$

2.3 Reelle Zahlen

Somit erhält man das 2. Logarithmengesetz

$$\lg\frac{u}{v} = \lg u - \lg v \qquad (2.43)$$

Der Logarithmus eines Quotienten (Bruches) ist gleich dem Logarithmus des Dividenden vermindert um den Logarithmus des Divisors.

BEISPIEL

2.59 a) $\lg\frac{2}{3} = \lg 2 - \lg 3$

b) (Stammbruch) $\lg\frac{1}{38} = \lg 1 - \lg 38 = -\lg 38$ ∎

Das letzte Beispiel kann man leicht verallgemeinern:

$$\lg\frac{1}{v} = -\lg v \qquad (2.44)$$

Der Logarithmus eines Stammbruches ist gleich dem negativen Logarithmus des Nenners.

Da Formel 2.44 zugleich den Zusammenhang zwischen den Logarithmen reziproker Werte beschreibt, gilt also auch

$$\lg\frac{u}{v} = -\lg\frac{v}{u} \qquad (2.45)$$

Der Logarithmus eines Bruches ist gleich dem negativen Logarithmus seines Kehrwerts.

BEISPIEL

2.60 a) $\lg\frac{a\cdot b}{c} = \lg(a\cdot b) - \lg c = \lg a + \lg b - \lg c$

b) $\lg\frac{a}{b\cdot c} = \lg a - \lg(b\cdot c) = \lg a - (\lg b + \lg c) = \lg a - \lg b - \lg c$

c) $\lg 100 - \lg\frac{1}{100} = \lg 100 + \lg 100 = 2 + 2 = 4$

d) $\lg 3 + \lg\frac{1}{3} = \lg 3 - \lg 3 = 0$

e) $\lg\frac{a+b}{10} = \lg(a+b) - \lg 10 = \lg(a+b) - 1$ Vorsicht: $\lg(a+b) \neq \lg a + \lg b$! ∎

3. Logarithmengesetz

Man betrachte $\lg a^3 = \lg(a\cdot a\cdot a) = \lg a + \lg a + \lg a = 3\cdot\lg a$. Verallgemeinert man dieses Beispiel, so erhält man das dritte Logarithmengesetz:

$$\lg u^n = n\cdot\lg u \qquad (2.46)$$

Der Logarithmus einer Potenz ist gleich dem Logarithmus der Basis (der Potenz), multipliziert mit dem Potenzexponenten.

BEISPIEL

2.61 a) $\lg 2^5 = 5 \cdot \lg 2$ b) $\lg 10000 = \lg 10^4 = 4 \cdot \lg 10 = 4$

c) $\lg(3^6 \cdot 4^3) = \lg 3^6 + \lg 4^3 = 6 \cdot \lg 3 + 3 \cdot \lg 4$

d) $\lg\left(\dfrac{2}{3}\right)^5 = 5 \cdot \lg\dfrac{2}{3} = 5 \cdot (\lg 2 - \lg 3) = -5(\lg 3 - \lg 2)$ ∎

Berücksichtigt man die Darstellung von Wurzeln als Potenzen mit gebrochenem Exponenten, so ergibt sich direkt das

4. Logarithmengesetz

$$\lg \sqrt[n]{u} = \frac{1}{n} \cdot \lg u \tag{2.47}$$

Der Logarithmus einer Wurzel ist gleich dem Logarithmus des Radikanden, dividiert durch den Wurzelexponenten.

BEISPIELE

2.62 a) $\lg \sqrt[3]{a} = \dfrac{1}{3} \cdot \lg a$ b) $\lg \sqrt[5]{a^4} = \dfrac{4}{5} \lg a$

c) $\lg\left(\sqrt[3]{a} \cdot \sqrt{b}\right) = \dfrac{1}{3} \cdot \lg a + \dfrac{1}{2} \cdot \lg b$

d) $\lg \sqrt[3]{\dfrac{a^2 b^2}{c}} = \dfrac{1}{3} \cdot \lg \dfrac{a^2 b^2}{c} = \dfrac{1}{3} \cdot (2 \cdot \lg a + 2 \cdot \lg b - \lg c)$ ∎

Während Multiplikation, Division, Potenzieren und Radizieren auf dem Umweg über die Logarithmen einfacher ausgeführt werden können (die auszuführende Rechenart vereinfacht sich um eine Stufe), können Addition und Subtraktion nicht logarithmisch ausgeführt werden. In der Möglichkeit der Vereinfachung der Rechenarten liegt die große praktische Bedeutung der Logarithmen.

Man kann jedoch jederzeit die obigen Formeln 2.42 bis 2.47 auch in umgekehrter Richtung verwenden.

BEISPIEL

2.63 a) $\lg 5 + \lg 2 = \lg(5 \cdot 2) = \lg 10 = 1$

b) $\lg 12 - \lg 4 = \lg(12 : 4) = \lg 3$

c) $2 \cdot \lg a + 3 \cdot \lg b = \lg a^2 + \lg b^3 = \lg(a^2 b^3)$

d) $\dfrac{1}{2} \lg 16 + \dfrac{1}{3} \cdot \lg 8 = \lg \sqrt{16} + \lg \sqrt[3]{8} = \lg 4 + \lg 2 = \lg 2^3 = 3 \cdot \lg 2$ ∎

2.4 Gleichungen und Ungleichungen

AUFGABEN

2.67 Man forme die folgenden Ausdrücke um:

a) $\lg(abc)$ b) $\lg\dfrac{ab}{cd}$ c) $\lg(10a(b-c))$ d) $\lg\dfrac{1}{x+y}$

e) $\lg(ab)^3$ f) $\lg(a^2-1)$ g) $\lg(a\sqrt[3]{b})$ h) $\lg\sqrt[3]{a^2b^4}$

i) $\lg\left(9xy^2\sqrt{(x^2+y^2)\cdot c}\right)$ k) $\lg\dfrac{x^2\sqrt{a}}{c^3}$ l) $\lg\dfrac{1}{u^2\cdot v^2}$

m) $\lg\dfrac{b}{a}-\lg\dfrac{a}{b}$ n) $\lg\left(\dfrac{a^2}{b}\right)^{\frac{2}{3}}$ o) $\lg\left(x^{-\frac{1}{2}}\cdot y^{-3}\right)$

2.68 Man vereinfache soweit wie möglich!

a) $\lg 500$ b) $\lg\dfrac{3}{10}$ c) $\lg\sqrt[4]{1000}$ d) $\lg\dfrac{3}{4}+\lg\dfrac{4}{3}$

e) $\lg(2563^2-728^2)$

2.69 Man fasse zu einem Logarithmus zusammen:

a) $\lg a+\lg b-\lg c-\lg d$ b) $2\cdot\lg x-\dfrac{1}{2}\cdot\lg y$

c) $\dfrac{1}{3}\lg(u+v)+\dfrac{1}{3}\lg(u-v)$ d) $-2\cdot\lg a-\dfrac{1}{2}\lg b$

e) $\dfrac{1}{2}\lg(x^2-xy+y^2)+\dfrac{1}{2}\lg(x-y)$ f) $2\cdot\lg 5+\lg 4$

g) $\lg\dfrac{x}{y}+\lg(xy)-3\cdot\lg(x-y)$ h) $\dfrac{1}{2}\lg x+\dfrac{1}{2}\lg(xy)-\lg y$

2.4 Gleichungen und Ungleichungen

Die Zahlen, seien es natürliche, ganze, rationale oder reelle, dienen zum Ausdruck von Quantitäten, Größen. Die natürlichen Zahlen sind Ausdruck von Anzahlen (von Gegenständen). Die (aus mathematischer Sicht) wichtigsten Verhältnisse zwischen Anzahlen und Größen sind die des *Vergleichs*. Dazu dienen spezielle Relationen, insbesondere die Gleichheitsrelation, ausgedrückt durch das Gleichheitszeichen = („ist gleich") sowie die verschiedenen Ungleichheitsrelationen <, ≤, > und ≥. Mit ihrer Hilfe werden Gleichungen und Ungleichungen formuliert.

Aus den vorhergehenden Abschnitten wird deutlich, dass Gleichungen den zentralen Gegenstand des Rechnens mit Zahlen und mathematischen Zahlausdrücken, die etwa Variable enthalten, bilden. Die Rolle von Ungleichungen wird in späteren Kapiteln deutlicher werden. Deshalb sollen in diesem Abschnitt die Grundprinzipien für den Umgang mit Gleichungen und Ungleichungen zusammengefasst und an einigen Beispielen illustriert werden.

2.4.1 Gleichungen

Dass $2 = 2$ oder $a = a$, ist trivial und bedarf keiner Erläuterung. Aber schon die Gleichungen $2 + 11 = 13$ oder $a + b = b + a$ sind Ausdruck von Rechengesetzen für den Umgang mit natürlichen bzw. allgemeinen Zahlen. Auch im Ausdruck $y = f(x)$ oder in $x^2 - 2 = 0$ verwenden wir das Gleichheitszeichen. Es erscheint deshalb sinnvoll, zwischen verschiedenen **Arten** von Gleichungen zu differenzieren.

Man unterscheidet nach ihrer Funktion *identische Gleichungen*, *Funktionsgleichungen* und *Bestimmungsgleichungen*.

Identische (feststellende) Gleichungen

Sie dienen zum Ausdruck allgemeiner oder spezieller arithmetischer Zusammenhänge. Treten in ihnen *Variablen* auf, so *dürfen* diese *durch beliebige* spezielle *Zahlen* aus dem Geltungsbereich der Gleichung *ersetzt werden*.

BEISPIEL

2.64   a) $4 \cdot 6 = 24$

b) $a \cdot b = b \cdot a$, insbesondere auch: $4 \cdot 6 = 6 \cdot 4$, $\pi \cdot c = c \cdot \pi$.

c) $\dfrac{a+b}{c} = \dfrac{a}{c} + \dfrac{b}{c}$ für alle $c \neq 0$, insbesondere also auch $\dfrac{4+5}{3} = \dfrac{4}{3} + \dfrac{5}{3}$. ∎

Funktionsgleichungen

Funktionsgleichungen stellen einen Zusammenhang zwischen veränderlichen Größen dar, sie beschreiben, wie eine Größe (die abhängige Veränderliche) sich in Abhängigkeit von einer oder mehreren Größen (der/den unabhängigen Veränderlichen) verhält. Im Kapitel 4 spielen diese Gleichungen eine zentrale Rolle.

Bei diesen Gleichungen darf man nur noch die unabhängige(n) Veränderliche(n) frei wählen (aus dem Definitionsbereich der entsprechenden Funktion) und ermittelt dann den entsprechenden Funktionswert.

BEISPIEL

2.65   a) $U = \pi \cdot d$ (Umfang eines Kreises in Abhängigkeit vom Durchmesser d)

b) $l = l_0(1 + \alpha \Delta t)$ (Längenänderung eines Stabes in Abhängigkeit von der Temperaturänderung)

c) $y = f(x_1, x_2)$ (allg. Form einer Funktionsgleichung mit zwei unabhängigen Variablen) ∎

Bestimmungsgleichungen

Bei Bestimmungsgleichungen sind die geeigneten Werte der Variablen zu ermitteln, die bei ihrer Einsetzung das Gleichheitszeichen rechtfertigen, also eine Gleichheit beider Seiten herstellen.

BEISPIEL

2.66 a) $x - 4 = 8$

Setzt man hier für x eine beliebige Zahl ein, etwa 17, so erhält man den falschen Ausdruck $17 - 4 = 8$. Es gibt nur *einen* Wert von x, für den die Gleichung erfüllt wird, dies ist 12. Dieser Wert ist *die Lösung* der Bestimmungsgleichung. Zur Ermittlung der Lösung bedient man sich der Umkehroperation zur Subtraktion, also der Addition, und ermittelt $x = 8 + 4 = 12$. Durch Umformen der Gleichung und anschließendes Berechnen wird die Lösung ermittelt.

b) $x^2 - 1 = 3$

Bei diesem Beispiel erhält man durch Umformung zunächst $x^2 = 3 + 1$, somit $x^2 = 4$. Wird nun auf beiden Seiten der Gleichung die Quadratwurzel gezogen, so erhält man als Lösungen der Gleichung $x_1 = 2$ und $x_2 = -2$. In diesem Fall hat die Bestimmungsgleichung mehr als eine Lösung, die *Erfüllungs-* oder *Lösungsmenge* ist $\{2, -2\}$. ∎

Zwischen Bestimmungs- und identischen Gleichungen besteht ein enger Zusammenhang, von dem man bei der Probe für eine Bestimmungsgleichung Gebrauch macht: Setzt man in eine Bestimmungsgleichung eine der Lösungen ein, so geht sie in eine identische Gleichung über. So gilt etwa für das letzte Beispiel $(-2)^2 - 1 = 3$ ebenso wie $2^2 - 1 = 3$.

Prinzipien für den Umgang mit Gleichungen

Die in den bisherigen Darstellungen verwendeten, aber nicht benannten Prinzipien für den korrekten Umgang mit Gleichungen sollen im Folgenden kurz aufgelistet werden. Spezielle Beispiele oder Übungen sind dabei kaum erforderlich, vielmehr ist jedes (auch dieses) Mathematikbuch von der ersten bis zur letzten Seite voll von Beispielen für die Anwendung dieser Prinzipien. Man unterscheidet zwei Gruppen von Prinzipien.

Beziehungen zwischen Gleichungen

Für jede Zahl a gilt trivialerweise $a = a$. Darin drückt sich also nicht eine bestimmte Eigenschaft der Zahl a aus, sondern eine Eigenschaft der Gleichheitsrelation, die man *Reflexivität* der Relation nennt.

Eine weitere Eigenschaft der Gleichheitsrelation, die *Symmetrie*, findet ihren Ausdruck in:

> Wenn $a = b$, so $b = a$.

Von dieser Eigenschaft macht man immer dann Gebrauch, wenn eine Gleichung in der einen oder der anderen Richtung gelesen werden soll. Man vergleiche etwa den Ausdruck (2.9a), der gleichermaßen eine Rechtfertigung für das Ausmultiplizieren wie für das Ausklammern liefert. Gleiches gilt z. B. auch für den Ausdruck (2.19), der ein Rechengesetz für Potenzen mit gleicher Basis ist.

Schließlich gilt

> Wenn $a = b$ und $b = c$, so $a = c$.

Diese Eigenschaft der Gleichheitsrelation (*Transitivität* der Relation) ist auch als *Drittengleichheit* bekannt. Davon macht man stets Gebrauch, wenn man Gleichungen fortlaufend schreibt, etwa

$$(a-b)^2 = a^2 - 2ab + b^2 = (b-a)^2,$$

und dann in fortlaufend geschriebenen Gleichungen das erste und das letzte „Glied" gleichsetzen, also hier

$$(a-b)^2 = (b-a)^2.$$

Diese Grundsätze gelten für alle Arten von Gleichungen, ebenso wie die folgenden

Prinzipien für das Umformen von Gleichungen

Schon bei den Bestimmungsgleichungen war auf die Notwendigkeit des Umformens von Gleichungen verwiesen worden. Denn in der Regel kann nur so der Wert der Unbekannten bestimmt werden, der die Gleichung erfüllt.

Allgemein gilt:

> Wird eine Gleichung auf beiden Seiten gleich behandelt (mit demselben Faktor multipliziert, durch denselben Divisor dividiert, derselbe Summand addiert, mit demselben Exponenten potenziert u. Ä.), so bleibt sie als Gleichung erhalten.

Beachten muss man dabei nur, dass die ausgeführte Operation ein eindeutiges Ergebnis hat. Das ist bei den genannten Operationen gegeben, **nicht** aber beim Radizieren mit geradzahligen Wurzelexponenten. Das heißt, es ist im Allgemeinen nicht erlaubt, aus beiden Seiten einer Gleichung die Quadratwurzel zu ziehen. Da diese Operation nicht eindeutig ist, kann dabei die Gleichheit der so behandelten Seiten verlorengehen.

BEISPIEL

2.67   Wird die Gleichung $(a-b)^2 = (b-a)^2$ auf beiden Seiten mit dem Wurzelexponenten 2 radiziert (die Quadratwurzel gezogen), so erhält man $a - b = b - a$, – eine im Allgemeinen falsche Aussage (man setze z. B. $a = 3$ und $b = 4$).   ∎

Soll gekennzeichnet werden, welche Operation man mit beiden Seiten einer Gleichung durchführt, setzt man rechts von der Gleichung einen senkrechten Strich und verweist rechts von diesem Strich auf die Operation und den Operanden.

BEISPIEL

2.68 $(a-b)^2 = (b-a)^2 \quad | \quad \cdot 2$
   ergibt die Gleichung
   $2 \cdot (a-b)^2 = 2 \cdot (b-a)^2$ ∎

Dieses Prinzip kann man erweitern:

> Sind zwei Gleichungen gegeben, so kann man diese addieren (subtrahieren), indem man jeweils ihre linken und ihre rechten Seiten addiert (subtrahiert).

2.4 Gleichungen und Ungleichungen

BEISPIEL

2.69 Gegeben seien die Gleichungen, die zu addieren sind

$$\begin{array}{r} 3x + y = 15 \\ x - y = 1 \\ \hline 4x \phantom{{}+y} = 16 \end{array} +$$

Ein wichtiges Prinzip für die Umformung von Gleichungen ist das **Ersetzungsprinzip**:

> Man darf in einer Gleichung einen beliebigen Ausdruck durch einen gleichwertigen ersetzen, d. h., gilt $a = b$, so darf in einer Gleichung, in der der Ausdruck a vorkommt, a an allen oder einigen Stellen des Vorkommens durch b ersetzt werden, ohne dass dabei die Gleichheit verletzt wird.

BEISPIEL

2.70 In der Gleichung

$a + \dfrac{3d}{2} = c$ kann man wegen $a = \dfrac{2a}{2}$ den Term a durch $\dfrac{2a}{2}$ ersetzen und erhält somit

$\dfrac{2a}{2} + \dfrac{3d}{2} = c$, also schließlich $\dfrac{2a + 3d}{2} = c$.

2.4.2 Ungleichungen

Statt der allgemeinen und oft unzureichend präzisen Relation der Ungleichheit (Zeichen: $\neq$) verwendet man verschiedene Ordnungsrelationen, die die Ungleichheit zweier Größen genauer beschreiben. Dies sind im Einzelnen:

Relation	Zeichen	Beispiel
kleiner als	$<$	$x < x + 2$
kleiner gleich, nicht größer als	$\leq$	$0 \leq a^2$
größer als	$>$	$3^2 > 2^3$
größer gleich, nicht kleiner als	$\geq$	$|a| \geq a$

Ausdrücke, die eines dieser Zeichen enthalten, heißen Ungleichungen.

Da $a < b$ genau dann, wenn $b > a$ und $a \leq b$ genau dann, wenn $b \geq a$, kann man die Darstellung auf die beiden ersten Relationen beschränken. Erinnert sei hier noch einmal an die Festlegung aus 2.1.1, dass $a < b$ genau dann, wenn für ein $c > 0$ gilt, dass $a + c = b$ (analog ist $a \leq b$ genau dann, wenn für ein $c \geq 0$ gilt, dass $a + c = b$). Die dort zunächst nur für natürliche Zahlen getroffenen Festlegungen sollen nunmehr für reelle Zahlen gelten. Letztlich bedeuten diese Festlegungen, dass Ungleichungen prinzipiell auf Gleichungen reduzierbar sind.

Die wichtige Eigenschaft der Transitivität, d. h.,

wenn $a \leq b$ und $b \leq c$, so $a \leq c$
wenn $a < b$ und $b < c$, so $a < c$

bleibt für die vier Ordnungsrelationen erhalten, deshalb darf man wieder fortlaufende Ungleichungen schreiben und auch zusammenfassen.

Keine der Relationen ist symmetrisch, aber im Fall der Relation $\leq$ ($\geq$) gilt:

Aus $a \leq b$ und $b \leq a$ folgt $a = b$.

Auch bei Ungleichungen kann man Arten unterscheiden, *feststellende* Ungleichungen, die ein Größenverhältnis zwischen bestimmten oder beliebigen Zahlen ausdrücken und *Bestimmungsungleichungen*, bei denen eine Lösungsmenge gesucht wird (alle die Werte, die die Ungleichung erfüllen).

BEISPIEL

2.71 a) feststellende Ungleichungen sind:
$|a| \geq a$
$3 + 4 > 6$
$0 \leq a^2$

b) Bestimmungsungleichungen sind:
$x + 2 \leq 7$ Lösungsmenge ist $x \leq 5$
$a^2 < 4$ Lösungsmenge ist $-2 < a < 2$
$y^2 + 1 \leq 0$ Lösungsmenge ist die leere Menge $\emptyset$ (im Bereich **R**) ∎

Besonders beim Ermitteln der Lösungsmenge von Ungleichungen (beim Lösen von Ungleichungen) sind ggf. Umformungen erforderlich. Hierfür gelten die folgenden Prinzipien.

Umformen von Ungleichungen

Wiederum sind alle Umformungen erlaubt, die die Ungleichung erhalten. Man darf

auf beiden Seiten dieselbe Größe addieren (subtrahieren)
beide Seiten mit demselben **positiven** Faktor multiplizieren
durch denselben **positiven** Divisor dividieren
u. Ä.

Beim Umformen von Ungleichungen ist aber besondere Vorsicht geboten, wie das folgende Beispiel zeigt.

BEISPIEL

2.72 Die Ungleichung $-7 < -5$ soll mit -2 multipliziert werden. Dabei erhält man $14 > 10$. Das Relationszeichen kehrt sich also um. Gleiches geschieht, wenn man beide Seiten quadriert: $49 > 25$. ∎

Man beachte: *Wird eine Ungleichung mit einer negativen Zahl multipliziert (durch eine negative Zahl dividiert), so kehrt sich ihr Relationszeichen um.*

2.4 Gleichungen und Ungleichungen

Dies ist einfach erklärt. Gilt, z.B., $a < b$, so bedeutet dies letztlich, dass für ein $c > 0$ gilt: $a + c = b$. Multipliziert man diese Gleichung – und dies ist natürlich zulässig – mit einer negativen Zahl d ($d < 0$), so erhält man $ad + cd = bd$, nach Umstellung $ad = bd + (-cd)$. Nun ist aber $cd < 0$, also $-cd > 0$. Das heißt aber nichts anderes, als dass $bd < ad$.

Ungleichungen (mit demselben Relationszeichen) kann man genauso wie Gleichungen addieren bzw. subtrahieren.

Das **Ersetzungsprinzip** gilt wie bei Gleichungen, d.h., ist $a = b$, so darf in einer Ungleichung, in der der Ausdruck a vorkommt, a an allen oder einigen Stellen des Vorkommens durch b ersetzt werden, ohne dass dabei die Ungleichung verletzt wird.

Die aufgelisteten Prinzipien für das Umformen von Gleichungen und Ungleichungen (mit den genannten Einschränkungen), für die Addition und Subtraktion von Gleichungen sowie für die Ersetzung in Gleichungen wie Ungleichungen finden zahlreichen Anwendungen, so etwa beim Auflösen von Bestimmungsgleichungen und Funktionsgleichungen, beim Lösen von Gleichungssystemen etc. (vgl. auch Kapitel 4). Analoges gilt, wegen der prinzipiellen Reduzierbarkeit von Ungleichungen auf Gleichungen auch für Ungleichungen bzw. Systeme von Ungleichungen.

Abschließend sei noch auf eine wichtige Anwendung der Ungleichheitsrelationen hingewiesen. Bei der Angabe von Lösungsmengen (s. Beispiel 2.71 b) bedient man sich häufig der sogenannten Intervallschreibweise. Statt $a < x < b$ schreibt man $x \in (a,b)$, statt $a \leq x < b$ schreibt man $x \in [a,b)$. Ein Intervall ist also eine Menge von (reellen) Zahlen, die zwischen den Intervallgrenzen liegt, sie ist durch diese Intervallgrenzen eindeutig beschrieben. Je nachdem, ob die Grenzen zum Intervall (d.h. zur entsprechenden Menge gehört oder nicht, setzt man eine „eckige" oder eine „runde" Klammer. Die Lösungsmengen aus 2.71 b können in Intervallschreibweise also wie folgt angegeben werden: $(-\infty, 5]$, $(-2, 2)$, $\emptyset$ (das leere Intervall).

3 Komplexe Zahlen

3.1 Grundbegriffe

Im vorhergehenden Abschnitt wurde der Zahlbereich schrittweise so erweitert, dass die Umkehroperationen zur Addition bzw. zur Multiplikation uneingeschränkt[1] ausführbar wurden. Auf diese Weise waren wir zu den ganzen bzw. zu den rationalen Zahlen gekommen. Nachdem sich gezeigt hatte, dass es z. B. keine rationale Zahl gibt, deren Quadrat 2 ist, wurde eine erneute Erweiterung des Zahlbereichs erforderlich; so wurden schließlich die reellen Zahlen eingeführt. Jetzt ist eine Umkehroperation des Potenzierens, das Radizieren für den Fall, dass der Radikand nicht negativ ist, uneingeschränkt ausführbar. Reelle Zahlen lassen sich stets als Dezimalzahl angeben. Wenn auch einige reelle Zahlen nur als unendliche Dezimalzahl darstellbar sind, so können diese jedoch stets mit beliebig vorgegebener Genauigkeit durch eine endliche Dezimalzahl angenähert werden. Als Beispiele seien hier auf die irrationale Zahl $\sqrt{2} = 1{,}41421356\ldots$ oder die Zahl $\pi = 3{,}14159\ldots$ genannt.

Will man nun auch negative Radikanden zulassen, so ist der Fall ungerader Wurzeln aus negativen Radikanden unproblematisch. Da jede ungerade Potenz einer negativen Zahl stets negativ ist, ist auch die Umkehrung dieser Operation, d. i. das Radizieren, im Bereich der reellen Zahlen eindeutig bestimmt. So ist z. B. $\sqrt[3]{-27} = -3$, da $(-3)^3 = -27$ und keine andere reelle Zahl in der dritten Potenz dieses Ergebnis liefert.

3.1.1 Die Imaginäre Einheit i und imaginäre Zahlen

Anders verhält es sich mit geraden Wurzeln. Hier mussten wir von Anbeginn negative Radikanden ausschließen, da keine reelle Zahl mit sich selbst multipliziert eine negative Zahl ergibt: $(-2) \cdot (-2) = 4$, ebenso wie $2 \cdot 2 = 4$. Nicht anders ist es bei der vierten, sechsten usw. Potenz und demgemäß bei Radikanden einer Wurzel mit dem entsprechenden Exponenten. Will man dennoch negative Radikanden allgemein zulassen, so ist es erforderlich, erneut den Zahlbereich zu erweitern und eine neue Art Zahlen einzuführen. Diese Zahlen, Ergebnis der Quadratwurzel aus negativen Zahlen, sollen **imaginäre**[2] Zahlen heißen.

> Eine Quadratwurzel aus einem negativen Radikanden ist eine imaginäre Zahl.

Um imaginäre Zahlen mit Mitteln darzustellen, die auf unsere bereits vorhandenen Zahlzeichen zurückgreifen und eine weitgehende Analogie zu den reellen Zahlen zulassen, bedient man sich eines Kunstgriffs. Will man die für positive Radikanden abgeleitete Formel $\sqrt{a \cdot b} = \sqrt{a} \cdot \sqrt{b}$ auch auf negative Radikanden anwenden, so ist es sinnvoll, den negativen Radikanden $-a$ zu zerlegen in $-1 \cdot a$. Damit erhalten wir z. B.

---

[1] Ausgeschlossen bleibt natürlich die Division durch Null.
[2] imaginär (lat.) – soviel wie scheinbar, nicht wirklich vorhanden

3.1 Grundbegriffe

$$\sqrt{-9} = \sqrt{9 \cdot (-1)} = \sqrt{9} \cdot \sqrt{-1} = 3 \cdot \sqrt{-1}$$

oder $\quad \sqrt{-3} = \sqrt{3 \cdot (-1)} = \sqrt{3} \cdot \sqrt{-1}$

bzw. $\quad \sqrt{-a^2} = \sqrt{a^2} \cdot \sqrt{-1} = a \cdot \sqrt{-1} \quad$ (wobei $a > 0$).

Diese vorbereitenden Überlegungen bringen uns der Grundidee näher: Man zerlegt den negativen Radikanden in ein Produkt aus −1 und dem Betrag des Radikanden, der in der üblichen Art und Weise radiziert werden kann. Man benötigt also nur noch eine sinnvolle Definition für $\sqrt{-1}$. Da keine reelle Zahl existiert, deren Quadrat −1 ist, macht sich eine Erweiterung des Zahlbegriffs notwendig. Deshalb wird eine neue Zahl eingeführt, die nach EULER[1] **imaginäre Einheit** genannt und mit dem Buchstaben i bezeichnet wird, deren wesentliche Eigenschaft darin besteht, dass ihr Quadrat −1 ist.

Nach *Definition* gilt also

$$i^2 = -1 \qquad (3.1)$$

Imaginäre Zahlen sind nun neben der imaginären Einheit i auch alle reellen Vielfachen ai, $a \in \mathbf{R}$, also z. B. 3i, −i, ai, $-\sqrt{17} \cdot i$. Zu beachten ist dabei, dass *vor Anwendung von Rechenregeln imaginäre Zahlen stets als ein Produkt dargestellt werden, welches den Faktor i enthält*, also

$$\sqrt{-a} = i\sqrt{a}\,.$$

Deshalb ist

$$\sqrt{-a} \cdot \sqrt{-b} = i\sqrt{a} \cdot i\sqrt{b} = i^2 \cdot \sqrt{ab} = -\sqrt{ab}\,.$$

Wenn man diese Festlegung missachtet, kommt man leicht zu irreführenden „Berechnungen", wie z. B.

$$\sqrt{-a} \cdot \sqrt{-b} = \sqrt{(-a) \cdot (-b)} = \sqrt{ab}\,,$$

was ganz offensichtlich im Widerspruch zur vorhergehenden Zeile steht. Noch deutlicher wird dies an einem Zahlenbeispiel.

Falsch ist:

$$\sqrt{-3} \cdot \sqrt{-27} = \sqrt{(-3) \cdot (-27)} = \sqrt{81} = 9,$$

korrekt rechnet man

$$\sqrt{-3} \cdot \sqrt{-27} = i\sqrt{3} \cdot i\sqrt{27} = i^2 \sqrt{81} = -9\,.$$

Im übrigen gelten für das Rechnen mit imaginären Zahlen analoge Regeln wie für das Rechnen mit reellen Zahlen, wobei i als eine Konstante behandelt wird; zu berücksichtigen ist dabei die Definition (3.1).

---

[1] LEONHARD EULER (1707–1783), Schweizer Mathematiker

3 Komplexe Zahlen

BEISPIELE

3.1 a) $i + i + i = 3i$ b) $5i - 2i = 3i$ c) $5{,}6i - 2{,}3i = 3{,}3\,i$
d) $i\sqrt{3} + i\sqrt{5} = i(\sqrt{3} + \sqrt{5})$ e) $\sqrt{-12} + \sqrt{-27} = 2i\sqrt{3} + 3i\sqrt{3} = 5i\sqrt{3}$ ■

3.2 a) $4i \cdot 5 = 20i$ b) $6 \cdot 0{,}5i = 3i$ c) $i\sqrt{3} \cdot \sqrt{5} = i\sqrt{15}$ ■

3.3 a) $8i : 2 = 4i$ b) $1{,}2i : 0{,}3 = 4i$ c) $i\sqrt{3} : \sqrt{3} = i$ ■

Auch die Beispiele illustrieren: Addition und Subtraktion imaginärer Zahlen sowie die Multiplikation und Division imaginärer Zahlen mit einer reellen Zahl haben immer als Ergebnis eine imaginäre Zahl. Das Quadrat einer imaginären Zahl ist stets reell, dasselbe gilt auch für das Produkt und den Quotienten zweier beliebiger imaginärer Zahlen.

BEISPIELE

3.4 a) $3i \cdot 4i = 12i^2 = -12$ b) $(-2i) \cdot (5i) = -10i^2 = 10$
c) $(-4i) \cdot (-i\sqrt{2}) = 4i^2 \cdot \sqrt{2} = -4\sqrt{2}$ d) $i\sqrt{3} \cdot i\sqrt{2} = i^2 \cdot \sqrt{6} = -\sqrt{6}$ ■

3.5 a) $\dfrac{8i}{2i} = 4$ b) $\dfrac{0{,}6i}{3i} = 0{,}2$ c) $\dfrac{i\sqrt{3}}{i\sqrt{2}} = \dfrac{\sqrt{3}}{\sqrt{2}}$ ■

3.6 a) $6 : 3i = \dfrac{6}{3i} = \dfrac{6 \cdot i}{3 \cdot i \cdot i} = \dfrac{2i}{-1} = -2i$ (hier wurde mit i erweitert)

b) $2 : 4i = \dfrac{2}{4i} = \dfrac{2i}{4i^2} = \dfrac{i}{2(-1)} = -\dfrac{1}{2}i$ c) $\dfrac{1}{i} = \dfrac{i}{i^2} = \dfrac{i}{-1} = -i$ ■

Beispiel 3.6 zeigt schließlich, dass die Division einer reellen durch eine imaginäre Zahl stets eine imaginäre Zahl ergibt.

Wird ein Produkt imaginärer Zahlen mit mehr als zwei Faktoren gebildet, hängt allein von der Anzahl der Faktoren ab, ob das Ergebnis reell oder imaginär ist. Dabei ist die folgende Aufstellung der Potenzen von i nutzbringend.

$i^1 = i$ $i^5 = i^4 \cdot i = i$
$i^2 = -1$ $i^6 = i^4 \cdot i^2 = i^2 = -1$
$i^3 = i^2 \cdot i = -i$ $i^7 = i^4 \cdot i^3 = i^3 = -i$
$i^4 = i^2 \cdot i^2 = (-1) \cdot (-1) = 1$ $i^8 = i^4 \cdot i^4 = 1$

Aus dieser Zusammenstellung lässt sich leicht eine Gesetzmäßigkeit ablesen, die in allgemeiner Form so dargestellt werden kann (zunächst für $n = 0, 1, 2, \ldots$):

$$\boxed{i^{4n} = 1 \quad\quad i^{4n+1} = i \quad\quad i^{4n+2} = -1 \quad\quad i^{4n+3} = -i.} \tag{3.2}$$

Insbesondere gilt für negative n (und damit gilt Formel 3.2 auch für $n = -1, -2, \ldots$):

$i^{-1} = \dfrac{1}{i} = \dfrac{i}{-1} = -i$ $i^{-2} = \dfrac{1}{i^2} = \dfrac{1}{-1} = -1$

$i^{-3} = \dfrac{1}{i^3} = \dfrac{i}{i^4} = +i$ $i^{-4} = \dfrac{1}{i^4} = \dfrac{1}{1} = 1$

3.1 Grundbegriffe

Wegen $i^{-1} = -i$ gilt auch $\left(i^{-1}\right)^2 = (-i)^2$, allgemein gilt folglich:

$$\left(i^{-1}\right)^n = i^{-n} = (-i)^n. \tag{3.3}$$

Unterscheidet man die Fälle mit geraden und ungeraden Exponenten voneinander, so kann man außerdem festhalten, dass

$(-i)^n = +i^n$ für gerades n,

$(-i)^n = -i^n$ für ungerades n.

Aus Formel (3.3) erhält man leicht eine weitere Gesetzmäßigkeit. Da beide Seiten der Gleichung stets von Null verschieden sind, gilt

$$\frac{1}{(-i)^n} = \frac{1}{i^{-n}}, \quad \text{und somit}$$

$$(-i)^{-n} = i^n. \tag{3.4}$$

BEISPIELE

3.7   Berechnungen nach Formel (3.2)

    a) $2i \cdot (-i) \cdot 4i = -8i^3 = -8i \cdot i^2 = 8i$

    b) $\dfrac{1}{i^7} = \dfrac{1}{i^3} = \dfrac{i}{i^4} = i$ c) $\dfrac{3i}{i^2} = \dfrac{3i^3}{i^4} = -3i$

    d) $i^{13} = i^{12} \cdot i = i$ e) $i^{11} = i^8 \cdot i^3 = i^3 = -i$ ■

3.8   Berechnungen nach Formel (3.3)

    a) $i^{-8} = (-i)^8 = i^8 = 1$ b) $i^{-7} = (-i)^7 = -i^7 = -i^3 = i$

    c) $i^3 : i^{12} = i^{-9} = (-i)^9 = -i^9 = -i^8 \cdot i = -i$ ■

3.9   Berechnungen nach Formel (3.4)

    a) $(-i)^{-6} = i^6 = i^4 \cdot i^2 = i^2 = -1$

    b) $1 : (-i)^7 = (-i)^{-7} = i^7 = i^4 \cdot i^3 = i^3 = -i$

    c) $i^2 : (-i)^3 = i^2 \cdot (-i)^{-3} = i^2 \cdot i^3 = i^5 = i^4 \cdot i = i$ ■

AUFGABEN

3.1   Man vereinfache durch Einführung der imaginären Einheit i und berechne

    a) $\sqrt{-49}$ b) $\sqrt{-x^2}$ c) $\sqrt{-\dfrac{1}{9}}$ d) $\sqrt{-50}$ e) $\sqrt{-x^2 y^2}$

    f) $\sqrt{-32a^2}$ g) $\sqrt{-48} + \sqrt{-75} - \sqrt{-27}$ h) $\sqrt{-12} - \sqrt{-8} + \sqrt{-0,6}$

3.2 Berechnen Sie

a) $\sqrt{-3}\cdot\sqrt{-3}$ b) $\sqrt{-2}\cdot\sqrt{-8}$ c) $\sqrt{-a}\cdot\sqrt{b}$ d) $\sqrt{15}\cdot\sqrt{-5}$

e) $\sqrt{-5}\cdot\sqrt{20}$ f) $3i\cdot 4i^2$ g) $5i^3\cdot 2i^6$ h) $(-i)^3\cdot i^2$

i) $8i:2i$ k) $\sqrt{-6}:\sqrt{3}$ l) $9:3i$ m) $1:i^3$

n) $1:(-i)^3$ o) $6i:i^7\sqrt{3}$ p) $ai:\sqrt{-a^3}$ q) $\dfrac{1}{i^5}+\dfrac{1}{i^7}$

r) $\dfrac{\sqrt{x-y}}{\sqrt{y-x}}$ s) $\sqrt{b-a}\cdot\sqrt{a-b}$ t) $\dfrac{\sqrt{-3}\cdot\sqrt{12}}{i\cdot\sqrt{-a^2}}$

3.1.2 Der Begriff der komplexen Zahl

Die bisher vorgenommene Zahlbereichserweiterung um die sogenannten imaginären Zahlen, hat allenfalls den Status einer Zwischenlösung. In deren Ergebnis erhielten wir zwei „Sorten" von Zahlen, imaginäre und reelle, die als selbständige Objekte nebeneinander standen. Im jetzt einzuführenden Begriff der komplexen Zahlen finden sie eine zusammenfassende Verallgemeinerung.

Die **allgemeine** (auch: **arithmetische**) **Form der komplexen Zahl** ist

$$z = a + bi,$$

hierbei sind a und b (positive oder negative) reelle Zahlen und i ist die imaginäre Einheit.

Beispiele für komplexe Zahlen sind $3 + 2i$, $3 - 2i$, $-3 - 0{,}4i$, $0 - 2i$ u. Ä.

Als Sonderfälle erhält man für den Fall $b = 0$ die reelle Zahl a; für $a = 0$ die rein imaginäre Zahl bi. Somit gilt:

> Die komplexen Zahlen umfassen alle bisher bekannten Zahlen.

Für die Gleichheit komplexer Zahlen definiert man:

$$a + bi = c + di \quad \text{genau dann, wenn } a = c \text{ und } b = d,$$

d. h., es gelten analoge Gleichheitsbedingungen wie für geordnete Paare reeller Zahlen.

Unterscheiden sich zwei Zahlen nur im Vorzeichen des imaginären Teils, heißen sie zueinander *konjugiert komplex*. Beispiele sind die Paare $3 + 4i$ und $3 - 4i$ ebenso wie $0{,}3 + 4{,}2i$ und $0{,}3 - 4{,}2i$. Die allgemeine Form konjugiert komplexer Zahlen ist durch das Paar $a + bi$ und $a - bi$ dargestellt. Ist z gegeben durch $a + bi$, so bezeichnet man die konjugiert komplexe Zahl zu z mit z^*, d. h. $z^* = a - bi$. Konjugiert komplexe Zahlen treten u. a. als Wurzeln (Lösungen) quadratischer Gleichungen auf.

Eine komplexe Zahl ist genau dann gleich Null, wenn reeller und imaginärer Teil beide Null sind, d. h.:

$$a + bi = 0 \quad \text{genau dann, wenn } a = 0 \text{ und } b = 0.$$

Offensichtlich ist, wenn $z = 0$, auch $z^* = 0$.

3.1 Grundbegriffe

3.1.3 Die Gaußsche Zahlenebene

Wie in 2.3.4 erläutert wurde, kann man die reellen Zahlen die Punkte auf einer Geraden zuordnen. Unter diesen Punkten befinden sich die Abbilder der natürlichen, der negativen, der rationalen wie auch der irrationalen und der transzendenten Zahlen. Diese Zahlengerade wird üblicherweise als eine Horizontale dargestellt und als reelle Zahlenachse bezeichnet. Die Einheit dieser Zahlenachse ist die 1, zur besseren Anschaulichkeit werden ganzzahlige Vielfache von 1 auf der Achse abgetragen.

Für die imaginären Zahlen ist auf dieser Achse kein Platz. Man kann sie jedoch, da sie reelle Vielfache der imaginären Einheit i sind, analog auf einer Geraden darstellen (Bild 3.1), deren Teilungseinheit i ist. Auch auf dieser Achse gibt es eine Null, auch auf dieser Achse sind Punkte abtragbar, die Vielfache oder Teile der imaginären Einheit veranschaulichen.

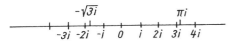

Bild 3.1

Die komplexen Zahlen waren als „Komplex" aus einem reellen und einem imaginären Bestandteil eingeführt worden, folgerichtig erinnert ihre Behandlung in vielem an die Behandlung geordneter Paare (s. 1.2.3). Dann liegt es aber auch nahe, ein Darstellungsmittel, welches für die Veranschaulichung geordneter Paare reeller Zahlen geeignet ist, für die Darstellung der komplexen Zahlen einzusetzen. Dabei verfährt man so, dass die reelle und die imaginäre Achse zu einem „Koordinaten"system zusammengefügt werden: Beide Achsen schneiden sich im Nullpunkt, die imaginäre Achse steht senkrecht auf der reellen Achse, und zweckmäßigerweise wählt man für die beiden Einheiten 1 und i die gleiche Einheitslänge. Die so entstandene Ebene heißt Gaußsche[1] Zahlenebene und dient zur Veranschaulichung der komplexen Zahlen.

Darstellung der komplexen Zahlen

So wie man in einem rechtwinkligen Koordinatensystem einem Wertepaar $(x;y)$ einen Punkt zuordnet, verfährt man auch im Fall komplexer Zahlen in der Gaußschen Ebene. Jeder Punkt der Ebene entspricht jetzt genau der komplexen Zahl z, die man erhält, erhält, wenn man aus dem Punkt Parallelen zu den Achsen zieht und die Schnittpunkte mit der jeweiligen Achse als den reellen bzw. imaginären Bestandteil von z ansieht.

Umgekehrt, hat man eine komplexe Zahl $z = a + bi$ gegeben, so findet man den Punkt der Zahlenebene, der diese Zahl veranschaulicht, indem man eine Parallele zur reellen Achse durch bi zieht und eine Parallele zur imaginären Achse durch a. Der Schnittpunkt dieser beiden Parallelen ist die Darstellung von z in der Gaußschen Ebene.

---

[1] CARL FRIEDRICH GAUSS (1777–1855), deutscher Mathematiker

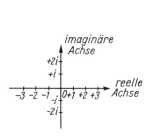
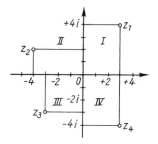

Bild 3.2   Bild 3.3

Offensichtlich kann man die reellen Zahlen ebenso wie die imaginären Zahlen in diese Darstellungsweise problemlos einbeziehen: Den reellen Zahlen entsprechen die Punkte auf der horizontalen (reellen) Achse; den imaginären Zahlen entsprechen die Punkte auf der vertikalen (imaginären) Achse.

Die Bildpunkte konjugiert komplexer Zahlen liegen symmetrisch zur horizontalen Achse, in Bild 3.3 veranschaulichen z_1 und z_4 zueinander konjugiert komplexe Zahlen.

3.2 Grundrechenarten für komplexe Zahlen

Die Grundrechenarten für komplexe Zahlen sind leicht auf die (komponentenweise) Anwendung der Grundrechenarten für reelle Zahlen zurückführbar. Zu beachten ist lediglich, dass

$a + b\mathrm{i} = b\mathrm{i}$,   falls $a = 0$,

$a + b\mathrm{i} = a$,   falls $b = 0$,

$\mathrm{i}^2 = -1$.

3.2.1 Addition und Subtraktion komplexer Zahlen

Man addiert (subtrahiert) komplexe Zahlen, indem man jeweils die reellen und die imaginären Bestandteile addiert (subtrahiert) und so den reellen bzw. den imaginären Teil der Summe (Differenz) erhält.

$$(a + b\mathrm{i}) + (c + d\mathrm{i}) = (a + c) + (b + d)\mathrm{i}$$
$$(a + b\mathrm{i}) - (c + d\mathrm{i}) = (a - c) + (b - d)\mathrm{i} \tag{3.5}$$

In bestimmten Fällen kann das Ergebnis eine reelle Zahl oder eine imaginäre Zahl sein:

Konjugiert komplexe Zahlen ergeben bei der Addition eine reelle, bei der Subtraktion eine imaginäre Zahl.

$(a + b\mathrm{i}) + (a - b\mathrm{i}) = 2a$, $(a + b\mathrm{i}) - (a - b\mathrm{i}) = 2b\mathrm{i}$.

3.2 Grundrechenarten für komplexe Zahlen

Wie auch für die reellen Zahlen, gibt es für jede komplexe Zahl $z = a + bi$ genau eine komplexe Zahl z', so dass $z + z' = 0$. Diese Zahl bezeichnen wir wie üblich mit $-z$. Offensichtlich ist $-z = -a - bi$.

Natürlich gelten für die Addition beliebiger komplexer Zahlen Kommutativ- und Assoziativgesetz, d. h.

$$z_1 + z_2 = z_2 + z_1 \qquad z_1 + (z_2 + z_3) = (z_1 + z_2) + z_3 \,.$$

BEISPIEL

3.10 a) $(3 + 2i) + (6 + 4i) = 3 + 6 + 2i + 4i = 9 + 6i$
 b) $(4 - 5i) - (2 + 3i) = 4 - 2 - 5i - 3i = 2 - 8i$
 c) $(4 + 3i) - (4 - 3i) = 6i$ d) $(3 + 2i\sqrt{2}) + (3 - 2i\sqrt{2}) = 6$
 e) $(-4 + 2i) + (4 - 2i) = 0 + 0i = 0$ ∎

Addition und Subtraktion in der Gaußschen Ebene

Zu den Vorzügen der Darstellung komplexer Zahlen in der Gaußschen Ebene gehört auch, dass man die Grundrechenoperationen gut veranschaulichen kann, indem man sie durch graphische Verfahren darstellt. In diesem Abschnitt soll das zunächst für die Addition und die Subtraktion gezeigt werden.

Addition: $\qquad z_1 + z_2 = z_3$

Seien $z_1 = 6 + 3i$ und $z_2 = 2 + 5i$, dann ist $z_3 = 8 + 8i$. Welche geometrische Operation entspricht dieser Addition?

Man zeichnet zunächst die Bilder der beiden komplexen Zahlen z_1 und z_2, wobei man jeweils einen Pfeil aus dem Nullpunkt in die Bildpunkte einzeichnet. Dies seien die z_1 bzw. z_2 entsprechenden Pfeile. Nun wird der zweite Pfeil parallel zu sich so verschoben, dass sein Anfangspunkt mit dem Endpunkt (Pfeilspitze) des ersten Pfeils zusammenfällt. Der Endpunkt des so verschobenen zweiten Pfeils ist der Bildpunkt der gesuchten komplexen Zahl z_3. Verbindet man diesen Punkt mit dem Koordinatenursprung $z = 0$, so erhält man den z_3 entsprechenden Pfeil. Hintergrund der Konstruktion ist also die Konstruktion eines Parallelogramms, dessen Seiten den beiden Summanden z_1 und z_2 entsprechen und dessen Diagonale der Summe, d. h. z_3, entspricht (Bild 3.4). Natürlich gelangt man zum gleichen Ergebnis, wenn man die Konstruktion für die Summe in der umgekehrten Reihenfolge vornimmt, also den Pfeil zu z_1 an den Pfeil zu z_2 anfügt (Kommutativgesetz).

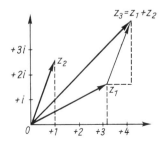
Bild 3.4

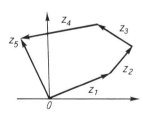
Bild 3.5

Zu dieser Konstruktion gibt es eine mechanische Interpretation: Seien die Pfeile von z_1 und z_2 zwei in 0 angreifende Kräfte, dann ist der Pfeil zu z_3 (die Diagonale) die Resultierende dieser beiden Kräfte.

Sind nun mehr als zwei komplexe Zahlen zu addieren, so hilft uns die beschriebene Konstruktion schrittweise weiter, d.h., durch wiederholtes Anfügen der Pfeile entsteht ein sogenannter Polygonzug (Bild 3.5), dessen letzter Pfeil auf den Bildpunkt der gesuchten Zahl weist. Die Anzahl der Pfeile bis zum Bildpunkt entspricht der Anzahl der Summanden. Natürlich kann auch der Fall eintreten, dass der Endpunkt des Polygonzuges mit dem Nullpunkt zusammenfällt, in diesem Fall ist die Summe der entsprechenden komplexen Zahlen gleich Null. (Dieser Fall kann auch für nur zwei Summanden auftreten, wenn diese nämlich gleichlang und entgegengesetzt gerichtet sind, d.h. $z_2 = -z_1$.)

Subtraktion:

Die Subtraktion $z_1 - z_2$ wird in eine Addition der Form $z_1 + (-z_2)$ verwandelt. Seien also z. B. $z_1 = 6 + 3i$ und $z_2 = 2 + 5i$, so berechnet man

$$z_1 - z_2 = z_1 + (-z_2) = 6 + 3i + [-(2 + 5i)] = 6 + 3i + -2 - 5i = 4 - 2i.$$

Bild 3.6 zeigt die Lösung dieser Subtraktionsaufgabe. Die Zahl $-z_2$ wird zu z_1 addiert. Sie wird durch einen gleich großen, aber zu z_2 entgegengesetzt gerichteten Vektor dargestellt. Der Vektor der gesuchten Differenz erscheint wiederum als Diagonale in einem Parallelogramm, dessen Seiten diesmal von z_1 und $-z_2$ gebildet werden.

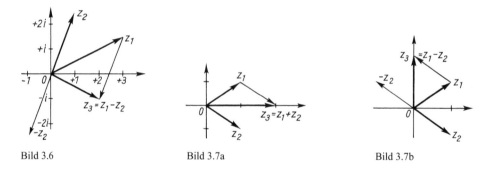

Bild 3.6   Bild 3.7a   Bild 3.7b

Bild 3.7a und Bild 3.7b zeigen die Addition und Subtraktion konjugiert komplexer Zahlen als Sonderfälle. Wie schon weiter oben festgestellt, ist das Ergebnis in diesen Fällen eine reelle bzw. eine imaginäre Zahl.

3.2.2 Multiplikation komplexer Zahlen

Die Multiplikation zweier komplexer Zahlen erfolgt wie die Multiplikation von zwei Binomen, wobei besonders zu beachten ist, dass $i^2 = -1$. Man definiert also:

$$(a + bi) \cdot (c + di) = ac - bd + (ad + bc)i \qquad (3.6)$$

BEISPIEL

3.11 a) $(3 + 5i) \cdot (2 + 4i) = 6 + 20i^2 + 10i + 12i = -14 + 22i$
 b) $(1 + 2i) \cdot (3 - i) = 3 - 2i^2 + 6i - i = 5 + 5i$ ∎

Auch für die Multiplikation beliebiger komplexer Zahlen gelten Kommutativ- und Assoziativgesetz, d. h.

$$z_1 \cdot z_2 = z_2 \cdot z_1 \qquad z_1 \cdot (z_2 \cdot z_3) = (z_1 \cdot z_2) \cdot z_3$$

In speziellen Fällen wird das Ergebnis der Multiplikation imaginär oder reell, u. a. ergibt

$$(a + bi) \cdot (b + ai) = ab - ab + a^2 i + b^2 i = (a^2 + b^2)i$$

als Resultat eine imaginäre Zahl. Für den Fall konjugiert komplexer Zahlen gilt dagegen

$$(a + bi) \cdot (a - bi) = a^2 + b^2 , \qquad (3.7)$$

d. h., das Ergebnis ist eine reelle Zahl.

Formel (3.7) verwendet man häufig, um eine reelle Zahl in ein Produkt zweier komplexer Zahlen umzuformen.

3.2.3 Division komplexer Zahlen

Der einfachste Fall ist die Division einer komplexen Zahl durch eine reelle Zahl. Dies geschieht, indem man die beiden Bestandteile einzeln dividiert, d. h.

$$(a + bi) : c = \frac{a}{c} + \frac{b}{c}i . \qquad (3.8)$$

BEISPIEL

3.12 $\dfrac{8 - 3i\sqrt{2}}{\sqrt{2}} = \dfrac{8}{\sqrt{2}} - 3i = 4\sqrt{2} - 3i$ ∎

Die Division einer komplexen Zahl durch eine imaginäre bzw. durch eine komplexe Zahl wird nun jeweils auf den bereits beschriebenen Fall der Division durch eine reelle Zahl zurückgeführt.

Eine komplexe Zahl wird durch eine imaginäre Zahl dividiert, indem man durch Erweitern den Divisor (Nenner) reell macht.

$$\frac{a + bi}{di} = \frac{ai^3 + bi^4}{di^4} = \frac{-ai + b}{d} = \frac{b}{d} - \frac{a}{d}i \qquad (3.9)$$

(Hierbei besteht die erste Umformung aus einer Erweiterung um i^3, die zweite Umformung berücksichtigt die Tatsache, dass $i^3 = -i$.)

114   3 Komplexe Zahlen

Soll eine komplexe Zahl durch eine komplexe Zahl geteilt werden, so erweitert man mit der konjugiert komplexen Zahl und erhält so erneut einen reellen Divisor (Nenner):

$$\frac{a+bi}{c+di} = \frac{(a+bi)(c-di)}{(c+di)(c-di)} = \frac{ac+bd-(ad-bc)i}{c^2+d^2} \tag{3.10}$$

BEISPIEL

3.13 a) $\dfrac{3-2i}{2-3i} = \dfrac{(3-2i)(2+3i)}{(2-3i)(2+3i)} = \dfrac{6+6-4i+9i}{4+9} = \dfrac{12+5i}{13} = \dfrac{12}{13} + \dfrac{5}{13}i$

b) $\dfrac{4+i\sqrt{5}}{\sqrt{5}-4i} = \dfrac{(4+i\sqrt{5})(\sqrt{5}+4i)}{(\sqrt{5}-4i)(\sqrt{5}+4i)} = \dfrac{4\sqrt{5}-4\sqrt{5}+5i+16i}{5+16} = i$

c) $\dfrac{5+10i}{2+4i} = \dfrac{5(1+2i)}{2(1+2i)} = \dfrac{5}{2}$ ∎

Die Beispiele 3.13b und c zeigen, dass das Ergebnis der Division komplexer Zahlen auch reell oder aber imaginär sein kann. Für die Division konjugiert komplexer Zahlen ergibt sich nach folgender Formel in der Regel ein komplexes Ergebnis:

$$\frac{a+bi}{a-bi} = \frac{(a+bi)^2}{(a-bi)(a+bi)} = \frac{a^2-b^2+2abi}{a^2+b^2} = \frac{a^2-b^2}{a^2+b^2} + \frac{2ab}{a^2+b^2}i \tag{3.11}$$

Sei $z = a + bi$ eine komplexe Zahl. Setzt man $r^2 = a^2 + b^2$ (r wird auch *Norm* der Zahl z genannt), dann lässt sich der reziproke Wert von z so angeben:

$$\frac{1}{a+bi} = \frac{a-bi}{a^2+b^2} = \frac{\text{konjugiert komplexe Zahl zu } z = a+bi}{\text{Norm}^2} \tag{3.12}$$

Für die geometrische Interpretation von Multiplikation und Division ist eine Darstellung der komplexen Zahlen, die Winkelfunktionen berücksichtigt, weitaus besser geeignet. Diese Darstellungsform ist Gegenstand des folgenden Abschnitts. Für das bessere Verständnis dieses Abschnitts sei auf 5.3 verwiesen.

BEISPIEL

3.14 a) $\dfrac{6-2i}{6+2i} = \dfrac{(6-2i)^2}{6^2+2^2} = \dfrac{36-4-24i}{40} = \dfrac{32}{40} - \dfrac{24}{40}i = \dfrac{4}{5} - \dfrac{3}{5}i$

b) $\dfrac{1}{2-i\sqrt{5}} = \dfrac{2+i\sqrt{5}}{4+5} = \dfrac{2}{9} + \dfrac{\sqrt{5}}{9}i$ ∎

AUFGABEN

Man berechne die in den Aufgaben 3.3 bis 3.5 gegebenen komplexen Zahlen und vereinfache sie:

3.3 a) $-3(-2+6i)$ b) $i\sqrt{2}(3-i\sqrt{3})$ c) $(5+2i)(3+4i)$

  d) $(2+3i)(4-5i)$ e) $(1+\sqrt{-3})(3-\sqrt{-2})$

3.4 a) $(16+i\sqrt{2}):2\sqrt{2}$ b) $(4-i\sqrt{3}):2i$ c) $(2+3i):(3-4i)$

  d) $1:(1+i)$ e) $22:(2-i\sqrt{7})$

  f) $\dfrac{8+7i}{3+4i}$ g) $\dfrac{1+i}{1-i}-\dfrac{1-i}{1+i}$ h) $\dfrac{(5+i\sqrt{3})(5-i\sqrt{3})}{2-i\sqrt{3}}$

3.5 a) $(5+3i)+(5-3i)$ b) $(5+3i)-(5-3i)$ c) $(5+3i)\cdot(5-3i)$

  d) $(5+3i):(5-3i)$ e) $(1+i\sqrt{2})^2$ f) $(3-i\sqrt{5})^2$

3.6 Man verwandle folgende Summen in Produkte komplexer Zahlen

  a) $4x^2+9y^2$ b) $a+b$ c) 17 (Beachte $17 = 16 + 1$)

3.7 Gegeben sind die konjugiert komplexen Zahlen

  $z_1 = 2 + 3i$ und $z_1^* = 2 - 3i$

  $z_2 = 4 - 2i$ und $z_2^* = 4 + 2i$

  a) Man berechne $z_1 \cdot z_2$ sowie $z_1^* \cdot z_2^*$ und vergleiche die Ergebnisse!
  b) Man berechne $z_1 : z_2$ sowie $z_1^* : z_2^*$ und vergleiche die Ergebnisse!
  c) Vergleichen Sie die Normen von z_1 und z_1^*!

3.3. Goniometrische Darstellung komplexer Zahlen (Darstellung in Polarkoordinaten)

3.3.1. Grundbegriffe und Umrechnung in die goniometrische Darstellung

Man kann einen Punkt in der Ebene, so wie im Abschnitt 3.1.3 geschehen, durch das Zahlenpaar, das seine Abstände von den beiden Achsen eines Koordinatensystems beschreibt, eindeutig bestimmen. Mit gleichem Erfolg kann man auch den Abstand r des Punktes Z vom Nullpunkt und den Winkel φ, den die Strecke $0Z$ mit der positiven Halbachse bildet, als eindeutige Koordinaten von Z verwenden. Statt der Deutung als Bildpunkte werden die komplexen Zahlen jetzt also als Pfeile, deren Anfangspunkt der Nullpunkt und deren Endpunkt der Bildpunkt Z ist, interpretiert. Diese Darstellungsweise ist besonders bei Anwendungen der komplexen Zahlen (etwa in der Elektrotechnik) von Vorteil.

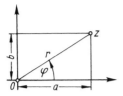

Bild 3.8

Die beiden charakteristischen Größen der komplexen Zahl z bei dieser Darstellung sind r und φ. Man nennt r den *absoluten Betrag* oder die *Norm* der komplexen Zahl z und schreibt r = | z |. Der Winkel φ heißt das *Argument* der komplexen Zahl z, man schreibt entsprechend φ = **arg** z. Durch r und φ ist ein Punkt eindeutig in der Ebene bestimmt, umgekehrt entspricht jedem Punkt der Ebene (über den zugeordneten Pfeil) eindeutig ein Wertepaar r; φ, wobei 0 ≤ φ ≤ 360°. (Einzige Ausnahme: der Koordinatenursprung, der allein durch r = 0 bestimmt ist.)

Die hier beschriebene Darstellung komplexer Zahlen entspricht der Darstellung von Punkten in einem Polarkoordinatensystem[1], dabei wird der Scheitel des Winkels als *Pol* des Systems, die positive (reelle) Halbachse als *Polarachse* bezeichnet.

Die *allgemeine goniometrische Form* der komplexen Zahl z = a + bi ergibt sich nun unter Berücksichtigung der Winkelfunktionen aus den in Bild 3.8 ersichtlichen Zusammenhängen:

$$z = a + bi = r(\cos\varphi + i\sin\varphi) \qquad (3.13)$$

Hierbei gilt:

$$a = r \cdot \cos\varphi \qquad b = r \cdot \sin\varphi \qquad \tan\varphi = \frac{b}{a}$$

$$r = |z| = \sqrt{a^2 + b^2} \qquad \text{(Nur der Hauptwert ist zu berücksichtigen!)}$$

Der Ausdruck r (cos φ + i sin φ) heißt allgemeine goniometrische Form der komplexen Zahl z = a + bi. Verschiedentlich nennt man diese Form auch die Normalform einer komplexen Zahl. Bei der Überführung einer komplexen Zahl in die goniometrische Form sind besonders bei der Bestimmung des Winkels φ die entsprechenden Vorzeichen zu beachten. Die folgende Tabelle gibt dazu Hilfestellung:

a	b	z liegt im	φ liegt zwischen	tan φ
positiv	positiv	1. Quadr.	0° und 90°	positiv
negativ	positiv	2. Quadr.	90° und 180°	negativ
negativ	negativ	3. Quadr.	180° und 270° oder −90° und −180°	positiv
positiv	negativ	4. Quadr.	270° und 360° oder 0° und −90°	negativ

---

[1] s. dazu auch Abschnitt 4.1.1

3.3 Goniometrische Darstellung komplexer Zahlen

Die Vorzeichen von a und b bestimmen also eindeutig den Quadranten und damit den Winkel φ. Die Berechnung von φ mittels Taschenrechner kann man nach folgender Vorschrift vornehmen:

Wenn $a = 0$, so ist $\varphi = \begin{cases} 90°, & \text{falls } b > 0 \\ 270°, & \text{falls } b < 0 \end{cases}$

$\varphi = \arctan \dfrac{b}{a} + k$, wobei $k = \begin{cases} 0°, & \text{falls } a > 0, b \geq 0 \\ 180°, & \text{falls } a < 0 \\ 360°, & \text{falls } a > 0, b < 0 \end{cases}$

Als ersten Summanden nimmt man in der Bestimmungsgleichung für φ die Anzeige des Taschenrechners, k ist die entsprechende Korrekturgröße zur Berücksichtigung des Quadranten.

BEISPIELE

3.15 Die komplexe Zahl $z = 3 + 4i$ soll in die goniometrische Form gebracht werden.

Lösung: Es sind $a = 3$, $b = 4$ positiv, daher muss der gesuchte Punkt im ersten Quadranten und φ zwischen 0° und 90° liegen.

$r = \sqrt{9 + 16} = 5; \quad \tan \varphi = \dfrac{4}{3} = 1{,}333; \quad \varphi = 53{,}123°$ ($\varphi = 233{,}123°$ scheidet aus)

Damit lautet die gesuchte goniometrische Form

$z = 5 (\cos 53{,}123° + i \sin 53{,}123°)$. ∎

3.16 Es soll $z = 3 - i\sqrt{3}$ in goniometrischer Form dargestellt werden.

Lösung: Da a positiv, b negativ ist, liegt der gesuchte Punkt im 4. Quadranten, der Winkel φ zwischen 270° und 360°.

$r = \sqrt{9 + 3} = \sqrt{12} = 2\sqrt{3} \quad \tan \varphi = \dfrac{-\sqrt{3}}{3} = -\dfrac{1}{3}\sqrt{3}$, folglich ist $\varphi = 360° - 30°$,

d. h. $\varphi = 330°$ (hier scheidet aufgrund der Vorüberlegung $\varphi = 150°$ aus). Man erhält also für $z = 3 - i\sqrt{3}$ die goniometrische Form

$z = 2\sqrt{3}(\cos 330° + i \sin 330°)$. ∎

Für $z = -3 + i\sqrt{3}$ erhält man die goniometrische Form $z = 2\sqrt{3}(\cos 150° + i \sin 150°)$, da dieser Punkt im 2. Quadranten liegt. Vergleicht man jetzt die beiden Zahlen $z_1 = -3 + i\sqrt{3}$ und $z_2 = +3 - i\sqrt{3}$ miteinander, so stellt man fest, dass z_2 aus z_1 durch Multiplikation mit -1 hervorgeht. Geometrisch entspricht das einer Drehung des Pfeils um 180° (150° + 180° = 330°). Eine Drehung um 180° im negativen Sinn würde ebenfalls z_1 in z_2 überführen (dies entspricht, wie man sieht, einer Division durch -1). Tatsächlich ist 150° − 180° = −30°. Man nennt nun z_2 und z_1 „entgegengesetzte" Zahlen, diese Bezeichnung deutet die gegenseitige Lage der Bildpunkte an. Lässt man für φ auch negative Werte zu, so kann man das Ergebnis zu Beispiel 3.16,

118   3 Komplexe Zahlen

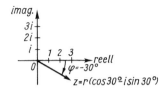

Bild 3.9

$$z = 2\sqrt{3}(\cos 330° + i\sin 330°)$$

folgendermaßen schreiben

$$z = 2\sqrt{3}(\cos(-30°) + i\sin(-30°))$$

oder auch

$$z = 2\sqrt{3}(\cos 30° - i\sin 30°) \text{ (Bild 3.9)}.$$

Die letzte Umformung beruht auf den aus der Trigonometrie bekannten Formeln

$$\cos(-\varphi) = \cos\varphi$$
$$\sin(-\varphi) = -\sin\varphi.$$

Die zuletzt angeführte Form (mit $-180° \leq \varphi \leq 180°$) wird besonders in der Elektrotechnik häufig verwendet.

Das nächste Beispiel zeigt, wie man umgekehrt eine in goniometrischer Darstellung gegebene komplexe Zahl in die sogenannte arithmetische Form $z = a + bi$ umwandelt.

BEISPIEL

3.17   Man forme die Zahl $z = 6(\cos 60° + i\sin 60°)$ in die Form $a + bi$ um!

Lösung: Es ist $a = r\cos\varphi$; $b = r\sin\varphi$,

folglich $a = 6 \cdot \cos 60° = 6 \cdot 0{,}5 = 3$; $b = 6 \cdot \sin 60° = 6 \cdot \dfrac{\sqrt{3}}{2} = 3\sqrt{3}$.

Somit ist $z = 3 + 3i\sqrt{3}$.   ∎

Die Sonderfälle, dass es sich bei z um eine reelle oder eine imaginäre Zahl handelt, finden in der goniometrischen Form ihren Niederschlag in folgenden Bedingungen:

Für positive reelle Zahlen ist $\varphi = 0°$; für negative reelle Zahlen ist $\varphi = 180°$.

Für positive imaginäre Zahlen ist $\varphi = 90°$; für die negativen ist $\varphi = 270°$ ($-90°$).

Für reelle Zahlen ist $r = |a|$; für imaginäre Zahlen ist $r = |b|$.

BEISPIEL

3.18   a) $8 = 8(\cos 0° + i\sin 0°)$
       b) $-3 = 3(\cos 180° + i\sin 180°)$
       c) $6i = 6(\cos 90° + i\sin 90°)$
       d) $-4i = 4(\cos 270° + i\sin 270°) = 4(\cos 90° - i\sin 90°)$ ∎

3.3 Goniometrische Darstellung komplexer Zahlen

AUFGABEN

3.8 Man forme folgende komplexen Zahlen in die goniometrische Form um:
 a) $5 + 12i$ b) $3 - 4i$ c) $-3 + 1{,}6i$ d) -1
 e) $2i$ f) $1 - i\sqrt{3}$ g) $-1 + i\sqrt{3}$ h) $-8i$

3.9 Man stelle die komplexen Zahlen in der Form $a + bi$ dar, wenn gegeben sind:
 a) $r = 12$, $\varphi = 210°$ b) $r = 8$, $\varphi = 135°$ c) $r = 6$, $\varphi = 240°$

3.3.2 Multiplikation und Division bei goniometrischer Darstellung

Wie schon im Abschnitt 3.2.3 erwähnt, eignet sich die goniometrische Form komplexer Zahlen besser zur Veranschaulichung der Multiplikation bzw. Division.

Es seien $z_1 = r_1 (\cos \varphi_1 + i \sin \varphi_1)$; $z_2 = r_2 (\cos \varphi_2 + i \sin \varphi_2)$, dann ist

$z_3 = z_1 \cdot z_2 = r_1 r_2 (\cos \varphi_1 + i \sin \varphi_1)(\cos \varphi_2 + i \sin \varphi_2)$

$= r_1 r_2 [(\cos \varphi_1 \cos \varphi_2 - \sin \varphi_1 \sin \varphi_2) + i (\sin \varphi_1 \cos \varphi_2 + \cos \varphi_1 \sin \varphi_2)]$

Nach Anwendung der sogenannten Additionstheoreme[1] lässt sich der letzte Ausdruck vereinfachen, sodass

$$z_3 = z_1 \cdot z_2 = r_1 r_2 [\cos(\varphi_1 + \varphi_2) + i \sin(\varphi_1 + \varphi_2)] = r_3 (\cos \varphi_3 + i \sin \varphi_3) \qquad (3.14)$$

Damit ist $r_3 = r_1 r_2$ der absolute Betrag des Produkts,

$\varphi_3 = \varphi_1 + \varphi_2$ das Argument des Produkts.

Man kann also folgende Regel festhalten:

Komplexe Zahlen (in goniometrischer Darstellung) werden multipliziert, indem man ihre absoluten Beträge multipliziert und ihre Argumente addiert.

BEISPIEL

3.19 Gegeben seien die komplexen Zahlen $z_1 = 3 (\cos 45° + i \sin 45°)$ und
 $z_2 = 1{,}5 (\cos 15° + i \sin 15°)$, gesucht ist $z_3 = z_1 \cdot z_2$.
 Man berechnet zuerst
 $r_3 = r_1 r_2 = 3 \cdot 1{,}5 = 4{,}5$;
 sodann berechnet man
 $\varphi_3 = \varphi_1 + \varphi_2 = 45° + 15° = 60°$.
 Folglich lautet die Lösung:
 $z_3 = 4{,}5 (\cos 60° + i \sin 60°)$. ∎

---

[1] s. Kapitel 5 Trigonometrie

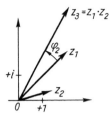

Bild 3.10

Wieder soll diese Operation geometrisch veranschaulicht werden (Bild 3.10). Der Pfeil z_3, der das Produkt darstellt, ergibt sich durch eine Drehung des Pfeils z_1 um den Winkel φ_2 (das Argument von z_2) und eine Streckung von z_1 um den Faktor r_2 (den Betrag von z_2). Die Multiplikation einer komplexen Zahl mit einer anderen kommt also einer „Drehstreckung" gleich.

Die beiden Sonderfälle, die Multiplikation einer komplexen Zahl z mit -1 bzw. die Multiplikation mit i, lassen sich leicht beschreiben. In beiden Fällen bleibt der Betrag des Produkts gleich dem Betrag von z, da der Betrag von -1 ebenso wie der Betrag von i gleich 1 ist. Eine Streckung oder Stauchung findet also nicht statt, die Produktbildung reduziert sich in diesen beiden Fällen auf eine Drehung des entsprechenden Pfeils zu z. Bei der Multiplikation mit -1 ist das Ergebnis der Multiplikation der „entgegengesetzte" Vektor, der $-z$ entspricht. Das entspricht einer Drehung um 180°. Bei der Multiplikation mit i findet ebenfalls eine Drehung statt, diesmal (im positiven Drehsinn) um 90°, da das Argument von i genau 90° ist.

Division

Da die Division die Umkehroperation zur Multiplikation ist, können wir die Rechenvorschrift für die Division komplexer Zahlen in goniometrischer Form aus der entsprechenden Multiplikationsregel ableiten.

Es sei $z_3 = r_3\left(\cos\varphi_3 + \mathrm{i}\sin\varphi_3\right) = \dfrac{z_1}{z_2} = \dfrac{r_1\left(\cos\varphi_1 + \mathrm{i}\sin\varphi_1\right)}{r_2\left(\cos\varphi_2 + \mathrm{i}\sin\varphi_2\right)}$.

Dann gilt $z_1 = r_1\left(\cos\varphi_1 + \mathrm{i}\sin\varphi_1\right) = z_3 \cdot z_2 = r_3\left(\cos\varphi_3 + \mathrm{i}\sin\varphi_3\right) \cdot r_2\left(\cos\varphi_2 + \mathrm{i}\sin\varphi_2\right)$

$= r_3 r_2 \left[\cos\left(\varphi_3 + \varphi_2\right) + \mathrm{i}\sin\left(\varphi_3 + \varphi_2\right)\right]$.

Aus dieser Gleichung schließt man nun auf die Gleichheit von Argument bzw. Betrag von z_1 und $z_3 \cdot z_2$, es gilt also $r_1 = r_3 \cdot r_2$ sowie $\varphi_1 = \varphi_3 + \varphi_2$. Zur Bestimmung der goniometrischen Form von z_3 verwendet man also die Bestimmungsgleichungen für den Betrag $r_3 = \dfrac{r_1}{r_2}$ und $\varphi_3 = \varphi_1 - \varphi_2$, somit gilt

$$z_3 = \frac{z_1}{z_2} = \frac{r_1\left(\cos\varphi_1 + \mathrm{i}\sin\varphi_1\right)}{r_2\left(\cos\varphi_2 + \mathrm{i}\sin\varphi_2\right)} = \frac{r_1}{r_2}\left[\cos\left(\varphi_1 - \varphi_2\right) + \mathrm{i}\sin\left(\varphi_1 - \varphi_2\right)\right] \qquad (3.15)$$

Zusammenfassend halten wir fest:

Komplexe Zahlen dividiert man, indem man die absoluten Beträge entsprechend dividiert und die Argumente subtrahiert.

BEISPIEL

3.20 Gegeben sind $z_1 = 5\,(\cos 120° + i \sin 120°)$ und $z_2 = 2{,}5\,(\cos 45° + i \sin 45°)$, gesucht ist $z_3 = z_1 : z_2$.

Lösung $r_3 = \dfrac{r_1}{r_2} = \dfrac{5}{2{,}5} = 2$

$\varphi_3 = \varphi_1 - \varphi_2 = 120° - 45° = 75°$

Folglich ist $z_3 = 2\,(\cos 75° + i \sin 75°)$.

Bild 3.11 veranschaulicht die Division. Man kann den Pfeil z_3 als Ergebnis einer Drehung und Stauchung des Pfeils z_1 ansehen, z_1 wird um den Faktor $1 : r_2$ gestreckt (d. h. um den Faktor r_2 gestaucht) und um φ_2, das Argument von z_2, im negativen Sinne (Uhrzeigersinn) gedreht.

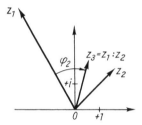

Bild 3.11

Wiederum seien die Spezialfälle $z_2 = -1$ bzw. $z_2 = i$ besonders betrachtet. Die Division einer komplexen Zahl durch -1 bedeutet geometrisch eine Drehung des entsprechenden Vektors um $180°$ im Uhrzeigersinn. Im Ergebnis erhält man die entgegengesetzte komplexe Zahl, also dasselbe Ergebnis wie bei der Multiplikation mit -1. Die Division durch i kommt einer Drehung um $90°$ im Uhrzeigersinn gleich. Das Ergebnis der Division durch i ist also verschieden vom Ergebnis der Multiplikation mit i, es ist diesem genau entgegengesetzt.

AUFGABEN

3.10 Man berechne das Produkt $z = z_1 \cdot z_2$, wenn

a) $z_1 = 2\,(\cos 15° + i \sin 15°)$ und $z_2 = 3\,(\cos 45° + i \sin 45°)$

b) $z_1 = \sqrt{5}\,(\cos 80° + i \sin 80°)$ und $z_2 = \sqrt{5}\,(\cos 40° + i \sin 40°)$

3.11 Man berechne den Quotienten $z = z_1 : z_2$, wenn

a) $z_1 = (\cos 70° + i \sin 70°)$ und $z_2 = (\cos 25° + i \sin 25°)$

b) $z_1 = 6\,(\cos 225° + i \sin 225°)$ und $z_2 = 3\,(\cos 75° + i \sin 75°)$

c) $z_1 = 4$ und $z_2 = 4\,(\cos 30° + i \sin 30°)$

(Hinweis: $4 = 4\,(\cos 360° + i \sin 360°)$)

3.12 Beschreiben Sie, wie die Multiplikation einer komplexen Zahl mit $-i$ zu veranschaulichen ist (Hinweis: $-i = (-1) \cdot i$)! Wie verhält es sich bei der Division durch $-i$?

3.13 Der Pfeil zu $3\sqrt{3} + 3i$ ist

a) um 45° zu drehen und auf das Doppelte zu strecken,

b) um 120° zu drehen und auf die Hälfte zu stauchen.

In beiden Fällen ist eine Drehung im positiven Sinn (entgegen Uhrzeiger) gemeint. Wie kann jeweils der neue Pfeil mittels komplexer Zahlen beschrieben werden?

3.14 Geben Sie die Bedingungen an, unter denen die Ausdrücke

$z_1 = r_1 (\cos \varphi_1 + i \sin \varphi_1)$ und $z_2 = r_2 (\cos \varphi_2 + i \sin \varphi_2)$

a) zueinander konjugiert komplex,

b) einander entgegengesetzt sind!

3.3.3 Potenzieren und Radizieren komplexer Zahlen (Satz von Moivre)

Es sei daran erinnert, dass positive ganze Potenzen die Anzahl gleichartiger Faktoren in einem Produkt ausdrücken. Setzt man nun in der Multiplikationsformel (3.14), d. h.

$z = z_1 \cdot z_2 = r_1 r_2 [\cos(\varphi_1 + \varphi_2) + i \sin(\varphi_1 + \varphi_2)]$:

$z_1 = z_2 = z$, dann ist $r_1 = r_2 = r$ und $\varphi_1 = \varphi_2 = \varphi$,

so folgt daraus unter Berücksichtigung der bereits erwähnten Additionstheoreme

$z^2 = z \cdot z = r^2 (\cos 2\varphi + i \sin 2\varphi)$,

$z^3 = z \cdot z \cdot z = z^2 \cdot z = r^2 (\cos 2\varphi + i \sin 2\varphi) \cdot r(\cos\varphi + i \sin\varphi)$

$= r^3 (\cos 3\varphi + i \sin 3\varphi)$.

Allgemein gilt also:

$$z^n = r^n \left[\cos(n\varphi) + i \sin(n\varphi)\right] \qquad (3.16)$$

Eine komplexe Zahl wird potenziert, indem man den absoluten Betrag mit dem entsprechenden Exponenten potenziert und das Argument mit dem Exponenten multipliziert.

Für $r = 1$ vereinfacht sich die letzte Formel etwas, man erhält dann den sogenannten Lehrsatz von MOIVRE[1]:

$$(\cos \varphi + i \sin \varphi)^n = (\cos n\varphi + i \sin n\varphi) \qquad (3.17)$$

---

[1] ABRAHAM DE MOIVRE (1667 - 1754), französischer Mathematiker

3.3 Goniometrische Darstellung komplexer Zahlen

BEISPIELE

3.21 Man berechne $z = (\cos 40° + i \sin 40°)^3$.

Lösung: $z = \cos 120° + i \sin 120° = -\cos 60° + i \sin 60° = -\frac{1}{2} + \frac{i}{2}\sqrt{3}$. ∎

3.22 Man berechne $z = (1 - i\sqrt{3})^5$.

Lösung: Zunächst wird $1 - i\sqrt{3}$ in die goniometrische Form umgewandelt:

$a = 1, b = -\sqrt{3}$, $\tan \varphi = -\sqrt{3}$, $\varphi = 300°$, $r = \sqrt{1+3} = 2$

$(1 - i\sqrt{3})^5 = r^5(\cos 5\varphi + i \sin 5\varphi) = 2^5(\cos 5 \cdot 300° + i \sin 5 \cdot 300°)$

$= 32(\cos 1500° + i \sin 1500°) = 32(\cos 60° + i \sin 60°)$

$= 32\left(\frac{1}{2} + \frac{i}{2}\sqrt{3}\right) = 16 + 16i\sqrt{3}$ ∎

3.23 Zu berechnen ist $z = (1 + i)^6$.

Lösung: Wieder wird zunächst $1 + i$ in die goniometrische Form umgewandelt. Da $a = 1$ und $b = 1$, ist, also $\varphi = 45°$; außerdem erhält man $r = \sqrt{1^2 + 1^2} = \sqrt{2}$.

$z = (1 + i)^6 = r^6(\cos 6\varphi + i \sin 6\varphi) = (\sqrt{2})^6(\cos 6 \cdot 45° + i \sin 6 \cdot 45°)$

$= 8(\cos 270° + i \sin 270°) = 8(0 + i(-1)) = -8i$ ∎

3.24 Zu berechnen ist $z = (-\cos 60° - i \sin 60°)^5$.

Lösung: Man klammert zunächst -1 aus und wendet dann die Formel von MOIVRE an. Anschließend kann man in die arithmetische Form umwandeln:

$z = (-1)^5 \cdot (\cos 60° + i \sin 60°)^5 = -1 \cdot (\cos 300° + i \sin 300°)$

$= -(\cos 60° - i \sin 60°) = -\frac{1}{2} + \frac{i}{2}\sqrt{3}$ ∎

AUFGABEN

3.15 Berechnen Sie

a) $(1-i)^5$ b) $(1+i)^8$ c) $(1+i\sqrt{3})^4$ d) $\left(\frac{1}{2} + \frac{i}{2}\sqrt{3}\right)^5$

3.16 a) Zeigen Sie, dass $(\cos 50° - i \sin 50°)^4 = (\cos 200° - i \sin 200°)$!

b) Verallgemeinern Sie für beliebige φ und beliebige n-te Potenz!

Radizieren komplexer Zahlen

Setzt man in den Lehrsatz von MOIVRE (3.17) anstelle von φ den Ausdruck $\frac{\varphi}{n}$ ein, so erhält man:

$$\left(\cos\frac{\varphi}{n} + i\sin\frac{\varphi}{n}\right)^n = \cos\left(n \cdot \frac{\varphi}{n}\right) + i\sin\left(n \cdot \frac{\varphi}{n}\right) = \cos\varphi + i\sin\varphi$$

Zieht man nun formal die *n*-te Wurzel auf beiden Seiten der Gleichung, so erhält man

$$\sqrt[n]{\cos\varphi + i\sin\varphi} = \cos\frac{\varphi}{n} + i\sin\frac{\varphi}{n} \qquad (3.18)$$

Wird auf die so gewonnene Gleichung der Satz von MOIVRE für die Potenz *m* angewandt, so erhält man schließlich

$$\left(\cos\varphi + i\sin\varphi\right)^{\frac{m}{n}} = \cos\left(\frac{m}{n}\varphi\right) + i\sin\left(\frac{m}{n}\varphi\right) \qquad (3.19)$$

Ohne Beweis sei diese Formel auch für den Fall negativer Exponenten verallgemeinert, sodass wir zu folgender Erweiterung des Geltungsbereichs gelangen:

Der Satz von MOIVRE gilt für positive wie negative, ganze wie gebrochene Exponenten.

BEISPIEL

3.25   Zu berechnen ist $z = \sqrt[4]{\cos 120° + i\sin 120°}$!

Lösung: Setzt man die entsprechenden Werte in die obige Formel ein, so erhält man ($m = 1$, $n = 4$, $\varphi = 120°$): $z = \cos 30° + i\sin 30°$.

Führt man zu dieser Lösung die Probe aus, so stellt man leicht fest, dass

$z^4 = (\cos 30° + i\sin 30°)^4 = 1^4 \cdot (\cos 4\cdot 30° + i\sin 4\cdot 30°) = (\cos 120° + i\sin 120°)$.

Mit anderen Worten, es wurde eine Lösung der Aufgabe gefunden. Mit wenig Mühe kann man sich aber auch davon überzeugen, dass *z* nicht die alleinige Lösung der obigen Gleichung ist. Es gilt auch für $z' = \left(\cos 300° + i\sin 300°\right)$

$z'^4 = (\cos 4\cdot 300° + i\sin 4\cdot 300°) = (\cos 1200° + i\sin 1200°)$
$= (\cos 120° + i\sin 120°)$!   ■

Die Tatsache, dass die Gleichung mehr als eine Lösung hat, sollte kein Erstaunen wecken; ähnliches war bereits beim Radizieren reeller Zahlen festzustellen. Und bei der goniometrischen Darstellung liefert die Periodizität der Winkelfunktionen einen zusätzlichen Hinweis auf Mehrfachlösungen. Um die Suche nach der Gesamtheit der Lösungen zu systematisieren, berücksichtigen wir jetzt im Satz von MOIVRE diese Eigenschaft[1] der Winkelfunktionen ($k = 0, \pm 1, \pm 2, \ldots$)

$$\left(\cos\varphi + i\sin\varphi\right)^n = \left(\cos\left(\varphi + k\cdot 360°\right) + i\sin\left(\varphi + k\cdot 360°\right)\right)^n$$
$$= \cos\left(n\cdot\varphi + n\cdot k\cdot 360°\right) + i\sin\left(n\cdot\varphi + n\cdot k\cdot 360°\right)$$
$$= \cos n\varphi + i\sin n\varphi$$

Bei der Berechnung von ganzzahligen Potenzen führt die Periodizität offensichtlich nicht dazu, dass weitere Lösungen zu berücksichtigen sind, d.h., die Potenz einer komplexen Zahl ist stets eindeutig bestimmt. Beim Radizieren aber ist Aufmerksamkeit geboten.

Sei nun *n* ein ganzzahliger Wurzelexponent. Dann ist

---

[1] Danach ist $\sin\varphi = \sin(\varphi \pm k\cdot 360°)$, $\cos\varphi = \cos(\varphi \pm k\cdot 360°)$ ($k = 0, \pm 1, \pm 2, \ldots$).

3.3 Goniometrische Darstellung komplexer Zahlen

$$\sqrt[n]{a+b\mathrm{i}} = \sqrt[n]{r\left[\cos(\varphi+k\cdot 360°)+\mathrm{i}\sin(\varphi+k\cdot 360°)\right]},$$

somit

$$\sqrt[n]{a+b\mathrm{i}} = \sqrt[n]{r}\left[\cos\left(\frac{\varphi}{n}+\frac{k\cdot 360°}{n}\right)+\mathrm{i}\sin\left(\frac{\varphi}{n}+\frac{k\cdot 360°}{n}\right)\right] \quad (3.20)$$

Eine komplexe Zahl wird radiziert, indem man den absoluten Betrag mit dem entsprechenden Wurzelexponenten radiziert (Hauptwert) und das Argument (unter Berücksichtigung der Periodizität) durch den Wurzelexponenten dividiert.

Gibt man in dieser Formel k nacheinander die Werte $0, 1, 2, \ldots, (n-1)$, so erhält man n verschiedene Wurzelwerte.

$$z_{k+1} = \sqrt[n]{r}\left[\cos\left(\frac{\varphi}{n}+k\cdot\frac{360°}{n}\right)+\mathrm{i}\sin\left(\frac{\varphi}{n}+k\cdot\frac{360°}{n}\right)\right]$$

Für $k \geq n$ erhält man, genauso wie für $k < 0$, keine neuen Werte, dann wiederholen sich die bereits errechneten.

Die n-te Wurzel aus einer komplexen Zahl hat n Werte.

Der Wurzelwert für $k = 0$ heißt **Hauptwert** der Wurzel, es gilt

$$z_1 = \sqrt[n]{r}\left(\cos\frac{\varphi}{n}+\mathrm{i}\sin\frac{\varphi}{n}\right) \quad (3.21)$$

Wir sind nun in der Lage, die Berechnung in Beispiel 3.25 systematisch abzuschließen.

BEISPIEL (Fortsetzung)

3.25 *Lösung:*

$$z = \sqrt[4]{(\cos 120°+\mathrm{i}\sin 120°)} = \cos\left(\frac{120°}{4}+\frac{k\cdot 360°}{4}\right)+\mathrm{i}\sin\left(\frac{120°}{4}+\frac{k\cdot 360°}{4}\right),$$

sodass

$z_1 = \cos 30° + \mathrm{i}\sin 30° = \frac{1}{2}\sqrt{3}+\frac{1}{2}\mathrm{i},$

$z_2 = \cos 120° + \mathrm{i}\sin 120° = -\frac{1}{2}+\frac{\sqrt{3}}{2}\mathrm{i},$

$z_3 = \cos 210° + \mathrm{i}\sin 210° = -\frac{1}{2}\sqrt{3}-\frac{1}{2}\mathrm{i},$

$z_4 = \cos 300° + \mathrm{i}\sin 300° = \frac{1}{2}-\frac{\sqrt{3}}{2}\mathrm{i}.$

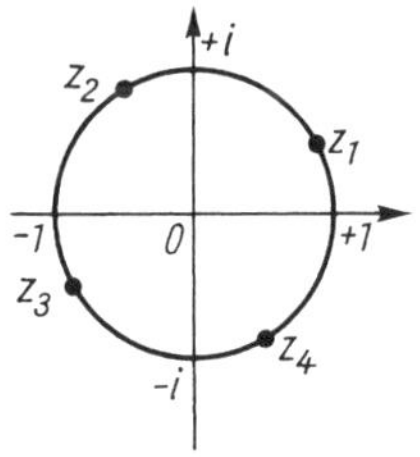

Bild 3.12

Das Bild 3.12 veranschaulicht die Lage der 4 Wurzeln. Sie liegen alle auf einem Kreis, wobei sich ihre Argumente jeweils um 90° unterscheiden. ∎

126   3 Komplexe Zahlen

Allgemein gilt: Für $\sqrt[n]{(a+bi)}$ liegen die Bildpunkte der Wurzelwerte auf einem Kreis um den Koordinatenursprung mit dem Radius $\sqrt[n]{r}$ und bilden die Eckpunkte eines regelmäßigen n-Ecks.

BEISPIEL (Wurzel aus einer reellen Zahl)

3.26   Man berechne alle Werte für $\sqrt[3]{1}$!

Lösung: Es sind $a = 1$, $b = 0$, $r = \sqrt{1^2} = 1$, $\varphi = 0°$. Somit gilt

$$\sqrt[3]{1} = \cos\frac{k \cdot 360°}{3} + i\sin\frac{k \cdot 360°}{3} = \cos k \cdot 120° + i\sin k \cdot 120° \quad (k = 0, 1, 2)$$

$$z_1 = \cos 0° + i\sin 0° = 1$$

$$z_2 = \cos 120° + i\sin 120° = -\frac{1}{2} + \frac{\sqrt{3}}{2}i$$

$$z_3 = \cos 240° + i\sin 240° = -\frac{1}{2} - \frac{\sqrt{3}}{2}i$$

■

Die geometrische Deutung der drei Wurzelwerte ist einfach: Die Bildpunkte sind Eckpunkte eines gleichseitigen Dreiecks im Einheitskreis um den Nullpunkt.

Man beachte: Die dritte Wurzel aus einer reellen Zahl gibt als Lösungsmenge eine reelle Zahl und zwei konjugiert komplexe Zahlen.

AUFGABE

3.17   Man berechne alle Werte von

a) $\sqrt{-5+12i}$ b) $\sqrt[3]{12+5i}$ c) $\sqrt[3]{3-4i}$

d) $\sqrt[3]{\cos 135° + i\sin 135°}$ e) $\sqrt[4]{\cos 60° + i\sin 60°}$

f) $\sqrt[5]{8-6i}$ g) $\sqrt[3]{-1}$

3.4   Die Exponentialform komplexer Zahlen

3.4.1   Die Eulersche Gleichung und die Exponentialform

Auch in diesem Abschnitt wird, wie schon im vorhergehenden, auf ein Kapitel[1] der höheren Mathematik Bezug genommen, das erst später ausführlich dargestellt wird. Dieser Vorgriff ist jedoch insofern gerechtfertigt, da die Exponentialform für die Anwendung der komplexen Zahlen ganz wesentlich ist. Wir verzichten daher auf einige Details der Herleitungen und konzentrieren die Ausführungen auf den Anwendungsaspekt.

---

[1] s. Abschnitt 6

3.4 Die Exponentialform komplexer Zahlen

Die Funktionen cos φ, sin φ, e^φ können auch in der sogenannten Reihenentwicklung dargestellt werden. Dabei ist zu beachten, dass das Argument φ im Bogenmaß angegeben wird. Erinnert sei, dass $n!$ (gelesen: n Fakultät) das Produkt der ersten n natürlichen Zahlen ist, also z. B. $3! = 1 \cdot 2 \cdot 3 = 6$, $5! = 1 \cdot 2 \cdot 3 \cdot 4 \cdot 5$ usw.

Die Zahl $e \approx 2{,}718$ ist die Basis der natürlichen Logarithmen[1]. Die besagten Reihenentwicklungen haben folgende Gestalt:

$$\cos\varphi = 1 - \frac{\varphi^2}{2!} + \frac{\varphi^4}{4!} - \frac{\varphi^6}{6!} + - \ldots$$

$$\sin\varphi = \varphi - \frac{\varphi^3}{3!} + \frac{\varphi^5}{5!} - \frac{\varphi^7}{7!} + - \ldots$$

$$e^\varphi = 1 + \frac{\varphi}{1!} + \frac{\varphi^2}{2!} + \frac{\varphi^3}{3!} + \frac{\varphi^4}{4!} + \ldots$$

Daraus abgeleitet, ergibt sich für die Reihenentwicklung des Ausdrucks $\cos\varphi + i\sin\varphi$

$$\cos\varphi + i\sin\varphi = 1 - \frac{\varphi^2}{2!} + \frac{\varphi^4}{4!} - \frac{\varphi^6}{6!} + - \ldots + i\left(\varphi - \frac{\varphi^3}{3!} + \frac{\varphi^5}{5!} - \frac{\varphi^7}{7!} + - \ldots\right).$$

Parallel dazu betrachten wir die Reihenentwicklung für $e^{i\varphi}$, sie lautet

$$e^{i\varphi} = 1 + \frac{i\varphi}{1!} + \frac{i^2\varphi^2}{2!} + \frac{i^3\varphi^3}{3!} + \frac{i^4\varphi^4}{4!} + \frac{i^5\varphi^5}{5!} + \frac{i^6\varphi^6}{6!} + \frac{i^7\varphi^7}{7!} + \ldots$$

Werden in dieser letzten Reihenentwicklung die Potenzen von i berechnet und die imaginären Glieder zusammengefasst, so erhält man

$$e^{i\varphi} = 1 - \frac{\varphi^2}{2!} + \frac{\varphi^4}{4!} - \frac{\varphi^6}{6!} + - \ldots + i\left(\varphi - \frac{\varphi^3}{3!} + \frac{\varphi^5}{5!} - \frac{\varphi^7}{7!} + - \ldots\right).$$

Das aber ist die Reihe, die wir auch für $\cos\varphi + i\sin\varphi$ gefunden hatten.

Daraus folgt die *Eulersche Gleichung*

$$\boxed{e^{i\varphi} = \cos\varphi + i\sin\varphi} \qquad (3.22)$$

Aus der Eulerschen Gleichung erhält man durch Multiplikation mit r

$$re^{i\varphi} = r(\cos\varphi + i\sin\varphi),$$

woraus sich unmittelbar die dritte Darstellungsweise komplexer Zahlen, die *Exponentialform* ergibt.

$$\boxed{z = r\,e^{i\varphi}} \qquad (3.23)$$

---

[1] s. Abschnitt 2.3.6

Die geometrische Interpretation dieser Darstellungsweise entspricht der Interpretation der goniometrischen Form. Wiederum stellt z einen Pfeil (Vektor) dar, der durch seine Länge (Betrag) und den Winkel φ, der zwischen der reellen Achse und dem Pfeil eingeschlossen ist, vollständig charakterisiert ist. Den Faktor $e^{i\varphi}$ bezeichnet man deshalb auch als den „Dreher".

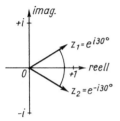

Bild 3.13

Erfolgt die Drehung im mathematisch negativen Sinn (Uhrzeigerrichtung), so wird φ durch $-\varphi$ ersetzt, die Eulersche Gleichung wird zu

$$e^{-i\varphi} = \cos(-\varphi) + i\sin(-\varphi).$$

Berücksichtigt man schließlich, dass $\cos(-\varphi) = \cos\varphi$, $\sin(-\varphi) = -\sin\varphi$, so erhält man

$$e^{-i\varphi} = \cos(\varphi) - i\sin(\varphi) \qquad (3.24)$$

So ist $z_1 = e^{i30°}$ eine Zahl im ersten Quadranten,

$z_2 = e^{-i30°}$ eine Zahl im vierten Quadranten.

z_1 und z_2 sind konjugiert komplexe Zahlen, sie haben den gleichen Betrag ($r_1 = r_2 = 1$) und liegen spiegelbildlich zur reellen Achse (vgl. Bild 3.13).

Der Winkel φ kann in Grad, aber auch in Bogenmaß angegeben werden. Die wichtigsten Fälle sind:

$\varphi = 0°$ $\qquad e^{0i} = \cos 0 + i\sin 0 = +1$

$\varphi = 90°$ $\qquad e^{\frac{\pi}{2}i} = \cos\frac{\pi}{2} + i\sin\frac{\pi}{2} = +i$

$\varphi = -90°$ $\qquad e^{-\frac{\pi}{2}i} = \cos\frac{\pi}{2} - i\sin\frac{\pi}{2} = -i$

$\varphi = 180°$ $\qquad e^{\pi i} = \cos\pi + i\sin\pi = -1$

$\varphi = 270°$ $\qquad e^{\frac{3}{2}\pi i} = \cos\frac{3}{2}\pi + i\sin\frac{3}{2}\pi = -i$

$\varphi = 360°$ $\qquad e^{2\pi i} = \cos 2\pi + i\sin 2\pi = +1$

Man beachte: Diese Aufstellung zeigt auf bemerkenswerte Weise den Zusammenhang zwischen den reellen (transzendenten) Zahlen π und e und der imaginären Einheit i.

3.4.2 Rechnen mit komplexen Zahlen in Exponentialform

Nach wie vor ist für Addition und Subtraktion die arithmetische Form komplexer Zahlen ($z = a + bi$) am besten geeignet, bei der Multiplikation und bei der Division überzeugt man sich dagegen leicht von den Vorzügen der Exponentialform.

Sind zwei Zahlen $z_1 = r_1 e^{i\varphi_1}$ und $z_2 = r_2 e^{i\varphi_2}$ gegeben, so gilt für die *Multiplikation*

$$z = z_1 \cdot z_2 = r_1 e^{i\varphi_1} \cdot r_2 e^{i\varphi_2} = r_1 \cdot r_2 e^{i(\varphi_1 + \varphi_2)} \qquad (3.25)$$

und für die *Division*

$$z = z_1 : z_2 = r_1 e^{i\varphi_1} : r_2 e^{i\varphi_2} = \frac{r_1}{r_2} \cdot e^{i(\varphi_1 - \varphi_2)} \qquad (3.26)$$

Hier sind die entsprechenden Potenzgesetze $a^m \cdot a^n = a^{m+n}$ und $a^m : a^n = a^{m-n}$ auf den Fall eines imaginären Exponenten verallgemeinert worden. Diese so erhaltenen Formeln rechtfertigen diese Verallgemeinerung, da sie die in 3.3.2 gefundenen Rechenvorschriften bestätigen.

Bei der Multiplikation (Division) komplexer Zahlen werden die Beträge multipliziert (dividiert) und die Argumente addiert (subtrahiert).

Nach den Potenzgesetzen ist zu erwarten, dass sich bei Verwendung der Exponentialform auch die Rechenvorschriften für das Potenzieren und Radizieren einfach darstellen. Für das *Potenzieren* gilt

$$z^n = \left(r e^{i\varphi}\right)^n = r^n \cdot e^{in\varphi}, \qquad (3.27)$$

für das *Radizieren* entsprechend

$$\sqrt[n]{z} = \sqrt[n]{r e^{i\varphi}} = \sqrt[n]{r} \cdot e^{i\frac{\varphi}{n}} \qquad (3.28)$$

(Man vergleiche hierzu die Formeln 3.16 und 3.18 bzw. 3.21)

Man beachte: Eine Multiplikation mit i ist gleich einer Multiplikation mit $e^{\frac{\pi}{2} i}$ und geometrisch zu deuten als eine Linksdrehung um 90°.

Eine Multiplikation mit −1 ist gleich einer Multiplikation mit $e^{\pi i}$ und geometrisch zu deuten als eine Linksdrehung um 180°, ergibt also die entgegengesetzte Zahl.

Eine Multiplikation mit −i ist gleich einer Multiplikation mit $e^{\frac{3}{2}\pi i}$ und geometrisch zu deuten als eine Linksdrehung um 270°.

Eine Division durch i, −1, − i bedeutet geometrisch jeweils eine Rechtsdrehung um 90°, 180° bzw. 270°; sie liefert das gleiche Ergebnis wie eine Multiplikation mit jeweils $e^{-\frac{\pi}{2} i}$, $e^{-\pi i}$ bzw. $e^{-\frac{3}{2}\pi i}$.

3.4.3 Umwandlungen komplexer Zahlen aus der Exponentialform und in die Exponentialform

Da die Exponentialform und die goniometrische Form auf dieselben Parameter Bezug nehmen, ist die Umwandlung dieser beiden Formen ineinander völlig unproblematisch, allenfalls ist die Winkelangabe aus Grad in Bogenmaß umzuformen.

BEISPIEL

3.27 Die Zahl $z = 4 (\cos 60° + i \sin 60°)$ soll in Exponentialform dargestellt werden.

Lösung: Berücksichtigt man, dass 60° dem Bogenmaß $\pi : 3$ entspricht, so lautet die gesuchte Form

$$z = 4 \cdot e^{\frac{\pi}{3}i}.$$
∎

Umwandlung der arithmetischen in die Exponentialform

Die Umwandlung einer komplexen Zahl $a + bi$ in die Exponentialform basiert auf den bereits in 3.3 erläuterten Beziehungen zwischen Betrag r und Argument φ und den Parametern a und b:

$$r = \sqrt{a^2 + b^2} \qquad \tan \varphi = \frac{b}{a}.$$

BEISPIEL

3.28 Die Zahl $z = 1 + i\sqrt{24}$ soll auf die Exponentialform gebracht werden.

Lösung: $a = 1$, $b = \sqrt{24}$, somit ist $r = \sqrt{1 + 24} = 5$, $\tan \varphi = \sqrt{24}$. Damit ist zunächst klar, dass $0 < \varphi < \frac{\pi}{2}$, d. h., φ liegt im ersten Quadranten. Die entsprechenden Berechnungen ergeben $\tan \varphi = 4{,}8989795$, somit ist $\varphi = 78°27'47''$. Der entsprechende Wert des Winkels in Bogenmaß lautet $\varphi = 1{,}36944$. Somit erhält man:

$$z = r \cdot e^{i \cdot \varphi} = 5 \cdot e^{i 78°28'} \qquad \text{bzw.} \qquad z = 5 \cdot e^{1{,}36944\,i}.$$

Will man nun auch den Betrag r als Potenz von e schreiben, also in der Form $r = e^k$, so ist $k = \ln 5 = 1{,}60944$. Schließlich erhält man

$$z = e^{1{,}60944} \cdot e^{1{,}36944\,i} = e^{1{,}60944 + 1{,}36944\,i}.$$
∎

Man beachte, dass hier eine komplexe Zahl als Exponent einer Potenz auftritt. Das ist eine (konsequente) Erweiterung des Potenzbegriffs.

BEISPIELE

3.29 Die Zahl $z = -\sqrt{5} + 2i$ soll in Exponentialform dargestellt werden.

Lösung: $r = \sqrt{5 + 4} = 3$, $\tan \varphi = -\frac{2}{\sqrt{5}}$. Damit ist φ ein Winkel im zweiten Quadranten. Man berechnet $180° - \varphi = 41°48'36''$, also $\varphi = 138°11'24''$. Somit ist

$$z = 3 \cdot e^{i\,138°11'24''} \qquad \text{bzw.} \qquad z = 3 \cdot e^{2{,}41187\,i}.$$
∎

3.4 Die Exponentialform komplexer Zahlen

3.30 Man multipliziere $z_1 = 10 - 9i$ mit $z_2 = e^{-i\,28°}$!

Lösung: z_1 liegt im 4. Quadranten und ist auf die Form $r_1 \cdot e^{-i\varphi_1}$ zu bringen.

$r_1 = \sqrt{100 + 81} \approx 13{,}45362$, $\tan \varphi_1 = \dfrac{9}{10} = 0{,}9$, $\varphi_1 \approx 42°$. Man erhält somit

$z_1 = 10 - 9i \approx 13{,}4536 \cdot e^{-i\,42°}$. Jetzt ergibt die Multiplikation

$z_1 \cdot z_2 = 13{,}4536 \cdot e^{-i\,42°} \cdot e^{-i\,28°} = 13{,}4536 \cdot e^{-i\,70°}$. ∎

Umwandlung der Exponentialform in die arithmetische Form

Hätte im vorhergehenden Beispiel die Aufgabe darin bestanden, die beiden Zahlen zu addieren, so wäre eine vorherige Umwandlung in die arithmetische Form $a + b$i notwendig gewesen. Diese Umwandlung soll an einige Beispielen illustriert werden.

BEISPIELE

3.31 Die Zahl $z = 0{,}3 \cdot e^{i\,24°30'}$ soll in die arithmetische Form umgewandelt werden!

Lösung: Aus $r = 0{,}3$ und $\varphi = 24°30'$ folgt

$a = r \cdot \cos \varphi = 0{,}3 \cdot \cos 24°30' = 0{,}3 \cdot 0{,}90996 = 0{,}272988$

$b = r \cdot \sin \varphi = 0{,}3 \cdot \sin 24°30' = 0{,}3 \cdot 0{,}41469 = 0{,}124407$

$z = a + bi = 0{,}272988 + 0{,}124407i$ ∎

3.32 Wie groß sind reeller und imaginärer Teil der komplexen Zahl $z = 12e^{-i\,140°20'}$?

Lösung: Die Zahl liegt im dritten Quadranten, a und b sind also negativ.

Aus $r = 12$ und $\varphi = -140°20'$ folgt

$a = r \cos \varphi = 12 \cdot \cos(-140°20') = 12 \cdot (-\cos 39°40') = -9{,}23724$

$b = r \sin \varphi = 12 \cdot \sin(-140°20') = 12 \cdot (-\sin 39°40') = -7{,}65984$. ∎

3.33 Man wandle die Zahl $z = e^{0{,}5 + 1{,}3i}$ in die arithmetische Form $a + bi$ um!

Lösung[1]: $r = e^{0{,}5} = 1{,}6487$

arc $\varphi = 1{,}3$ $\varphi = 74°29'$

$\cos \varphi = 0{,}2675$ $\sin \varphi = 0{,}9636$

$z = a + bi = r \cdot (\cos \varphi + i \sin \varphi) = 1{,}6487 \cdot 0{,}2675 + 1{,}6487 \cdot 0{,}9636i$

$z = 0{,}441 + 1{,}59i$

∎

---

[1] arc φ bedeutet das zu φ gehörende Bogenmaß. (s. Abschnitt 5.1)

132   3 Komplexe Zahlen

AUFGABEN

3.18   Man wandle die folgenden komplexen Zahlen in die Exponentialform um!
       a) 5 − 5i   b) 4 − 8i   c) 15 − 13i

3.19   a) Man verwandle $z = 2{,}5\,e^{i\,43°30'}$ in die Form $a + bi$!
       b) Wie lauten reeller und imaginärer Teil von $z = 4 \cdot e^{-i\,36°15'}$?
       c) Man berechne $e^{i\,146°} \cdot e^{-i\,82°}$ und schreibe das Ergebnis in der Form $a + bi$!

3.20   Gegeben sei $z = -2\,(\cos 30° - i \sin 30°)$. Gesucht ist z
       a) in arithmetischer Form
       b) in Exponentialform

3.21   a) Man bestimme den reellen und den imaginären Teil von $\dfrac{(1+i)^2}{1-i}$!
       b) Wie lautet die goniometrische Form dieser Zahl?

3.5 Anwendungen. Die Exponentialform in der Elektrotechnik

Die komplexen Zahlen, besonders in Exponentialschreibweise, spielen in der Elektrotechnik eine große Rolle. Da es sich hier um eine konkrete Anwendung handelt, sind einige Besonderheiten der Schreibweise, die sich eingebürgert haben, zu beachten. Um Verwechslungen mit der Stromstärke zu vermeiden, ist es üblich, die imaginäre Einheit mit j zu bezeichnen. Statt $a + bi$ verwendet man die Form $a + jb$. Der Winkel φ wird jetzt ausschließlich in Grad angegeben, man schreibt also z. B. $e^{j\,45°}$. Ein besonderer Unterschied ergibt sich bei der geometrischen Interpretation. In der geometrischen Darstellung versinnbildlicht die gerichtete Strecke jetzt nicht eine komplexe Zahl, sondern eine „komplexe" Größe, so z. B. Spannung oder Strom in der Wechselstromtechnik.

Um zu verdeutlichen, dass man mit diesen Größen wie mit komplexen Zahlen rechnen soll, wählt man auch andere Formelzeichen – kursive Buchstaben mit Unterstreichung. So bedeutet etwa $\underline{U}$ die Spannung und $\underline{I}$ die Stromstärke. Die hier genannten Größen werden nicht als Vektoren, sondern als „Zeiger" interpretiert, da man sie sich wie umlaufende Zeiger einer Uhr (wenn auch in entgegengesetzter Richtung) vorstellt.

Mit halbfetten Buchstaben werden Vektoren bezeichnet, das sind gerichtete Größen im Raum. Physikalische Größen mit Vektoreigenschaften (nicht nur der Betrag, auch die Richtung ist wichtig!) sind z. B. die Kraft **F** oder die Geschwindigkeit **v**.

Die Richtung der einen Zeiger darstellenden gerichteten Strecke hat mit der wirklichen Richtung der physikalischen Größe im Raum nichts zu tun. Als Zeiger können deshalb auch Größen betrachtet werden, denen keine Vektoreigenschaft zukommt, wie dies bei Spannung oder Widerstand in der Elektrotechnik der Fall ist.

Eine Zeigerdarstellung ist immer da möglich, wo der Zahlenwert einer physikalischen Größe in seiner *zeitlichen Veränderung* mathematisch ausdrückbar ist. Das trifft auf Spannung und Stromstärke beim sinusförmigen Wechselstrom zu.

3.5 Anwendungen. Die Exponentialform in der Elektrotechnik

Will man mit solchen zeitvariablen Größen rechnen, so muss man für den Zeiger Momentwerte festhalten. Einen solchen in der Zeichenebene feststehenden Zeiger nennt man „Strahl". Man spricht demgemäß z. B. von Spannungs- bzw. Stromstrahlen. Die Strahlen vergegenständlichen also Momentwerte von Spannung bzw. Stromstärke. Wie bei einer komplexen Zahl unterscheidet man auch bei einem Strahl eine reelle und eine imaginäre Komponente.

Natürlich gibt es in Wirklichkeit nur reelle Spannungen, Stromstärken und Widerstände. Wenn man in der Elektrotechnik von „komplexen" Spannungen, Strömen und Widerständen spricht, so deshalb, weil man mit den entsprechenden Größen wie mit komplexen Zahlen rechnet. Diese sogenannte „komplexe Rechnung" ist also ein symbolisches Verfahren, bei dem man sich in Anwendungsaufgaben die Vorteile der Technik des Rechnens mit komplexen Zahlen zunutze macht; diese Technik vereinfacht die formelmäßige Darstellung ebenso wie die Rechnung.

Entsprechend der Exponentialform $r \cdot e^{j\varphi}$ einer komplexen Zahl schreibt man für

die komplexe Spannung $\underline{U} = U \cdot e^{j\varphi}$

die komplexe Stromstärke $\underline{I} = I \cdot e^{j\varphi}$

den komplexen Widerstand $\underline{Z} = Z \cdot e^{j\varphi}$

Hierbei bedeuten $U = |\underline{U}|$, $I = |\underline{I}|$, $Z = |\underline{Z}|$ die (absoluten) Beträge der komplexen Größen; φ ist der Winkel zwischen der reellen Achse (Bezugsachse) und dem zugehörigen Strahl.

Diese Exponentialform kann selbstverständlich wieder in die Komponentenform (arithmetische Form) überführt werden. Auch in dieser Form gibt es eine Deutung für die Komponenten. Man nennt die reelle Komponente den „Wirkteil" und die imaginäre Komponente den „Blindteil" der jeweiligen Größe. So kann man z. B. den komplexen Widerstand $\underline{Z}$ auf die Form $\underline{Z} = R + jX$ bringen; hierbei ist R der „Wirkwiderstand" und X der „Blindwiderstand". Das Ohmsche Gesetz, für Gleichstrom durch $I = \dfrac{U}{R}$ gegeben, lässt sich mithilfe der komplexen Formelzeichen für den Wechselstrom durch die einfache Gleichung

$$\underline{I} = \frac{\underline{U}}{\underline{Z}}$$

beschreiben.

Die folgenden Beispiele veranschaulichen, wie leicht sich unter diesen Bedingungen das Rechnen praktischer Aufgaben gestaltet.

BEISPIELE

3.34 Gegeben seien $\underline{U} = 120 \text{ V} \cdot e^{j0°}$ und $\underline{Z} = 300 \text{ }\Omega \cdot e^{j30°}$. Man bestimme die Stromstärke!

Lösung: Mithilfe des ohmschen Gesetzes errechnet man die gesuchte Stromstärke

$$\underline{I} = \frac{\underline{U}}{\underline{Z}} = \frac{120 \text{ V} \cdot e^{j0°}}{300 \dfrac{\text{V}}{\text{A}} \cdot e^{j30°}} = 0{,}4 \text{ A} \cdot e^{-j30°}. \qquad\blacksquare$$

3.35 Gegeben sind ein Strom $\underline{I} = 20$ A $\cdot$ $e^{j45°}$ und ein Widerstand $\underline{Z} = 11$ Ω $\cdot$ $e^{j30°}$. Wie groß ist die anzulegende Wechselspannung?

Lösung: Das ohmsche Gesetz in der Form $\underline{U} = \underline{I} \cdot \underline{Z}$ bildet die Grundlage unserer Berechnung:

$\underline{U} = \underline{I} \cdot \underline{Z} = 20$ A $\cdot e^{j45°} \cdot 11$ Ω $\cdot e^{j30°} = 220$ V $\cdot e^{j75°}$.

Der Betrag der Spannung ist $|\underline{U}| = U = 220$ V. ∎

4 Funktionen und Gleichungen

4.1 Funktionen

Eine Beobachtungsreihe, deren Ergebnis in einer Tabelle festgelegt ist (siehe Beispiel 4.1a) wird sehr häufig auch als Diagramm[1] dargestellt. In einem Diagramm ist der funktionale Zusammenhang zweier Größen sofort ersichtlich. Die graphische Darstellung von Funktionen mit einer veränderlichen Größe wird auch kurz als „Graph" bezeichnet.

BEISPIELE

4.1a Lufttemperatur während eines Tages

Die Messung der Lufttemperatur erfolgte, beginnend bei 0 h, in Abständen von zwei Stunden und ergab folgende Tabelle

Tageszeit (h)	0	2	4	6	8	10	12	14	16	18	20	22	24
Temperatur (°C)	4,8	3,6	3,0	4,8	7,0	9,5	11,2	12,4	11,0	8,0	7,5	6,3	5,7

Die zusammengehörigen Werte der Tabelle werden in bekannter Weise als Punkte in das Diagramm eingetragen; die Punkte werden durch einen Streckenzug verbunden (Bild 4.1). ∎

4.1b Federkennlinie

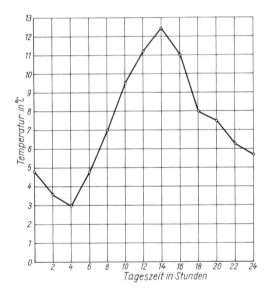

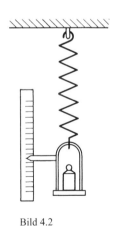

Bild 4.1   Bild 4.2

---

[1] Diagramm (griech.) Zeichnung (speziell geometrische Figur)

Eine Schraubenfeder wird verschiedenen Belastungen unterworfen (Bild 4.2); die jeweilige Verlängerung der Feder und die zugehörige Zugkraft F, die gleich der Belastung ist, werden in einer Tabelle zusammengefasst, nach der dann das Diagramm entworfen wird (Bild 4.3a).

Verlängerung s (in mm)	0	8	16	24	32	40
Zugkraft F (in N)	0,000	1,000	2,000	3,000	4,000	5,000

∎

Verwendung physikalischer Einheiten in Diagrammen und Tabellen

In Bild 4.3a ist auf der waagerechten Achse die Verlängerung s der Feder dargestellt. Damit nicht zu jedem speziellen Wert von s (0 mm; 10 mm; 20 mm; ...) die Einheit mm ausdrücklich hingeschrieben werden muss, ist die Erklärung „Verlängerung in mm" dem Diagramm beigefügt. Damit wird dem Leser mitgeteilt, dass die speziellen Werte 0; 10; ...;40 nicht *reine Zahlen*, sondern die *Größen* 0 mm; 10 mm; ...; 40 mm bedeuten sollen. Entsprechend bedeuten die speziellen Werte der senkrechten Achse 0; 1,000; ...; 5,000 die Größen 0 N; 1,000 N; ...; 5,000 N auf Grund der beigefügten Erklärung. Durch die Erklärungen „Verlängerung in mm" und „Zugkraft in N" wird das Diagramm etwas umständlich.

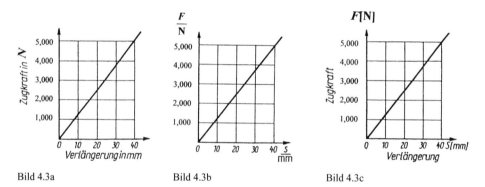

Bild 4.3a   Bild 4.3b   Bild 4.3c

Man ist dazu übergegangen, diese Erklärung durch eine einfache Schreibweise zu ersetzen, die auf folgenden Überlegungen beruht: Die Verlängerung wird hier durch die allgemeine *Größe s* dargestellt, die u. a. die speziellen Werte 0 mm; 10 mm; ...; 40 mm annehmen kann. Dann bedeutet aber der Quotient $\dfrac{s}{\text{mm}}$, da sich die Einheit mm in Zähler und Nenner herauskürzt, eine *reine Zahl*, die entsprechend die speziellen Werte 0; 10; ...; 40 annehmen kann. Bezeichnet man also in Bild 4.3b die waagerechte Achse mit $\dfrac{s}{\text{mm}}$, so muss man die reinen Zahlen 0; 10; ...; 40 abtragen. Entsprechend wird die senkrechte Achse zweckmäßig mit $\dfrac{F}{\text{N}}$ bezeichnet. Erklärungen erübrigen sich bei dieser Schreibweise. Nicht richtig ist die Bezeichnung der Achsen in Bild 4.3c. Nach dem gültigen Standard bedeutet eine in eckigen Klammern gesetzte Größe die Einheit, in der diese Größe gemessen werden soll,

z. B. [s]= mm bedeutet, dass die Einheit der Verlängerung *s* das Millimeter ist. Danach ist eine Achsenbezeichnung wie [mm] Unsinn. An dieser Tatsache ändert auch nichts, dass derartige falsche Bezeichnungen in der technischen Literatur nicht eben selten sind.

Entsprechend kann man bei der Tabelle aus Beispiel 4.1b die Erklärungen „Verlängerung *s* (in mm)" und „Zugkraft *F* (in N)" einsparen, wenn man die Tabelle in folgender Form schreibt:

$\dfrac{s}{mm}$	0	8	16	24	32	40
$\dfrac{F}{N}$	0,000	1,000	2,000	3,000	4,000	5,000

Veränderliche Größen und Funktionen

Eine Größe, die keinen festen Wert hat, die also die verschiedensten Werte annehmen kann, heißt eine *Veränderliche* oder *Variable*[1]. Für *Variable* werden gewöhnlich die letzten Buchstaben des Alphabets benutzt, also z. B. *u, v, w, x, y, z.*

Eine feststehende Zahl, die nur einen einzigen Wert besitzt, wie z. B. die Zahl 3 oder die Zahlen π, e und $\sqrt{2}$ heißt *Konstante*[2]. In den bisher behandelten Beispielen sind Tageszeit, Temperatur, Dehnung und Zugkraft der Feder veränderliche Größen.

In beiden Beispielen besteht zwischen den dort auftretenden Veränderlichen ein Zusammenhang, dessen Kenntnis sowohl durch eine Tabelle wie auch durch ein Diagramm vermittelt werden konnte. Zwischen diesen veränderlichen Größen besteht eine Abhängigkeit, die im nächsten Abschnitt als Funktion bezeichnet und erklärt wird. Im Beispiel 4.1a sind den angegebenen Werten der veränderlichen Tageszeit Werte der veränderlichen Lufttemperatur zugeordnet; die Lufttemperatur ist also abhängig von der Tageszeit. Im Beispiel 4.1b sind den Werten der veränderlichen Verlängerung der Feder Werte der veränderlichen Zugkraft zugeordnet; hier ist die Zugkraft, die an der Feder wirkt, abhängig von der Verlängerung der Feder.

Die Größe, die also frei wählbar ist, heißt die *unabhängige Veränderliche*, die ihr zugeordnete Veränderliche die *abhängige Veränderliche*. In den angeführten Beispielen sind Tageszeit und Verlängerung die unabhängigen Veränderlichen, Temperatur und Zugkraft die abhängigen Veränderlichen.

In der Mathematik wird häufig die unabhängige Variable mit *x*, die abhängige Variable mit *y* bezeichnet.

4.1.1 Funktionsbegriff und Darstellung von Funktionen

Wie aus den vorhergehenden Beispielen zu erkennen ist, sind Funktionen zur Beschreibung von Zusammenhängen und Gesetzmäßigkeiten in Naturwissenschaft, Technik und Betriebswirtschaft unentbehrlich. In diesem Abschnitt sollen bereits vorhandene Kenntnisse

---
[1] variabilis (spätlateinisch) veränderlich
[2] constans (lateinisch) unveränderlich, fest

zusammengefasst und um neue Kenntnisse erweitert werden. Es wird eine systematische Übersicht über die breite Palette der elementaren Funktionen und ihre wesentlichen Eigenschaften gegeben. Wird z. B. zu unterschiedlichen Tageszeiten (siehe Beispiel 4.1a) die Lufttemperatur gemessen, so ist jeder Tageszeit genau eine „und nur eine" Temperatur zugeordnet. Jeder Verlängerung der Schraubenfeder (siehe Beispiel 4.1b) ist genau eine Zugkraft F zugeordnet.

Es kann die Bewegung eines Körpers beschrieben werden, indem jeder Zeit t der in dieser Zeit zurückgelegte Weg s zugeordnet wird.

Allen diesen Beispielen ist gemeinsam, dass den Elementen einer Menge A jeweils genau ein Element der Menge B zugeordnet ist. Man spricht in diesem Fall von einer Abbildung der Menge A auf die Menge B, die in der Praxis vielfach auftritt. Wir finden diese Abbildungen sowohl in der Physik als auch in der Technik bei der Beschreibung von Zuständen und Vorgängen. In der Mathematik werden solche *Abbildungen* als *Funktionen* bezeichnet.

> Ist jedem **Element x einer Menge X** genau **ein Element y einer Menge Y** zugeordnet, so heißt die **Menge f der geordneten Paare $(x;y)$** eine *Funktion*.

Das *Element x* wird als *unabhängige Variable, Argument* oder als *Urbild von f* bezeichnet; das diesem Element x zugeordnete *Element y heißt abhängige Variable, Funktionswert von f an der Stelle x* oder wird als *Bild von x* bezeichnet. Die Menge der Urbilder x wird als Definitionsbereich D(f), die Menge der Bilder y wird als Wertebereich W(f) der Funktion f bezeichnet. Da wir in diesem Lehrbuch nur Funktionen behandeln, deren Definitions- und Wertebereich Mengen reeller Zahlen sind, bezeichnen wir diese als reelle Funktionen.

Sollen in Aufgaben unterschiedliche Funktionen bezeichnet werden, kann man an Stelle von f auch andere Bezeichnungen wählen. Gebräuchlich sind hierbei $f_1, f_2, ..., g, h, \phi, \varphi, \psi$. Fest gewählte Argumente können Bezeichnungen erhalten wie $x_0, x_1, x_2, a_0, a_1, a_2, ..., a, b, u, v, w$. Für den Funktionswert y an der Stelle x schreibt man $f(x)$ – gelesen: f von x. Erst diese Schreibweise erfasst das Wesen des Funktionsbegriffes, nämlich die Zuordnung des Funktionswertes $f(x)$ zu dem dazugehörenden Argument x. Sämtliche Schreibweisen in der folgenden Form $f(0), f(x_1), f(a), f(x_2), y(x), y(0), y(a), y_1, y_2, ...$ geben den Funktionswert von f an einer bestimmten Stelle der Abszissenachse an.

Empirische und analytische Funktionen

Die Beispiele (4.1a und b) stellen zwei Funktionen von recht verschiedenem Charakter dar. Um die Zuordnungen der Größen Tageszeit und Lufttemperatur für einen bestimmten Tag festzustellen, sind wir auf eine Reihe von Temperaturmessungen zu bestimmten Tageszeiten angewiesen. Eine Voraussage über den voraussichtlichen Verlauf der Lufttemperatur während des Tages ist mit erheblicher Unsicherheit belastet. Dagegen lässt sich bei dem zweiten Beispiel, wenn die Abmessungen und das Material der Feder bekannt sind, die Zugkraft der Feder für beliebige Verlängerung unterhalb der Elastizitätsgrenze vorausberechnen.

Eine Funktion, bei der der Zusammenhang zwischen den Veränderlichen nur durch Messung ermittelt werden kann, heißt *empirisch*[1]. Lässt sich dagegen der Zusammenhang zwi-

---

[1] empeiria (griech.) Erfahrung

4.1 Funktionen

schen den Veränderlichen durch eine Rechenvorschrift herstellen, so spricht man von einer *analytischen*[2] Funktion. Die Rechenvorschrift heißt die *Funktionsgleichung*.

Der Zusammenhang der Größen Temperatur und Tageszeit ist eine empirische Funktion; dagegen ist der Zusammenhang zwischen Zugkraft und Verlängerung einer Feder eine analytische Funktion. Die Funktionsgleichung für die betrachtete spezielle Feder lautet $F = 0{,}125\,\dfrac{\text{N}}{\text{mm}} \cdot s$. Man überzeuge sich davon, dass zwei beliebig einander zugeordnete Werte von F und s der Tabelle diese Funktionsgleichung erfüllen. Empirische Funktionen sind die Zuordnungen von Körpergröße und Lebensalter, von Körpertemperatur und Tageszeit; dagegen analytische Funktionen, z.B. die Zuordnung von Schienenlänge bei der Eisenbahn und Temperatur (siehe nachfolgende Erklärung), von Dampfdruck einer Flüssigkeit und Temperatur.

Die Mathematik beschäftigt sich vorzugsweise mit analytischen Funktionen, z. B.

$$y = 2x+1; \quad y = x^2; \quad y = \sqrt{x}\,.$$

Definitionsbereich einer Funktion

Die Länge einer Eisenbahnschiene in Abhängigkeit von der Temperatur ist gegeben durch die Funktionsgleichung $l = l_0(1 + \alpha t)$.

Hierin bedeuten t die Temperatur in °C, l die Länge bei der Temperatur t, l_0 die Länge bei der Temperatur $t_0 = 0$ °C, α den Längenausdehnungskoeffizienten. Es ist also l eine Funktion von t. Es liegt in der Natur der Sache, dass t hier zwar unendlich viele Werte annehmen kann, aber doch nicht jeden beliebigen Wert.

Theoretisch ist der niedrigste für t in Frage kommende Wert der absolute Nullpunkt -273 °C. Nach oben ist t theoretisch begrenzt durch den Schmelzpunkt des Stahls (etwa 1400 °C). Zwischen diesen beiden theoretischen Grenzen darf t jeden beliebigen Wert annehmen. Man sagt, der *Definitionsbereich* der Funktion reicht von -273 °C bis 1400 °C. Die mathematische Schreibweise für diesen Sachverhalt ist:

-273 °C $< t <$ 1400 °C   (lies: -273 °C kleiner als t kleiner als 1400 °C).

> Die Gesamtheit der Werte, die die unabhängige Veränderliche einer Funktion annehmen darf, heißt der Definitionsbereich der Funktion.

Bei der Funktion $y = 2x+1$ unterliegt die unabhängige Veränderliche x keiner Beschränkung. Das Gleiche gilt für die Funktion $y = x^2$. Der Definitionsbereich für beide Funktionen ist demnach $-\infty < x < +\infty$, d. h. $D(f) = \mathbf{R}$.

Bei der Funktion $y = \sqrt{x}$ gibt es, wenn wir uns auf reelle Funktionen beschränken, nur zu positiven Werten von x sowie zu $x = 0$ Werte von y. Der Definitionsbereich ist hier $0 \le x < \infty$, d. h. $D(f) = \mathbf{R}_0^+$.

---

[2] analysis (griech.) Auflösung

BEISPIEL

4.2 Die monatliche Niederschlagsmenge während eines Jahres. Es handelt sich um eine empirische Funktion. Am Ende jedes Monats wird die Niederschlagsmenge gemessen.

Monat (Ordnungszahl)	1	2	3	4	5	6	7	8	9	10	11	12
Niederschlagsmenge in mm	36	28	34	40	50	55	72	55	44	40	38	40

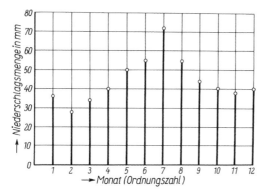

Bild 4.4

Die unabhängige Veränderliche ist die Ordnungszahl des Monats, die abhängige Veränderliche die Niederschlagsmenge. Die unabhängige Veränderliche ist auf die Zahlen 1, 2, 3, ..., 12 beschränkt. Zwischenwerte haben hier keinen Sinn. Ebenso wäre es sinnlos, die in den Diagrammen (Bild 4.4) eingetragenen 12 Werte für die Niederschlagsmengen durch einen Streckenzug zu verbinden. Es kommt hier keine Kurve zustande, bzw. die „Kurve" (nämlich das Bild der Funktion) besteht aus 12 isolierten Punkten. Um in derartigen Fällen die Anschaulichkeit des Diagramms zu erhöhen, fällt man von den einzelnen Punkten die Lote auf die waagerechte Achse oder wählt zur Darstellung die Methode des Säulendiagramms. ∎

Eine weitere Funktion, die nicht durch eine Kurve dargestellt werden kann, ist die *monatliche* Produktion eines Betriebes während eines Jahres. Aus diesen Beispielen erkennt man:

> Der Definitionsbereich einer Funktion kann auf einzelne Werte beschränkt sein.

4.1.1.1 Koordinatensysteme

Ein Koordinatensystem hat die Aufgabe, die Lage eines Punktes in der Ebene auf kürzeste Weise genau zu beschreiben. Es gibt verschiedene Möglichkeiten, diese Angabe zu machen. Man benutzt hierfür entweder das kartesische[1] Koordinatensystem oder das Polarkoordinatensystem.

---

[1] Cartesius (latinisierte Form von Descartes), französischer Mathematiker, 1596 bis 1650

4.1 Funktionen

Kartesisches Koordinatensystem

Es besteht aus zwei aufeinander senkrechten Zahlengeraden, den Achsen, deren Nullpunkt „0"[1] gemeinsam ist. Die waagerechte Achse heißt x-Achse oder *Abszissenachse*[2] (kurz auch **Abszisse**) und die senkrechte Achse die y-Achse oder *Ordinatenachse*[3] (kurz auch **Ordinate**). Man zählt auf der x-Achse nach rechts positiv, nach links negativ; auf der y-Achse nach oben positiv, nach unten negativ.

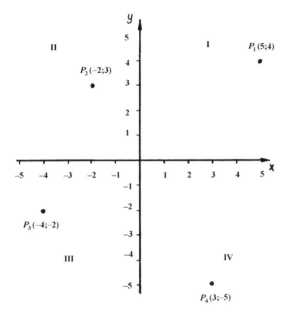

Bild 4.5

Soll nun die Lage eines Punktes P_1 gekennzeichnet werden, so fällt man von P_1 auf beide Achsen die Lote. Der dadurch erhaltene Abschnitt auf der x-Achse (Bild 4.5) heißt die *Abszisse* des Punktes P_1 ($x = 5$), der Abschnitt auf der y-Achse ($y = 4$) heißt die *Ordinate* von P_1. Durch die Angabe dieser beiden Zahlen 5 und 4 ist die Lage des Punktes P_1 in der Ebene eindeutig gekennzeichnet. Man nennt diese beiden Zahlen, die die Lage des Punktes P_1 eindeutig bestimmen, seine Koordinaten[4] und schreibt diesen Sachverhalt kurz in der Form $P_1(5;4)$ (lies: „P_1 mit den Koordinaten 5 und 4").

Hier ist die Reihenfolge der Koordinaten genau zu beachten. An erster Stelle steht stets die Abszisse, an zweiter Stelle die Ordinate.

Für die übrigen Punkte im Bild 4.5 gilt entsprechend $P_2(-2;3)$; $P_3(-4;-2)$; $P_4(3;-5)$.

---

[1] origo (lat.) Ursprung, Anfang
[2] abscindere (lat.) abschneiden; Abszisse = Abschnitt
[3] ordinare (lat.) zuordnen; Ordinate = zugeordneter Abschnitt
[4] coordinare (lat.) gegenseitig zuordnen

Durch das Achsenkreuz wird die Ebene in vier Felder, die **Quadranten**[1], aufgeteilt. Sie werden kurz mit römischen Ziffern I, II, III, IV bezeichnet (Bild 4.5). In welchem Quadranten ein Punkt liegt, erkennt man an den Vorzeichen seiner Koordinaten.

Quadrant	Abszisse x	Ordinate y
I	+	+
II	−	+
III	−	−
IV	+	−

Der Zusammenhang zwischen einem Punkt der Ebene und seinen Koordinaten ist *eindeutig* und *eindeutig umkehrbar*. Das bedeutet: Durch einen Punkt der Ebene werden eindeutig zwei Zahlen, nämlich seine Koordinaten bestimmt; umgekehrt bestimmt ein geordnetes Paar von zwei Zahlen eindeutig einen Punkt der Ebene.

Polarkoordinatensystem

Der von dem Anfangspunkt *0* (Pol) ausgehende Strahl heißt die Achse des Systems. Um die Lage eines Punktes *P* zu beschreiben, verbindet man *P* mit *0*. Die Strecke $\overline{PO} = r$ heißt der *Radius-Vektor*[2] oder der Polarabstand des Punktes *P*. Der Winkel φ, den der Strahl mit der Achse bildet, heißt der *Polarwinkel* von *P*.

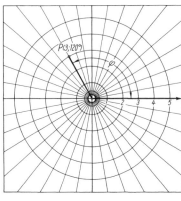
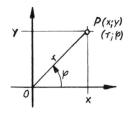

Bild 4.6   Bild 4.7

Kennt man die Polarkoordinaten r und φ eines Punktes, so ist dadurch seine Lage in der Ebene eindeutig bestimmt. In Bild 4.6 hat *P* die Koordinaten $r = 3$; $\varphi = 120°$. Auch hier ist der Zusammenhang zwischen einem Punkt (der nicht mit dem Ursprung zusammenfällt) und seinen Koordinaten eindeutig und eindeutig umkehrbar.

---

[1] quadrans (lat.) Viertel
[2] radius vector (lat.) Fahrstrahl

Zusammenhang zwischen kartesischen Koordinaten und Polarkoordinaten

Der Punkt P hat im kartesischen System die Koordinaten x und y, im Polarkoordinatensystem die Koordinaten r und φ. Sind x und y bekannt, so lassen sich r und φ berechnen. Es ist (vgl. Bild 4.7)

$$r = \sqrt{x^2 + y^2} \qquad \tan\varphi = \frac{y}{x} \qquad (4.1 \text{ a, b})$$

Sind umgekehrt r und φ bekannt, so gilt (zur Berechnung von φ siehe Ende Abschnitt 3.3.1):

$$x = r \cdot \cos\varphi \qquad y = r \cdot \sin\varphi \qquad (4.2 \text{ a, b})$$

Es ist also stets möglich, von einer Koordinatenart zur anderen überzugehen.

Beide Systeme haben ihre Vor- und Nachteile. Es gibt Fälle, speziell in der Analysis, in denen Polarkoordinaten gegenüber kartesischen Koordinaten erhebliche Erleichterungen bieten. Trotzdem finden wegen der Unkompliziertheit allerdings meist kartesische Koordinaten in Naturwissenschaft und Technik Verwendung.

4.1.1.2 Darstellung reeller Funktionen

Eine Funktion f ist gegeben, wenn jedes ihrer Elementepaare (x;y) vorgegeben oder angebbar ist. Reelle Funktionen werden gewöhnlich durch die drei bekanntesten Darstellungsarten vorgegeben:

- Darstellung mit Hilfe einer Wertetabelle,
- grafische Darstellung
- Darstellung durch eine Funktionsgleichung

Mitunter werden auch andere Darstellungsmöglichkeiten benutzt. Entscheidend ist jedoch, dass aus der Darstellungsform eindeutig hervorgehen muss, welche Wertepaare (x;y) zu der entsprechenden Funktion f gehören.

Wertetabelle

Jedem Element der Menge $X = \{\ldots -3; -2; -1; 0; 1; 2; 3; \ldots\}$ sei als Funktionswert das Quadrat seines Wertes zugeordnet. Damit ist die Menge der Wertepaare

$$f = \{\ldots(-3;9); (-2;4); (-1;1); (0;0); (1;1); (2;4); (3;9); \ldots\}$$

gegeben. Übersichtlicherweise schreibt man diese Wertepaare in Form einer Tabelle:

x	−3	−2	−1	0	1	2	3
y	9	4	1	0	1	4	9

In der Praxis benutzt man die Wertetabelle überwiegend zur Wiedergabe von Ergebnissen aus Messreihen und Beobachtungen. Da der Definitionsbereich meistens unendlich viele Elemente enthält, kann oft nur ein Bruchteil von Wertepaaren angegeben werden. Bekannte Beispiele sind hierfür z. B. die Tafeln für die trigonometrischen Funktionen. Auch bei unserem Beispiel können nur einige Wertepaare angegeben werden, wenn wie hier die quadratische Funktion gemeint ist.

Graphische Darstellung

Da jedem Zahlenpaar $(x;y)$ genau ein Punkt im kartesischen Koordinatensystem zugeordnet ist, kann jede Funktion graphisch dargestellt werden. Die oben genannten Zahlenwerte gehören zur quadratischen Funktion, es ergibt sich somit die graphische Darstellung in Bild 4.13. Dabei wurde stillschweigend vorausgesetzt, dass der Definitionsbereich aus der Menge der reellen Zahlen besteht. In diesem Fall erhält man aus der Menge aller Punkte eine Kurve, also einen durchgehenden ununterbrochenen Linienzug, der auch als Graph bezeichnet wird.

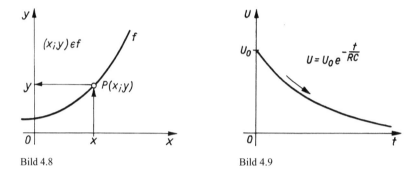

Bild 4.8   Bild 4.9

Die graphische Darstellung gibt im Gegensatz zur Wertetabelle eine anschauliche Darstellung des Funktionsbegriffes. Die Zuordnung $x \rightarrow y$ ist für jeden Wert x des dargestellten Definitionsbereiches ablesbar (siehe Bild 4.8). Aber auch die Änderung des Funktionswertes bei Änderung des Argumentes ist in der graphischen Darstellung weitaus besser erkennbar als in einer Wertetabelle. So erkennt man in Bild 4.9 den Spannungsabfall beim Entladen eines Kondensators und im Bild 4.10 die Höhe s eines senkrecht nach oben geworfenen Balles in Abhängigkeit von der Zeit t.

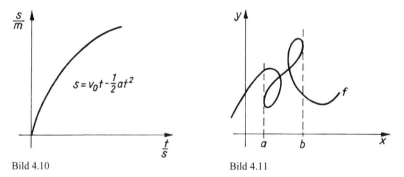

Bild 4.10   Bild 4.11

In der Technik findet man vielfach graphische Darstellungen. So werden in der Praxis häufig Geräte verwendet, die sich ändernde Größen, wie Temperatur, Druck, Strom und Spannung in Abhängigkeit von der Zeit aufzeichnen und Diagramme oder graphische Darstellungen ergeben (Elektrokardiogramm, Oszillogramm).

4.1 Funktionen

Hierbei muss jedoch festgestellt werden, dass nicht jede Kurve als Graph einer Funktion aufgefasst werden kann. So zeigt die Darstellung in Bild 4.11 zwar eine Kurve, die jedoch nicht Graph einer Funktion f sein kann, da im Intervall $[a;b]$ keine eindeutige Zuordnung $x \to y$ vorliegt. In diesem Intervall gehören zu einem x-Wert mehrere y-Werte!

Funktionsgleichung

Eine Gleichung $y = f(x)$ oder $F(x,y) = 0$ mit $x \in X$ und $y \in Y$ definiert eine Menge von Wertepaaren

$$f = \left\{ (x;y) \mid y = f(x) \wedge x \in X, y \in Y \right\}. \tag{4.3}$$

Wenn die durch die Gleichung getroffene Zuordnung $x \to y$ eindeutig ist, bezeichnet man die gegebene Gleichung als *Funktionsgleichung*. Auch der Begriff *Kurvengleichung* ist im Zusammenhang mit der graphischen Darstellung üblich.

Für unser einführendes Beispiel würde die Funktionsgleichung exakt lauten:

$$f = \left\{ (x;y) \mid y = x^2 \wedge x \in \mathbf{R}, y \in \mathbf{R} \setminus (-\infty;0) \right\}.$$

Da diese Schreibweise sehr umständlich ist, werden zumeist vereinfachte Sprech- und Schreibweisen verwendet. Hierbei heißt es dann „die Funktion $f: y = f(x)$" oder „eine Funktion mit der Gleichung $y = f(x)$" oder ganz kurz „die Funktion $y = f(x)$". Entscheidend für den Gebrauch ist jedoch, dass „$y = f(x)$" nicht die Funktion, sondern ihre Gleichung ist. Ist bei einer Funktion der Definitionsbereich nicht angegeben, so ist immer davon auszugehen, dass der größtmögliche Bereich zugelassen ist, in diesem Fall meistens die Menge der reellen Zahlen $\mathbf{R}$.

Kartesische Koordinaten

Bei der Darstellung einer durch eine Gleichung gegebenen analytischen Funktion muss zunächst eine Wertetabelle errechnet werden.

BEISPIELE

4.3 Die Gerade $y = 2x + 1$ soll graphisch dargestellt werden.

Lösung: Man wählt für die unabhängige Veränderliche x eine Anzahl beliebiger Werte und berechnet die zugeordneten Werte von y. Da völlige Freiheit besteht, welche Werte von x man einsetzt, wählt man zweckmäßigerweise solche, bei denen die geringste Rechenarbeit aufzuwenden ist; hier also etwa $x = -3, -2, -1, 0, 1, 2, 3$. Beispielsweise erhält man für $x = -3 \quad y = 2(-3) + 1 = -6 + 1 = -5$; usw.

Die Funktion hat die Wertetabelle

x	-3	-2	-1	0	1	2	3
y	-5	-3	-1	1	3	5	7

Die Tabelle wird in der bekannten Weise zur Konstruktion der Kurve benutzt. Die Kurve ist eine Gerade (auch eine Gerade ist eine „Kurve" Bild 4.12). Es liegt in der

Natur der Sache, dass man auf diese Weise nie eine Darstellung des *gesamten* Funktionsverlaufes, sondern immer nur einen *Ausschnitt* erhält, den man aber beliebig groß wählen kann. ∎

4.4 Desgl. $y = x^2$.

Lösung: Nach der Ermittlung der Wertetabelle (siehe in diesem Abschnitt unter b – Wertetabelle) werden die Punkte in das Koordinatensystem eingetragen und miteinander verbunden. Bild 4.13 zeigt die graphische Darstellung der Funktion; sie heißt Normalparabel. ∎

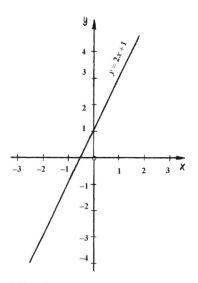

Bild 4.12

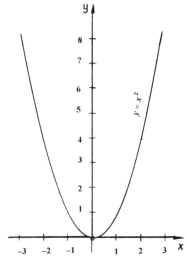

Bild 4.13

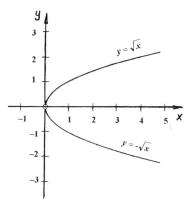

Bild 4.14

4.1 Funktionen 147

4.5 Desgl. $y = \sqrt{x}$ $y = -\sqrt{x}$.

Lösung: Da wir uns bei der Darstellung der Funktion auf reelle Funktionswerte beschränken, lässt sich y nur für positives x sowie für $x = 0$ berechnen. Der Definitionsbereich der Funktion ist also eingeschränkt:

$0 \leq x < \infty$

Nach der unter Kapitel 2 getroffenen Definition für Wurzeln versteht man unter $\sqrt{x}$ stets nur den positiven Wurzelwert. Man erhält zunächst folgende Wertetabelle

x	0	1	2	3	4	5	6
y	0	1	1,41	1,73	2	2,24	2,45

Bild 4.14 zeigt den Graph der Funktion, er verläuft nur im I. Quadranten des Koordinatensystems. Für die Funktion $y = -\sqrt{x}$ ist das Aufstellen einer Wertetabelle nicht notwendig, da die Beträge der y-Werte gleich sind, aber aufgrund des negativen Vorzeichens vor der Wurzel entsprechend „negativ". Der Graph ist ebenfalls in Bild 4.14 dargestellt, er verläuft aber nur im IV. Quadranten des Koordinatensystems. ∎

Bei der Darstellung *empirischer Funktionen* verbindet man die durch Messung oder Beobachtung ermittelten Punkte meist durch einen Streckenzug. Zum Beispiel sind bei der Darstellung des Zusammenhanges zwischen Lufttemperatur und Tageszeit (Bild 4.1) nur die Punkte, die den Tabellenwerten entsprechen, als sicher anzusehen. Der Verlauf der Kurve zwischen den durch Messung verbürgten Punkten ist eine mehr oder minder grobe Annäherung. Es ist z. B. durchaus nicht sicher, dass die tiefste Temperatur gerade zum Zeitpunkt 4 Uhr erreicht wird. Wir verzichten daher bei empirischen Funktionen darauf, die durch Messung festgelegten Punkte miteinander zu verbinden, um nicht einen Kurvenverlauf vorzutäuschen, der nicht gesichert ist.

Polarkoordinaten

Die Funktionsgleichungen der technisch wichtigen Spiralen erhalten eine einfache Form, wenn man Polarkoordinaten zugrunde legt.

BEISPIEL

4.6   Die Archimedische Spirale $r = a \cdot \varphi$ ist graphisch darzustellen.

Lösung: Entstehung: Ein von *0* ausgehender Strahl, der zunächst mit der Achse des Systems zusammenfällt, drehe sich mit konstanter Winkelgeschwindigkeit um den Punkt *0*; gleichzeitig bewege sich auf dem Strahl ein Punkt *P*, bei *0* beginnend, gleichförmig nach außen. In Bild 4.15 ist die momentane Lage des Strahls und des Punktes auf ihm in 12 Zeitpunkten dargestellt. Erfolgt die Bewegung stetig, so beschreibt der Punkt *P* eine Kurve, die man als *Archimedische Spirale* bezeichnet.

Bei einer vollen Umdrehung hat der Strahl den Winkel $\varphi = 360°$ (= 2π im Bogenmaß) zurückgelegt; auf dem Strahl hat er sich währenddessen um den Betrag $\overline{OA} = r_{2\pi}$ verschoben. Es besteht die folgende Proportion:

$$\frac{\overline{PO}}{\overline{OA}} = \frac{\varphi}{2\pi}.$$ Setzt man $\overline{OA} = r_{2\pi}$ und $\overline{PO} = r$,

so erhält man nach Umformung:

$$r = \frac{r_{2\pi}}{2\pi} \varphi$$

Schließlich setzt man abkürzend

$$\frac{r_{2\pi}}{2\pi} = a$$

und erhält $r = a \cdot \varphi$ (φ im Bogenmaß). Dies ist die Gleichung der Archimedischen Spirale in Polarkoordinaten.

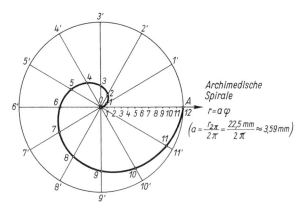

Bild 4.15

Zusammenhang zwischen einer Funktion und ihrer Kurve

Auf Grund der eindeutigen und eindeutig umkehrbaren Beziehung zwischen einem Punkt und seinen Koordinaten besteht zwischen der Gleichung einer Funktion und ihrer Kurve ein mehrfacher Zusammenhang, den man sich am besten an einem Beispiel klar macht. Wir greifen zurück auf die Funktion $y = 2x + 1$ (Bild 4.12). Die Kurve wurde mit Hilfe einer Wertetabelle gezeichnet, dabei wurde der Wert $x = 2,5$ nicht zur Zeichnung der Kurve benutzt. Man berechnet für $x = 2,5$ den Funktionswert $y = 6$.

Der Punkt (2,5;6) ist, wie Bild 4.12 zeigt, wirklich Punkt der Kurve. Das Gleiche gilt für alle Zahlenpaare $(x; y)$, die diese Funktionsgleichung erfüllen.

Somit gilt die Beziehung:

- Zwei Zahlen $x; y$, die die Funktionsgleichung erfüllen, bestimmen einen Punkt der Kurve.

4.1 Funktionen

Betrachten wir zwei Zahlen, die die Funktionsgleichung $y = 2x + 1$ nicht erfüllen, z. B. $x = 2$, $y = 1$. Der durch dieses Zahlenpaar bestimmte Punkt liegt nicht auf der Kurve. Dieser Sachverhalt gilt allgemein.

- Zwei Zahlen, die die Funktionsgleichung nicht erfüllen, bestimmen einen Punkt außerhalb der Kurve.

Geht man nun von der Kurve aus und betrachtet auf ihr einen beliebigen Punkt, z. B. $P(1,5; 4)$, so erfüllen dessen Koordinaten die Funktionsgleichung. Auch hier gilt allgemein:

- Die Koordinaten jedes Kurvenpunktes erfüllen die Funktionsgleichung.

Wählt man schließlich einen Punkt außerhalb der Kurve, z. B. $P(2; 3)$, so erfüllen diese Zahlen die Funktionsgleichung nicht. Das gilt wieder allgemein:

- Die Koordinaten des Punktes außerhalb der Kurve erfüllen die Funktionsgleichung nicht.

Die angegebenen Eigenschaften sind charakteristisch für den Zusammenhang zwischen der Gleichung und der Kurve einer Funktion. Sie lassen sich in einem Satz zusammenfassen:

> Ein Punkt liegt dann, aber auch nur dann auf der Kurve einer Funktion, wenn seine Koordinaten die Funktionsgleichung erfüllen.

Dieser Sachverhalt gilt für kartesische Koordinaten wie für Polarkoordinaten.

BEISPIEL

4.7 Es soll untersucht werden, welche der Punkte $P_1(5;19)$, $P_2(2;-10)$, $P_3(-1;1)$ auf der Kurve der Funktion $y = 3x + 4$ liegen.

Lösung: Es ist hierzu nicht nötig, die Kurve zu zeichnen; man untersucht für jeden Punkt, ob seine Koordinaten die Funktionsgleichung erfüllen.

$P_1 : 19 = 3 \cdot 5 + 4$; die Gleichung wird erfüllt. P_1 liegt auf der Kurve.

$P_2 : -10 = 3 \cdot 2 + 4$; die Gleichung enthält einen Widerspruch. P_2 liegt nicht auf der Kurve.

$P_3 : 1 = 3 \cdot (-1) + 4$; die Gleichung ist erfüllt. P_3 liegt auf der Kurve. ∎

Parameterdarstellung

Bisher wurde der funktionale Zusammenhang zwischen zwei veränderlichen Größen stets durch eine Gleichung zwischen y und x, also in der Form $y = f(x)$, dargestellt. Es gibt noch eine andere Möglichkeit, diesen Zusammenhang zu kennzeichnen, indem man die veränderlichen Größen x und y für sich als Funktionen einer dritten Veränderlichen t darstellt, also:

$$x = \varphi(t) \qquad y = \psi(t) \qquad (4.4)$$

Die dritte Variable t nennt man „Hilfsveränderliche" oder „Parameter"; diese Art der Darstellung einer Funktion heißt daher „Parameterdarstellung". Sie ist häufig von Vorteil bei der funktionalen Darstellung von Bewegungsvorgängen; hierbei hat der Parameter in der Regel die Bedeutung der Zeit.

Aus der Parameterdarstellung kann man in manchen Fällen die frühere Darstellung $y = f(x)$ gewinnen, wenn man in den Gleichungen (4.4) die Hilfsveränderliche t eliminiert[1]. Man löst dazu eine der beiden Gleichungen nach t auf und setzt den für t erhaltenen Ausdruck in die andere Gleichung ein, sofern dies möglich ist. Mit Hilfe der Parameterdarstellung lassen sich sehr gut Rollkurven und Spiralen darstellen (s. auch [1] Abschnitt 2.5.4).

BEISPIEL

4.8 Ein Körper wird in waagerechter Richtung mit der Geschwindigkeit v_0 abgeworfen (Waagerechter Wurf). Dann nimmt er gleichzeitig an zwei Bewegungen teil, nämlich

1. in waagerechter Richtung an einer gleichförmigen Bewegung mit der Geschwindigkeit v_0,

2. in senkrechter Richtung an der gleichmäßig beschleunigten Fallbewegung.

Lösung: Nach dem Prinzip von der Unabhängigkeit der Bewegungen findet man den Ort, an dem sich der Körper zur Zeit t befindet, indem man die Teilwege, die er in waagerechter und in senkrechter Richtung in der Zeit t zurückgelegt hat, zusammensetzt.

Für diese Teilwege erhält man:

(I) in waagerechter Richtung $x = v_0 t$

(II) in senkrechter Richtung $y = -\frac{1}{2}gt^2$ ($g = 9{,}81 \text{ m/s}^2$).

Die Bahn der Bewegung wird also festgelegt, indem man in jedem Zeitpunkt die relativ zur x-Achse und zur y-Achse zurückgelegten Wege betrachtet. Die Teilwege („Wegkomponenten") x und y werden als Funktionen der Zeit dargestellt. Die Zeit t ist also hier die Hilfsveränderliche oder der Parameter.

Darstellung der Wurfbahn: Es sei in unserem Falle $v_0 = 10$ m/s und $g \approx 10$ m/s^2. Um die Bahn der Bewegung zu erhalten, stellt man die Wertetabelle auf für $t = 0, 1, 2, 3, 4, 5$ s.

t/s	0	1	2	3	4	5
x/m	0	10	20	30	40	50
y/m	0	−5	−20	−45	−80	−125

Bild 4.16 zeigt die Wurfbahn. Um die Parameterdarstellung wieder in die Form $y = f(x)$ zu überführen, löst man Gleichung (I) nach t auf und setzt den für t erhaltenen Ausdruck in Gleichung (II) ein.

---

[1] limes (lat.) Grenze, Schwelle; eliminieren – hinausschaffen, entfernen

4.1 Funktionen 151

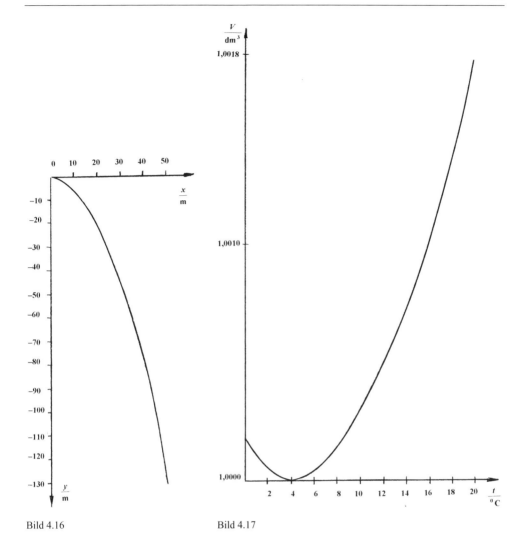

Bild 4.16 Bild 4.17

Man beachte, dass auch diese erhaltene Funktion $y = -\dfrac{g}{2v_0^2} x^2$, ein Parabelast, durch das Bild 4.16 dargestellt wird. ∎

Anpassung des kartesischen Koordinatensystems an besondere Funktionen

BEISPIELE

4.9 Ausdehnung des Wassers bei unterschiedlichen Temperaturen: 1 kg Wasser nimmt bei Temperaturen zwischen 0 °C und 20 °C folgende Volumina in dm³ ein.

Temperatur (in °C)	Volumen (in m³)	Temperatur (in °C)	Volumen (in m³)	Temperatur (in °C)	Volumen (in m³)
0	1,000132	5	1,000008	12	1,000475
1	1,000073	6	1,000032	14	1,000729
2	1,000033	7	1,000071	16	1,001030
3	1,000008	8	1,000124	18	1,001377
4	1,000000	10	1,000272	20	1,001768

Lösung: Bei der graphischen Darstellung ergeben sich Schwierigkeiten aufgrund der außerordentlichen geringen Änderung des Volumens bei den unterschiedlichen Temperaturen. Man verzichtet deshalb auf der Ordinatenachse auf Volumina <1 dm³ und teilt mit einem geeigneten Maßstab diese Achse. Wie in Bild 4.17 ersichtlich, kann man jetzt geringe Änderungen des Volumens aus der graphischen Darstellung ablesen. Diese Änderung des Maßstabs auf der Ordinatenachse wirkt sich natürlich auf die graphische Darstellung aus, wie das nachfolgende Beispiel zeigt. ∎

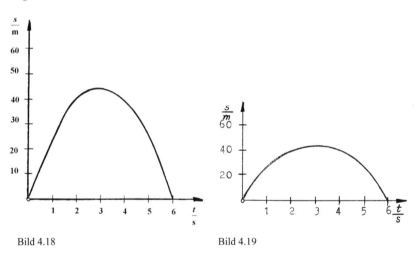

Bild 4.18   Bild 4.19

4.10 Senkrechter Wurf nach oben

Lösung: Der Zusammenhang zwischen dem Weg s und der Zeit t wird durch die Funktionsgleichung beschrieben: $s = v_0 \cdot t - \frac{1}{2} g \cdot t^2$ (v_0: konstante Abwurfgeschwindigkeit, $g = 9{,}81 \frac{m}{s^2} \approx 10 \frac{m}{s^2}$). Die Bilder 4.18 und 4.19 stellen den Kurvenverlauf für den Wert $v_0 = 30 \frac{m}{s}$ dar. Durch unterschiedliche Maßstäbe der Ordinatenachse wird die Kurve flacher oder steiler (Streckung oder Stauchung), die charakteristische Form der graphischen Darstellung ändert sich jedoch nicht. ∎

Funktionen von mehreren Veränderlichen

In einem Stahlzylinder sei eine bestimmte Gasmenge durch einen beweglichen Kolben luftdicht abgeschlossen. Es ist möglich, die Gasmenge in dem Kolben auf eine beliebig gewählte Temperatur T zu bringen. Ferner können wir unabhängig von der Temperatur den Druck p, den wir durch den Kolben auf das Gas ausüben, frei wählen. Liegen aber die Temperatur und der Druck einmal fest, so nimmt die Gasmenge ein ganz bestimmtes Volumen V an, das sich berechnen lässt. Hier sind die Temperatur T und der Druck p voneinander unabhängige frei veränderliche Größen. Die abhängige Veränderliche V ist eine Funktion von p und T, also eine Funktion von zwei Veränderlichen. Man schreibt: $V = f(p,T)$.

Der Flächeninhalt eines Rechtecks ist eine Funktion zweier benachbarter Seiten a und b, $A = f(a,b)$. Das Volumen eines Quaders ist eine Funktion seiner Kanten x, y und z, $V = f(x,y,z)$.

Funktionen von mehreren Veränderlichen lassen sich graphisch nicht durch eine Kurve in einem ebenen Koordinatensystem darstellen (s. auch [1] Kapitel 5).

Das allgemeine Symbol für eine Funktion von drei voneinander unabhängigen Veränderlichen x, y und z ist $u = f(x,y,z)$.

Explizite und implizite Funktionen

Die Funktionen, mit denen wir uns bisher allgemein beschäftigt haben, hatten die gemeinsame Eigenschaft, dass die Funktionsgleichung, durch die die Zuordnung der Veränderlichen bewirkt wird, stets nach y aufgelöst war.

> Eine Funktion, deren Gleichung nach der abhängigen Veränderlichen aufgelöst ist, heißt **entwickelt** oder **explizit**[1].

Die allgemeine Form einer *expliziten Funktion* einer Variablen ist $y = f(x)$. Zur expliziten Darstellung einer Funktion gehört auch der Definitionsbereich für die unabhängige Variable x.

BEISPIELE

4.11 $\quad y = f(x) = \dfrac{x}{\sqrt{1-x^2}}$

$\quad$ *Lösung*: $\quad 1 - x^2 > 0 \quad \Leftrightarrow \quad x^2 < 1 \quad \Leftrightarrow \quad -1 < x < 1$

$\qquad\qquad\qquad$ D $(f) = (-1;1)$ ∎

4.12 $\quad y = f(x) = \ln(4 - \sqrt{x-2})$

$\quad$ *Lösung*: $\quad 4 - \sqrt{x-2} > 0 \quad$ und $\quad x - 2 \geq 0$

$\qquad\qquad\qquad \sqrt{x-2} < 4 \quad\;\;$ und $\quad x \geq 2$

$\qquad\qquad\qquad x - 2 < 16 \quad\;\;\;$ und $\quad x \geq 2$

$\qquad\qquad\qquad x < 18 \qquad\quad\;\;\;$ und $\quad x \geq 2$

$\qquad\qquad\qquad$ D $(f) = [2;18]$ ∎

---

[1] explicitus (lat.) auseinandergewickelt

4.13 $y = f(x) = \sqrt{\ln\left(\dfrac{5x - x^2}{4}\right)}$

Lösung: $\dfrac{5x - x^2}{4} \geq 1,$ da $\ln u \geq 0$ für $u \geq 1$

$5x - x^2 \geq 4$

$x^2 - 5x + \dfrac{25}{4} \leq -4 + \dfrac{25}{4} = \dfrac{9}{4}$ (quadratische Ergänzung)

$\left(x - \dfrac{5}{2}\right)^2 \leq \dfrac{9}{4}$

$-\dfrac{3}{2} \leq x - \dfrac{5}{2} \leq \dfrac{3}{2}$

$\dfrac{5}{2} - \dfrac{3}{2} \leq x \leq \dfrac{3}{2} + \dfrac{5}{2}$

$1 \leq x \leq 4$

$D(f) = [1; 4]$ ■

Der Zusammenhang zwischen den Veränderlichen x und y kann aber auch durch eine Funktionsgleichung hergestellt werden, die nicht nach y entwickelt ist; z. B.

a) $3x + 4y - 5 = 0$ b) $y^5 + 2y^4 + 3x = 0$
c) $3x^2 + 6xy + y^2 + 2x + 4y + 1 = 0$

> Eine Funktion, deren Gleichung nicht nach der abhängigen Veränderlichen aufgelöst ist, heißt **unentwickelt** oder **implizit**[1].

Die allgemeine Form einer *impliziten Funktion* ist $F(x, y) = 0$.

Aus einer unentwickelten Funktion lassen sich Wertetabelle und graphische Darstellung ebenso eindeutig ermitteln wie bei einer entwickelten Funktion. Mitunter, aber nicht immer, ist es möglich, die unentwickelte Form der Funktionsgleichung in die entwickelte Form zu überführen. Die beiden Funktionsgleichungen a) und c) lassen sich in die explizite Form überführen, Funktionsgleichung b) ist nur implizit darstellbar.

Für die Funktionsgleichung a) erhält man

$y = f(x) = -\dfrac{3}{4}x + \dfrac{5}{4}$, $D(f) = \mathbf{R}$

für die Funktionsgleichung c) ergibt sich zunächst

$y = -(3x + 2) \pm \sqrt{6x^2 + 10x + 3}$. $D(f) = \mathbf{R} \setminus \left[\dfrac{-5 - \sqrt{7}}{6}\right] \cup \left[\dfrac{-5 + \sqrt{7}}{6}\right]$

---

[1] implicitus (lat.) hineingewickelt

4.1 Funktionen 155

Dieser Ausdruck kann aber nicht als die explizite Form einer Funktion gelten, da er die Forderung nach *Eindeutigkeit* nicht erfüllt. Um die *Eindeutigkeit* dieser Funktionsgleichung herzustellen, muss man zwischen den beiden Funktionen

$y_1 = -(3x+2) + \sqrt{6x^2 + 10x + 3}$ und $y_2 = -(3x+2) - \sqrt{6x^2 + 10x + 3}$ unterscheiden.

In diesem Fall erhält man 2 verschiedene explizite Funktionen, für die die gemeinsame implizite Form durch Beispiel c) dargestellt wird.

Für die Funktionsgleichung b) gilt $F(x, y) = y^5 + 2y^4 + 3x = 0$. Eine Auflösung nach y ist nicht möglich, wohl aber nach x.

AUFGABEN

4.1 Zeichnen Sie folgende Punkte in ein kartesisches Koordinatensystem ein:

$P_1(-3,5;-4), P_2(2;0), P_3(3;4,5), P_4(1;-3), P_5(0;-2), P_6(-4;3)$.

4.2 Ein Betrieb führt aufgrund der Auftragslage folgende Statistik:

Tag (Ordnungszahl)	3	6	9	12	15	18	21	24	27	30
Erfüllung in %	12	21	29	38	48	60	75	83	98	120

Zeichnen Sie das Diagramm.

4.3 Die Siedetemperatur des Wassers ist eine Funktion des Drucks

Druck in bar	1,0	1,033	1,5	2,0	2,5	3,0	3,5	4,0	5,0
Temperatur in °C	99,1	100	110,8	119,6	126,8	132,9	138,2	142,9	151,1

Zeichnen Sie die Kurve.

4.4 Für die relative Luftfeuchte wurden während eines Sommertages folgende Werte gemessen:

Tageszeit in h	0	2	4	6	8	10	12	14	16	18	20	22	24
Rel. Luftfeuchte in %	83	85	87	86	80	71	64	62	64	68	74	77	80

Zeichnen Sie die Kurve der Funktion.

4.5 Stellen Sie die Funktion $y = f(x) = \frac{1}{2}x - 1$ für den Bereich $-4 \le x \le 4$ graphisch dar.

4.6 Desgl. $y = f(x) = \frac{2}{3}x + 1$ für $-6 \le x \le 6$.

4.7 Desgl. $y = f(x) = x^2 - 4x + 3$ für $-1 \le x \le 5$. Wo liegt das Minimum?[1]

4.8 Desgl. $y = f(x) = x^2 + 3x + 2$ für $-4 \le x \le 1$. Wo liegt das Minimum?

---

[1] minimus (lat.) der kleinste. hier „Kleinster Wert innerhalb eines Intervalls $x \in \mathbf{R}$

156   4 Funktionen und Gleichungen

4.9 Desgl. $y = f(x) = x^2 - 14x + 48$ Wählen Sie den Bereich so, dass das Diagramm den tiefsten Punkt der Kurve mit erfasst.

4.10 Desgl. $y = f(x) = x^2 + 9x + 20$. Bereich wie Aufgabe 4.9.

4.11 Desgl. $y = f(x) = x^3 - 6x^2 + 9x - 2$ für $0 \leq x \leq 4$.

4.12 Stellen Sie die Größe einer Kreisfläche $A = \dfrac{\pi d^2}{4}$ als Funktion des Durchmessers d graphisch dar;

$d = 0, 1, 2, 3, 4, 6, 8, 10$.

4.13 Den rotierenden Messern einer Häckselschneidemaschine gibt man die Form einer logarithmischen Spirale, da bei dieser Form die Messer an jeder Stelle unter dem gleichen Winkel angreifen. Diese Kurve hat in Polarkoordinaten die Gleichung $r = a \cdot e^{m\varphi}$. Hier bedeuten e die Eulersche Zahl 2,71828..., a und m Konstanten, die hier die Werte 1 cm und $\dfrac{1}{3}$ haben sollen.

Stellen Sie die Wertetabelle auf für $\varphi = 0°, 10°, 20°\ 30°, ..., 360°$. Bei der Berechnung der Funktionswerte ist φ im Bogenmaß einzusetzen. (Die Werte für $e^{m\varphi}$ werden mit dem Taschenrechner bestimmt.) Zeichnen Sie die Kurve der Funktion.

4.14 Bei der punktweisen Berechnung der Schaufel einer Kreiselpumpe erhält man in Polarkoordinaten folgende Beziehung für die Profilkurve der Schaufel:

$\varphi/°$	0,0	30,9	56,4	76,7	92,2	104,5	114,3
$r/$mm	77,5	90,0	103,0	116,0	128,5	141,0	154,0

Legen Sie die berechneten Schaufelpunkte in einem Polarkoordinatensystem fest und zeichnen Sie die Schaufel.

4.15 Ein Körper wird schräg aufwärts unter dem Winkel α gegen die Horizontale mit der Geschwindigkeit v_0 abgeworfen. Die Bahn der Bewegung ist dann in Parameterdarstellung durch die Gleichungen

$$x = v_0 \cdot t \cdot \cos\alpha \qquad y = v_0 \cdot t \cdot \sin\alpha - \dfrac{1}{2}gt^2$$

gegeben. Es sei hier speziell $v_0 = 30$ m/s und $\alpha = 45°$, für g setzt man näherungsweise 10 m/s². Man stelle die Wertetabelle auf für x und y ($t = 0, 1, 2, 3, 4, 5$ s) und zeichne die Wurfparabel. Wie groß ist die Wurfweite?

4.16 In einem Stahlzylinder ist unter einem leicht beweglichen Kolben eine bestimmte Gasmenge luftdicht abgeschlossen. Bei einem Druck von 1 bar nimmt das Gas ein Volumen von 10 dm³ ein. Vergrößert man bei unveränderter Temperatur den Druck, so verkleinert sich das Volumen gemäß der Gleichung $V = \dfrac{10}{p}$ bar·dm³. Berechnen Sie V für $p = 1, 2, 3, ..., 10$ bar und entwerfen Sie das Diagramm.

4.1 Funktionen

4.17 Ermitteln Sie, welche der Punkte $P_1(0;-4), P_2(3;-5), P_3(-2;-18), P_4(-1;9)$ auf der Kurve der Funktion $y = f(x) = 2x^2 - 3x + 4$ liegen.

4.18 Desgl. für die Punkte $P_1(1;0), P_2(-2;-27), P_3(-1;8), P_4(5;-64)$ und die Kurve der Funktion $y = f(x) = x^3 - 3x^2 + 3x - 1$.

Folgende unentwickelte Funktionen sollen nach y aufgelöst werden:

4.19 $2x - 3y + 1 = 0$ 4.23 $4x^2 + 10xy - y^2 + 2x - 6y + 5 = 0$

4.20 $1,4x - 0,7y + 3,5 = 0$ 4.24 $0,5x + 4y - 3 = 0$

4.21 $5x^2 + 12xy + 2y^2 = 0$ 4.25 $3x^2 - 8xy + y^2 = 0$

4.22 $2x^2 - 8xy + y^2 - 3x + 2y - 4 = 0$ 4.26 $x^4 - 2xy + y^2 = 0$

4.1.2 Eigenschaften von Funktionen

Funktionen besitzen ebenso wie Folgen und Reihen (siehe Kapitel 6) Eigenschaften, die verallgemeinert werden können und mitunter die graphische Darstellung einer Funktion erheblich erleichtern. Eigenschaften, die bei Funktionen auftreten können, sind Beschränktheit, Monotonie, Symmetrie, Periodizität und die Existenz von Nullstellen. So ist es z. B. beim Zeichnen einer Funktion von Interesse, ob die betrachtete Funktion symmetrisch zur y-Achse verläuft. Damit kann man sich das Aufstellen der Wertetabelle für den negativen oder positiven Bereich der Abszisse ersparen. Ist die Funktion periodisch, d. h. ergeben sich nach bestimmten Abständen immer wieder die gleichen Funktionswerte, kann man ähnlich verfahren.

Beschränktheit

Im Abschnitt 4.1.1 wurde bei der Darstellung einer Funktion durch eine Funktionsgleichung kurz auf den Definitions- und Wertebereich D(f) und W(f) eingegangen.

Eine Menge $A \subseteq \mathbf{R}$ heißt nach oben bzw. unten beschränkt, wenn es eine reelle Zahl K bzw. k gibt, für die gilt: $y \leq K$ bzw. $y \geq k$ für alle $y \in A$. Dann folgt:

> Eine Funktion heißt **beschränkt**, wenn ihr Wertebereich W(f) nach oben und nach unten beschränkt ist. Sie heißt **nach oben** bzw. **nach unten beschränkt**, wenn W(f) nach oben bzw. nach unten beschränkt ist.

BEISPIEL

4.14 a) $y = f(x) = x^3 + 3x$ D(f) = $\mathbf{R}$ W(f) = $\mathbf{R}$

Die Funktion ist weder nach oben noch nach unten beschränkt, da y jeden reellen Zahlenwert annehmen kann.

b) $y = f(x) = x^2 - 2$ D(f) = $\mathbf{R}$ W(f) = $[-2; \infty)$

Die quadratische Funktion ist nach unten beschränkt, durch -2.

c) $y = f(x) = \sqrt{3-x}$ D(f) = $(-\infty; 3]$ W(f) = $[0; \infty)$

Da nach der Definition der Wurzel nur Wurzelwerte aus nichtnegativen Radikanden gezogen werden können, muss der Definitionsbereich so gewählt werden, dass für den Radikanden $3 - x \geq 0$ gilt. Der Wertebereich ist nach unten wegen $y = \sqrt{3-x}$ durch 0 beschränkt.

d) $y = f(x) = \ln(9 - x^2)$ $\quad$ D$(f) = (-3; +3)$ $\quad$ W$(f) = (-\infty; \ln 9)$

Nach Definition ist der Logarithmus nur für positive Argumente erklärt. Es muss also $9 - x^2 \geq 0$ gelten. Daraus ergibt sich D(f). W(f) dagegen ergibt sich daraus, dass für das Argument des Logarithmus stets $0 < 9 - x^2 \leq 9$ gilt. ∎

Monotonie

Eine charakteristische Eigenschaft fast jeder Funktion ist die, in irgendeiner Weise monoton zu verlaufen, d. h., entweder ständig zu steigen oder zu fallen. In den bisher abgebildeten Funktionen gibt es Kurven, die ständig ansteigen, d. h., bei wachsenden Argumentwerten steigen auch die Funktionswerte ständig an. Andererseits gibt es auch Funktionen, deren Kurven ständig fallen, d. h., bei wachsenden Argumentwerten fallen die dazugehörenden Funktionswerte. Durch den Vergleich von jeweils zwei Wertepaaren einer Funktion innerhalb eines Intervalls des Definitionsbereiches D(f) ist diese Eigenschaft einer Funktion in diesem Intervall zu ermitteln.

Es gilt folgende Definition:

> Eine Funktion f heißt in einem Intervall $I \subseteq \mathrm{D}(f)$ **streng monoton steigend (wachsend)**, wenn für jedes Argumentepaar $x_1, x_2 \in I$ mit $x_1 < x_2$ stets $f(x_1) < f(x_2)$ gilt (s. Bild 4.20).
>
> Eine Funktion f heißt in einem Intervall $I \subseteq \mathrm{D}(f)$ **streng monoton fallend**, wenn für jedes Argumentepaar $x_1, x_2 \in I$ mit $x_1 < x_2$ stets $f(x_1) > f(x_2)$ gilt (s. Bild 4.21).

Gilt außer dem Ungleichheitszeichen auch das Gleichheitszeichen, also im ersten Fall $f(x_1) \leq f(x_2)$ und im zweiten Fall $f(x_1) \geq f(x_2)$, heißen die Funktionen monoton steigend (wachsend) bzw. fallend. Ist eine Funktion in einem Intervall $I \subseteq \mathrm{D}(f)$ streng monoton steigend oder fallend, so kann sich kein Funktionswert wiederholen. Man nennt dann die Funktion **eineindeutig** in diesem Intervall. Bei der Bildung der Umkehrfunktion (s. Abschnitt 4.1.3) wird die strenge Monotonie von f in D(f) vorausgesetzt.

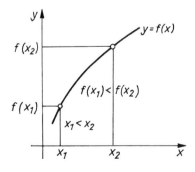

Bild 4.20

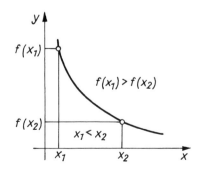

Bild 4.21

4.1 Funktionen

BEISPIEL

4.15 a) Die Funktion $y = 2x+1$ (Bild 4.12) ist im gesamten Definitionsbereich $-\infty < x < +\infty$ streng monoton steigend.

b) Die Funktion $y = -x+1$ (Bild 4.30) ist im gesamten Definitionsbereich $-\infty < x < +\infty$ streng monoton fallend.

c) Die Funktion $y = x^2$ (Bild 4.13) ist im Bereich $0 \leq x < +\infty$ streng monoton steigend, im Bereich $-\infty < x \leq 0$ streng monoton fallend.

d) Die Funktion $y = \sqrt{x}$ (Bild 4.14) ist im Bereich $0 \leq x < +\infty$ streng monoton steigend; die Funktion $y = -\sqrt{x}$ (Bild 4.14) ist im Bereich $0 \leq x < +\infty$ streng monoton fallend. ∎

Symmetrie

Betrachtet man die Funktion $y = x^2$ (Beispiel 4.4), so zeigt sich, dass für die Argumente x und $-x$ dieselben Funktionswerte erhalten werden. Dies gilt offensichtlich für alle Potenzfunktionen $y = x^n$ mit geradzahligem Exponenten n (Bild 4.22). Die Graphen dieser Funktionen verlaufen somit spiegelsymmetrisch zur y-Achse. Dies gibt Anlass zu folgender Definition:

> Eine Funktion mit symmetrischem Definitionsbereich, bei der für alle $x \in D(f)$ $f(x) = f(-x)$ gilt, heißt **gerade Funktion**. Die Kurven gerader Funktionen sind **axialsymmetrisch** zur y-Achse.

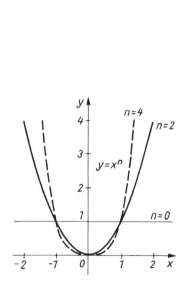

Bild 4.22

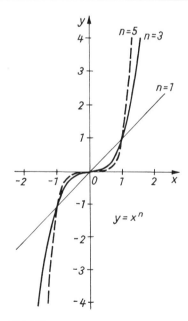

Bild 4.23

Entsprechend erhält man für Potenzfunktionen mit ungeradzahligen Exponenten n (Bild 4.23) für die Argumente x und $-x$ Funktionswerte, die betragsmäßig gleich sind und entgegengesetzte Vorzeichen aufweisen. Betrachtet man die Graphen im Bild 4.23, so stellt man fest, dass die Kurventeile im I. und III. Quadranten verlaufen. Würde man den Koordinatenursprung als Drehpol betrachten, könnte man den Kurventeil des I. Quadranten um 180° genau deckungsgleich auf den Kurventeil des III. Quadranten drehen. Da der Koordinatenursprung das Symmetriezentrum darstellt, bezeichnet man diese Symmetrieform als zentralsymmetrisch. Diese Beispiele geben Anlass zu folgender Definition.

Eine Funktion mit symmetrischem Definitionsbereich, bei der für alle $x \in D(f)$ $f(-x) = -f(x)$ gilt, heißt **ungerade Funktion**. Ungerade Funktionen sind **zentralsymmetrisch** zum Koordinatenursprung.

Treffen die beiden genannten Bedingungen nicht zu, liegt der Graph der untersuchten Funktion unsymmetrisch im Koordinatensystem.

Periodizität

Aus Naturwissenschaft und Technik sind viele Vorgänge bekannt, bei denen sich z. B. bestimmte Ereignisse ständig wiederholen. Man spricht in diesen Fällen von periodischen Vorgängen. Überträgt man dies in der Mathematik auf Funktionen, so bedeutet das, dass sich die Funktionswerte nach bestimmten Abständen der Argumentwerte ständig wiederholen. Zu diesen periodischen Funktionen gehören die trigonometrischen Funktionen (s. Kapitel 5).

Eine Funktion f heißt **periodische Funktion**, wenn eine reelle Zahl $p > 0$ existiert, so dass $f(x + p) = f(x)$ für alle $x \in D(f)$ gilt, für die gleichzeitig $x + p \in D(f)$ ist.

Die Konstante p heißt Periode der gegebenen Funktion f. Die kleinste Periode, die existiert, bezeichnet man als primitive Periode.

Die trigonometrischen Funktionen $y = f(x) = \sin x$ und $y = f(x) = \cos x$ haben als kleinste Periode $p = 2\pi$, die Funktionen $y = f(x) = \tan x$ und $y = f(x) = \cot x$ haben die kleinste Periode $p = \pi$.

Nullstellen

Bei der Betrachtung von Funktionen ist es wichtig zu wissen, ob an einer Stelle des Definitionsbereichs der Funktionswert $y = 0$ auftritt. Der Graph der Funktion berührt oder schneidet an diesen Stellen die x-Achse.

Argumente x_N mit zugehörigem Funktionswert $f(x_N) = 0$ heißen *Nullstellen* der Funktion.

Die Nullstellen einer Funktion $y = f(x)$ ermittelt man, indem man $y = 0$ setzt und die so entstehende Gleichung

$f(x) = 0$

nach x auflöst. Die Nullstellen der Funktion f sind genau die Lösungen $x_N \in D(f)$ dieser Gleichung.

BEISPIEL

4.16 Welche Nullstellen x_N haben die folgenden Funktionen

a) $y = 3x - 6$ *Lösung*: $y = 0 = 3x - 6$ $x_N = 2$

b) $y = \dfrac{1-x^2}{x+2}$

Lösung: Da für eine Nullstelle $y = 0$ gelten muss, sind die Lösungen der Bruchgleichung $0 = \dfrac{1-x^2}{x+2}$ zu ermitteln, für die der Zähler = 0 und der Nenner ≠ 0 sind.

Es folgt $0 = 1 - x^2$ $x_{N_1} = +1$, $x_{N_2} = -1$

Die Funktion f besitzt zwei Nullstellen.

c) $y = \dfrac{-2}{x^2+1}$

Lösung: Es gibt keine reellen Lösungen x für die Gleichung $\dfrac{-2}{x^2+1} = 0$. Da der Zähler für alle $x \in \mathbf{R} \neq 0$ ist, hat diese Funktion keine Nullstelle. ∎

4.1.3 Umkehrfunktion

Begriff der Umkehrfunktion

Gegeben sei die Funktion

$$y = f(x) = 2x + 1 \qquad D(f) = \mathbf{R} \qquad W(f) = \mathbf{R}$$

Den Graph der Funktion zeigt Bild 4.25.

Betrachten wir y als unabhängige Veränderliche und lösen nach der dann abhängigen Veränderlichen x auf, so erhalten wir die Funktionsgleichung einer neuen Funktion, die mit f^{-1} bezeichnet wird (f^{-1} darf nicht mit $\dfrac{1}{f(x)}$ verwechselt werden).

$$f^{-1}(y) = \frac{1}{2}y - \frac{1}{2} \qquad D(f^{-1}) = \mathbf{R} \qquad W(f^{-1}) = \mathbf{R}$$

Auch diese Funktion wird durch den Graphen des Bildes 4.25 dargestellt, worin jetzt allerdings entgegen der üblichen Bezeichnung die y-Achse als Abszissenachse, die x-Achse als Ordinatenachse gilt. Die so erhaltene Funktion

$$f^{-1}(y) = \frac{1}{2}y - \frac{1}{2}$$

heißt die **Umkehrfunktion** f^{-1} der **Funktion** oder die zu der Funktion $y = f(x) = 2x + 1$ **inverse**[1] **Funktion**. Meist behält man die unübliche Bezeichnung der Veränderlichen nicht

---

[1] inversus (lat.) umgewendet

bei, sondern schreibt für die unabhängige Veränderliche x, für die abhängige Veränderliche y, d. h., man vertauscht x und y:

$$f^{-1}(x) = \frac{1}{2}x - \frac{1}{2} \qquad D(f^{-1}) = \mathbf{R} \qquad W(f^{-1}) = \mathbf{R}$$

Damit erhält man die Umkehrfunktion f^{-1} zur Funktion f in der üblichen Darstellung.
Bei der Bildung der Umkehrfunktion muss darauf geachtet werden, dass die Eindeutigkeit der funktionalen Zuordnung gewahrt bleibt.

BEISPIEL

4.17 $\quad y = f(x) = x^2 \qquad D(f) = \mathbf{R} \qquad W(f) = [0, \infty)$

(Graphische Darstellung Bild 4.28)

Lösung: Die Funktion $y = f(x) = x^2$ ist im Intervall $(-\infty, 0]$ streng monoton fallend und im Intervall $[0, \infty)$ streng monoton steigend (s. Beispiel 4.15b). Die Auflösung der Funktionsgleichung nach x ergibt: $x = \pm\sqrt{y}$.

Damit folgt nach Tausch der Variablen

im Intervall $X \in [0, \infty)$ die Umkehrfunktion $y = f_1^{-1}(x) = \sqrt{x} \qquad D(f_1^{-1}) = \mathbf{R}$

im Intervall $X \in (-\infty, 0]$ die Umkehrfunktion $y = f_2^{-1}(x) = -\sqrt{x} \qquad D(f_2^{-1}) = \mathbf{R}$

mit der graphischen Darstellung in Bild 4.28. ∎

Zusammenfassung:

Da viele Funktionen nicht eineindeutig im gesamten Definitionsbereich sind, aber eineindeutig in bestimmten Intervallen des D(f) (streng monoton), kann man diese Funktionen intervallweise umkehren. Diese intervallweise Umkehrung wurde im vorherigen Beispiel praktiziert. Zu einer *Funktion*, die in einem entsprechend festgelegten Definitionsbereich *streng monoton steigend* oder *streng monoton fallend* ist, wird die *Umkehrfunktion* bei geänderter Bezeichnung der Veränderlichen formal nach *folgender Regel* gebildet:

Man erhält zu einer **Funktion** die **Umkehrfunktion**, indem man in der **Funktionsgleichung** die **Veränderlichen vertauscht** und, wenn möglich, die so erhaltene Gleichung nach der abhängigen Veränderlichen auflöst.

Wegen der eindeutigen Umkehrung der Zuordnung der Variablen gilt allgemein folgender Satz:

Eine in ihrem Definitionsbereich D(f) streng monotone *Funktion f* mit dem Wertebreich W(f), besitzt eine **Umkehrfunktion** f^{-1} mit dem Definitionsbereich D(f^{-1}) = W(f) und dem Wertebereich, W(f^{-1}) = D(f).

4.1 Funktionen

BEISPIEL

4.18 a) Bilden Sie zu der Funktion $y = f(x) = x^3$ mit $D(f) = \mathbf{R}$, $W(f) = \mathbf{R}$ die Umkehrfunktion f^{-1}.

Lösung: Graph der Funktion s. Bild 4.26. Da die Funktion im gesamten Definitionsbereich streng monoton steigend ist, gäbe es für den gesamten Definitionsbereich eine Umkehrfunktion f^{-1}, deren Definitionsbereich dem Wertebereich von f und deren Wertebereich dem Definitionsbereich von f gleich sind.

Nach Abschnitt 2.3.3 ist $\sqrt[n]{a}$ im Falle ungerader Zahlen n auch für negative Zahlen a erklärt (im Gegensatz zu geraden n, wenn man sich im Bereich der reellen Wurzeln bewegt). Daraus ergibt sich sofort die Umkehrfunktion: Vertauschung der Veränderlichen x und y in der Gleichung $y = x^3$ führt zu $x = y^3$. Die Auflösung der letzten Gleichung nach y führt zu

$$y = f^{-1}(x) = \sqrt[3]{x} \quad \text{mit} \quad D(f^{-1}) = \mathbf{R}, \quad W(f^{-1}) = \mathbf{R}$$

Bemerkung: Oft wird $\sqrt[n]{x}$ in der Literatur aus rein **methodischen** Gründen nur für $x \geq 0$ definiert, um Wurzeln mit ungeraden und geraden n einheitlich behandeln zu können. Geht man im Beispiel 4.18 a) von dieser Auffassung, daß auch $\sqrt[3]{x}$ nur für $x \geq 0$ erklärt ist, aus, so ergibt sich die Umkehrfunktion zu f wie folgt:

Aus $x = y^3$ folgt für $x \geq 0$ durch Auflösung nach y: $\quad y_1 = \sqrt[3]{x}$.

Für $x < 0$, d.h. $-x > 0$ und $-x = -y^3 = (-y)^3$ folgt $\sqrt[3]{-x} = -y$ und damit $y_2 = -\sqrt[3]{-x}$.

Also ergibt sich die Umkehrfunktion $\quad f^{-1}(x) = \begin{cases} -\sqrt[3]{-x}, & x < 0 \\ \sqrt[3]{x}, & x \geq 0 \end{cases}$

mit $D(f^{-1}) = \mathbf{R}, \quad W(f^{-1}) = \mathbf{R}$

b) Desgl. zu der Funktion $y = f(x) = x^4 \quad D(f) = \mathbf{R}, \quad W(f) = [0, \infty)$.

Lösung: Graph der Funktion s. Bild 4.27. Diese Funktion ist im Intervall $-\infty < x \leq 0$ streng monoton fallend, im Intervall $0 \leq x < +\infty$ streng monoton steigend. Daher muß die Gleichung der Umkehrfunktion für die beiden Bereiche getrennt angegeben werden:

Vertauschung der Veränderlichen: $\quad x = y^4$

Auflösung nach y: $\quad y = \pm\sqrt[4]{x}$

Die Funktion $y = x^4$ hat

im Intervall $-\infty < x \leq 0$ die Umkehrfunktion $y = f_1(x) = -\sqrt[4]{x}$,

im Intervall $0 \leq x < +\infty$ die Umkehrfunktion $y = f_2(x) = +\sqrt[4]{x}$

c) Bilden Sie zu der Funktion $y = f(x) = e^x \ D(f) = \mathbf{R}, \ W(f) = (0, \infty)$ die Umkehrfunktion.

Lösung: Graph der Funktion s. Bild 4.29. Da die Funktion im gesamten Definitionsbereich streng monoton steigend ist, gibt es für den gesamten Bereich eine gültige Gleichung der Umkehrfunktion.

Vertauschung der Veränderlichen: $\quad x = e^y$

Auflösung nach y:

$y = f^{-1}(x) = \ln x \quad \text{für} \quad D(f^{-1}) = (0, \infty), \quad W(f^{-1}) = \mathbf{R}$

Bei diesem Beispiel ist die Vertauschung des Definitionsbereichs und Wertebereichs bei der Urfunktion und Umkehrfunktion besonders gut festzustellen. ■

Der Graph einer Funktion und ihrer Umkehrfunktion

Für die graphische Darstellung bedeutet eine Vertauschung der Veränderlichen eine Vertauschung der Koordinaten. Um die Beziehung, die zwischen den Kurven einer Funktion und ihrer Umkehrfunktion besteht, zu erkennen, untersuchen wir zunächst, wie sich ein *Punkt* verhält, wenn man seine Koordinaten vertauscht. Der Punkt P_1 habe die Koordinaten x_1 und y_1; der durch Vertauschung der Koordinaten entstehende Punkt ist $P_1'(y_1; x_1)$. Aus Bild 4.24 folgt: In dem Quadrat $AP_1'BP_1$ halbieren die Diagonalen einander und stehen aufeinander senkrecht. Die Punkte P_1 und P_1' liegen daher symmetrisch zur Strecke $\overline{OB}$, die in die Gerade $y = x$ fällt.

Anders ausgedrückt: Bei Vertauschung der Koordinaten geht ein Punkt in sein Spiegelbild in Bezug auf die Gerade $y = x$ über.

Bildet man zu einer Funktion durch Vertauschung der Veränderlichen die Umkehrfunktion, so geht *jeder Punkt der Kurve* der Funktion f in sein an der Geraden $y = x$ gespiegeltes Bild über.

> Man erhält die graphische Darstellung der Umkehrfunktion f^{-1}, indem man den Graph der Funktion f an der Geraden $y = x$ spiegelt.

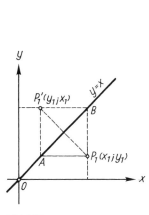

Bild 4.24

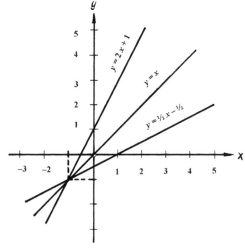

Bild 4.25

4.1 Funktionen

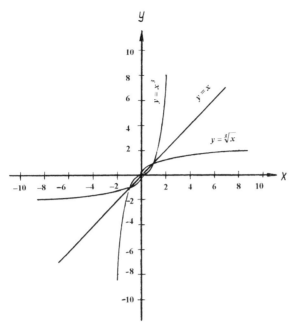

Bild 4.26

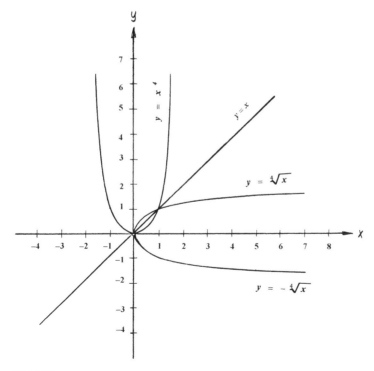

Bild 4.27

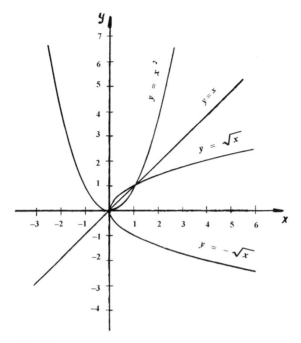

Bild 4.28

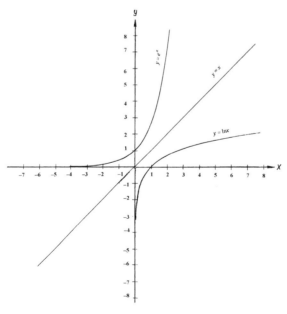

Bild 4.29

4.1 Funktionen

BEISPIELE

4.19 Funktion f: $y = f(x) = 2x+1$; Umkehrfunktion: $y = f^{-1}(x) = \frac{1}{2}x - \frac{1}{2}$; Bild 4.25 ■

4.20 Funktion f: $y = f(x) = x^2$; Umkehrfunktion: $y = f_1^{-1}(x) = \sqrt{x}$;

$y = f_2^{-1}(x) = -\sqrt{x}$; Bild 4.28 ■

4.21 Funktion f: $y = f(x) = x^3$; Umkehrfunktion: $y = f^{-1}(x) = \sqrt[3]{x}$; Bild 4.26 ■

4.22 Funktion f: $y = f(x) = x^4$; Umkehrfunktion: $y = f_1^{-1}(x) = \sqrt[4]{x}$;

$y = f_2^{-1}(x) = -\sqrt[4]{x}$; Bild 4.27 ■

4.23 Funktion f: $y = f(x) = e^x$; Umkehrfunktion: $y = f^{-1}(x) = \ln x$; Bild 4.29 ■

AUFGABEN

4.27 Bilden Sie zu den folgenden Funktionen die Umkehrfunktionen. Zeichnen Sie für jede Funktion die Kurve der Urfunktion und der inversen Funktion in ein Achsenkreuz:

a) $y = f(x) = 3x - 2$ b) $y = f(x) = \frac{1}{2}x - 3$ c) $y = f(x) = 0,75x + 1,75$

d) $y = f(x) = 4x^2$ e) $y = f(x) = x^2 - 6x + 8$

f) $y = f(x) = x^2 + 2x - 8$ g) $y = f(x) = x^5$

4.28 Bei der Spiegelung der Kurve einer Funktion $y = f(x)$ an der Geraden $y = x$ kann es Punkte geben, die in sich selbst gespiegelt werden. Die Abszissen dieser Punkte erfüllen die Gleichung $x = f(x)$. Berechnen Sie die Koordinaten dieser Punkte für die Funktionen der vorigen Aufgabe.

4.1.4 Rationale Funktionen

4.1.4.1 Lineare Funktionen

Die Funktion $y = f(x) = 2x + 1$ heißt, da die unabhängige Veränderliche x in keiner höheren als der 1. Potenz vorkommt, eine *Funktion ersten Grades*. Weitere Funktionen ersten Grades sind z. B.

$$y = f(x) = 0,75x - 1,25 \quad \text{und} \quad y = f(x) = -\frac{1}{2}x + \frac{2}{3}$$

Die allgemeine Funktion 1. Grades hat die Form

$$y = f(x) = mx + b$$

wobei m und b beliebige Konstanten bedeuten und m von 0 verschieden sein muss. Stellt man Funktionen 1. Grades graphisch dar, so erkennt man: Die Kurve einer Funktion 1. Grades ist stets eine Gerade.

Wegen dieser Eigenschaft nennt man die Funktion 1. Grades auch *lineare*[1] Funktion.

---

[1] linearis (lat.) zu einer Linie gehörig

168   4 Funktionen und Gleichungen

Es soll nun untersucht werden, wie die Lage einer Geraden im Koordinatensystem von den Konstanten m und b abhängt.

Geometrische Bedeutung der Konstanten m

In einem Koordinatensystem (Bild 4.30) sind folgende Funktionen graphisch dargestellt:

$$y = f(x) = \frac{1}{2}x+1; \qquad y = f(x) = x+1; \qquad y = f(x) = 2x+1;$$

$$y = f(x) = -\frac{1}{2}x+1; \qquad y = f(x) = -x+1; \qquad y = f(x) = -2x+1;$$

Ist in der Funktionsgleichung $y = f(x) = mx + b$ die Konstante m positiv, so steigt die Gerade; ist m negativ, so fällt die Gerade.

Ferner sagt m etwas aus über die Größe des Anstiegs oder des Gefälles einer Geraden. Aus dem Bild 4.30 ist zu entnehmen, dass bei größer werdendem m die Kurve steiler wird. Beim Betrachten der absoluten Werte für m <0 besitzen die Geraden ebenfalls ein stärkeres Gefälle, wenn $|m|$ wächst. Dieser Sachverhalt gilt für alle Geradengleichungen, da die Größe m einer Geradengleichung den Anstieg dieser Geraden darstellt.

> In der Funktion $y = f(x) = mx+b$ bedeutet der Anstieg m den Betrag, um den sich y ändert, wenn man x um 1 vergrößert.

Zwischen der Konstanten m und dem Winkel φ, den die Gerade gegen die positive Richtung der x-Achse bildet, besteht ein Zusammenhang. Aus Bild 4.31 entnimmt man:

$$\tan\varphi = \frac{m}{1} = m$$

> In der Funktion $y = f(x) = mx+b$ bedeutet der Anstieg m den Tangens des Winkels, den die Gerade gegen die positive Richtung der x-Achse bildet.

Anmerkung: Ist in der Funktion $y = f(x) = mx+b$, $m = 1$, so schneidet die Gerade die x-Achse unter einem Winkel von 45°.

Geometrische Bedeutung der Konstanten b

In der graphischen Darstellung Bild 4.32 sind die Graphen von 4 Funktionen gezeichnet, die die geometrische Bedeutung der Konstanten b ausreichend kennzeichnen. Folgende Funktionen sind dargestellt:

$$y = f(x) = 0,5x-1; \quad y = f(x) = 0,5x; \quad y = f(x) = 0,5x+1; \quad y = f(x) = 0,5x+2;$$

Da in allen 4 Funktionen der Anstieg konstant ist, $m = 0,5$, und die Graphen die Ordinatenachse bei $y = -1, y = 0, y = 1$ und $y = 2$ schneiden, ist b der Abschnitt auf der Ordinatenachse, bei der die Kurve die y-Achse schneidet. Man nennt daher b auch Abschnittskonstante.

> In der Funktion $y = f(x) = mx+b$ bedeutet die Abschnittskonstante b den Abschnitt auf der y-Achse.

4.1 Funktionen   169

Anmerkung: Die Funktion $y = f(x) = mx$, d. h. $b = 0$, ist eine Gerade, die durch den Koordinatenursprung verläuft.

Graphische Darstellung der linearen Funktion

Eine lineare Funktion hat als Graph grundsätzlich eine Gerade. Eine Wertetabelle ist aus diesem Grunde nicht notwendig. Zur Darstellung dieser Geraden gibt es zwei Methoden:

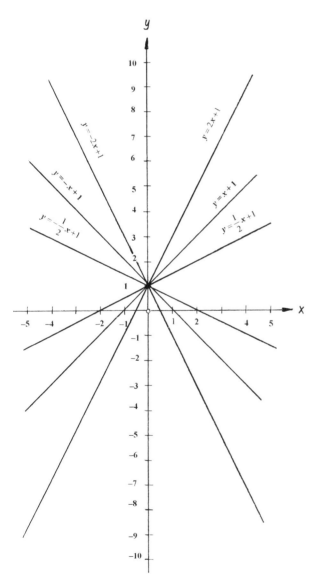

Bild 4.30

a) Da eine Gerade mit Hilfe zweier Punkte dargestellt werden kann, setzt man gewöhnlich $x = 0$ und berechnet y und setzt $y = 0$ und bestimmt dazu den x-Wert. Zur Kontrolle sollte man noch einen 3. Punkt wählen.

b) Die zweite Möglichkeit kann mit Hilfe des Anstiegsdreiecks (Bild 4.31) durchgeführt werden. Aus der Funktion $y = mx + b$ erkennt man den Abschnitt auf der y-Achse b $P_1(0;b)$. Den zweiten Punkt P_2 findet man, indem man vom ersten Punkt in Richtung der positiven x-Achse um die Strecke 1 weitergeht bis zum Hilfspunkt A, dann anschließend in Richtung der y-Achse um die Strecke m bis zum Punkt P_2. Man beachte bei der Eintragung der Strecke m das Vorzeichen.

Die Nullstelle einer linearen Funktion

Eine im Koordinatensystem liegende Gerade schneidet im Allgemeinen[1] beide Achsen. Die Stelle x, an der die Gerade die x-Achse schneidet, wird als Nullstelle der Funktion bezeichnet. Im Bild 4.33 hat g_1 die Nullstelle $x_N = 4$ und g_2 die Nullstelle $x_N = -2,5$.

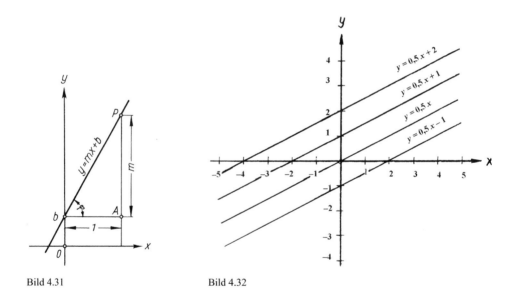

Bild 4.31   Bild 4.32

Ermittlung der Funktionsgleichung einer Geraden

Ist in einem Achsenkreuz eine Gerade gegeben, so lässt sich die zugehörige Funktionsgleichung ermitteln.

---

[1] Der Ausdruck „im Allgemeinen", durch den in der täglichen Umgangssprache eine Unsicherheit in eine aufgestellte Behauptung gebracht wird, hat in der Mathematik eine ganz exakte Bedeutung. Ein Sachverhalt „im Allgemeinen" bedeutet, dass es mindestens eine nachweisbare Ausnahme gibt. Im obigen Falle ist die Ausnahme, dass die Gerade einer der beiden Achsen parallel ist.

BEISPIELE

4.24 Ermitteln Sie die Funktionsgleichung für Bild 4.34!

Lösung: Da es sich um eine Gerade handelt, hat die Funktionsgleichung die Form $y = f(x) = mx + b$; m und b müssen bestimmt werden.

b: Die Gerade schneidet die y-Achse im Punkt $y = 2$; also $b = 2$.

m: Da die Gerade steigt, ist m positiv. An der Stelle $x = 0$ ist $y = 2$; an der Stelle $x = 1$ ist $y = 5$. Vergrößert man x um 1, so wächst y um 3, also $m = 3$. Die Geradengleichung lautet $y = 3x + 2$. ∎

4.25 Desgl.: Ermitteln Sie die Funktionsgleichung für Bild 4.35!

Lösung: Die Funktionsgleichung hat die Form $y = f(x) = mx + b$;

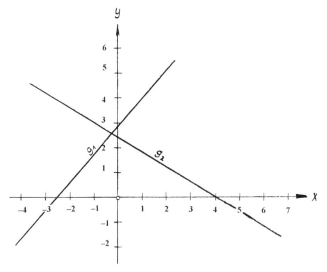

Bild 4.33

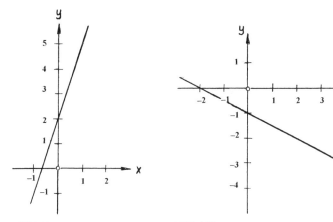

Bild 4.34   Bild 4.35

b: Die Gerade schneidet die *y*-Achse bei $y = -1$; also $b = -1$.

m: Da die Gerade fällt, ist *m* negativ. An der Stelle $x = -2$ ist $y = 0$; an der Stelle $x = -1$ ist $y = -0,5$. Vergrößert man *x* um 1, so fällt *y* um 0,5, also ist $m = -0,5$. Die Geradengleichung lautet $y = -0,5x - 1$. ∎

AUFGABEN

4.29 Zeichnen Sie die Geraden $y = f(x) = -\frac{1}{2}x + \frac{3}{2}$ im Bereich $-4 \leq x \leq 4$!

4.30 Desgl. $y = f(x) = 1,5x - 2,5$ für $-4 \leq x \leq 4$.

4.31 Desgl. $y = f(x) = 12x - 3$ für $-4 \leq x \leq 4$. Wählen Sie einen geeigneten Maßstab für die *y*-Achse.

4.32 Desgl. $y = f(x) = -0,08x + 2$ für $-50 \leq x \leq 50$. Wählen Sie einen geeigneten Maßstab für die *x*-Achse.

4.33 Desgl. $y = f(x) = -0,75$

4.34 Desgl. $x = 2,4$

4.35 Welche Gleichungen haben die beiden Koordinatenachsen?

4.36 Bei der gleichförmigen Bewegung ist der zurückgelegte Weg eine lineare Funktion der Zeit, $s = v \cdot t$ (*s* Weg in m, *t* Zeit in s, *v* Geschwindigkeit in m/s). Stellen Sie in einem gemeinsamen Diagramm *s* als Funktion von *t* für folgende Bewegungen dar:

Pferdefuhrwerk	$v_1 = 0,85$ m/s	Straßenbahn	$v_2 = 6$ m/s
Fußgänger	$v_3 = 1,5$ m/s	Güterzug	$v_4 = 15$ m/s
Pferd im Trab	$v_5 = 2,1$ m/s	Regionalexpress	$v_6 = 20$ m/s

Bereich $0 \leq t \leq 10$ s

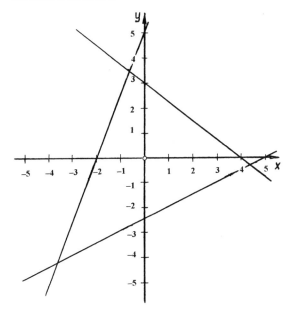

Bild 4.36

4.1 Funktionen

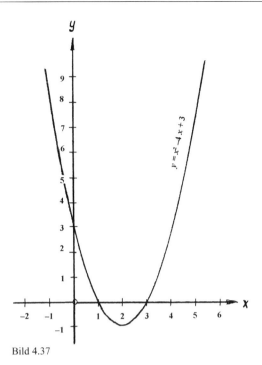

Bild 4.37

4.37 Für eine Schraubenfeder besteht zwischen der Verlängerung s und Zugkraft F die Gleichung $F = c \cdot s$, wobei c eine Federkonstante, die sogenannte Federhärte, bedeutet. Stellen Sie in einem gemeinsamen Diagramm F für zwei Federn mit den Härten $c_1 = 12$ N/mm und $c_1 = 28$ N/mm graphisch dar, Bereich $0 \le s \le 20$ mm.

4.38 Welche Gleichungen haben die drei Geraden in dem Diagramm Bild 4.36?

4.1.4.2 Quadratische Funktionen

Quadratische Funktion; Begriff; Funktionstypen

Eine Funktion der Form

$$y = f(x) = ax^2 + bx + c,$$

wobei a, b, c beliebige reelle Zahlen bedeuten ($a \ne 0$), heißt eine *quadratische Funktion* von x. Um ihre Eigenschaften und ihre graphischen Darstellungen kennenzulernen, betrachten wir zunächst einige einfache Sonderfälle dieser Funktion.

Die Funktion $y = f(x) = x^2$

Diese einfachste aller quadratischen Funktionen ist in Bild 4.28 dargestellt. Ihr Graph liegt axialsymmetrisch zur y-Achse. Ihr tiefster Punkt („Scheitel"), später auch als Minimum bezeichnet, fällt in den Koordinatenursprung. Der Graph dieser Funktion $y = x^2$ wird als *quadratische Normalparabel* bezeichnet.

4 Funktionen und Gleichungen

Die Funktion $y = f(x) = x^2 + bx + c$

Bei dieser quadratischen Funktion ist der Koeffizient des quadratischen Gliedes 1. Aus dieser Funktion lässt sich durch eine einfache Umformung (quadratische Ergänzung) der **Scheitelpunkt** ermitteln. Der **Scheitelpunkt** einer quadratischen Funktion ist der höchste oder tiefste Punkt des Graphen innerhalb eines bestimmten Intervalls des D(f).

$$y = f(x) = x^2 + bx + c$$

$$y = f(x) = x^2 + bx + \frac{b^2}{4} - \frac{b^2}{4} + c$$

$$y = f(x) = \left(x^2 + \frac{b}{2}\right)^2 + \left(c - \left(\frac{b}{2}\right)^2\right)$$

Der Parabelscheitel ergibt sich aus der letzten Funktion zu $S\left(-\frac{b}{2}; c - \frac{b^2}{4}\right)$

BEISPIEL

4.26 Ermitteln Sie den Scheitelpunkt und den Graphen der Funktion $y = f(x) = x^2 - 4x + 3$!

Lösung: Der Graph dieser Funktion hat die Form einer Parabel (Bild 4.37). Er ist aber gegenüber der Normalparabel im Achsenkreuz sowohl in x- als auch in y-Richtung parallel verschoben. In der analytischen Geometrie wird gezeigt, dass dieser Sachverhalt allgemein gilt. Der Scheitelpunkt ergibt sich aus der Umformung der Funktion mittels quadratischer Ergänzung:

$$y = f(x) = x^2 - 4x + 3 = (x-2)^2 - 1 \qquad S(2; -1)$$ ■

Der Graph der Funktion $y = f(x) = ax^2 + bx + c$, stellt eine im Achsenkreuz parallel verschobene Normalparabel dar.

Die Funktion $y = f(x) = ax^2 \qquad a > 0$

BEISPIEL

4.27 Graphische Darstellung der Funktionen $y = f(x) = x^2$; $y = f(x) = 2x^2$;

$y = f(x) = \frac{1}{2}x^2$.

Lösung: Der Vergleich der Kurven dieser beiden Funktionen (Bild 4.38) mit der Normalparabel zeigt: Bei der Funktion $y = 2x^2$ ist jeder Punkt der Kurve senkrecht zur x-Achse im Verhältnis 2:1 gehoben; bei der Funktion $y = 0,5x^2$ ist jeder Kurvenpunkt senkrecht zur x-Achse im Verhältnis 1:2 gesenkt. In beiden Fällen hat die Kurve gegenüber der Normalparabel ihre Form geändert. ■

4.1 Funktionen

Die Funktion $y = f(x) = ax^2 \quad a < 0$

BEISPIEL

4.28 Graphische Darstellung der Funktionen $y = f(x) = -x^2$; $y = f(x) = -2x^2$; $y = f(x) = \frac{1}{2}x^2$.

Lösung: Die durch den Faktor a bedingte Formveränderung der Normalparabel hängt von dem absoluten Wert von a ab. Des Weiteren sind die Parabeln bei $a < 0$

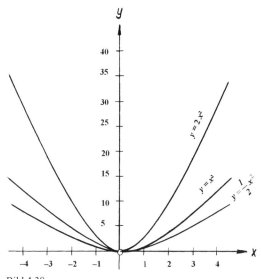

Bild 4.38

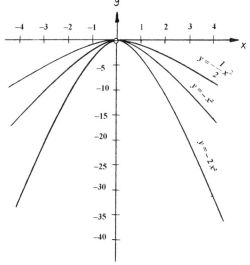

Bild 4.39

grundsätzlich nach unten geöffnet. Die höchsten Punkte „Scheitel", später auch als Maximum bezeichnet, fallen mit dem Koordinatenursprung zusammen (Bild 4.39). Unter Benutzung der Schreibweise für den absoluten Betrag einer Zahl kann man die bisherigen Überlegungen im nachfolgenden Satz wie folgt zusammenfassen:

> Die Kurve der Funktion $y = ax^2$ ist für $|a| > 1$ eine **gestreckte**, für $|a| < 1$ eine **gestauchte Normalparabel**.

Die Funktionen $y = f(x) = ax^2 + c$ und $y = f(x) = ax^2 + bx$

Beide Funktionen lassen sich aus den bisher erläuterten Bemerkungen und der nachfolgenden Berechnung der Nullstellen jederzeit graphisch darstellen. Für diese Funktionen ergeben sich folgende Sätze:

> Die Konstante c bewirkt beim Kurvenverlauf eine Verschiebung der Funktion $y = f(x) = ax^2 + c$ in positiver Richtung der Ordinatenachse vom Koordinatenursprung für $c > 0$ und in negativer Richtung für $c < 0$. Der Scheitelpunkt dieser Funktion liegt immer auf der y-Achse. Für $a > 0$ ist die Parabel nach oben, für $a < 0$ nach unten geöffnet.

> Die Kurven der quadratischen Funktion $y = f(x) = ax^2 + bx$ (auch gemischt-quadratische Funktion genannt) sind durch den Koordinatenursprung verlaufende, im Achsenkreuz verschobene gestreckte- oder gestauchte Normalparabeln ($a \neq 1$), die für $a > 0$ nach oben und für $a < 0$ nach unten geöffnet sind.

Die Funktion $y = f(x) = ax^2 + bx + c$

> Der Graph der allgemeinen quadratischen Funktion $y = f(x) = ax^2 + bx + c$ ist eine im Achsenkreuz verschobene gestreckte oder gestauchte Normalparabel ($a \neq 1$).

Nullstellen einer quadratischen Funktion

Eine Stelle x_N, an der die Kurve einer quadratischen Funktion die x-Achse schneidet, heißt eine *Nullstelle* dieser Funktion. Die Anzahl der Nullstellen hängt von der Lage der Parabel im Achsenkreuz ab. Es bestehen drei Möglichkeiten: Die quadratische Funktion schneidet die Abszisse zweimal (einfache Nullstellen), die Abszisse wird einmal berührt (doppelte Nullstelle), die Abszisse wird weder berührt noch geschnitten (keine reellen Nullstellen).

BEISPIELE

4.29   Graphische Darstellung der Funktionen $y = f(x) = 0,5x^2 - 2$ und
$y = f(x) = -0,5x^2 - 2x$
Lösung: $y = f(x) = 0,5x^2 - 2;$ $x_{N1} = 2;$ $x_{N2} = -2;$ $S(0;-2)$ (Bild 4.40)
  $y = f(x) = 0,5x^2 - 2x;$ $x_{N1} = 0;$ $x_{N2} = 4;$ $S(2;-2)$ (Bild 4.41)

4.30   Berechnen Sie die Nullstellen und den Scheitelpunkt der Funktion $y = f(x) = 2x^2 - 4x - 6 = 2(x-1)^2 - 8$ (Bild 4.42)
Lösung: Nullstellen: $x_{N_1} = -1;$ $x_{N_2} = 3$ (zwei reelle Nullstellen.)
Scheitelpunkt: $S(1;-8)$ ∎

4.1 Funktionen

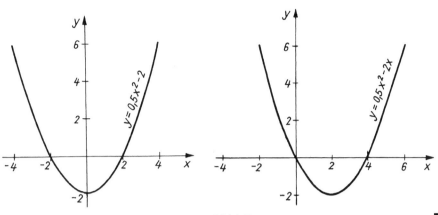

Bild 4.40

Bild 4.41

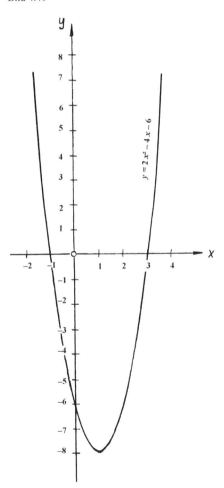

Bild 4.42

178 4 Funktionen und Gleichungen

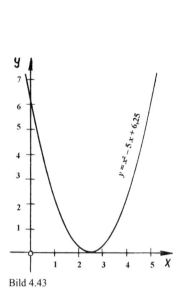

Bild 4.43

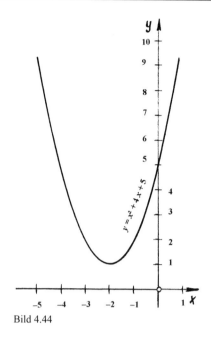

Bild 4.44

4.31 Desgl. für $y = f(x) = x^2 - 5x + 6{,}25 = \left(x - \dfrac{5}{2}\right)^2 + 0$ (Bild 4.43)

Lösung: Nullstellen: $x_{N_1} = x_{N_2} = \dfrac{5}{2}$ (doppelte Nullstelle)

Scheitelpunkt: $S\left(\dfrac{5}{2}; 0\right)$ ∎

4.32 Desgl. für $y = f(x) = x^2 + 4x + 5 = (x+2)^2 + 1$ (Bild 4.44)

Lösung: Nullstellen: keine reellen Nullstellen

Scheitelpunkt: $S(-2; 1)$ ∎

AUFGABEN

4.39 Zeichnen Sie in ein Achsenkreuz die Kurven der Funktionen

a) $y = f(x) = 3x^2$; b) $y = f(x) = -3x^2$;

c) $y = f(x) = \dfrac{1}{3}x^2$; d) $y = f(x) = -\dfrac{1}{3}x^2$

4.40 Zeichnen Sie die Kurven der Funktionen $y = f(x) = (x-1)^2$; und $y = f(x) = -(x-1)^2$

4.41 Zeichnen Sie die Kurven der Funktionen $y = f(x) = x^2 - 6x + 8$; $y = f(x) = x^2 - 6x + 9$; $y = f(x) = x^2 - 6x + 10$. Lesen Sie aus den Kurven für jede Funktion die Nullstellen ab.

4.1 Funktionen

4.42 Zeichnen Sie die Kurven der Funktionen $y = f(x) = x^2 + 2x - 3$; $y = f(x) = x^2 + 2x + 1$; $y = f(x) = x^2 + 2x + 3$. Lesen Sie aus den Kurven für jede Funktion die Nullstellen ab.

4.43 Das Weg-Zeit-Gesetz für den freien Fall lautet: $s = f(t) = \frac{1}{2}gt^2$ ($g = 9{,}81$ m/s^2). Zeichnen Sie die Kurve für 0 s $\leq t \leq$ 5 s in einem geeigneten Maßstab!

4.44 Ein waagerecht geworfener Körper bewegt sich (ohne Berücksichtigung des Luftwiderstandes) auf einer Bahn, die der Gleichung $y = f(x) = -\frac{1}{2}\frac{g}{v_0^2}x^2$ genügt (Fallbeschleunigung $g \approx 10$ m/s^2; waagerechte Abwurfgeschwindigkeit $v_0 = 5$ m/s). Zeichnen Sie die Bahn der Bewegung für 0 m $\leq x \leq$ 20 m!

4.45 Zeichnen Sie in ein kartesisches Koordinatensystem die Graphen der Funktionen
  a) $y = f(x) = 2x^2 + 2$; b) $y = f(x) = -2x^2 + 2$;
  c) $y = f(x) = 2x^2 - 2$; d) $y = f(x) = -2x^2 - 2$;
Welche Besonderheiten können Sie bei den 4 Funktionen feststellen?

4.46 Zeichnen Sie in ein kartesisches Koordinatensystem die Kurven der Funktionen
  a) $y = f(x) = 2x^2 + 3x$; b) $y = f(x) = -2x^2 + 3x$;
  c) $y = f(x) = 2x^2 - 3x$; d) $y = f(x) = -2x^2 - 3x$.
Bestimmen Sie aus den graphischen Darstellungen die Nullstellen der Funktionen, sowie die Scheitelpunkte, also Maxima und Minima! Welche Besonderheiten sind sonst noch festzustellen?

4.1.4.3 Polynome

Die bisher behandelten linearen und quadratischen Funktionen sind Sonderfälle der ganzen rationalen Funktionen, die auch als Polynome bezeichnet werden. Beide Funktionstypen lassen sich in die allgemeine Form der ganzen rationalen Funktion n-ten Grades – oder Polynom n-ten Grades einordnen. Das Polynom n-ten Grades hat die Form:

$$y = f(x) = a_n x^n + a_{n-1} x^{n-1} + a_{n-2} x^{n-2} + \ldots + a_1 x + a_0 \qquad (a_n \neq 0) \qquad (4.6)$$

Hier bedeuten die Koeffizienten a_n, a_{n-1}, a_{n-2}, ..., a_1, a_0 beliebige reelle Zahlen; $a_n \neq 0$, sonst wäre die Funktion nicht vom Grade n.

Alle Polynome, die nicht die Form (4.6) haben, lassen sich durch Auflösen etwa auftretender Klammern und durch Zusammenfassen der Glieder, die die Veränderliche in gleicher Potenz enthalten, auf diese Form bringen.

Die ganzen rationalen Funktionen oder Polynome sind für die Technik von besonderer Wichtigkeit. Ihre Bedeutung liegt in folgenden Eigenschaften:

- Sie sind die am leichtesten zu behandelnden Funktionen.
- Beliebige Funktionen können unter bestimmten Voraussetzungen mit jeder gewünschten Genauigkeit durch Polynome ersetzt werden (s. [1] Abschnitt 4.4, und [2] Kapitel 6).

180   4 Funktionen und Gleichungen

Numerische Berechnung von Funktionswerten eines Polynoms (Hornersches Schema)

Das Verfahren der numerischen Berechnung von Funktionswerten soll an einem Polynom 3. Grades erläutert werden. Für Polynome höheren Grades ist es in analoger Weise anwendbar.

Das Polynom 3. Grades hat die die Form

$$y = f(x) = a_3 x^3 + a_2 x^2 + a_1 x + a_0 \quad (a_3 \neq 0) \tag{4.7}$$

Es soll der Funktionswert an der Stelle x_1 ermittelt werden. Nach 4.6 ist

$$f(x_1) = a_3 x_1^3 + a_2 x_1^2 + a_1 x_1 + a_0 \tag{4.7a}$$

Selbstverständlich lässt sich der Funktionswert $f(x_1)$ bestimmen, indem man nacheinander die Glieder $a_3 x_1^3$, $a_2 x_1^2$ usw. berechnet und dann die obige Summe bildet. Trotzdem verdient ein anderer Weg den Vorzug, der besonders bei Polynomen höheren Grades eine erhebliche Erleichterung der Rechenarbeit gestattet und in Computerprogrammen verwendet wird.

BEISPIEL

4.33   Der Funktionswert der ganzen rationalen Funktion

$$y = f(x) = 3{,}23 x^3 - 2{,}59 x^2 + 1{,}26 x + 5{,}34$$ soll an der Stelle $x = 1{,}85$ berechnet werden.

Lösung: Schreibt man die Gleichung (4.7a) in der Form

$$f(x_1) = [(a_3 x_1 + a_2) x_1 + a_1] x_1 + a_0$$

und berechnet den Funktionswert $f(x_1)$ durch Berechnungen der Klammerausdrücke von innen heraus beginnend, so wird ersichtlich, dass nur Multiplikationen mit x_1 und Additionen auftreten, aber keine Potenzen von x_1.

Hierauf beruht das am Beispiel eines Polynoms 3. Grades erläuterte „HORNER-Schema".

	a_3	a_2	a_1	a_0
	–	$a_3 x_1$	$(a_3 x_1 + a_2) x_1$	$[(a_3 x_1 + a_2) x_1 + a_1] x_1$
x_1	a_3	$a_3 x_1 + a_2$	$(a_3 x_1 + a_2) x_1 + a_1$	$f(x_1)$

In der ersten Zeile stehen die Koeffizienten des Polynoms; in der zweiten Zeile die mit x_1 multiplizierten Klammerausdrücke um eine Stelle nach rechts versetzt. Die übereinander stehenden Terme werden addiert, so dass sich rechts unten der Funktionswert ergibt.

	3,23	−2,59	1,26	5,34
	–	5,98	6,27	13,93
$x = 1{,}85$	3,23	3,39	7,53	19,27

$$f(1{,}85) = 19{,}27$$ ∎

4.1 Funktionen

Anmerkung: Sämtliche Rechenoperationen können mit dem Taschenrechner, ohne die eben gezeigten Zwischenschritte zu notieren, durchgeführt werden, indem man abwechselnd mit der Multiplikationstaste und dem Speicher arbeitet!

Bei der Anwendung des HORNER-Schemas erfordert jedoch ein Sonderfall besondere Aufmerksamkeit. Fehlen in einer Funktionsgleichung irgendwelche Potenzen der unabhängigen Variablen, so haben die zu diesen Potenzen gehörigen Koeffizienten den Wert Null und müssen im HORNER-Schema berücksichtigt werden!

BEISPIEL

4.34 Der Funktionswert der Funktion $y = f(x) = 2{,}4x^4 - 6{,}2x^2 - 4{,}25$ ist an der Stelle $x = -1{,}25$ zu berechnen.

Lösung: Das folgende Schema zeigt noch einmal den Gang der Rechnung:

	2,4	0	−6,2	0	−4,25
	−	−3,00	3,75	3,06	−3,83
$x = -1{,}25$	2,4	−3,00	−2,45	3,06	−8,08

$$f(-1{,}25) \approx -8{,}08 \qquad \blacksquare$$

Das HORNERsche Schema lässt sich noch erweitern. Es liefert dann für ein Polynom in einem Rechnungsgang nicht nur den Funktionswert, sondern auch den Wert der Ableitung für eine Stelle x_1. Daher ist es für die Analysis ein wichtiges Hilfsmittel bei der praktischen Anwendung von Näherungsverfahren zur Lösung algebraischer Gleichungen und bei Reihenentwicklungen (s. [1] Kapitel 4 und [2] Abschnitt 2.7). Setzt man für x_1 eine Nullstelle des Polynoms im HORNER-Schema ein (d. h. $f(x_1) = 0$), so erhält man in der berechneten Reihe die Koeffizienten des um einen Grad erniedrigten Polynoms.

AUFGABEN

4.47 Berechnen Sie den Funktionswert des Polynoms
$y = f(x) = 3{,}7x^2 - 4{,}56x + 7{,}92$ an den Stellen $x_1 = 2{,}8$ und $x_2 = -4{,}2$

4.48 Desgl. für $y = f(x) = 0{,}38x^2 - 0{,}564x + 0{,}692;\ x_1 = 1{,}8$ und $x_2 = -4{,}7$

4.49 Desgl. für $y = f(x) = 4{,}9x^3 - 3{,}87x^2 + 5{,}694x - 2{,}687;\ x_1 = 1{,}3$ und $x_2 = -2{,}7$

4.50 Desgl. für $y = f(x) = 0{,}8x^3 + 1{,}354x - 2{,}394;\ x_1 = 1{,}7$ und $x_2 = -1{,}9$

4.51 Desgl. für $y = f(x) = 1{,}2x^4 - 2{,}74x^3 + 3{,}98x^2 - 4{,}561x - 4{,}5618;\ x_1 = 2{,}7$ und $x_2 = -4{,}3$

4.52 Desgl. für $y = f(x) = 3{,}6x^4 - 2{,}54x^2\, 2{,}19736;\ x_1 = 1{,}1$ und $x_2 = -1{,}5$

4.53 Stellen Sie für die Funktion $y = f(x) = x^3 - 9x^2 + 24x + 1;$ die Wertetabelle für die Stellen $x = -3, -2, -1, \ldots, 4, 5$ auf! Zeichnen Sie die Kurve der Funktion.

4.54 Desgl. für die Funktion $y = f(x) = x^3 - 9x^2 + 24x - 1;$ für $x = -1, 0, 1, \ldots, 6, 7$.

Das Interpolationsproblem; Verfahren von Newton

Der Zusammenhang zwischen zwei veränderlichen Größen x und y sei empirisch durch n Messungen ermittelt worden. Auf Grund dieser Messungen liegt dann eine Wertetabelle vor, die allgemein folgende Form hat:

x	x_1	x_2	x_3	x_4	x_5	...	x_n
$f(x)$	y_1	y_2	y_3	y_4	y_5	...	y_n

Es soll nun ein Polynom $f(x)$ von höchstens n-tem Grade ermittelt werden, das an den Stellen $x_0, x_1, x_2, x_3, \ldots, x_n$ die Werte $y_0, y_1, y_2, y_3, \ldots, y_n$ annimmt. Diese Aufgabe heißt das Interpolationsproblem[1].

Von den verschiedenen Lösungswegen, die für diese Aufgabe gegeben worden sind, ist das Verfahren von NEWTON für praktische Zwecke am geeignetsten.

Die gesuchte Funktion hat die Gleichung

$$y = f(x) = a_0 + a_1(x-x_0) + a_2(x-x_0)(x-x_1) + a_3(x-x_0)(x-x_1)(x-x_2) \\ + \ldots + a_n(x-x_0)(x-x_1)(x-x_2)\ldots(x-x_{n-1}) \quad (4.8)$$

d. h. bei n Stützstellen x_i wird zunächst ein Polynom $(n-1)$ten Grades angesetzt. Es wird sich zeigen, dass diese Funktion die verlangten Eigenschaften besitzt.

In (4.8) bedeuten die $a_0, a_1, a_2, \ldots, a_n$ gewisse Konstanten, die folgendermaßen bestimmt werden:

Setzt man in Gleichung (4.8) für x den Wert x_0 ein, so erhält man

$$a_0 = y_0 \, .$$

Die angegebene Funktion nimmt also, wie verlangt, an der Stelle x_0 den Wert y_0 an. Setzt man in $f(x)$ nun $x = x_1$ und berücksichtigt, dass $f(x_1) = y_1$ sein soll, so erhält man

$$f(x_1) = y_1 = y_0 + a_1(x_1 - x_0) \, .$$

Hieraus lässt sich a_1 bestimmen:

$$a_1 = \frac{y_1 - y_0}{x_1 - x_0}$$

Die weitere Berechnung, bzw. die gesamte Rechnung führt man mit Hilfe des einfachen dreieckigen Rechenschemas aus:

---

[1] interpolare (lat.) dazwischenschalten

4.1 Funktionen

i	x_i	y_i
0	x_0	y_0
1	x_1	y_1
2	x_2	y_2
3	x_3	y_3

$$a_1 = \frac{y_1 - y_0}{x_1 - x_0}$$

$$b_1 = \frac{y_2 - y_1}{x_2 - x_1}$$

$$c_1 = \frac{y_3 - y_2}{x_3 - x_2}$$

$$a_2 = \frac{b_1 - a_1}{x_2 - x_0}$$

$$b_2 = \frac{c_1 - b_1}{x_3 - x_1}$$

$$a_3 = \frac{b_2 - a_2}{x_3 - x_0}$$

usw. (siehe Beispiel 4.35).

BEISPIEL

4.35 In der Beizanlage eines Stahlwerkes wird zwischen dem prozentualen Schwefelsäuregehalt und der Dichte der Beizflüssigkeit folgender Zusammenhang gemessen:

Schwefelsäure-Gehalt (in %) ($= x$)	0	5	10	20
Dichte (in kg/dm^3) ($= y$)	1,0000	1,0355	1,0718	1,1468

Bestimmen Sie das Polynom niedrigsten Grades, dass diesen Zusammenhang herstellt.

Lösung: Da die Wertetabelle vier Messungen umfasst, ist zunächst mit einem Polynom 3. Grades zu rechnen. Die Rechnung wird mit Hilfe des dreieckigen Rechenschemas durchgeführt.

i	x_i	y_i
0	0	1,0000
1	5	1,0355
2	10	1,0718
3	20	1,1468

$$\frac{0,0355}{5} = 0,0071$$

$$\frac{0,00016}{10} = 0,000016$$

$$\frac{0,0363}{5} = 0,00726 \qquad \frac{0}{20} = 0$$

$$\frac{0,00024}{15} = 0,000016$$

$$\frac{0,0750}{10} = 0,0075$$

$a_0 = 1;$ $\quad a_1 = 0,0071$ $\quad a_2 = 0,000016$ $\quad a_3 = 0$

184 4 Funktionen und Gleichungen

Das letzte Ergebnis bedeutet, dass der geforderte Zusammenhang bereits durch ein Polynom 2. Grades hergestellt wird. Einsetzen in (4.8) ergibt:

$$y = f(x) = 1 + 0,0071\ (x-0) + 0,000016\ (x-0)(x-5)$$

und nach Auflösen der Klammern und Zusammenfassen gleicher Potenzen der Veränderlichen:

$$y = f(x) = 0,000016x^2 + 0,00702x + 1 \qquad \blacksquare$$

AUFGABEN

4.55 Ermitteln Sie das Polynom, das folgende Punkte enthält:
$P_1(1,0;1,3)$, $P_2(2,0;-1,3)$, $P_3(3,0;-3,1)$

4.56 Desgl. für $P_1(-05;-6,3)$, $P_2(1,5;7,38)$, $P_3(2,5;17,82)$

4.57 Desgl. für $P_1(-1,6;14,176)$, $P_2(-0,4;3,616)$, $P_3(0,8;3,424)$ $P_4(2,5;20,9)$

4.58 Desgl. für $P_1(-0,4;-6,3)$, $P_2(0,8;-1,38)$, $P_3(1,2;1,86)$ $P_4(2,4;29,82)$

4.59 Desgl. für $P_1(1,0;-2,2)$, $P_2(2,0;-10,0)$, $P_3(3,0;-13,0)$ $P_4(4,0;-4,0)$, $P_5(5,0;24,2)$

4.1.4.4 Gebrochenrationale Funktionen

Gebrochenrationale Funktionen entstehen, wenn im Zähler und im Nenner eines Quotienten je eine ganzrationale Funktion (Polynom) steht.

$$y = f(x) = \frac{g(x)}{h(x)} = \frac{a_n x^n + a_{n-1} x^{n-1} + \ldots + a_3 x^3 + a_2 x^2 + a_1 x + a_0}{b_m x^m + b_{m-1} x^{m-1} + \ldots + b_3 x^3 + b_2 x^2 + b_1 x + b_0} \qquad (4.9)$$

Die Funktion $f(x)$ besitzt Eigenschaften, die bereits in den vorherigen Abschnitten behandelt wurden und weitere Eigenschaften, die hier vorgestellt werden sollen. Ein wichtiges Unterscheidungsmerkmal ist der Vergleich zwischen dem Grad des Zählers und dem Grad des Nenners. Ist $n \geq m$ sprechen wir von einer *unecht gebrochenrationalen Funktion*, bei $n < m$ ist die *Funktion echt gebrochen* (Der Vergleich ist aus der Bruchrechnung bekannt, man vergleicht aber in diesem Fall die höchsten Exponenten des Arguments x im Zähler und Nenner!). Die einfachsten gebrochenrationalen Funktionen sind die Potenzfunktionen (s. Abschnitt 4.1.5), die hier nur wegen der neuen Eigenschaften kurz dargestellt werden sollen.

$$y = f(x) = x^k, \qquad k \in \mathbf{Z}\setminus\{0\}$$

Da wir gebrochenrationale Funktionen betrachten wollen, muss $k < 0$ sein. Wenn k aber negativ ist ($k = -n$), gilt nach den Gesetzen der Elementarmathematik

$$y = f(x) = x^{-n} = \frac{1}{x^n}$$

Da der Nenner der Funktion an der Stelle $x = 0$ auch durch die Potenzierung mit n Null bleibt, ergibt sich eine unerlaubte Division durch 0. Das bedeutet, dass diese Potenzfunktionen für $x = 0$ nicht definiert sind. Dies ist auch aus den beiden Abbildungen (Bilder 4.45 und 4.46) ersichtlich. Die dargestellten Graphen, auch Hyperbeläste genannt, liegen für gerades n axialsymmetrisch zur y-Achse und für ungerades n zentralsymmetrisch oder punktsymmetrisch zum Ursprung.

4.1 Funktionen

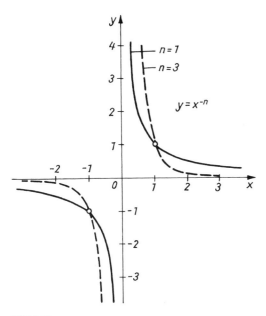

Bild 4.45

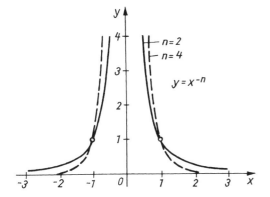

Bild 4.46

Eine genaue Untersuchung des Verhaltens der Funktion für sehr großes und sehr kleines x soll hier nicht durchgeführt werden, da dies schneller und besser mit der Grenzwertberechnung durchgeführt werden kann (s. Kapitel 6). Man stellt lediglich bei einer eingehenden Betrachtung fest, dass sich alle Hyperbeläste bei betragsmäßig großen Argumentwerten der x-Achse nähern, sie jedoch niemals erreichen, da der Quotient der Funktion zwar sehr klein, aber nicht 0 wird. Diese stetige Annäherung an die x-Achse bezeichnet man in der Mathematik als *asymptotisch*, die Gerade $y = 0$, also die x-Achse heißt deshalb auch *Asymptote*[1]

---

[1] Asymptote kommt aus dem Griechischen und bedeutet: die Zusammenfallende. Es ist eine Gerade, die sich einer Kurve unbegrenzt nähert, ohne sie je zu erreichen.

der dargestellten Funktion. Das Verhalten der Funktion in der Nähe der Stelle $x = 0$ soll ebenfalls in Kapitel 6 untersucht werden. Man stellt lediglich für betragsmäßig sehr kleine Argumentwerte fest, dass der Quotient, auch aufgrund der Potenzen, sehr schnell sehr große bzw. sehr kleine Funktionswerte annimmt, ohne dabei jedoch die y-Achse zu berühren. Auch dieses Verhalten bezeichnet man als asymptotisch, da die Funktionswerte jedoch gegen $+\infty$ bzw. $-\infty$ streben, bezeichnet man diese Asymptote mit einem speziellen Namen, sie heißt *Pol* der Funktion, die Stelle $x = 0$ dementsprechend *Polstelle* (s. Kapitel 6). Haben die Funktionswerte links und rechts des Pols gleiches Vorzeichen, bezeichnet man den Pol auch als geraden Pol, sind die Vorzeichen unterschiedlich, ist es ein ungerader Pol.

Durch die Polstelle wird der Graph der Funktion an einer beliebigen Stelle des Definitionsbereiches unterbrochen, die gesamte Funktion ist daher unstetig. Der Begriff der Unstetigkeit wird in Kapitel 6 behandelt.

Für unsere weitere Betrachtung muss zunächst erst einmal Folgendes gelten:

Eine gebrochenrationale Funktion $y = f(x) = \dfrac{g(x)}{h(x)}$ ist überall dort nicht definiert, wo der Nenner $h(x) = 0$ wird, also verschwindet.

Zerlegung einer unecht gebrochenrationalen Funktion

Ähnlich wie in der Elementarmathematik die Umwandlung eines unechten Bruches in eine ganze Zahl und in einen echten Bruch möglich ist, kann in diesem Fall eine unecht gebrochenrationale Funktion in einen ganzrationalen Teil und in einen echt gebrochenrationalen Teil zerlegt werden. Die dazu notwendige Rechenoperation ist die Polynomdivision (s. Kapitel 2). Diese Zerlegung ist eine wichtige Rechenoperation, da sie die Möglichkeit bietet, die Asymptoten einer solchen unecht gebrochenrationalen Funktion zu ermitteln. Der erhaltene ganzrationale Teil ist grundsätzlich die Asymptote der Ursprungsfunktion, der echt gebrochenrationale Teil kann mitunter bei der Grenzwertberechnung (s. Kapitel 6) behilflich sein.

BEISPIEL

4.36 a) Die Funktion $y = f(x) = \dfrac{x^3 - 4x + 8}{4x - 8}$ ist mit Hilfe der Polynomdivision zu zerlegen! Bestimmen Sie die Asymptote der Funktion!

b) Desgleichen $y = f(x) = \dfrac{x^2 + 3x + 1}{x^2 + 1}$

Lösung: zu a) Durch Polynomdivision erhält man:

$$(x^3 - 4x + 8) : (4x - 8) = \frac{1}{4}x^2 + \frac{1}{2}x + \frac{8}{4x - 8}$$

Der ganzrationale Teil, hier eine quadratische Funktion, ist die Asymptote der Ursprungsfunktion. Sie lautet $y_A = \dfrac{1}{4}x^2 + \dfrac{1}{2}x$

4.1 Funktionen

Lösung: zu b) Die aus der Polynomdivision gewonnene Form lautet:

$$(x^2 + 3x + 1) \div (x^2 + 1) = 1 + \frac{3x}{x^2 + 1}$$

Die Asymptote ist in diesem Fall eine Parallele zur x-Achse im Abstand +1, da der ganzrationale Teil den Wert 1 ergeben hat, also $y_A = 1$. ∎

Eine weitergehende Untersuchung kann hier nicht durchgeführt werden. Sie ist erst möglich, wenn Kenntnisse aus der „höheren Mathematik" (s. [1] Abschnitt 1.5) vorhanden sind. Zum Abschluss dieses Abschnittes sollen noch einige gebrochenrationale Funktionen gezeigt werden. Am einfachsten sind gebrochenrationale Funktionen darzustellen, die im Zähler und Nenner je einen linearen Term haben. Dabei sollten jedoch nur solche Funktionen betrachtet werden, bei denen an einer beliebigen Stelle x_0 nicht Zähler und Nenner gleichzeitig verschwinden. Diese Funktionen haben dann jeweils nur einen ungeraden Pol und eine horizontale Asymptote, die sich aus der Funktionsgleichung sofort ablesen lassen.

BEISPIELE

4.37 Die Funktionen a) $y = f(x) = \dfrac{4x + 2}{2x + 4}$ und b) $y = f(x) = \dfrac{5}{5x + 5}$ sind graphisch darzustellen.

Lösung: Der Einfachheit halber sollen von beiden Funktionen die wichtigsten Eigenschaften in Form einer Tabelle aufgelistet werden. Um die Berechnung der sogenannten charakteristischen Eigenschaften möge sich der Leser selbst Gedanken machen!

	Funktion a)	Funktion b)
Definitionsbereich	$D(f) = \mathbf{R} \setminus \{-2\}$	$D(f) = \mathbf{R} \setminus \{-1\}$
Wertebereich	$W(f) = \mathbf{R} \setminus \{2\}$	$W(f) = \mathbf{R} \setminus \{0\}$
Nullstellen, $y = 0$	$x_N = -\frac{1}{2}$	keine Nullstelle
Schnittpunkt mit der y-Achse, $x = 0$	$y_S = \frac{1}{2}$	$y_S = 1$
Pol	$x_P = -2$ (ungerade)	$x_P = -1$ (ungerade)
Asymptote	$y_A = 2$	$y_A = 0$
Symmetrie	unsymmetrisch	unsymmetrisch
graphische Darstellung	Bild 4.47a	Bild 4.47b

4.38 Die beiden Funktionen aus Beispiel 4.36 sind graphisch darzustellen, des Weiteren die Funktion $y = f(x) = \dfrac{2x - 2}{x^2 - 2x - 3}$, die im Gegensatz zu den beiden erstgenannten Beispielen eine echt gebrochenrationale Funktion darstellt.

Lösung: Die graphischen Darstellungen der drei Funktionen zeigen die Bilder 4.48 bis 4.50.

188 4 Funktionen und Gleichungen

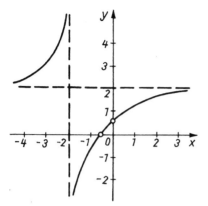

Bild 4.47a

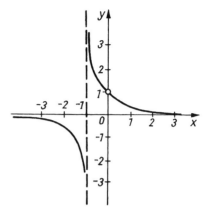

Bild 4.47b

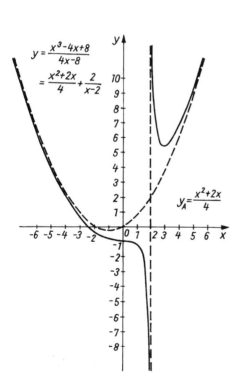

Bild 4.48

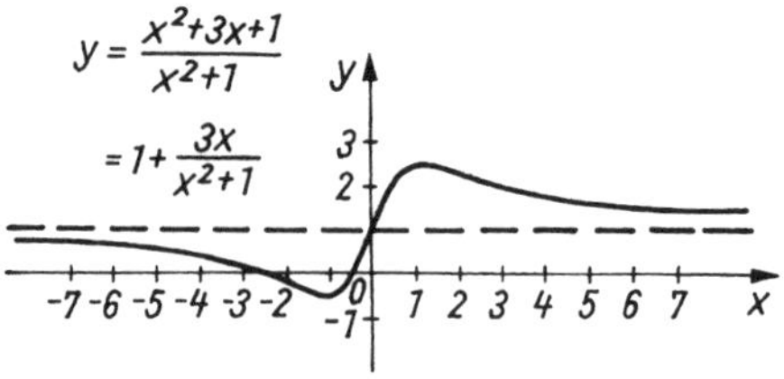

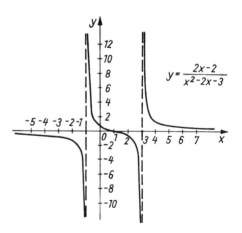

Bild 4.49

Bild 4.50

4.1 Funktionen

Die in Bild 4.48 (Beispiel 4.36 a) dargestellte Funktion hat eine quadratische Asymptote, einen ungeraden Pol bei $x = 2$, eine Nullstelle bei $x \approx -2{,}65$ und einen Schnittpunkt mit der y-Achse bei $y = -1$. Die Darstellung besteht aufgrund der Polstelle aus zwei Kurvenabschnitten.

Die in Bild 4.49 (Beispiel 4.36 b) hat eine Asymptote bei $y_A = 1$, sie kann keine Polstelle besitzen, da der Nenner $x^2 + 1$ für reelles x verschieden von Null ist. Eine Besonderheit besitzt diese Funktion. Während die zu einer Polstelle gehörende Gerade (y-Achse oder Parallele zur y-Achse) niemals berührt oder geschnitten werden kann, ist dies bei einer Asymptote möglich. Im Punkt $P(0;1)$ wird die Asymptote vom Graphen der Funktion geschnitten. Aufgrund der quadratischen Funktion im Zähler kann man zwei Nullstellen ermitteln.

Die in Bild 4.50 abgebildete Funktion besteht aufgrund der beiden ungeraden Pole aus drei Kurventeilstücken. Die Asymptote $y_A = 0$ wird bei $x = 1$ geschnitten, wobei der Schnittpunkt gleichzeitig die Nullstelle ist. ∎

AUFGABEN

4.60. Bestimmen Sie von den folgenden Funktionen Nullstellen, Schnittpunkt mit der y-Achse, Pole, Asymptote, Definitionsbereich, Wertebereich und stellen Sie die Funktionen graphisch dar!

a) $y = \dfrac{4}{2x+5}$ b) $y = \dfrac{2x}{3x-5}$ c) $y = \dfrac{2x+4}{x-4}$ d) $y = \dfrac{4-2x}{2x+2}$

4.61 Desgleichen, aber ohne graphische Darstellung

a) $y = \dfrac{3}{6-3x}$ b) $y = \dfrac{4x+8}{4-2x}$ c) $y = \dfrac{2x^2+1}{x^2-2x+1}$

d) $y = \dfrac{2x^2-4x}{3x^2+6}$ e) $y = \dfrac{2x^2-3x+1}{4x^2-6x-4}$ f) $y = \dfrac{3x}{x^4-8x+16}$

4.1.5 Potenz- und Wurzelfunktionen

4.1.5.1 Potenzfunktionen

Im Hinblick auf die Darstellung ihrer Umkehrfunktionen betrachten wir die speziellen rationalen Funktionen

$$y = f(x) = x^n, \quad n \in \mathbb{Z}, \quad x \in \mathbb{R}.$$

> Eine Funktion in der Form einer Potenz, bei der der *Exponent konstant* und die *Basis veränderlich* ist, heißt **Potenzfunktion**.

Beispiele von Potenzfunktionen sind: $y = x^1$; $y = x^2$; $y = x^3$; $y = x^{-1}$; $y = x^{-2}$ usw.

Die Potenzfunktion $y = x^1$ ist ein Sonderfall. Es handelt sich hier um die Gerade, die den I. und III. Quadranten halbiert und einen Anstieg von 1 besitzt.

190   4 Funktionen und Gleichungen

Die Graphen der Potenzfunktion $y = f(x) = x^n$

1. *Die Potenzfunktion* $y = f(x) = x^n$ *für positives gerades n.*

BEISPIEL

4.39 $y = x^2$; $y = x^4$; $y = x^6$.

Lösung: Die graphische Darstellung der Kurven in einem gemeinsamen Achsenkreuz ergibt die Kurvenschar im Bild 4.51.

Gemeinsame Eigenschaften:
– Alle Kurven verlaufen im I. und II. Quadranten axialsymmetrisch zur y-Achse und sind nach unten beschränkt.
– Die Scheitel (Minima) aller Kurven liegen im Koordinatenursprung, der Scheitelpunkt ist gleichzeitig Nullstelle.
– Alle Kurven durchlaufen die Punkte $P(1; 1)$ und $P(-1; 1)$.
– Alle Kurven sind für $x < 0$ streng monoton fallend und für $x > 0$ streng monoton steigend. ∎

2. *Die Potenzfunktion* $y = f(x) = x^n$ *für positives ungerades n*

BEISPIEL

4.40 $y = x^1$; $y = x^3$; $y = x^5$.

Lösung: Die graphische Darstellung der Kurven in einem gemeinsamen Achsenkreuz ergibt die Kurvenschar im Bild 4.52.

Gemeinsame Eigenschaften:
– Alle Kurven verlaufen im I. und III. Quadranten oder punktsymmetrisch zum Koordinatenursprung.
– Alle Kurven besitzen einen Wendepunkt[1] im Koordinatenursprung (Ausnahme die Gerade $y = x$), der Wendepunkt ist gleichzeitig Nullstelle.
– Alle Kurven durchlaufen die Punkte $P(1; 1)$ und $P(-1; -1)$.
– Alle Kurven sind für den gesamten Definitionsbereich streng monoton steigend. ∎

Die Kurven aller Potenzfunktionen $y = f(x) = x^n$ für positives n sind Parabeln.

3. *Die Potenzfunktion* $y = f(x) = x^n$ *für negatives gerades n.*

BEISPIEL

4.41 $y = f(x) = x^{-2}$; $y = f(x) = x^{-4}$; $y = f(x) = x^{-6}$.

---

[1] Ein Wendepunkt ist ein Kurvenpunkt, bei dem die Kurve von konvexer zu konkaver Krümmung bzw. von konkaver zu konvexer Krümmung übergeht (s. [1], Abschnitt 2.5.2)

4.1 Funktionen 191

Lösung: Wenn sich die unabhängige Veränderliche x dem Wert 0 nähert, wächst der Funktionswert $y = x^n$ über alle Grenzen. An dieser Stelle $x = 0$ besitzen die Funktionen Polstellen (siehe Grenzwerte, Kapitel 6). Die graphische Darstellung der Kurven in einem gemeinsamen Achsenkreuz ergibt die Kurvenschar im Bild 4.53.

Gemeinsame Eigenschaften:

– Alle Kurven verlaufen im I. und II. Quadranten axialsymmetrisch zur y-Achse.
– Alle Kurven nähern sich für große Absolutwerte von x asymptotisch der Abszisse, für kleine Absolutwerte von x asymptotisch der y-Achse.
– Alle Kurven durchlaufen die Punkte $P(1; 1)$ und $P(-1; 1)$.
– Im II. Quadranten sind die Kurvenäste streng monoton steigend, im I. Quadranten sind die Kurvenäste streng monoton fallend.
– Diese Funktionen besitzen keine Nullstellen. ∎

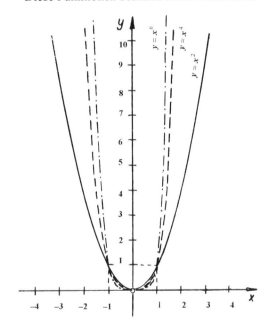

Bild 4.51

4. *Die Potenzfunktion* $y = f(x) = x^n$ *für negatives ungerades* n.

BEISPIEL

4.42 $y = f(x) = x^{-1}$; $y = f(x) = x^{-3}$; $y = f(x) = x^{-5}$.

Lösung: Die graphische Darstellung der Kurven in einem gemeinsamen Achsenkreuz ergibt die Kurvenschar im Bild 4.54.

Gemeinsame Eigenschaften:

– Alle Kurven verlaufen im I. und III. Quadranten punktsymmetrisch zum Koordinatenursprung.

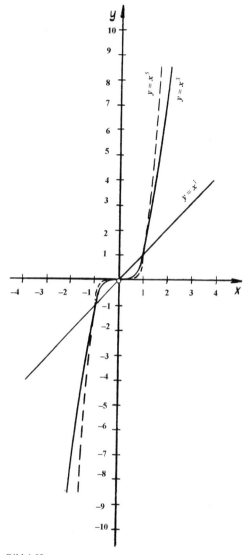

Bild 4.52

- Alle Kurven nähern sich für große Absolutwerte von x asymptotisch der Abszisse, für kleine Absolutwerte von x asymptotisch der y-Achse.
- Alle Kurven durchlaufen die Punkte $P(1; 1)$ und $P(-1; -1)$.
- Beide Kurvenäste sind streng monoton fallend.
- Diese Funktionen besitzen keine Nullstellen. ∎

Die Kurven aller Potenzfunktionen $y = f(x) = x^n$ für negatives n heißen Hyperbeln.

4.1 Funktionen

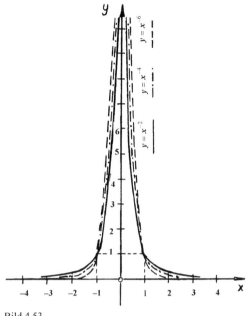

Bild 4.53

4.1.5.2 Wurzelfunktionen

In der Gleichung $b = \sqrt[n]{a}$ sei der Radikand a eine veränderliche Zahl und n eine feste natürliche Zahl; dann ist auch der Wurzelwert b veränderlich. Schreibt man für die veränderlichen Zahlen a und b wie üblich x und y, so geht die Gleichung über in

$$y = f(x) = \sqrt[n]{x}$$

Diese Funktion bezeichnet man als Wurzelfunktion. Man beachte, dass hier sowohl bei geradem n als auch bei ungeradem n für $x \geq 0$ nur der positive Wurzelwert in Frage kommt.

Die Graphen der Wurzelfunktion $y = f(x) = \sqrt[n]{x}$

1. *Die Wurzelfunktion* $y = f(x) = \sqrt[n]{x}$ *für natürliches gerades n.*

BEISPIEL

4.43 $\quad y = f(x) = \sqrt{x}; \quad y = f(x) = \sqrt[4]{x}; \quad y = f(x) = -\sqrt{x}; \quad y = f(x) = -\sqrt[4]{x}.$

Lösung: Die graphische Darstellung der Kurven des Beispiels 4.43 in einem gemeinsamen Koordinatensystem ergibt die Kurvenschar im Bild 4.55.

Gemeinsame Eigenschaften:
– Die Kurven der Funktionen $y = \sqrt[n]{x}$ verlaufen im I. Quadranten; die Kurven der Funktionen $y = -\sqrt[n]{x}$ verlaufen im IV. Quadranten. Die Kurven der Funktionen $y = \sqrt[n]{x}$ liegen in Bezug auf die x-Achse symmetrisch zu den Kurven der Funktionen $y = -\sqrt[n]{x}$.

194   4 Funktionen und Gleichungen

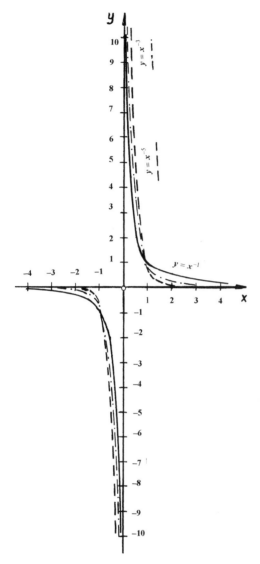

Bild 4.54

– Alle Kurven der Funktionen $y = \sqrt[n]{x}$ verlaufen durch die Punkte $P(0; 0)$, gleichzeitig Nullstelle, und $P(1; 1)$; alle Kurven der Funktion $y = -\sqrt[n]{x}$ gehen durch die Punkte $P(0; 0)$, gleichzeitig Nullstelle, und $P(1; -1)$. ∎

2. *Die Wurzelfunktion* $y = f(x) = \sqrt[n]{x}$ *für natürliches ungerades n.*

4.1 Funktionen

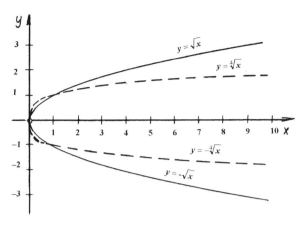

Bild 4.55

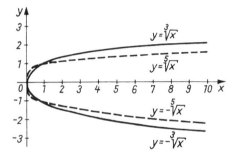

Bild 4.56

BEISPIEL

4.44 $y = f(x) = \sqrt[3]{x}$; $y = f(x) = \sqrt[5]{x}$; $y = f(x) = -\sqrt[3]{x}$; $y = f(x) = -\sqrt[5]{x}$.

Lösung: Die Graphen des Beispiels sind im Bild 4.56 wiedergegeben.

Die Kurven der beiden ersten Funktionen verlaufen im I. Quadranten, die Kurven der beiden anderen Funktionen werden durch Spiegelung an der x-Achse erhalten.

Neben der einfachen Wurzelfunktion $y = \sqrt[n]{x}$ könnte man noch weitere Funktionsarten der Wurzelfunktionen betrachten, wie etwa $y = \sqrt[n]{ax+b}$, deren Definitions- und Wertebereich sowie Eigenschaften aus denen der Funktion $y = \sqrt[n]{x}$ abgeleitet werden können.

AUFGABEN

4.62 Die folgenden Funktionen sind graphisch darzustellen. Bestimmen Sie weiterhin den größtmöglichen Definitionsbereich und den Wertebereich, die Nullstellen bzw. Berührungsstellen mit der x-Achse und den Schnittpunkt mit der y-Achse.

a) $y = f(x) = \sqrt{2x}$ b) $y = f(x) = 1 - \sqrt{2x+3}$ c) $y = f(x) = 2 - \sqrt{5-3x}$
d) $y = f(x) = -\sqrt{2{,}5-x}$ e) $y = f(x) = 1 + \sqrt{6-3x}$ f) $y = f(x) = \sqrt{2{,}5x+5}$

4.63 Für die unter 4.62 genannten Aufgaben sind die Funktionsgleichungen für die Spiegelung an der x-Achse und an der y-Achse aufzustellen! Stellen Sie des Weiteren diese Funktionen graphisch dar.

4.64 Für die unter 4.63 genannten Aufgaben sind die Umkehrfunktionen analytisch zu ermitteln und graphisch darzustellen!

4.1.6 Exponential- und Logarithmusfunktionen

4.1.6.1 Exponentialfunktionen

Wie schon in vorhergehenden Abschnitten dargestellt, unterteilt man Funktionen (und Gleichungen) in verschiedene Gruppen, um ihnen jeweils markante Merkmale zuordnen zu können. In diesem Abschnitt sollen die Exponentialfunktionen dargestellt und ihre wichtigsten Eigenschaften vorgestellt werden. Die Exponentialfunktionen und ihre Umkehrfunktionen, die Logarithmusfunktionen, haben aufgrund ihrer Anwendung in Naturwissenschaft und Technik große Bedeutung. Dabei werden die logarithmischen Funktionen mit der Basis 10 immer mehr in den Hintergrund gedrängt, da in der Natur ablaufende Vorgänge als Basis die EULERsche Zahl e haben.

Die in Abschnitt 4.1.5 behandelten Potenzfunktionen $y = x^n$ haben einen konstanten Exponenten $n = \ldots, -3, -2, -1, +1, +2, +3, \ldots$ und eine variable Basis x. Bei den in diesem Abschnitt zu behandelnden Exponentialfunktionen, allgemein dargestellt in der Form

$$y = f(x) = a^x \qquad (a > 0,\ a \neq 1,\ x \in \mathbf{R})$$

ist die Basis a ein konstanter Wert und der Exponent x die variable Größe. Dabei muss festgelegt werden, dass die Basis $a > 0$ und $a \neq 1$ ist (für $a < 0$ wären nur ganzzahlige Exponenten x zugelassen, d. h. der Definitionsbereich könnte kein zusammenhängendes Intervall umfassen).

> Eine Funktion f von der Form einer Potenz, bei der die Basis konstant und der Exponent veränderlich sind, heißt Exponentialfunktion.

Die Kurven der Exponentialfunktion $\quad y = f(x) = a^x \quad x \in \mathbf{R}$

BEISPIEL

4.45 $\quad y = f(x) = 2^x; \quad y = f(x) = 3^x; \quad y = f(x) = \left(\dfrac{1}{2}\right)^x; \quad y = f(x) = \left(\dfrac{1}{3}\right)^x.$

Lösung: Graphische Darstellung der Kurvenschar, Bild 4.57

Gemeinsame Eigenschaften:

1. Alle Graphen verlaufen im I. und II. Quadranten.

4.1 Funktionen

2. Alle Graphen der Exponentialfunktionen mit einer Basis >1 nähern sich für große negative Werte von x asymptotisch der x-Achse. Auch die Exponentialfunktionen mit der Basis <1 nähern sich für große positive Werte von x asymptotisch der x-Achse.

3. Alle Graphen durchqueren den Punkt $P(0;1)$. ∎

Allgemein gilt:

> Die Exponentialfunktion $y = f(x) = a^x$ ist für $a > 1$ streng monoton steigend und für $a < 1$ streng monoton fallend.

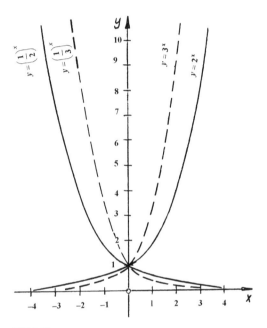

Bild 4.57

Die Kurven der Exponentialfunktionen

BEISPIEL

4.46 $y = f_1(x) = e^x$; $y = f_2(x) = e^{-x}$; $y = f_3(x) = -e^x$; $y = f_4(x) = -e^{-x}$ $x \in R$

Lösung: In den weiteren Betrachtungen werden diese Funktionen als die „charakteristischen" e-Funktionen bezeichnet. Graphische Darstellung der Kurvenschar, Bild 4.58

Gemeinsame Eigenschaften:

1. Alle Graphen haben einen charakteristischen Punkt, für die positiven e-Funktionen ist das der Punkt $P(0;1)$, für die negativen e-Funktionen $P(0;-1)$.

2. Die Funktionen besitzen keine Nullstellen, sie nähern sich jedoch für sehr große $|x|$ entweder nach Durchquerung des charakteristischen Punktes asymptotisch der x-Achse, ohne sie im endlichen Bereich zu berühren oder sie streben gegen unendlich.

z. B. $f_2(x) = e^{-x}$: $e^{-x} \to 0$ für $x \to \infty$; $e^{-x} \to +\infty$ für $x \to -\infty$ (siehe Abschnitt 6.2.2)

3. Die Funktionen f_1 und f_2 sowie f_3 und f_4 liegen spiegelsymmetrisch zur y-Achse. Die Funktionen f_1 und f_3 sowie f_2 und f_4 liegen spiegelsymmetrisch zur x-Achse.

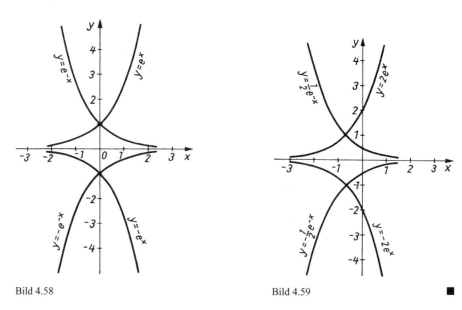

Bild 4.58   Bild 4.59

Die Kurven der Exponentialfunktionen $y = f(x) = a \cdot e^x$ und $y = f(x) = a \cdot e^{-x}$ $a \in \mathbf{R}$

BEISPIEL

4.47 $y = f_1(x) = 2e^x$; $y = f_2(x) = \dfrac{1}{2}e^{-x}$; $y = f_3(x) = -2e^x$; $y = f_4(x) = -\dfrac{1}{2}e^{-x}$

Lösung: Graphische Darstellung der Kurvenschar Bild 4.59

Eigenschaften der Kurvenschar:

Gegenüber den vorher beschriebenen Kurven lässt sich eine wichtige Besonderheit aus der Abbildung 4.59 entnehmen. Der charakteristische Schnittpunkt mit der y-Achse wird aufgrund des Faktors a um diesen Faktor verschoben. Dies ist auch verständlich, da bei $x = 0$ die Funktion $y = a \cdot e^x$ den Wert a annimmt und nicht 1. Ist $0 < a < \infty$, so erfolgt eine Verschiebung des charakteristischen Schnittpunktes vom Koordinatenursprung in positiver Richtung der y-Achse um den Wert a, der Schnittpunkt mit der y-Achse ist also $P(0;a)$. Für $-\infty < a < 0$ erfolgt eine Verschiebung des charakteristischen Schnittpunktes vom Koordinatenursprung in negativer Richtung der y-Achse um den Wert $|a|$, der Schnittpunkt mit der y-Achse ist also $P(0;-a)$.

AUFGABEN

4.65 Der radioaktive Zerfall wird durch folgende Funktion beschrieben: $N = N(t) = N_0 \cdot e^{-\lambda \cdot t}$ Die Größe λ heißt Zerfallskonstante, N_0 sind die zur Zeit $t = 0$ noch nicht zerfallenen Atomkerne, N die Anzahl der nach dem Verstreichen der Zeit t (Einheit a = Jahr) noch nicht zerfallenen Kerne. Zeichnen Sie die Funktion für den Zerfall des Radionuklids Ra 226, dessen Zerfallskonstante $\lambda = 4{,}28 \cdot 10^{-4} \frac{1}{a}$ beträgt. Die Anzahl N_0 betrage 200. Bestimmen Sie aus der Kurve die Halbwertszeit $T_{1/2}$ (die Zeit, bei der die Anzahl der Atomkerne auf die Hälfte abgesunken ist!). Definitionsbereich: $0 < t < 2000$ a, Maßstab: 1 cm = 200 a.

4.66 Die Entladung eines Kondensators erfolgt nach dem Gesetz $U = U(t) = U_0 \cdot e^{-\frac{t}{RC}}$. U_0 ist die Anfangsspannung, R der Widerstand, C eine Kapazität und t die Zeit. Zeichnen Sie die Funktion im Intervall $0 < t < 40$ s für $R = 800.000\ \Omega$, $U_0 = 50\ V$, $C = 20 \cdot 10^{-6} F$. Nach welcher Zeit t ist die Spannung auf 10 V abgesunken? Lesen Sie den Wert aus der graphischen Darstellung ab!

4.67 Zeichnen Sie folgende Kurven:

a) $y = f(x) = -3 \cdot e^{2x} + 3$ b) $y = f(x) = 0{,}5 \cdot e^{2x} - 5$

c) $y = f(x) = -2 \cdot e^{-2x} - 2$ d) $y = f(x) = 3 \cdot e^{-0{,}5x} + 2$

Bestimmen Sie aus den Darstellungen und rechnerisch die Schnittpunkte mit den Achsen!

4.68 Die folgenden Funktionen sind im Bereich $-6 < x < +6$ graphisch darzustellen. Für die Argumente x_1 und x_2 sind die Funktionswerte abzulesen.

a) $y = f(x) = 1{,}5^{-x}$ $x_1 = 2{,}5$; $x_2 = -2{,}5$

b) $y = f(x) = 2{,}5 \cdot e^{0{,}5x}$ $x_1 = 1{,}5$; $x_2 = -2{,}5$

c) $y = f(x) = -2{,}5 \cdot e^{-0{,}2x}$ $x_1 = -4$; $x_2 = 2{,}5$

4.1.6.2 Logarithmische Funktionen

Nach den Exponentialfunktionen sollen jetzt ihre Umkehrfunktionen, die Logarithmusfunktionen, in kurzer Form erläutert und graphisch dargestellt werden. Man erhält die allgemeine Form der Logarithmusfunktion aus der Umkehrung der allgemeinen Exponentialfunktion

$$y = f(x) = a^x, \quad (a > 0, a \neq 1)\ \text{D}(f) = \mathbf{R}, \quad \text{W}(f) = (0, \infty):$$

Aus $y = f(x) = a^x$ ergibt sich durch Vertauschung der Variablen und Auflösung nach y die Logarithmusfunktion zur Basis a

$$y = f^{-1}(x) = \log_a x, \quad \text{D}(f^{-1}) = (0, \infty), \quad \text{W}(f^{-1}) = \mathbf{R}.$$

Die Logarithmusfunktion ist also nur für positive Zahlen definiert.

In diesem Abschnitt soll nur die Logarithmusfunktion zur Basis e (e = 2,7182818...), der sogenannte natürliche Logarithmus, näher erläutert und graphisch dargestellt werden. Für $\log_e x$ verwendet man im Allgemeinen das kürzere Symbol $\ln x$, d. h.

$$y = \log_e x = \ln x$$

Jede Logarithmusfunktion zu einer anderen Basis a kann mit Hilfe der folgenden Formel

$$\log_a x = \frac{\ln x}{\ln a}$$

auf den natürlichen Logarithmus zurückgeführt werden.

Die Funktion $y = \ln x$ und die Funktion $y = e^x$ verhalten sich zueinander invers, d. h., es gelten die Umkehrbeziehungen $e^{\ln x} = x$ und $\ln e^x = x$. Die Graphen beider Funktionen verlaufen in einem gleichgeteilten kartesischen Koordinatensystem spiegelbildlich zur Geraden $y = x$ (s. Abschnitt 4.1.3).

Die Kurven der Logarithmusfunktionen

BEISPIEL

4.48 $\quad y = f_1(x) = \ln x; \quad y = f_2(x) = -\ln x = \ln\frac{1}{x}; \quad y = f_3(x) = \ln(-x);$

$y = f_4(x) = -\ln(-x) = \ln\left(-\frac{1}{x}\right)$

Lösung: Da der reelle Logarithmus nur für positive Zahlen definiert ist, können bei den beiden Logarithmusfunktionen f_3, f_4 mit negativem Argument nur negative reelle Zahlen eingesetzt werden, der Definitionsbereich umfasst also das Intervall $-\infty < x < 0$!

Graphische Darstellung der Kurvenschar (Standardfunktionen) Bild 4.60.

Gemeinsame Eigenschaften:

1. Die Funktionen verlaufen entweder nur im positiven oder nur im negativen Bereich der x-Achse, der Definitionsbereich ist also eingeschränkt. Für $x = 0$ sind die Funktionen ebenfalls nicht definiert, es existiert also kein Funktionswert. Alle Funktionen nähern sich für $|x| \to 0$ der Ordinatenachse.

2. Die Funktionen f_1, f_2 (positives x) verlaufen durch den Punkt $P(1;0)$, die Funktionen f_3, f_4 (negatives x) verlaufen durch den Punkt $P(-1;0)$ (Nullstellen).

3. Alle Funktionen haben einen unbegrenzten Wertebereich, aber einen eingeschränkten Definitionsbereich bezüglich der reellen x-Achse.

4. Die Funktionen f_1, f_4 sind im gesamten Definitionsbereich streng monoton steigend, die Funktionen f_2, f_3 sind im gesamten Definitionsbereich streng monoton fallend (s. Abschnitt 4.1.2b).

5. Die Funktionen f_1 und f_2 sowie f_3 und f_4 liegen zueinander spiegelbildlich bezüglich der x-Achse. Die Funktionen f_1 und f_3 sowie f_2 und f_4 liegen zueinander spiegelbildlich bezüglich der y-Achse.

4.2 Gleichungen

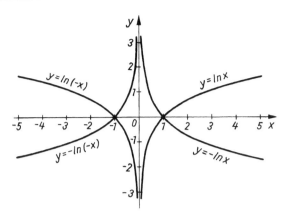

Bild 4.60

AUFGABEN

4.69 Die Funktionen a) $y = \log_2 3x$, b) $y = \log_2 x$, c) $y = \log_2 \sqrt{x}$ sind mit Hilfe des natürlichen Logarithmus darzustellen und im Koordinatensystem zu zeichnen!

4.70 Die Funktion $y = f(x) = \ln(x^2 - 1)$ ist graphisch darzustellen. Der Definitionsbereich und Wertebereich sind zu ermitteln. Bilden Sie analytisch die Umkehrfunktion!

4.71 Bilden Sie analytisch die Umkehrfunktion von

a) $u_C = f(t) = u_0 \cdot e^{-\frac{t}{\tau}}$ \qquad b) $y = f(x) = 4(1 - e^{-0,6x})$

4.72 Skizzieren Sie die folgenden Kurven:

a) $y = \ln(3,5x)$ \qquad b) $y = -2\ln(0,5x)$ \qquad c) $y = -2\ln(3 - 3x)$

d) $y = -4 - 0,5\ln(2 - 3x)$ \qquad e) $y = 2 + 2\ln(2x - 2)$

f) $y = 4\ln(2x + 3)$ \qquad g) $y = 3 - 3\ln(-3x - 3)$

4.73 Bestimmen Sie zu den in Aufgabe 4.72 gegebenen Funktionen

a) Nullstellen, Schnittpunkte mit der y-Achse, Asymptoten, Definitionsbereich und Wertebereich!

b) Bilden Sie die Umkehrfunktionen und ermitteln Sie Definitionsbereich und Wertebereich!

4.2 Gleichungen

Der Begriff einer mathematischen Gleichung ist in Abschnitt 2.4.1 ausführlich beschrieben. In diesem Abschnitt sollen nun die verschiedenen Methoden zur Lösung von Gleichungen eingehend dargestellt und an zahlreichen Beispielen durchgeführt werden. Dabei ergeben sich diese Gleichungen z. B. aus der Bestimmung von Nullstellen der zuvor eingeführten elementaren Funktionen.

4.2.1 Gleichungen 1. Grades

Begriff der Bestimmungsgleichung 1. Grades; Lösung; Allgemeine Form

Unter einer algebraischen Gleichung 1. Grades mit einer Unbekannten versteht man eine Bestimmungsgleichung, die die Unbekannte oder Variable in erster Potenz enthält. Diese Gleichungen werden in der Literatur auch als „*lineare Gleichungen*" bezeichnet.

> Eine Gleichung der Form $ax + b = 0$, in der a und b beliebige Konstanten ($a \neq 0$) bedeuten, heißt die allgemeine Form der Gleichung 1. Grades einer Unbekannten; a und b heißen die Koeffizienten der Gleichung.

Setzt man in einer Bestimmungsgleichung für die Unbekannte einen speziellen Wert ein, so erhält man entweder eine identische Gleichung oder einen Widerspruch. Zum Beispiel wird die Gleichung $x + 4 = 7$ durch den speziellen Wert $x = 3$ erfüllt. 3 heißt die Lösung der Gleichung $x + 4 = 7$.

> Ein spezieller Wert der Unbekannten, der eine Bestimmungsgleichung erfüllt, heißt Lösung der Gleichung.

Numerische Lösung von Gleichungen 1. Grades mit einer Unbekannten

BEISPIEL

4.49 $5x - 2 = 2x + 10$

Lösung: Man versucht zunächst, durch beiderseitige Addition oder Subtraktion gleicher Zahlen zu erreichen, dass auf der linken Seite nur Glieder, die die Unbekannte enthalten (lineare Glieder), und auf der rechten Seite nur absolute Glieder stehen. Dazu wird auf beiden Seiten der Gleichung der Term $+2 - 2x$ hinzugefügt.

$$5x - 2 = 2x + 10 \qquad |+2 - 2x$$
$$5x - 2 + 2 - 2x = 2x + 10 + 2 - 2x$$

Auf der linken Seite der Gleichung heben sich durch diese Rechenoperation die absoluten Glieder und auf der rechten Seite die linearen Glieder auf und man erhält durch Zusammenfassen:

$$3x = 12 \qquad |:3$$

Die Unbekannte x erhält man, indem man beiderseits durch die Zahl 3 teilt:

$$\frac{3x}{3} = \frac{12}{3}$$

Durch Kürzen erhält man für die Lösung der Unbekannten x

$$x = 4 \qquad \blacksquare$$

4.2 Gleichungen

Allgemein ergeben sich für die Umformung einer Gleichung, bzw. dem Auflösen einer Gleichung nach der Unbekannten x folgende Sachverhalte:

> In einer Gleichung darf ein Summand mit umgekehrten Vorzeichen auf die andere Seite gebracht werden.
>
> In einer Gleichung darf eine Zahl, die als Faktor (bzw. Divisor) einer Seite auftritt, als Divisor (bzw. Faktor) der anderen Seite geschrieben werden, sofern der Faktor $\neq 0$ ist.

Probe auf die richtige Lösung:

Setzt man in einer Bestimmungsgleichung für die Unbekannte die richtige Lösung ein, so erhält man eine *identische Gleichung*; setzt man ein falsches Ergebnis ein, so erhält man einen *Widerspruch*.

Es ist notwendig, dass die Probe unbedingt mit der *Ausgangsgleichung* vorgenommen wird. Setzt man den für die Unbekannte ermittelten Wert an einer anderen Stelle des Lösungsganges ein, so wird die Probe damit entwertet.

Für das Beispiel verläuft die Probe folgendermaßen:

$$5 \cdot 4 - 2 = 2 \cdot 4 + 10$$
$$20 - 2 = 8 + 10$$
$$18 = 18$$

Das ist eine identische Gleichung; die Gleichung ist richtig gelöst.

BEISPIELE

4.50 $ax + b^2 = a^2 - bx$

Lösung:

$$ax + b^2 = a^2 - bx \qquad |+bx - b^2$$
$$ax + bx = a^2 - b^2$$
$$x(a+b) = (a+b)(a-b) \qquad |:(a+b) \qquad a+b \neq 0$$
$$x = \frac{(a+b)(a-b)}{(a+b)}$$
$$x = a - b$$

Im Falle $a + b = 0$, d.h. $b = -a$ ergibt sich eine identischen Gleichung.

Probe: $a(a-b) + b^2 = a^2 - b(a-b)$

$$a^2 - ab + b^2 = a^2 - ab + b^2$$

Die Gleichung ist richtig gelöst. ∎

4.51 $3x - (2x - 5) + (7 + 4x) - (7x + 8) - 3 = 0$

Lösung:

Klammern auflösen! $3x - 2x + 5 + 7 + 4x - 7x - 8 - 3 = 0$

Ordnen! $\qquad\qquad\qquad\qquad 3x - 2x + 4x - 7x = -5 - 7 + 8 + 3$

Zusammenfassen! $\qquad\qquad\qquad\qquad\qquad -2x = -1 \qquad\qquad |:(-2)$

$$x = \frac{1}{2}$$

Probe: $\quad 3 \cdot \frac{1}{2} - \left(2 \cdot \frac{1}{2} - 5\right) + \left(7 + 4 \cdot \frac{1}{2}\right) - \left(7 \cdot \frac{1}{2} + 8\right) - 3 = 0$

$$\frac{3}{2} - (-4) + (+9) - \left(+\frac{23}{2}\right) - 3 = 0$$

$$\frac{3}{2} + 4 + 9 - \frac{23}{2} = 0 \quad\Rightarrow\quad 0 = 0$$

Die Gleichung ist richtig gelöst. ∎

4.52 $5ax - [5b - (bx - 6a) - (2bx - 3ax - b) - 2a] = 0$

Lösung: Klammern von innen nach außen auflösen!

$5ax - [5b - bx + 6a - 2bx + 3ax + b - 2a] = 0$

$\qquad 5ax - [3ax - 3bx + 4a + 6b] = 0$

$\qquad 5ax - 3ax + 3bx - 4a - 6b = 0 \qquad\qquad |+4a + 6b$

$\qquad\qquad 2ax + 3bx = 4a + 6b$

$\qquad\qquad x(2a + 3b) = 2(2a + 3b) \qquad |:(2a + 3b) \qquad 2a + 3b \neq 0$

$\qquad\qquad x = 2$

Probe: $\quad 10a - [5b - (2b - 6a) - (4b - 6a - b) - 2a] = 0$

$\qquad\qquad 10a - [3b + 6a - 4b + 6a + b - 2a] = 0$

$\qquad\qquad\qquad 10a - [10a] = 0$

$\qquad\qquad\qquad\qquad 0 = 0$

Die Gleichung ist richtig gelöst. ∎

4.53 $(x + a)^2 + (x - b)^2 = 2(x + a)(x + b)$

Lösung: Klammern auflösen!

$x^2 + 2ax + a^2 + x^2 - 2bx + b^2 = 2x^2 + 2ax + 2bx + 2ab$

Auch wenn in dieser Gleichung x^2 auftritt, handelt es sich noch um eine Gleichung 1. Grades. Die Variable x^2 fällt nach dem Umformen der Gleichung heraus. Man erhält bei dieser Umformung:

$-4bx = -a^2 + 2ab - b^2 = -(a - b)^2 \qquad |:(-4b) \qquad b \neq 0$

$x = \dfrac{(a - b)^2}{4b}$

Probe: Setzt man hier in die Ausgangsgleichung den für x erhaltenen Ausdruck ein, so ergibt sich gegenüber der Ausgangsgleichung eine schwierige Gleichung. Bei deren Lösung ergeben sich umfangreiche Rechenoperationen, daher ist die Möglichkeit eines Rechenfehlers sehr groß. Für derartige Fälle wird ein Ausweg empfohlen, der allerdings keine absolute Sicherheit bietet. Man setzt für die unbestimmten Zahlen a und b willkürlich gewählte Werte ein, z. B. $a = 10$ und $b = 2$, dann erhält man für $x = 8$ und für die Lösung der Gleichung auf beiden Seiten die Zahl 360. Prüfen Sie bitte dieses Ergebnis selbstständig nach! ∎

4.54 $\quad \dfrac{2x-3}{x-4} + \dfrac{3x-2}{x-8} = \dfrac{5x^2 - 29x - 4}{x^2 - 12x - 32}$

Lösung: Man versucht zunächst, die Nenner der Gleichung durch Multiplikation mit einem geeigneten Hauptnenner zu beseitigen. Dabei sollte man beachten, dass man den Nenner der rechten Seite in Linearfaktoren zerlegen kann. Der Hauptnenner ergibt sich zu $(x-4)(x-8)$. Man erhält:

$$(2x-3)(x-8) + (3x-2)(x-4) = 5x^2 - 29x - 4$$
$$2x^2 - 16x - 3x + 24 + 3x^2 - 12x - 2x + 8 = 5x^2 - 29x - 4$$
$$5x^2 - 33x + 32 = 5x^2 - 29x - 4$$
$$-4x = -36$$
$$x = 9$$

Probe: $\quad \dfrac{18-3}{9-4} + \dfrac{27-2}{9-8} = \dfrac{405 - 261 - 4}{81 - 108 + 32}$

$$3 + 25 = 28$$
$$28 = 28 \quad \blacksquare$$

4.55 $\quad \dfrac{a}{1-x} - \dfrac{b}{1+x} = \dfrac{a^2 b + a b^2 + a - b}{1 - x^2} \qquad x \ne \pm 1; \ a \ne -b$

Lösung: Der Hauptnenner ergibt sich zu $(1+x)(1-x) = 1 - x^2$. Durch Multiplikation der Gleichung mit dem Hauptnenner erhält man (Nenner der rechten Seite in Linearfaktoren zerlegen):

$$a(1+x) - b(1-x) = a^2 b + ab^2 + a - b$$
$$(a+b)x = a^2 b + ab^2$$
$$x = \dfrac{a^2 b + ab^2}{a + b} = \dfrac{ab(a+b)}{a+b} \qquad a + b \ne 0$$
$$x = ab$$

Probe: $\quad \dfrac{a}{1-ab} - \dfrac{b}{1+ab} = \dfrac{a^2 b + ab^2 + a - b}{1 - a^2 b^2}$

Auf der linken Seite der Gleichung werden beide Summanden auf den Hauptnenner $1-a^2b^2$ gebracht. Man erhält dann nach Ausmultiplikation und Zusammenfassen:

$$\frac{a^2b + ab^2 + a - b}{1 - a^2 b^2} = \frac{a^2b + ab^2 + a - b}{1 - a^2 b^2}.$$ ■

Hinweis: Die Beispiele zu den Bruchgleichungen führten hier grundsätzlich auf eine Gleichung 1. Grades. Dies war unter diesem Abschnitt beabsichtigt. Echte Bruchgleichungen (wie in den Beispielen 4.54 und 4.55) führen im Allgemeinen auf Gleichungen höheren Grades!

Das Auflösen von Formeln

Für die Länge eines Stabes in Abhängigkeit von seiner Temperatur gilt die bekannte Formel:

$$l = l_0 + \Delta l = l_0[1 + \alpha(t - t_0)] = l_0(1 + \alpha\,\Delta t)$$

Hierin bedeuten Δt die Temperaturänderung, d.h. Differenz zwischen Ausgangstemperatur t_0 und Endtemperatur t, l_0 die Stablänge bei der Temperatur t_0 und α den Längenausdehnungskoeffizienten des Stabmaterials, gemessen in 1/grd.

Es seien in obiger Gleichung l, l_0 und Δt durch Messung bekannt; α soll bestimmt werden. Da in der Gleichung α nur in der 1.Potenz vorkommt, handelt es sich also um eine Gleichung 1. Grades mit einer Unbekannten (nämlich α), die in bekannter Weise gelöst wird.

Obwohl das Auflösen einer Formel in jedem Falle nur auf das Lösen einer Gleichung hinausläuft, hat der Anfänger erfahrungsgemäß dadurch Schwierigkeiten, dass die Unbekannte hier einmal nicht mit x bezeichnet wird. Im Buch werden deshalb u. a. auch Aufgaben dieser Art gestellt.

Die Auflösung der Formel nach α ergibt:

$$\alpha = \frac{l - l_0}{l_0 \cdot \Delta t}$$

Die Formel lässt sich auch nach l_0 und nach Δt auflösen; man erhält:

$$l_0 = \frac{l}{1 + \alpha\,\Delta t}; \qquad \Delta t = \frac{l - l_0}{l_0 \cdot \alpha}.$$

Eingekleidete Gleichungen 1. Grades mit einer Unbekannten

Bei den eingekleideten Gleichungen gibt es Textgleichungen unterschiedlicher Aufgabenstellungen, die aus verschiedenen Gebieten der Naturwissenschaft und Technik entnommen worden und oft physikalischer oder chemischer Natur sind. Dazu gehören z. B. Verteilungsaufgaben, Mischungsaufgaben, Bewegungsaufgaben, Ausflusszeiten aus Röhren und Auftriebsaufgaben.

4.2 Gleichungen

So kann eine Aufgabenstellung etwa lauten: Wieviel kg Zink (Zn) muss man 65 kg Kupfer (Cu) hinzufügen, um eine Messinglegierung von 30 % Zinkgehalt zu erhalten, siehe Beispiel 4.57!

Eine derartig „eingekleidete" Aufgabe wird zweckmäßig mit Hilfe einer Gleichung gelöst. Zunächst muss man sich darüber klar werden, nach welcher Größe gefragt ist. Diese wird oft als Unbekannte x eingeführt, es können aber auch andere Buchstaben verwendet werden. Dann wird der sogenannte „**Ansatz**" vorgenommen, d. h., es wird mit Hilfe des in der Aufgabe geschilderten Sachverhalts eine Bestimmungsgleichung aufgestellt.

Der Lösungsweg für die bisher behandelten formalen Gleichungen ließ sich in Regeln fassen. Derartige Regeln gibt es für die Aufstellung des Ansatzes bei eingekleideten Gleichungen nicht. Sicherheit im Ansetzen von derartigen Gleichungen ist nur durch gründliche Übung zu erreichen. Eine gute methodische Hilfe ist die Einteilung der eingekleideten Aufgaben in bestimmte Gruppen (s. o.). Der Lernende rechne von jeder Gruppe einige Beispiele und versuche sich beim Ansatz über die „**gemeinsamen Gesichtspunkte**" bei jeder Gruppe klar zu werden.

BEISPIELE

4.56 Eine Einkaufsgenossenschaft bezahlt am Ende eines Jahres ihren Mitgliedern A, B, C und D eine Rückvergütung für bezogene Waren in Höhe von 3 %. Am Ende des Jahres hat B an Warenwert ½ mal soviel bezogen wie A, C nur ¼ und D 0,2 mal soviel wie A. Insgesamt erhalten sie 163,80 € ausgezahlt.

a) Wie viel € erhält jeder?

b) Für welchen Betrag hat jeder Waren bezogen?

Lösung: Angenommen, A erhält x €; dann erhalten:

Person	Anteil
A	x €
B	0,5 x €
C	0,25 x €
D	0,2 x €

Die Summe aller Anteile beträgt 163,80 €. Also gilt die Gleichung:

$$x + 0,5x + 0,25x + 0,2x = 163,80$$
$$1,95x = 163,80$$
$$x = 84,00$$

Es erhalten: A: 84,00 € = 3 % von 2800 €   B: 42,00 € = 3 % von 1400 €
C: 21,00 € = 3 % von   700 €   D: 16,80 € = 3 % von   560 €. ∎

4.57 Wie viel kg Zink (Zn) muss man 65 kg Kupfer (Cu) hinzufügen, um eine Messinglegierung von 30 % Zinkgehalt zu erhalten!

Lösung: Ansatz: x kg Zink;   65 kg Kupfer; $(x + 65)$ kg Messing

Der Zinkanteil im Messing muss x kg betragen. Andererseits enthalten $(x + 65)$ kg Messing von 30 % Zinkgehalt $\frac{(x+65) \cdot 30}{100}$ kg Zink. Daher besteht die Gleichung:

$$x = \frac{(x+65) \cdot 30}{100} \Rightarrow 100x = (x+65) \cdot 30 \Rightarrow x \approx 27,9$$

Es werden 27,9 kg Zink benötigt. ∎

4.58 In einem Schmelzofen werden 12 t Stahl von 0,5 % Kohlenstoffgehalt mit 5 t Grauguss von 5 % Kohlenstoffgehalt zusammengeschmolzen. Wie viel % Kohlenstoff enthält die Mischung?

Lösung: 12 t Stahl und 5 t Grauguss ergeben 17 t Mischung. Die gesamte Kohlenstoffmenge, die in dem Stahl und in dem Grauguss enthalten ist, muss sich in der Mischung wiederfinden.

12 t Stahl von 0,5 % C enthalten $\quad \frac{12 \cdot 0,5}{100}$ t C

5 t Grauguss von 5 % C enthalten $\quad \frac{5 \cdot 5}{100}$ t C

17 t Stahl von x % C enthalten $\quad \frac{17 \cdot x}{100}$ t C

Daher lautet die Gleichung:

$$\frac{17 \cdot x}{100} = \frac{12 \cdot 0,5}{100} + \frac{5 \cdot 5}{100} \Rightarrow 17x = 31 \Rightarrow x \approx 1,82$$

Die Mischung enthält 1,82 % Kohlenstoff. ∎

4.59 Von den Orten A und B mit der Entfernung 140 km fahren zwei LKW einander entgegen, der erste mit der Geschwindigkeit $v = 60$ km/h, der zweite mit $v = 45$ km/h. Die Abfahrt erfolgt gleichzeitig. Wann und wo begegnen sie sich?

Lösung: Sie begegnen sich nach x Stunden am Ort C (Bild 4.66). Nach x Stunden haben die LKW folgende Wege zurückgelegt:

Weg des ersten LKW: $\quad s_1 = 60x$ km

Weg des zweiten LKW: $\quad s_2 = 45x$ km

Die Summe der Teilwege ist gleich der Entfernung $\overline{AB} = 140$ km (Bild 4.61). Daher besteht die Gleichung:

$60x + 45x = 140$

$\Rightarrow 105x = 140$

$\Rightarrow x = \frac{4}{3}$

Die beiden LKW treffen sich nach 1 h 20'.

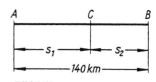

Bild 4.61

4.2 Gleichungen

In $\frac{4}{3}$ h legt der erste LKW $s_1 = 60 \cdot \frac{4}{3}$ km = 80 km, der zweite LKW $s_2 = 45 \cdot \frac{4}{3}$ km = 60 km zurück. Der Treffpunkt liegt also 80 km von A entfernt. ∎

4.60 Die beiden LKW vom vorigen Beispiel fahren einander nicht entgegen, sondern in Richtung AB über B hinaus. Wann und wo treffen sie sich?

Lösung: Sie treffen sich, d. h. der erste LKW überholt den zweiten LKW, nach x Stunden (Bild 4.62). In dieser Zeit sind von den beiden LKW folgende Wege zurückgelegt worden:

Weg des ersten LKW: $\quad s_1 = 60x$ km

Weg des zweiten LKW: $\quad s_2 = 45x$ km

Jetzt ist die Differenz der Teilwege $s_1 - s_2$ gleich der Entfernung $\overline{AB}$ (Bild 4.62). Daher besteht die Gleichung:

$60x - 45x = 140$

$\Rightarrow 15x = 140$

$\Rightarrow x = \frac{28}{3}$

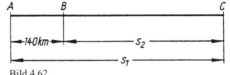
Bild 4.62

Der erste LKW überholt den zweiten LKW nach 9 h 20′.

In $\frac{28}{3}$ h hat der erste LKW $s_1 = 60 \cdot \frac{28}{3}$ km = 560 km, der zweite LKW $s_2 = 45 \cdot \frac{28}{3}$ km = 420 km zurück. Der Treffpunkt liegt also 420 km von B entfernt. ∎

4.61 Ein Auftrag wird von der Maschine A in 10 Tagen, von der Maschine A und B zusammen in 4 Tagen ausgeführt. Wie lange braucht die Maschine B allein?

Lösung: Die Anzahl der Tage, die Maschine B allein zur Ausführung der Arbeit braucht, sei x. An einem Tag schafft Maschine A allein 1/10 der gesamten Arbeit, Maschine B allein $1/x$, A und B zusammen ¼ der gesamten Arbeit. Die Summe der Teilarbeiten eines Tages muss gleich der Summe der gesamten Arbeit eines Tages sein. Die Gleichung lautet daher:

$\frac{1}{10} + \frac{1}{x} = \frac{1}{4} \quad \Rightarrow 2x + 20 = 5x \quad \Rightarrow 3x = 20 \quad \Rightarrow x = \frac{20}{3}$

Maschine B allein braucht $\frac{20}{3}$ Tage, bzw. 6 d 5 h 20′. (Man beachte, dass ein Maschinentag mit 8 h gerechnet wird!) ∎

4.62 Welche Masse muss ein Brett aus Pappelholz haben, das, vollständig unter Wasser getaucht, mit 5 kg belastet werden kann? Dichte des Pappelholzes $\rho = 0{,}39$ kg/m³.

Lösung: Die unbekannte Masse des Brettes sei x kg. Auf das unter Wasser getauchte Brett wirken folgende Kräfte:

Nach unten wirkt die Gewichtskraft des Brettes $F_G = x \, \text{kg} \cdot g$, nach oben wirkt die Auftriebskraft F_A. Die Auftriebskraft ist gleich der Gewichtskraft der verdrängten Wassermenge. Das Brett hat ein Volumen von $\dfrac{x}{0{,}39}$ dm³. Daher ist die Auftriebskraft:

$$F_A = \frac{x}{0{,}39} \, \text{dm}^3 \cdot g \cdot 1\frac{\text{kg}}{\text{dm}^3} = \frac{x}{0{,}39} \, \text{kg} \cdot g$$

Die nach oben wirkende Gewichtskraft F_A ist größer als die nach unten wirkende Gewichtskraft F_G. Die Differenz beider Kräfte $F_A - F_G$ ergibt die verbleibende Tragkraft des Brettes, laut Aufgabe 5 kg · g. Es besteht die Gleichung:

$$\frac{x}{0{,}39} - x = 5 \quad \Rightarrow \quad x - 0{,}39x = 5 \cdot 0{,}39 \quad \Rightarrow \quad 0{,}61x = 1{,}95 \quad \Rightarrow \quad x \approx 3{,}2$$

Das Brett muss eine Masse von 3,2 kg haben. ∎

Weitere Aufgaben

Für die Technik haben die folgenden Übungsbeispiele keine unmittelbare Bedeutung. Sie sind aber trotzdem an dieser Stelle aufgenommen worden, weil sie eine gute Schulung für das Aufstellen eines Lösungsansatzes sind.

BEISPIEL

4.63   Die Quersumme einer zweiziffrigen Zahl ist 10. Verdoppelt man die Zahl und subtrahiert 1, so erhält man wieder eine zweiziffrige Zahl, die die Ziffern der ersten Zahl in umgekehrter Reihenfolge enthält. Wie heißt diese Zahl?

Lösung: Die erste Ziffer der gesuchten Zahl sei x. Da die Quersumme der Zahl 10 ist, ist die zweite Ziffer der Zahl $10 - x$. Die erste Ziffer der Zahl bezeichnet die Zehner, die zweite Ziffer die Einer. Daher hat die Zahl den Wert $10 \cdot x + (10 - x) = 9x + 10$. Multipliziert man diese Zahl mit 2 und subtrahiert 1, erhält man $2 \cdot (9x + 10) - 1$. Diese Zahl soll die ursprünglichen Ziffern in umgekehrter Reihenfolge enthalten. Damit rückt die letzte Ziffer $10 - x$ in die Zehnerstellung, die erste Ziffer x in die Einerstellung und man erhält $10 \cdot (10 - x) + x$. Es besteht die Gleichung:

$$\begin{aligned} 2 \cdot (9x + 10) - 1 &= 10 \cdot (10 - x) + x \\ 18x + 20 - 1 &= 100 - 10x + x \\ 27x &= 81 \\ x &= 3 \end{aligned}$$

Die erste Ziffer der gesuchten Zahl ist 3, die zweite 7, da die Quersumme 10 sein soll. Die Zahl lautet also 37. ∎

4.2 Gleichungen

AUFGABEN

Man ermittle bei den folgenden Aufgaben die Lösung x der gegebenen Gleichungen!

4.74 $24 - 7x = 3$

4.75 $31 - 7x = 41 - 8x$

4.76 $7x - 6 = 8x - 9 - 4x + 5$

4.77 $7x - 9 - 9x + 7 = 9x + 9 - 7x - 7$

4.78 $100 + 2x - 9x + 15 = 10 - 7x + 5 - 11x$

4.79 $ax + b = c$, $\qquad a \neq 0$

4.80 $5mx + 2a = 7mx - 2b$, $\qquad m \neq 0$

4.81 $mx + nx = a$, $\qquad m + n \neq 0$

4.82 $ax - b = cx - d$, $\qquad a \neq c$

4.83 $2x = 1 + x\sqrt{3}$

4.84 $x\sqrt{a} - a = x\sqrt{b} - b$, $\qquad a \neq b, a \geq 0, b \geq 0$

4.85 $5x - (3 + 2x) = 9$

4.86 $6x - (24 - 3x) = x - (2x - 6)$

4.87 $2x - [(8x + 9) + 7] = 5 - (7 - 8x)$

4.88 $0 = 3x - [(3x - 10x) - (6x - 15) + (x + 9)]$

4.89 $mx - a - (nx - bn) = nx + c$, $\qquad m - 2n \neq 0$

4.90 $7m - [8x - (6n - p)] - (3m - 4n) = (10n + x) - [11x - (4m + p)]$

4.91 $8(3x - 2) - 7x - 5(12 - 3x) = 13x$

4.92 $4{,}3x - 12(0{,}3x + 1{,}2) = 0{,}3(20x - 9) - 2(4{,}6x - 2) - 0{,}1$

4.93 $7\left(3x + \dfrac{1}{2}\right) - 6\left(4x - \dfrac{1}{3}\right) - 5\left(5x + \dfrac{1}{4}\right) + 2\dfrac{3}{4} = 0$

4.94 $5\{x - 1 - [2x + 3 - (x - 4 + 1)]\} - 2[x - (2x + 1)] = 3[x - 2 - (1 + 2x) - 3]$

4.95 $2[4x - 2638 - (414 + 2x + 379) - 7606] + x - 3$
$\times \{1241 - 2x - [x - 1623 - (1917 - 3x - 721) + 4x] - 7$
$\times \{518 - 3x - [31 - 2x - (x - 312) + 2x] - 246\} = -2841$

4.96 $0{,}5\{0{,}5[0{,}5(0{,}5(0{,}5x - 1) - 1) - 1] - 1\} = 1$

4.97 $5[3 - (7 - 2x)] - (x + 5)7 + 3 = 3[4(3 - x) - x] - 70$

4.98 $(a - 1)x = b - x$, $\qquad a \neq 0$

4.99 $(a - x)(a - 1) = x^2 - b$, $\qquad a \neq -1$

4 Funktionen und Gleichungen

4.100 $(9-4x)(9-5x)+4(5-x)(5-4x)=36(2-x)^2$

4.101 $(4x+3)^2-(x+7)^2=(8x-7)^2-(7x-3)^2$

4.102 $(1+6x)^2+(2+8x)^2=(1+10x)^2$

4.103 $(2x+7)(x+3)=2(x+5)(x+2)$

4.104 $2x-\dfrac{3}{5}x=\dfrac{3}{2}x-\dfrac{1}{2}-\dfrac{2}{5}x+2$

4.105 $\dfrac{x}{2}-\dfrac{x}{3}+\dfrac{x}{4}-\dfrac{x}{6}+\dfrac{x}{8}+\dfrac{x}{12}=11$

4.106 $\dfrac{1}{2}\left\{\dfrac{1}{2}\left[\dfrac{1}{2}\left(\dfrac{1}{2}x-\dfrac{3}{2}\right)-\dfrac{3}{2}\right]-\dfrac{3}{2}\right\}-\dfrac{3}{2}=0$

4.107 $\dfrac{2}{3}(7x-10)-\dfrac{1}{2}(50-x)=20$

4.108 $4-\dfrac{7-3x}{5}=3-\dfrac{3-7x}{10}+\dfrac{x+1}{2}$

4.109 $\dfrac{3x-4}{5}-\dfrac{3-4x}{7}=\dfrac{5x-6}{10}-\dfrac{9-10x}{14}$

4.110 $11-\left(\dfrac{3x-1}{4}+\dfrac{2x+1}{3}\right)=10-\left(\dfrac{2x-5}{3}+\dfrac{7x-1}{8}\right)$

4.111 $\dfrac{2x-3}{15}-\dfrac{4x-9}{20}=\dfrac{8x-27}{30}-\dfrac{16x-81}{24}-\dfrac{9}{40}$

4.112 $\dfrac{5x-1}{7}:\dfrac{19-x}{4}=1:2$

4.113 $\dfrac{10-x}{3}+\dfrac{13+x}{7}=\dfrac{7x+26}{x+21}-\dfrac{17+4x}{21}$

4.114 $\dfrac{5}{x+3}+\dfrac{3}{2(x+3)}=\dfrac{1}{2}-\dfrac{7}{2(x+3)}$

4.115 $1{,}5-\dfrac{2x+1}{3x-9}=\dfrac{5x-11}{6x+18}$

4.116 $\dfrac{7x-3}{2x-6}-\dfrac{3(9x-1)}{10(x-3)}+\dfrac{13x+99}{6x-18}-\dfrac{5x-9}{x-3}=1$

4.117 $\dfrac{2x-3}{x-4}+\dfrac{3x-2}{x-8}=\dfrac{5x^2-29x-4}{x^2-12x+32}$

4.2 Gleichungen

4.118 $(x-1,5) \div (x-3,2) = (0,3-x) \div (2,6-x)$

4.119 $(x-8) \div (x-9) = (x-5) \div (x-7)$

4.120 Lösen Sie die Formel $V \cdot p = V_0 p_0 (1 + \alpha \, \Delta t)$ nach V, p, V_0, p_0, α und Δt auf.

4.121 Lösen Sie die Formel $I = \dfrac{U_1 - U_2}{R}$ nach U_1, U_2 und R auf.

4.122 Lösen Sie die Formel $I = \dfrac{nU}{nR_i + R_a}$ nach U, R_i, R_a und n auf.

4.123 Lösen Sie die Formel $I = \dfrac{U}{\dfrac{R_i}{n} + R_a}$ nach U, R_i, R_a und n auf.

4.124 Das Zweifache und das Dreifache einer Zahl ergeben zusammen 100. Wie heißt die Zahl?

4.125 Der dritte Teil vom Zwanzigfachen einer Zahl ist 500. Wie heißt die Zahl

4.126 A hat 447 €, B hat 521 €. Wie viel muss A an B abgeben, damit B 10 mal soviel hat, wie A noch verbleibt?

4.127 Ein größeres Maschinenbau-Unternehmen produziert im 4. Vierteljahr monatlich durchschnittlich 17 Maschinen mehr als der Normaldurchschnitt des 3. Vierteljahres ergab. Im 2. Halbjahr wurden insgesamt 291 Maschinen hergestellt. Wie hoch war der Monatsdurchschnitt im 3. Quartal?

4.128 Der Tageslohn für 7 Poliere und 4 Maurer beträgt zusammen 2001,44 €. Welchen Stundenlohn bei 8stündiger Arbeitszeit hat ein Polier, der stündlich 4,50 € mehr verdient als der Maurer? Wie hoch ist der Stundenlohn des Maurers?

4.129 Ein Gewinn in einer Lotterie wurde unter 3 Spieler nach vorheriger Vereinbarung verteilt. A erhielt den 3. Teil und 1200 €, B den 4. Teil und 1300 €, C den 5. Teil und 1400 €. Wie groß war der Gewinn, und wie viele € erhielt jeder?

4.130 Für einen Straßenbau werden die Kosten in Höhe von 178360 € von 2 Gemeinden im Verhältnis ihrer Einwohner aufgeteilt und im Haushaltsplan jeder Gemeinde vorgesehen. Die erste Gemeinde hat 2450 und die zweit 3920 Einwohner. Wie viele Kosten hat jede Gemeinde zu tragen?

4.131 In einem Braunkohlentagebau arbeiten 4 Abraumbagger, die täglich zusammen 44000 m³ Abraum bewegen. Der dritte Bagger schafft 2000 m³ weniger als der zweite, der erste 2000 m³ mehr als das Doppelte des zweiten und der vierte doppelt soviel wie der dritte. Wie viele m³ schafft jeder Bagger?

4.132 Fließen in einen leeren Behälter innerhalb von 2 min 0,019 m³ Wasser, so fehlen nach einer bestimmten Zeit noch 0,050 m³ an der vollständigen Füllung. Fließen in derselben Zeit innerhalb von 5 min 0,051 m³, so sind schon 0,020 m³ übergelaufen. Wie viele m³ fasst der Behälter und wieviel m³/min müssen zufließen, wenn er in derselben Zeit vollständig gefüllt sein soll, ohne überzulaufen?

4.133 Ein Kohlenvorrat reicht 10 Wochen, wenn wöchentlich gleich viel entnommen wird. Werden aber wöchentlich 61 kg weniger entnommen, so ist der Vorrat erst nach 11 Wochen verbraucht. Wie groß war er ursprünglich?

4.134 Zwei Straßenbaubetriebe haben nach Vertrag eine Wegstrecke für 75600 € auszubessern. Sie beginnen gleichzeitig und zwar an den entgegengesetzten Enden. Weil sie 44 m vor der Mitte zusammentreffen, erhält der eine Betrieb 1120 € mehr als der andere. Wie lang ist die Strecke und wie viele € erhält jeder Betrieb?

4.135 Bei der Anlage einer gemeinsamen Entwässerungsleitung zweier bäuerlicher Betriebe arbeiten außer den zwei Bauern noch 4 Nachbarn der gleichen Haus- und Hofgemeinschaft mit. Bei einer Gesamtlänge von 280 m trägt der Bauer A die Kosten für 160 m und B für den Rest.

Die entstehenden Unkosten für die Hilfe der Nachbarn in Höhe von 140 € teilten sich beide Bauern im Verhältnis ihrer Längenanteile. Wie viele Kosten hat jeder zu tragen?

4.136 Wie lange müssen 3 Pumpen arbeiten, um einen Behälter von 1152 l zu füllen, wenn die erste Pumpe 12 l/min, die zweite 17 l/min und die dritte 19 l/min schafft?

4.137 Zwei Rohrleitungen füllen gemeinsam einen Behälter in 2 h. Die erste würde ihn allein in 5 h füllen. Wie viele h würde die zweite allein benötigen?

4.138 Zwei Rohrleitungen sollen einen Behälter ($V = 540$ m^3) füllen. Die erste Rohrleitung liefert 15 dm^3/min, die zweite 21 dm^3/min.

a) Wie lange müssen beide Rohrleitungen geöffnet sein?

b) Wie lange müssen beide Rohrleitungen geöffnet bleiben, wenn die erste Rohrleitung bereits 6 min früher geöffnet wird?

4.139 Eine Anzahl junger Kiefernbäume soll auf einer Fläche von der Form eines Quadrats angepflanzt werden; jede Reihe soll gleich viele Bäume enthalten. Beim ersten Überschlag bleiben von der Gesamtzahl 33 Bäume übrig; beim zweiten Überschlag, bei dem für jede Reihe ein Baum mehr gerechnet wurde, fehlen insgesamt 44 Bäume. Wie viele Bäume stehen zur Verfügung?

4.140 Eine Seite eines Kanalrandes soll mit Pappeln bepflanzt werden. Setzt man alle 15 m drei Stück, so fehlen an der vorhandenen Menge 120 Stück. Setzt man alle 15 m zwei Stück, so bleiben noch 118 übrig. Wie viele Pappeln sind vorhanden, und wie lang ist die Strecke?

4.141 Der für die Turbinen nötige Wasserverbrauch einer Talsperre beträgt 36 m^3/s. Wenn ein Hochwasser gemeldet wird, werden sofort die 3 Grundablässe geöffnet, die je 95 m^3/s hindurch lassen. Wie viele Minuten vermag der Stausee die sehr starke Flutwelle von 900 m^3/s aufzunehmen, wenn diese 1,5 h nach der Hochwassermeldung eintrifft und den ursprünglichen Wasserstand nicht überschreiten soll? Als die Meldung ergab, dass das Hochwasser bereits in 30 min eintreffen würde, wurde noch ein Schütz gezogen, so dass außerdem noch 100 m^3/s abfließen konnten. Wie lange bietet dann die Talsperre Hochwasserschutz, wenn die Flutwelle auf 700 m^3/s geschätzt wurde?

4.2 Gleichungen

4.142 In einem Riementrieb von 750 U/min Antriebsdrehzahl und 200 U/min Abtriebsdrehzahl soll eine Riemengeschwindigkeit von 7 m/s herrschen. Wie groß müssen die Durchmesser der Scheiben sein?

4.143 Auf einer Drehmaschine soll eine Riemenscheibe von 300 mm Durchmesser mit einer Schnittgeschwindigkeit von 18 m/min abgedreht werden. Wie viele U/min hat die Drehmaschine?

4.144 Von Station A fährt nach Station B ein Regionalexpress, der in 4 min 3 km zurücklegt. Von Station B geht 7 min später ein Intercity nach Station A ab, der in 5 min 6 km durchfährt. Beide Züge begegnen sich in der Mitte der Strecke. Wie groß ist die Entfernung von A nach B?

4.145 Wann und wo treffen sich zwei Fahrzeuge, die auf einer 60 km langen Strecke gleichzeitig abfahrend mit den Geschwindigkeiten $v_1 = 36$ km/h und $v_2 = 54$ km/h einander entgegen fahren?

4.146 In welcher Zeit fährt ein 300 m langer ICE mit 12 m/s Geschwindigkeit durch einen 180 m langen Tunnel?

4.147 Ein 60 m langer Regionalexpress fährt mit 72 km/h an einem stehenden ICE vorüber. Die Begegnung dauert 9 s. Wie lang war der ICE?

4.148 Ein 60 m langer Regionalexpress fährt mit 72 km/h an einem in gleicher Richtung fahrenden 120 m langen Güterzug vorbei. Die Begegnung beider Züge dauert 18 s. Welche Geschwindigkeit hat der Güterzug?

4.149 Ein Radfahrer und ein Fußgänger starten zur gleichen Zeit von der Ortschaft A zur Ortschaft B. Während der Radfahrer stündlich 15 km zurücklegt, beträgt die Geschwindigkeit des Fußgängers 5 km/h. Der Radfahrer hält sich eine Stunde in B auf und trifft auf dem Rückweg zur Ortschaft A den Fußgänger 30 km von B entfernt. Wie lang ist die Strecke zwischen den Ortschaften A und B?

4.150 Ein Eisenbahnzug erreicht bei 90 km/h beim Bremsen nach 3 min Stillstand. Wie groß ist die Verzögerung?

4.151 Ein Eisenbahnzug erreicht seine Fahrgeschwindigkeit von 60 km/h bei annähernd gleichförmig beschleunigter Bewegung nach 2 min. Wie groß sind die Beschleunigung und der Weg, der bis zum Erreichen der Fahrgeschwindigkeit zurückgelegt wird?

4.152 Die Entfernung Recklinghausen bis Frankfurt/M. beträgt 300 km. Von Recklinghausen fährt um 6 Uhr ein Güterzug ab, der in Frankfurt/M. um 18 Uhr ankommt. Um 10 Uhr verläßt ein Regionalexpress Recklinghausen in Richtung Frankfurt/M., der 1,8 mal so schnell wie der Güterzug fährt. Wann holt der Regionalexpress den Güterzug ein, und wann kommt er in Frankfurt/M. an?

4.153 Wie viel Minuten nach 8 Uhr stehen Stunden- und Minutenzeiger einer Uhr das erste Mal übereinander?

4.154 Ein Schlepper auf der Elbe würde auf stillstehendem Wasser durch die Kraft einer Maschine allein in jeder Minute 300 m zurücklegen. Er fährt stromaufwärts und erreicht in 1,25 h sein Ziel. In der Fahrt stromabwärts braucht er für dieselbe Strecke nur 50 min. Wie groß ist die Geschwindigkeit des Wassers?

4.155 Ein Dampfer fährt von Koblenz nach Köln 3 h 36' und von Köln nach Koblenz 6 h. Wie groß sind seine Geschwindigkeit und die des Stromes, wenn die Strecke Köln-Koblenz 90 km beträgt? Wie muss sich die Geschwindigkeit ändern, wenn er rheinaufwärts die Strecke in 5 h zurücklegen soll?

4.156 50 l Spiritus zu 87 % sollen durch Wasserzusatz auf 80 % verdünnt werden. Wie viele Liter Wasser müssen zugesetzt werden?

4.157 70 l Spiritus zu 80 % sollen durch Wasserentzug auf 90 % konzentriert werden. Wie viele Liter Wasser müssen entzogen werden?

4.158 50 l Spiritus zu 80 % werden mit 70 l Spiritus zu 85 % gemischt. Wie viel Prozent hat die Mischung?

4.159 Es werden 5 kg Silber (Ag) 850 ‰ (Anteile auf 1000g), 6,5 kg Silber 600 ‰ und 2,5 kg Feinsilber 1000 ‰ miteinander verschmolzen. Welchen Feingehalt hat die Legierung?

4.160 Welche Dichte hat eine Kupfer-Zinn-Legierung (Cu-Sn), die aus 94 Teilen Kupfer (Cu) (ρ = 8,9 kg/dm^3) und 6 Anteilen Zinn (Sn) (ρ = 7,28 kg/dm^3) besteht?

4.161 Welche Dichte hat eine Aluminiumbronze, die aus 19 Teilen Kupfer (Cu) (ρ = 8,9 kg/dm^3) und 1 Anteil Aluminium (Al) (ρ = 2,7 kg/dm^3) zusammengesetzt ist?

4.162 Eine Bronze-Lagerschale hat die Masse 928 g und eine Dichte von 8,631 kg/dm^3. Wie viel Kupfer (Cu) (ρ = 8,9 kg/dm^3) und wie viel Zinn (Sn) (ρ = 7,28 kg/dm^3) enthält sie?

4.163 Ein Werkstück aus Messing hat die Masse 15 kg und eine Dichte (ρ = 8,5 kg/dm^3). Welche Massen Kupfer (Cu) und Zink (Zn) enthält es, wenn Kupfer (Cu) und Zink (Zn) die Dichten ρ = 8,9 kg/dm^3 und ρ = 7,14 kg/dm^3 haben?

4.164 Wie viele Kilogramm Zink (Zn) muss man mit 86,8 kg Kupfer (Cu) zusammenschmelzen, um eine Messinglegierung von 70 % Kupfer zu erhalten? Wie viel Zink muss man nehmen wenn 93,1 kg Kupfer geschmolzen werden?

4.165 Ein Glasballon enthält Äthanol in einer Konzentration von 90 %. Nachdem man aus dem Ballon 20 l entnommen und durch Wasser ersetzt hat, betrug die Konzentration an Äthanol noch 75 %. Wie viele Liter Flüssigkeit enthielt der Glasballon?

4.166 Wie viel Wasser muss man 5000 l einer Sole von 4 % entziehen, um eine solche von 10 % zu erhalten?

4.167 80 g Salpeter und Schwefel (S) sind so gemischt, dass auf 7 Teile Salpeter 3 Teile Schwefel kommen. Das Verhältnis Salpeter zu Schwefel soll auf 11:4 geändert werden.

    a) Wie viel Salpeter muss man zusetzen, oder wie viel Schwefel muss man entziehen?

b) Es sollen die gleichen Mengen Salpeter und Schwefel gemeinsam zugesetzt bzw. gemeinsam weggenommen werden. Wie viele Gramm müssen das sein?

c) Es soll eine Menge Salpeter zugesetzt und die gleiche Menge Schwefel weggenommen werden, um die Mischung herzustellen. Wie viele Gramm müssen das sein?

4.168 Zur Herstellung einer Betonmischung werden 30 m^3 Kies mit 80 % Korngröße unter 15 mm benötigt. Zur Verfügung stehen 10 m^3 mit 70 % Korngröße unter 15 mm und Kies mit 90 % und 50 % dieser Korngröße. Wie viel Kies der beiden Sorten 50 % und 90 % Korngröße unter 15 mm muss man mit den 10 m^3 mischen, um die verlangte Mischung zu erhalten?

4.169 15 m^3 Kies mit 75 % Korngröße unter 9 mm und 20 m^3 mit 50 % sowie 10 m^3 mit 20 % Korngröße unter 9 mm sollen miteinander gemischt werden. Wie viel Prozent Korngröße unter 9 mm enthält die Mischung?

4.170 36 g Flussstahl von 11 °C werden in 16 g Wasser von 16 °C gelegt. Wie hoch ist die Mischungstemperatur, wenn die spezifische Wärmekapazität von Flussstahl $\frac{1}{9}$ der des Wassers ist?

4.171 Wie viele Tonnen (t) Brauneisenstein von 45 % Eisengehalt sind zur Erzeugung von 20 t Roheisen mit 3 % Kohlenstoffgehalt erforderlich?

4.172 In einem Siemens-Martin-Ofen werden 12 t Roheisen von 4 % Kohlenstoffgehalt und 4 t Stahl von 0,5 % Kohlenstoffgehalt zusammengeschmolzen. Wie viele Prozent Kohlenstoff (C) enthält die Mischung?

4.173 Der Hebel eines Sicherheitsventils ist 60 cm lang. Am Ende soll eine Kraft von 500 N wirken. Wie schwer muss das anzuhängende Gewicht sein, wenn sich der Lastarm zum Kraftarm verhält wie 2:5?

4.174 Das Sicherheitsventil eines Dampfkessels hat einen einarmigen Hebel von 66 cm, an dem ein Gewicht von 45 N hängt. Der Hebel hat ein Gewicht von $16\frac{2}{3}$ N und hat seinen Schwerpunkt in der Mitte der Gesamtlänge. Welcher Druck in bar hält das Ventil im Gleichgewicht, wenn es 4 cm vom Drehpunkt entfernt sitzt und einen Tellerdurchmesser von 60 mm hat?

4.175 Welche Schwimmtiefe hat ein 25 cm hoher quadratischer Balken aus Holz (ρ = 0,75 kg/dm^3) in Wasser und in Petroleum (ρ = 0,8 kg/dm^3)?

4.176 Eine Kupfer-Silber-Legierung (Cu-Ag) von 271,6 g wiegt in Wasser 27 g weniger: Wie viel Silber (ρ = 10,5 kg/dm^3) und Kupfer (ρ = 8,9 kg/dm^3) enthält sie?

4.177 Ein Stück Kupfer von 5 kg mit ρ = 8,9 kg/dm^3 soll im Wasser durch Kork mit ρ = 0,25 kg/dm^3 zum Schweben gebracht werden. Wie viel Kork ist zu nehmen?

4.178 Ein Rechteck, das einen Umfang von 66 cm hat, ist doppelt so lang wie breit. Länge und Breite sind zu berechnen.

4.179 Wie groß sind die Seiten und der Inhalt eines Quadrats und eines Rechtecks, wenn die eine Seite des Rechtecks um 2 cm kleiner, die andere Seite um 3 cm größer als die Quadratseite ist? Der Inhalt des Rechtecks ist um 10 cm² größer als der Inhalt des Quadrats.

4.180 Verlängert man die Grundlinien eines Dreiecks von der Höhe 18 cm um 15 cm und verlängert man die Höhe des Dreiecks um 4 cm, so nimmt der Flächeninhalt um 194 cm² zu. Wie lang ist die Grundlinie, und wie groß ist der Flächeninhalt des Dreiecks?

4.181 Ein Trapez vom Flächeninhalt 2000 cm² hat eine Höhe von 80 cm. Wie lang sind die parallelen Grundseiten, wenn sie sich wie 3:5 verhalten?

4.2.2 Proportionen

Als Proportion bezeichnet man ein Verhältnis zweier Größen.

BEISPIEL

4.64 Legt ein Motorradfahrer in einer Stunde den Weg $s_1 = 60$ km zurück, ein Fußgänger den Weg $s_2 = 5$ km, so kann man beide Wegstrecken miteinander vergleichen. Teilt man s_1 durch s_2, stellt man fest, dass der Motorradfahrer die zwölffache Strecke zurückgelegt hat.

Lösung: Man bildet den Quotienten $\dfrac{s_1}{s_2} = \dfrac{60 \text{ km}}{5 \text{ km}} = \dfrac{12}{1}$, allgemein $\dfrac{a}{b}$ oder in anderer Schreibweise $a:b$. Dieser Quotient $a:b$ heißt das Verhältnis von a und b und stellt arithmetisch einen Bruch dar. ∎

Der Wert eines Verhältnisses bleibt ungeändert, wenn man beide Glieder mit derselben Zahl multipliziert oder durch dieselbe Zahl teilt.

Da das Verhältnis $\dfrac{1}{2}$ den gleichen Wert wie das Verhältnis $\dfrac{3}{6}$ hat, kann auch geschrieben werden $\dfrac{1}{2} = \dfrac{3}{6}$, allgemein auch

$$\dfrac{a}{b} = \dfrac{c}{d} \quad \text{bzw.} \quad a:b = c:d. \tag{4.10}$$

Die Gleichung (4.10) bezeichnet man in der Mathematik als *Verhältnisgleichung* oder *Proportion*[1]. Die Größen a und d bezeichnet man als Außenglieder, b und c als Innenglieder, daneben werden auch a und c als Vorderglieder und b und d als Hinterglieder bezeichnet.

Eine **Proportion** kann auch eine **Bestimmungsgleichung** sein (auch als vierte Proportionale bezeichnet), wie die folgende Aufgabe zeigt:

---

[1] proportio (lat.) Ebenmaß

BEISPIELE

4.65 $\dfrac{5}{7} = \dfrac{12,5}{x}$

In dieser Proportion kann man x stets mit Hilfe der Produktgleichung bestimmen. Aus dieser Proportion folgt:

$5x = 7 \cdot 12,5$

$x = 17,5$ ∎

4.66 Die Unbekannte x kann in einer Proportion an mehreren Stellen auftreten, z. B.

$\dfrac{27-x}{x} = \dfrac{1,04}{13} \quad \Rightarrow \quad 0,13(27-x) = 1,04x \quad \Rightarrow x = 3$ ∎

Eine Proportion kann wie im vorliegenden Fall eine Bestimmungsgleichung sein. Sie kann aber auch eine identische Gleichung oder eine Funktionsgleichung sein. Für Proportionen gelten daher die allgemeinen Gesetze für das Rechnen mit Gleichungen.

Eine **Proportion** kann auch **stetig** oder **fortlaufend** sein.

Die Proportion $a:x = x:b$ hat die Besonderheit, dass die beiden Innenglieder gleich sind. Eine Proportion mit gleichen Innengliedern heißt *stetig*. Das gemeinsame Innenglied heißt auch *mittlere Proportionale* der Proportion.

Auch eine Proportion der Form $x:a = b:x$ heißt stetig, da sie sich auf die oben genannte Form umstellen lässt. Ist in dieser stetigen Proportion, wie in unserem Fall, die mittlere Proportionale unbekannt, so kann sie mit Hilfe der Produktgleichung ermittelt werden.

Aus $a:x = x:b$ folgt $x^2 = a \cdot b$ und hieraus $x = \pm\sqrt{ab}$ $\quad (ab \geq 0)$

Hinweis: Man beachte, dass die vorhergehende Aufgabe, die mittlere Proportionale zu den Zahlen a und b zu ermitteln, zwei Lösungen hat (siehe Abschnitt „Gleichungen"). Die mittlere Proportionale zu a und b heißt auch geometrisches Mittel von a und b.

Sind in einer Proportion nicht nur zwei, sondern, wie im folgenden Beispiel, mehrere Verhältnisse gleichgesetzt, z. B.

$\dfrac{3}{5} = \dfrac{6}{10} = \dfrac{9}{15} = \dfrac{12}{20}$ bzw. $3:5 = 6:10 = 9:15 = 12:20$,

so spricht man von *fortlaufenden Proportionen*.

BEISPIELE

4.67 Die beiden einfachen Proportionen $a:b = 2:3$ und $b:c = 3:4$ sollen zu einer fortlaufenden Proportion zusammengefasst werden.

Lösung: Man erhält sofort $a:b:c = 2:3:4$

4.68 Desgl. die Proportionen $a:b = 3:5$ und $b:c = 7:9$. ∎

Lösung: In diesem Falle müssen die Glieder *b*, die in beiden Proportionen unterschiedlich sind, erweitert werden. Man erhält:

$a : b = 21 : 35$ und $b : c = 35 : 45$ und hieraus $a : b : c = 21 : 35 : 45$ ∎

Bei den **Proportionen** unterscheidet man noch zwischen **direkter Proportionalität** und **umgekehrter** (indirekter) **Proportionalität**.

Ein Beispiel für **direkte Proportionalität** ist die Belastung einer Schraubenfeder (siehe Abschnitt 4.1).

BEISPIEL

4.69   Man unterwirft eine Schraubenfeder verschiedenen Belastungen (Bild 4.2). Die dadurch bewirkte Verlängerung *s* der Feder und die zugehörige Zugkraft *F*, die jedesmal gleich der Belastung ist, werden gemessen. Man erhält für eine bestimmte Feder den folgenden Zusammenhang:

s/mm	0	8	16	24	32	40	48	56
F/N	0	1,000	2,000	3,000	4,000	5,000	6,000	7,000

Lösung: Man erkennt, dass für je zwei zusammengehörige Werte von *F* und *s* ein ganz bestimmter Zusammenhang besteht, nämlich dass der Quotient $F : s$ stets die gleiche Größe, einen konstanten Wert *c*, bei unserer Feder 0,125 N/mm, ergibt. Man sagt, die Zugkraft der Feder ist der Verlängerung *direkt proportional*. Es gilt also allgemein:

$F : s = c$ oder $F = c \cdot s$ also $F = 0{,}125 \dfrac{\text{N}}{\text{mm}} \cdot s$.   ∎

Die veränderliche Größe *y* heißt der veränderlichen Größe *x* direkt proportional, wenn zwischen *y* und *x* eine Gleichung der Form $y = c \cdot x$ besteht, wobei *c* einen konstanten Faktor, den Proportionalitätsfaktor, bezeichnet.

Das Verhältnis der direkten Proportionalität zwischen zwei veränderlichen Größen wird graphisch stets durch eine Gerade durch den Ursprung des Koordinatensystems dargestellt (Bild 4.3a). Umgekehrt ist eine Gerade durch den Ursprung stets die Darstellung einer direkten Proportionalität zwischen zwei veränderlichen Größen.

Weitere Beispiele für **direkte Proportionalität**:

1. Bei gleichbleibender Geschwindigkeit ist der zurückgelegte Weg *s* proportional der Zeit *t*; Gleichung: $s = c \cdot t$; der Proportionalitätsfaktor hat die Bedeutung der Geschwindigkeit.

2. Der Bruttoarbeitslohn eines Arbeiters ist der Anzahl der Arbeitsstunden proportional. Der Proportionalitätsfaktor ist in diesem Fall der Stundenlohn.

3. Bei homogenem Stoff ist die Masse eines Körpers seinem Volumen proportional: $m = c \cdot V$. Der Proportionalitätsfaktor hat die Bedeutung der Dichte.

4.2 Gleichungen

Umgekehrt proportional bezeichnet man einen Vorgang, bei dem eine Veränderliche steigt/fällt und die andere Veränderliche gleichzeitig fällt/steigt. Ein Beispiel für **umgekehrte Proportionalität** zeigt das folgende physikalische Problem:

BEISPIEL

4.70 In einem Stahlzylinder (Bild 4.63) sind 10 l Gas unter einem leicht beweglichen Kolben luftdicht abgeschlossen. Der Anfangsdruck in dem Zylinder sei 1 bar. Verringert man durch stärkere Belastung des Kolbens das Volumen im Zylinder, so ändert sich bei unveränderter Temperatur der Druck gemäß folgender Tabelle:

V/l	10	9	8	7	6	5	4	3	2	1
p/bar	1,00	1,11	1,25	1,43	1,67	2,00	2,50	3,33	5,00	10,00

Lösung: Bildet man den Quotienten $\frac{p}{V}$ für verschiedene Spalten der Tabelle, so erhält man stets einen anderen Wert; es liegt also *keine direkte Proportionalität* vor. Dies ändert sich jedoch, wenn man das Produkt $p \cdot V$ für jedes Wertepaar bildet. Abgesehen von kleinen Ungenauigkeiten liegt der Wert bei 10 bar · l. Es gilt also allgemein die Gleichung $p \cdot V = c$, worin c eine konstante Größe bedeutet (Proportionalitätsfaktor), die von speziellen Versuchsbedingungen (Anfangsdruck, Anfangsvolumen, Temperatur) anhängig ist. Mathematisch stellt man fest, dass der Druck dem Volumen *umgekehrt proportional* ist, in Worten: die Drücke verhalten sich umgekehrt wie die Volumina. Es gilt nämlich immer:

$$p_1 \cdot V_1 = c \quad \text{und} \quad p_2 \cdot V_2 = c \quad \text{daher} \quad p_1 \cdot V_1 = p_2 \cdot V_2 \quad \text{und schließlich} \quad \frac{p_1}{p_2} = \frac{V_2}{V_1}$$

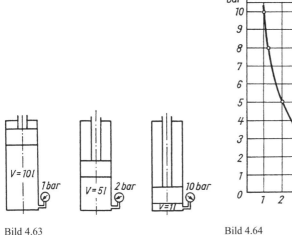
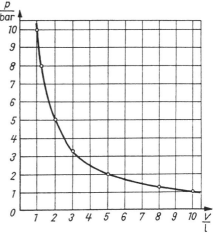

Bild 4.63   Bild 4.64   ∎

222   4 Funktionen und Gleichungen

> Die veränderliche Größe y heißt der veränderlichen Größe x umgekehrt proportional, wenn zwischen y und x eine Gleichung der Form $y \cdot x = c$ bzw. $y = \dfrac{c}{x}$ besteht, wobei c einen konstanten Faktor, den Proportionalitätsfaktor, bezeichnet.

Das entsprechende Kurvenbild bei der hier vorliegenden *umgekehrten Proportionalität* zwischen den beiden Veränderlichen zeigt Bild 4.64. Der ermittelte Zusammenhang zwischen p und V ergibt als Graph eine *gleichseitige Hyperbel*.

> Das Verhältnis der umgekehrten Proportionalität zwischen zwei veränderlichen Größen wird graphisch stets durch eine gleichseitige Hyperbel in bestimmter Lage dargestellt. Umgekehrt ist eine gleichseitige Hyperbel in dieser besonderen Lage stets die Darstellung einer umgekehrten Proportionalität zwischen zwei veränderlichen Größen.

Weitere Beispiele für **umgekehrte Proportionalität:**

1. Die Zeit, die man zur Bewältigung einer bestimmten Arbeit benötigt, ist (in gewissen Grenzen) der Anzahl der eingesetzten Arbeiter umgekehrt proportional.

2. Bei konstanter Fahrstrecke ist die Fahrzeit der Geschwindigkeit bei gleichförmiger Bewegung umgekehrt proportional; $t_1 : t_2 = v_2 : v_1$.

Proportionalitätsaufgaben werden häufig in der **Praxis** angewandt. Die Kenntnis des Begriffs und der Gesetze der Proportionalität verschafft dem Anwender häufig entsprechende Rechenvorteile, wie das folgende Beispiel zeigt.

BEISPIEL

4.71 320 m Draht mit dem Durchmesser 4 mm haben eine Masse von 29,4 kg. Wieviel m Draht gleicher Qualität, aber vom Durchmesser 6 mm sind in 80 kg enthalten?

Lösung 1: (**ohne** Anwendung der Proportionalität)

Zunächst berechnet man aus den für die 1. Drahtsorte gegebenen Daten die Dichte.

Mit $m = 29400$ g, $V = \dfrac{\pi d^2}{4} l$, $d^2 = 16$ mm$^2 = 0{,}16$ cm^2, $l = 32000$ cm, erhält man

$$\rho = \frac{4m}{\pi d^2 l} = \frac{4 \cdot 29400}{\pi \cdot 0{,}16 \cdot 32000} \, \frac{\text{g}}{\text{cm}^3} = 7{,}311 \, \frac{\text{g}}{\text{cm}^3}.$$

Aus den Angaben der zweiten Drahtsorte und der nun bekannten Dichte löst man die Formel nach l auf und berechnet die Drahtlänge zu 387 m für $\varnothing = 6$ mm.

$$l = \frac{4m}{\pi d^2 \rho} = \frac{4 \cdot 80000}{\pi \cdot 0{,}36 \cdot 7{,}3} \text{ cm} = 38699{,}92 \text{ cm} \approx 387 \text{ m}.$$

Hinweis: Wichtig ist, dass bei solchen Aufgaben bei der Lösung 1 die Größen in einheitlichen und aufeinander abgestimmten kohärenten Maßeinheiten eingesetzt werden müssen!

4.2 Gleichungen

Lösung 2: (**mit** Anwendung der Proportionalität)

Vorteilhafter rechnet man unter Berücksichtigung der Proportionalität über den erweiterten Dreisatz.

29,4 kg enthalten bei $d = 4$ mm 320 m Draht

1 kg enthalten bei $d = 4$ mm $\dfrac{320}{29,4}$ m Draht

1 kg enthalten bei $d = 1$ mm $\dfrac{320 \cdot 4^2}{29,4}$ m Draht

80 kg enthalten bei $d = 1$ mm $\dfrac{320 \cdot 4^2 \cdot 80}{29,4}$ m Draht

80 kg enthalten bei $d = 6$ mm $\dfrac{320 \cdot 4^2 \cdot 80}{29,4 \cdot 6^2}$ m Draht = 386,9992 m ≈ 387 m. ∎

Die Vorteile der Lösung mit dem 2. Lösungsweg zeigt wohl dieses Beispiel in besonderem Maße!

AUFGABEN

4.182 Geben Sie folgende Verhältnisse in kleinsten ganzen unbenannten Zahlen an:

a) 48 : 72 51 : 85 52 : 91 161 : 207

b) $\dfrac{2}{3} : \dfrac{5}{6}$ $\dfrac{3}{4} : \dfrac{9}{16}$ $\dfrac{7}{5} : \dfrac{49}{10}$ $\dfrac{15}{8} : \dfrac{25}{12}$

c) 8 : 9,6 0,51 : 1,7 0,234 : 78,0 1,52 : 11,4

d) 3,78 m : 7,02 m 24,5 cm : 31,5 cm 29 m 7 cm : 30 m 78 cm

e) 4,095 kg : 5,265 kg 13,923 kg : 14,994 kg 3,52 g : 1024 mg

4.183 Bringen Sie folgende Proportionen auf die einfachste Form:

a) $a : 3b = 7 : 12$ b) $4u : 15v = 8 : 25$ c) $1,4 : 2x = \dfrac{7}{15} : 4$

d) $30 : 2,5 = 44y : \dfrac{11}{4}$ e) $2a : b = 6a^2 : 15bc$ f) $\dfrac{3a}{b} : \dfrac{15x}{2a} = \dfrac{a^2}{3b} : \dfrac{125a}{6x}$

4.184 Kontrollieren Sie mit Hilfe der Produktgleichung folgende Proportionen auf ihre Richtigkeit:

a) $0,15 : 1,17 = 0,2 : 1,56$ b) $1,5 : 14,5 = 1,8 : 17,4$ c) $\dfrac{15}{7} : \dfrac{13}{3} = \dfrac{18}{13} : \dfrac{14}{5}$

4.185 Vereinfachen Sie folgende Proportionen:

a) $\dfrac{p+5}{p} = \dfrac{5}{2}$ b) $\dfrac{q}{q-2} = \dfrac{4}{3}$ c) $\dfrac{r+3}{r-3} = \dfrac{6}{5}$ d) $\dfrac{x-y}{x+y} = \dfrac{u-v}{u+v}$

e) $\dfrac{2x+3y}{2x-3y} = \dfrac{5a+3b-4c}{5a-3b+4c}$ f) $\dfrac{x-a}{y-b} = \dfrac{a}{b}$ g) $\dfrac{x+6a+8b}{y+10a-12b} = \dfrac{3a+4b}{5a-6b}$

4.186 Bestimmen Sie die Unbekannte x aus den folgenden Proportionen:

a) $51:15 = 68:x$ b) $20:95 = x:57$ c) $x:10,4 = 115:8,4$ d) $4,125:x = 3\frac{1}{7}:263\frac{2}{3}$

e) $7ab:5bc = 3\frac{1}{2}a:x$ f) $8ab:x = bc:4\frac{3}{4}ac$ g) $x:\frac{a}{c} = \frac{c}{d}:\frac{a}{d}$

h) $\frac{a}{b}:x = \frac{c}{d}:\frac{b}{d}$ i) $\frac{a}{14b}:x = \frac{3c}{7b}:\frac{2c}{a}$ k) $\frac{a+b}{a-b}:\frac{a^2-b^2}{ab} = x:\frac{(a-b)^2}{ac}$

l) $x:6 = (x+5):9$ m) $x:(14-x) = 4:3$ n) $3:5x = 1:(8-x)$

o) $(a-x):x = a:b$ p) $x:(b+x) = (b-a):b$ q) $(x-1):(x-2) = a:b$

4.187 Ermitteln Sie die vierte Proportionale zu

a) 4 ; 6 ; 8   b) 6 ; 21 ; 22   c) 2 ; 4 ½ ; 9 1/3

d) 3 ; 2,5 ; 4,75 ; 5,2   e) 1,4 ; 0,35 ; 4,2   f) u ; v ; w

4.188 Ermitteln Sie die mittlere Proportionale zu

a) 9 und 6   b) 16 und 12   c) 9 und 15   d) x und y

4.189 Verwandeln Sie in fortlaufende Proportionen:

a) $a:b = 6:1$
   $a:c = 2:5$

b) $a:c = 10:21$
   $c:b = 9:8$

c) $a:b = 5:9$
   $a:c = 10:13$

d) $a:b = 8:15$
   $a:c = 12:35$

e) $a:c = 21:17$
   $b:d = 6:5$
   $a:d = 28:25$

f) $a:b = 6:11$
   $b:d = 77:40$
   $c:d = 91:120$

4.190 An einer Arbeit schaffen 10 Arbeiter täglich 8,5 h; an der gleichen Arbeit schaffen 17 Arbeiter täglich 7,5 h; welches ist das Verhältnis der Tage, die in beiden Fällen zur Fertigstellung der Arbeit gebraucht werden?

4.191 Der Bauer A bearbeitete 4 ha in 12 Tagen; der Bauer B bearbeitete 5 ha in 10 Tagen. In welchem Verhältnis stehen die Zahlen der aufgewandten Arbeitskräfte, wenn in beiden Fällen gleiche Leistung je Arbeitskraft vorausgesetzt wird?

4.192 Eine Mauer von der Länge 24 m, der Dicke 0,4 m und der Höhe 2,75 m enthält 10560 Steine. Wie viele Steine enthält eine Mauer von 18 m Länge, ⅓ m Dicke und 2 ½ m Höhe?

4.193 In welchem Verhältnis stehen die Oberfläche und der größte Querschnitt der Kugel?

4.194 In welchem Verhältnis stehen die Grundfläche und der Mantel eines geraden Kreiskegels mit der Höhe 6 cm und dem Grundkreisradius 8 cm?

4.2 Gleichungen

4.195 Von zwei Körpern mit gleichem Volumen hat der erste die Dichte $\rho_1 = 7,3$ kg/dm³, der zweite $\rho_2 = 2,7$ kg/dm³. Der erste hat die Masse 4,8 kg. Welche Masse hat der zweite Körper?

4.196 Von zwei gleich schweren Körpern hat der erste die Dichte $\rho_1 = 7,2$ kg/dm³, der zweite $\rho_2 = 11,4$ kg/dm³. In welchem Verhältnis stehen ihre Rauminhalte V_1 und V_2?

4.197 In zwei kommunizierenden Gefäßen (Bild 4.70) stehen zwei verschiedene Flüssigkeiten h_1 (in cm) und h_2 (in cm) hoch. In welchem Verhältnis stehen ihre Dichten ρ_1 und ρ_2?

4.198 Eine Gasmenge hat bei 1013 mbar das Volumen 2,4 l. Welchen Raum nimmt sie bei 840 mbar ein, wenn die Temperatur unverändert bleibt?

4.199 Eine Stahlflasche für komprimierten Wasserstoff fasst 10 l. Bei vollständiger Füllung zeigt das Manometer bei 0 °C einen Überdruck von 150 bar.

a) Wie viele Liter Gas im Normalzustand enthält die Flasche?

b) Wie viele Liter Gas im Normalzustand enthält die Flasche, wenn das Manometer nur noch 100 bar, 75 bar, 50 bar, 25 bar anzeigt?

4.200 Bei einer hydraulischen Presse hat der Druckkolben einen Durchmesser von 40 mm, der Presskolben einen von 500 mm. In welchem Verhältnis stehen die an den Kolben wirkenden Druckkräfte?

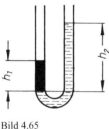

Bild 4.65

4.2.3 Gleichungen 2. Grades

Quadratische Gleichungen; Begriff; allgemeine Form und Normalform

Eine quadratische Gleichung zweiten Grades mit einer Unbekannten ist eine Bestimmungsgleichung, bei der die Unbekannte höchstens in zweiter Potenz vorkommt.

Jede quadratische Gleichung lässt sich durch elementarmathematische Rechenoperationen auf die allgemeine Form bringen.

> Eine Gleichung der Form $a_2 x^2 + a_1 x + a_0 = 0$ (auch Polynom 2. Grades), in der a_2, a_1, a_0 beliebige Konstanten sind ($a_2 \neq 0$), heißt *allgemeine Form* der Gleichung 2. Grades oder der quadratischen Gleichung einer Unbekannten; a_2, a_1, a_0 heißen Koeffizienten der Gleichung. (4.11)

Die drei Glieder der allgemeinen Form heißen

$a_2 x^2$ das quadratische Glied,
$a_1 x$ das lineare Glied,
a_0 das absolute Glied.

Da sich jede quadratische Gleichung auf diese Form bringen lässt, ist mit der Lösung der allgemeinen Form der Lösungsweg für jede spezielle quadratische Gleichung gegeben.

Hat in der allgemeinen Form einer quadratischen Gleichung der Koeffizient des quadratischen Gliedes den speziellen Wert 1, so nennt man diese Form die *Normalform* der quadratischen Gleichung. Man prägt sie sich zweckmäßig in der Form ein:

$$x^2 + px + q = 0 \quad \text{Normalform der quadratischen Gleichung} \quad (4.12)$$

Hierin bedeuten p und q beliebige reelle Zahlen (einschließlich Null).

Eine in der allgemeinen Form gegebene quadratische Gleichung lässt sich stets auf die Normalform bringen, indem man sie durch a_2 dividiert.

Formelmäßige Lösung der Normalform

Da der Lösungsweg für jede auf die Normalform gebrachte quadratische Gleichung der gleiche ist, liegt es nahe, diesen Lösungsweg zu vereinfachen, indem man aus der Normalform eine allgemeine Lösung entwickelt. Mit Hilfe der quadratischen Ergänzung erhält man nämlich

$$x^2 + px + q = \left(x + \frac{p}{2}\right)^2 - \left(\frac{p}{2}\right)^2 + q = 0$$

und daraus $\left(x + \frac{p}{2}\right)^2 = \left(\frac{p}{2}\right)^2 - q$. Es folgt $x + \frac{p}{2} = \pm \sqrt{\left(\frac{p}{2}\right)^2 - q}$ bzw.

$$x_1 = -\frac{p}{2} + \sqrt{\left(\frac{p}{2}\right)^2 - q}, \quad x_2 = -\frac{p}{2} - \sqrt{\left(\frac{p}{2}\right)^2 - q}, \quad \left(\frac{p}{2}\right)^2 - q \geq 0 \quad (4.13)$$

Diese Lösungsformel gilt nur für die Gleichung (4.12). Eine quadratische Gleichung hat im Falle $\left(\frac{p}{2}\right)^2 - q > 0$ zwei reelle Lösungen und im Falle $\left(\frac{p}{2}\right)^2 - q = 0$ eine reelle Lösung $x_1 = x_2 = -\frac{p}{2}$.

BEISPIEL

4.72 $x^2 - 3{,}6x - 2{,}52 = 0$

Lösung: Man vergleicht diese Gleichung mit der Normalform $x^2 + px + q = 0$. Die Koeffizienten p und q haben hier die Werte:

4.2 Gleichungen

$p = -3{,}6$; $q = -2{,}52$;   folglich $\dfrac{p}{2} = -1{,}8$

Die Anwendung der Lösungsformel (4.13) ergibt:

$x = -(-1{,}8) \pm \sqrt{(-1{,}8)^2 - (-2{,}52)}$

$x = 1{,}8 \pm \sqrt{3{,}24 + 2{,}52} = 1{,}8 \pm \sqrt{5{,}76} = 1{,}8 \pm 2{,}4$

$x_1 = 4{,}2$; $x_2 = -0{,}6$

Probe! ∎

4.73 $x^2 - 2{,}8x + 1{,}96 = 0$

Lösung: Die Koeffizienten p und q haben hier die Werte: $p = -2{,}8$; $q = 1{,}96$; folglich $\dfrac{p}{2} = -1{,}4$.

Die Anwendung der Lösungsformel (4.13) ergibt:

$x = -(-1{,}4) \pm \sqrt{(-1{,}4)^2 - 1{,}96}$

$x = 1{,}4 \pm \sqrt{1{,}96 - 1{,}96} = 1{,}4 \pm 0$

$x_1 = x_2 = 1{,}4$

Probe! ∎

Komplexe Lösungen der quadratischen Gleichung

Im Kapitel 3 wurden die komplexen Zahlen eingeführt und die für diese Zahlen gültigen Rechengesetze behandelt. Die Einführung dieser neuen Zahlenmenge erfolgte dort zunächst aus rein formalen Gründen. Speziell in der Elektrotechnik bietet die Anwendung der komplexen Zahlen erhebliche rechnerische Vorteile.

Die Bedeutung der Menge der komplexen Zahlen erkennt man aber spätestens jetzt bei der Lösung quadratischer Gleichungen. Tritt der Fall ein, dass $\left(\dfrac{p}{2}\right)^2 - q < 0$ wird, ist eine Lösung der quadratischen Gleichung im Bereich der reellen Zahlen nicht möglich, da laut Definition der Wurzel hier nur positive Radikanden zugelassen sind. Die Lösungen der Gleichung sind dann komplex, wie die nachfolgenden Beispiele zeigen (siehe auch Kapitel 3).

BEISPIELE

4.74 $x^2 - 4x + 13 = 0$

Lösung: Mit Hilfe der Lösungsformel (4.13) ergibt sich:

$x = 2 \pm \sqrt{4 - 13}$

$x = 2 \pm \sqrt{-9}$

Da der Radikand negativ ist, hat die Wurzel keinen reellen Wert, die Gleichung hat somit keine reelle Lösung. Es gilt

$x = 2 \pm 3i$

Man erhält zwei komplexe Lösungen:

$x_1 = 2 + 3i$; $x_2 = 2 - 3i$

Probe für x_1:	Probe für x_2:
$(2 + 3i)^2 - 4(2 + 3i) + 13 = 0$	$(2 - 3i)^2 - 4(2 - 3i) + 13 = 0$
$4 + 12i - 9 - 8 - 12i + 13 = 0$	$4 - 12i - 9 - 8 + 12i + 13 = 0$
$0 = 0$	$0 = 0$

x_1 und x_2 sind also die beiden Lösungen der Ausgangsgleichung. ∎

4.75 Die Gleichung $x^2 + 25 = 0$ hat die komplexen Lösungen $x_1 = +5i$; $x_2 = -5i$.

Die Bestätigung erfolgt wieder durch die Einsatzprobe. ∎

4.76 Die Gleichung $x^2 + 4x + 5 = 0$ hat die Lösungen $x_1 = -2 + i$; $x_2 = -2 - i$

(vgl. hierzu auch Beispiel 4.32, Bild 4.44). Die Bestätigung erfolgt wieder durch die Einsatzprobe ∎

Während die reellen Lösungen einer quadratischen Gleichung auch mit Hilfe des graphischen Verfahrens gefunden werden können (Schnittpunkt des Graphen mit der Abszisse im kartesischen Koordinatensystem) sind die Gleichungen in den Beispielen 4.74 bis 4.76, die auf komplexen Lösungen führen, nur rechnerisch lösbar.

Mit Hilfe der komplexen Zahlen ist man also in der Lage, auch in Fällen, in denen eine quadratische Gleichung keine reellen Lösungen hat, noch komplexe Lösungen anzugeben.

Hierin liegt die Bedeutung der komplexen Zahlen für die Algebra. Durch die Erweiterung des Bereichs der reellen Zahlen um die komplexen Zahlen wird erreicht, dass eine quadratische Gleichung stets Lösungen in diesem Bereich hat. Die Notwendigkeit, eine abermalige Erweiterung dieses Bereichs der reellen und komplexen Zahlen vorzunehmen, besteht nicht; es lässt sich nämlich zeigen (siehe auch Fundamentalsatz der Algebra), dass die komplexen Zahlen ausreichen, um *jede* algebraische Gleichung *beliebigen Grades* zu lösen.

Der Studierende lasse sich durch die Bezeichnung „reell" und „komplex" nicht verleiten, in den komplexen Lösungen einer Gleichung Zahlen zu sehen, die in irgendeiner Hinsicht „schlechter" sind als reelle Lösungen. Für die Mathematik sind die komplexen Lösungen einer Gleichung den reellen Lösungen völlig gleichwertig.

Eine andere Frage ist, ob die komplexen Lösungen einer Gleichung praktische Bedeutung haben können. Anders ausgedrückt: Hat es Sinn, komplexe Zahlen mit Einheiten zu komplexen Größen zu verbinden? Als erste technische Wissenschaft hat die Elektrotechnik vor längerer Zeit diesen Weg mit Erfolg beschritten; in neuerer Zeit haben komplexe Zahlen Eingang in spezielle Gebiete der Mechanik gefunden. Diese Entwicklung muss, da sie praktisch auf Erleichterung von aufzuwendender Rechenarbeit hinausläuft, als eine Verbesserung der mathematischen Methoden gewertet werden.

4.2 Gleichungen

Diskriminante der quadratischen Gleichung $D = \left(\dfrac{p}{2}\right)^2 - q$

Das Verhalten einer quadratischen Gleichung hinsichtlich ihrer Lösungen wird also, wie in den vorhergehenden Beispielen gezeigt, entscheidend durch den Radikanden $\left(\dfrac{p}{2}\right)^2 - q$ bestimmt. Man nennt deshalb diesen Ausdruck auch *Diskriminante*[1] D der quadratischen Gleichung.

Zusammenhang zwischen den Koeffizienten und Lösungen der Gleichung; Wurzelsatz von VIETA

Die Normalform der quadratischen Gleichung

$$x^2 + px + q = 0$$

hat die Lösungen: $x_1 = -\dfrac{p}{2} + \sqrt{\left(\dfrac{p}{2}\right)^2 - q}$ und $x_2 = -\dfrac{p}{2} - \sqrt{\left(\dfrac{p}{2}\right)^2 - q}$.

Um den Zusammenhang zwischen den Koeffizienten und den Wurzeln der Gleichung zu ermitteln, bildet man zunächst die Summe der Lösungen $x_1 + x_2$, dann das Produkt der Lösungen $x_1 \cdot x_2$;

$$x_1 + x_2 = \left(-\dfrac{p}{2} + \sqrt{\left(\dfrac{p}{2}\right)^2 - q}\right) + \left(-\dfrac{p}{2} - \sqrt{\left(\dfrac{p}{2}\right)^2 - q}\right) = -2 \cdot \dfrac{p}{2} = -p$$

$$x_1 \cdot x_2 = \left(-\dfrac{p}{2} + \sqrt{\left(\dfrac{p}{2}\right)^2 - q}\right) \cdot \left(-\dfrac{p}{2} - \sqrt{\left(\dfrac{p}{2}\right)^2 - q}\right) = \left(-\dfrac{p}{2}\right)^2 - \left(\sqrt{\left(\dfrac{p}{2}\right)^2 - q}\right)^2 = q$$

Somit folgt:

> $x_1 + x_2 = -p$ und $x_1 \cdot x_2 = q$ (Wurzelsatz von VIETA) (4.14)

Für die Lösungen x_1 und x_2 einer in der Normalform gegebenen quadratischen Gleichung gilt:

> Die Summe der Lösungen ist gleich dem Koeffizienten des linearen Gliedes mit umgekehrten Vorzeichen.
>
> Das Produkt der Lösungen ist gleich dem absoluten Glied.

Der Satz von VIETA findet Anwendung

a) bei der Probe für die richtige Lösung quadratischer Gleichungen;
b) zum Lösen quadratischer Gleichungen mit einfachen Koeffizienten;
c) in der Theorie algebraischer Gleichungen.

---

[1] discrimen (lat.) Entscheidung

Anwendungen des Satzes von VIETA

a) Probe für die richtige Lösung quadratischer Gleichungen.

BEISPIEL

4.77 Für die Gleichung $x^2 + 1{,}3x - 7{,}14 = 0$ hat man die Lösungen $x_1 = 2{,}1$ und $x_2 = -3{,}4$ erhalten. Die Richtigkeit ist mit Hilfe des Satzes von VIETA zu überprüfen.

Lösung: Probe: $2{,}1 + (-3{,}4) = -1{,}3 = -p$ $2{,}1 \cdot (-3{,}4) = -7{,}14 = q$

Beide Teile des Satzes von VIETA müssen erfüllt sein! x_1 und x_2 sind daher Lösungen. ∎

Selbstverständlich kann die Probe für eine quadratische Gleichung auch durch Einsetzen *beider* Lösungen in die Ausgangsgleichung vorgenommen werden. Die hierbei aufzuwendende Rechenarbeit ist aber im Allgemeinen größer als bei der Anwendung des Satzes von VIETA.

b) Lösen einfacher quadratischer Gleichungen ohne Lösungsformel
   Wenn eine in der Normalform gegebene quadratische Gleichung mit ganzzahligen Koeffizienten ganzzahlige Lösungen besitzt, ist es häufig möglich, diese Lösungen durch logische Überlegungen sofort zu ermitteln.

BEISPIELE

4.78 Die Lösungen der Gleichung $x^2 + 7x + 12 = 0$ sollen mit Hilfe des Satzes von VIETA ermittelt werden.

Lösung: In der vorliegenden Gleichung ist $p = 7$ und $q = 12$.

Da $x_1 \cdot x_2 = 12$ müssen x_1 und x_2 gleiches Vorzeichen haben. Ferner ist $x_1 + x_2 = -7$, folglich sind x_1 und x_2 beide negativ. Da $x_1 \cdot x_2 = 12$ und $x_1 + x_2 = -7$, kommen, wenn die Gleichung ganzzahlige Lösungen hat, nur die Zahlen -3 und -4 in Betracht.

Die beiden Lösungen lauten deshalb: $x_1 = -3$; $x_2 = -4$. ∎

4.79 Desgl. für die Gleichung $x^2 - 3x - 18 = 0$

Lösung: In der vorliegenden Gleichung ist $p = -3$ und $q = -18$.

Da $x_1 \cdot x_2 = -18$, haben x_1 und x_2 verschiedene Vorzeichen. Ferner ist $x_1 + x_2 = 3$; die größere der Zahlen x_1 und x_2 ist also positiv. Da $x_1 \cdot x_2 = -18$ und $x_1 + x_2 = 3$, kommen, wenn die Gleichung ganzzahlige Lösungen hat, nur die Zahlen -3 und 6 in Betracht.

Die beiden Lösungen lauten deshalb: $x_1 = -3$; $x_2 = 6$. ∎

Produktform der quadratischen Gleichung

Der folgende Abschnitt bildet die Grundlage, auf der später die Theorie der Gleichungen höheren Grades entwickelt wird.

4.2 Gleichungen

Die quadratische Gleichung in der Normalform lautet:
$$x^2 + px + q = 0 \tag{I}$$
Es sei x_1 eine Lösung dieser Gleichung; dann gilt also:
$$x_1^2 + px_1 + q = 0, \tag{II}$$
und zwar ist dies eine *identische* Gleichung, bei der auch die linke Seite nach Zusammenfassung aller Summanden die Zahl Null ergibt. Man subtrahiert nun die zweite Gleichung von der ersten und erhält nach der Zusammenfassung der Glieder gleichen Grades
$$(x^2 - x_1^2) + p(x - x_1) = 0 . \tag{III}$$
Die Gleichung (III) ist dadurch entstanden, dass von der Bestimmungsgleichung (I) die identische Gleichung (II), die eigentlich 0 = 0 lautet, subtrahiert wurde. Daraus folgt, dass die so entstandene Gleichung (III) nur eine andere Form der Ausgangsgleichung (I) ist; daher
$$x^2 + px + q = (x^2 - x_1^2) + p(x - x_1) .$$
Aus der rechten Seite lässt sich der Faktor $(x - x_1)$ ausklammern:
$$x^2 + px + q = (x - x_1)(x + x_1 + p) . \tag{IV}$$
Dieses wichtige Ergebnis, das sich auch auf Gleichungen höheren Grades übertragen lässt, lautet in Worten:

> Ist x_1 Lösung einer quadratischen Gleichung, so lässt sich von der Gleichung der Faktor $(x - x_1)$ abspalten;

oder anders ausgedrückt:

> Ist x_1 Lösung einer quadratischen Gleichung, so ist die Gleichung ohne Rest durch $(x - x_1)$ teilbar.

Welche Bedeutung hat auf der rechten Seite der Gleichung (IV) der Faktor $(x + x_1 + p)$?

Es sei x_2 die andere Lösung der Gleichung (I); dann gilt nach VIETA:
$$x_1 + x_2 = -p \quad \text{oder} \quad x_1 + p = -x_2 .$$
Mit Hilfe dieser Beziehung lässt sich der Faktor $(x + x_1 + p)$ umformen:
$$(x + x_1 + p) = x - x_2 .$$
Also geht Gleichung (IV) über in
$$x^2 + px + q = (x - x_1)(x - x_2) = 0$$
In Worten:

> Sind x_1 und x_2 Lösungen einer quadratischen Gleichung in der **Normalform**, so lässt sich die Gleichung in der Form $\quad (x - x_1) \cdot (x - x_2) = 0$
>
> oder wenn x_1 zweifache Lösung ist in der Form $\quad (x - x_1)^2 = 0 \quad$ (4.15)
>
> schreiben. Diese Form heißt **Produktform** der quadratischen Gleichung.

BEISPIEL

4.80 Die quadratische Gleichung $x^2 - 2x - 3 = 0$ hat die Lösungen $x_1 = 3$ und $x_2 = -1$. Die Produktform dieser Gleichung lautet: $(x-3) \cdot (x+1) = 0$.

Man überzeuge sich, dass man durch Ausmultiplizieren wieder die Normalform erhält. Beide Formen sind also verschiedene Schreibweisen für dieselbe Gleichung. ∎

Produktform einer in der Allgemeinform gegebenen quadratischen Gleichung:

> Hat die quadratische Gleichung $a_2 x^2 + a_1 x + a_0 = 0$ die Lösungen x_1 und x_2, so lässt sich die Gleichung auch in der Form $a_2(x - x_1)(x - x_2) = 0$ schreiben.

AUFGABEN

Lösen Sie folgende Gleichungen!

Reinquadratische Gleichungen

4.201 $x^2 = 169$

4.202 $ax^2 - b = c \qquad a \neq 0$

4.203 $13x^2 - 19 = 7x^2 + 5$

4.204 $\left(x + \dfrac{1}{2}\right)\left(x - \dfrac{1}{2}\right) = \dfrac{5}{16}$

4.205 $(1+x)(2+x)(3+x) + (1-x)(2-x)(3-x) = 120$

Gemischtquadratische Gleichungen

4.206 $x^2 + 2x = 63$

4.207 $x^2 - 8x + 15 = 0$

4.208 $x^2 + 6x = 91$

4.209 $x^2 - 40x + 111 = 0$

4.210 $x^2 + 2x = 1$

4.211 $x^2 - 6x + 4 = 0$

4.212 $x^2 - 2x + 2 = 0$

4.213 $x^2 - 10x + 32 = 0$

4.214 $x^2 + 2ax = b, \qquad a \neq 0$

4.215 $x^2 - 2ax + b = 0, \qquad a \neq 0$

4.216 $x^2 + ax = b, \qquad a \neq 0$

4.217 $x^2 - ax + b = 0, \qquad a \neq 0$

4.218 $ax^2 - 2bx + c = 0, \qquad a, b \neq 0$

4.219 $ax^2 - 2bx = c, \qquad a, b \neq 0$

4.220 $3x^2 - 22x + 35 = 0$

4.221 $91x^2 - 2x = 45$

4.222 $15x^2 + 21 = 44x$

4.223 $14x^2 - 33 = 71x$

4.224 $25x^2 + 2 = 30x$

4.225 $15x^2 + 527 = 178x$

4.226 $ax^2 - bx = c, \qquad a, b \neq 0$

4.227 $a^2 x^2 - 2a^3 x + a^4 = b^2 c^2, \qquad a \neq 0$

4.228 $ax^2 + d(ad+b) = a(c - 2dx), \qquad a, d \neq 0$

4.229 $2x^2 - 2\sqrt{2a}\, x + a = \sqrt{3a}, \qquad a > 0$

4.230 $7056 x^2 - 8232 bx + 2401 b^2 = 2304 a^2 b^2 c^2, \qquad b \neq 0$

4.231 $x^2 + \dfrac{b}{2}\sqrt[3]{2b} = \sqrt[3]{4b^2} \cdot x + \dfrac{1}{2}\sqrt[3]{4(a-d)}$, $b \geq 0$, $a-d \geq 0$

4.232 $\dfrac{5+x}{3-x} - \dfrac{8-3x}{x} = \dfrac{2x}{x-2}$

4.233 $\dfrac{2x-3}{x-2} + \dfrac{x+1}{x-1} = \dfrac{3x+11}{x+1}$

4.234 $\dfrac{2x-1}{x-2} + \dfrac{3x+1}{x-3} = \dfrac{5x-14}{x-4}$

4.235 $\dfrac{4}{x-1} + \dfrac{1}{x-4} = \dfrac{3}{x-2} + \dfrac{2}{x-3}$

4.236 $\dfrac{5}{7-x} - \dfrac{4}{6-x} = \dfrac{3}{5-x} - \dfrac{2}{4-x}$

4.237 $\dfrac{ax+b}{bx+a} = \dfrac{mx-n}{nx-m}$, $a,b,m,n \neq 0$

4.238 $\dfrac{(a-x)^2 + (x-b)^2}{(a-x)^2 - (x-b)^2} = \dfrac{a^2+b^2}{a^2-b^2}$, $a \neq b$

4.239 $4x^2 - 4ax + a^2 - b^2 = 0$, $a \neq 0$

Lösen Sie durch Zerlegen in Faktoren nach VIETA:

4.240 $x^2 - 7x + 12 = 0$

4.241 $x^2 + 13x + 30 = 0$

4.242 $x^2 + 12x + 27 = 0$

4.243 $x^2 + 2x - 35 = 0$

4.244 $x^2\, 4ax + 3a^2 = 0$

4.245 $x^2 - bx - 2b^2 = 0$

4.246 Die Summe aus dem Quadrat einer Zahl und ihrem Dreizehnfachen ergibt 888. Wie heißt die Zahl?

4.247 Die Summe zweier Zahlen beträgt 65, die Summe ihrer Quadratwurzeln ergibt 11. Wie lauten beide Zahlen?

4.248 Man zerlege 900 so in zwei Teile, dass der Unterschied der Quadratwurzeln der beiden Teile 6 beträgt. Wie heißen beide Teile?

4.249 Ein deutsches Versicherungsunternehmen zahlt nach Ablauf einer Lebensversicherung 16000 € aus. Der Betreffende übergibt das Geld einer Sparkasse und hebt am Endes des ersten Jahres von den Zinsen 520 € ab. Als er am Ende des zweiten Jahres noch 71 € eingezahlt hatte, war der Betrag auf 17000 € angewachsen. Zu wie viel Prozent war der Betrag verzinst worden? (Es wird jährliche Verzinsung vorausgesetzt.)

4.250 Nach einer Preissenkung im privaten Lebensmitteleinzelhandel zahlte man für 60 kg einer Ware 6 € mehr als vorher für 45 kg. Wie viel kostete 1 kg vor und nach der Preissenkung, wenn man nach der Senkung für 6 € 1 kg mehr erhält als vorher?

4.251 Die Katheten eines rechtwinkligen Dreiecks verhalten sich wie 3:4. Wie groß sind sie, wenn die Hypotenuse 50 cm lang ist?

4.252 Der Inhalt eines Dreiecks, das einen rechten Winkel enthält, beträgt 24 cm². Die beiden Katheten unterscheiden sich um 2 cm. Wie groß sind sie?

4.253 Die Diagonale eines Rechtecks ist 65 m lang. Ihre Länge bleibt unverändert, wenn man die größere Seite um 7 m verlängert und die kleinere um 17 m verkürzt. Wie lang sind die Seiten?

4.254 Der Umfang eines Rechtecks beträgt 82 cm, seine Diagonale 29 cm. Wie lang sind die Seiten?

4.255 Wird der Durchmesser eines Kreises um 3 cm vergrößert, so verdoppelt sich damit der Flächeninhalt. Wie groß war der Durchmesser?

4.256 Wie groß sind die Seiten einer rechteckigen Obstplantage eines landwirtschaftlichen Großbetriebes, die einen Umfang von 430 m und eine Fläche von 10881 m^2 hat?

4.257 Von den drei an einer Ecke zusammenstoßenden Kanten eines Quaders, dessen Gesamtoberfläche 568 cm^2 beträgt ist die erste 4 cm länger als die zweite und um 4 cm kürzer als die dritte. Wie lang sind die Kanten?

4.258 Der Rauminhalt zweier Würfel unterscheidet sich um 9970 cm^3. Der Unterschied zwischen je einer Kante des größeren und des kleineren Würfels beträgt 10 cm. Wie lang sind die Kanten?

4.259 Die Oberflächen zweier Kugeln betragen zusammen 15400 cm^2. Die Radien unterscheiden sich um 7 cm. Wie groß sind sie? (Man rechne mit $\pi \approx 3\frac{1}{7}$.)

4.260 Eine Last von 36000 N wird durch 2 Winden nacheinander gehoben. Die erste hebt 500 N/min mehr als die zweite und braucht zum alleinigen Heben der ganzen Last 1 min weniger als die zweite. Wie viele N/min hebt jede Winde?

4.261 Zwei Männer verrichten eine Arbeit in 12 Tagen, wenn sie gemeinsam arbeiten. Wie lange müßte jeder allein arbeiten, wenn der zweite dabei 7 Tage mehr braucht als der erste?

4.262 Um einen Behälter zu füllen, braucht die eine von 2 Pumpen 24 Minuten mehr als die zweite. Beide gleichzeitig pumpen den Behälter in 35 Minuten voll. Wie viele Minuten benötigt die erste Pumpe, um allein den Behälter zu füllen?

4.263 Ein Kessel wird durch 2 Pumpen gefüllt. Arbeiten beide Pumpen gleichzeitig, dauert die Füllung 6 Stunden. Setzt man die beiden Pumpen nacheinander in Betrieb, so dass der Kessel durch jede Pumpe allein gefüllt wird, so wird er in 25 Stunden zweimal voll. In wie vielen Stunden wird er durch jede Pumpe allein gefüllt?

4.264 Zum Durchfahren einer 225 km langen Strecke braucht ein Intercity $3\frac{1}{2}$ Stunden weniger als ein Regionalexpress. Der Intercity legt dabei 26,25 km/h mehr zurück als der Regionalexpress. Wie groß sind Geschwindigkeit und Fahrtdauer beider Züge?

4.265 Auf dem einen Scheitel eines rechten Winkels befindet sich im Abstand 11 cm vom Scheitel ein Punkt P_1, auf dem anderen Schenkel ein Punkt P_2 im Scheitelabstand 3 cm. Beide Punkte bewegen sich mit gleicher Geschwindigkeit vom Scheitel fort. P_1 beginnt 6 Sekunden später als P_2, sich in Bewegung zu setzen, und hat nach 3 Sekunden einen Abstand von 130 cm von P_2 erreicht. Wie groß sind die Geschwindigkeiten beider Punkte?

4.266 Auf den Schenkeln eines Winkels von 60° bewegen sich zwei Punkte A und B vom Scheitel fort. Ursprünglich sind A und B 2 m bzw. 10 m vom Scheitel entfernt. Wann werden die Punkte 30 m voneinander entfernt sein, wenn sie 7 m/s bzw. 5 m/s zurücklegen? (Man wende die trigonometrische Beziehung des Kosinussatzes an, siehe Abschnitt 5!)

4.267 Ein Rheindampfer, der von Bingen um 12 Uhr mit 18 km/h Geschwindigkeit abgefahren ist, begegnet um 14 Uhr einem Dampfer, der Koblenz um 12 Uhr verlassen hat. Der erste kommt 1 h 40′ früher in Koblenz an als der zweite in Bingen. Wie lang ist die Fahrstrecke?

4.268 Um die Tiefe eines Brunnens zu bestimmen, lässt man einen Stein frei hineinfallen und hört ihn nach 6 Sekunden im Wasser aufschlagen. Wie tief ist der Brunnen? (Schallgeschwindigkeit 333 m/s; Fallbeschleunigung 9,81 m/s^2. Der Luftwiderstand wird vernachlässigt.)

4.269 Das Abstecken einer kreisförmigen Bordsteinkante einer Stadtstraße soll von der Sehne aus erfolgen, die einen Mittelpunktsabstand von 39 m hat und 71 m länger ist als der Radius. Wie lang ist die Sehne?

4.270 Die Höhe eines Kegels beträgt 12 cm, die Fläche des Mantels 424,12 cm^2. Wie groß sind Oberfläche und Rauminhalt?

4.271 Eine Hohlkugel aus Stahl (ρ = 7,85 kg/dm^3) von 3 cm Wanddicke hat die Masse 39,360 kg. Wie groß sind ihre Durchmesser?

4.272 Wird in einem Stromkreis von 120 V Spannung der Widerstand um 10 Ω vergrößert, so sinkt die Stromstärke um 1 A. Wie groß sind Stromstärke und Widerstand?

4.273 Zwei Widerstände, die sich um 1 Ω unterscheiden, geben bei Parallelschaltung einen Gesamtwiderstand von 0,375 Ω. Wie groß sind die Einzelwiderstände?

4.274 Die Resultierende zweier rechtwinklig aufeinander wirkender Kräfte, die sich um 6 N unterscheiden, hat die Größe 30 N. Wie groß sind die Kräfte?

4.275 Zu einem Draht werden zwei weitere Drähte parallel geschaltet, deren Widerstände um 4 Ω größer bzw. 5,6 Ω kleiner sind als der Widerstand des 1. Drahtes. Dadurch sinkt der Gesamtwiderstand auf den 5. Teil des 1. Drahtes. Welchen Widerstand haben die einzelnen Drähte?

4.276 Zwei Widerstände, die sich um 200 Ω unterscheiden, haben in Parallelschaltung einen Gesamtwiderstand von 24 Ω. Wie groß sind die Widerstände?

4.277 Der Gesamtwiderstand einer Reihenschaltung von zwei Widerständen beträgt 50 Ω, einer Parallelschaltung derselben zwei Widerstände 8 Ω. Wie groß sind die beiden Einzelwiderstände?

4.278 In einem Stromkreis mit 220 V fließt bei Parallelschaltung zweier Widerstände ein Strom von 4 A und bei der Reihenschaltung derselben Widerstände ein Strom von 1 A. Wie groß sind die Widerstände?

4.279 In einem rechteckigen Hof von der Breite 48 m und der Länge 54 m soll ein gleichmäßig breiter Streifen mit quadratischen Fliesen von einer Kantenlänge 30 cm gepflastert werden. Die freie Fläche innen von einer Größe von 567 m^2 soll mit Rasen angesät werden. Wie viele Fliesen werden benötigt, und wie breit ist der Streifen?

4.2.4 Algebraische Gleichungen höheren Grades

Unter einer algebraischen Gleichung n-ten Grades versteht man eine Bestimmungsgleichung, in der die Unbekannte in n-ter, aber nicht in höherer Potenz vorkommt.

$$A_n x^n + A_{n-1} x^{n-1} + A_{n-2} x^{n-2} + \ldots + A_2 x^2 + A_1 x + A_0 = 0$$

(Allgemeine Form der Gleichung n-ten Grades) (4.16)

Hierin sind die Koeffizienten $A_n, A_{n-1}, A_{n-2} \ldots A_2, A_1, A_0$ beliebige reelle Zahlen. Der Koeffizient A_n des Gliedes n-ten Grades muss von Null verschieden sein. Teilt man die Gleichung durch A_n erhält man:

$$x^n + \frac{A_{n-1}}{A_n} x^{n-1} + \frac{A_{n-2}}{A_n} x^{n-2} + \ldots + \frac{A_2}{A_n} x^2 + \frac{A_1}{A_n} x + \frac{A_0}{A_n} = 0 \quad \text{und setzt abkürzend für}$$

$$\frac{A_{n-1}}{A_n} = a_{n-1}, \quad \frac{A_{n-2}}{A_n} = a_{n-2}, \quad \ldots \frac{A_2}{A_n} = a_2, \quad \frac{A_1}{A_n} = a_1, \quad \frac{A_0}{A_n} = a_0,$$

so erhält man die Normalform der algebraischen Gleichung n-ten Grades:

$$x^n + a_{n-1} x^{n-1} + a_{n-2} x^{n-2} + \ldots + a_2 x^2 + a_1 x + a_0 = 0 \quad (4.17)$$

Die reellen Lösungen dieser Bestimmungsgleichung sind gleich den Nullstellen der zugeordneten Funktion

$$y = f(x) = x^n + a_{n-1} x^{n-1} + a_{n-2} x^{n-2} + \ldots + a_2 x^2 + a_1 x + a_0$$

Anzahl der Lösungen der algebraischen Gleichung n-ten Grades; Fundamentalsatz der Algebra

Es soll in diesem Abschnitt untersucht werden:

a) Hat die algebraische Gleichung n-ten Grades stets Lösungen?
b) Wie viele Lösungen gibt es?
c) Welcher Art (reell oder komplex) sind die Lösungen?

Die Frage, wie eventuell Lösungen praktisch ermittelt werden können, soll jedoch vorläufig noch zurückgestellt werden (man benutze hierzu z. B. graphikfähige Taschenrechner).

An Stelle der Bestimmungsgleichung n-ten Grades betrachten wir zunächst die zugeordnete Funktionsgleichung

$$y = f(x) = x^n + a_{n-1} x^{n-1} + a_{n-2} x^{n-2} + \ldots + a_2 x^2 + a_1 x + a_0$$

Aufschluss über die Nullstellen gibt in manchen Fällen das Verhalten dieser Funktion für sehr große positive oder negative Werte der unabhängigen Veränderlichen x. Für diese Untersuchung muss die Funktion umgeformt werden

$$y = f(x) = x^n \left(1 + \frac{a_{n-1}}{x} + \frac{a_{n-2}}{x^2} + \ldots + \frac{a_2}{x^{n-2}} + \frac{a_1}{x^{n-1}} + \frac{a_0}{x^n} \right)$$

4.2 Gleichungen

Man lässt nun die Veränderliche x immer größere positive Werte annehmen und schließlich über alle Grenzen wachsen (siehe Abschnitt 6.3.3) und beobachtet das Verhalten der einzelnen Glieder auf der rechten Seite der Funktionsgleichung:

Wenn $\quad x \to +\infty$

dann $\quad x^n \to \infty, \quad \dfrac{a_{n-1}}{x} \to 0, \quad \dfrac{a_{n-2}}{x^2} \to 0, \quad \ldots, \quad \dfrac{a_0}{x^n} \to 0;$

also $\quad \left(1 + \dfrac{a_{n-1}}{x} + \dfrac{a_{n-2}}{x^2} + \ldots + \dfrac{a_0}{x^n}\right) \to 1$

folglich $\quad f(x) \to \infty$

Strebt hingegen die Veränderliche x gegen betragsmäßig sehr große aber negative Werte, so verläuft die oben durchgeführte Abschätzung wie folgt:

Wenn $\quad x \to -\infty$

dann $\quad x^n \to \begin{cases} +\infty, & \text{wenn } n \text{ gerade} \\ -\infty, & \text{wenn } n \text{ ungerade} \end{cases} \quad \dfrac{a_{n-1}}{x} \to 0, \quad \dfrac{a_{n-2}}{x^2} \to 0, \quad \ldots, \quad \dfrac{a_0}{x^n} \to 0;$

also $\quad \left(1 + \dfrac{a_{n-1}}{x} + \dfrac{a_{n-2}}{x^2} + \ldots + \dfrac{a_0}{x^n}\right) \to 1$

folglich $\quad f(x) \to +\infty \quad$ (für gerades n) $\quad f(x) \to -\infty \quad$ (für ungerades n)

Folgerung a): Für ungerades n gilt: Für betragsmäßig sehr große positive Werte von x ist $f(x)$ positiv; für betragsmäßig sehr große negative Werte von x ist $f(x)$ negativ. Das bedeutet aber für den Verlauf dieser Funktion $f(x)$, dass sie mindestens einmal die x-Achse schneiden und damit mindestens eine reelle Nullstelle haben muss; oder

> Eine algebraische Gleichung ungeraden Grades hat mindestens eine reelle Lösung.

Folgerung b): Für gerades n lässt sich auf diese Weise nicht auf das Vorhandensein einer Lösung schließen. Allgemein gibt der Fundamentalsatz der Algebra hierüber Aufschluss.

Fundamentalsatz der Algebra

> Jede **algebraische Gleichung n-ten Grades** mit einer Unbekannten hat genau n **reelle** oder **komplexe Lösungen**.

Durch diesen wichtigen Satz ist für *jede algebraische Gleichung* die *Existenz einer Lösung* garantiert. Eine Aussage, ob in jedem Falle eine reelle Lösung vorhanden ist, ist nicht möglich. Die Vielfachheiten der Lösungen sind hierbei zu beachten. So kann eine *algebraische Gleichung* nur *reelle*, aber auch nur *komplexe*, aber auch reelle und *komplexe Lösungen* gleichzeitig haben.

Dieser Fundamentalsatz der Algebra wurde erstmalig von C. F. GAUSS im Jahre 1799 im Rahmen seiner Dissertation bewiesen.

Produktform der algebraischen Gleichung *n*-ten Grades

Die algebraische Gleichung *n*-ten Grades

$$x^n + a_{n-1}x^{n-1} + a_{n-2}x^{n-2} + \ldots + a_2x^2 + a_1x + a_0 = 0$$

hat genau *n* reelle oder komplexe Lösungen. Es gilt (vgl. Formel 4.15):

> Sind $x_1, x_2, x_3, \ldots, x_n$ die reellen oder komplexen Lösungen einer algebraischen Gleichung *n*-ten Grades so lässt sich diese Gleichung auch in der Produktform
>
> $$(x-x_1)(x-x_2)(x-x_3)\ldots(x-x_n) = 0 \qquad (4.18)$$
>
> schreiben.

Wurzelsatz von VIETA

Die beiden Gleichungen (4.17) und (4.18) sind identisch. Durch Ausmultiplizieren von Gleichung (4.18) erhält man nach Zusammenfassung aller Glieder, die gleiche Potenzen enthalten, und Koeffizientenvergleich, Aussagen, die im Wurzelsatz von VIETA zusammengefasst sind. Dieser Wurzelsatz eignet sich (wie im Falle quadratischer Gleichungen, s. Formel (4.15)) hervorragend zur Probe der Lösungen algebraischer Gleichungen *n*-ten Grades.

$$\left. \begin{array}{r} x_1 + x_2 + x_3 + \ldots + x_n = -a_1 \\ x_1x_2 + x_1x_3 + x_1x_4 + \ldots + x_{n-1}x_n = a_2 \\ x_1x_2x_3 + x_1x_2x_4 + x_1x_2x_5 + \ldots + x_{n-2}x_{n-1}x_n = -a_3 \\ x_1x_2x_3x_4 \cdot \ldots \cdot x_n = (-1)^n a_n \end{array} \right\} \text{Wurzelsatz von VIETA} \qquad (4.19)$$

Ganzzahlige Lösungen einer Gleichung *n*-ten Grades mit ganzzahligen Koeffizienten

Aus dem Satz von VIETA lässt sich auch folgende Schlussfolgerung ziehen:

> Hat eine Gleichung *n*-ten Grades mit ganzzahligen Koeffizienten eine ganzzahlige Lösung x_1, so ist diese als Teiler in dem absoluten Glied enthalten (d. h. der Quotient $\dfrac{a_n}{x_1}$ ist wieder eine ganze Zahl).

Deshalb ist es auch bei Gleichungen *n*-ten Grades mit Hilfe dieses Satzes möglich, bei ganzzahligen Koeffizienten ganzzahlige Lösungen durch systematisches Probieren zu ermitteln.

4.2.4.1 Algebraische Gleichungen 3. Grades (Kubische Gleichungen)

Die allgemeine Form einer kubischen Gleichung, in der die Unbekannte in dritter, aber nicht in höherer Potenz vorkommt, lautet:

$$A_3x^3 + A_2x^2 + A_1x + A_0 = 0, \qquad A_0 \neq 0.$$

4.2 Gleichungen

Teilt man diese Gleichung durch den Koeffizienten A_3 erhält man die Normalform der kubischen Gleichung:

$$x^3 + a_2 x^2 + a_1 x + a_0 = 0.$$

Die reellen Lösungen dieser Bestimmungsgleichung sind gleich den Nullstellen der zugeordneten ganzen rationalen Funktion

$$y = f(x) = x^3 + a_2 x^2 + a_1 x + a_0.$$

Es soll daher in diesem Kapitel von der algebraischen zu der funktionalen Betrachtungsweise übergegangen werden, sobald dies Vorteile bietet.

Die Anzahl der Lösungen einer kubischen Gleichung ergeben sich nach dem Fundamentalsatz der Algebra. Eine *Gleichung 3. Grades* hat grundsätzlich *drei Lösungen*, wovon *eine reell* sein muss. Dies wurde bereits allgemein für algebraische Gleichungen ungeraden Grades erkannt.

> Eine algebraische **Gleichung 3. Grades** hat mindestens **eine reelle Lösung**.

Produktzerlegung einer kubischen Gleichung

Wie bereits bei algebraischen Gleichungen festgestellt, lässt sich eine solche Gleichung bei Kenntnis der Lösungen in die Produktform überführen. Es gilt folgender Satz:

> Sind x_1, x_2, x_3 Lösungen einer kubischen Gleichung in Normalform, so lässt sich die Gleichung in der Form schreiben: $(x - x_1)(x - x_2)(x - x_3) = 0$

Diese Produktzerlegung kann man praktisch bei der Lösung kubischer Gleichungen anwenden.

Folgende Möglichkeiten der Zusammenstellung von Lösungen gibt es:

– eine dreifache reelle Lösung

z. B. $x^3 - 6x^2 + 12x - 8 = (x - 2)^3 = 0$; $x_L = 2$.

– zwei reelle Lösungen, davon eine zweifach

z. B. $x^3 - 2x^2 - 4x + 8 = (x - 2)^2 (x + 2) = 0$; $x_{L1} = 2$ (zweifach), $x_{L2} = -2$.

– drei reelle Lösungen

z. B. $x^3 + x^2 - 4x - 4 = (x - 2)(x + 2)(x + 1) = 0$; $x_{L1} = 2$, $x_{L2} = -2$, $x_{L3} = -1$.

– eine reelle, zwei komplexe Lösungen

z. B. $x^3 - 6x^2 + 16x - 16 = (x - 2)(x^2 - 4x + 8) = 0$; $x_{L1} = 2$, $x_{L2} = 2 - 2i$, $x_{L3} = 2 + 2i$.

Man beachte, dass komplexe Lösungen nur paarweise als konjugiert komplexe Lösungen auftreten können!

BEISPIELE

4.81 Die kubische Gleichung $x^3 - 2x^2 - x + 2 = 0$ ist zu lösen!

Lösung: Durch Probieren findet man leicht die Lösung $x_1 = 1$. Aufgrund dieser Tatsache lassen sich auf einfache Weise die übrigen Lösungen der Gleichung ermitteln. Mit Hilfe der Rechenoperation „Partialdivision" (siehe Abschnitt 2.2) spaltet man aus der Gleichung den Linearfaktor $(x - x_1) = (x - 1)$ ab, da der kubische Ausdruck durch $(x - x_1) = (x - 1)$ ohne Rest teilbar ist:

$$\begin{array}{r}(x^3 - 2x^2 - x + 2) : (x - 1) = x^2 - x - 2 \\ \underline{-(x^3 - x^2)} \\ -x^2 - x + 2 \\ \underline{-(-x^2 + x)} \\ -2x + 2 \\ \underline{-(-2x + 2)} \\ 0 \end{array}$$

Also gilt $x^3 - 2x^2 - x + 2 = (x-1)(x^2 - x - 2) = 0$. Die Lösungen der Gleichung $x^2 - x - 2 = 0$ sind die übrigen Lösungen der kubischen Gleichung. Sie werden mit der Lösungsformel (4.13) ermittelt und man erhält $x_2 = 2$ und $x_3 = -1$. ∎

4.82 Die kubische Gleichung $x^3 - 6x^2 + 11x - 6 = 0$ ist in die Produktform zu überführen! Eine Lösung der Gleichung lautet $x_1 = 2$.

Lösung: Wie in Beispiel 4.81 spaltet man mit Hilfe der Polynomdivision $(x^3 - 6x^2 + 11x - 6) : (x - 2)$ den Linearfaktor $(x - x_1) = (x - 2)$ ab. Man erhält die quadratische Gleichung $x^2 - 4x + 3 = 0$, die mit (4.13) gelöst wird und die weiteren Lösungen $x_2 = 3$ und $x_3 = 1$ ergibt.

Die Gleichung in der Produktform lautet also:

$$(x-1)(x-2)(x-3) = (x-2)(x^2 - 4x + 3) = x^3 - 6x^2 + 11x - 6 = 0$$ ∎

Man überzeuge sich davon, dass man durch Ausmultiplizieren der Klammern wieder die ursprüngliche Gleichung erhält. Alle drei Formen sind daher als verschiedene Schreibweisen derselben Gleichung anzusehen, sind also identisch.

Anwendung des Wurzelsatzes von VIETA

Die Normalform der kubischen Gleichung lautet:

$$x^3 + a_2 x^2 + a_1 x + a_0 = (x - x_1)(x - x_2)(x - x_3) = 0$$

Wenn der Wurzelsatz von VIETA auf kubische Gleichungen angewandt wird, ergibt sich:

$$\begin{aligned} x_1 + x_2 + x_3 &= -a_2 \\ x_1 x_2 + x_1 x_3 + x_2 x_3 &= a_1 \quad \text{(Wurzelsatz von VIETA)} \\ x_1 x_2 x_3 &= -a_0 \end{aligned} \qquad (4.20)$$

BEISPIEL

4.83 Die Lösungen der kubischen Gleichung des Beispiels 4.82 sind mit Hilfe des Wurzelsatzes von VIETA auf ihre Richtigkeit zu überprüfen!

Die Gleichung $x^3 - 6x^2 + 11x - 6 = 0$ hat die Lösungen $x_1 = 1$, $x_2 = 2$ und $x_3 = 3$.

Lösung: In dieser Gleichung sind $a_0 = -6$; $a_1 = 11$; $a_2 = -6$. In der Tat gilt hier:

$$\begin{aligned} x_1 + x_2 + x_3 &= 1 + 2 + 3 = 6 & = -a_2 \\ x_1 x_2 + x_1 x_3 + x_2 x_3 &= 1 \cdot 2 + 1 \cdot 3 + 2 \cdot 3 = 11 = a_1 \\ x_1 x_2 x_3 &= 1 \cdot 2 \cdot 3 = 6 & = -a_0 \end{aligned}$$ ∎

Anwendung des Wurzelsatzes von VIETA

Es ist rechnerisch nicht von Vorteil, die Probe bei einer kubischen Gleichung mit Hilfe des Wurzelsatzes vorzunehmen (zweckmäßigster Weg: HORNERsches Schema). Dagegen lassen sich wie bei der quadratischen Gleichung auch bei einfachen kubischen Gleichungen ganzzahlige Lösungen mit Hilfe des Wurzelsatzes finden.

Ganzzahlige Lösungen einer kubischen Gleichung mit ganzzahligen Koeffizienten

Hat eine kubische Gleichung $x^3 + a_2 x^2 + a_1 x + a_0 = 0$ mit ganzzahligen Koeffizienten eine ganzzahlige Lösung x_1, so ist diese als Teiler in dem absoluten Glied a_0 enthalten.

BEISPIEL

4.84 Von der Gleichung $x^3 - 3x^2 - 3x + 5 = 0$ mit ganzzahligen Koeffizienten sollen mit Hilfe des vorangegangenen Satzes die Lösungen bestimmt werden.

Lösung: Wenn überhaupt eine ganzzahlige Lösung vorhanden ist, muss sie in dem absoluten Glied als ganzzahliger Faktor enthalten sein. Als ganzzahlige Lösungen kommen daher nur die Zahlen 1, -1, 5, -5 in Frage. Die Einsetzungsprobe zeigt, dass $x_1 = 1$ Lösung ist.

Weiter schließt man nun: Die linke Seite der Gleichung ist ohne Rest durch $(x - 1)$ teilbar; die Division $(x^3 - 3x^2 - 3x + 5) : (x - 1)$ ergibt den quadratischen Ausdruck $x^2 - 2x - 5$. Die Lösungen $x_2 = 1 + \sqrt{6}$ und $x_3 = 1 - \sqrt{6}$ der quadratischen Gleichung $x^2 - 2x - 5 = 0$ sind die übrigen Lösungen der kubischen Gleichung. ∎

Obwohl die Verwendbarkeit dieses Verfahrens recht beschränkt ist, gewährt es doch gelegentlich rechnerische Erleichterungen bei der Lösung kubischer Gleichungen.

Lösungsverfahren für kubische Gleichungen

Kubische Gleichungen mit reellen und komplexen Lösungen lassen sich in jedem Fall exakt lösen. Wie bei der quadratischen Gleichung gibt es auch hier eine Lösungsformel (Cardanische Formel sowie Zusatzformel für trigonometrische Lösung bei komplexen Wurzeln). In der praktischen Anwendung ist dieses exakte Lösungsverfahren jedoch so schwerfällig, dass man in der Technik stets zu *geeigneten Näherungsverfahren* greift, wenn man die Lösung nicht auf die Weise erhält, wie im Beispiel 4.84 gezeigt wurde. Zu diesen Näherungsverfahren gehören die graphische Lösung (zweckmäßig durchgeführt mit einem graphikfähigen Taschenrechner oder Computer) und das Verfahren „Regula falsi", in diesem Abschnitt unter c) erläutert. Weitere Verfahren, auch zur Lösung von Gleichungen n-ten Grades, werden in [1] Abschnitt 2.5.6 und [2] Abschnitt 2 beschrieben.

4.2.4.2 Gleichungen höheren Grades, die sich auf quadratische Gleichungen zurückführen lassen

Eine weitere Lösungsmöglichkeit für Gleichungen höheren Grades ist die Rückführung dieser Gleichung auf eine Gleichung niederen Grades durch das Lösungsverfahren der *Substitution*[1].

BEISPIEL

4.85   Die Gleichung 4. Grades $x^4 - 8x^2 + 15 = 0$ ist mit Hilfe einer Substitution zu lösen!

Lösung: Die Gleichung ist eine Bestimmungsgleichung 4. Grades. Sie hat die Besonderheit, dass die dritte und die erste Potenz der Unbekannten nicht vorkommen. In diesem Falle ist es stets möglich, die Gleichung 4. Grades auf eine quadratische Gleichung zurückzuführen und damit zu lösen. Man führt eine neue Unbekannte z durch die Substitution

$$z = x^2$$

ein. Dadurch geht die Ausgangsgleichung über in die quadratische Gleichung

$$z^2 - 8z + 15 = 0$$

Hieraus erhält man auf dem üblichen Wege über die Formel (4.13) $z_1 = 5$; und $z_2 = 3$.

Aus $x = \pm\sqrt{z}$ erhält man

$$x_{11} = \sqrt{5}; \quad x_{12} = -\sqrt{5}; \quad x_{21} = \sqrt{3}; \quad x_{22} = -\sqrt{3};$$

Man erhält in diesem Fall für die Unbekannte x vier reelle Lösungen. ∎

Eine derartige Gleichung vierten Grades, bei der nur die geraden Potenzen der Unbekannten auftreten und die sich durch die Substitution $z = x^2$ in eine quadratische Gleichung überführen lässt, heißt biquadratische[2] Gleichung.

---

[1] substituere (lat.) ersetzen
[2] bi (lat.) doppelt

$x^4 + a_2 x^2 + a_0 = 0$ (biquadratische Gleichung)

Hinsichtlich der Anzahl der Lösungen gibt es drei Möglichkeiten:

Die biquadratische Gleichung hat

entweder a) 4 reelle Lösungen (man beachte, dass in dieser Lösungsvariante auch mehrfache reelle Lösungen enthalten sein können);

z. B. $x^4 - 13x^2 + 42 = 0$;

oder   b) 2 reelle und zwei nicht reelle (komplexe) Lösungen;

z. B. $x^4 - x^2 - 6 = 0$;

oder   c) 4 nicht reelle (komplexe) Lösungen;

z. B. $x^4 + 10x^2 + 21 = 0$.

Weitere Typen von Gleichungen höheren Grades, die sich durch eine geeignete Substitution auf quadratische Gleichungen zurückführen lassen, sind

$x^6 + a_3 x^3 + a_0 = 0$ (triquadratische[1] Gleichung); Substitution $z = x^3$.

allgemein

$x^{2n} + a_n x^n + a_0 = 0$ (n beliebig ganzzahlig); Substitution $z = x^n$.

4.2.4.3 Praktische Lösung algebraischer Gleichungen *n*-ten Grades mit einer Unbekannten

Algebraische Gleichungen 1. bis 3. Grades sind *exakt* lösbar. Auch für Gleichungen 4. Grades gibt es noch Lösungsformeln, die jedoch bestimmte Bedingungen fordern. Alle Gleichungen höheren Grades müssen mit Näherungsformeln gelöst werden, sofern nicht einer der schon behandelten Spezialfälle vorliegt. Aber auch bereits für Gleichungen 3. und 4. Grades bietet die Anwendung dieser Verfahren gegenüber den exakten Lösungsformeln mitunter rechnerische Vorteile. Zum Lösen algebraischer Gleichungen eignen sich z. B. graphische Verfahren und numerische Verfahren. Graphische Verfahren basieren z. B. bei Gleichungen 3. Grades auf einer Trennung der vorliegenden Gleichung in einen reinen kubischen Teil und in einen allgemeinen quadratischen Teil. An Stelle dieser zwei Bestimmungsgleichungen treten die gleichwertigen Funktionsgleichungen. Die Funktionsgleichungen werden graphisch dargestellt und die Schnittpunkte ergeben die reellen Lösungen der Ausgangsgleichung. Hier soll nur das numerische Verfahren dargestellt werden.

Numerisches Lösungsverfahren

Eines der wichtigsten numerischen Lösungsverfahren für Bestimmungsgleichungen ohne Anwendung der Differenzialrechnung ist die *Regula falsi*[2], die hier in kurzer Form dargestellt werden soll. Ein weiteres Näherungsverfahren wurde von NEWTON entwickelt, da es

---
[1] tri (lat.) dreifach
[2] Regula falsi (lat.) Regel vom Falschen. Diese Bezeichnung bedeutet, dass aus der Abweichung von dem Funktionswert Null auf die notwendige Korrektur geschlossen wird.

Regula falsi

Wie bei einer graphischen Lösung betrachtet man auch hier an Stelle der zu lösenden Gleichung n-ten Grades die zugeordnete ganze rationale Funktion $y = f(x)$. Durch Probieren oder mittels HORNER-Schema sucht man zwei Stellen der Funktion x_1 und x_2, an denen die Funktionswerte unterschiedliches Vorzeichen besitzen. Zwischen diesen beiden gefundenen Werten x_1 und x_2 muss mindestens eine Nullstelle liegen. Wesentlich für die schnelle Ermittlung der Nullstelle ist, dass zu Beginn des Verfahrens zwischen x_1 und x_2 nicht mehr als eine Nullstelle liegt. Diese Forderung lässt sich stets erfüllen, indem man x_1 und x_2 hinreichend dicht nebeneinander wählt. Legt man durch die beiden Kurvenpunkte $P_1(x_1; f(x_1))$ und $P_2(x_2; f(x_2))$ die Sekante, so schneidet diese die x-Achse in einem Punkt x_0. Dieser Wert x_0 liegt in der Nähe der gesuchten Nullstelle und ist der erste Näherungswert für die Nullstelle (Bild 4.66).

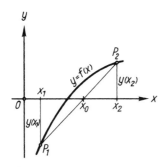

Bild 4.66

Nach dem Strahlensatz findet man[1]: $\quad |f(x_2)| : |f(x_1)| = (x_2 - x_0) : (x_0 - x_1)$

Daraus erhält man für x_0:
$$x_0 = \frac{x_1 |f(x_2)| + x_2 |f(x_1)|}{|f(x_1)| + |f(x_2)|} \qquad (4.21)$$

Durch wiederholte Anwendung dieses Verfahrens mit x_1 und x_0, oder x_0 und x_2 lässt sich die Nullstelle mit jeder gewünschten Genauigkeit bestimmen.

---

[1] Die Absolutzeichen sind notwendig, denn die rechte Seite der Gleichung ist, wie auch die Stellen x_1 und x_2 liegen, stets positiv; andererseits ist, da nach der Voraussetzung die beiden zugehörigen Funktionswerte verschiedenes Vorzeichen haben, der Quotient dieser beiden Funktionswerte stets negativ. Man könnte beiderseits die Übereinstimmung der Vorzeichen auch dadurch bewirken, dass man die Gleichung in der Form ansetzt $-f(x_2) : f(x_1) = (x_2 - x_0) : (x_0 - x_1)$. Dann aber gelangt man nicht zu einer in Bezug auf die Vorzeichen so leicht zu merkenden Endformel.

4.2 Gleichungen

BEISPIEL

4.86 Die Gleichung $x^3 - x^2 + x - 4{,}5 = 0$ ist zu lösen!

Lösung: An Stelle dieser Bestimmungsgleichung untersucht man die Funktionsgleichung $y = f(x) = x^3 - x^2 + x - 4{,}5$

in Bezug auf ihre Nullstellen. Durch Probieren findet man:

$f(1) = -3{,}5; \quad f(2) = 1{,}5$

Zwischen den Stellen $x_1 = 1$ und $x_2 = 2$ liegt also eine Nullstelle der Funktion. Die Berechnung für den ersten Näherungswert x_0 der Nullstelle nach (4.21) wird zweckmäßigerweise in folgendes Schema eingeordnet:

x_1	x_2	$f(x_1)$	$f(x_2)$	$x_1\|f(x_2)\|+x_2\|f(x_1)\|$	$\|f(x_1)\|+\|f(x_2)\|$	x_0
1	2	−3,5	1,5	8,5	5	1,7

Man erhält als ersten Näherungswert $x_0 = 1{,}7$. Zur Kontrolle bestimmt man nun den Funktionswert an dieser Stelle $f(1{,}7) = -0{,}78$. (Wäre 1,7 der genaue Wert der Nullstelle, so müsste sich $f(1{,}7) = 0$ ergeben.) Der Wert $x_0 = 1{,}7$ bedarf daher noch der Verbesserung[1].

Bei der zweiten Anwendung des Näherungsverfahrens wählt man $x_1 = 1{,}7$ und $x_2 = 2$:

x_1	x_2	$f(x_1)$	$f(x_2)$	$x_1\|f(x_2)\|+x_2\|f(x_1)\|$	$\|f(x_1)\|+\|f(x_2)\|$	x_0
1	2	−3,5	1,5	8,5	5	1,7
1,7	2,0	−0,78	1,5	4,11	2,28	1,80

Da $f(1{,}80)$ erst $-0{,}108$ ergibt, wird das Verfahren ein drittes Mal angewandt mit den Werten $x_1 = 1{,}8$ und $x_2 = 2{,}00$:

x_1	x_2	$f(x_1)$	$f(x_2)$	$x_1\|f(x_2)\|+x_2\|f(x_1)\|$	$\|f(x_1)\|+\|f(x_2)\|$	x_0
1	2	−3,5	1,5	8,5	5	1,7
1,7	2,0	−0,78	1,5	4,11	2,28	1,80
1,8	2,00	−0,108	1,5	2,916	1,608	1,813

Als dritten Näherungswert erhält man $x_0 = 1{,}813$. Da $f(1{,}813) = -0{,}014$, dürfte diese Annäherung für die erste Lösung der Ausgangsgleichung in den meisten Fällen genügen.

Nachdem nun eine Lösung bekannt ist, können die übrigen Lösungen durch Reduzierung der kubischen Gleichung auf eine quadratische Gleichung bestimmt werden:

$(x^3 - x^2 + x - 4{,}5) : (x - 1{,}831) \approx x^2 + 0{,}813x + 2{,}474$

---

[1] Für die Beurteilung, ob der Näherungswert $x_0 = 1{,}7$ hinreichend dicht bei der gesuchten Nullstelle liegt, ist nicht nur der Funktionswert an dieser Stelle $f(1{,}7) = -0{,}78$ ausschlaggebend, sondern auch der Winkel, unter dem die Kurve die x-Achse schneidet.

Da die Gleichung $x^2 + 0,813x + 2,474 = 0$ keine reellen Lösungen hat, ist $x \approx 1,813$ die einzige reelle Lösung der kubischen Gleichung. ∎

4.87 Lösen Sie die Gleichung $x^4 - 5x^3 + 5x^2 - 7x - 2 = 0$.

Lösung: Zugeordnete Funktion: $y = f(x) = x^4 - 5x^3 + 5x^2 - 7x - 2$.

x	-2	-1	0	1	2	3	4	5
y	88	16	-2	-8	-20	-32	-14	88

Zwischen -1 und 0 sowie zwischen 4 und 5 liegt jeweils eine Nullstelle. Zur Ermittlung der ersten Nullstelle wählt man $x_1 = -1$ und $x_2 = 0$. Die Anwendung der Regula falsi ergibt folgende Tabelle:

x_1	x_2	$f(x_1)$	$f(x_2)$	$x_1\|f(x_2)\|+x_2\|f(x_1)\|$	$\|f(x_1)\|+\|f(x_2)\|$	x_0
-1	0	16	-2	-2	18	$-0,1$
$-0,5$	$-0,1$	$3,438$	$-1,245$	$-0,966$	$4,68$	$-0,21$
$-0,30$	$-0,21$	$0,6931$	$-0,2613$	$-0,2239$	$0,9544$	$-0,235$
$-0,238$	$-0,235$	$0,01894$	$-0,01095$	$-0,007269$	$0,03077$	$-0,2361$

Für den Funktionswert an der Stelle $-0,1$ erhält man $f(-0,1) = -1,245$. Das Verfahren kann nun mit $x_1 = -1$ und $x_2 = -0,1$ fortgesetzt werden; man kommt aber schneller zum Ziel, wenn man an Stelle von $x_1 = -1$ einen Wert wählt, der bereits näher an der Nullstelle liegt, etwa $x_1 = -0,5$. Nach viermaliger Anwendung des Verfahrens erhält man für die Probe: $f(-0,2361) = 0,00033$.

Ein Näherungswert für die erste Lösung der Gleichung ist $x = -0,2361$.

Das Verfahren zur Ermittlung der zweiten Nullstelle wird begonnen mit $x_1 = 4$ und $x_2 = 5$. Nach viermaliger Anwendung der Regula falsi hat man erhalten:

x_1	x_2	$f(x_1)$	$f(x_2)$	$x_1\|f(x_2)\|+x_2\|f(x_1)\|$	$\|f(x_1)\|+\|f(x_2)\|$	x_0
4	5	-14	88	422	102	$4,1$
$4,1$	$4,4$	$-8,68$	$12,87$	$90,96$	$21,55$	$4,22$
$4,22$	$4,25$	$-1,1163$	$0,9883$	$8,9149$	$2,1046$	$4,236$
$4,236$	$4,237$	$-0,00470$	$0,06552$	$0,29746$	$0,07022$	$4,2361$

Die Probe ergibt: $f(4,236) = 0,002$.

Ein Näherungswert für die zweite Lösung der Gleichung ist: $x = 4,236$. ∎

Das Verfahren der Regula falsi ist nicht auf algebraische Gleichungen bzw. auf ganze rationale Funktionen beschränkt.

4.2 Gleichungen

AUFGABEN

4.280 Die Lösungen einer kubischen Gleichung sind $x_1 = 2$; $x_2 = -3$; $x_3 = 4$. Wie lautet die Produktform und die Normalform der Gleichung?

4.281 Desgl. für $x_1 = \frac{1}{2}$; $x_2 = \frac{1}{3}$; $x_3 = \frac{1}{4}$

4.282 Desgl. für $x_1 = 1,5$; $x_2 = -2,4$; $x_3 = -3,2$

4.283 Die Gleichung $x^3 - x^2 - 41x + 105 = 0$ hat die erste Lösung $x_1 = 5$. Man ermittle die übrigen Lösungen.

4.284 Desgl. für die Gleichung $x^3 - 7,8x^2 + 19,64x - 15,912 = 0$ und $x_1 = 1,8$

4.285 Desgl. für die Gleichung $x^3 - 7,25x^2 + 14,5x - 8,75 = 0$ und $x_1 = 1,25$

4.286 Ermitteln Sie die reellen Lösungen der Gleichung $x^3 + x - 33 = 0$.

4.287 Desgl. für die Gleichung $x^3 + 5x - 3 = 0$.

4.288 Desgl. für die Gleichung. $x^3 + x^2 - 10 = 0$

4.289 Desgl. für die Gleichung $x^3 - 0,5x^2 - 0,5x - 1,5 = 0$.

4.290 Desgl. für die Gleichung $x^3 + 1,8x^2 - 0,8x - 5,6 = 0$.

4.291 Desgl. für die Gleichung $x^3 - 3,75x^2 + 6,5x - 5,25 = 0$.

4.292 Desgl. für die Gleichung $2x^3 - 1,28x^2 + 0,096x - 3,456 = 0$.

4.293 Desgl. für die Gleichung $1,5x^3 - 12,313x^2 + 20,855x - 29,439 = 0$.

4.294 Desgl. für die Gleichung $x^3 - 6,9x^2 + 14,66x - 9,384 = 0$.

4.295 Desgl. für die Gleichung $x^3 - 11,7x^2 - 11,28x + 16 = 0$.

4.296 Desgl. für die Gleichung $x^3 - 12x^2 - 36x - 24 = 0$.

4.297 Desgl. für die Gleichung $x^3 - 20x^2 - 96x - 40 = 0$.

4.298 Desgl. für die Gleichung $x^3 - 5,438x^2 + 9,294x - 5,283 = 0$.

4.299 Desgl. für die Gleichung $x^4 - 5,1x^3 + 5,9x^2 - 9,3x + 27 = 0$.

4.300 Desgl. für die Gleichung $x^4 + 3x^3 + 2x^2 + x - 1 = 0$.

4.301 Desgl. für die Gleichung $x^4 - 9x^3 + 24,25x^2 - 25,5x + 9 = 0$.

4.302 Desgl. für die Gleichung $x^4 - 11x^3 + 44,75x^2 - 79,75x + 52,5 = 0$.

4.303 Desgl. für die Gleichung $x^4 - 8,9x^3 + 28,86x^2 - 40,464x + 20,736 = 0$.

4.304 Desgl. für die Gleichung $x^4 - 12x^3 + 45x^2 - 54x + 18 = 0$.

Gleichungen höheren Grades, die sich auf quadratische Gleichungen zurückführen lassen:

4.305 Lösen Sie die Gleichung $x^4 - 13x^2 + 36 = 0$

4.306 Desgl. $(x^2-10)(x^2-3)=78$

4.307 Desgl. $10x^4-21=x^2$

4.308 Desgl. $a^4+b^4+x^4 = 2a^2b^2+2a^2x^2+2b^2x^2$

4.309 Desgl. $x^4-21x^2=100$

4.310 Desgl. $(x^2-5)^2+(x^2-1)^2=40$

4.311 Desgl. $6x^4-35=11x^2$

4.312 Desgl. $8x^{-6}+999x^{-3}=125$

4.313 Die Summe aus einer Zahl und ihrem reziproken Wert ergibt das Zehnfache der Zahl. Wie heißt diese Zahl?

4.2.5 Wurzelgleichungen

Begriff der Wurzelgleichung

Unter einer Wurzelgleichung versteht man eine Bestimmungsgleichung, bei der die Unbekannte mindestens einmal unter einer Wurzel vorkommt. Dabei wird im Allgemeinen vorausgesetzt, dass sämtliche in den Wurzelgleichungen enthaltenen Radikanden ≥ 0 sind.

Reelle Zahlen, die eingesetzt in die Ausgangsgleichung, negative Radikanden ergeben, können nicht Lösungen der gegebenen Gleichung sein. Dies wiederum bedeutet, dass sämtliche Wurzelgleichungen hier nur in der Menge der reellen Zahlen gelöst werden sollen.

BEISPIELE einfacher Wurzelgleichungen

$$3\sqrt{x}-7=0 \qquad \sqrt{x+3}+\sqrt[3]{x+4}=\sqrt[4]{x+5}$$

$$\sqrt{5x+4}+\sqrt{3x+1}=5 \qquad \sqrt{2x+3}+\sqrt{3y-4}=\sqrt{x+y}$$

Dagegen ist $\sqrt{3}\cdot x-\sqrt{2}=\sqrt{5}$ keine Wurzelgleichung. Wir behandeln im Folgenden die wichtigsten Typen von Wurzelgleichungen mit Quadratwurzeln.

Die Methode des Quadrierens; Notwendigkeit der Probe

Es liegt nahe, eine in einer Bestimmungsgleichung auftretende Quadratwurzel, unter der die Unbekannte vorkommt, dadurch zu beseitigen, dass man die Gleichung oder eine aus der vorgegebenen Gleichung abgeleitete Gleichung, wie nachfolgend gezeigt, beiderseits quadriert. Die Anwendung dieser Methode kann zu einer neuen Gleichung führen, deren Lösungsmenge sich gegenüber der Ausgangsgleichung verändert. Eine Probe ist deshalb stets Bestandteil der Lösung, um **„Scheinlösungen"** auszuschließen.

4.2 Gleichungen

BEISPIELE

4.88 Die Wurzelgleichung $\sqrt{x+5} - 3 = 0$ ist zu lösen!

Lösung: Ein Quadrieren der Gleichung in dieser Form müsste nach der binomischen Formel $(a-b)^2 = a^2 - 2ab + b^2$ vorgenommen werden. Dabei würde das dem Mittelglied $2ab$ entsprechende Glied wieder eine Wurzel enthalten. Man stellt daher zunächst die Gleichung so um, dass die Wurzel allein steht:

$\sqrt{x+5} = 3$

Quadriert man diese Gleichung beiderseits, ergibt sich

$x + 5 = 9 \quad \Rightarrow \quad x = 4$

Probe: $\sqrt{4+5} - 3 = 0 \quad \Rightarrow \quad \sqrt{9} - 3 = 0 \quad \Rightarrow \quad 0 = 0$

Die Probe zeigt also, dass $x = 4$ auch Lösung der Ausgangsgleichung ist. ∎

4.89 Die Wurzelgleichung $3 + \sqrt{x+5} = 0$ ist zu lösen!

Lösung: Man übersieht bereits vor der Lösung, dass diese Gleichung einen Widerspruch enthält, denn die Summe zweier positiver Zahlen kann nicht Null sein. Die Gleichung kann also keine Lösung haben. Versucht man trotzdem die Lösung, so ergibt sich folgender Rechengang:

Isolierung der Wurzel: $\quad \sqrt{x+5} = -3$

Beiderseits quadriert: $\quad x + 5 = 9 \quad \Rightarrow \quad x = 4$

Entgegen der Überlegung zu Anfang der Aufgabe erhält man auf diesem Weg scheinbar eine Lösung. Dieser Widerspruch kann durch die Probe entschieden werden.

Probe: $3 + \sqrt{4+5} = 0 \quad \Rightarrow \quad 3 + \sqrt{9} = 0 \quad \Rightarrow \quad 6 = 0 \quad$ Widerspruch!

Diese Einsetzprobe ergibt also einen Widerspruch; daraus folgt in Übereinstimmung mit der anfangs durchgeführten Überlegung, dass $x = 4$ keine Lösung der Ausgangsgleichung ist. ∎

Dieses Beispiel lehrt: Der Satz, dass auf beiden Seiten einer Bestimmungsgleichung gleiche Rechenoperationen vorgenommen werden dürfen, und der sich für die Operationen Addition, Subtraktion, Multiplikation und Division als richtig erwies, darf nicht ohne weiteres auf das Potenzieren ausgedehnt werden. Es gilt deshalb die wichtige Regel:

> Wird beim Auflösen einer Wurzelgleichung potenziert, so ist die Probe **unmittelbarer Bestandteil** der **Lösung!**

Lösungsbeispiele für Wurzelgleichungen

Nachfolgend soll an einigen Beispielen die rationelle Lösung von Wurzelgleichungen gezeigt werden. Man beachte hierbei, dass mitunter mehrere Potenzierungen notwendig sind, um sämtliche Wurzelausdrücke zu beseitigen. Das wiederum bedeutet, dass Wurzelgleichungen auf Gleichungen ersten, zweiten oder höheren Grades führen können.

BEISPIELE

4.90 Die Wurzelgleichung $5\sqrt{x+1}-1=3\sqrt{x+1}+3$ ist zu lösen!

Lösung: Hier werden zunächst die gleichen Wurzelglieder zusammengefasst:

$2\sqrt{x+1}=4 \quad \Rightarrow \quad \sqrt{x+1}=2$

$x+1=4 \quad \Rightarrow \quad x=3$

Probe: $5\sqrt{3+1}-1=3\sqrt{3+1}+3 \quad \Rightarrow \quad 9=9$

$x=3$ ist Lösung der Ausgangsgleichung. ∎

4.91 Die Wurzelgleichung $3\sqrt{4x+10}-4\sqrt{2x+6}=0$ ist zu lösen.

Lösung: Wurzeln isolieren: $\quad 3\sqrt{4x+10}=4\sqrt{2x+6}$

Quadrieren: $\quad 9(4x+10)=16(2x+6)$

$36x+90=32x+96$

$4x=6 \quad \Rightarrow \quad x=1,5$

Probe: $3\sqrt{6+10}-4\sqrt{3+6}=0 \quad \Rightarrow \quad 0=0$

$x=1,5$ ist Lösung der Ausgangsgleichung. ∎

4.92 Die Wurzelgleichung $\sqrt{x-1}+\sqrt{x-4}-3=0$ ist zu lösen.

Lösung: Umstellen: $\quad \sqrt{x-4}=3-\sqrt{x-1}$

Quadrieren: $\quad x-4=9-6\sqrt{x-1}+x-1$

Wurzelglied isolieren: $\quad 6\sqrt{x-1}=12$

Division durch 6: $\quad \sqrt{x-1}=2$

Quadrieren: $\quad x-1=4 \quad \Rightarrow \quad x=5$

Probe: $\sqrt{5-1}+\sqrt{5-4}-3=0 \quad \Rightarrow \quad 0=0$

$x=5$ ist Lösung der Ausgangsgleichung. ∎

4.93 Die Wurzelgleichung $\sqrt{x-3}+\sqrt{2x+1}=\sqrt{5x-4}$ ist zu lösen.

Lösung: Durch beiderseitiges Quadrieren lassen sich auch hier die Wurzeln nicht sofort beseitigen. Erst nach der zweiten Quadrierung der Wurzelgleichung erhält man eine quadratische Gleichung, die mit der Lösungsformel (4.13) gelöst wird.

4.2 Gleichungen

Quadrieren: $\quad x - 3 + 2\sqrt{(2x+1)(x-3)} + 2x + 1 = 5x - 4$

Wurzel isolieren: $\quad 2\sqrt{2x^2 - 5x - 3} = 2x - 2$

Division durch 2: $\quad \sqrt{2x^2 - 5x - 3} = x - 1$

Quadrieren: $\quad 2x^2 - 5x - 3 = x^2 - 2x + 1$

Normalform d. quadr. Gleichung: $\quad x^2 - 3x - 4 = 0$

Lösungsformel (4.13): $\quad x = \dfrac{3}{2} \pm \sqrt{\dfrac{9}{4} + 4}$

Lösungen: $\quad x_1 = 4; \quad x_2 = -1$

Probe: $x_1 = 4$: $\quad \sqrt{4-3} + \sqrt{8+1} = \sqrt{20-4} \quad \Rightarrow \quad 4 = 4$

Probe: $x_2 = -1$: $\quad \sqrt{-1-3} + \sqrt{-2+1} = \sqrt{-5-4}$

$$\sqrt{-4} + \sqrt{-1} = \sqrt{-9}$$

Die Probe für die Lösung $x_2 = -1$ führt auf negative Radikanden. Damit ist die gestellte Forderung, dass die Radikanden ≥ 0 sein sollen, nicht erfüllt. Die Lösung $x_2 = -1$ ist keine Lösung der Ausgangsgleichung. ∎

4.94 Die Wurzelgleichung $\sqrt{x - 1 + \sqrt{2x + 5}} - 2 = 0$ ist zu lösen!

Lösung: $\quad \sqrt{x - 1 + \sqrt{2x + 5}} = 2$

Quadrieren: $\quad x - 1 + \sqrt{2x + 5} = 4$

Wurzel isolieren: $\quad \sqrt{2x + 5} = 5 - x$

Quadrieren: $\quad 2x + 5 = 25 - 10x + x^2$

Normalform d. quadr. Gl. $\quad x^2 - 12x + 20 = 0$

$$x = 6 \pm \sqrt{36 - 20}$$

Lösungen: $\quad x_1 = 10; \quad x_2 = 2$

Probe: $x_1 = 10$: $\quad \sqrt{10 - 1 + \sqrt{20 + 5}} - 2 = 0$

$\sqrt{9 + \sqrt{25}} - 2 = 0 \quad \Rightarrow \quad \sqrt{14} - 2 = 0 \quad$ (Widerspruch)

$x_1 = 10$ ist keine Lösung der Ausgangsgleichung

Probe: $x_2 = 2$: $\quad \sqrt{2 - 1 + \sqrt{4 + 5}} - 2 = 0$

$\sqrt{1 + \sqrt{9}} - 2 = 0 \quad \Rightarrow \quad \sqrt{4} - 2 = 0 \quad \Rightarrow \quad 0 = 0$

$x_2 = 2$ ist Lösung der Ausgangsgleichung ∎

252 4 Funktionen und Gleichungen

Die behandelten Lösungsbeispiele dürfen nicht zu dem Schluss verleiten, dass *alle* Wurzelgleichungen durch Potenzierung gelöst werden können. Zum Beispiel führt bei der Gleichung $\sqrt{x-2} + \sqrt[3]{x-4} - 3{,}428 = 0$ das Verfahren nicht zum Ziel. In derartigen Fällen müssen graphische oder numerische Näherungsverfahren herangezogen werden. Auch mit einem graphikfähigen Taschenrechner ist eine Lösung möglich. Als iteratives Verfahren würde sich das bereits behandelte Verfahren, die Regula falsi, anbieten. Weitere numerische Lösungsverfahren finden Sie in [2] Kapitel 2.

AUFGABEN

Nicht bei allen nachstehenden Aufgaben erweisen sich die im Lösungsweg errechneten Werte der Unbekannten bei der Probe als Lösungen. Es ist daher in allen Fällen die Probe durchzuführen. Ein (*l*) bzw. (*q*) hinter der Aufgabennummer bedeutet, dass die Wurzelgleichung auf eine lineare bzw. quadratische Gleichung führt.

Für alle Radikanden wird vorausgesetzt: Radikand ≥ 0

4.314 (*l*) $\sqrt{3x-5} + 4 = 5$ 4.315 (*l*) $\sqrt{x-a} - b = c$

4.316 (*l*) $5 - 3\sqrt{2x-1} = 2$ 4.317 (*l*) $10 - 3\sqrt{\frac{1}{3}x+1} = 4$

4.318 (*l*) $13 - 4\sqrt{2x-5} = 1$ 4.319 (*l*) $1 + 2\sqrt{6x+1} = 5$

4.320 (*l*) $7 = 1 + 2\sqrt{3x+5}$ 4.321 (*l*) $5 = 3 + 4\sqrt{2x-1}$

4.322 (*l*) $5 - 3\sqrt{x+6} = 2$ 4.323 (*l*) $a + b\sqrt{cx+d} = e$

4.324 (*l*) $5\sqrt{x} - 7 = 3\sqrt{x} - 1$ 4.325 (*l*) $7\sqrt{3x} - 1 = 5\sqrt{3x} + 5$

4.326 (*l*) $a + b\sqrt{cx+d} = e + f\sqrt{cx+d}$ 4.327 (*l*) $5 + \sqrt{x^2 + 5x + 2} = x + 7$

4.328 (*l*) $7 + \sqrt{x^2 - 11x + 4} = x$ 4.329 (*l*) $\sqrt{21 + (3x+1)^2} + 3x = 20$

4.330 (*l*) $10 - \sqrt{(x-3)(x+13)} = x - 1$ 4.331 (*l*) $\sqrt{x^2 + 7x + 6} = x + 3$

4.332 (*q*) $\sqrt{2x^2 - x + 3} - x - 1 = 0$ 4.333 (*q*) $x + 2 - \sqrt{2x^2 - 2x + 12} = 0$

4.334 (*q*) $\sqrt{2x^2 + 4x - 6} - x - 3 = 0$ 4.335 (*q*) $x + 1 - \sqrt{2x^2 + 0{,}5x + 1{,}5} = 0$

4.336 (*l*) $\sqrt{3x-7} - \sqrt{4x-9} = 0$ 4.337 (*l*) $\sqrt{\frac{1}{3}x+7} - \sqrt{\frac{1}{2}x+6} = 0$

4.338 (*l*) $5\sqrt{3x-8} - \sqrt{7x+4} = 0$ 4.339 (*l*) $7\sqrt{15x+4} - 3\sqrt{50-3x} = 0$

4.340 (*l*) $\frac{1}{2}\sqrt{x+9} - \frac{1}{3}\sqrt{x+14} = 0$ 4.341 (*l*) $a\sqrt{bx+c} - d\sqrt{ex+f} = 0$

4.342 (*l*) $\sqrt{3x-5} + \sqrt{3x+12} = 17$ 4.343 (*l*) $\sqrt{2(x+1)} + \sqrt{2x+15} = 13$

4.344 (*l*) $\sqrt{4x-3} + 2\sqrt{x} = 3$ 4.345 (*l*) $\sqrt{x+6} + \sqrt{x-3} = 9$

4.346 (*l*) $\sqrt{x+a^2} - \sqrt{x} = b$ 4.347 (*l*) $\sqrt{x+9} - \sqrt{x} = 1$

4.2 Gleichungen

4.348 (*l*) $4\sqrt{2x+3} - 3\sqrt{19-x} = 0$

4.349 (*l*) $3\sqrt{3x-5} - 2 = 2\sqrt{3x-5} + 2$

4.350 (*l*) $\sqrt{9x+10} - 3\sqrt{x-1} = 1$

4.351 (*l*) $3\sqrt{x+2} + 2\sqrt{2x+11} = 9\sqrt{x+2}$

4.352 (*l*) $\sqrt{x+1} + \sqrt{x-1} = \sqrt{\dfrac{2a}{b}}$

4.353 (*q*) $\sqrt{2x+15} - \sqrt{x+4} = 2$

4.354 (*q*) $\sqrt{2x^2 - bx + a\left(\dfrac{a}{4}+b\right)} - x - \dfrac{1}{2}a = 0$

4.355 (*l*) $2\sqrt{\dfrac{1}{3}x+7} + 3\sqrt{\dfrac{1}{2}x+6} = 5\sqrt{\dfrac{1}{3}x+7}$

4.356 (*l*) $3\sqrt{\dfrac{1}{2}x-4} - 2\sqrt{3-\dfrac{1}{5}x} = 4\sqrt{\dfrac{1}{2}x-4} - 3\sqrt{3-\dfrac{1}{5}x}$

4.357 (*q*) $\sqrt{x+5} - \sqrt{2x+3} = 1$

4.358 (*q*) $\sqrt{x+5} + \sqrt{2x-4} = 5$

4.359 (*q*) $\sqrt{2x-1} - \sqrt{x-4} = 2$

4.360 (*q*) $\sqrt{x+3} + \sqrt{2x-3} = 6$

4.361 (*q*) $\sqrt{4x-3} + \sqrt{x-4} = 4$

4.362 (*q*) $2\sqrt{2x-3} - \sqrt{3x-2} = 2$

4.363 (*q*) $\sqrt{1+ax} - \sqrt{1-ax} = x$

4.364 (*l*) $\sqrt{16x+15} - \sqrt{9x-11} = \sqrt{x}$

4.365 (*l*) $\sqrt{x-3} + \sqrt{x+2} = \sqrt{4x-3}$

4.366 (*l*) $\sqrt{4x+9} - \sqrt{x-1} = \sqrt{x+6}$

4.367 (*l*) $\sqrt{x+60} - 2\sqrt{x+5} = \sqrt{x}$

4.368 (*q*) $\sqrt{x+8} - \sqrt{x+3} = \sqrt{x}$

4.369 (*l*) $\left(\sqrt{x}-7\right)\left(\sqrt{x}-3\right) = \left(\sqrt{x}-6\right)\left(\sqrt{x}-5\right)$

4.370 (*l*) $\left(9-2\sqrt{x}\right)\left(21+\sqrt{x}\right) = \left(11-\sqrt{x}\right)\left(3+2\sqrt{x}\right)$

4.371 (*l*) $\sqrt{7x+2} = \dfrac{5x+6}{\sqrt{7x+2}}$

4.372 (*l*) $2\sqrt{3x-1} = \dfrac{5x+8}{\sqrt{3x-1}}$

4.373 (*l*) $\sqrt{x+2} = \dfrac{x-1}{\sqrt{x-3}}$

4.374 (*l*) $\sqrt{x+4} = \dfrac{x+1}{\sqrt{x-1}}$

4.375 (*l*) $\sqrt{9x+10} = \dfrac{6x+10}{\sqrt{4x+9}}$

4.376 (*l*) $\sqrt{a-x} + \sqrt{b-x} = \dfrac{b}{\sqrt{b-x}}$

4.377 (*q*) $\sqrt{x+3} + \sqrt{2x-8} = \dfrac{15}{\sqrt{x+3}}$

4.378 (*q*) $\sqrt{x+2} + \sqrt{4x+1} = \dfrac{10}{\sqrt{x+2}}$

4.379 (*q*) $\sqrt{x+4} - \sqrt{5x-24} = \dfrac{6}{\sqrt{x+4}}$

4.380 (*q*) $\sqrt{2x-1} + \sqrt{x-1{,}5} = \dfrac{6}{\sqrt{2x-1}}$

4.381 (*l*) $\sqrt{x-9} + \sqrt{x-12} = \sqrt{x-4} + \sqrt{x-13}$

4.382 (*l*) $\sqrt{x-7} + \sqrt{x-2} - \sqrt{x-10} = \sqrt{x+5}$

4.383 (*q*) $\dfrac{a - \sqrt{a^2-x^2}}{a + \sqrt{a^2-x^2}} = \dfrac{b}{a}$

4.384 (*l*) $\sqrt[3]{5x-3} + 3 = 6$

4.385 (I) $\sqrt[3]{7x-6}+6=1$ 	 4.386 (I) $\sqrt[3]{5x-7}-\sqrt[3]{4x+3}=0$

4.387 (I) $4\sqrt[3]{5x-8}-3\sqrt[3]{9x+1}=0$ 	 4.388 (I) $\sqrt[4]{x^2-7x+19}-\sqrt{x-3}=0$

4.389 (I) $\sqrt[4]{x^2+3x+9}-\sqrt{x+2}=0$

4.390 (I) $\sqrt[3]{8x^3+12x^2+8x-5}-1=2x$

4.391 (I) $\sqrt[3]{27x^3+54x^2+47x-113}-2=3x$

4.2.6 Exponentialgleichungen

Unter einer Exponentialgleichung versteht man eine Bestimmungsgleichung, bei der die Unbekannte (bzw. die Unbekannten) mindestens einmal in einem Exponenten (Potenz- oder Wurzelexponent) vorkommt. Dazu gehören z. B. die folgenden Gleichungen:

$$a^{4x+5}=b; \quad \sqrt[x-q]{b}=c; \quad \sqrt[4]{p^{3x+1}\cdot\sqrt[3]{p^{5x+3}}}=\sqrt{p^{4x+1}}$$

Einfache Exponentialgleichungen können nach entsprechender Umformung stets durch Exponentenvergleich oder Logarithmierung gelöst werden.

1. *Exponentenvergleich*

In den einfachsten Fällen lassen sich beide Seiten der Exponentialgleichung als eine Potenz mit gleicher Basis darstellen. Aus der allgemeinen Gleichung

$$a^x = a^p, \quad (a>0, a\neq 1)$$

folgt wegen der Monotonie der Exponentialfunktion grundsätzlich $x=p$.

2. *Logarithmierung*

Sind beide Seiten einer Exponentialgleichung Potenzen mit unterschiedlichen Basen, z. B.

$$a^x = b^p, \quad (a,b>0, a\neq 1, b\neq 1)$$

so folgt durch beiderseitiges Logarithmieren

$$x\cdot \ln a = p\cdot \ln b$$

und hieraus $\quad x = p\cdot \dfrac{\ln b}{\ln a}$.

Theoretisch ist es gleichgültig, bezüglich welcher Basis logarithmiert wird. Aus praktischen Gründen verwendet man jedoch den in Praxis und Wissenschaft vorkommenden „Natürlichen Logarithmus", man logarithmiert also zur Basis e.

BEISPIELE

4.95 Die allgemeine Exponentialgleichung $a^{mx-p}=b^{nx-q}$ ($a,b>0, a,b\neq 1$) ist zu lösen!

Lösung: Die Gleichung wird beiderseits logarithmiert:

$$(mx-p)\cdot \ln a = (nx-q)\cdot \ln b$$

4.2 Gleichungen

Ausmultiplizieren, ordnen, zusammenfassen und nach x auflösen, ergibt:

$(m \cdot \ln a - n \cdot \ln b)x = p \cdot \ln a - q \cdot \ln b$

$$x = \frac{p \cdot \ln a - q \cdot \ln b}{m \cdot \ln a - n \cdot \ln b}$$

Eine zweite Lösungsvariante ist die folgende Berechnung:

Trennen der Variablen und Konstanten:

$$\frac{a^{mx}}{a^p} = \frac{b^{nx}}{b^q} \quad \Rightarrow \quad \frac{a^{mx}}{b^{nx}} = \frac{a^p}{b^q} \quad \Rightarrow \quad \left(\frac{a^m}{b^n}\right)^x = \frac{a^p}{b^q}$$

Nach Logarithmierung erhält man für x:

$$x \cdot \ln \frac{a^m}{b^n} = \ln \frac{a^p}{b^q} \quad \Rightarrow \quad x = \frac{\ln \dfrac{a^p}{b^q}}{\ln \dfrac{a^m}{b^n}} = \frac{p \ln a - q \ln b}{m \ln a - n \ln b} \qquad ∎$$

4.96 Lösen Sie die Gleichung $a^{2x+3} = a^{13-3x}$.

Lösung: Durch Exponentenvergleich folgt:

$2x + 3 = 13 - 3x \quad \Rightarrow \quad 5x = 10 \quad \Rightarrow \quad x = 2 \qquad ∎$

4.97 Desgl. $\sqrt[3]{a^{5x+7}} \cdot \sqrt[4]{a^{3x+10}} = a^2 \cdot \sqrt{a^{5x}}$

Lösung: Man überführt beide Seiten der Gleichung in die Potenzschreibweise. Auch hier lassen sich beide Seiten als Potenzen mit gleicher Basis schreiben:

$$a^{\frac{5x+7}{3} + \frac{3x+10}{4}} = a^{2 + \frac{5x}{2}}$$

Durch Exponentenvergleich folgt:

$$\frac{5x+7}{3} + \frac{3x+10}{4} = 2 + \frac{5x}{2} \quad \Rightarrow \quad x = 34 \qquad ∎$$

4.98 Desgl. $0{,}004^x = 0{,}008$

Lösung: Die Gleichung wird beiderseits logarithmiert:

$x \cdot \ln 0{,}004 = \ln 0{,}008$

$$x = \frac{\ln 0{,}008}{\ln 0{,}004} \approx \frac{-4{,}82831}{-5{,}52146} \approx 0{,}87446$$

Bemerkung: Erfahrungsgemäß werden hier von Anfängern durch Nichtbeherrschung der Logarithmengesetze häufig zwei Denkfehler begangen.

Die Gleichung besagt, dass der ln 0,008 durch den ln 0,004 zu dividieren ist. Die Logarithmen werden also nicht etwa *subtrahiert*, wie das bei $\ln\frac{a}{b}$ der Fall ist. Ferner ist nach Ausführung der Division auch nicht der *Numerus* zu nehmen! ∎

4.99 Desgl. $3^x - 5^{x+2} = 3^{x+4} - 5^{x+3}$

Lösung: Vor dem Logarithmieren müssen die algebraischen Summen in Produkte verwandelt werden. Man formt die Gleichung so um, dass jede Seite nur Potenzen *einer* Basis enthält und klammert aus.

$5^{x+3} - 5^{x+2} = 3^{x+4} - 3^x$

$5^{x+2}(5-1) = 3^x(3^4 - 1)$

$4 \cdot 5^{x+2} = 80 \cdot 3^x \quad \Rightarrow \quad 5^{x+2} = 20 \cdot 3^x$

Beiderseits könnte jetzt logarithmiert werden. Dieser Lösungsweg ist jedoch bei Verwendung des Taschenrechners unzweckmäßig. Man trennt deshalb die Potenzen mit den Unbekannten von den Konstanten unter Beachtung der Potenzgesetze und erhält:

$\dfrac{5^x}{3^x} = \dfrac{20}{5^2} \quad \Rightarrow \quad \left(\dfrac{5}{3}\right)^x = \dfrac{20}{25} = \dfrac{4}{5}$

Nach dieser Vereinfachung wird jetzt logarithmiert:

$x \cdot \ln\dfrac{5}{3} = \ln\dfrac{4}{5} \quad \Rightarrow \quad x = \dfrac{\ln(4/5)}{\ln(5/3)} \approx -0,43683$ ∎

4.100 Desgl. $2^{(3^x)} = 3^{(4^x)}$

Lösung: Die beiderseitige Logarithmierung ergibt wieder eine Exponentialgleichung, die man jedoch nicht noch einmal logarithmiert, sondern wie im Beispiel 4.100 vereinfacht.

$3^x \cdot \ln 2 = 4^x \cdot \ln 3$

$\dfrac{3^x}{4^x} = \dfrac{\ln 3}{\ln 2} \quad \Rightarrow \quad \left(\dfrac{3}{4}\right)^x = \dfrac{\ln 3}{\ln 2}$

Durch erneute Logarithmierung des Beispiels 4.100 erhält man:

$x \cdot \ln\dfrac{3}{4} = \ln\dfrac{\ln 3}{\ln 2} \quad \Rightarrow \quad x = \dfrac{\ln(\ln 3/\ln 2)}{\ln(3/4)} \approx -1,60094$

Man beachte, dass der Ausdruck $\ln\dfrac{\ln 3}{\ln 2} = \ln(\ln 3) - \ln(\ln 2)$ ergibt. Eine weitere Vereinfachung ist mit Hilfe der Logarithmengesetze nicht möglich. ∎

4.2 Gleichungen

Nicht in allen Fällen lassen sich Exponentialgleichungen durch Logarithmieren lösen; bei der Gleichung $1,5^x + 3x - 20 = 0$ führt dieses Verfahren nicht zum Ziel, da die Addition und Subtraktion in der Aufgabe beim Logarithmieren eine Vereinfachung verhindert. In solchen Fällen verwendet man numerische Näherungsverfahren (siehe [2] Kapitel 2).

AUFGABEN

Lösen Sie folgende Exponentialgleichungen!

4.392 $a^{x+5} = a^{12}$

4.393 $b^{3-x} = b^8$

4.394 $p^{3x+5} = p^{2x+1}$

4.395 $q^{2(4x-1)} = q^{3(2x+4)}$

4.396 $u \cdot u^{3(4x+1)} = u^0 \cdot u^{2(5x+3)}$

4.397 $v^7 \cdot v^{3(x-2)} = v \cdot v^{2(x+1)} \cdot v^{4(x-2)}$

4.398 $(r^{x-3})^{x-4} = (r^{x-2})^{x-7}$

4.399 $a(a^{x-2})^{x+3} = a^{3x+8}(a^{x+1})^{x-5}$

4.400 $\sqrt{p^{12-x}} = p^{2(x+3)}$

4.401 $\sqrt[4]{q^{3x+2}} = \sqrt[3]{q^{2x+7}}$

4.402 $\sqrt[x-2]{u^{2x-1}} = \sqrt[x+1]{u^{x-3}}$

4.403 $\sqrt[x-3]{v^{12-x}} = \sqrt[10-x]{v^{x+2}}$

4.404 $\sqrt[m]{a^{x-m}} = \sqrt[x-n]{a^n}$

4.405 $\sqrt[n]{a^{x-m}} = \sqrt[x-n]{a^m}$

4.406 $\sqrt[1-x]{p^{1+x}} = \sqrt[b]{p^a}$

4.407 $\sqrt{a^{7-3x}} \cdot \sqrt[3]{a^{x+1}} \cdot \sqrt[4]{a^{5x-7}} \cdot \sqrt[5]{a^{7-2x}} = 1$

4.408 $\left(\dfrac{2}{3}\right)^x = \left(\dfrac{3}{2}\right)^5$

4.409 $\left(\dfrac{p}{q}\right)^x = \sqrt[3]{\left(\dfrac{p}{q}\right)^7}$

4.410 $\left(\dfrac{4}{5}\right)^{2x-3} = \left(\dfrac{5}{4}\right)^{3x+5}$

4.411 $\left(\dfrac{7}{9}\right)^{3x+7} = \left(\dfrac{9}{7}\right)^{2x-5}$

4.412 $\sqrt[x]{a} = mn$

4.413 $a^x b^{mx} = c$

4.414 $a^{n-x} = 2b^x$

4.415 $a^{mx-p} = b^{nx-q}$

4.416 $3^x = 10$

4.417 $5^x = 100$

4.418 $0,025^x = 1000$

4.419 $10^x = 1,25^{10}$

4.420 $10^{5x} = 2,3875$

4.421 $3,412^x = 2432$

4.422 $4,8321^x = 8,2137$

4.423 $\sqrt[x]{6452} = 3,7824$

4.424 $\sqrt[x]{5,738} = 2500$

4.425 $\sqrt[x]{4360,2} = 0,0011$

4.426 $\sqrt[x]{1,3311} = \sqrt[3]{7}$

4.427 $18^{-x} 2436^x = 45^{x+1}$

4.428 $4,278^{2x-3} = 3 \cdot (1,542)^{3x+5}$

4.429 $\left(\dfrac{3}{8}\right)^{3x+4} = \left(\dfrac{4}{5}\right)^{2x+1}$

4.430 $25 \cdot \left(\frac{3}{4}\right)^{5x-2} = 37 \cdot \left(\frac{2}{3}\right)^{x+5}$ 4.431 $12^{\frac{1}{x}} = 4{,}285$

4.432 $100^{\frac{1}{x}} = 36{,}63^{\frac{1}{25}}$ 4.433 $\sqrt[2x]{2^{3x+2}} = \sqrt[3x]{3^{2x+3}}$

4.434 $\sqrt[7x]{7^{5x+7}} = \sqrt[5x]{5^{7x+5}}$ 4.435 $3^{2x+1} - 5^{x-1} = 3^{2x+3} - 5^{x+1}$

4.436 $2^x - 3^{x+1} = 2^{x+2} - 3^{x+3}$ 4.437 $7^{2x-1} - 3^{3x-2} = 7^{2x+1} - 3^{3x+2}$

4.438 $a^{x+p} - b^{x-v} = a^{x-q} - b^{x+u}$ 4.439 $2^{(3^x)} = 3^{(2^x)}$

4.440 $3^{(6^x)} = 5^{(4^x)}$

4.441 Bei einer gedämpften Schwingung mit Luftreibung bilden die Amplituden eine fallende geometrische Folge. Beträgt die Amplitudenabnahme von Schwingung zu Schwingung 0,5 %, so ist der Quotient der geometrischen Folge $q = 0{,}995$ und die Amplitude der n-ten Schwingung $A_n = A_1 q^{n-1}$, wobei A_1 die Anfangsamplitude bedeutet. Bei der wievielten Schwingung unterschreitet die Amplitude 1 % des Anfangswertes?

4.442 Für den Riementrieb (Bild 4.69) gilt aufgrund des Gesetzes für die Seilreibung, wenn das Rutschen des Riemens verhindert werden soll, die Forderung $\frac{F_{S1}}{F_{S2}} \leq e^{\mu_0 \alpha}$. Hierin bedeuten F_{S1} die Seilkraft in dem ziehenden Riementeil, F_{S2} die Seilkraft im gezogenen Riementeil, $\mu_0 = 0{,}25$ die Haftreibungszahl von Leder auf Grauguss und α den im Bogenmaß gemessenen Umschlingungswinkel. Wie groß muss α im Gradmaß bei einem Verhältnis von $F_{S1}/F_{S2} = 2{,}5$ sein?

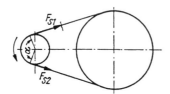

Bild 4.67

4.2.7 Logarithmische Gleichungen

Logarithmische Gleichungen sind Bestimmungsgleichungen, in denen der Logarithmus der Unbekannten bzw. der Logarithmus eines Ausdrucks auftritt, der die Unbekannte enthält. Einfache logarithmische Gleichungen sind die folgenden Gleichungen.

$\lg x = 2{,}5$ $4{,}3^{\lg x} = 0{,}5$

$\ln(4x+5) = 6{,}8$ $\ln x^2 + \ln x^5 = 5{,}7$

Die elementare Lösung solcher Logarithmengleichungen beruht auf der geschickten Anwendung der Rechengesetze für Logarithmen.

4.2 Gleichungen

BEISPIELE

4.101 Die allgemeine logarithmische Gleichung $\ln(ax) = b$ ist zu lösen.

Lösung: Die Lösung dieser Aufgabe erfolgt mit Hilfe der Potenzrechnung. Da die Logarithmenrechnung die Umkehrung des Potenzierens ist, kann man den logarithmischen Ausdruck mit Hilfe der Potenzrechnung und unter Verwendung der Basis des jeweiligen Logarithmensystems lösen. Man braucht nur beide Seiten der Gleichung zur Basis des jeweiligen Logarithmensystems zu potenzieren, in diesem Falle zur Basis e, und erhält:

$$e^{\ln(ax)} = e^b \quad \Rightarrow \quad ax = e^b \quad \Rightarrow \quad x = \frac{e^b}{a}. \quad \blacksquare$$

4.102 Die logarithmische Gleichung $3 \cdot \lg(5x) = 2$ ist zu lösen.

Lösung: Man dividiert durch den konstanten Faktor vor dem logarithmischen Ausdruck:

$$\lg(5x) = \frac{2}{3}$$

Um die Gleichung nach x aufzulösen, werden beidseitig die Terme zur Basis 10 potenziert (Basis des dekadischen Logarithmus). Man erhält:

$$10^{\lg(5x)} = 10^{\frac{2}{3}} \quad \Rightarrow \quad 5x \approx 4,6416 \quad \Rightarrow \quad x \approx 0,92832 \quad \blacksquare$$

4.103 Desgl.: $\lg(x^3) + 2\lg(x^2) = 6,426$

Lösung: Zusammenfassen der logarithmischen Ausdrücke ergibt:

$$\lg(x^3) + \lg(x^4) = \lg(x^3 \cdot x^4) = \lg(x^7) = 7 \cdot \lg x = 6,426$$

oder $3 \cdot \lg x + 4 \cdot \lg x = 7 \cdot \lg x = 6,426$

$$\lg x = \frac{6,426}{7} \quad \Rightarrow \quad 10^{\lg x} = 10^{\frac{6,426}{7}} \approx 10^{0,918} \quad \Rightarrow \quad x \approx 8,27942 \quad \blacksquare$$

4.104 Desgl.: $3^{2 \cdot \ln x} = 12$

Lösung: Die Gleichung wird beiderseits zur Basis e potenziert:

$$2 \cdot \ln x \cdot \ln 3 = \ln 12$$

$$\ln x = \frac{\ln 12}{2 \cdot \ln 3} \quad \Rightarrow \quad e^{\ln x} = e^{\frac{\ln 12}{2 \cdot \ln 3}} \quad \Rightarrow \quad x \approx e^{1,1309} \approx 3,09844 \quad \blacksquare$$

4.105 $a^{p \lg x} b^{q \lg x} = c^r$

Lösung: Die Gleichung wird zunächst beiderseits logarithmiert (Basis 10, da $\lg x$):

$$p \lg x \lg a + q \lg x \lg b = r \lg c$$

$$(p \lg a + q \lg b) \lg x = r \lg c$$

$$\lg x = \frac{r \lg c}{p \lg a + q \lg b}$$

$$10^{\lg x} = 10^{\frac{r \lg c}{p \lg a + q \lg b}}$$

$$x = 10^{\frac{r \lg c}{p \lg a + q \lg b}} \qquad \blacksquare$$

Bei der Lösung von logarithmischen Gleichungen führt nicht in allen Fällen die Anwendung der Logarithmengesetze zum Ziel. Zum Beispiel ist die Gleichung

$$\lg x^2 + 3x - 5{,}42 = 0$$

nicht auf diese Weise lösbar. In derartigen Fällen müssen graphische oder numerische Näherungsverfahren zur Anwendung kommen (siehe auch [2] Kapitel 2).

AUFGABEN

Lösen Sie folgende logarithmische Gleichungen:

4.443 $4 + 3 \lg x = 5{,}2$

4.444 $5 - 2 \lg(3x) = 12{,}4$

4.445 $\lg(x^3) + 2(\lg x^2) = 20{,}4$

4.446 $\lg \sqrt[3]{2x} = 0{,}876$

4.447 $\dfrac{1}{3} \lg(x^2) + \dfrac{1}{3} \lg(x^3) = 0{,}0234$

4.448 $\lg(2x+3) - \lg(3x-2) = 2$

4.449 $\lg(3x) + \lg(4x) = 5 - \lg(2x)$

4.450 $2 \lg(x+1) = \lg(x-1) + 1$

4.451 $\lg(5^x) = \lg(2^2) + 2$

4.452 $5^{\lg x} = 2 \cdot 3^{\lg x}$

4.453 Lösen Sie die Gleichung $A \cdot B^{C \cdot \lg D + E} = F$ nach A, B, C, D und E auf!

5 Trigonometrie[1]

5.1 Definition der trigonometrischen Funktionen

5.1.1 Winkeleinheiten und Maßzahlen

Die Schenkel eines Winkels können als Original und Bild eines Strahls bei der Drehung um seinen Anfangspunkt aufgefasst werden. Bei einer Drehung entgegen dem Uhrzeigersinn spricht man von positiv orientierten Winkeln und bei einer Drehung im Uhrzeigersinn von negativ orientierten Winkeln. Bei einer derartigen Bewegung überstreicht der Strahl einen Sektor der Ebene. Wenn zum ersten Mal Bild und Original des Strahls zusammenfallen, ist die Ebene überstrichen worden. Man spricht auch vom **Vollwinkel.** Mehrfache Umdrehungen sind zulässig!

Zum Messen von Winkeln verwendet man **Gradmaße** und das **Bogenmaß.**

> Bei der **sexagesimalen Teilung** (auch Altgradteilung genannt) gehört zu einem Vollwinkel (Kreis) bei positiver Orientierung ein Winkel von 360 Grad. Das Symbol für Grad ist °. 1 Grad wird in 60 Minuten (Symbol ′) und 1 Minute in 60 Sekunden (Symbol ″) unterteilt.

In den Naturwissenschaften und in der Technik benutzt man meist die Altgradteilung mit dezimalgeteiltem Grad, indem Minuten und Sekunden in Dezimalen des Grad umgewandelt werden.

> Eine Unterteilung des positiv orientierten Vollwinkels in 400 gleiche Teile nennt man **Neuteilung** des Vollwinkels oder **zentesimale** Teilung. Dabei wird der Kreis in 400 **gon** unterteilt.

Neugrad werden im Vermessungswesen benutzt. Die weitere dezimale Unterteilung in Neuminuten und Neusekunden ist heute nicht mehr üblich.

Zeichnet man um den Scheitelpunkt S einen Kreis vom Radius $r = 1$ LE (Längeneinheit), so könnte als Maß für die Größe eines (positiv orientierten) Winkels φ auch die Fläche des Kreissektors, der durch $\overline{SA}$, $\overline{SB}$ und den Bogen AB begrenzt wird, oder die Länge des Bogens AB selbst gewählt werden (Bild 5.1).

Obwohl die Begriffe Fläche und Bogenlänge hier noch nicht definiert sind und im Allgemeinen auch nicht elementar definiert werden können, ist für den Kreis der Zusammenhang zwischen Winkel und Bogen (und auch dem Flächeninhalt des Kreissektors) einfach herzuleiten. Weil für den Kreisumfang $U = 2\pi$ gilt, besitzt der Bogen AB zum (positiv orientierten) Winkel φ die Länge

---

[1] Das Wort **Trigonometrie** kommt aus dem Griechischen und bedeutet Dreiecksmessung. Die **Trigonometrie der Ebene,** die in diesem Kapitel behandelt wird, stellt Beziehungen zwischen den Strecken und Winkeln ebener Dreiecke her. Sie benutzt die **trigonometrischen Funktionen.** Als **Goniometrie** bezeichnet man die Lehre von den Eigenschaften und den gegenseitigen Beziehungen dieser trigonometrischen Funktionen.

5 Trigonometrie

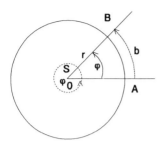

Bild 5.1

$$b = \frac{2\pi}{\varphi_0}\varphi \quad \text{mit} \quad \begin{array}{l}\varphi_0 = 360° \text{ bei Altgradteilung} \\ \varphi_0 = 400 \text{ gon bei Neugradteilung}\end{array} \quad (5.1)$$

Zwischen der Länge b und dem Winkel φ besteht ein funktionaler Zusammenhang. Beschränkt man sich auf die Altgradteilung des Winkels ($\varphi_0 = 360°$), so ist

$$b = \frac{\pi}{180°}\varphi.$$

Mit dem Symbol $b = \text{arc}\,\varphi$ (lies: arcus phi) formulieren wir:

> Als Bogenmaß b eines Winkels φ bezeichnet man die Bogenlänge des zugehörigen Bogens des Einheitskreises. Als Bezeichnung wird $b = \text{arc}\,\varphi$ verwendet, die Einheit ist **rad (Radiant)**.

Wenn φ negativ (negativ orientiert) ist, wird das Bogenmaß gemäß

$$\text{arc}\,\varphi = \frac{\pi}{180°}\varphi \quad (5.2)$$

ebenfalls negativ. Für Winkel φ, die größer als $360°$ oder kleiner als $-360°$ sind, ist diese Formel ebenfalls gültig, wobei $b = \text{arc}\,\varphi$ als Bogenlänge des jetzt mehrfach durchlaufenen Bogens am Einheitskreis betrachtet wird.

Stellt man (5.2) nach φ um, so ergibt sich

$$\varphi = \frac{180°}{\pi}\text{arc}\,\varphi \quad (5.3)$$

Näherungsweise bestehen zwischen Altgrad und Bogenmaß die Umrechnungsformeln

$$\varphi = 57{,}3 \cdot \text{arc}\,\varphi \quad (5.4)$$

$$\text{arc}\,\varphi = 0{,}0175\,\varphi \quad (5.5)$$

Taschenrechner unterscheiden bei der Ein- und Ausgabe zwischen Bogenmaß (Radiant), Altgrad und Neugrad. Sie sind häufig mit einem Umschalter versehen, dessen Stellungen meist durch RAD, DEG bzw. GRD gekennzeichnet sind.

5.1 Definition der trigonometrischen Funktionen

BEISPIELE

5.1 Das Bogenmaß $b = \dfrac{\pi}{10}$ ist in Altgrad umzurechnen!

Lösung: Wegen $b = \text{arc}\,\varphi = \dfrac{\pi}{10}$ folgt aus Formel (5.3) $\varphi = \dfrac{180°}{\pi}\dfrac{\pi}{10}$, also $\varphi = 18°$. ∎

5.2 Welches Bogenmaß hat $\varphi = 50{,}5°$?

Lösung: $\text{arc}\,\varphi = \dfrac{\pi}{180} 50{,}5$ nach (5.2). Folglich ist $\text{arc}\,\varphi = 0{,}8814$. ∎

5.3 Zu dem Bogenmaß $\text{arc}\,\varphi = 0{,}14524$ bestimme man φ in Altgrad, in Minuten und in Neugrad!

Lösung: Es ist $\varphi = \dfrac{180°}{\pi} \cdot 0{,}14524 = 8{,}32164°$

und daher $\varphi = 8{,}32164 \cdot 60' = 499{,}298'$.

Ebenso ist $\varphi = \dfrac{200}{\pi} \cdot 0{,}14524\,\text{gon} = 9{,}24627\,\text{gon}$. ∎

5.4 Gegeben ist $\varphi = 26°17'$, gesucht ist $b = \text{arc}\,\varphi$.

Lösung: Wegen $1' = \left(\dfrac{1}{60}\right)°$ ist $\varphi = 26{,}2833°$ und daher

$b = \text{arc}\,\varphi = \dfrac{\pi}{180°}\varphi = 0{,}4587$. ∎

5.5 Zu dem Bogenmaß $b = -\sqrt{2\sqrt{5}}$ bestimme man das Winkelmaß in Neugrad.

Lösung: Es ist $b = -\sqrt{\sqrt{20}} = -2{,}11474$

und daher $\varphi = -\dfrac{200}{\pi} 2{,}11474\,\text{gon} = -134{,}63\,\text{gon}$. ∎

5.6 Ohne Rechenhilfsmittel zu benutzen, nenne man die Gradzahlen folgender in Bogenmaß gegebener Winkel

a) $\dfrac{\pi}{4}$ b) $-\dfrac{\pi}{3}$ c) 3π

Lösung: a) $\varphi = \dfrac{180°}{\pi} \cdot \dfrac{\pi}{4} = 45°$

b) $\varphi = -\dfrac{180°}{\pi} \cdot \dfrac{\pi}{3} = -60°$

c) $\varphi = \dfrac{180°}{\pi} \cdot 3\pi = 540°$ ∎

5 Trigonometrie

Für spezielle Winkel sind Gradmaß und zugehöriges Bogenmaß in einer Tabelle zusammengestellt:

Tabelle 5.1

φ	0°	30°	45°	60°	90°	120°	135°	150°	180°	270°	360°
b	0	$\pi/6$	$\pi/4$	$\pi/3$	$\pi/2$	$2\pi/3$	$3\pi/4$	$5\pi/6$	π	$3\pi/2$	2π

AUFGABEN

5.1 Man rechne folgende Winkel um:

a) 43° 12′14″ b) 28,7349° in gon

c) 21,4419 gon d) 38,1962° in sexagesimale Teilung
(Grad, Minuten, Sekunden)

e) 36,4520 gon f) 81°22′35″ in dezimal geteilte Altgrad

5.2 Bestimmen Sie zu folgenden Winkeln das Bogenmaß
a) 120° b) 301°17′20″ c) 146,1987° d) 5,8825 gon.

5.3 Welche Winkel in sexagesimaler Teilung entsprechen den Bogenmaßen
a) 0,1 b) 1 c) $\pi/4$?

5.4 Die Erde werde als Kugel mit dem Radius R = 6371,11 km angenommen. Welche Länge hat der Bogen des Erdumfangs, der zu einem Mittelpunktswinkel von
a) 1° b) 15° c) 1′ d) 1″ gehört ?

5.5 Die Fläche A der Kreissektoren, von denen a) r = 12 cm und φ = 96°15′25″ b) r = 5 cm und Bogenlänge b = 7 cm gegeben sind, ist zu ermitteln!

5.6 Der Horizontalkreis eines Theodoliten soll in Intervalle zu 0,2 gon eingeteilt werden. Wie groß ist der Abstand zwischen zwei benachbarten Teilstrichen, wenn der Durchmesser des Kreises 94 mm beträgt?

5.1.2 Definition der trigonometrischen Funktionen am Einheitskreis

Wir definieren zuerst auf der Menge der reellen Zahlen **R** zwei reellwertige Funktionen durch eine Betrachtung am Einheitskreis. Dazu sei in einem kartesischen Koordinatensystem der Punkt $P_0 = (1;0)$ fixiert (Bild 5.2). Zu vorgegebenem (positivem oder negativem) Bogenmaß x sei P derjenige Punkt auf dem Einheitskreis, für den das (orientierte) Bogenmaß P_0P mit x übereinstimmt. Falls $x < -2\pi$ oder $x > 2\pi$ ist, so werden zunächst ein oder mehrere Vollwinkel im positiven bzw. negativen Drehsinn überstrichen, wobei P_0 in sich übergeht, anschließend ist noch ein Winkel mit einem Bogenmaß Δx anzutragen, das zwischen -2π und 2π liegt. Der Punkt P habe die Koordinaten $P = (\xi;\eta)$.

Man definiert nun $\sin x = \eta$ (in Worten: Sinus x) und $\cos x = \xi$, (Kosinus x). $\sin x$ ist die Ordinate von P, und $\cos x$ ist die Abszisse von P. Jedem $x \in \mathbf{R}$ wird durch diese Vorschrift eine Zahl $\sin x$ und eine Zahl $\cos x$ zugeordnet. Folglich werden durch die Zuordnungen

5.1 Definition der trigonometrischen Funktionen

$x \mapsto \sin x$ und $x \mapsto \cos x$ zwei Funktionen definiert. Diese werden Sinusfunktion[1] bzw. Kosinusfunktion[2] genannt.

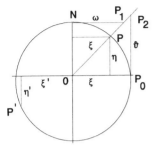

Bild 5.2

In Bild 5.2 ist ersichtlich stets $|\xi| \leq 1$ und auch $|\eta| \leq 1$. Daher gilt

$-1 \leq \sin x \leq 1$ und $-1 \leq \cos x \leq 1$ für alle $x \in \mathbf{R}$.

Aus dem Bild 5.2 erkennen wir, dass $\eta = \sin x = 0$ ist für $x = 0$, $x = \pi$ und alle Argumente, bei denen zusätzlich ein Vollwinkel im positiven oder negativen Drehsinn zu überstreichen ist, d.h., $\sin x = 0$ für $x = k\pi$; $k \in \mathbf{Z} = \{0, \pm 1, \pm 2, \ldots\}$. Offenbar sind dies auch alle Werte x mit der Eigenschaft $\sin x = 0$. Mit den Bezeichnungen $L_S = \{k\pi \mid k \in \mathbf{Z}\}$ und $L_C = \left\{\dfrac{\pi}{2} + \pi \mid k \in \mathbf{Z}\right\}$ können wir die Überlegung auch so ausdrücken: $\sin x = 0$ dann und nur dann, wenn $x \in L_S$ ist. Ebenso sieht man auch, dass $\cos x = 0$ dann und nur dann gilt, wenn $x \in L_C$ ist.

Ganz formal können nun mit Hilfe der Sinusfunktion und der Kosinusfunktion zwei weitere Funktionen erklärt werden. Unter der Tangensfunktion[3] verstehen wir die Funktion

$$\tan x = \frac{\sin x}{\cos x}, \tag{5.6}$$

und als Kotangensfunktion[4] definieren wir

$$\cot x = \frac{\cos x}{\sin x}. \tag{5.7}$$

Die Funktion $\tan x$ ist definiert für alle x, für welche $\cos x \neq 0$ ist, d.h. für alle $x \in \mathbf{R} \setminus L_C$. Analog ist die Funktion $\cot x$ definiert für alle $x \in \mathbf{R} \setminus L_S$.

---

[1] Die Herkunft und die Bedeutung des Wortes „Sinus" sind umstritten. Sinus bedeutet im Lateinischen „Busen". Das Wort könnte auf die Form der Sinuskurve zurückgehen.

[2] Kosinus ist von sinus complimenti abgeleitet. Die noch anzugebenden Eigenschaften der Funktionswerte zu dem Komplementbogen erklären diese Bezeichnung.

[3] tangere (lat.) bedeutet berühren

[4] tangens complementi wird zu der Bezeichnung cotangens zusammengezogen. Hiermit wird ausgedrückt, dass der Tangenswert des Komplementbogens gerade den Kotangenswert des Bogens liefert.

Aus dem Bild 5.2 findet man mittels Strahlensatz die Beziehungen

$$\xi : 1 = \eta : \vartheta, \quad \text{d.h.,} \quad \vartheta = \frac{\eta}{\xi} = \frac{\sin x}{\cos x}, \quad \text{also} \quad \vartheta = \tan x,$$

und

$$\eta : 1 = \xi : \omega, \quad \text{d.h.,} \quad \omega = \frac{\xi}{\eta} = \frac{\cos x}{\sin x}, \quad \text{also} \quad \omega = \cot x.$$

Zu vorgegebenem Bogenmaß $x \in \left(0, \frac{\pi}{2}\right)$ stimmt der Funktionswert $\tan x$ mit der Länge des Tangentenabschnittes $\overline{P_0 P_2}$ und der Funktionswert $\cot x$ mit der Länge des Tangentenabschnittes $\overline{NP_1}$ überein. Für beliebiges $x \in \mathbf{R}$ erfordert eine analoge Deutung, die Tangentenabschnitte mit Vorzeichen zu versehen (zu orientieren).

5.1.3 Periodizität der trigonometrischen Funktionen

Wenn z ein Bogenmaß ($z \in \mathbf{R}$) ist, für welches $z \geq 2\pi$ gilt, so gibt es eine natürliche Zahl k (also $k \in \mathbf{N}$) derart, dass

$$2k\pi \leq z < 2(k+1)\pi \quad \text{und demnach} \quad z = 2k\pi + x$$

mit $0 \leq x < 2\pi$ ist. Bei der Drehung eines Punktes um den Winkel mit dem Bogenmaß z ist zuerst k-mal ein Vollwinkel zu überstreichen und anschließend eine Drehung um den Winkel x auszuführen.

Nach unseren Definitionen der Sinus- und Kosinusfunktion gilt somit

$$\sin z = \sin(x + 2k\pi) = \sin x \qquad (5.8)$$
$$\cos z = \cos(x + 2k\pi) = \cos x. \qquad (5.9)$$

Die Funktionswerte der Sinusfunktion und der Kosinusfunktion durchlaufen zwischen 2π und 4π dieselben Werte wie zwischen 0 und 2π. Jeweils nach 2π wiederholen sich die Funktionswerte. Ganz ähnlich ist im Fall $z \leq -2\pi$ zu verfahren, nur ist hier die Drehung im Uhrzeigersinn auszuführen, d.h., es ist darzustellen $z = -2k\pi + x$, $0 \geq x > -2\pi$, $k \in \mathbf{N}$. Auch dann ist $\sin z = \sin x$ und $\cos z = \cos x$.

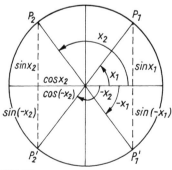

Bild 5.3

5.1 Definition der trigonometrischen Funktionen

Man sagt, die Funktionen $x \mapsto \sin x$ und $x \mapsto \cos x$ sind auf **R** periodisch mit der primitiven Periode 2π. Folglich gilt auch

$$\tan(x+2k\pi) = \frac{\sin(x+2k\pi)}{\cos(x+2k\pi)} = \frac{\sin x}{\cos x} = \tan x \quad \text{und} \quad \cot(x+2k\pi) = \cot x$$

für alle $x \in \mathbf{R} \setminus L_C$ bzw. $x \in \mathbf{R} \setminus L_S$ und $k \in \mathbf{Z}$. Die Funktionen $x \mapsto \tan x$ und $x \mapsto \cot x$ wiederholen sich periodisch nach 2π. Diese Funktionen besitzen aber sogar die Periode π. Aus Bild 5.3 ersieht man nämlich die Beziehungen $\sin x = -\sin(-x)$ und $\cos x = \cos(-x)$ für alle $x \in \mathbf{R}$. Die Sinusfunktion wird deshalb als ungerade und die Kosinusfunktion als gerade Funktion bezeichnet. Weil $P_0 P_2' = P_0 P_1 + \pi$ ist, findet man weiterhin

$$\boxed{\sin x = -\sin(x+\pi) \quad \text{und} \quad \cos x = -\cos(x+\pi).} \tag{5.10}$$

Diese Gleichungen sind vorerst für $-2\pi \le x \le 2\pi$ erfüllt.

Für beliebige $x \in \mathbf{R}$ finden wir eine Darstellung $x = 2k\pi + z$ mit $k \in \mathbf{Z}$ und $-2\pi \le z \le 2\pi$, daher gilt auch $\sin(x+\pi) = \sin(z+\pi) = -\sin z = -\sin x$ und $\cos(x+\pi) = \cos(z+\pi) = -\cos z = -\cos x$. Folglich wird $\tan(x+\pi) = \dfrac{\sin(x+\pi)}{\cos(x+\pi)} = \dfrac{-\sin x}{-\cos x} = \tan x$ für alle $x \in \mathbf{R} \setminus L_C$ und

$\cot(x+\pi) = \dfrac{\cos(x+\pi)}{\sin(x+\pi)} = \dfrac{-\cos x}{-\sin x} = \cot x$ für alle $x \in \mathbf{R} \setminus L_S$.

$$\boxed{\left.\begin{array}{l} \sin(x+2k\pi) = \sin x \\ \cos(x+2k\pi) = \cos x \\ \tan(x+k\pi) = \tan x \\ \cot(x+k\pi) = \cot x \end{array}\right\} \text{ für alle } k \in \mathbf{Z}} \tag{5.11}$$

In Worten: Die trigonometrischen Funktionen sind periodische Funktionen. Die Sinus- und Kosinusfunktion haben die primitive Periode 2π. Die primitive Periode der Tangens- und Kotangensfunktion ist π (vgl. auch Kapitel 4).

BEISPIELE

5.7 $\quad \sin\left(\dfrac{37}{13}\pi\right) = \sin\left(\dfrac{11}{13}\pi + 2\pi\right) = \sin\left(\dfrac{11}{13}\pi\right)$ ∎

5.8 $\quad \cos(-2,4\pi) = \cos(-0,4\pi - 2\pi) = \cos(-0,4\pi)$ ∎

5.9 $\quad \tan(99,75\pi) = \tan(-0,25\pi + 100\pi) = \tan\left(-\dfrac{\pi}{4}\right)$ ∎

5.10 $\quad \cot\left(\dfrac{19\pi}{4}\right) = \cot\left(\dfrac{3}{4}\pi + 4\pi\right) = \cot\left(\dfrac{3}{4}\pi\right)$ ∎

5.1.4 Die trigonometrischen Funktionen mit Argumenten in Gradmaßen

Die trigonometrischen Funktionen sind von uns am Einheitskreis als Funktionen von Winkeln, gemessen in Bogenmaß, definiert worden. In Bild 5.2 kann der Winkel $\angle P_0OP$ mit dem Bogenmaß x auch in Altgrad oder in Neugrad angegeben werden. Dem Bogenmaß x entspreche das Gradmaß α (Altgrad), d. h., $\alpha = \dfrac{180°}{\pi}x$. Es lassen sich nun zwei (neue) Funktionen $s(\alpha)$ und $c(\alpha)$ gemäß den Vorschriften

$$s(\alpha) = \sin x, \qquad s(\alpha) = \sin\frac{\alpha\pi}{180°} \quad \text{bzw.} \quad c(\alpha) = \cos x, \qquad c(\alpha) = \cos\frac{\alpha\pi}{180°}$$

einführen. Die Argumente α dieser Funktionen sind reelle Zahlen, die als Gradmaß des Winkels $\angle P_0OP$ aufgefasst werden. Die Funktionswerte sind gerade die der Funktionen $\sin x$ bzw. $\cos x$, wobei x das Bogenmaß des Winkels $\angle P_0OP$ bedeutet.

Die Funktionen $s(\alpha)$ und $c(\alpha)$ werden ebenfalls als Sinusfunktion bzw. Kosinusfunktion bezeichnet; es ist üblich, dafür auch die Symbole sin, cos zu verwenden, d.h.,

$$\sin\alpha = s(\alpha) = \sin x \quad \text{und} \quad \cos\alpha = c(\alpha) = \cos x$$

zu schreiben. Ganz genauso ist dann

$$\tan\alpha = \frac{\sin\alpha}{\cos\alpha} = \tan x \quad \text{und} \quad \cot\alpha = \frac{\cos\alpha}{\sin\alpha} = \cot x$$

zu verstehen. Analoges gilt, wenn die Winkel in Neugrad gemessen werden. Weil die Argumente der trigonometrischen Funktionen Winkelmaße (Bogenmaß oder Gradmaß) sind, nennt man die Funktionen auch **Winkelfunktionen.**

Sollen die Werte der Winkelfunktionen mit einem Taschenrechner bestimmt werden, ist darauf zu achten, ob das Argument in Bogenmaß, Altgrad oder Neugrad vorliegt. In Abhängigkeit davon ist in der Regel am Taschenrechner ein Umstellschalter (RAD, DEG GRD) zu betätigen oder eine zusätzliche Taste zu drücken. Dies ist dadurch begründet, dass eigentlich unterschiedliche Funktionen vorliegen, die aber durch die oben angegebene einfache Argumenttransformation ineinander überführt werden können. In Computern stehen trigonometrische Funktionen zur Verfügung, deren Argument in Bogenmaß anzugeben ist. Bei Bedarf muss der Benutzer die Argumenttransformation in einem Programm als Befehlszeile selbst eingeben. Nicht in allen Computern (Programmiersprachen) gibt es die vier Funktionen $\sin x$, $\cos x$, $\tan x$, $\cot x$ als Standardfunktionen. In diesem Fall nutzt man Beziehungen zwischen den trigonometrischen Funktionen aus, um die gewünschten Funktionswerte mit Hilfe der vorhandenen Standardfunktionen zu berechnen.

Für die Periodizität der trigonometrischen Funktionen mit Argumenten in Winkelmaß erhalten wir nun für alle $k \in \mathbf{Z}$:

$$\sin(\alpha + k \cdot 360°) = \sin\alpha \qquad \tan(\alpha + k \cdot 180°) = \tan\alpha$$
$$\cos(\alpha + k \cdot 360°) = \cos\alpha \qquad \cot(\alpha + k \cdot 180°) = \cot\alpha.$$

In der Tat ist

$$\sin(\alpha + k \cdot 360°) = \sin\left(\frac{\alpha + k \cdot 360°}{180°}\pi\right) = \sin\left(\frac{\alpha}{180°}\pi + 2k\pi\right) = \sin\left(\frac{\alpha}{180°}\pi\right) = \sin\alpha.$$

5.1 Definition der trigonometrischen Funktionen   269

Ausgenutzt wurde die in 5.1.3 angegebene Periodizität der trigonometrischen Funktionen mit Argumenten in Bogenmaß. Wir überlassen es dem Leser, die anderen Formeln zu bestätigen.

5.1.5 Die trigonometrischen Funktionen im rechtwinkligen Dreieck

Wir betrachten ein rechtwinkliges Dreieck ABC mit dem Winkel $\alpha = \angle BAC$, $0° < \alpha < 90°$. Um A werde ein Kreis mit dem Radius $r = 1$ gezeichnet. Wenn die Hypotenusenlänge $\overline{AB}$ größer als 1 ist, schneidet der Kreis die Hypotenuse in einem Punkt B_1. Im anderen Fall verlängere man die Dreieckseiten AB und AC über B bzw. C hinaus, so dass sie den Kreis schneiden (siehe Bilder 5.4, 5.5). Der Schnittpunkt der verlängerten Hypotenuse mit dem Kreis heiße auch B_1. Von B_1 fälle man das Lot auf den unteren Schenkel des Winkels $\angle BAC$, also auf die (verlängerte) Kathete AC. Der Fußpunkt des Lotes heiße C_1. Die Tangente an den Kreis, die auf dem unteren Schenkel von $\angle BAC$ senkrecht steht, und die, die zu diesem Schenkel parallel verläuft, liefern die Punkte B_2, B_3 und C_3 sowie C_2 als Fußpunkt des Lotes von B_2 auf den unteren Schenkel von $\angle BAC$. Man bezeichnet die einem spitzen Winkel anliegende Kathete (für α ist dies also AC) als **Ankathete** und die dem Winkel gegenüberliegende Kathete (hier BC) als **Gegenkathete**.

Weil die Dreiecke ACB und AC_1B_1 ähnlich sind, bestehen in beiden Fällen für die Streckenverhältnisse die Beziehungen

$$\frac{\overline{AC_1}}{\overline{AB_1}} = \frac{\overline{AC}}{\overline{AB}} = \frac{\text{Ankathete}}{\text{Hypotenuse}}, \qquad \frac{\overline{AC_2}}{\overline{B_2C_2}} = \frac{\overline{AC_3}}{\overline{B_3C_3}} = \frac{\overline{AC}}{\overline{BC}} = \frac{\text{Ankathete}}{\text{Gegenkathete}},$$

$$\frac{\overline{B_1C_1}}{\overline{AB_1}} = \frac{\overline{BC}}{\overline{AB}} = \frac{\text{Gegenkathete}}{\text{Hypotenuse}}, \qquad \frac{\overline{B_1C_1}}{\overline{AC_1}} = \frac{\overline{B_3C_3}}{\overline{AC_3}} = \frac{\overline{BC}}{\overline{AC}} = \frac{\text{Gegenkathete}}{\text{Ankathete}}.$$

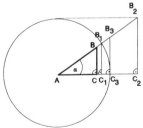
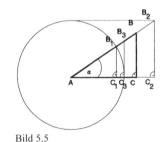

Bild 5.4   Bild 5.5

Nach Definition der trigonometrischen Funktionen ist $\sin\alpha = \overline{B_1C_1}$, $\cos\alpha = \overline{AC_1}$, $\tan\alpha = \overline{B_3C_3}$, $\cot\alpha = \overline{AC_2}$. Weil $\overline{AB_1} = \overline{AC_3} = \overline{B_2C_2} = 1$ ist, folgt aus den angegebenen Streckenverhältnissen

$$\sin\alpha = \frac{\overline{BC}}{\overline{AB}} = \frac{\text{Gegenkathete}}{\text{Hypotenuse}} \qquad (5.12)$$

$$\cos\alpha = \frac{\overline{AC}}{\overline{AB}} = \frac{\text{Ankathete}}{\text{Hypotenuse}} \qquad (5.13)$$

$$\tan\alpha = \frac{\overline{BC}}{\overline{AC}} = \frac{\text{Gegenkathete}}{\text{Ankathete}} \qquad (5.14)$$

$$\cot\alpha = \frac{\overline{AC}}{\overline{BC}} = \frac{\text{Ankathete}}{\text{Gegenkathete}} \qquad (5.15)$$

BEISPIEL

5.11 Die Gleise einer 200 m langen Standseilbahn mit gerader Linienführung steigen von der Talstation A bis zur Bergstation B gleichmäßig an und schließen mit der Horizontalebene einen Winkel $\alpha = 30°$ ein. Nach $s_1 = 50$ m Fahrstrecke beträgt die Höhe über der Talstation $h_1 = 25$ m, nach $s_2 = 100$ m Gleislänge ist die Höhe $h_2 = 50$ m erreicht. Nach $s_3 = 200$ m Strecke ist man bei der Höhe $h_3 = 100$ m angelangt.

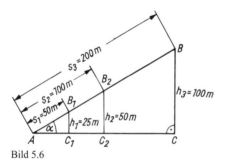

Bild 5.6

Die rechtwinkligen Dreiecke AC_1B_1, AC_2B_2, ABC sind alle einander ähnlich, das Verhältnis Höhe:Fahrstrecke hat stets den Wert 0,5. In den rechtwinkligen Dreiecken erscheinen die Höhen h_i jeweils als Gegenkatheten zum Neigungswinkel α, die Fahrstrecken s_i sind die entsprechenden Hypotenusen. Für alle diese rechtwinkligen Dreiecke mit dem gleichen Winkel α ist das Streckenverhältnis Gegenkathete:Hypotenuse konstant, es stimmt mit dem Wert $\sin\alpha$ überein. In unserem Fall ist $\alpha = 30°$ und $h_i : s_i = 0,5$ für $i = 1, 2, 3$, daher ist $\sin 30° = 0,5$. ∎

5.1.6 Veranschaulichung des Kurvenverlaufs

Der Verlauf der trigonometrischen Funktionen wird besonders deutlich, wenn man die Graphen der Funktionen, also ihre Kurven, in einem rechtwinkligen Koordinatensystem zeichnet. Um die Bilder der Funktionen

$y = \sin x$ $\qquad y = \cos x$ $\qquad y = \tan x$ $\qquad y = \cot x$

5.1 Definition der trigonometrischen Funktionen 271

nicht zu verzerren, muss auf beiden Achsen dieselbe Maßeinheit gewählt werden. Die Argumente (Winkel) x sind dabei in Bogenmaß anzugeben. Am bequemsten ist es, die Kurven mit einem Computer zu erzeugen und auf dem Bildschirm anzuzeigen oder mit einem Drucker auf Papier auszugeben. Dazu sind eine untere und eine obere Grenze für die Argumente vorzugeben. Wegen der Periodizität der trigonometrischen Funktionen kann man sich z.B. auf das Intervall $[0, 2\pi]$ beschränken. Die Funktionswerte zu endlich vielen Argumenten (etwa $x = i \cdot 2\pi/n$, $i = 0, \ldots, n$) werden im Computer mit Hilfe vorhandener Standardfunktionen ermittelt und auf dem Terminal in einem Koordinatensystem an entsprechenden Stellen als diskrete Punkte gekennzeichnet. Es ist natürlich auch möglich, ein Programmsystem zur Lösung mathematischer Probleme (z.B. *mathematica, MAPLE*) hierfür zu verwenden.

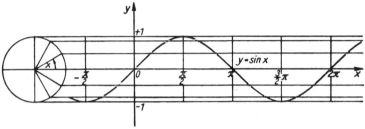

Bild 5.7

Aber es geht auch ohne elektronische Hilfsmittel: In Bild 5.7 ist als Radius des Einheitskreises 1 cm gewählt worden, 1 Einheit entspricht dann 1 cm, folglich entspricht der Strecke von 0 bis 2π die Strecke $2\pi \cdot 1$ cm $\approx 6{,}28$ cm. Wenn x ausgezeichnete Werte (z.B. $0, \dfrac{\pi}{6}, \dfrac{\pi}{4}, \dfrac{\pi}{3}, \dfrac{\pi}{2}, \ldots$) durchläuft, so gehört dazu jeweils ein Punkt $P = P(x)$ auf dem Einheitskreis, dessen Ordinate mit dem Funktionswert $\sin x$ übereinstimmt. Die Parallelen zur x-Achse durch die Punkte $P(x)$ geben uns die Ordinatenwerte $\sin x$ an. Es bleibt lediglich noch, x auf den gewählten Maßstab zu transformieren und im Koordinatensystem als Abszisse anzutragen, womit dann der Kurvenpunkt $(x; \sin x)$ ermittelt worden ist.

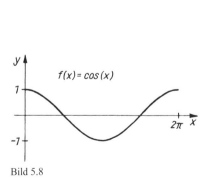

Bild 5.8

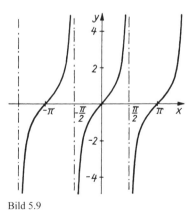

Bild 5.9

Der Kurvenverlauf von $y = \cos x$ in Bild 5.8 wurde mit einem Pascal-Programm und Grafikeditor erzeugt. Bild 5.9, das mit dem System *mathematica* gezeichnet wurde, zeigt den Graph der Funktion $y = \tan x$.

Schließlich ist wieder auf „klassische" Weise der Kurvenverlauf von $y = \cot x$ ermittelt und in Bild 5.10 dargestellt worden. Aus den Bildern 5.9 und 5.10 erkennt man noch einmal, dass die Funktion $y = \tan x$ an den Stellen $x = \dfrac{\pi}{2} + k \cdot \pi$ und die Funktion $y = \cot x$ an den Stellen $x = k \cdot \pi$, $k \in \mathbb{Z}$, nicht definiert ist. Darüber hinaus sieht man, dass die Funktionswerte $y = \tan x$ über alle Grenzen wachsen, wenn man sich von links den Punkten $x = \dfrac{\pi}{2} + k \cdot \pi$ nähert.

Strebt man jedoch von rechts gegen diese kritischen Punkte, so fällt $y = \tan x$ unter alle Grenzen. Bei der Funktion $y = \cot x$ ist es an den Stellen $x = k \cdot \pi$, $k \in \mathbb{Z}$, genau umgekehrt.

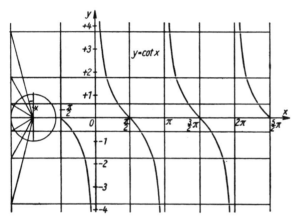

Bild 5.10

Man betrachtet in der Analysis linksseitige und rechtsseitige Grenzübergänge (vgl. Abschnitt 6.3.1). In diesem Sinne schreibt man auch

$$\lim_{x \to \pi/2 - 0} \tan x = +\infty \quad \text{und} \quad \lim_{x \to \pi/2 + 0} \tan x = -\infty \qquad (5.16)$$

und spricht von bestimmter Divergenz gegen $+\infty$ und $-\infty$. Es wird dann gesagt, dass die Tangensfunktion an den Stellen $x = \dfrac{\pi}{2} + k \cdot \pi$, $k \in \mathbb{Z}$, Polstellen hat. Entsprechendes gilt für die Kotangensfunktion an den Stellen $x = k \cdot \pi$, $k \in \mathbb{Z}$. Die Tangens- und die Kotangensfunktion besitzen an ihren Unstetigkeitsstellen jeweils eine senkrecht zur x-Achse laufende Asymptote[1].

---

[1] Asymptote kommt aus dem Griechischen und bedeutet: die Zusammenfallende. Es ist eine Gerade, die sich einer Kurve unbegrenzt nähert, ohne sie je zu erreichen.

5.1 Definition der trigonometrischen Funktionen

5.1.7 Vorzeichen der Werte von trigonometrischen Funktionen

In einem rechtwinkligen Koordinatensystem wird ein Kreis vom Radius 1 mit dem Koordinatenursprung als Mittelpunkt gezeichnet. Die Achsen unterteilen den Vollkreis in vier Viertelkreise. P_0 sei der Schnittpunkt der positiven x-Achse mit dem Kreis. Dreht man den Strahl OP_0 um 0 im mathematisch positiven Drehsinn um einen Winkel x, so geht OP_0 in OP über. Für Winkel x zwischen 0 und $\frac{\pi}{2}$ werden gerade ein Viertelkreis und ein Quadrant (der mit dem Namen I) überstrichen. Der Strahl überstreicht den zweiten Quadranten, wenn $\frac{\pi}{2} \leq x \leq \pi$, den dritten Quadranten für $\pi \leq x \leq \frac{3}{2}\pi$ und schließlich den vierten Quadranten, falls $3/2 \cdot \pi \leq x \leq 2\pi$ ist (Bild 5.2). Aus den Kurvenverläufen (Bilder 5.7–5.10) bzw. aus der Definition des Sinus als Projektionslot ($\sin x = \xi$), des Kosinus als Projektion ($\eta = \cos x$) folgt sofort die Vorzeichentabelle.

Tabelle 5.2

Quadrant / Winkel / Funktion	I	II	III	IV
	$0 < x < \frac{\pi}{2}$ ($0° < x < 90°$)	$\frac{\pi}{2} < x < \pi$ ($90° < x < 180°$)	$\pi < x < \frac{3}{2}\pi$ ($180° < x < 270°$)	$\frac{3}{2}\pi < x < 2\pi$ ($270° < x < 360°$)
$\sin x$	+	+	−	−
$\cos x$	+	−	−	+

Hier bedeutet „+" $\sin x > 0$ bzw. $\cos x > 0$, und entsprechend steht „−" für $\sin x < 0$ bzw. $\cos x < 0$. Weil $\tan x = \dfrac{\sin x}{\cos x}$ und $\cot x = \dfrac{\cos x}{\sin x}$ ist, lässt sich diese Tabelle durch Quotientenbildung um zwei Zeilen für $\tan x$ und $\cot x$ ergänzen:

Tabelle 5.3

Funktion \ Quadrant	I	II	III	IV
$\tan x$	+	−	+	−
$\cot x$	+	−	+	−

In dieser Tabelle sind die Vorzeichenwerte für $x = 0$, $\pi/2$, π, $3/2\pi$, 2π nicht aufgeführt. Wenn $x = 0$ ist, so fällt P mit P_0 zusammen, und es ist $P = (1,0)$. Folglich ist $\sin 0 = 0$ und cos 0 = 1. Für $x = \frac{\pi}{2}$ ist $P = (0, 1)$ und demnach $\sin\frac{\pi}{2} = 1$, $\cos\frac{\pi}{2} = 0$. Ganz genauso erkennt man, dass $\sin \pi = 0$, $\cos \pi = -1$, $\sin\frac{3}{2}\pi = -1$ und $\cos\frac{3}{2}\pi = 0$ ist. Hieraus lassen sich die Werte $\tan x$ und $\cot x$ für die aufgeführten Argumente berechnen. Die Tangensfunktion ist jedoch für $x = \frac{\pi}{2}$ und $x = \frac{3}{2}\pi$ nicht definiert, die Kotangensfunktion ist für $x = 0$ und $x = \pi$ nicht erklärt. In diesen Fällen ist nämlich eine Division durch 0 nicht ausführbar. Diesen Argumenten in Bogenmaß entsprechen die Gradzahlen $x = 90°$, $x = 270°$ (hier ist $\tan x$ nicht erklärt) bzw. $x = 0°$, $x = 180°$ (hier ist $\cot x$ nicht erklärt). Unsere Erkenntnisse fassen wir in einer Tabelle zusammen:

Tabelle 5.4

Winkel (Bogen) / Winkel (Grad) / Funktion	0 / 0°	π/2 / 90°	π / 180°	3π/2 / 270°	2π / 360°
sin x	0	+1	0	−1	0
cos x	+1	0	−1	0	+1
tan x	0	−	0	−	0
cot x	−	0	−	0	−

5.2 Beziehungen zwischen trigonometrischen Funktionen

5.2.1 Zusammenhang zwischen den Funktionswerten desselben Winkels

Aus der Definition der Sinus- und Kosinusfunktion (Bild 5.2) oder noch besser aus deren Erklärung im rechtwinkligen Dreieck ABC (Bild 5.4) ergibt sich mit den Bezeichnungen $a = \overline{AC}$, $g = \overline{BC}$, $h = \overline{AB}$ nach dem Lehrsatz des PYTHAGORAS

$$\sin^2 \alpha + \cos^2 \alpha = \frac{g^2}{h^2} + \frac{a^2}{h^2} = \frac{g^2 + a^2}{h^2} = \frac{h^2}{h^2} = 1, \quad \text{also}$$

$$\sin^2 \alpha + \cos^2 \alpha = 1. \tag{5.17}$$

Hinweis: Es ist üblich, für $(\sin \alpha)^2$ bzw. $(\cos \alpha)^2$ kurz $\sin^2 \alpha$ bzw. $\cos^2 \alpha$ zu schreiben. Die Gleichung (5.17) wird auch „*trigonometrischer Pythagoras*" genannt.

Für $\alpha \neq k \cdot 90°$ (bzw. $\alpha \neq k\frac{\pi}{2}$ bei Argumentangabe in Bogenmaß), $k \in \mathbb{Z}$, gilt weiterhin

$\tan \alpha = \frac{g}{a} = \frac{1}{\cot \alpha}$, also

5.2 Beziehungen zwischen trigonometrischen Funktionen

$$\tan\alpha = \frac{1}{\cot\alpha} \quad \text{für} \quad \alpha \neq k\cdot 90° \quad (\text{bzw. } \alpha \neq k\cdot\frac{\pi}{2}), \quad k \in \mathbf{Z}. \tag{5.18}$$

Analog gilt

$$\cot\alpha = \frac{1}{\tan\alpha} \quad \text{für} \quad \alpha \neq k\cdot 90° \quad (\text{bzw. } \alpha \neq k\cdot\frac{\pi}{2}), \quad k \in \mathbf{Z} \tag{5.19}$$

weil nach Formel (5.6) $\tan\alpha = \frac{\sin\alpha}{\cos\alpha}$ und nach (5.7) $\cot\alpha = \frac{\cos\alpha}{\sin\alpha}$ ist.

BEISPIELE

5.12 Gegeben ist $\sin\alpha$. Gesucht wird $\cos\alpha$.

Lösung: Aus (5.17) folgt $\cos\alpha = \pm\sqrt{1-\sin^2\alpha}$. Über das Vorzeichen der Wurzel ist in Abhängigkeit von α zu entscheiden. Der Quadrant, zu dem der Winkel α gehört, bestimmt das Vorzeichen, siehe Tabelle 5.2. Entsprechendes gilt für das Vorzeichen in Beispiel 5.13 und 5.14 (Tabelle 5.3). ∎

5.13 Gegeben ist $\sin\alpha$, gesucht ist $\tan\alpha$.

Lösung: Wegen $\tan\alpha = \frac{\sin\alpha}{\cos\alpha}$ und $\cos\alpha = \pm\sqrt{1-\sin^2\alpha}$ ist $\tan\alpha = \pm\frac{\sin\alpha}{\sqrt{1-\sin^2\alpha}}$ ∎

5.14 Man drücke $\cos\alpha$ mit Hilfe von $\cot\alpha$ aus!

Lösung: Es ist $\cot\alpha = \frac{\cos\alpha}{\sin\alpha} = \frac{\cos\alpha}{\pm\sqrt{1-\cos^2\alpha}}$. Quadriert man beide Seiten der Gleichung, so wird $\cot^2\alpha = \frac{\cos^2\alpha}{1-\cos^2\alpha}$ und $\cot^2\alpha - \cos^2\alpha\cot^2\alpha = \cos^2\alpha$, also

$$\cot^2\alpha = (1+\cot^2\alpha)\cdot\cos^2\alpha \text{ und schließlich } \cos\alpha = \pm\frac{\cot\alpha}{\sqrt{1+\cot^2\alpha}}. \quad\blacksquare$$

Auf diese Weise erhält man die folgende Tabelle:

Tabelle 5.5

gesucht \ gegeben	$\sin x$	$\cos x$	$\tan x$	$\cot x$
$\sin x$	–	$\pm\sqrt{1-\cos^2 x}$	$\pm\dfrac{\tan x}{\sqrt{1+\tan^2 x}}$	$\pm\dfrac{1}{\sqrt{1+\cot^2 x}}$
$\cos x$	$\pm\sqrt{1-\sin^2 x}$	–	$\pm\dfrac{1}{\sqrt{1+\tan^2 x}}$	$\pm\dfrac{\cot x}{\sqrt{1+\cot^2 x}}$
$\tan x$	$\pm\dfrac{\sin x}{\sqrt{1-\sin^2 x}}$	$\pm\dfrac{\sqrt{1-\cos^2 x}}{\cos x}$	–	$\dfrac{1}{\cot x}$
$\cot x$	$\pm\dfrac{\sqrt{1-\sin^2 x}}{\sin x}$	$\pm\dfrac{\cos x}{\sqrt{1-\cos^2 x}}$	$\dfrac{1}{\tan x}$	–

Auf Taschenrechnern werden die Werte der trigonometrischen Funktionen sin, cos, tan meist unmittelbar durch Tastendruck erhalten, wobei vorher RAD, DEG oder GRAD für die Argumenteingabe in Bogen, Altgrad bzw. Neugrad einzustellen ist. Werte der cot-Funktion sind in der Regel mit der Tastenfolge |tan| |1/x| zu bestimmen. Auch in Computern sind nicht immer alle trigonometrischen Funktionen vorhanden. Dann kann eine Umrechnung nach den in der Tabelle angegebenen Formeln durchgeführt werden.

AUFGABEN

5.7 Man bestätige die Beziehungen aus Tabelle 5.5!

5.8 Gegeben seien die Werte   a) $\sin x = \dfrac{3}{5}$ b) $\cos x = \dfrac{3}{4}$ c) $\tan x = 2$.

Bestimmen Sie die Werte der anderen drei Funktionen zum Argument x.

5.9 Man beweise die Gleichungen $1 + \tan^2 x = \dfrac{1}{\cos^2 x}$ und $1 + \cot^2 x = \dfrac{1}{\sin^2 x}$.

5.10 Die folgenden Ausdrücke sind zu vereinfachen:

a) $\dfrac{\sin x}{\tan x}$ b) $\dfrac{\cos x}{\cot x}$ c) $\cos x \cdot \sqrt{1 + \tan^2 x}$

5.11 Es sind die Werte der trigonometrischen Funktionen für $x = 26{,}289°$ und $y = 75{,}377°$ zu bestimmen.

5.12 Wie groß sind die spitzen Winkel x in dezimalgeteiltem Altgrad, wenn

a) $\sin x = 0{,}3379$ b) $\cos x = 0{,}7867$

c) $\tan x = 1{,}888$ d) $\cot x = 0{,}1840$ ist?

5.2.2 Funktionswerte für besondere Winkel

Wir wollen die Werte der trigonometrischen Funktionen für die Argumente $x = \dfrac{\pi}{6}, \dfrac{\pi}{4}, \dfrac{\pi}{3}, \dfrac{\pi}{2}$ (d.h. in Gradmaß 30°, 45°, 60°, 90°) exakt angeben.

Bild 5.11

Bild 5.12

In Bild 5.11 ist ein gleichschenklig-rechtwinkliges Dreieck mit Katheten der Länge a und der Hypotenuse c dargestellt. Nach dem Lehrsatz des PYTHAGORAS ist $c^2 = a^2 + a^2$ oder

5.2 Beziehungen zwischen trigonometrischen Funktionen

$c = \sqrt{2} \cdot a$. Die beiden spitzen Winkel des Dreiecks haben das Gradmaß 45° (im Bogenmaß: $\frac{\pi}{4}$). Folglich ist $\sin 45° = \frac{a}{c} = \frac{a}{\sqrt{2} \cdot a} = \frac{\sqrt{2}}{2}$, $\cos 45° = \frac{a}{c} = \frac{\sqrt{2}}{2}$, $\tan 45° = \frac{a}{a} = 1$, $\cot 45° = 1$.

In dem gleichseitigen Dreieck (Bild 5.12) halbiert die Höhe auf einer Seite gerade diese Seite. In den entstehenden rechtwinkligen Dreiecken betragen die Winkel 30°, 60°, 90° (d.h. $\frac{\pi}{6}, \frac{\pi}{3}, \frac{\pi}{2}$). Die Hypotenuse ist a, die Katheten haben die Länge $\frac{a}{2}$ bzw. h. Wiederum wird der Lehrsatz des PYTHAGORAS herangezogen, danach ist $a^2 = \left(\frac{a}{2}\right)^2 + h^2$, also $h^2 = \frac{3}{4}a^2$ und daher $h = \frac{a}{2}\sqrt{3}$. Damit erhält man $\sin 30° = \frac{a}{2a} = \frac{1}{2}$, $\cos 30° = \frac{h}{a} = \frac{1}{2}\sqrt{3}$, $\tan 30° = \frac{a}{2h} = \frac{a}{a\sqrt{3}} = \frac{\sqrt{3}}{3}$, $\cot 30° = \frac{1}{\tan 30°} = \frac{3}{\sqrt{3}} = \sqrt{3}$ und ferner $\sin 60° = \frac{h}{a} = \frac{1}{2}\sqrt{3}$, $\cos 60° = \frac{a/2}{a} = \frac{1}{2}$, $\tan 60° = \frac{h}{a/2} = \sqrt{3}$, $\cot 60° = \frac{1}{\tan 60°} = \frac{1}{\sqrt{3}} = \frac{\sqrt{3}}{3}$. Diese Werte notieren wir in der Tabelle 5.6:

Funktion	Winkel (Bogen) / Winkel (Grad)	0 / 0°	π/6 / 30°	π/4 / 45°	π/3 / 60°	π/2 / 90°
$\sin x$		0	$\frac{1}{2}$	$\frac{1}{2}\sqrt{2}$	$\frac{1}{2}\sqrt{3}$	1
$\cos x$		1	$\frac{1}{2}\sqrt{3}$	$\frac{1}{2}\sqrt{2}$	$\frac{1}{2}$	0
$\tan x$		0	$\frac{1}{3}\sqrt{3}$	1	$\sqrt{3}$	—
$\cot x$		—	$\sqrt{3}$	1	$\frac{1}{3}\sqrt{3}$	0

Merkt man sich die Werte $\sin 0° = \frac{1}{2}\sqrt{0}$, $\sin 30° = \frac{1}{2}\sqrt{1}$, $\sin 45° = \frac{1}{2}\sqrt{2}$, $\sin 60° = \frac{1}{2}\sqrt{3}$, $\sin 90° = \frac{1}{2}\sqrt{4}$ (in dieser Form lassen sie sich gut einprägen), so können mit Hilfe der Beziehungen zwischen den trigonometrischen Funktionen, die in der Tabelle 5.5 enthalten sind, auch alle übrigen Werte von Tabelle 5.6 leicht ermittelt werden. Diese Werte bilden somit ein Gerüst für die Tabelle.

5.2.3 Beziehungen trigonometrischer Funktionen für Winkel, die sich zu ganzen Vielfachen von 90° $\left(\dfrac{\pi}{2}\right)$ ergänzen

Zuerst seien α_1, α Winkel, für welche $\alpha + \alpha_1 = 90°$, $\alpha > 0$, $\alpha_1 > 0$ gilt. Wir fassen α_1, α als Winkel in einem rechtwinkligen Dreieck mit den Katheten a und b und der Hypotenuse c auf. Nach den Gleichungen (5.12) bis (5.15) ist dann

$$\sin \alpha = \frac{a}{c} \qquad \sin \alpha_1 = \frac{b}{c} \qquad \cos \alpha = \frac{b}{c} \qquad \cos \alpha_1 = \frac{a}{c}$$

$$\tan \alpha = \frac{a}{b} \qquad \tan \alpha_1 = \frac{b}{a} \qquad \cot \alpha = \frac{b}{a} \qquad \cot \alpha_1 = \frac{a}{b}.$$

Wegen $\alpha_1 = 90° - \alpha$ erhält man

$$\begin{array}{ll} \sin(90° - \alpha) = \cos \alpha & \cos(90° - \alpha) = \sin \alpha \\ \tan(90° - \alpha) = \cot \alpha & \cot(90° - \alpha) = \tan \alpha \end{array} \qquad (5.20)$$

Die Kosinusfunktion wird **Kofunktion** der Sinusfunktion genannt, umgekehrt nennt man die Sinusfunktion die Kofunktion der Kosinusfunktion. Entsprechend ist die Tangensfunktion die Kofunktion der Funktion Kotangens und umgekehrt. Winkel, die sich zu 90° ergänzen, nennt man **Komplementwinkel**. In diesem Sinne bedeuten die Beziehungen (5.20): Die Funktion eines Winkels stimmt mit der Kofunktion des Komplementwinkels überein.

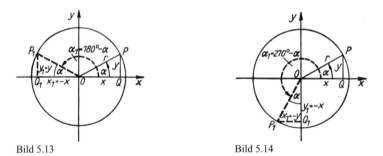

Bild 5.13   Bild 5.14

Supplementwinkel sind solche, die sich zu 180° ergänzen. Ist also $\alpha > 0°$, $\alpha_1 > 0°$, $\alpha + \alpha_1 = 180°$, so ergeben sich aus der Kongruenz der in Bild 5.13 dargestellten Dreiecke OQP und OQ_1P_1 die Gleichungen $x_1 = -x$ und $y_1 = y$. Daher ist für $r = 1$ $\sin(180° - \alpha) = \sin \alpha_1 = y_1 = y = \sin \alpha$, $\cos(180° - \alpha) = \cos \alpha_1 = x_1 = -x = -\cos \alpha$ und $\tan(180° - \alpha)$ $= \dfrac{\sin(180° - \alpha)}{\cos(180° - \alpha)} = -\dfrac{\sin \alpha}{\cos \alpha} = -\tan \alpha$, $\cot(180° - \alpha) = -\dfrac{1}{\tan \alpha} = -\cot \alpha$. Wenn sich die Winkel α und α_1 zu 270° ergänzen ($\alpha + \alpha_1 = 270°$, $\alpha > 0°$, $\alpha_1 > 0°$), so sind in Bild 5.14 die

Dreiecke OQP und OQ_1P_1 kongruent. Man wähle $r = 1$. Es ergibt sich $y_1 = -x$ und $x_1 = -y$, somit $\sin(270° - \alpha) = y_1 = -x = -\cos\alpha$ und $\cos(270° - \alpha) = x_1 = -y = -\sin\alpha$. Daraus folgt

$$\tan(270° - \alpha) = \frac{\sin(270° - \alpha)}{\cos(270° - \alpha)} = \cot\alpha \text{ und folglich auch } \cot(270° - \alpha) = \tan\alpha.$$

Der Fall $\alpha + \alpha_1 = 360°$, $\alpha > 0°$, $\alpha_1 > 0°$ ist in Bild 5.15 skizziert. Die Dreiecke OQP und OQP_1 sind kongruent. Mit $r = 1$ erhalten wir $\sin(360° - \alpha) = -y = -\sin\alpha$, $\cos(360° - \alpha) = x = \cos\alpha$, $\tan(360° - \alpha) = -\tan\alpha$, $\cot(360° - \alpha) = -\cot\alpha$.

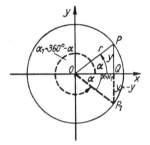

Bild 5.15

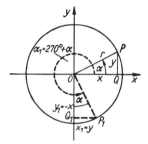

Bild 5.16

5.2.4 Beziehungen für Winkel, die sich um ganze Vielfache von 90° $\left(\frac{\pi}{2}\right)$ unterscheiden

Den Fall $\alpha_1 = \alpha + k \cdot 360°$ haben wir schon früher betrachtet, vergleiche die Formeln (5.11). Der Fall $\alpha_1 = \alpha + 270°$ ist in Bild 5.16 dargestellt. Die Dreiecke OQP und OQ_1P_1 sind kongruent. Daher ist $y_1 = -x$ und $x_1 = y$. Setzt man noch $r = 1$ voraus, so ergibt sich $\sin(270° + \alpha) = y_1 = -x = -\cos\alpha$, $\cos(270° + \alpha) = x_1 = y = \sin\alpha$ und durch Quotientenbildung $\tan(270° + \alpha) = -\cot\alpha$, $\cot(270° + \alpha) = -\tan\alpha$.

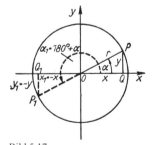

Bild 5.17

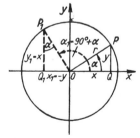

Bild 5.18

Wenn $\alpha_1 = \alpha + 180°$ ist, so entnimmt man dem Bild 5.17 für $r = 1$ $\sin(180° + \alpha) = y_1 = -y = -\sin\alpha$ und $\cos(180° + \alpha) = x_1 = -x = -\cos\alpha$, woraus sich die entsprechenden Formeln für tan und cot durch Division ergeben.

Ist schließlich $\alpha_1 = \alpha + 90°$, so betrachte man in Bild 5.18 die kongruenten Dreiecke OQP und OQ_1P_1. Mit der Festlegung $r = 1$ ist dann $\sin(90° + \alpha) = y_1 = x = \cos\alpha$, $\cos(90° + \alpha) = x_1 = -y = -\sin\alpha$ und daher wird $\tan(90° + \alpha) = -\cot\alpha$, $\cot(90° + \alpha) = -\tan\alpha$.

Die Ergebnisse unserer Betrachtungen sind in der folgenden Tabelle zusammengefasst. Dabei gehören oberes Vorzeichen bei Winkel und bei Funktion stets zusammen.

Tabelle 5.7

Funktion \ Winkel	$90° \pm \alpha$	$180° \pm \alpha$	$270° \pm \alpha$	$360° \pm \alpha$
sin	$+\cos\alpha$	$\mp\sin\alpha$	$-\cos\alpha$	$\pm\sin\alpha$
cos	$\mp\sin\alpha$	$-\cos\alpha$	$\pm\sin\alpha$	$+\cos\alpha$
tan	$\mp\cot\alpha$	$\pm\tan\alpha$	$\mp\cot\alpha$	$\pm\tan\alpha$
cot	$\mp\tan\alpha$	$\pm\cot\alpha$	$\mp\tan\alpha$	$\pm\cot\alpha$

Weil für alle trigonometrischen Funktionen $f(360° - \alpha) = f(-\alpha)$ gilt, folgt noch einmal $\sin(-\alpha) = -\sin\alpha$, $\cos(-\alpha) = +\cos\alpha$, $\tan(-\alpha) = -\tan\alpha$, $\cot(-\alpha) = -\cot\alpha$. Man sagt, die Kosinusfunktion ist eine **gerade** Funktion, weil $\cos x = \cos(-x)$ gilt. Die Sinus-, Tangens- und Kotangensfunktion sind **ungerade**[1] Funktionen, für sie gilt: $f(-x) = -f(x)$.

BEISPIELE

5.15 Man führe $\sin 230{,}83°$ auf die Berechnung des Sinuswertes eines positiven spitzen Winkels zurück!

Lösung: $\sin 230{,}83° = \sin(180° + 50{,}83°) = -\sin 50{,}83° = -0{,}77528$.

Diese Argumenttransformation ist nützlich, wenn die Werte trigonometrischer Funktionen für Winkel zwischen 0° und 90° gegeben sind, z.B. als Tabelle. Für die Funktionswertbestimmung mit Taschenrechner oder Computer hat sie kaum Bedeutung. ∎

5.16 Man bestimme $\cot\dfrac{11}{4}\pi$.

Lösung: $\cot\dfrac{11}{4}\pi = \cot\left(3\pi - \dfrac{\pi}{4}\right) = \cot\left(-\dfrac{\pi}{4}\right) = -\cot\dfrac{\pi}{4} = -1$. ∎

---

[1] siehe auch Kapitel 4

AUFGABE

5.13 Die folgenden Ausdrücke sind zu vereinfachen:

a) $\cos(x+\pi)$ b) $-\tan(\pi-x)$ c) $\cos\left(\dfrac{5}{2}\pi - 2x\right)$

d) $\dfrac{\sin\left(-x-\dfrac{3}{2}\pi\right)}{\cot(2\pi - x)}$ für $x \neq \dfrac{n}{2}\pi$ und $n \in \mathbf{Z}$.

5.3 Additionstheoreme und andere goniometrische Formeln

5.3.1 Additionstheoreme

In diesem Abschnitt werden eine Reihe von goniometrischen Formeln hergeleitet, deren Grundlage die sogenannten **Additionstheoreme** bilden. Bei diesen werden die Funktionswerte von Summen bzw. Differenzen der Winkel mit Hilfe von Funktionswerten der einzelnen Summanden formelmäßig dargestellt. Der Zweck und die Nützlichkeit dieser Formeln werden hier an Beispielen demonstriert. Dennoch erkennt man zunächst wohl kaum die große Bedeutung, die den Additionstheoremen in der Trigonometrie und in vielen anderen Gebieten der Mathematik zukommt. Wir ermutigen die Leser, sich von ersten Schwierigkeiten nicht abschrecken zu lassen und die Formeln nicht vorschnell als überflüssigen Ballast abzulehnen. Vielmehr wird es für weitere mathematische Studien sogar zweckmäßig sein, sich die wichtigsten Formeln **einzuprägen!** In der Mathematik kann nicht immer sofort erklärt werden, wo einzelne Sätze und Theorien überall benötigt und angewendet werden. Sollen für ein Haus Fundamente gelegt werden, muss man sich auch auf die Erfahrungen des Architekten verlassen und seinen Anweisungen vertrauen!

Mit den Additionstheoremen wird es möglich, Funktionswerte vieler Winkel elementar zu berechnen. Die Additionstheoreme und die daraus abgeleiteten Formeln sind oft bei der Auflösung von goniometrischen Gleichungen von Nutzen, sie dienen häufig zur arithmetischen Beweisführung geometrischer Lehrsätze, und sie bieten uns das Rüstzeug, um zahlreiche Lehrsätze der Dreiecksberechnung herzuleiten und zu beweisen. Die Additionstheoreme liefern uns aber auch Hilfsmittel für die exakte Auflösung spezieller algebraischer Gleichungen (man denke etwa an Polynomgleichungen 3. Grades), und sie erleichtern gelegentlich die Berechnung von Integralen. Weitere Anwendungen werden die Leser später ganz sicher selbst finden!

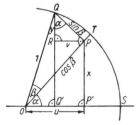

Bild 5.19

282   5 Trigonometrie

Wir betrachten zuerst die Summe zweier Winkel α, β mit der Einschränkung $\alpha > 0°$, $\beta > 0°$, $\alpha + \beta < 90°$ (bzw. im Bogenmaß $\alpha + \beta < \frac{\pi}{2}$), die Funktionswerte der Winkelsumme sollen geometrisch interpretiert werden. Dazu schlage man um den Scheitelpunkt O des Winkels $\alpha + \beta$ einen Kreis mit dem Radius $r = 1$, dieser schneidet die Schenkel des Winkels in den Punkten S und Q (Bild 5.19). Der gemeinsame Schenkel der Teilwinkel α und β schneide den Kreis im Punkt T. Man fälle die Lote von Q auf $\overline{OS}$ und auf $\overline{OT}$, die Fußpunkte nenne man Q' und P. Vom Punkt P fälle man die Lote auf $\overline{OS}$ und auf $\overline{QQ'}$, dies erzeugt die Fußpunkte P' und R. In Bild 5.19 ist dann $\overline{OQ} = 1$, $\overline{QP} = \sin\beta$ und $\overline{OP} = \cos\beta$. Man bezeichne $u = \overline{OP'}$, $v = \overline{RP} = \overline{Q'P'}$, $x = \overline{PP'}$ und $y = \overline{QR}$. Im Dreieck $OQ'Q$ ist dann

$$\sin(\alpha + \beta) = x + y \quad \text{(I)} \qquad \text{und} \qquad \cos(\alpha + \beta) = u - v \quad \text{(II)}.$$

Aus dem Dreieck $OP'P$ entnimmt man

$$\sin\alpha = \frac{x}{\cos\beta} \quad \text{(III)} \qquad \text{und} \qquad \cos\alpha = \frac{u}{\cos\beta} \quad \text{(IV)}.$$

Aus dem Dreieck PRQ folgt schließlich

$$\cos\alpha = \frac{y}{\sin\beta} \quad \text{(V)} \qquad \text{und} \qquad \sin\alpha = \frac{v}{\sin\beta} \quad \text{(VI)}.$$

Werden (III) und (V) nach x bzw. y umgestellt und in (I) eingesetzt, ergibt sich

$$\sin(\alpha + \beta) = \sin\alpha \cos\beta + \cos\alpha \sin\beta \tag{5.21}$$

Entsprechend folgt aus den Formeln (II), (IV) und (VI) die Beziehung

$$\cos(\alpha + \beta) = \cos\alpha \cos\beta - \sin\alpha \sin\beta \tag{5.22}$$

Die Formeln (5.21) und (5.22) benutzen wir nun, um ihre Gültigkeit auf den Fall $0° < \alpha < 90°$, $0° < \beta < 90°$ und $\alpha + \beta > 90°$ auszudehnen. Dazu setze man $\beta_1 = 90° - \alpha$, $\beta_2 = \beta - \beta_1$. Also ist $\alpha + \beta_1 = 90°$, $\beta_1 + \beta_2 = \beta$, $\beta_1 > 0°$, $\beta_2 > 0°$, $\beta_1 + \beta_2 < 90°$. Die Formeln (5.21), (5.22) sind für $\beta_1 + \beta_2$ anwendbar und liefern

$$\cos\beta = \cos(\beta_1 + \beta_2) = \cos\beta_1 \cos\beta_2 - \sin\beta_1 \sin\beta_2$$
$$\sin\beta = \sin(\beta_1 + \beta_2) = \sin\beta_1 \cos\beta_2 + \sin\beta_2 \cos\beta_1.$$

Berücksichtigt man $\sin\beta_1 = \cos\alpha$, $\cos\beta_1 = \sin\alpha$ und den „trigonometrischen Pythagoras", so erhält man

$$\sin\alpha \cos\beta + \sin\beta \cos\alpha$$
$$= \sin\alpha \cdot (\cos\beta_1 \cos\beta_2 - \sin\beta_1 \sin\beta_2) + (\sin\beta_1 \cos\beta_2 + \sin\beta_2 \cos\beta_1) \cdot \cos\alpha$$
$$= \sin^2\alpha \cos\beta_2 - \sin\alpha \cos\alpha \sin\beta_2 + \cos^2\alpha \cos\beta_2 + \sin\alpha \cos\alpha \sin\beta_2$$

$$= (\sin^2\alpha + \cos^2\alpha)\cos\beta_2 = \cos\beta_2$$
$$= \sin(90° + \beta_2) = \sin(\alpha + \beta_1 + \beta_2) = \sin(\alpha + \beta)$$

und entsprechend

$$\cos\alpha\cos\beta - \sin\alpha\sin\beta$$
$$= \cos\alpha\sin\alpha\cos\beta_2 - \cos^2\alpha\sin\beta_2 - \cos\alpha\sin\alpha\cos\beta_2 - \sin^2\alpha\sin\beta_2$$
$$= -(\sin^2\alpha + \cos^2\alpha)\cdot\sin\beta_2 = -\sin\beta_2 = \cos(90° + \beta_2)$$
$$= \cos(\alpha + \beta_1 + \beta_2) = \cos(\alpha + \beta).$$

Falls nun $0° < \alpha < 90°$, $0° < \beta < 90°$ und $\alpha > \beta$ ist, so gilt

$$\sin(\alpha - \beta) = -\cos(90° + \alpha - \beta) = -\cos\left[\alpha + (90° - \beta)\right]$$
$$= -\cos\alpha\cos(90° - \beta) + \sin\alpha\sin(90° - \beta)$$
$$= \sin\alpha\cos\beta - \cos\alpha\sin\beta = \sin\alpha\cos(-\beta) + \cos\alpha\sin(-\beta)$$

und

$$\cos(\alpha - \beta) = \sin\left[\alpha + (90° - \beta)\right] = \sin\alpha\cos(90° - \beta) + \cos\alpha\sin(90° - \beta)$$
$$= \sin\alpha\sin\beta + \cos\alpha\cos\beta = \cos\alpha\cos(-\beta) - \sin\alpha\sin(-\beta).$$

Ist dagegen $\alpha < \beta$, so wird wegen $\sin(-x) = -\sin x$ und $\cos(-x) = \cos x$ $\sin(\alpha - \beta)$ $= -\sin(\beta - \alpha) = -(\sin\beta\cos\alpha - \cos\beta\sin\alpha) = \sin\alpha\cos\beta - \sin\beta\cos\alpha$ und $\cos(\alpha - \beta)$ $= \cos(\beta - \alpha) = \cos\alpha\cos\beta + \sin\alpha\sin\beta$, wobei wir auf die Überlegungen des vorigen Falles mit vertauschten Rollen für α und β zurückgreifen konnten. Also dürfen auch negative Winkel auftreten!

Die Additionstheoreme für die Sinusfunktion und die Kosinusfunktion gelten auch für ganz beliebige Winkel. Da nur die Werte dieser trigonometrischen Funktionen auftreten, bleiben sie unabhängig davon richtig, ob die Argumente (beide) in Winkelmaß oder (beide) in Bogenmaß gegeben sind. Der Beweis für den allgemeinen Fall kann auf die bisherigen Betrachtungen zurückgeführt werden, allerdings ist dazu eine größere Anzahl von Fällen zu untersuchen.

Es sollen die Beziehungen (5.21), (5.22) auch als Formeln für die Differenz der Argumente notiert werden:

$$\sin(\alpha - \beta) = \sin\alpha\cos\beta - \cos\alpha\sin\beta \quad (5.23)$$
$$\cos(\alpha - \beta) = \cos\alpha\cos\beta + \sin\alpha\sin\beta \quad (5.24)$$

Aus den hergeleiteten Formeln folgen nun leicht weitere Beziehungen für beliebige Winkel α und β, für welche die auftretenden Funktionswerte definiert sind:

$$\tan(\alpha + \beta) = \frac{\sin(\alpha + \beta)}{\cos(\alpha + \beta)} = \frac{\sin\alpha\cos\beta + \cos\alpha\sin\beta}{\cos\alpha\cos\beta - \sin\alpha\sin\beta}.$$

Kürzt man den rechts stehenden Bruch durch $\cos\alpha\cos\beta$, so folgt für alle $\alpha \neq 90° + j\cdot 180°$, $\beta \neq 90° + k\cdot 180°$ mit $\alpha + \beta \neq 90° + l\cdot 180°$, $j, k, l \in \mathbf{Z}$,

$$\tan(\alpha+\beta) = \frac{\tan\alpha + \tan\beta}{1 - \tan\alpha \tan\beta} \qquad (5.25)$$

und bei Ersetzung von β durch $-\beta$:

$$\tan(\alpha-\beta) = \frac{\tan\alpha - \tan\beta}{1 + \tan\alpha \tan\beta} \qquad (5.26)$$

Entsprechend ist

$$\cot(\alpha+\beta) = \frac{\cot\alpha \cot\beta - 1}{\cot\beta + \cot\alpha} \qquad (5.27)$$

$$\cot(\alpha-\beta) = \frac{\cot\alpha \cot\beta + 1}{\cot\beta - \cot\alpha} \qquad (5.28)$$

Als **Additionstheoreme** bezeichnet man die Formeln (5.21) bis (5.28). Sie gelten für beliebige Winkel α und β, wobei bei den Formeln (5.25) bis (5.28) die Beschränkung auf solche Argumente α und β erfolgt, für welche die auftretenden Funktionswerte erklärt sind.

Aus den Additionstheoremen folgen die Gleichungen

$$\sin(\alpha+\beta)\sin(\alpha-\beta) = \cos^2\beta - \cos^2\alpha \qquad (5.29)$$

und

$$\cos(\alpha+\beta)\cos(\alpha-\beta) = \cos^2\beta - \sin^2\alpha \qquad (5.30)$$

sowie

$$\sin(\alpha+\beta)\sin(\alpha-\beta) + \cos(\alpha+\beta)\cos(\alpha-\beta) = 2\cos^2\beta - 1 \qquad (5.31)$$

und

$$\sin(\alpha+\beta)\sin(\alpha-\beta) - \cos(\alpha+\beta)\cos(\alpha-\beta) = \sin^2\alpha - \cos^2\alpha \qquad (5.32)$$

für beliebige Winkel α, β.

BEISPIELE

5.17 Man bestimme $\tan\dfrac{\pi}{12}$, ohne Hilfsmittel zu benutzen!

Lösung: Wegen $\tan\dfrac{\pi}{12} = \tan\left(\dfrac{\pi}{4} - \dfrac{\pi}{6}\right) = \dfrac{\tan\dfrac{\pi}{4} - \tan\dfrac{\pi}{6}}{1 + \tan\dfrac{\pi}{4}\tan\dfrac{\pi}{6}}$

und $\tan\dfrac{\pi}{4} = 1$, $\tan\dfrac{\pi}{6} = \dfrac{1}{3}\sqrt{3}$ (siehe Tabelle 5.6) ist $\tan\dfrac{\pi}{12} = \dfrac{1-\dfrac{1}{3}\sqrt{3}}{1+\dfrac{1}{3}\sqrt{3}} = \dfrac{3-\sqrt{3}}{3+\sqrt{3}} = \dfrac{(3-\sqrt{3})^2}{(3+\sqrt{3})(3-\sqrt{3})} = \dfrac{9-6\sqrt{3}+3}{9-3} = 2-\sqrt{3}$. ∎

5.18 Für welchen spitzen Winkel γ gilt $\gamma = \alpha - \beta$, $\sin\alpha = \dfrac{4}{5}$, $\sin\beta = \dfrac{5}{13}$?

Lösung: Aus $\sin\alpha = \dfrac{4}{5}$ folgt $\alpha = 53{,}1301°$ und aus $\sin\beta = \dfrac{5}{13}$ folgt $\beta = 22{,}6199°$, wenn man sich auf spitze Winkel beschränkt. Für die Rechnungen ist ein Taschenrechner nützlich, der die Umkehrfunktion des Sinus zu berechnen erlaubt! Also ist $\gamma = 30{,}5102°$.

Einfacher geht es, wenn zuerst die Additionstheoreme angewendet werden:
$\sin\gamma = \sin(\alpha-\beta) = \sin\alpha\cos\beta - \cos\alpha\sin\beta$
$= \dfrac{4}{5}\sqrt{1-\dfrac{25}{169}} - \sqrt{1-\dfrac{16}{25}} \cdot \dfrac{5}{13} = \dfrac{4}{5}\cdot\dfrac{12}{13} - \dfrac{3}{5}\cdot\dfrac{5}{13} = \dfrac{48}{65} - \dfrac{15}{65} = \dfrac{33}{65}$.

Mithin ist $\gamma = 30{,}5102°$. ∎

5.3.2 Trigonometrische Funktionen von Vielfachen eines Winkels

Wird in den Additionstheoremen speziell $\alpha = \beta$ gesetzt, so gehen die Formeln über in

$\sin 2\alpha = 2\sin\alpha\cos\alpha$	(5.33)	$\cos 2\alpha = \cos^2\alpha - \sin^2\alpha$	(5.34)
$\tan 2\alpha = \dfrac{2\tan\alpha}{1-\tan^2\alpha}$	(5.35)	$\cot 2\alpha = \dfrac{\cot^2\alpha - 1}{2\cot\alpha}$.	(5.36)

Mit dem „trigonometrischen Pythagoras" erhält man aus (5.34) zwei weitere Formeln:

$\cos 2\alpha = 1 - 2\sin^2\alpha$	(5.37)	$\cos 2\alpha = 2\cos^2\alpha - 1$.	(5.38)

Setzt man in den Formeln (5.33) bis (5.38) $\alpha = \gamma/2$, so nehmen sie die Form

$\sin\gamma = 2\sin\dfrac{\gamma}{2}\cos\dfrac{\gamma}{2}$	(5.39)	$\cos\gamma = \cos^2\dfrac{\gamma}{2} - \sin^2\dfrac{\gamma}{2}$	(5.40)
$\cos\gamma = 1 - 2\sin^2\dfrac{\gamma}{2}$	(5.41)	$\cos\gamma = 2\cos^2\dfrac{\gamma}{2} - 1$	(5.42)
$\tan\gamma = \dfrac{2\tan\dfrac{\gamma}{2}}{1-\tan^2\dfrac{\gamma}{2}}$	(5.43)	$\cot\gamma = \dfrac{\cot^2\dfrac{\gamma}{2} - 1}{2\cot\dfrac{\gamma}{2}}$.	(5.44)

an. Einfache Umformungen ergeben:

$$\sin 2\alpha = 2\frac{\tan\alpha}{1+\tan^2\alpha} \quad (5.45) \qquad \cos 2\alpha = \frac{1-\tan^2\alpha}{1+\tan^2\alpha} \quad (5.46)$$

$$\cot 2\alpha = \frac{\cot\alpha - \tan\alpha}{2} \quad (5.47)$$

BEISPIELE

5.19 Über dem Dachfirst eines Gebäudes der Höhe $h = 18$ m erhebt sich ein Turm mit der Länge $l = 30$ m (Bild 5.20). In welcher Entfernung x vom Fußpunkt (Gebäudemitte) sieht man Gebäude und Turm unter gleichem Winkel, und wie groß ist dieser Winkel?

Lösung: Es ist $\tan\alpha = \dfrac{h}{x}$ sowie $\tan 2\alpha = \dfrac{h+l}{x}$. Daher muss $\dfrac{2\tan\alpha}{1-\tan^2\alpha} = \dfrac{h+l}{x}$ sein (siehe (5.35)). Einsetzen von $\tan\alpha = \dfrac{h}{x}$ ergibt $2h = (h+l)\left(1-\dfrac{h^2}{x^2}\right)$, d.h., $(h+l)\cdot\dfrac{h^2}{x^2} = h+l-2h$. Daher ist $x^2 = \dfrac{l+h}{l-h}h^2$ bzw. $x = h\sqrt{\dfrac{l+h}{l-h}}$. Mit den Zahlenwerten der Aufgabe ist $x = 18\sqrt{\dfrac{48}{12}} = 36$(m). Damit wird $\tan\alpha = \dfrac{18}{36} = \dfrac{1}{2}$, was $\alpha \approx 26{,}565°$ bedeutet. Die gesuchte Entfernung beträgt $x = 36$ m, der Winkel α beträgt $26{,}565°$. ∎

5.20 Einem Kreis mit dem Radius r ist ein regelmäßiges n-Eck einbeschrieben (Bild 5.21). Wie groß sind die Seite s, der Umfang U und die Fläche A des n-Ecks, falls $n = 9$ und $r = 10$ cm ist?

Lösung: Nach den Erklärungen der trigonometrischen Funktionen im rechtwinkligen Dreieck ist $s = 2r\sin\dfrac{180°}{n}$ und $U = n\cdot s = 2nr\sin\dfrac{180°}{n}$, $h = r\cos\dfrac{180°}{n}$. Mit Hilfe von (5.33) ergibt sich $A = n\cdot\dfrac{sh}{2} = \dfrac{Uh}{2} = nr^2\sin\dfrac{180°}{n}\cos\dfrac{180°}{n} = \dfrac{1}{2}nr^2\sin\dfrac{360°}{n}$. Also findet man

$s = 20\cdot\sin 20° \quad = 6{,}8404 \quad$ d.h. $\quad s = 6{,}84$ cm

$U = 9\cdot s \quad\quad\quad = 61{,}5636 \quad\quad\quad U = 61{,}56$ cm

$A = 450\cdot\sin 40° = 289{,}254 \quad\quad\quad A = 289{,}25$ cm^2. ∎

5.21 Zwei Geraden g_1 und g_2 werden durch $y = m_1 x + c$ und $y = m_2 x + d$ in einem kartesischen Koordinatensystem beschrieben. Es sei $m_1 \geq 0$, $m_2 \geq 0$ und $m_1 \neq m_2$, was nach sich zieht, dass sich die beiden Geraden schneiden. Der Schnittwinkel δ der Geraden soll berechnet werden (Bild 5.22), wobei $m_1 = 2$ und $m_2 = 1/2$, $c = -1$, $d = 1$ gegeben sind.

5.3 Additionstheoreme und andere goniometrische Formeln 287

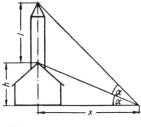
Bild 5.20

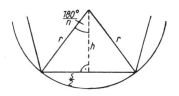
Bild 5.21

Lösung: Für die Anstiege der Geraden gilt $m_1 = \tan\alpha$ und $m_2 = \tan\beta$. Daher wird
$\tan\delta = \tan(\alpha - \beta) = \dfrac{\tan\alpha - \tan\beta}{1 + \tan\alpha \tan\beta} = \dfrac{m_1 - m_2}{1 + m_1 m_2}$. Speziell ist $\tan\delta = \dfrac{3/2}{1+1} = \dfrac{3}{4}$, also $\delta \approx 36{,}86°$. ∎

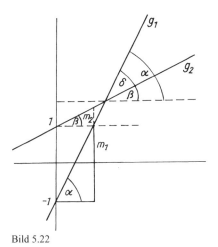
Bild 5.22

Wird in Formel (5.21) für $\beta = 2\alpha$ gesetzt, so ergibt sich

$\sin 3\alpha = \sin(\alpha + 2\alpha) = \sin\alpha \cos 2\alpha + \cos\alpha \sin 2\alpha$

$\quad = \sin\alpha (\cos^2\alpha - \sin^2\alpha) + 2\cos\alpha \sin\alpha \cos\alpha$

$\quad = (1 - 2\sin^2\alpha + 2\cos^2\alpha)\sin\alpha = (1 - 2\sin^2\alpha + 2 - 2\sin^2\alpha)\sin\alpha$

also

$$\sin 3\alpha = 3\sin\alpha - 4\sin^3\alpha \qquad (5.48)$$

Entsprechend findet man für alle Winkel α

$$\cos 3\alpha = 4\cos^3\alpha - 3\cos\alpha \qquad (5.49)$$

Weiterhin ergibt sich für $\beta = 2\alpha$ aus (5.25), (5.35) nach Erweitern mit $1 - \tan^2 \alpha$

$$\tan 3\alpha = \frac{\tan \alpha + \tan 2\alpha}{1 - \tan \alpha \tan 2\alpha} = \frac{(1 - \tan^2 \alpha) \tan \alpha + 2 \tan \alpha}{1 - \tan^2 \alpha - 2 \tan^2 \alpha} \quad \text{und somit}$$

$$\tan 3\alpha = \frac{3 \tan \alpha - \tan^3 \alpha}{1 - 3 \tan^2 \alpha}. \tag{5.50}$$

Analog hergeleitet wird die Formel

$$\cot 3\alpha = \frac{\cot^3 \alpha - 3 \cot \alpha}{3 \cot^2 \alpha - 1}. \tag{5.51}$$

(5.50) und (5.51) gelten für Winkel, für welche die auftretenden Funktionen definiert sind. Für die Sinus- und die Kosinusfunktion des k-fachen Winkels lassen sich ebenfalls Formeln angeben, diese findet man in Formelsammlungen.

BEISPIEL

5.22 $\sin 5\alpha$ soll ausschließlich mit Potenzen der Funktion $\sin \alpha$ ausgedrückt werden!

Lösung: Mit Hilfe der Formeln (5.33), (5.37), (5.48) und (5.49) erhält man

$\sin 5\alpha = \sin(3\alpha + 2\alpha) = \sin 3\alpha \cdot \cos 2\alpha + \sin 2\alpha \cdot \cos 3\alpha$

$\quad = (3 \sin \alpha - 4 \sin^3 \alpha) \cdot (1 - 2 \sin^2 \alpha) + 2 \sin \alpha \cos \alpha \cdot (4 \cos^3 \alpha - 3 \cos \alpha)$

$\quad = 8 \sin^5 \alpha - 10 \sin^3 \alpha + 3 \sin \alpha + 8 \sin \alpha \cdot (1 - 2 \sin^2 \alpha + \sin^4 \alpha) - 6 \sin \alpha \cdot (1 - \sin^2 \alpha),$

also

$$\sin 5\alpha = 16 \sin^5 \alpha - 20 \sin^3 \alpha + 5 \sin \alpha. \tag{5.52}$$

∎

5.3.3 Funktionen des halben Winkels, Viertelwinkels, Achtelwinkels

Löst man (5.41) und (5.42) für $\gamma = \alpha$ nach $\sin \frac{\alpha}{2}$ bzw. $\cos \frac{\alpha}{2}$ auf, so erhält man

$$\sin \frac{\alpha}{2} = \pm \sqrt{\frac{1 - \cos \alpha}{2}} \quad \text{und} \quad \cos \frac{\alpha}{2} = \pm \sqrt{\frac{1 + \cos \alpha}{2}}$$

oder

$$\sin \frac{\alpha}{2} = \pm \frac{1}{2} \sqrt{2 - 2 \cos \alpha} \tag{5.53} \qquad \cos \frac{\alpha}{2} = \pm \frac{1}{2} \sqrt{2 + 2 \cos \alpha} \tag{5.54}$$

5.3 Additionsteoreme und andere goniometrische Formeln

Das Vorzeichen der Wurzeln ist in Abhängigkeit der Vorzeichen von $\sin\dfrac{\alpha}{2}$ bzw. $\cos\dfrac{\alpha}{2}$ zu wählen. Für $0° < \alpha < 180°$ gilt „+". Durch Division ergibt sich aus (5.53) und (5.54) $\tan\dfrac{\alpha}{2} = \pm\sqrt{\dfrac{1-\cos\alpha}{1+\cos\alpha}}$; $\cot\dfrac{\alpha}{2} = \pm\sqrt{\dfrac{1+\cos\alpha}{1-\cos\alpha}}$, woraus nach Erweitern der Radikanden mit $1-\cos\alpha$ bzw. $1+\cos\alpha$

$$\tan\frac{\alpha}{2} = \frac{1-\cos\alpha}{\sin\alpha} = \frac{\sin\alpha}{1+\cos\alpha} \tag{5.55}$$

$$\cot\frac{\alpha}{2} = \frac{1+\cos\alpha}{\sin\alpha} = \frac{\sin\alpha}{1-\cos\alpha} \tag{5.56}$$

wird. Aus den Tabellen 5.2 und 5.3 entnimmt man, dass in den Formeln (5.55) und (5.56) tatsächlich stets das positive Vorzeichen stehen muss. Ersetzt man in den Formeln (5.53), (5.54) α durch $\alpha/2$, so gelangt man im Falle $0° \le \alpha < 180°$ zu

$$\sin\frac{\alpha}{4} = \frac{1}{2}\sqrt{2-\sqrt{2+2\cos\alpha}} \tag{5.57}$$

$$\cos\frac{\alpha}{4} = \frac{1}{2}\sqrt{2+\sqrt{2+2\cos\alpha}} \tag{5.58}$$

und wenn noch einmal α durch $\alpha/2$ ersetzt wird, zu

$$\sin\frac{\alpha}{8} = \frac{1}{2}\sqrt{2-\sqrt{2+\sqrt{2+2\cos\alpha}}} \tag{5.59}$$

$$\cos\frac{\alpha}{8} = \frac{1}{2}\sqrt{2+\sqrt{2+\sqrt{2+2\cos\alpha}}} \;. \tag{5.60}$$

BEISPIELE

5.23 Man ermittle $\sin\dfrac{\pi}{24}$!

Lösung: Es ist $\sin\dfrac{\pi}{24} = \sin\left(\dfrac{1}{8}\cdot\dfrac{\pi}{3}\right) = \dfrac{1}{2}\sqrt{2-\sqrt{2+\sqrt{2+2\cos\dfrac{\pi}{3}}}}$ und wegen $\cos\dfrac{\pi}{3} = \dfrac{1}{2}$

wird $\sin\dfrac{\pi}{24} = \dfrac{1}{2}\sqrt{2-\sqrt{2+\sqrt{3}}} = \dfrac{1}{2}\sqrt{2-\sqrt{3{,}73205}} = \dfrac{1}{2}\sqrt{0{,}068148} = 0{,}13053$. ∎

5.24 Wie groß ist der exakte Wert von $\tan 22{,}5°$?

Lösung: Mit $\alpha = 45°$ und $\cos 45° = \dfrac{1}{2}\sqrt{2}$, $\sin 45° = \dfrac{1}{2}\sqrt{2}$ ist gemäß (5.55)

$$\tan 22{,}5° = \frac{1-\dfrac{1}{2}\sqrt{2}}{\dfrac{1}{2}\sqrt{2}} = \frac{2-\sqrt{2}}{\sqrt{2}} = \frac{2\sqrt{2}-2}{2} = \sqrt{2}-1 = 0{,}41421.$$ ∎

Ist ein Winkel α die Summe anderer (kleinerer) Winkel und sind zu diesen die Werte der trigonometrischen Funktionen bekannt, so können die entsprechenden Funktionswerte zu α prinzipiell mit Hilfe der Additionstheoreme bestimmt werden. Allerdings ist dieses Vorgehen mit hohem Rechenaufwand verbunden, der im Zeitalter elektronischer Rechenhilfsmittel nur in Ausnahmefällen gerechtfertigt ist.

5.3.4 Summen und Differenzen trigonometrischer Funktionen

Aus den Additionstheoremen ergeben Addition und Subtraktion entsprechender Gleichungen die Formeln

$$\sin(\gamma+\delta)+\sin(\gamma-\delta)=2\sin\gamma\cos\delta \qquad \sin(\gamma+\delta)-\sin(\gamma-\delta)=2\cos\gamma\sin\delta$$

$$\cos(\gamma+\delta)+\cos(\gamma-\delta)=2\cos\gamma\cos\delta \qquad \cos(\gamma+\delta)-\cos(\gamma-\delta)=-2\sin\gamma\sin\delta$$

für beliebige Winkel γ,δ. Setzt man $\alpha=\gamma+\delta$ und $\beta=\gamma-\delta$, so ist $\gamma=\dfrac{\alpha+\beta}{2}$ und $\delta=\dfrac{\alpha-\beta}{2}$. Daher erhalten die vier Gleichungen die Form

$$\boxed{\begin{aligned}\sin\alpha+\sin\beta &= 2\sin\frac{\alpha+\beta}{2}\cos\frac{\alpha-\beta}{2}\\ \sin\alpha-\sin\beta &= 2\cos\frac{\alpha+\beta}{2}\sin\frac{\alpha-\beta}{2}\\ \cos\alpha+\cos\beta &= 2\cos\frac{\alpha+\beta}{2}\cos\frac{\alpha-\beta}{2}\\ \cos\alpha-\cos\beta &= -2\sin\frac{\alpha+\beta}{2}\sin\frac{\alpha-\beta}{2}\end{aligned}} \qquad (5.61)$$

Aus (5.25) folgt

$$\tan\alpha+\tan\beta = \frac{\sin(\alpha+\beta)}{\cos(\alpha+\beta)}(1-\tan\alpha\tan\beta)$$

$$= \frac{\sin(\alpha+\beta)}{\cos(\alpha+\beta)}\cdot\frac{\cos\alpha\cos\beta-\sin\alpha\sin\beta}{\cos\alpha\cos\beta} = \frac{\sin(\alpha+\beta)}{\cos\alpha\cos\beta}.$$

Hieraus und auf analoge Weise leitet man die Formeln

5.3 Additionstheoreme und andere goniometrische Formeln

$$\tan\alpha + \tan\beta = \frac{\sin(\alpha+\beta)}{\cos\alpha\cos\beta}$$

$$\tan\alpha - \tan\beta = \frac{\sin(\alpha-\beta)}{\cos\alpha\cos\beta}$$

$$\cot\alpha + \cot\beta = \frac{\sin(\alpha+\beta)}{\sin\alpha\sin\beta}$$ (5.62)

$$\cot\alpha - \cot\beta = \frac{\sin(\beta-\alpha)}{\sin\alpha\sin\beta}$$

her. Für den Spezialfall $\beta = 90° - \alpha$ ergeben sich aus (5.61) die Gleichungen

$$\cos\alpha + \sin\alpha = \cos\alpha + \cos(90° - \alpha)$$
$$= 2\cos 45° \cos(\alpha - 45°) = \sqrt{2}\cos(45° - \alpha) \qquad (5.63)$$

und

$$\cos\alpha - \sin\alpha = \cos\alpha - \cos(90° - \alpha)$$
$$= -2\sin 45° \sin(\alpha - 45°) = \sqrt{2}\sin(45° + \alpha). \qquad (5.64)$$

Stellt man die Formeln für Summen und Differenzen nach den Produkten der rechten Seiten um und nimmt Argumentsubstitutionen vor, so erhält man für beliebige Winkel γ und δ

$$\sin\gamma\sin\delta = \frac{1}{2}[\cos(\gamma-\delta) - \cos(\gamma+\delta)]$$

$$\cos\gamma\cos\delta = \frac{1}{2}[\cos(\gamma-\delta) + \cos(\gamma+\delta)] \qquad (5.65)$$

$$\sin\gamma\cos\delta = \frac{1}{2}[\sin(\gamma-\delta) + \sin(\gamma+\delta)].$$

Durch einfache Umformungen der Gleichungen (5.62) ergibt sich mit (5.18)

$$\tan\gamma\tan\delta = \frac{\tan\gamma + \tan\delta}{\cot\gamma + \cot\delta}$$

$$\cot\gamma\cot\delta = \frac{\cot\gamma + \cot\delta}{\tan\gamma + \tan\delta} \qquad (5.66)$$

$$\tan\gamma\cot\delta = \frac{\tan\gamma + \cot\delta}{\cot\gamma + \tan\delta}$$

für alle Argumente γ, δ, für welche die auftretenden Funktionen definiert sind.

BEISPIEL

5.25 Der Ausdruck $x = \sin^2\alpha - \sin^2\beta$ ist in ein Produkt umzuformen!

Lösung: Es ist gemäß (5.37) und (5.65)

$$x = \sin^2\alpha - \sin^2\beta = \frac{1}{2}(1 - \cos 2\alpha - 1 + \cos 2\beta) = \sin(\alpha + \beta)\sin(\alpha - \beta). \quad \blacksquare$$

AUFGABEN

5.14 Es sind die folgenden Funktionswerte exakt zu berechnen:

a) $\sin 75°$ b) $\cos 75°$ c) $\tan 75°$ d) $\cot 75°$

e) $\sin \dfrac{\pi}{12}$ f) $\cos \dfrac{\pi}{12}$ g) $\cot \dfrac{\pi}{12}$ h) $\sin \dfrac{\pi}{8}$

i) $\cos \dfrac{\pi}{8}$ j) $\tan \dfrac{\pi}{8}$ k) $\cot \dfrac{\pi}{8}$ l) $\sin \dfrac{\pi}{16}$

m) $\sin 67{,}5°$ n) $\cos 67{,}5°$ o) $\tan 67{,}5°$ p) $\cot 67{,}5°$.

5.15 Man vereinfache

a) $\cos(60° + \alpha) + \sin(30° + \alpha)$ b) $\sin(60° + \alpha) + \sin(\alpha - 60°)$

c) $\cos(\alpha + 45°) + \cos(\alpha - 45°)$ d) $\dfrac{\sin\left(\dfrac{\pi}{4} + x\right) - \cos\left(\dfrac{\pi}{4} + x\right)}{\sin\left(\dfrac{\pi}{4} + x\right) + \cos\left(\dfrac{\pi}{4} + x\right)}$

e) $\tan\alpha \tan\beta + (\tan\alpha + \tan\beta)\cot(\alpha + \beta)$ f) $\dfrac{1 - \cos^2 2x}{2\sin x}$.

5.16 Man bestätige die Richtigkeit der folgenden Gleichung, die in der Wechselstromtechnik eine wichtige Rolle spielt: $\sin\alpha + \sin(\alpha + 120°) + \sin(\alpha + 240°) = 0$

5.17 Es seien α, β, γ positive Winkel mit der Nebenbedingung $\alpha + \beta + \gamma = 180°$. Man verwandle $\sin\alpha + \sin\beta + \sin\gamma$ in ein Produkt!

5.3.5 Potenzen trigonometrischer Funktionen

Trigonometrische Funktionen von Vielfachen eines Winkels konnten wir mit Hilfe gewisser Potenzen der Funktionen des einfachen Arguments darstellen. Jetzt sollen die Additionstheoreme genutzt werden, um die Umkehrung durchzuführen.

Es gilt nach (5.37) $2\sin^2 x = 1 - \cos 2x$, folglich ist

$$\sin^2 x = \frac{1 - \cos 2x}{2}. \tag{5.67}$$

Aus (5.38) ergibt sich

$$\cos^2 x = \frac{1 + \cos 2x}{2}. \tag{5.68}$$

Stellt man (5.48) und (5.49) nach $\sin^3 x$ bzw. $\cos^3 x$ um, wird

$$\sin^3 x = \frac{3\sin x - \sin 3x}{4} \quad \text{und} \tag{5.69}$$

$$\cos^3 x = \frac{3\cos x + \cos 3x}{4} \,. \tag{5.70}$$

Hieraus erhält man mit (5.65), (5.68) und (5.69)

$$\sin^4 x = \frac{3\sin^2 x - \sin 3x \sin x}{4} = \frac{3\sin^2 x - \frac{1}{2}(\cos 2x - \cos 4x)}{4}$$

$$= \frac{6(1-\cos^2 x) - \cos 2x + \cos 4x}{8} = \frac{3 - 3\cos 2x - \cos 2x + \cos 4x}{8}, \quad \text{also}$$

$$\sin^4 x = \frac{3 - 4\cos 2x + \cos 4x}{8}\,. \tag{5.71}$$

Auf dem gleichen Wege kommt man zu

$$\cos^4 x = \frac{3 + 4\cos 2x + \cos 4x}{8}\,. \tag{5.72}$$

AUFGABE

5.18 Man entwickle die Formeln für   a) $\sin^5 x$,   b) $\sin^6 x$,   c) $\cos^6 x$.

5.4 Zyklometrische Funktionen

Wir wollen hier die Umkehrfunktionen (vgl. Kapitel 4) der trigonometrischen Funktionen behandeln. Diese werden *zyklometrische*[1] Funktionen, auch Kreisfunktionen oder Arcusfunktionen, genannt. Wir benötigen sie, um zu gegebenen oder berechneten Funktionswerten die zugehörigen Winkel ermitteln zu können. Wenn z.B. nach den Lösungen der Bestimmungsgleichung $\sin x = \frac{1}{2}$ gefragt ist, so erhält man unendlich viele Lösungen, in Bogenmaß sind dies $x_n = \frac{\pi}{6} + 2\pi \cdot n$ und $z_n = \frac{5}{6}\pi + 2\pi \cdot n$; $n \in \mathbf{Z}$. Die Sinusfunktion besitzt die primitive Periode 2π. Auf ihrem Wertebereich $[-1,1]$ hat $y = \sin x$ keine (eindeutige) Umkehrfunktion. Wird aber der Definitionsbereich der Sinusfunktion so eingeschränkt, dass die eingeschränkte Funktion streng monoton ist, so existiert eine Umkehrfunktion; das ist z.B. auf $\left[-\frac{\pi}{2}, \frac{\pi}{2}\right]$ der Fall: Unter der Einschränkung $-\frac{\pi}{2} \leq x \leq \frac{\pi}{2}$ existiert für jeden vorgegebenen Funktionswert $y^* \in [-1,1]$ genau ein x^*, so dass $y^* = \sin x^*$ ist.

---

[1] zyklos (griech.) der Kreis

Man bezeichnet mit $y = \arcsin x$ die Umkehrfunktion zu der auf $\left[-\dfrac{\pi}{2}, \dfrac{\pi}{2}\right]$ eingeschränkten Funktion $y = \sin x$ und nennt $\arcsin x$ den **arcus sinus**[2] von x.

Der Wertebereich der Umkehrfunktion $y = \arcsin x$ ist die Menge $\left[-\dfrac{\pi}{2}, \dfrac{\pi}{2}\right]$; ihr Definitionsbereich ist das Intervall $[-1,1]$. Der Kurvenverlauf (der Graph) einer Umkehrfunktion kann durch Spiegelung der ursprünglichen Kurve an der Geraden $y = x$ gewonnen werden. Bild 5.23 zeigt diesen Sachverhalt für $y = \sin x$ und für $y = \arcsin x$.

Nach Definition der Umkehrfunktion gilt

$\arcsin(\sin x) = x$ für alle $x \in \left[-\dfrac{\pi}{2}, \dfrac{\pi}{2}\right]$ und

$\sin(\arcsin y) = y$ für alle $y \in [-1,1]$.

Auch für die Kosinus-, Tangens- und Kotangensfunktion existieren Monotoniebereiche, auf denen die eingeschränkte Funktion umkehrbar ist (siehe Bilder 5.24 bis 5.26).

Die Umkehrfunktion der auf $[0,\pi]$ eingeschränkten Kosinusfunktion heißt **Arcuskosinusfunktion**, das Symbol ist $y = \arccos x$. Die Funktion $y = \tan x$ besitzt für $x \in \left(-\dfrac{\pi}{2}, \dfrac{\pi}{2}\right)$ und die Funktion $y = \cot x$ für $x \in (0,\pi)$ eine (eindeutig) bestimmte Umkehrfunktion. Diese heißen **Arcustangens-** bzw. **Arcuskotangensfunktion** und werden mit den Symbolen $y = \arctan x$ bzw. $y = \operatorname{arccot} x$ bezeichnet.

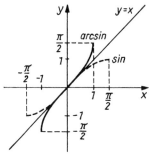

Bild 5.23

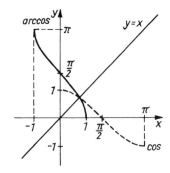

Bild 5.24

---

[2] arcus sinus ist aus „arcus cuis sinus est" entstanden. Es bedeutet: Der Bogen im Einheitskreis, dessen Sinus x ist.

5.4 Zyklometrische Funktionen

Die Arcusfunktionen arcsin, arccos und arctan sind meist in Taschenrechnern installiert, wobei in der Regel eine Taste für „Umkehrfunktion" und dann $\boxed{\sin}$, $\boxed{\cos}$ oder $\boxed{\tan}$ zu drücken sind. Soll der Funktionswert der Arcusfunktionen in Neugrad oder in Altgrad angezeigt werden, ist der Umschalter auf $\boxed{\text{DEG}}$ oder $\boxed{\text{GRD}}$ zu stellen, bei Ausgabe in Bogenmaß auf $\boxed{\text{RAD}}$.

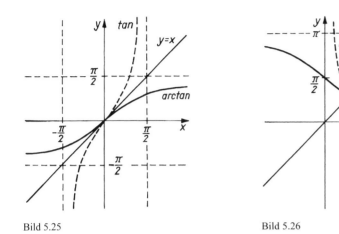

Bild 5.25   Bild 5.26

Die Funktionen $\arcsin x$ und $\arctan x$ sind streng monoton wachsend, die Funktionen $\arccos x$ und $\text{arccot}\, x$ sind streng monoton fallend.

Wegen $\sin\left(-\dfrac{\pi}{6}\right) = -\dfrac{1}{2}$ ist $\arcsin\left(-\dfrac{1}{2}\right) = -\dfrac{\pi}{6}$. Aus $\tan\left(-\dfrac{\pi}{4}\right) = -1$ folgt $\arctan(-1) = -\dfrac{\pi}{4}$.

Es ist $\cos\dfrac{2}{3}\pi = -\dfrac{1}{2}$ und daher $\arccos\left(-\dfrac{1}{2}\right) = \dfrac{2}{3}\pi$. Spezielle Werte der Arcusfunktionen (Tabelle 5.8, 5.9) lassen sich mit Hilfe von Tabelle 5.6 gewinnen:

Tabelle 5.8

Funktion \ x	-1	$-\dfrac{1}{2}\sqrt{3}$	$-\dfrac{1}{2}\sqrt{2}$	$-\dfrac{1}{2}$	0	$\dfrac{1}{2}$	$\dfrac{1}{2}\sqrt{2}$	$\dfrac{1}{2}\sqrt{3}$	1
arcsin	$-\dfrac{\pi}{2}$	$-\dfrac{\pi}{3}$	$-\dfrac{\pi}{4}$	$-\dfrac{\pi}{6}$	0	$\dfrac{\pi}{6}$	$\dfrac{\pi}{4}$	$\dfrac{\pi}{3}$	$\dfrac{\pi}{2}$
arccos	π	$\dfrac{5}{6}\pi$	$\dfrac{3}{4}\pi$	$\dfrac{2}{3}\pi$	$\dfrac{\pi}{2}$	$\dfrac{\pi}{3}$	$\dfrac{\pi}{4}$	$\dfrac{\pi}{6}$	0

Tabelle 5.9

Funktion \ x	$-\sqrt{3}$	-1	$-\frac{1}{3}\sqrt{3}$	0	$\frac{1}{3}\sqrt{3}$	1	$\sqrt{3}$
arctan	$-\frac{\pi}{3}$	$-\frac{\pi}{4}$	$-\frac{\pi}{6}$	0	$\frac{\pi}{6}$	$\frac{\pi}{4}$	$\frac{\pi}{3}$
arccot	$\frac{5}{6}\pi$	$\frac{3}{4}\pi$	$\frac{2}{3}\pi$	$\frac{\pi}{2}$	$\frac{\pi}{3}$	$\frac{\pi}{4}$	$\frac{\pi}{6}$

Wenn $x = \sin y$ ist, folgt $x = \cos\left(\frac{\pi}{2} - y\right)$ und es gilt für $|y| \leq \frac{\pi}{2}$ daher $y = \arcsin x$ und $\frac{\pi}{2} - y = \arccos x$, also

$$\arcsin x + \arccos x = \frac{\pi}{2} \qquad \text{für} \quad -1 \leq x \leq 1. \tag{5.73}$$

Entsprechend findet man

$$\arctan x + \text{arccot}\, x = \frac{\pi}{2} \qquad \text{für alle } x. \tag{5.74}$$

Natürlich ist

$$\text{arccot}\, x = \arctan \frac{1}{x} \qquad \text{für} \quad x > 0. \tag{5.75}$$

Als weitere Beispiele für Zusammenhänge zwischen Arcusfunktionen seien genannt

$$\arcsin x = \arctan \frac{x}{\sqrt{1-x^2}} \qquad \text{für} \quad |x| < 1 \quad \text{und}$$

$$\text{arccot}\, x = \arccos \frac{x}{\sqrt{1+x^2}} \qquad \text{für alle } x.$$

Aus den Additionstheoremen (5.21), (5.22), (5.25) und (5.27) folgen sogenannte *zyklometrische Additionstheoreme*, zum Beispiel:

$$\arcsin x_1 + \arcsin x_2 = \begin{cases} \arcsin\left(x_1\sqrt{1-x_2^2} + x_2\sqrt{1-x_1^2}\right) \\ \qquad \text{für } x_1, x_2 \leq 0 \text{ oder } x_1^2 + x_2^2 \leq 1 \\ \pi - \arcsin\left(x_1\sqrt{1-x_2^2} + x_2\sqrt{1-x_1^2}\right) \\ \qquad \text{für } x_1, x_2 > 0, \ x_1^2 + x_2^2 > 1 \\ -\pi - \arcsin\left(x_1\sqrt{1-x_2^2} + x_2\sqrt{1-x_1^2}\right) \\ \qquad \text{für } x_1, x_2 < 0, \ x_1^2 + x_2^2 > 1 \end{cases} \tag{5.76}$$

BEISPIEL

5.26 Man zeige die Identität $\operatorname{arccot} x = \arcsin \dfrac{1}{\sqrt{1+x^2}}$ für $x > 0$!

Lösung: Aus $\cot z = \dfrac{\sqrt{1-\sin^2 z}}{\sin z}$ folgt $(1+\cot^2 z)\sin^2 z = 1$, also $\sin z = \dfrac{1}{\sqrt{1+\cot^2 z}}$ bzw. $z = \arcsin \dfrac{1}{\sqrt{1+\cot^2 z}}$ für $0 < z \leq \dfrac{\pi}{2}$. Wird $x = \cot z$ gesetzt, so ist $\operatorname{arccot} x = z = \arcsin \dfrac{1}{\sqrt{1+x^2}}$ für alle $x > 0$. ∎

AUFGABEN

5.19 Man bestimme

a) $x = \arccos \dfrac{1}{2}\sqrt{2} - \operatorname{arccot}(-\sqrt{3})$
b) $x = \dfrac{\pi}{6} - \arcsin 1 + \operatorname{arccot}(-1)$.

5.20 Für welche x gilt

a) $\arctan \dfrac{x-1}{x+1} + \operatorname{arccot} x - \arctan 1 = 0$?
b) $\dfrac{1}{2}\arccos x - \operatorname{arccot}\sqrt{\dfrac{1+x}{1-x}} = 0$?

5.5 Goniometrische Gleichungen

Goniometrische Gleichungen sind Bestimmungsgleichungen, bei denen die Unbekannten als Argumente trigonometrischer Funktionen vorkommen. Wenn goniometrische Gleichungen überhaupt eine Lösung besitzen, so haben sie wegen der Periodizität der Winkelfunktionen eine unendliche Lösungsmenge, die man **allgemeine Lösung** der goniometrischen Gleichung nennt. Meist gibt man nur die zwischen 0 und 2π liegenden Lösungen, die sogenannten **Hauptwerte**, an. Wie bei der generellen Auflösung von Gleichungen wird versucht, die goniometrische Gleichung in eine einfachere Gleichung umzuformen, so dass die Lösungen der Ausgangsgleichung auch Lösungen der umgeformten Gleichung sind. Die Formen goniometrischer Gleichungen sind äußerst mannigfaltig, daher kann auch keine generelle Lösungsmethode angegeben werden. Oft bleibt nur der Ausweg, mit numerischen Methoden Näherungslösungen zu berechnen. Anwendungen der goniometrischen Gleichungen werden später gegeben.

5.5.1 Lineare goniometrische Gleichungen

Gegeben seien reelle Zahlen a, b mit $a \neq 0$. T bezeichne eine der trigonometrischen Funktionen sin, cos, tan, cot. Dann heißt $aT(x) + b = 0$ eine lineare goniometrische Gleichung.

Die Gleichung $aT(x)+b=0$ transformiere man in $T(x)=-\dfrac{b}{a}$. Sofern eine Lösung x existiert, kann sie mit Hilfe der Umkehrfunktion der trigonometrischen Funktion T gefunden werden. Um alle Lösungen der Gleichung zu bestimmen, berücksichtige man die Periodizität von T.

BEISPIEL

5.27 Gesucht sind die Lösungen der Gleichung $a \sin x = b$.

Man setze $m = \dfrac{b}{a}$ und $T(x) = \sin x$, dann ist $\sin x = \dfrac{b}{a} = m$ zu lösen.

Lösung: 1. Fall: Falls $|m| > 1$ ist, existiert keine Lösung.

2. Fall: Für $1 \geq m \geq 0$ sind $x = x_i + 2n \cdot \pi, n \in \mathbb{Z}, i = 1, 2$, die Lösungen, wobei x_1, x_2 die Hauptwerte sind, offenbar ist $x_2 = \pi - x_1$, $0 \leq x_1 \leq \pi$.

3. Fall: $-1 \leq m < 0$. Die allgemeinen Lösungen sind $x = x_i + 2n \cdot \pi, n \in \mathbb{Z}, i = 1, 2$, wobei für die Hauptwerte x_1, x_2 in diesem Fall $x_1 + x_2 = 3\pi$ gilt. ∎

Ähnlich verfährt man mit den anderen trigonometrischen Funktionen. Ist z.B. $\cos x = 0{,}45844$ zu lösen, so ist $\arccos 0{,}45844 = 1{,}09456$.

$x_1 = 1{,}09456$ und $x_2 = 5{,}18863$ sind die Hauptwerte. Die allgemeinen Lösungen lauten $x = \pm 1{,}09456 + 2n \cdot \pi, n \in \mathbb{Z}$.

BEISPIELE

5.28 $\sin x = -\dfrac{1}{2}$; *Lösung* (Hauptwerte): $x_1 = \dfrac{7}{6}\pi$, $x_2 = \dfrac{11}{6}\pi$. ∎

5.29 $\cos x = \dfrac{1}{2}$; *Lösung* (Hauptwerte): $x_1 = \dfrac{\pi}{3}$, $x_2 = \dfrac{5}{3}\pi$. ∎

5.30 $\tan x = +0{,}2679492$; *Lösung* (Hauptwerte): $x_1 \approx \dfrac{\pi}{12}$, $x_2 \approx \dfrac{13}{12}\pi$. ∎

5.5.2 Quadratische goniometrische Gleichungen mit derselben Winkelfunktion

Hierunter verstehen wir Gleichungen des Typs $a(T(x))^2 + bT(x) + c = 0$ mit reellen Koeffizienten a, b, c und $a \neq 0$, wobei T für eine trigonometrische Funktion steht. Diese Gleichung löse man zuerst nach $T(x)$ auf:

$$T(x) = \frac{-b \pm \sqrt{b^2 - 4ac}}{2a}$$

5.5 Goniometrische Gleichungen

Lösungen können nur für $b^2 \geq 4ac$ existieren! Falls diese Bedingung erfüllt ist, sind die Lösungen x zu bestimmen. Hier sind Taschenrechner mit Tasten für zyklometrische Funktionen von Nutzen. Ist z.B. $T(x) = \sin x$, so muss

$$\sin x = \frac{-b \pm \sqrt{b^2 - 4ac}}{2a}$$

gelöst werden. Wegen $|\sin x| \leq 1$ ist dies nur möglich, falls $\left|-b \pm \sqrt{b^2 - 4ac}\right| \leq |2a|$ ist. Dann existieren 4 verschiedene reelle Hauptwerte, falls $b^2 > 4ac$ ist. Im Fall $b^2 = 4ac$ gibt es 2 verschiedene reelle Hauptwerte.

BEISPIELE

5.31 Für welche $x \in \mathbf{R}$ gilt $4 \sin x + \sqrt{3} = 4\sqrt{3} \sin^2 x$?

Lösung: Es ist $\sin^2 x - \frac{\sqrt{3}}{3} \sin x - \frac{1}{4} = 0$ und daher $\sin x = \frac{1}{6}\sqrt{3} \pm \sqrt{\frac{1+3}{12}}$, also $\sin x = \frac{\sqrt{3}}{2}$ und $\sin x = -\frac{\sqrt{3}}{6}$. Die Hauptwerte sind $\bar{x}_1 = \frac{\pi}{3}$, $\bar{x}_2 = \frac{2\pi}{3}$, $\bar{x}_3 = 3,434$, $\bar{x}_4 = 5,990$.

Lösungen sind $x_1 = \bar{x}_1 + 2k\pi$, $x_2 = \bar{x}_2 + 2k\pi$, $x_3 = \bar{x}_3 + 2k\pi$, $x_4 = \bar{x}_4 + 2k\pi$, $k \in \mathbf{Z}$. ∎

5.32 Auf diesen Gleichungstyp lassen sich manchmal kompliziertere Gleichungen zurückführen. So ist $a \cos^2 x + b \sin x + c = 0$ mit $a \neq 0$ äquivalent zu $(1 - \sin^2 x) + \frac{b}{a} \sin x + \frac{c}{a} = 0$, also zu $\sin^2 x - \frac{b}{a} \sin x - \left(1 + \frac{c}{a}\right) = 0$. ∎

5.33 Für welche $x \in \left[0, \frac{\pi}{2}\right]$ gilt $\cos^8 x + \sin^8 x = \frac{97}{128}$?

Lösung: Nach (5.67), (5.68) ist

$$\cos^8 x + \sin^8 x = (\cos^2 x)^4 + (\sin^2 x)^4 = \left(\frac{1 + \cos 2x}{2}\right)^4 + \left(\frac{1 - \cos 2x}{2}\right)^4$$

$$= \frac{1}{16}(1 + 4\cos 2x + 6\cos^2 2x + 4\cos^3 2x + \cos^4 2x$$

$$+ 1 - 4\cos 2x + 6\cos^2 2x - 4\cos^3 2x + \cos^4 2x)$$

$$= \frac{1}{16}(2 + 12\cos^2 2x + 2\cos^4 2x) = \frac{1}{32}(\cos^2 4x + 14 \cos 4x + 17).$$

Daher ist die vorgegebene Gleichung äquivalent zu $\cos^2 4x + 14\cos 4x = \dfrac{29}{4}$ bzw. zu $\left(\cos 4x + \dfrac{29}{2}\right)\left(\cos 4x - \dfrac{1}{2}\right) = 0$. Wegen $|\cos 4x| \leq 1$ kann der erste Faktor nicht verschwinden, folglich muss $\cos 4x = \dfrac{1}{2}$ sein. Weil $0 \leq x \leq \dfrac{\pi}{2}$ ist, folgt $0 \leq 4x \leq 2\pi$. Daher gilt $4x_1 = \dfrac{\pi}{3}$ bzw. $4x_2 = \dfrac{5}{3}\pi$, d.h. $x_1 = \dfrac{\pi}{12}$, $x_2 = \dfrac{5}{12}\pi$. ∎

5.5.3 Lineare goniometrische Gleichungen mit zwei Summanden einer trigonometrischen Funktion

Hier geht es um folgende Aufgabenklasse: Gegeben seien reelle Zahlen a, b, c, d, k, r, s mit $a \cdot b \neq 0$, es bezeichne wieder $T(x)$ eine trigonometrische Funktion. Gesucht sind alle $x \in \mathbf{R}$, für welche $aT(rx+c) + bT(sx+d) = k$ ist. Falls es gelingt, die Gleichung in eine Gleichung der Form $F(\alpha \cdot x + \beta) = l$ mit einer Winkelfunktion F und gewissen reellen Zahlen α, β, l umzuformen, so ist die Aufgabe auf den Fall 5.5.1 zurückgeführt. Wir erläutern das Vorgehen an Beispielen.

BEISPIELE

5.34 Die Gleichung $\sin x + \sin\left(x + \dfrac{\pi}{2}\right) = 0$ wird mit Hilfe von Tabelle 5.7 umgeformt zu $\sin x + \cos x = 0$. Wäre $\cos x = 0$, so müsste gleichzeitig $\sin x = 0$ sein, was unmöglich ist. Daher ist die goniometrische Gleichung äquivalent zu $\tan x = -1$. Folglich sind $x_1 = \dfrac{3}{4}\pi$ und $x_2 = \dfrac{7}{4}\pi$ die gesuchten Hauptwerte. Durch Einsetzen in die Ausgangsgleichung bestätigt man, dass x_1 und x_2 wirklich Lösungen sind. ∎

5.35 Es sei $T(x) = \sin x$, $a = b = 1$, $r = 1$, $s = -1$, also $\sin(x+c) + \sin(d-x) = k$. Die linke Seite wird nach (5.61) umgeformt zu $2 \cdot \sin\dfrac{c+d}{2} \cdot \cos\dfrac{2x+c-d}{2} = k$. Falls $\sin\dfrac{c+d}{2} \neq 0$ ist, kann nach $\cos\dfrac{2x+c-d}{2}$ aufgelöst werden. Damit erhält man eine lineare goniometrische Gleichung. ∎

5.36 $\cos\left(x + \dfrac{\pi}{8}\right) = (\sqrt{2} - 1) \cdot \cos\left(x - \dfrac{\pi}{8}\right)$ geht nach (5.22) über in

$\cos x \cdot \cos\dfrac{\pi}{8} - \sin x \cdot \sin\dfrac{\pi}{8} = (\sqrt{2} - 1)\left(\cos x \cdot \cos\dfrac{\pi}{8} + \sin x \cdot \sin\dfrac{\pi}{8}\right)$ bzw.

$(\sqrt{2}-2)\cos x \cos\dfrac{\pi}{8}+\sqrt{2}\sin x\sin\dfrac{\pi}{8}=0$. Wäre $\sin x=0$, so müsste

$\cos x\cos\dfrac{\pi}{8}=0$, also auch $\cos x=0$ sein, was wegen (5.17) unmöglich ist.

Folglich gilt $\cot x=\dfrac{\sqrt{2}}{2-\sqrt{2}}\cdot\tan\dfrac{\pi}{8}$. Gemäß (5.55) ist

$\tan\dfrac{\pi}{8}=\dfrac{\sin\dfrac{\pi}{4}}{1+\cos\dfrac{\pi}{4}}=\dfrac{\dfrac{1}{2}\sqrt{2}}{1+\dfrac{1}{2}\sqrt{2}}=\dfrac{\sqrt{2}}{2+\sqrt{2}}$. Daher liegt die Gleichung $\cot x=\dfrac{2}{4-2}$,

also $\cot x=1$ vor. Lösungen sind $x_1=\dfrac{\pi}{4}$ und $x_2=\dfrac{5\pi}{4}$ (siehe Tabelle 5.6).

Die allgemeine Lösung ist $x=\dfrac{\pi}{4}+k\cdot\pi,\;k\in\mathbf{Z}$. ∎

5.37 Die goniometrische Gleichung $\tan\left(x+\dfrac{\pi}{4}\right)=2\tan x$ wird gemäß (5.25) umgeschrieben zu $\dfrac{\tan x+\tan\dfrac{\pi}{4}}{1-\tan x\cdot\tan\dfrac{\pi}{4}}=2\tan x$, also $\dfrac{1+\tan x}{1-\tan x}=2\tan x$. Wenn x Lösung ist, muss $1+\tan x=2\tan x-2\tan^2 x$, also $\tan^2 x-\dfrac{1}{2}\tan x+\dfrac{1}{2}=0$ und somit $\left(\tan x-\dfrac{1}{4}\right)^2+\dfrac{7}{16}=0$ gelten, was aber unmöglich ist. Die Gleichung besitzt keine Lösungen! ∎

5.38 Die Gleichung $\cos 2x+\cos x=0$ wird mit (5.38) umgeformt:

$2\cos^2 x+\cos x-1=0$, d.h. $\cos x=-\dfrac{1}{4}\pm\sqrt{\dfrac{1+8}{16}}=-\dfrac{1}{4}\pm\dfrac{3}{4}$, also $\cos x=\dfrac{1}{2}$ und $\cos x=-1$. Daher ist $x_1=\dfrac{\pi}{3}$, $x_2=\dfrac{5\pi}{3}$, $x_3=\pi$, alle Lösungen sind gegeben durch

$x=\dfrac{\pi}{3}+k\cdot\dfrac{2\pi}{3},\;k\in\mathbf{Z}$.

5.39 Die Gleichung $\sin 3x-2\sin x=0$ wird nach (5.48) umgeschrieben:

$4\sin^3 x-\sin x=0$, was $(4\sin^2 x-1)\sin x=0$ bedeutet. Es folgt $\sin x=0$ oder $\sin^2 x=\dfrac{1}{4}$, also $\sin x=0$ oder $\sin x=\pm\dfrac{1}{2}$. Daher ist $\bar{x}_1=0$, $\bar{x}_2=\pi$, $\bar{x}_3=2\pi$ und

$\bar{x}_4 = \dfrac{\pi}{6}$, $\bar{x}_5 = \dfrac{5\pi}{6}$, $\bar{x}_6 = \dfrac{7\pi}{6}$, $\bar{x}_7 = \dfrac{11\pi}{6}$, und die allgemeine Lösung ist $x = k \cdot \pi$, $x = \pm \dfrac{\pi}{6} + k \cdot \pi, k \in \mathbf{Z}$. ∎

5.5.4 Gleichungen mit verschiedenen Winkelfunktionen gleicher Argumente

Ziel der Umformungen muss es sein, mit Hilfe der uns bekannten Formeln eine Gleichung mit einer einzigen Winkelfunktion zu gewinnen.

Gelöst werden soll zum Beispiel $a\cos x + b\sin x = c$, $a,b,c \in \mathbf{R}$, $a \cdot b \cdot c \neq 0$. Sei x eine Lösung dieser Gleichung. Quadriert man die Gleichung $a\cos x = c - b\sin x$, so ergibt sich mit (5.17)

$$a^2(1 - \sin^2 x) = c^2 - 2bc\sin x + b^2 \sin^2 x, \qquad (a^2 + b^2)\sin^2 x - 2bc\sin x - (a^2 - c^2) = 0,$$

$$\sin x = \dfrac{bc}{a^2 + b^2} \pm \dfrac{1}{a^2 + b^2}\sqrt{b^2 c^2 + a^4 - a^2 c^2 + a^2 b^2 - b^2 c^2} \quad \text{und daher}$$

$$\sin x = \dfrac{bc \pm a\sqrt{a^2 + b^2 - c^2}}{a^2 + b^2}.$$

Falls $c^2 > a^2 + b^2$ ist, existiert keine (reelle) Lösung. Für $c^2 = a^2 + b^2$ gibt es genau einen Hauptwert und für $c^2 < a^2 + b^2$ zwei reelle Hauptwerte der letzten Gleichung. Weil bei den Umformungen quadriert wurde, ist zwar jede Lösung x der Ausgangsgleichung auch eine Lösung der umgeformten Gleichung, aber die Umkehrung gilt nicht. Es können durch das Quadrieren Lösungen der umgeformten Gleichung auftreten, die die ursprüngliche Gleichung nicht erfüllen. Es ist deshalb stets in einer Probe festzustellen, ob die gefundenen Werte auch die Ausgangsgleichung befriedigen.

Die quadratische goniometrische Gleichung $a\cos^2 x + b\sin x \cos x + c\sin^2 x = d$ (wobei a, b, c, d reelle Zahlen sind) lässt sich mit den Formeln (5.33), (5.37), (5.38) vereinfachen zu $a \cdot (1 + \cos 2x) + b \cdot \sin 2x + c \cdot (1 - \cos 2x) = 2d$. Umordnen liefert $(a - c)\cos 2x + b\sin 2x = 2d - a - c$. Damit ist dieses Problem auf das vorige zurückgeführt.

BEISPIELE

5.40 Für welche $x \in \mathbf{R}$ gilt $\sin x + \sqrt{3}\cos x = 1$?

Lösung: Hier ist $a = \sqrt{3}$, $b = 1$, $c = 1$, daher ist $\sin x = \dfrac{1 + \sqrt{3}\sqrt{3}}{4} = 1$ und $\sin x = \dfrac{1 - 3}{4} = -\dfrac{1}{2}$. Mithin ist $\bar{x}_1 = \dfrac{\pi}{2}$ und $\bar{x}_2 = \dfrac{7\pi}{6}$, $\bar{x}_3 = \dfrac{11\pi}{6}$. Wegen $\cos \bar{x}_1 = 0$, $\cos \bar{x}_2 = -\dfrac{1}{2}\sqrt{3}$, $\cos \bar{x}_3 = \dfrac{1}{2}\sqrt{3}$ ist $\sqrt{3}\cos \bar{x}_1 + \sin \bar{x}_1 = 1$, $\sqrt{3}\cos \bar{x}_2 + \sin \bar{x}_2 = -\dfrac{3}{2} - \dfrac{1}{2} \neq 1$, $\sqrt{3}\cos \bar{x}_3 + \sin \bar{x}_3 = 1$. $\bar{x}_2$ erfüllt die vorgegebene Gleichung nicht!

Die allgemeine Lösung ist: $x_1 = \frac{\pi}{2} + 2k \cdot \pi$, $x_3 = -\frac{\pi}{6} + 2k \cdot \pi, k \in \mathbf{Z}$. ∎

5.41 Welche Lösungen besitzt die Gleichung $\sin x + \cos x = 1$?

Lösung: Hier ist $a = b = c = 1$, also folgt $\sin x = \frac{1 \pm \sqrt{1+1-1}}{1+1}$. Die Lösungen ergeben sich aus $\sin x = 1$ und $\sin x = 0$ zu $x_1 = \frac{\pi}{2} + 2k\pi$, $x_2 = 2k\pi$, $x_3 = \pi + 2k\pi, k \in \mathbf{Z}$. Durch Einsetzen in die Ausgangsgleichung findet man, dass nur x_1 und x_2 Lösungen dieser Gleichung sind. ∎

5.42 $\cos x = \frac{1}{2} \tan x$ ist zu lösen für $0 < x < \frac{\pi}{2}$.

Lösung: Nach Definition von $\tan x$ gilt für jede Lösung x: $\cos x = \frac{\sin x}{2 \cos x}$ oder $\cos^2 x - \frac{1}{2} \sin x = 0$ und daher $1 - \sin^2 x - \frac{1}{2} \sin x = 0$ bzw. $\sin^2 x + \frac{1}{2} \sin x - 1 = 0$. Dann ist $\sin x = -\frac{1}{4} \pm \sqrt{\frac{1+16}{16}} = \frac{-1 \pm \sqrt{17}}{4}$.

$\sin x = \frac{-1 - \sqrt{17}}{4} < -\frac{5}{4}$ ist goniometrisch unmöglich. $\sin x = \frac{\sqrt{17}-1}{4}$ ergibt $\overline{x}_1 = 0{,}89590$, $\overline{x}_2 = 2{,}24569$, und die allgemeine Lösung wird $x_1 = 0{,}89590 + 2k \cdot \pi$, $x_2 = 2{,}24569 + 2k \cdot \pi, k \in \mathbf{Z}$. ∎

5.43 $\cos^2 x + \frac{1}{3} \sin x \cos x + \frac{2}{3} \sin^2 x = 1$.

Lösung: Es ist $a = 1$, $b = \frac{1}{3}$, $c = \frac{2}{3}$, $d = 1$. Die vorliegende Gleichung wird umformuliert: $\frac{1}{3} \cos 2x + \frac{1}{3} \sin 2x = \frac{1}{3}$, also $\cos 2x + \sin 2x = 1$. Eine derartige Gleichung wurde bereits in Beispiel 5.41 behandelt, als Lösungen erhielten wir $2x_1 = \frac{\pi}{2} + 2k\pi$ und $x_2 = 2k\pi, k \in \mathbf{Z}$. Mithin kommen nur $x_1 = \frac{\pi}{4} + k\pi$ und $x_2 = k\pi, k \in \mathbf{Z}$, als Lösungen von Beispiel 5.43 in Frage. Einsetzen bestätigt, dass dies tatsächlich Lösungen sind. ∎

5.5.5 Gleichungen mit verschiedenen Funktionen und verschiedenen Argumenten

Die Gleichung $a \cos 2x + b \sin x = c$ mit $a \neq 0$ wird nach (5.34), (5.17) umgeformt in $a(1 - 2\sin^2 x) + b \sin x - c = 0$. Also ist $\sin^2 x - \frac{b}{2a} \sin x - \frac{a-c}{2a} = 0$, es liegt eine Aufgabe vom Typ 5.5.2 vor.

BEISPIELE

5.44 Für welche x gilt $3\cos 2x - 20\sin x = 9$?

Lösung: Hier ist $a = 3$, $b = -20$, $c = 9$. Daher ist $\sin^2 x + \dfrac{10}{3}\sin x + 1 = 0$ zu lösen. Es folgt $\sin x = -\dfrac{5}{3} \pm \dfrac{4}{3}$, d.h. $\sin x = -\dfrac{1}{3}$ und $\sin x = -3$. $\sin x = -3$ ist goniometrisch unmöglich. Aus $\sin x = -\dfrac{1}{3}$ erhält man die Hauptwerte $\overline{x}_1 = 3{,}4815$, $\overline{x}_2 = 5{,}9433$. ∎

5.45 $\cos x - \cot\dfrac{x}{2} + 1 = 0$

Lösung: Wir setzen $z = \dfrac{x}{2}$, lösen die Gleichung nach $\cot z$ auf und erhalten mit (5.38): $\cot z = \cos 2z + 1 = 2\cos^2 z$. Wegen $\cot z = \dfrac{\cos z}{\sin z}$ folgt $\cos z(2\cos z \sin z - 1) = 0$ und mit (5.33) $\cos z(\sin 2z - 1) = 0$. Daher ist $\cos\dfrac{x}{2} = 0$ oder $\sin x - 1 = 0$. Die Hauptwerte erhält man aus $\dfrac{1}{2}\overline{x}_1 = \dfrac{\pi}{2}$ und $\overline{x}_2 = \dfrac{\pi}{2}$. Die allgemeine Lösung lautet $x_1 = \pi + 2k\cdot\pi$, $x_2 = \dfrac{\pi}{2} + 2k\cdot\pi$, $k \in \mathbf{Z}$. ∎

Um die Gleichung $a\cos(x+c) + b\sin(x+d) = k$ zu lösen, wende man die Additionstheoreme an und ordne nach $\cos x$ und $\sin x$. Man erhält $(a\cos c + b\sin d)\cos x - (a\sin c - b\cos d)\sin x = k$. Damit ist diese Aufgabe auf den Fall 5.5.4 zurückgeführt.

BEISPIEL

5.46 Welche Lösungen besitzt $2\cdot\cos\left(x+\dfrac{\pi}{6}\right) - \sqrt{2}\sin\left(x-\dfrac{\pi}{4}\right) = 2$?

Lösung: Die Gleichung wird umgeschrieben in die Form
$$\left[2\cos\dfrac{\pi}{6} - \sqrt{2}\sin\left(-\dfrac{\pi}{4}\right)\right]\cos x - \left[2\sin\dfrac{\pi}{6} + \sqrt{2}\cos\left(-\dfrac{\pi}{4}\right)\right]\sin x = 2, \quad \text{d.h.}$$
$(\sqrt{3}+1)\cos x - (1+1)\sin x = 2$. Aus Abschnitt 5.5.4 ergibt sich
$$\sin x = \dfrac{-4 \pm (\sqrt{3}+1)\sqrt{4+2\sqrt{3}}}{8+2\sqrt{3}} = \dfrac{-4 \pm (4+2\sqrt{3})}{8+2\sqrt{3}}, \quad \text{also} \quad \sin x = \dfrac{\sqrt{3}}{4+\sqrt{3}} = 0{,}30216,$$
$\sin x = -1$ und damit $\overline{x}_1 = 0{,}3070$, $\overline{x}_2 = \dfrac{3\pi}{2}$, $\overline{x}_3 = \pi - 0{,}3070$. Eine Probe bestätigt die allgemeine Lösung $x_1 = 0{,}3070 + 2k\cdot\pi$, $x_2 = \dfrac{3}{2}\pi + 2k\cdot\pi$, $k \in \mathbf{Z}$. ∎

5.5 Goniometrische Gleichungen

5.5.6 Goniometrische Gleichungen mit zwei Unbekannten

Gesucht sind die Lösungen eines Systems von 2 Gleichungen mit 2 Unbekannten. Wir erläutern das Vorgehen an Beispielen.

BEISPIELE

5.47 $\sin x + \sin y = -\frac{1}{2}\sqrt{6}, \quad \cos x - \cos y = -\frac{1}{2}\sqrt{2}.$

Lösung: Division liefert $\frac{\sin x + \sin y}{\cos x - \cos y} = \sqrt{3}$. Mit Berücksichtigung von (5.61) wird

$$\frac{2\sin\frac{x+y}{2}\cos\frac{x-y}{2}}{-2\sin\frac{x+y}{2}\sin\frac{x-y}{2}} = \sqrt{3} \text{ oder } \cot\frac{x-y}{2} = -\sqrt{3} \text{ Aus Tabelle 5.6 folgt}$$

$\frac{x-y}{2} = -\frac{1}{6}\pi + k\cdot\pi, \; k\in\mathbb{Z}$, weshalb $\cos\frac{x-y}{2} = (-1)^k\frac{1}{2}\sqrt{3}$ ist. Folglich gilt

$-\frac{1}{2}\sqrt{6} = \sin x + \sin y = 2\sin\frac{x+y}{2}\cos\frac{x-y}{2} = (-1)^k\sqrt{3}\sin\frac{x+y}{2}$. Hieraus schließt

man $\sin\frac{x+y}{2} = (-1)^{k+1}\frac{\sqrt{2}}{2}$. Die Hauptwerte erhält man, wenn $k = 0$ bzw. $k = 1$ gesetzt wird: Für $k = 0$ ist $\sin\frac{x+y}{2} = -\frac{\sqrt{2}}{2}$. Das bedeutet $\frac{x+y}{2} = \frac{5}{4}\pi$ oder $\frac{x+y}{2} = \frac{7}{4}\pi$.

Andererseits ist $\frac{x-y}{2} = -\frac{\pi}{6}$. Mithin findet man $\bar{x}_1 = \frac{13}{12}\pi$, $\bar{y}_1 = \frac{17}{12}\pi$ und $\bar{x}_2 = \frac{19}{12}\pi$,

$\bar{y}_2 = \frac{23}{12}\pi$. Für den Fall $k = 1$ gilt $\sin\frac{x+y}{2} = \frac{\sqrt{2}}{2}$. Hieraus ergibt sich $\frac{x+y}{2} = \frac{\pi}{4}$ oder

$\frac{x+y}{2} = \frac{3}{4}\pi$ oder $\frac{x+y}{2} = \frac{9}{4}\pi$ oder $\frac{x+y}{2} = \frac{11}{4}\pi$. Außerdem war $\frac{x-y}{2} = \frac{5}{6}\pi$. Durch Nachrechnen kann gezeigt werden, dass sich in diesem Fall keine weiteren Hauptwerte ergeben. Die Lösungen des Gleichungssystems sind $x_1 = \frac{13}{12}\pi + 2k\cdot\pi$,

$y_1 = \frac{17}{12}\pi + 2k\cdot\pi$ sowie $x_2 = \frac{19}{12}\pi + 2k\cdot\pi$, $y_2 = \frac{23}{12}\pi + 2k\cdot\pi$, $k\in\mathbb{Z}$. ∎

5.48 Gesucht sind die Lösungen des Gleichungssystems $\cos x + \sin y = -1$, $x + y = \frac{5}{2}\pi$.

Lösung: Setzt man $y = \frac{5}{2}\pi - x = \frac{\pi}{2} - x + 2\pi$, so erhält man eine goniometrische Gleichung mit einer Unbekannten: $\cos x + \sin\left(\frac{\pi}{2} - x + 2\pi\right) = -1$. Mit (5.8), (5.20) folgt daraus $2\cos x = -1$ bzw. $\cos x = -\frac{1}{2}$. Mithin ist $\overline{x}_1 = \frac{2}{3}\pi$ und $\overline{x}_2 = \frac{4}{3}\pi$, wozu die Werte $\overline{y}_1 = \frac{11}{6}\pi$ bzw. $\overline{y}_2 = \frac{7}{6}\pi$ gehören. Die allgemeine Lösung besteht aus Paaren (x, y) der Form $\left(\frac{2\pi}{3} + 2k \cdot \pi, \frac{11\pi}{6} - 2k \cdot \pi\right)$ und $\left(\frac{4\pi}{3} + 2k \cdot \pi, \frac{7\pi}{6} - 2k \cdot \pi\right)$, $k \in \mathbf{Z}$. ∎

5.5.7 Graphische Lösung goniometrischer Gleichungen

Im Computerzeitalter stehen zur Lösung von Gleichungen und Gleichungssystemen Hilfsmittel zur Verfügung. Programmsysteme wie „mathematica" oder „MAPLE" sind prinzipiell in der Lage, goniometrische Gleichungen zu lösen und die Lösung formelmäßig darzustellen. Einfache Beispiele wie

$$2\sin x - 6\sin y = -\sqrt{6} \quad \text{und} \quad \sin x + 3\cos y = \sqrt{6}$$

zeigen jedoch, dass nur eine spezielle Lösung näherungsweise berechnet (mathematica) oder eine völlig umständliche Lösungsdarstellung angeboten wird (MAPLE), die nicht mehr mit MAPLE vereinfacht werden kann. Bei einfachen Beispielen wie $\sin 5x = \sin x$ werden die speziellen Lösungen zwischen 0 und π ausgegeben. Die diffizilen Betrachtungen der Lösungsmenge goniometrischer Gleichungssysteme lassen sich noch nicht mit Standardsoftware auf einem Computer durchführen!

Gibt man sich mit speziellen Lösungen zufrieden, helfen numerische Methoden zur Gleichungsauflösung, für welche häufig auch Computerprogramme vorliegen. Man muss dabei meist Näherungswerte (Startwerte für Iterationsverfahren) vorgeben. Brauchbare Näherungswerte kann man sich graphisch verschaffen, dies ist ein guter Weg, um eine Vorstellung über die Lage der Lösungen und deren Vielfachheit zu erhalten. Wir demonstrieren die graphische Lösung wieder an Hand von Beispielen.

BEISPIELE

5.49 Die Bestimmungsgleichung $x = \cos x$ veranlasst uns, die beiden Funktionen $y = \cos x$ und $y = x$ zu betrachten. Die Abszissen der Schnittpunkte der Kosinuskurve mit der Geraden $y = x$ sind die Lösungen der Gleichung (Bild 5.27). Es gibt hier genau eine Lösung, nämlich $x_1 \approx 0{,}74$.

5.50 Um für goniometrische Gleichungen mit einer Variablen, wie etwa $2\cos\left(x + \frac{\pi}{6}\right)$ $-\sqrt{2}\sin\left(x - \frac{\pi}{2}\right) = 2$, Näherungslösungen graphisch zu bestimmen, erzeuge man einfach mit einem Computer die Kurve $y = 2\cos\left(x + \frac{\pi}{6}\right) - \sqrt{2}\sin\left(x - \frac{\pi}{2}\right) - 2$ und entnehme aus der Grafik die Lage der Nullstellen in einem vorgegebenen Bereich, z.B. in $0 \le x \le 2\pi$ (Bild 5.28). Kenntnisse über trigonometrische Funktionen helfen dann, die allgemeine Lösung zu notieren. ∎

5.5 Goniometrische Gleichungen

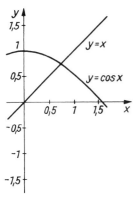

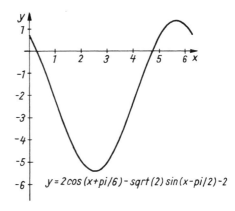

Bild 5.27　　　　　　　　　　Bild 5.28

5.51 Das gemischte goniometrische Gleichungssystem von Beispiel 5.48 formt man so für die graphische Lösung um:

$$\sin y = -\cos x - 1 \quad \text{und} \quad y = \frac{5}{2}\pi - x.$$

Lösung: x-Werte können nur Lösung sein, falls $\cos x \leq 0$ ist. In diesem Fall erhält man aus der ersten Gleichung $y = \arcsin(-1-\cos x) + 2k \cdot \pi$ bzw. $y = -\arcsin(-1-\cos x) + (2k+1) \cdot \pi$. Außerdem gilt $y = \frac{5}{2}\pi - x$. Man kann folgendermaßen vorgehen: Für jedes x eines vorgegebenen Bereiches $\underline{x} \leq x \leq \overline{x}$ teste man $\cos x \leq 0$. Falls diese Ungleichung erfüllt wird, berechne man $y_1 = \arcsin(-1-\cos x) + 2k \cdot \pi$ und $y_2 = -\arcsin(-1-\cos x) + 2(k+1) \cdot \pi$ für jede ganze Zahl k aus einer vorgegebenen endlichen Menge $\mathbf{K} \subset \mathbf{Z}$. Man zeichne die Punkte (x, y_1) und (x, y_2). Anschließend wird die Gerade $y = \frac{5}{2}\pi - x$ (Bild 5.29) gezeichnet. Die Schnittpunkte der Geraden mit den Kurven liefern die Lösungen des Gleichungssystems. ■

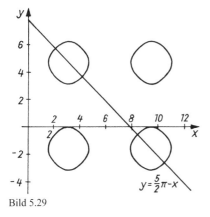

Bild 5.29

AUFGABEN

5.21 Gesucht sind die Hauptwerte der Winkel, die die folgenden Gleichungen erfüllen. Wie lauten die allgemeinen Lösungen?

a) $\sin x = -\dfrac{1}{2}\sqrt{2-\sqrt{3}}$ \quad b) $\cos x = \dfrac{1}{4}(\sqrt{5}+1)$

c) $\tan x = 1-\sqrt{2}$ \quad d) $\cot x = -\sqrt{3}$

e) $\sin x = -0{,}40674$ \quad f) $\cos x = 0{,}96440$

g) $\tan x = 1{,}15037$ \quad h) $\cot x = -1{,}32704$

5.22 Welche Lösungen hat die goniometrische Gleichung $\sin^4\dfrac{x}{3}+\cos^4\dfrac{x}{3}=\dfrac{5}{8}$?

5.23 Wie lauten die Hauptwerte der Lösungen folgender goniometrischer Gleichungen mit einer Unbekannten?

a) $\tan^2 x + 2\tan x = 1$ \quad b) $\cot x = \sqrt{2}\sin x$

c) $\sqrt{3}\sin x = \cos x$ \quad d) $\sin 5x - \sin x = 0$

e) $\cos^2 x + 5\sin^2 x - 4\sin x = 0$ \quad f) $\sin x - \cos x = 1$

g) $\sin\left(x-\dfrac{\pi}{6}\right)\cdot\cos x = \dfrac{1}{4}$ \quad h) $3\sin 2x = -2\cos 3x$

5.24 Man bestimme alle Lösungen von $(\sin(x-y)+1)\cdot(2\cos(2x-y)+1)=6$.

5.6 Berechnungen des rechtwinkligen Dreiecks

Die Beziehungen zwischen Seiten und Winkeln eines rechtwinkligen Dreiecks sind durch die Erklärungen der trigonometrischen Funktionen $\sin\alpha$, $\cos\alpha$, $\tan\alpha$, $\cot\alpha$ in (5.12) bis (5.15) angegeben worden. Damit besitzen wir Werkzeuge, um alle Größen eines rechtwinkligen Dreiecks berechnen zu können. Bekannt sein müssen lediglich zwei voneinander unabhängige Bestimmungsstücke (zwei Seiten oder eine Seite und ein Winkel) (siehe Bild 5.30). Wir unterscheiden fünf Grundaufgaben.

Grundaufgabe 1: Gegeben sind die (Längen der) beiden Katheten a und b. Gesucht sind die beiden Winkel α und β sowie die Hypotenuse c.

Lösung: $\tan\alpha = \dfrac{a}{b}$, $\beta = 90° - \alpha$, $0 < \alpha < 90°$, $c = \dfrac{a}{\sin\alpha} = \dfrac{b}{\cos\alpha}$. Zur Probe bilde man $a^2 + b^2 = c^2(\sin^2\alpha + \cos^2\alpha) = c^2$.

Grundaufgabe 2: Gegeben seien die Hypotenuse c und eine Kathete, z.B. a. Gesucht sind die Winkel α, β und die Kathete b.

5.6 Berechnungen des rechtwinkligen Dreiecks

Lösung: Es gilt $\sin\alpha = \dfrac{a}{c}$, $\beta = 90° - \alpha$ und $b = a\cot\alpha = c\cos\alpha$.[1]

Probe: $b^2 = c^2 \cdot \cos^2\alpha = c^2 - c^2 \cdot \sin^2\alpha = c^2 - c^2 \cdot \dfrac{a^2}{c^2} = c^2 - a^2$.

Grundaufgabe 3: Gegeben seien ein Winkel (z.B. α) und seine Gegenkathete (hier a). Gesucht sind der Winkel β, die Hypotenuse c und die Ankathete b.

Lösung: $b = a\cot\alpha$, $\quad c = \dfrac{a}{\sin\alpha}$, $\quad \beta = 90° - \alpha$.

Probe: $b^2 = a^2 \cdot \cot^2\alpha = c^2 \cdot \cos^2\alpha = c^2 - c^2 \cdot \sin^2\alpha = c^2 - a^2$.

Grundaufgabe 4: Gegeben sind ein Winkel (etwa α) und seine Ankathete (etwa b). Zu berechnen sind der spitze Winkel β und die Hypotenuse c sowie die Gegenkathete a.

Lösung: $a = b\tan\alpha$, $\quad \beta = 90° - \alpha$, $\quad c = \dfrac{b}{\cos\alpha}$.

Probe: $a^2 = b^2 \dfrac{\sin^2\alpha}{\cos^2\alpha} = \dfrac{b^2}{\cos^2\alpha}(1 - \cos^2\alpha) = c^2 - b^2$.

Grundaufgabe 5: Gegeben seien der Winkel α und die Hypotenuse c. Gefragt wird nach dem Winkel β und den beiden Katheten a und b.

Lösung: $\beta = 90° - \alpha$, $\quad a = c\sin\alpha$, $\quad b = c\cos\alpha$.

Probe: $a^2 + b^2 = c^2(\sin^2\alpha + \cos^2\alpha) = c^2$.

Die fünf Grundaufgaben sind eindeutig lösbar, falls die natürlichen Voraussetzungen $c > a$ (Grundaufgabe 2) bzw. $0 < \alpha < 90°$ (Grundaufgaben 3 bis 5) erfüllt werden. Bei einem Computerprogramm würde man deshalb nach der Eingabe der Daten (Winkel bzw. Seitenlängen) als erstes nachprüfen, ob diese Voraussetzungen gelten.

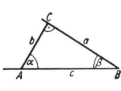

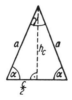
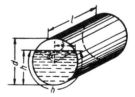

Bild 5.30 Bild 5.31 Bild 5.32

---

[1] $\cos\alpha$ liefert i.Allg. genauere Ergebnisse als $\cot\alpha$! Hier ist auch $b = \sqrt{c^2 - a^2}$ ein möglicher Weg.

BEISPIELE

5.52 Gegeben seien $a = 32$ m, $b = 27$ m. Gesucht sind α, β, c.

Lösung: Wie bei Grundaufgabe 1 ist

$$\alpha = \arctan\frac{a}{b} = \arctan 1,185185 = 49,844°, \qquad \beta = 90° - \alpha = 40,156°,$$

$c = 41,869$ m.

Probe: $c^2 = 1753$; $\qquad a^2 + b^2 = 1024 + 729 = 1753$. ∎

5.53 Zu vorgegebenen $c = 50,15$ cm; $a = 20,51$ cm sind α, β und b gesucht.

Lösung: Es liegt die Grundaufgabe 2 vor:

$$\alpha = \arcsin\frac{a}{c} = \arcsin 0,40897 = 24,1403°, \qquad \beta = 90° - \alpha = 65,8597°,$$

$b = c \cdot \cos\alpha = 45,7642$ cm.

Probe: $c^2 = 2515,02$; $\qquad a^2 + b^2 = 420,66 + 2094,36 = 2515,02$. ∎

5.54 Gegeben seien $a = 30$ cm und $\alpha = 35°$, gesucht sind β, b und c.

Lösung: Nach Grundaufgabe 3 ist

$$\beta = 55°, \qquad c = \frac{a}{\sin\alpha} = 52,303 \text{ cm}, \qquad b = a \cdot \cot\alpha = 42,844 \text{ cm}.$$

Probe: $a^2 + b^2 = 2735,608$; $\qquad c^2 = 2735,604$.

Der Unterschied ist durch Runden der Werte von b und c zu erklären. ∎

5.55 Zu berechnen sind a, c, β, wenn a = 67,6° und $b = 25,4$ cm ist.

Lösung: Aus Grundaufgabe 4 erhalten wir

$$\beta = 22,4°, \qquad c = \frac{b}{\cos\alpha} = 66,654 \text{ cm} \quad \text{und} \quad a = b \cdot \tan\alpha = 61,625 \text{cm}.$$

Probe: $c^2 = 4442,756$; $\qquad a^2 + b^2 = 4442,800$. ∎

5.56 Wie groß sind in einem rechtwinkligen Dreieck a, b und β, falls $\alpha = 48°$, $c = 32$ cm ist?

Lösung: Grundaufgabe 5 liefert $\beta = 42°$; $a = c \cdot \sin\alpha = 23,781$ cm, $b = c \cdot \cos\alpha = 21,412$ cm.

Probe: $a^2 + b^2 = 1024,010$; $c^2 = 1024$. ∎

5.57 Von einem gleichschenkligen Dreieck (Bild 5.31) seien die Schenkel $a = 75$ m und die Basiswinkel $\alpha = 65°$ gegeben. Wie groß sind der Winkel γ an der Spitze, die Basis c, die Höhe h_c auf der Basis und die Fläche A des Dreiecks?

5.6 Berechnungen des rechtwinkligen Dreiecks 311

Lösung: Es ist $\gamma = 180° - 2\alpha = 50°$, $c = 2a\cos\alpha$, also
$c = 150 \cdot 0{,}42261 = 63{,}393$ m, $h_c = a \cdot \sin\alpha = 67{,}973$ m,
$A = \dfrac{1}{2} c \cdot h_c = 31{,}697 \cdot 67{,}973 = 2154{,}506$ m².

Probe: $h_c^2 + \dfrac{c^2}{4} = a^2$; $h_c^2 + \dfrac{c^2}{4} = 5624{,}997$ und $a^2 = 5625$. ∎

5.58 Ein zylindrischer Dampfkessel (Bild 5.32) vom Durchmesser $d = 1$ m und der Länge $l = 6$ m ist bis zu einer Höhe von $h = 80$ cm mit Wasser gefüllt. Wie groß ist die vom Wasser benetzte Fläche des Dampfkessels?

Lösung: Aus Bild 5.32 entnimmt man $\cos\alpha = \dfrac{h - \dfrac{d}{2}}{\dfrac{d}{2}} = \dfrac{2h}{d} - 1$; $\cos\alpha = 0{,}6$;

$\alpha = 53{,}13°$, $s = d \cdot \sin\alpha = d\sqrt{1 - \cos^2\alpha} = d \cdot 0{,}8 = 0{,}8$ m. $b = \dfrac{\pi d (360° - 2\alpha)}{360°}$, damit

$b = 2{,}2143$ m. Der benetzte Teil des Zylindermantels ist $A_1 = b \cdot l = 13{,}286$ m². Für die Kreisabschnitte findet man in Formelsammlungen: $A_2 = \dfrac{1}{2}\left[b\dfrac{d}{2} + \left(h - \dfrac{d}{2}\right) \cdot s \right]$,

folglich $2A_2 = \dfrac{b}{2} + (0{,}80 - 0{,}50) \cdot 0{,}8 = 1{,}347$ m², $A = A_1 + 2A_2$, also $A = 13{,}286 + 1{,}347 = 14{,}633$ m².

14,633 m² der Fläche des Dampfkessels sind von Wasser benetzt. ∎

AUFGABEN

5.25 Von einem gleichschenkligen Dreieck (Bild 5.31) sind gegeben
a) $\gamma = 30{,}3°$ $a = 41{,}33$ m
b) $\alpha = 45{,}3°$ $c = 18{,}12$ m
c) $\gamma = 50{,}8°$ $c = 28{,}04$ m

Wie groß sind die restlichen Winkel und Seiten der Dreiecksfläche?

5.26 In dem rechtwinkligen Dreieck mit der Kathete $a = 120$ m und dem Gegenwinkel $\alpha = 58°38'38''$ (Bild 5.33) ist die Höhe h_c auf der Hypotenuse c zu berechnen.

5.27 Wie groß sind die Seite s, der Umfang U und die Fläche A eines einem Kreis mit dem Radius $r = 50$ cm umbeschriebenen 36-Ecks (Bild 5.34)?

5.28 Die Zahl π ist mittels des Umfangs eines einem Kreis einbeschriebenen und eines umbeschriebenen 10000-Ecks angenähert zu berechnen.

5.29 Ein Turm von der Höhe $h = 30$ m erscheint unter einem Höhenwinkel (Erhebungswinkel) von 5° (Bild 5.35). Um welche Strecke x muss man sich ihm nähern, damit er unter doppeltem Erhebungswinkel 2α zu sehen ist?

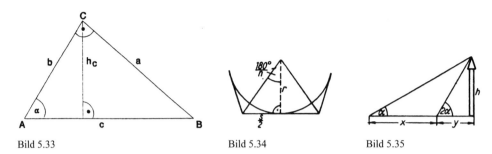

Bild 5.33   Bild 5.34   Bild 5.35

5.30 Der Achsenabstand zweier Riemenscheiben mit den Radien $r_1 = 30$ cm und $r_2 = 20$ cm beträgt $d = 4,50$ m. Welche Länge l hat ein straff über die Scheiben gespannter Treibriemen (Bild 5.36)?

5.31 Um wieviel länger ist der Bogen b als die Sehne s, wenn der Kreisradius $r = 80$ cm beträgt und der zu b und s gehörige Zentriwinkel $\alpha = 22,33°$ groß ist (Bild 5.37)?

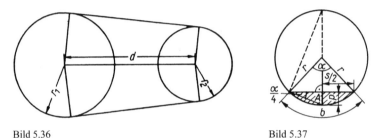

Bild 5.36   Bild 5.37

5.32 Unter der *Pfeilhöhe* oder *Bogenhöhe* versteht man den größten Abstand eines Bogens von der zugehörigen Bogensehne (Bild 5.37). Wie groß ist die Pfeilhöhe p in einem Kreis mit $r = 20$ m für

a) den Mittelpunktswinkel $\alpha = 20°$,

b) die Sehne $s = 15$ m,

c) den Bogen $b = 40$ m?

5.33 Ein Bahngleis ist kreisbogenförmig verlegt. Gemessen wurde eine Kreissehne zu $s = 50$ m und die zugehörige Pfeilhöhe $p = 0,5$ m. Wie groß ist der Krümmungsradius r?

5.34 Wie groß ist das in Bild 5.37 schraffierte Kreissegment A, wenn der Radius $r = 15,58$ m und der Winkel $\alpha = 62°10'$ beträgt?

5.35 Welche Masse m hat ein konzentrisches Tonnengewölbe mit der Spannweite $s = 6,30$ m, der lichten Oberhöhe $p = 1,50$ m, der Dicke $d = 0,66$ m und der Länge $l = 8,00$ m, wenn die Dichte des Mauerwerks $\rho = 2,25$ kg/dm^3 beträgt (Bild 5.38)?

5.36 Welche Fläche A hat die Stirnseite eines exzentrischen Tonnengewölbes mit der Lichtweite $s = 7,20$ m, der lichten Bogenhöhe $p = 1,80$ m, der Scheiteldicke $d = 1,30$ m und der Dicke am Widerlager $c = 2,10$ m, wenn die Fuge am Widerlager nach dem Kreismittelpunkt der inneren Wölbung gerichtet ist (Bild 5.39)?

5.7 Berechnungen des schiefwinkligen Dreiecks

Hinweis: Die gesuchte Fläche des exzentrischen Kreissegments ergibt sich als Sektor AM_1B − Sektor DME − 2·Dreieck MAM_1. Man berechne die Radien r und r_1, die Mittelpunktswinkel α und α_1 der beiden Sektoren, die Grundlinie $\overline{MM_1}$ und die Höhe $\frac{1}{2}\overline{AB}$ des Dreiecks MAM_1.

5.37 Von einem gleichschenkligen Dreieck sind die Basis $c = 28$ cm und der Schenkel $a = 42{,}3$ cm gegeben (Bild 5.31). Man berechne den Radius r_1 des Inkreises und den Radius r des Umkreises!

5.38 Man sagt, eine Straße hat eine Steigung von p in %, wenn sie auf 100 horizontale Längeneinheiten um p Längeneinheiten ansteigt. Wie groß ist der Neigungswinkel α und welchen Höhenunterschied h muss ein Fahrzeug bei 75 m (schräger) Fahrbahn überwinden, wenn eine Steigung von 8% festgestellt wurde?

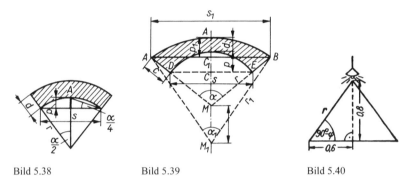

Bild 5.38   Bild 5.39   Bild 5.40

5.39 Über der Mitte eines runden Tisches von 1,20 m Durchmesser ist eine Lampe mit der Lichtstärke $I = 200$ cd angebracht. Wie groß ist die Beleuchtungsstärke E am Tischrand (Bild 5.40)?

Hinweis: Die Beleuchtungsstärke E ergibt sich aus der Formel $E = \frac{I}{r^2}\cos\varphi$ in Lux.

Hierbei bedeuten: r Entfernung der Lichtquelle von der beleuchteten Fläche (in m), und $\alpha = 90° - \varphi$ ist der Winkel zwischen Lichtstrahlrichtung und beleuchteter Fläche.

5.7 Berechnungen des schiefwinkligen Dreiecks

In diesem Kapitel werden Sätze und Verfahren für die Berechnung von Winkeln, Seiten und anderen Stücken des allgemeinen Dreiecks behandelt. Die Grundlagen dafür bilden wieder die trigonometrischen Funktionen und die zugehörigen Additionstheoreme.

Prinzipiell kann die Berechnung des schiefwinkligen Dreiecks auf die Berechnung in rechtwinkligen Dreiecken zurückgeführt werden, weil man jedes beliebige Dreieck durch

Einzeichnen einer Höhe in zwei rechtwinklige Dreiecke zerlegen kann. Das ist aber ein umständlicher Weg. Unser Vorgehen ist effektiver: Es werden Sätze abgeleitet, die die Beziehungen zwischen Größen eines beliebigen Dreiecks ausdrücken. Aus ihnen können unbekannte Bestimmungsstücke dann direkt berechnet werden.

5.7.1 Der Sinussatz

Zeichnet man in dem Dreieck ABC die Höhe h_c auf der Seite c ein (Bild 5.41), so gilt in den entstehenden rechtwinkligen Dreiecken $\sin\alpha = \dfrac{h_c}{b}$ und $\sin\beta = \dfrac{h_c}{a}$. Hieraus folgt $h_c = b\sin\alpha$ und $h_c = a\sin\beta$ und somit $b\sin\alpha = a\sin\beta$.

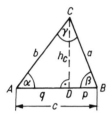
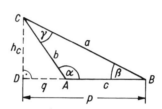

Bild 5.41   Bild 5.42

Diese Beziehung gilt auch, wenn ein Winkel stumpf ist (Bild 5.42). Ist nämlich $\alpha > 90°$, so ist ebenfalls $a\sin\beta = h_c$ und außerdem $b\sin(180° - \alpha) = h_c$. Diese Gleichung ist aber nach Tabelle 5.7 zu $b\sin\alpha = h_c$ gleichwertig.

In derselben Weise findet man, wenn die Höhen h_a auf a bzw. h_b auf b eingezeichnet werden:

$$b\sin\gamma = c\sin\beta \quad \text{und} \quad c\sin\alpha = a\sin\gamma.$$

Hieraus erhalten wir

$$\frac{a}{\sin\alpha} = \frac{b}{\sin\beta} = \frac{c}{\sin\gamma} \tag{5.77}$$

oder als Proportion geschrieben

$$a : b : c = \sin\alpha : \sin\beta : \sin\gamma \tag{5.78}$$

Das ist der **Sinussatz** der ebenen Trigonometrie, er lautet in Worten: Die Seiten eines Dreiecks verhalten sich zueinander wie die Sinuswerte der gegenüberliegenden Winkel.

Der Sinussatz ermöglicht es, aus drei Stücken, zu denen eine Seite und der ihr gegenüberliegende Winkel gehören müssen, eine vierte Dreiecksgröße zu berechnen. Dazu entnehme man aus (5.78) die Gleichung, die gerade diese vier Größen enthält.

5.7.2 Der Kosinussatz

Das in Bild 5.41 bzw. Bild 5.42 dargestellte Dreieck ABC habe den Fußpunkt D. Man setze $q = \overline{AD}$ und $p = \overline{DB}$. Nach dem Lehrsatz des PYTHAGORAS ist dann $a^2 = h_c^2 + p^2$ und $h_c^2 = b^2 - q^2$, also $a^2 = b^2 - q^2 + p^2$.

1. Fall: Sei $0 < \alpha \leq 90°$ (Bild 5.41). Dann ist $p = c - q$ und daher
$a^2 = b^2 - q^2 + c^2 - 2cq + q^2 = b^2 + c^2 + 2cq$. Wegen $\cos\alpha = \dfrac{q}{b}$ folgt $a^2 = b^2 + c^2 - 2bc\cos\alpha$.

2. Fall: Sei $90° < \alpha < 180°$ (Bild 5.42), dann ist $p = c + q$, also
$a^2 = b^2 - q^2 + c^2 + 2cq + q^2 = b^2 + c^2 + 2cq$. Weil $\cos(180° - \alpha) = \dfrac{q}{b}$ ist, folgt
$-\cos\alpha = \dfrac{q}{b}$ oder $q = -b\cos\alpha$. Daher gilt in diesem Fall ebenfalls $a^2 = b^2 + c^2 - 2bc\cos\alpha$.

Die gleichen Überlegungen lassen sich anstellen, wenn die Höhen h_a auf a bzw. h_b auf b eingetragen werden. Durch entsprechende Vertauschung der Seiten und der Winkel erhält man den **Kosinussatz** der ebenen Trigonometrie

$$\begin{aligned}a^2 &= b^2 + c^2 - 2bc\cos\alpha \\ b^2 &= c^2 + a^2 - 2ac\cos\beta \\ c^2 &= a^2 + b^2 - 2ab\cos\gamma\end{aligned} \quad (5.79)$$

Bemerkungen: In (5.79) wird der dritte Summand (z.B. $-2bc\cos\alpha$) genau dann positiv, wenn der Winkel (hier α) stumpf ist.

Für den Spezialfall eines rechten Winkels ($\alpha = 90°$) verschwindet dieser Summand ($\cos 90° = 0$), der Kosinussatz stimmt in diesem Fall mit dem Lehrsatz des PYTHAGORAS überein.

Stellt man die Gleichungen (5.79) nach den Kosinuswerten um, so ergibt sich

$$\cos\alpha = \frac{b^2 + c^2 - a^2}{2bc}, \quad \cos\beta = \frac{a^2 + c^2 - b^2}{2ac}, \quad \cos\gamma = \frac{a^2 + b^2 - c^2}{2ab} \quad (5.80)$$

Der Kosinussatz gestattet die Berechnung der Dreieckswinkel, wenn alle 3 Seiten gegeben sind. Kennt man 2 Seiten und den von diesen Seiten eingeschlossenen Winkel, so lässt sich die dritte Seite bestimmen.

5.7.3 Grundaufgaben, die mit dem Sinus- oder dem Kosinussatz gelöst werden

Sind drei Bestimmungsstücke (Seiten oder Winkel) eines gesuchten Dreiecks gegeben, darunter wenigstens eine Seite, so kann man die übrigen Bestimmungsstücke berechnen, falls gewisse Lösungsbedingungen nicht verletzt sind: Die Winkelsumme muss 180° ergeben, die Summe von zwei Dreiecksseiten muss stets größer als die dritte Seite sein.

Wir unterscheiden nach den vorgegebenen Bestimmungsstücken fünf Grundaufgaben:

a) 1 Seite und die beiden anliegenden Winkel (WSW)
b) 1 Seite, 1 anliegender Winkel und der gegenüberliegende Winkel (SWW)
c) 2 Seiten und der der einen Seite gegenüberliegende Winkel (SSW)
d) 2 Seiten und der von ihnen eingeschlossene Winkel (SWS)
e) 3 Seiten (SSS)

BEISPIELE

5.59 WSW: Von einem Dreieck ABC sind gegeben: $a = 5{,}80$ m; $\beta = 38{,}5°$; $\gamma = 66{,}4°$. Gesucht sind b, c, α.

Lösung: Die Lösbarkeitsbedingung $\beta + \gamma < 180°$ ist erfüllt, die Lösung ist eindeutig:

$$\alpha = 180° - \beta - \gamma = 75{,}1°, \qquad b = \frac{a\sin\beta}{\sin\alpha} = 3{,}736, \qquad c = \frac{a\sin\gamma}{\sin\alpha} = 5{,}4998.$$

Also ist $b = 3{,}74$ m und $c = 5{,}50$ m.

Probe: Berechne α mit Hilfe des Sinussatzes aus a, b, $\sin\beta$:

$$\sin\alpha = \frac{a\sin\beta}{b} = 0{,}96539, \text{ also ist } \alpha = 74{,}9° \approx 75{,}1°. \qquad \blacksquare$$

5.60 SWW: Sei $\alpha = 14{,}25°$, $\gamma = 143{,}13°$, $c = 39{,}120$ m.

Lösung: Es ist $\alpha + \gamma = 157{,}38°$, $\beta = 22{,}62°$, $a = c \cdot \dfrac{\sin\alpha}{\sin\gamma} = 16{,}049$ m,

$b = c \cdot \dfrac{\sin\beta}{\sin\gamma} = 25{,}077$ m. $\qquad \blacksquare$

5.61 SSW: Gegeben seien $a = 200$ m, $b = 285$ m und $\alpha = 37°$.

Lösung: Die natürliche Lösbarkeitsbedingung $\alpha < 180°$ ist erfüllt. Aus dem Sinussatz folgt $\sin\beta = \dfrac{b}{a}\sin\alpha$, also $\sin\beta = 1{,}425 \cdot \sin 37° = 0{,}85759$. Daher sind zwei Fälle möglich: $\beta_1 = 59{,}05°$ und der zugehörige Winkel $\gamma_1 = 180° - \alpha - \beta_1 = 83{,}95°$ sowie $\beta_2 = 120{,}95°$ und $\gamma_2 = 22{,}05°$. Aus der Formel $c = a\dfrac{\sin\gamma}{\sin\alpha}$ ergeben sich die entsprechenden Längen der fehlenden Seite: $c_1 = 200 \cdot \dfrac{\sin 96{,}05°}{\sin 37°} = 330{,}48$ bzw. $c_2 = 200 \cdot \dfrac{\sin 22{,}05°}{\sin 37°} = 124{,}76$. Also ist

5.7 Berechnungen des schiefwinkligen Dreiecks

$\beta_1 = 59{,}05°$ bzw. $\beta_2 = 120{,}95°$

$\gamma_1 = 83{,}95°$ $\qquad\qquad \gamma_2 = 22{,}05°$

$c_1 = 330{,}48$ m $\qquad c_2 = 124{,}76$ m ∎

5.62 SWS: Gegeben seien $a = 14{,}00$ m, $b = 26{,}51$ m und $\gamma = 85°$, gesucht sind c, α, β.

Lösung: Hier wird der Kosinussatz benötigt. Aus (5.79) erhält man

$c = \sqrt{a^2 + b^2 - 2ab\cos\gamma} = \sqrt{196 + 702{,}780 - 64{,}694} = 28{,}88$. Nach (5.77) wird

$\sin\alpha = \dfrac{a}{c}\sin\gamma = \dfrac{14}{28{,}88}\sin 85° = 0{,}48291$ und

$\sin\beta = \dfrac{b}{c}\sin\gamma = \dfrac{26{,}51}{28{,}88}\sin 85° = 0{,}91444$. Es ergibt sich $\alpha = 28{,}876°$, $\beta = 66{,}127°$,

$c = 28{,}88$ m.

Zur Probe bilde man die Summe $\alpha + \beta + \gamma$. Hier ist $\alpha + \beta + \gamma = 180{,}003°$. Die geringe Abweichung zu $180°$ ist auf Rundungsfehler zurückzuführen.

Hinweis: Wenn $\gamma > 90°$ ist, dann müssen α und β spitze Winkel sein (Bild 5.43). Diese sind aus dem Sinussatz eindeutig zu bestimmen. Ist dagegen $\gamma < 90°$, so berechne man zuerst *den der kleineren gegebenen Seite gegenüberliegenden Winkel* (Bild 5.44). Das ist sicher die kleinste oder mittlere Seite des Dreiecks, der fragliche Winkel muss daher spitz sein. Auf diese Weise kann man eine Doppeldeutigkeit des aus der Sinusfunktion bestimmten Winkels vermeiden. Der Wert des dritten Winkels oder dessen Vorzeichen erhält man aus der Winkelsumme $180°$. ∎

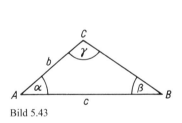
Bild 5.43

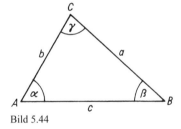
Bild 5.44

5.63 SSS: Es sind drei Seiten gegeben, die Winkel lassen sich jeweils mit dem Kosinussatz (5.79) berechnen. Benutzt man Teilergebnisse für die weitere Rechnung, können der zweite und der dritte Winkel mit dem Sinussatz bzw. über die Winkelsumme im Dreieck bestimmt werden.

Empfohlen wird, zuerst *den der größten Seite gegenüberliegenden Winkel* mit dem Kosinussatz zu ermitteln. Dieser liefert in eindeutiger Weise den gesuchten Winkel, der spitz oder stumpf sein kann. Die beiden anderen Winkel müssen dann unbedingt spitz sein, ihre Werte erhält man aus dem Sinussatz (5.78).

Ist z.B. $a = 45$ m, $b = 300$ m, $c = 330$ m, so sind die Lösbarkeitsbedingungen (Dreiecksungleichungen) $a + b > c$, $a + c > b$ und $b + c > a$ erfüllt. Wegen $c > b > a$ berechnen wir zuerst γ aus

318   5 Trigonometrie

$$\cos\gamma = \frac{a^2+b^2-c^2}{2ab} = -\frac{16875}{27000} = -0,625, \text{ also } \gamma = 128,682°. \text{ Damit wird}$$

$$\sin\alpha = \frac{a}{c}\cdot\sin\gamma = 0,10644, \text{ folglich } \alpha = \arcsin 0,10644 = 6,111° \text{ und}$$

$$\sin\beta = \frac{b}{c}\cdot\sin\gamma = 0,70965, \text{ somit ist } \beta = 45,207°. \text{ Als Probe berechne man } \alpha+\beta+\gamma.$$

∎

5.7.4 Halbwinkelsätze

Die Gleichungen des Kosinussatzes (5.79) können benutzt werden, um Beziehungen zwischen den Winkeln, den Seiten *a*, *b*, *c* und dem Umfang $U = a+b+c$ eines Dreiecks aufzustellen. Die so gewonnenen Formeln werden **Halbwinkelsätze** genannt.

$$\sin\frac{\alpha}{2} = \sqrt{\frac{\left(\frac{U}{2}-b\right)\left(\frac{U}{2}-c\right)}{bc}} \qquad \cos\frac{\alpha}{2} = \sqrt{\frac{\frac{U}{2}\cdot\left(\frac{U}{2}-a\right)}{bc}}$$

$$\sin\frac{\beta}{2} = \sqrt{\frac{\left(\frac{U}{2}-c\right)\left(\frac{U}{2}-a\right)}{ca}} \quad (5.81) \qquad \cos\frac{\beta}{2} = \sqrt{\frac{\frac{U}{2}\cdot\left(\frac{U}{2}-b\right)}{ca}} \quad (5.82)$$

$$\sin\frac{\gamma}{2} = \sqrt{\frac{\left(\frac{U}{2}-a\right)\left(\frac{U}{2}-b\right)}{ab}} \qquad \cos\frac{\gamma}{2} = \sqrt{\frac{\frac{U}{2}\cdot\left(\frac{U}{2}-c\right)}{ab}}$$

$$\tan\frac{\alpha}{2} = \sqrt{\frac{\left(\frac{U}{2}-b\right)\left(\frac{U}{2}-c\right)}{\frac{U}{2}\cdot\left(\frac{U}{2}-a\right)}}; \quad \tan\frac{\beta}{2} = \sqrt{\frac{\left(\frac{U}{2}-c\right)\left(\frac{U}{2}-a\right)}{\frac{U}{2}\cdot\left(\frac{U}{2}-b\right)}}; \quad \tan\frac{\gamma}{2} = \sqrt{\frac{\left(\frac{U}{2}-a\right)\left(\frac{U}{2}-b\right)}{\frac{U}{2}\cdot\left(\frac{U}{2}-c\right)}}$$

Da alle Winkel eines Dreiecks kleiner als 180° sind, sind $\frac{\alpha}{2}, \frac{\beta}{2}$ und $\frac{\gamma}{2}$ spitze Winkel. Sämtliche Quadratwurzeln sind daher mit dem positiven Vorzeichen zu nehmen.

5.7.5 Umkreis- und Inkreisradius eines Dreiecks, Heronische[1] Formel

Es sei ein Kreis vom Radius *r* mit dem Mittelpunkt *M* gegeben. *AB* möge eine Sehne der Länge *c* begrenzen. *C* sei ein weiterer Punkt der Kreislinie. Dann besteht zwischen Mittel-

---
[1] HERON VON ALEXANDRIA, bedeutender Mathematiker des Altertums, um 100 v.Chr.

5.7 Berechnungen des schiefwinkligen Dreiecks

punktswinkel und Peripherie die Beziehung $\angle AMB = 2\angle ACB$ (Bild 5.45). Deshalb ist im Dreieck ADM: $\sin\gamma = \frac{c}{2} : r$ oder $2r = \frac{c}{\sin\gamma}$. Analoge Gleichungen gelten für a, α sowie b, β, d.h.

$$2r = \frac{a}{\sin\alpha} = \frac{b}{\sin\beta} = \frac{c}{\sin\gamma}. \tag{5.83}$$

r ist aber gerade der Umkreisradius! In Bild 5.46 ist im Dreieck ABC der Inkreis eingezeichnet. Dessen Mittelpunkt ergibt sich als Schnittpunkt der Winkelhalbierenden, sein Radius sei r_i. Man entnimmt dem Bild 5.46 $c = s_a + s_b$, $b = s_a + s_c$, $a = s_b + s_c$ und daher ist $2s_a = -a+b+c$, $2s_b = a-b+c$, $2s_c = a+b-c$ und $s_a = \frac{U}{2} - a$, $s_b = \frac{U}{2} - b$, $s_c = \frac{U}{2} - c$ mit $U = a+b+c$.

Die Fläche A des Dreiecks ABC ist die Summe der Flächen der Dreiecke ABO, BCO und ACO, also ist

$$A = \frac{a \cdot r_i}{2} + \frac{b \cdot r_i}{2} + \frac{c \cdot r_i}{2} = r_i \frac{U}{2}. \tag{5.84}$$

Aus Bild 5.46 folgt $\tan\frac{\alpha}{2} = \frac{r_i}{s_a} = r_i : \left(\frac{U}{2} - a\right)$ oder $r_i = \left(\frac{U}{2} - a\right) \cdot \tan\frac{\alpha}{2}$.

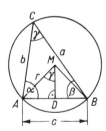
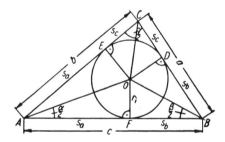

Bild 5.45 Bild 5.46

Ebenso erhält man

$$r_i = \left(\frac{U}{2} - b\right) \cdot \tan\frac{\beta}{2} \quad \text{und} \quad r_i = \left(\frac{U}{2} - c\right) \cdot \tan\frac{\gamma}{2}. \tag{5.85}$$

Aus den Halbwinkelsätzen und diesen Formeln bekommt man für den **Inkreisradius**

$$r_i = \sqrt{\frac{\left(\frac{U}{2} - a\right) \cdot \left(\frac{U}{2} - b\right) \cdot \left(\frac{U}{2} - c\right)}{\frac{U}{2}}} \tag{5.86}$$

Damit geht (5.84) über in die Heronische Formel

$$A = \sqrt{\frac{U}{2} \cdot \left(\frac{U}{2} - a\right) \cdot \left(\frac{U}{2} - b\right) \cdot \left(\frac{U}{2} - c\right)}. \tag{5.87}$$

Hinweis: Bei Berechnungen im schiefwinkligen Dreieck kann man die Grundaufgaben WSW, SWW und SSW (s. Abschnitt 5.7.3) mit dem Sinussatz und SWS, SSS mit dem Kosinussatz lösen.

BEISPIEL

5.64 Gegeben seien die Dreiecksseiten a, b und c. Man bestimme nach (5.86) den Inkreisradius r_i und aus (5.85) die halben Winkel $\frac{\alpha}{2}, \frac{\beta}{2}, \frac{\gamma}{2}$.

Ist konkret $a = 160$ m, $b = 200$ m, $c = 250$ m, so erhält man $U = 610$ m und $\frac{1}{2}U = 305$ m. Folglich ist $r_i = \sqrt{\frac{145 \cdot 105 \cdot 55}{305}} = 52{,}397$ m, woraus

$$\tan\frac{\alpha}{2} = \frac{r_i}{145} = 0{,}36135 \quad \text{und} \quad \alpha = 39{,}74°,$$

$$\tan\frac{\beta}{2} = \frac{r_i}{105} = 0{,}49901 \quad \text{und} \quad \beta = 53{,}04°,$$

$$\tan\frac{\gamma}{2} = \frac{r_i}{55} = 0{,}95267 \quad \text{und} \quad \gamma = 87{,}22°$$

folgt. Als Probe bilde man $\alpha + \beta + \gamma = 180°$. ∎

5.7.6 Anwendungen

Die **Hansensche** Aufgabe[1]: Bestimmt werden soll die Entfernung e zweier Punkte P und P_1. Zu diesem Zweck werden in zwei Punkten A und B, deren Abstand bekannt ist, die Winkel α und α_1 sowie β und β_1 gemessen (Bild 5.47).

Lösung: Werden die Winkel $\varphi = \angle AP_1P$ und $\psi = \angle P_1PA$ eingeführt, so ergibt sich aus dem Sinussatz $c = \dfrac{a \sin\beta}{\sin(\alpha+\beta)}$ und $c_1 = \dfrac{a \sin\beta_1}{\sin(\alpha_1+\beta_1)}$ sowie

$$e = c \cdot \frac{\sin(\alpha - \alpha_1)}{\sin\varphi} = c_1 \cdot \frac{\sin(\alpha - \alpha_1)}{\sin\psi}. \tag{5.88}$$

Kombiniert man diese Formeln, so wird

$$e = \frac{a \cdot \sin\beta \cdot \sin(\alpha - \alpha_1)}{\sin(\alpha + \beta) \cdot \sin\varphi} = \frac{a \cdot \sin\beta_1 \cdot \sin(\alpha - \alpha_1)}{\sin(\alpha_1 + \beta_1) \sin\psi} \quad \text{bzw.} \quad \frac{\sin\varphi}{\sin\psi} = \frac{\sin\beta \cdot \sin(\alpha_1 + \beta_1)}{\sin\beta_1 \cdot \sin(\alpha + \beta)}.$$

---

[1] Die Aufgabe ist nach dem Gothaer Astronomen PETER ANDREAS HANSEN (1795–1874) benannt.

5.7 Berechnungen des schiefwinkligen Dreiecks

Man führe nun einen Hilfswinkel μ gemäß der Vorschrift $\tan\mu = \dfrac{\sin\varphi}{\sin\psi}$ ein. Wegen $\tan\mu \geq 0$ kann $0° \leq \mu \leq 90°$ angenommen werden. Weil α, α_1, β und β_1 bekannt sind, kann μ berechnet werden. Aus den Formeln (5.26), (5.61) und Tabelle 5.6 erhält man dann

$$\tan(\mu - 45°) = \frac{\tan\mu - 1}{\tan\mu + 1} = \frac{\dfrac{\sin\varphi - \sin\psi}{\sin\psi}}{\dfrac{\sin\varphi + \sin\psi}{\sin\psi}} = \frac{\sin\varphi - \sin\psi}{\sin\varphi + \sin\psi}$$

$$= \frac{\sin\dfrac{\varphi-\psi}{2}\cos\dfrac{\varphi+\psi}{2}}{\sin\dfrac{\varphi+\psi}{2}\cos\dfrac{\varphi-\psi}{2}} = \tan\frac{\varphi-\psi}{2}\cot\frac{\varphi+\psi}{2}.$$

Nun ist aber ersichtlich $\dfrac{\varphi+\psi}{2} = 90° - \dfrac{\alpha-\alpha_1}{2}$ und deshalb

$$\tan\frac{\varphi-\psi}{2} = \tan\left(90° - \frac{\alpha-\alpha_1}{2}\right)\cdot\tan(\mu - 45°).$$

Die rechte Seite der Gleichung kann mit den nun bekannten Zahlen α, α_1 und μ berechnet werden, woraus $\dfrac{\varphi-\psi}{2}$ bestimmt wird. Zusammen mit $\varphi+\psi = 180° - (\alpha-\alpha_1)$ erhält man φ und ψ. Aus (5.88) ermittelt man schließlich die gesuchte Entfernung e.

Trigonometrische Höhenmessung: Die Höhe h_T über NN einer Turmspitze T soll bestimmt werden. Dazu steckt man im Vorgelände des Turmes eine Standlinie $\overline{A'B'}$ ab, deren Horizontallänge $\overline{AB} = e$ gemessen wird und deren Endpunkte A und B durch Nivellement ermittelt werden (h_A und h_B). In A' und B' werden mit dem Theodoliten die Horizontalwinkel α und β sowie die Höhenwinkel δ und ε beobachtet. Außerdem misst man die zugehörigen Instrumentenhöhen i_A und i_B (Bild 5.48).

Lösung: Wendet man den Sinussatz im Dreieck ABT' an, so erhält man $a = e\cdot\dfrac{\sin\beta}{\sin(\alpha+\beta)}$ und $b = e\cdot\dfrac{\sin\alpha}{\sin(\alpha+\beta)}$. In den Vertikaldreiecken gilt $\Delta h_A = a\tan\delta$ bzw. $\Delta h_B = b\tan\varepsilon$. Dann ist $h_T = h_A + \Delta h_A + i_A$ und ebenso $h_T = h_B + \Delta h_B + i_B$. Angenommen, die Messungen ergaben $e = 108{,}12$ m und $\alpha = 41°12'20''$, $\beta = 68°04'00''$, $\delta = 5°29'30''$, $\varepsilon = 6°02'40''$, $i_A = 1{,}423$ m, $i_B = 1{,}478$ m, $h_A = 168{,}778$ m, $h_B = 170{,}959$ m. Dann ist $\Delta h_A = 10{,}215$ m, $\Delta h_B = 7{,}990$ m und $h_T = 180{,}416$ m (mit i_A berechnet) bzw. $h_T = 180{,}427$ m (mit i_B berechnet), also $h_T = \dfrac{1}{2}(180{,}416 + 180{,}427)$ m $= 180{,}422$ m.

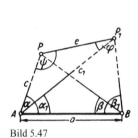
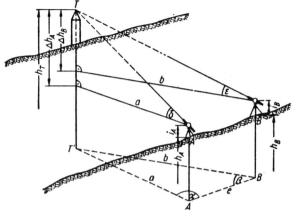

Bild 5.47　　　　　　　　Bild 5.48

AUFGABEN

5.40　Von einem Dreieck ABC (Bild 5.42) sind gegeben:

a)　$b = 48{,}54$ m　　$\alpha = 23{,}4261°$　　$\gamma = 103{,}8103°$

b)　$a = 158{,}88$ m　　$\alpha = 52{,}2911°$　　$\beta = 79{,}1286°$

c)　$b = 75{,}73$ m　　$c = 51{,}86$ m　　$\beta = 112{,}8258°$

d)　$a = 322{,}55$ m　　$c = 283{,}68$ m　　$\gamma = 27{,}0056°$

e)　$a = 341{,}79$ m　　$b = 435{,}57$ m　　$\alpha = 48{,}7278°$

f)　$a = 193{,}86$ m　　$b = 142{,}33$ m　　$\gamma = 39{,}0556°$

g)　$a = 200{,}67$ m　　$c = 205{,}98$ m　　$\beta = 3{,}7425°$

h)　$b = 57{,}63$ m　　$c = 37{,}26$ m　　$\alpha = 48{,}1906°$

i)　$a = 205{,}37$ m　　$b = 252{,}76$ m　　$c = 189{,}68$ m

k)　$a = 203{,}73$ m　　$b = 136{,}43$ m　　$c = 285{,}47$ m

l)　$a = 32{,}12$ m　　$b = 13{,}17$ m　　$c = 39{,}37$ m

Die restlichen Seiten und Winkel sind zu berechnen! Bei den Aufgaben a), f), g), i), k), l) soll außerdem die Dreiecksfläche A, bei b), h), l) der Umkreisradius und bei den Aufgaben i), k), l) der Inkreisradius bestimmt werden.

5.41　Von einem Dreieck sind die Seitensumme $a + b = 52$ cm, der Winkel $\gamma = 60°$ und die Fläche $A = 160\sqrt{3}$ cm^2 gegeben. Bekannt sei außerdem $a > b$. Wie groß sind die Seiten und die Winkel α, β des Dreiecks?

5.42　Gegeben ist ein Winkel $\alpha = 30°$. Von einem Punkt P_1 des einen Schenkels in der Entfernung $b = 7$ cm vom Scheitel wird das Lot $\overline{P_1P_2}$ auf den anderen Schenkel gefällt, von P_2 wird wieder das Lot $\overline{P_2P_3}$ auf den ersten Schenkel gefällt und so unbegrenzt fort. Gesucht ist die Länge s des gesamten Streckenzuges.

5.7 Berechnungen des schiefwinkligen Dreiecks

5.43 Das Verhältnis einer Seitenfläche zur Grundfläche einer regelmäßigen geraden dreiseitigen Pyramide beträgt 2:1. Welchen Neigungswinkel α schließen die Seitenflächen gegen die Grundfläche ein?

5.44 Ein gerades regelmäßiges dreiseitiges Prisma mit der Grundkante $a = 4$ cm ist gegeben. Durch eine Grundkante wird eine Ebene gelegt, die gegen die Grundfläche unter dem Winkel $\alpha = 50{,}75°$ geneigt ist. Welches Volumen hat die abgeschnittene Pyramide?

5.45 Eine gerade regelmäßige fünfseitige Pyramide mit der Grundkante $a = 10$ cm und der Seitenkante $s = 13$ cm ist gegeben. Berechne

a) den Winkel α zwischen Grund- und Seitenkante,

b) den Neigungswinkel β einer Seitenkante gegen die Grundfläche,

c) den Neigungswinkel γ einer Seitenfläche gegen die Grundfläche,

d) den Neigungswinkel δ zweier Seitenflächen gegeneinander.

5.46 Ein gerades dreiseitiges Prisma hat das Volumen $V = 400$ cm^3. Zwei Winkel der Grundfläche betragen $\alpha = 42{,}5333°$ und $\beta = 71{,}3333°$. Man berechne das Volumen des umbeschriebenen Zylinders.

5.47 Ein Zylinder hat als Normalquerschnitt eine Ellipse mit den Halbachsen $a = 10$ cm, $b = 5$ cm. Welchen Winkel α muss eine in die große Achse $2a$ gelegte Schnittebene gegen den Normalquerschnitt einschließen, damit die Schnittfigur ein Kreis wird?

5.48 Die längste Mantellinie eines schiefen Kreiskegels beträgt $a = 30$ cm und ist gegen die Grundfläche unter dem Winkel $\beta = 31{,}25°$ geneigt. Die kürzeste Mantellinie b schließt mit der Grundfläche den Neigungswinkel $\alpha = 82{,}42°$ ein (Bild 5.49). Man berechne das Kegelvolumen.

5.49 Wie groß sind der Mantel A_M und das Volumen V eines geraden Kreiskegels mit dem Öffnungswinkel $2\gamma = 31{,}6111°$, dem eine Kugel mit dem Radius $r = 27{,}7$ cm einbeschrieben ist?

5.50 Wie groß ist der vom 40. und 50. Breitenkreis begrenzte Teil A_M der Erdoberfläche ($R \approx 6371{,}11$ km), und welche Länge r_1 und r_2 haben die zu beiden Breitenkreisen gehörigen Radien?

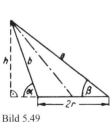

Bild 5.49

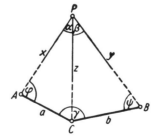

Bild 5.50

5.51 Für Triangulationszwecke wird die Entfernung e eines Blitzableiters P_1 vom Rathausturm P der Stadt benötigt. In einer nahe gelegenen Straße wird eine Standlinie $\overline{AB} = a$ so abgesteckt, dass von beiden Endpunkten A und B sowohl P_1 als auch P sichtbar sind (Bild 5.47). Die Messungen ergaben:

$a = 311{,}16$ m; $\quad \alpha = 58°24'34''$; $\quad \alpha_1 = 18°59'07''$;

$\beta = 78°58'42''$; $\quad \beta_1 = 28°17'32''$; $\quad$ (vgl. Abschnitt 5.7.6).

5.52 Rückwärtseinschneiden (**Snelliussche** Aufgabe)[1]

Die Lage dreier Punkte A, B, C zueinander sei durch die Strecken $\overline{AC} = a = 625{,}30$ m, $\overline{BC} = b = 418{,}40$ m und den Winkel $\angle ACB = \gamma = 152°37'23''$ bekannt. Durch Messung der Winkel $\angle CPA = \alpha = 47°26'04''$ und $\angle BPC = \beta = 38°53'37''$ soll die Lage des Punktes P in Bezug auf A, B, C bestimmt werden, d.h., es sind die Strecken $\overline{PA} = x$, $\overline{PB} = y$, $\overline{PC} = z$ zu ermitteln (Bild 5.50).

Anleitung: Man führe die Hilfswinkel $\angle PAC = \varphi$ und $\angle CBP = \psi$ ein, setze zweimal den Sinussatz an, berechne aus den bekannten Größen den Quotienten $\dfrac{\sin \varphi}{\sin \psi}$ und verfahre anschließend wie in Abschnitt 5.7.6.

5.53 Für die Projektierung einer Brücke wird die Breite des Flusses benötigt. Da die Genauigkeit der vorhandenen Kartenunterlagen nicht ausreicht, soll die Strecke $\overline{AB} = x$ durch indirekte Messung bestimmt werden. Zu diesem Zweck werden wegen Sichtbehinderung an dem einen Ufer zwei Standlinien $\overline{AC} = a$ und $\overline{AD} = b$ sowie der von ihnen eingeschlossene Winkel $\angle CAD = \gamma$ gemessen.

Von den Endpunkten C und D wird der jenseits des Flusses liegende Punkt B seitwärts eingeschnitten (Bild 5.51).

Messungsergebnisse: $\overline{AC} = a = 46{,}22$ m; $\overline{AD} = b = 53{,}77$ m;

$\angle CAD = \gamma = 145°51'25''$; $\angle BCA = c = 95°29'58''$; $\angle ADB = \beta = 68°37'29''$.

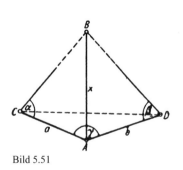
Bild 5.51

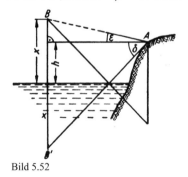
Bild 5.52

---

[1] WILLEBROD SNELLIUS (1580–1626), holländischer Mathematiker, Begründer der Triangulation, der praktischen Trigonometrie in der Landesvermessung

5.7 Berechnungen des schiefwinkligen Dreiecks

5.54 Ein Ballon B schwebt über einem See, in dem sein Spiegelbild B' gesehen wird. Wie groß ist seine Höhe x über dem See, wenn er von einem Standpunkt A mit der Höhe $h = 28{,}32$ m über dem See unter dem Höhenwinkel $\varepsilon = 55°27'$ und sein Spiegelbild unter dem Tiefenwinkel $\delta = 58°14'$ zu sehen ist (Bild 5.52)?

5.55 Zwei Bergvorsprünge A und B sind durch eine Eisenbahnbrücke zu verbinden. Die Höhen $h_A = 61{,}32$ m und $h_B = 52{,}28$ m der Punkte A und B über dem Talpunkt C werden durch Nivellement bestimmt. In C sind die Höhenwinkel $\alpha = 10°48'$ und $\beta = 8°24'40''$ sowie der Horizontalwinkel $\gamma = 53°17'10''$ mit dem Theodoliten gemessen worden. Welche (schräge) Länge $x = \overline{AB}$ erhält die Brücke, und wie groß ist die Neigung der Bahnstrecke $\overline{AB}$ in % (Bild 5.53)?

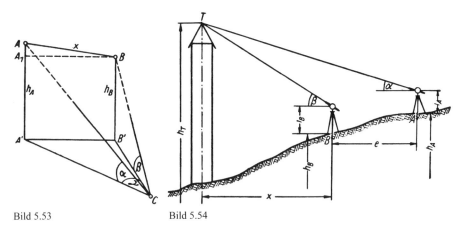

Bild 5.53   Bild 5.54

5.56 Die Höhe h_T eines Kirchturmes ist zu bestimmen. Da die Auswahl eines geeigneten Standliniendreiecks (wie in 5.7.6) nicht möglich ist, werden in einer auf den Turm gerichteten Straße zwei Punkte A und B festgelegt, die mit T in einer Vertikalebene liegen. Die Messung liefert die Höhenwinkel $\alpha = 11°54'40''$, $\beta = 15°37'20''$, die Instrumenthöhen $i_A = 1{,}412$ m, $i_B = 1{,}385$ m, die Horizontalentfernung $e = 57{,}89$ m. Durch Nivellement findet man $h_A = 377{,}974$ m und $h_B = 376{,}050$ m (Bild 5.54). Es ist h_T zu berechnen.

5.57 Um die Höhe h der Figur auf dem Dresdner Rathausturm zu bestimmen, wird im Vorgelände eine Standlinie $\overline{AB} = a = 100{,}27$ m mit der Neigung 0,2 % (von B nach A) so abgesteckt, dass sie mit der Turmachse in einer Vertikalebene liegt. In A werden die Höhenwinkel $\alpha = 32°22'$, $\beta = 31°31'$ und in B der Höhenwinkel $\gamma = 43°03'$ gemessen (Bild 5.55). Ermittle h, nachdem die Neigung der Standlinie in den Winkel δ umgerechnet ist.

5.58 Es sollen die Höhe x des Berggipfels A über dem Punkt B und der Höhenwinkel β in B nach A bestimmt werden (Bild 5.56). Da A von B aus nicht zu sehen ist, werden in einem 26,22 m tiefer als B liegenden Punkt C die Höhenwinkel $\gamma_1 = 41°32'30''$ nach A und $\gamma_2 = 23°17'$ nach B gemessen. Ferner bestimmt man in dem Punkt D, der mit A, B und C in einer Vertikalebene liegt und sich 16,55 m tiefer als C befindet, die Höhenwinkel $\delta_1 = 25°58'$ nach A und $\delta_2 = 10°11'$ nach C.

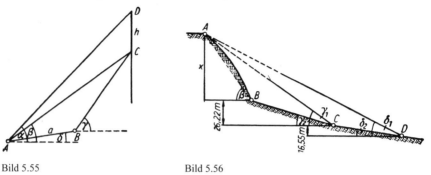

Bild 5.55　　　　　　　　Bild 5.56

5.59　Vor dem Bau eines Tunnels sollen seine Längen $x = \overline{B'C'}$ und seine Neigung v bestimmt werden (Bild 5.57). Zu diesem Zweck werden beiderseits des Berges zwei horizontale Standlinien $\overline{AB} = 262,71$ m und $\overline{CD} = 380,50$ m abgesteckt, die mit der Bergspitze E sowie dem Tunneleingang B' und dem Tunnelausgang C' in einer Vertikalebene liegen. Ferner werden die horizontalen Strecken $\overline{BB'} = 144,20$ m und $\overline{C'C} = 79,33$ m gemessen. B und C sind dabei so gewählt, dass von ihnen aus das auf dem Berggipfel aufgestellte Signal E sichtbar ist. In A, B, C und D werden die Höhenwinkel, $\alpha = 28°58'$, $\beta = 40°30'$, $\gamma = 58°50'$ und $\delta = 32°20'$ gemessen.

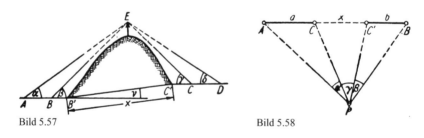

Bild 5.57　　　　　　　　Bild 5.58

5.60　Bei der Bestimmung der Länge einer Strecke $\overline{AB}$ können wegen eines Hindernisses zwischen C und C' nur die Teilstrecken $\overline{AC} = a = 99,83$ m und $\overline{C'B} = b = 73,68$ m direkt gemessen werden. Für die Berechnung der Teilstrecke $\overline{CC'} = x$ werden in einem passend gewählten Punkt P die Horizontalwinkel $\alpha = 23°24'20''$, $\beta = 24°18'30''$, $\gamma = 36°54'40''$ gemessen (Bild 5.58). Folgende Hilfsunbekannten sind einzuführen:

$\varphi = \angle BAP$　　$\psi = \angle PBA$,　　$\overline{PC} = c_1$　　$\overline{PC'} = c_2$.

Man beachte: Die Messung ist so angeordnet, dass das $\triangle ABP$ nur spitze Winkel enthält.

5.7 Berechnungen des schiefwinkligen Dreiecks

5.61 Zwecks genauer Standortbestimmung peilt man von einem in der Nähe der Küste fahrenden Schiff einen Schornstein T in Richtung N33°12′O und einen Leuchtturm L in Richtung N48°25′W an. Aus der Karte entnimmt man die Strecke $\overline{LT} = 18{,}3$ km und ihre Richtung $(\overline{LT}) = $ N82°17′O. Wie weit ist das Schiff vom Leuchtturm L entfernt, und welchen Kurs muss das Schiff fahren, um den Leuchtturm im Abstand von 6,5 Seemeilen (1 sm = 1,852 km) zu passieren (Bild 5.59)?

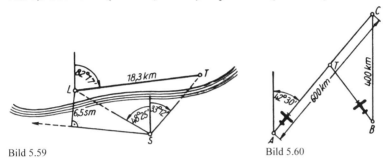

Bild 5.59   Bild 5.60

5.62 Ein Flugzeug ist um 10^h20^{min} in A mit dem Kurs N42°30′O gestartet, um einen 600 km entfernt liegenden Ort C um 11^h50^{min} zu erreichen. In einem Ort B, der 400 km südlich von C liegt, startet um $10^h35^{min}53^s$ ein zweites Flugzeug, um das erste auf seinem Flug von A nach C zu treffen und mit ihm weiterzufliegen (Bild 5.60). Welchen Kurs muss das zweite Flugzeug fliegen, wenn es eine Fluggeschwindigkeit von 450 km/h hat? Wann treffen sich die Flugzeuge und welche Entfernung hat der Treffpunkt T von C?

5.63 Die Höhe über Grund der ehemaligen Zeppelinluftschiffe wurde mit Hilfe des Echolotes bestimmt. Durch eine Schallquelle am Heck des Schiffes wurden Schallwellen ausgesendet, die von einem am Bug in 190 m Entfernung angebrachten Gerät aufgenommen wurden. Unter welchem Winkel (gegen die Senkrechte gemessen) treffen die Schallwellen auf die Erde, und wie hoch fliegt das Schiff, wenn die Fluggeschwindigkeit 125 km/h, die Schallgeschwindigkeit 333 m/s und die Zeit von Aussendung bis Empfang der Schallwellen 6 s betragen?

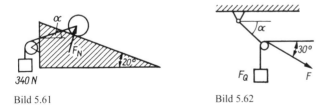

Bild 5.61   Bild 5.62

5.64 Eine zylindrische Walze der Masse $m = 23{,}5$ kg wird auf einer schiefen Ebene mit dem Neigungswinkel 20° durch eine Seilkraft $F_s = 340$ N und die Normalkraft F_N im Gleichgewicht gehalten (Bild 5.61). Zu berechnen sind der Winkel α, den F_S gegen die Horizontale einschließt, und die Normalkraft.

5.65 Ein Seil läuft über eine kleine Rolle. Es trägt an dem einen Ende die Last $F_Q = 2000$ N und wird am anderen Ende mit der Kraft $F = 2000$ N unter einem Winkel von 30° gegen die Horizontale gehalten. Welche Zugkraft F_Z muss die Pendelstange, an der die Rolle befestigt ist, aufnehmen, und unter welchem Winkel α gegen die Horizontale stellt sie sich ein (Bild 5.62)?

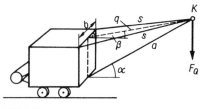
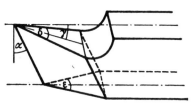

Bild 5.63   Bild 5.64

5.66 Der Auslegerkopf K eines Krans hat von der vorderen, oberen Kranhauskante den Abstand $q = 10,59$ m. Der Ausleger a schließt mit der Horizontalebene einen Winkel $\alpha = 42°30'$ ein. Die Neigung der Strecke q gegen die Horizontale beträgt $\beta = 25°30'$. Das Kranhaus hat die Breite $b = 4,20$ m (Bild 5.63). Zu berechnen sind:
a) die Länge a des Auslegers,
b) die Länge s der Spannseile,
c) der Winkel γ, den die Spannseile einschließen,
d) die Zugkräfte F_Z und die Druckkraft F_D, die die Spannseile und der Ausleger aufnehmen müssen, wenn die Last am Auslegerkopf $F_Q = 15000$ N beträgt.

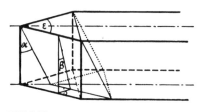
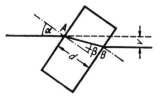

Bild 5.65   Bild 5.66

5.67 Am Gewindeschneidmeißel treten der Zahnwinkel ε, der Freiwinkel α und der Spanwinkel γ auf. Der Gewindeschneidmeißel (Bild 5.64) entsteht aus dem Rohstück (Bild 5.65) durch Anschleifen eines Flankenwinkels β und des Spanwinkels γ. Wie groß muss für $\alpha = 15°$ und $\gamma = 30°$ der Zahnwinkel ε gewählt werden, damit der von den oberen Kanten des Schneidmeißels eingeschlossene Winkel $\delta = 60°$ wird? Welche Größe muss der Flankenwinkel β erhalten?

5.68 Ein Lichtstrahl fällt unter dem Einfallswinkel $\alpha = 30°$ auf eine planparallele Glasplatte (Dicke der Platte $d = 1$ cm, relative Brechzahl $n = 1,5$) und erfährt beim Austritt eine Parallelverschiebung v (Bild 5.66). Für v ist eine allgemeine Formel mit a, d, n zu entwickeln, aus der die Verschiebung für das Zahlenbeispiel zu bestimmen ist.

5.8 Näherungsformeln für trigonometrische Funktionen

In der Höheren Mathematik wird gezeigt, dass sich die trigonometrischen Funktionen in bestimmten Bereichen als unendliche Reihen (sogenannte **Potenzreihen**) darstellen lassen. So ist

$$\sin x = x - \frac{x^3}{3!} + \frac{x^5}{5!} - \frac{x^7}{7!} + - \cdots$$

$$\cos x = 1 - \frac{x^2}{2!} + \frac{x^4}{4!} - \frac{x^6}{6!} + - \cdots$$

$$\tan x = x + \frac{1}{3}x^3 + \frac{2}{15}x^5 + \frac{17}{315}x^7 + \cdots$$

$$\cot x = \frac{1}{x} - \frac{1}{3}x - \frac{1}{45}x^3 - \frac{2}{945}x^5 - \cdots$$

(5.89)

Die Argumente x sind hier stets im Bogenmaß einzusetzen. Die sin-Reihe und die cos-Reihe „konvergieren" für beliebige **R**, die tan-Reihe für $|x| < \frac{\pi}{2}$ und die cot-Reihe für $0 < |x| < \pi$.

Auch die zyklometrischen Funktionen können in Potenzreihen entwickelt werden, die Darstellungen gelten jeweils für $|x| < 1$:

$$\arcsin x = x + \frac{1}{2} \cdot \frac{x^3}{3} + \frac{1 \cdot 3}{2 \cdot 4} \cdot \frac{x^5}{5} + \frac{1 \cdot 3 \cdot 5}{2 \cdot 4 \cdot 6} \cdot \frac{x^7}{7} + \cdots$$

$$\arccos x = \frac{\pi}{2} - x - \frac{1}{2} \cdot \frac{x^3}{3} - \frac{1 \cdot 3}{2 \cdot 4} \cdot \frac{x^5}{5} - \frac{1 \cdot 3 \cdot 5}{2 \cdot 4 \cdot 6} \cdot \frac{x^7}{7} - \cdots$$

$$\arctan x = x - \frac{x^3}{3} + \frac{x^5}{5} - \frac{x^7}{7} + - \cdots$$

$$\text{arccot } x = \frac{\pi}{2} - x + \frac{x^3}{3} - \frac{x^5}{5} + \frac{x^7}{7} - + \cdots$$

(5.90)

Wenn bestimmte Operationen mit trigonometrischen oder zyklometrischen Funktionen auszuführen sind, ist es häufig günstig, diese Funktionen als Potenzreihen darzustellen. Eine solche Darstellung gestattet es, Funktionswerte zu berechnen, insbesondere gibt sie Anlass zu Näherungsformeln und erlaubt, deren Genauigkeit abzuschätzen.

Ist der Winkel x betragsmäßig sehr klein, dann werden erst recht höhere Potenzen von x so klein, dass sie in den Reihendarstellungen vernachlässigt werden können.

Für betragsmäßig hinreichend kleine Winkel x (in Bogenmaß) ist näherungsweise $\sin x \approx x \approx \tan x$ und $\cos x \approx 1$. Aus (5.21), (5.23) bzw. (5.25), (5.26) erhält man für genügend kleine $|x|$, $|y|$ $\sin(x \pm y) \approx \sin \pm \sin y$ und $\tan(x \pm y) \approx \tan x \pm \tan y$, deshalb auch $\sin kx \approx k \sin x$ und $\tan kx \approx k \tan x$.

BEISPIEL

5.65 Für die Periodendauer T einer harmonischen Schwingung gilt $T = 2\pi \cdot \sqrt{\dfrac{my}{F}}$, wobei m die schwingende Masse, y den Ausschlag aus der Ruhelage und F die rücktreibende Kraft bezeichnet. Berechnet werden soll die Periodendauer des mathematischen Pendels!

Lösung: Der jeweilige Ausschlag y ist der zum Winkel α gehörige Bogen $y = a \cdot l$, für die rücktreibende Kraft gilt $F = G \cdot \sin\alpha = mg \cdot \sin\alpha$ (Bild 5.67).

Daher ist $T = 2\pi \cdot \sqrt{\dfrac{ml\alpha}{mg\sin\alpha}} = 2\pi \cdot \sqrt{\dfrac{l}{g} \cdot \dfrac{\alpha}{\sin\alpha}}$ und wegen $\alpha \approx \sin\alpha$ auch

$T \approx 2\pi \cdot \sqrt{\dfrac{l}{g}}$.

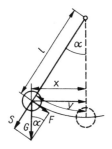

Bild 5.67

(Hinweis: Bei dreistelliger Rechnung ist die Formel brauchbar für Ausschläge mit $|\alpha| \leq 0{,}09$, d.h. für $|\alpha| \leq 5°$.) ∎

Zum Schluss werden einige **Näherungsformeln** zusammengestellt.

Da sich die trigonometrischen Funktionen durch Potenzreihen darstellen lassen, bieten sich die aus den ersten Gliedern gebildeten Partialsummen als Näherungen an. So kann die Funktion $y_1(x) = \sin x$ durch $y_2(x) = x - \dfrac{1}{6}x^3 + \dfrac{1}{120}x^5$ approximiert werden. Die nächste zugehörige Partialsumme ist $y(x) = y_2(x) - \dfrac{1}{5040}x^7$.

Gute Näherungsformeln für $y_1(x) = \sin x$ sind auch

$y_3(x) = 1{,}00029x - 0{,}167937x^3 + 0{,}009283x^5$, $y_4(x) = \left[\left(\dfrac{x^2}{20}+1\right)^{-1} \cdot 10 - 7\right] \cdot \dfrac{x}{3}$ und

$y_5(x) = \left[1 - \left[\left(\dfrac{x^2}{42}+1\right)^{-1} \cdot 21 - 11\right] \cdot \dfrac{x^2}{60}\right] \cdot x$ für $|x| \leq 1$.

Die zugehörigen Kurven sind in Bild 5.68 dargestellt.

5.8 Näherungsformeln für trigonometrische Funktionen

Die Funktion $y(x) = \cos x$ hat die Reihendarstellung

$$y(x) = 1 - \frac{1}{2!}x^2 + \frac{1}{4!}x^4 - \frac{1}{6!}x^6 + - \cdots.$$

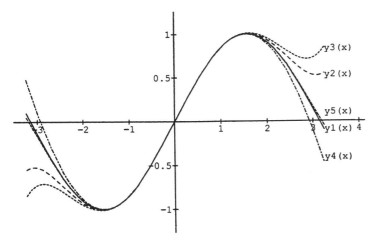

Bild 5.68

Wichtige Formeln sind auch

$\cos x \approx 1 - 0{,}500000 x^2 + 0{,}041667 x^4 - 0{,}001389 x^6,$

$\cos x \approx 1 - 0{,}49670 x^2 + 0{,}03705 x^4,$

$\cos x \approx 1 - \left[\left(\dfrac{x^2}{30}+1\right)^{-1} \cdot 5 - 3\right] \cdot \dfrac{x^2}{4},$

$\tan x \approx 1{,}00000 x + 0{,}33336 x^3 + 0{,}13285 x^5,$ $\qquad \tan x \approx \dfrac{x}{6}\left[1 + 5 \cdot \left(1 - \dfrac{2}{5} x^2\right)^{-1}\right],$

$\cot x \approx \dfrac{1}{x} - 0{,}33333 x - 0{,}02222 x^3 - 0{,}00210 x^5.$

In vielen Taschenrechnern und bei zahlreichen Computerprogrammen werden die Werte der trigonometrischen und zyklometrischen Funktionen nach speziellen Verfahren, den CORDIC-Algorithmen[1] (Pseudodivisions- und Pseudomultiplikationsprozesse) berechnet.

Der Algorithmus kann hier nicht dargestellt werden. Es soll aber noch einmal darauf hingewiesen werden, dass die Funktionswerte von trigonometrischen und zyklometrischen Funktionen in Taschenrechnern und Computern nach Aufforderung *berechnet* werden und auf keinen Fall wie in einer Funktionstabelle dort gespeichert sind.

---

[1] CORDIC bedeutet: Coordinate Rotation Digital Computer. Die Verfahren wurden 1959 von J. E. VOLDER aufgestellt.

6 Grenzwerte und Stetigkeit

6.1 Zahlenfolgen und Reihen

6.1.1 Zahlenfolgen, arithmetische und geometrische Folge

Arithmetische Folgen

Eine reelle Zahlenfolge, kurz eine *Folge*, ist eine fortlaufende Anordnung reeller Zahlen.

$$a_1, a_2, a_3, a_4, \ldots,$$

bei der jede Stelle mit einer wohlbestimmten reellen Zahl besetzt ist. Die einzelnen Zahlen heißen *Glieder* der Folge, mit a_n wird das allgemeine Glied der Folge bezeichnet. Hierbei markiert der Index n die Stelle, an der sich das Glied in der Zahlenfolge befindet. Beispiele für Zahlenfolgen sind

$$\{a_n\} = 1, 3, 5, 7, 9, 11, \ldots$$

$$\{a_n\} = -1, 1, -1, 1, \ldots$$

$$\{a_n\} = \frac{1}{2}, \frac{1}{3}, \frac{1}{4}, \frac{1}{5}, \ldots$$

Im ersten Beispiel – der Zahlenfolge der ungeraden natürlichen Zahlen – fällt auf, dass zwischen aufeinanderfolgenden Gliedern die Differenz 2 besteht. Dies führt uns zu einem ersten einfachen Typ von Zahlenfolgen, den arithmetischen Folgen, die allgemein definiert sind durch:

Unter einer arithmetischen Zahlenfolge $\{a_n\}$ versteht man eine (gesetzmäßige) Anordnung von Zahlen, bei der die Differenz zweier aufeinanderfolgender Glieder den konstanten Wert d hat.

Die Differenz zweier aufeinanderfolgender Glieder a_n und a_{n+1} ist

$$d = a_{n+1} - a_n \tag{6.1}$$

Die Differenz kann positiv oder negativ sein, je nachdem, ob die Folge steigt oder fällt.

Zum Beispiel ist

$-8, -5, -2, 1, 4, \ldots$ eine steigende Folge $(d = 3)$,

$7, 4, 1, -2, -5, \ldots$ eine fallende Folge $(d = -3)$.

Negative Glieder können also in steigenden wie auch in fallenden Folgen auftreten.

6.1 Zahlenfolgen und Reihen

Allgemeines Glied einer arithmetischen Folge

Wir bezeichnen das 1. Glied (Anfangsglied) mit a_1, das 2. Glied mit a_2, das n-te („allgemeine") Glied mit a_n. Die konstante Differenz werde d genannt. Dann nimmt die arithmetische Folge die allgemeine Form an:

$$\{a_n\} = a_1, a_2, a_3, \ldots, a_n, \ldots \quad \text{oder}$$

$$\{a_n\} = a_1, a_1 + d, a_1 + 2d, \ldots a_1 + nd - d, \ldots \quad \text{mit}$$

$$a_{n+1} = a_n + d, \quad n = 1, 2, 3, \ldots$$

$$a_2 = a_1 + d, \quad a_3 = a_2 + d = a_1 + 2d, \quad a_4 = a_3 + d = a_1 + 3d.$$

Das heißt, es folgt:

> Für das n-te Glied der Folge gilt
> $$a_n = a_1 + (n-1) \cdot d \qquad (6.2)$$

In (6.2) bedeuten a_1 das Anfangsglied, d die Differenz, n die Nummer des Gliedes.

Addiert man die beiden Nachbarglieder eines beliebigen Gliedes a_n und teilt die erhaltene Summe durch 2, so erhält man das Glied a_n selbst. Es ist also $a_2 = (a_1 + a_3) : 2$ und $a_3 = (a_2 + a_4) : 2$ oder allgemein:

Jedes Glied der arithmetischen Folge ist gleich dem arithmetischen Mittel der benachbarten Glieder. (Daher der Name „arithmetische" Folge!)

> $$a_n = \frac{a_{n-1} + a_{n+1}}{2} \qquad (6.3)$$

Zum Beispiel ergibt sich in der oben angeführten fallenden Folge das 3. Glied aus $\frac{4-2}{2} = 1$, das 4. Glied aus $\frac{1-5}{2} = -2$.

Der allgemeine Beweis für die Gleichung (6.3) ist wie folgt zu führen:

$$\frac{a_{n-1} + a_{n+1}}{2} = \frac{a_1 + (n-2)d + a_1 + nd}{2} = \frac{2[a_1 + (n-1)d]}{2} = a_n$$

Summe der arithmetischen Folge

Die *Summe* s_n von n Gliedern einer arithmetischen Folge lässt sich leicht berechnen, wenn das Anfangsglied a_1, die Anzahl der Glieder n und das Endglied a_n bekannt sind.

Fasst man in der Reihe $5 + 8 + 11 + 14 + 17 + 20$ das erste und letzte Glied, das zweite und vorletzte usw. zusammen und schreibt: $(5 + 20) + (8 + 17) + (11 + 14)$, so erhält man eine Reihe von 3 gleichen Gliedern, deren Summe als Produkt geschrieben werden kann: $s = 3 \cdot 25 = 75$.

334   6 Grenzwerte und Stetigkeit

Verallgemeinert ergibt sich hieraus die

Summenformel $\quad s_n = \dfrac{n}{2}(a_1 + a_n)$ (6.4)

oder $\quad\quad\quad\quad\ \ s_n = \dfrac{n}{2}\left[2a_1 + (n-1)\cdot d\right]$ (6.5)

Die Formel (6.4) kann man leicht auch allgemein ableiten, indem man die Summe s_n in zweifacher Weise ausdrückt und diese beiden Formeln addiert:

$s_n = a_1 \quad +(a_1+d)+(a_1+2d)+...+(a_n-2d)+(a_n-d)+ \quad a_n$

$s_n = a_n \quad +(a_n-d)+(a_n-2d)+...+(a_1+2d)+(a_1+d)+ \quad a_1$

$2s_n = (a_1+a_n)+(a_1+a_n)+...+(a_1+a_n)+(a_1+a_n)+(a_1+a_n) = n(a_1+a_n)$

$s_n = \dfrac{n}{2}(a_1+a_n)$

Die Formeln für das Endglied a_n und die Summe s_n enthalten fünf verschiedene Größen: a_1, d, n, a_n, s_n. Mit Hilfe von (6.2) und (6.5) können 2 unbekannte Größen ermittelt werden, wenn 3 von den 5 hier auftretenden Größen gegeben sind. Die Lösungswege sind sehr unterschiedlich und führen zum Teil auf quadratische Gleichungen.

BEISPIELE

6.1   Die ersten zwei Glieder einer arithmetischen Folge sind 13 und 8. Wie groß sind das 7. Glied und die Summe der 7 Glieder?

Lösung: $d = -5;\quad a_7 = a_1 + (7-1)d = 13 + 6\cdot(-5) = -17$

$s_7 = \dfrac{7}{2}\cdot(a_1+a_7) = \dfrac{7}{2}\cdot(13-17) = -14$ ∎

6.2   Das 3. und 8. Glied einer arithmetischen Folge ergeben zusammen 67,5; das 5. und 10. Glied ergeben zusammen 53,5. Wie heißt das 15. Glied?

Lösung: $\quad a_3 = a_1 + 2d \quad\quad\quad a_5 = a_1 + 4d$

$\quad\quad\quad\ \ \underline{a_8 = a_1 + 7d}\quad\quad\quad\ \underline{a_{10} = a_1 + 9d}$

$\quad\quad\quad\ \ 67,5 = 2a_1 + 9d \quad\quad 53,5 = 2a_1 + 13d$

Aus $2a_1 = 67,5 - 9d = 53,5 - 13d$ ergibt sich $d = -3,5$

und durch Einsetzen: $\ 2a_1 = 67,5 - 9\cdot(-3,5) = 99;\quad a_1 = 49,5;$

$a_{15} = a_1 + 14\cdot d = 49,5 + 14(-3,5) = 0,5$ ∎

6.3   Von einer arithmetischen Folge sind bekannt:

$a_1 = \dfrac{10}{3}, \quad d = \dfrac{4}{3}, \quad s_n = 448.$ Gesucht sind n und a_n!

6.1 Zahlenfolgen und Reihen

Lösung: $a_n = \frac{10}{3} + (n-1)\frac{4}{3} = \frac{6}{3} + \frac{4}{3}n$

$s_n = \frac{n}{2}\left(\frac{10}{3} + \frac{6}{3} + \frac{4}{3}n\right) = \frac{8}{3}n + \frac{2}{3}n^2$ führt auf die quadratische Gleichung

$n^2 + 4n - 672 = 0$[1] mit den Wurzeln $n_1 = 24$ und $n_2 = -28$. Hiervon ist nur der erste Wert brauchbar, da die Anzahl der Glieder nicht negativ sein kann, also $n = 24$.

Das Endglied $a_n = a_{24} = \frac{10}{3} + 23 \cdot \frac{4}{3} = 34$. ∎

6.4 Wir groß ist die Summe der ersten n geraden Zahlen?

Lösung: $s = 2 + 4 + 6 + \ldots + 2n$, Anzahl der Glieder n, $a_1 = 2$ und $a_n = 2n$, folglich ist

$s_n = \frac{n}{2}(a_1 + a_n) = \frac{n}{2}(2 + 2n) = n(n+1)$ ∎

Bemerkung: Eine andere Schreibweise verwendet das Summenzeichen Σ (gelesen: Sigma). Die Summe s_n der ersten n geraden Zahlen ist dann

$$\sum_{v=1}^{n} 2v = 2 + 4 + 6 + \ldots + 2n = n(n+1)$$

6.5 Wie groß ist $s_n = \sum_{v=1}^{n} v$?

Lösung: $s_n = 1 + 2 + 3 + \ldots + n$ (Summe der ersten n natürlichen Zahlen)

$a_1 = 1, a_n = n$, die Anzahl der Glieder ist n, folglich ist

$s_n = \frac{n}{2}(a_1 + a_n) = \frac{n}{2}(1+n)$ ∎

Arithmetische Interpolation

Will man zwischen zwei Zahlen a und b weitere m Zahlen einschalten (interpolieren), so dass eine arithmetische Folge entsteht, dann gilt für die Differenz der Folge:

$$d_i = \frac{b-a}{m+1} \quad (6.6)$$

a Anfangsglied, m Anzahl der eingeschalteten Glieder,
b Endglied, d_i Differenz der entstandenen arithmetischen Folge.

BEISPIEL

6.6 Zwischen die Zahlen 20 und 50 sollen 4 Glieder eingeschaltet werden (arithmetische Interpolation).

Lösung: $m = 4$, $a = 20$, $b = 50$, $d_i = 6$, demnach entsteht die Folge:
20, 26, 32, 38, 44, 50. ∎

---

[1] s. Abschnitt 4.2.3 Quadratische Gleichungen

Arithmetische Folgen höherer Ordnung

Die bisher behandelten arithmetischen Folgen nennt man **Folgen 1. Ordnung**. Sie sind dadurch gekennzeichnet, dass ihre 1. Differenzenfolge konstante Glieder aufweist:

7		10		13		16	Folge
	3		3		3		1. Differenzenfolge
		0		0			2. Differenzenfolge

Eine arithmetische Folge **2. Ordnung** weist erst in der 2. Differenzenfolge konstante Glieder auf, während ihre 1. Differenzenfolge eine Folge 1. Ordnung darstellt.

Ein Beispiel für eine arithmetische Folge zweiter Ordnung ist die Folge der Quadratzahlen

1		4		9		16		25		36	Folge (Quadratzahlen)
	3		5		7		9		11		1. Differenzenfolge (ungerade Zahlen)
		2		2		2		2			2. Differenzenfolge

Es ist auch möglich, eine Summenformel für die Summe der ersten n Quadratzahlen abzuleiten. Sie sei hier zur Ergänzung ohne Beweis angeführt. Die Summe der ersten n Quadratzahlen ist gegeben durch

$$s_n = \sum_{\nu=1}^{n} \nu^2 = 1^2 + 2^2 + 3^2 + \cdots + n^2 = \frac{n(n+1)(2n+1)}{6} \tag{6.7a}$$

Zum Beispiel ist die Summe der ersten 5 Quadratzahlen

$$s_5 = \frac{5 \cdot 6 \cdot (2 \cdot 5 + 1)}{6} = 55$$

Eine arithmetische *Folge 3. Ordnung* weist erst in der 3. Differenzenfolge konstante Glieder auf. Ihre 1. Differenzenfolge ist eine Folge 2. Ordnung, ihre 2. Differenzenfolge eine Folge 1. Ordnung.

Ein Beispiel für eine arithmetische Folge 3. Ordnung sind die Kubikzahlen

1		8		27		64		125	...	Folge (Kubikzahlen)
	7		19		37		61		...	1. Differenzenfolge
		12		18		24		...		2. Differenzenfolge
			6		6		...			3. Differenzenfolge

Die Summe der ersten n Kubikzahlen ist gegeben durch:

$$s_n = \sum_{\nu=1}^{n} \nu^3 = 1^3 + 2^3 + 3^3 + \ldots + n^3 = \frac{n^2(n+1)^2}{4}$$

(Auf den Beweis dieser Summenformel wird verzichtet!)

6.1 Zahlenfolgen und Reihen

Da $\frac{n}{2}(n+1)$ die Summe der ersten n natürlichen Zahlen ist, kann man auch schreiben:

$$s_n = \sum_{v=1}^{n} v^3 = \left[\frac{n(n+1)}{2}\right]^2 = \left[\sum_{v=1}^{n} v\right]^2 \qquad (6.7b)$$

Zum Beispiel ist die Summe der ersten 5 Kubikzahlen

$$s_5 = \frac{5^2 \cdot 6^2}{4} = 225$$

Funktionaler Zusammenhang: a_n als Funktion von n

In einer bestimmten arithmetischen Folge hängt die Größe des allgemeinen Gliedes a_n von der Stelle n ab, an der es in der Folge steht: a_n ist also eine Funktion von n. Die Art des funktionalen Zusammenhanges soll untersucht werden.

Allgemein gilt: $\quad a_n = a_1 + (n-1)d$

oder $\qquad\qquad a_n = nd + a_1 - d$

Sind a_1 und d gegeben und betrachtet man n als Variable, so hängt a_n linear von n ab. Stellt man a_n als Funktion von n graphisch dar, so erhält man als „Kurve" eine isolierte Punktreihe, die auf einer Geraden liegt.

BEISPIEL

6.7 $\quad a_1 = 1; \; d = 0,5$.

Folge: $a_1 = 1; \; a_2 = 1,5; \; a_3 = 2; \; a_4 = 2,5; \; a_5 = 3; \; \ldots$ (siehe Bild 6.1). ∎

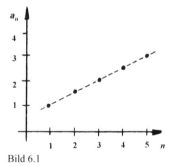

Bild 6.1

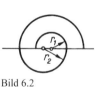

Bild 6.2

AUFGABEN

6.1 Berechnen Sie die fehlenden Größen:

	a)	b)	c)	d)	e)	f)
a_1	5	53	-3	-8	–	–
d	3	-4	5	0,4	4	0,75
n	10	13	–	–	–	–
a_n	–	–	–	–	39	7
s_n	–	–	552	244	207	32,5

6.2 a) Wie groß ist die Summe der ersten n ungeraden Zahlen?
    b) Wie schreibt man diese Summe mit dem Summenzeichen?

6.3 Im luftleeren Raum fällt ein Körper in der 1. Sekunde etwa 4,9 m, in jeder folgenden Sekunde 9,8 m mehr als in der vorhergehenden.
    a) Wie viele m fällt er in der 10. Sekunde?
    b) Wie groß ist der Fallweg in den ersten 10 Sekunden und in den folgenden 10 Sekunden?

6.4 Eine Schar von Halbkreisen, deren Radien eine arithmetische Folge bilden, erzeugen, wenn sie so aneinandergesetzt werden wie in Bild 6.2 dargestellt, eine Spirale.
    a) Wie groß ist der 10. Halbkreisbogen, wenn $r_1 = 1$ cm und $r_2 = 1,5$ cm ist?
    b) Wie groß ist die Gesamtlänge der Spirale bis zum 10. Halbkreisbogen?

6.5 Ein Vollkreis (360°) soll so in 6 Sektoren aufgeteilt werden, dass die zugehörigen Zentriwinkel von Sektor zu Sektor um 10° wachsen. Wie lautet die Folge der Zentriwinkel?

6.6 Wie lautet die Summe aller durch 11 teilbaren zweiziffrigen Zahlen?

6.7 Zwischen den Zahlen 7 und 16 sollen 5 Zahlen so eingeschaltet werden, dass eine arithmetische Folge entsteht. Wie lautet die Folge, und wie groß ist die Summe aller Glieder?

6.8 Wie groß ist die Summe der Quadratzahlen von 25 bis 100?

6.9 Berechnen Sie die Differenz $6^3 - \sum_{n=3}^{5} n^3$.

Geometrische Folgen

Die Folge $\{a_n\} = 4, 8, 16, 32, 64, \ldots$

bzw. $\{a_n\} = 4,\ 4\cdot 2,\ 4\cdot 2^2,\ 4\cdot 2^3,\ 4\cdot 2^4, \ldots$

heißt eine *geometrische Folge*. Die zugrunde liegende Gesetzmäßigkeit besteht darin, dass jedes Glied aus dem vorhergehenden durch Multiplikation mit dem gleichen Faktor (in unserer Zahlenfolge der Faktor 2) hervorgeht, oder anders ausgedrückt, dass der Quotient q zweier aufeinanderfolgender Glieder über die ganze Folge konstant ist.

Die geometrische Folge kann allgemein dargestellt werden in der Form:

$$\{a_n\} = a_1,\ a_1 \cdot q,\ a_1 \cdot q^2,\ a_1 \cdot q^3, \ldots, a_1 \cdot q^n, \ldots$$

Unter einer geometrischen Folge $\{a_n\}$ versteht man eine (gesetzmäßige) Anordnung von Zahlen, bei denen der Quotient zweier aufeinanderfolgender Glieder den Wert q hat

Der Quotient q zweier aufeinanderfolgender Glieder a_n und a_{n+1} ist

$$q = \frac{a_{k+1}}{a_k} \qquad (6.8)$$

6.1 Zahlenfolgen und Reihen

Folgende Fälle sind zu unterscheiden:

1. q ist positiv (alle Glieder haben gleiches Vorzeichen)

   $q > 1$, z. B. 3, 9, 27, 81, ...; die Folge steigt ($q = 3$)

   $q < 1$, z. B. 64, 32, 16, 8, ...: die Folge fällt $\left(q = \dfrac{1}{2}\right)$

   $q = 1$, z. B. 3, 3, 3, 3, ...; alle Glieder der Folge sind gleich.

   Ist das Anfangsglied negativ, dann sind bei positivem q alle Glieder negativ, z. B.

   $-2, -6, -18, -54, -162, \ldots$; die absoluten Beträge steigen ($q = 3$)

   $-24, -12, -6, -3, -\dfrac{3}{2}, \ldots$; die absoluten Beträge fallen $\left(q = \dfrac{1}{2}\right)$

2. q ist negativ (die Glieder haben abwechselndes Vorzeichen), z. B.

   $3, -6, 12, -24, 48, \ldots$; die Folge ist **alternierend**[1] ($q = -2$)

Allgemeines Glied der geometrischen Folge

Wir bezeichnen wieder das 1. Glied (Anfangsglied) mit a_1, das 2. Glied mit a_2, das allgemeine n-te Glied mit a_n, der konstante Quotient wird q genannt. Dann nimmt die geometrische Folge die allgemeine Form an:

$$\{a_n\} = a_1, a_2, a_3, \ldots a_n, \ldots$$

oder $\{a_n\} = a_1, a_1 \cdot q, a_1 \cdot q^2, \ldots a_1 \cdot q^{n-1}, \ldots$

Das 4. Glied ist $a_1 \cdot q^3$, das 10. Glied ist $a_1 \cdot q^9$; für das n-te Glied erhält man die Darstellung

$$a_n = a_1 \cdot q^{n-1} \tag{6.9}$$

Multipliziert man die beiden Nachbarglieder eines beliebigen Gliedes a_n und zieht aus dem Produkt die Quadratwurzel, so erhält man das Glied a_n selbst. Es ist also z. B.

$$|a_3| = \sqrt{a_2 \cdot a_4} = \sqrt{a_1 q \cdot a_1 q^3} = |a_1| q^2$$

oder allgemein

$$|a_n| = \sqrt{a_{n-1} \cdot a_{n+1}} \tag{6.10}$$

Die Formel (6.10) bedeutet: Der Betrag jedes Gliedes einer geometrischen Folge ist gleich dem *geometrischen Mittel der benachbarten Glieder* (daher der Name „geometrische" Folge).

---

[1] alternierend bedeutet abwechseln, in diesem Fall ständig wechselndes Vorzeichen

Gleichung (6.10) wird wie folgt bewiesen:

$$\sqrt{a_{n-1} \cdot a_{n+1}} = \sqrt{a_1 q^{n-2} a_1 q^n} = \sqrt{a_1^2 q^{2n-2}} = |a_1 q^{n-1}| = |a_n|$$

Hinweis: Durch die Gleichung (6.10) ist das Glied a_n nur seinem absolutem Wert nach, aber nicht in Bezug auf das Vorzeichen bestimmt. Ist z. B. $a_1 = 3$, $a_3 = 27$, so erhält man für a_2:

$$a_2 = \pm\sqrt{3 \cdot 27} = \pm 9$$

Handelt es sich in diesem Beispiel um eine steigende geometrische Folge, so ist das positive Vorzeichen in Ansatz zu bringen; liegt eine alternierende Folge vor, so muss der negative Wert gewählt werden.

Summe der ersten n Glieder einer geometrischen Folge

Um die Summe der n Glieder einer geometrischen Folge zu erhalten, bildet man

$$
\begin{array}{rl}
s_n = & a_1 + a_1 q + a_1 q^2 + \ldots + a_1 q^{n-1} \qquad \vert\ + \\
s_n \cdot q = & a_1 q + a_1 q^2 + \ldots + a_1 q^{n-1} + a_1 q^n \qquad \vert\ - \\
\hline
s_n - s_n \cdot q = & a_1 \phantom{+ a_1 q + a_1 q^2 + \ldots + a_1 q^{n-1}} - a_1 q^n
\end{array}
$$

Daraus folgt die Summe

$$s_n = \frac{a_1(1-q^n)}{1-q} \quad \text{(für } q < 1\text{)} \tag{6.11a}$$

oder

$$s_n = \frac{a_1(q^n-1)}{q-1} \quad \text{(für } q > 1\text{)} \tag{6.11b}$$

Multipliziert man den Zähler aus und setzt $a_1 q^n = a_1 q^{n-1} \cdot q = a_n \cdot q$, dann nimmt die Summenformel folgende Gestalt an:

$$s_n = \frac{a_1 - a_n q}{1 - q} \quad \text{(für } q < 1\text{)}$$

$$s_n = \frac{a_n q - a_1}{q - 1} \quad \text{(für } q > 1\text{)} \tag{6.12}$$

In den Formeln für das allgemeine Glied a_n und die Summe s_n treten die 5 Größen a_1, q, n, a_n, s_n auf. Sind 3 Größen hiervon bekannt, dann sind die übrigen berechenbar (2 Gleichungen mit 2 Unbekannten). Wir beschränken uns auf einfache Beispiele, denn hier gibt es Aufgaben recht schwieriger Art, was bei der arithmetischen Folge nicht der Fall ist.

BEISPIELE

6.8 Wie groß ist a) das 9. Glied, b) die Summe der ersten 9 Glieder der geometrischen Folge: $\frac{1}{8}, \frac{1}{4}, \frac{1}{2}, \ldots$?

6.1 Zahlenfolgen und Reihen

Lösung: $a_1 = \dfrac{1}{8}$, $q = 2$, $n = 9$

$a_n = a_9 = a_1 \cdot q^{n-1} = \dfrac{1}{8} \cdot 2^8 = 32$

$s_n = s_9 = \dfrac{a_9 q - a_1}{q - 1} = \dfrac{32 \cdot 2 - \dfrac{1}{8}}{2 - 1} = \dfrac{511}{8}$ ∎

6.9 Die Teilkreisradien dreier hintereinander geschalteter Zahnräder bilden eine geometrische Folge (r_1, r_2, r_3). Wie groß ist r_2, wenn $r_1 = 54$ mm und $r_3 = 96$ mm ist?

Lösung: $r_2 = \sqrt{r_1 \cdot r_3}$ (geometrisches Mittel der Nachbarglieder)

$r_2 = \sqrt{54 \text{ mm} \cdot 96 \text{ mm}} = \sqrt{2^6 \cdot 3^4}$ mm $= 72$ mm ∎

6.10 Berechnen Sie die Summe der ersten n Glieder der geometrischen Folge

$\{a_n\} = a^{m-1}, a^{m-2}b, a^{m-3}b^2, \ldots, a^{m-n}b^{n-1}, \ldots$ ($a \neq 0, b \neq 0, m \in \mathbf{N}$ beliebig).

Lösung: $a_1 = a^{m-1}$, $a_n = a^{m-n}b^{n-1}$, $q = \dfrac{b}{a}$. Nach Formel (6.11) folgt

$s_n = a^{m-1} \cdot \dfrac{1 - \left(\dfrac{b}{a}\right)^n}{1 - \dfrac{b}{a}} = a^{m-n} \cdot \dfrac{a^n - b^n}{a - b}$

Für den Fall $n = m$ gilt also:

$s_m = a^{m-1} + a^{m-2}b + \ldots + ab^{m-2} + b^{m-1} = \dfrac{a^m - b^m}{a - b}$.

Bemerkung: Der Ausdruck $a^m - b^m$ ist stets durch $a - b$ ohne Rest teilbar. Zum Beispiel ist

$(a^2 - b^2) : (a - b) = a + b$
$(a^4 - b^4) : (a - b) = a^3 + a^2 b + ab^2 + b^3$,
$(x^3 - 1) : (x - 1) = x^2 + x + 1$ ∎

6.11 Das Anfangsglied einer geometrischen Folge ist $a_1 = -1{,}5$, der Quotient $q = -2$, die Summe $s_n = 127{,}5$. Welchen Wert hat n, und wie heißt das Glied a_n?

Lösung: Aus $s_n = a_1 \dfrac{q^n - 1}{q - 1} = -1{,}5 \cdot \dfrac{(-2)^n - 1}{-2 - 1} = 127{,}5$ erhält man die Gleichung

$(-2)^n = 256$. Da der Potenzwert positiv ist, muss n gerade sein; es gilt darum auch $2^n = 256$, beiderseits logarithmiert: $n \cdot \ln 2 = \ln 256 = \ln 2^8 = 8 \ln 2$, also $n = 8$

$a_8 = -1{,}5 \cdot (-2)^7 = -1{,}5 \cdot (-128) = 192$ ∎

Geometrische Interpolation

Will man zwischen zwei voneinander verschiedenen Zahlen $a > 0$ und $b > 0$ weitere m Zahlen ($m > 1$) einschalten (interpolieren), so dass eine geometrische Folge mit $a_1 = a$ und $a_{m+2} = a \cdot q_i^{m+1} = b$ entsteht, so gilt für den Quotienten der Folge:

$$q_i = \sqrt[m+1]{\frac{b}{a}} \qquad (6.13)$$

BEISPIEL

6.12 Zwischen den Zahlen 3 und 96 sollen 4 Zahlen so eingeschaltet werden, dass eine geometrische Folge entsteht. Wie lautet diese Folge?

Lösung: $\frac{b}{a} = 32$, $m = 4$, $q_i = \sqrt[m+1]{\frac{b}{a}} = \sqrt[5]{32} = 2$

Folge: 3, 6, 12, 24, 48, 96 ∎

Funktionaler Zusammenhang: a_n als Funktion von n

In einer bestimmten geometrischen Folge hängt die Größe des allgemeinen Gliedes a_n von der Stelle n ab, an der es in der Folge steht: a_n ist also eine Funktion von n. Die Art des funktionalen Zusammenhanges soll untersucht werden.

Allgemein gilt: $a_n = a_1 q^{n-1}$

oder $\quad a_n = \frac{a_1}{q} q^n$

Sieht man hier n als veränderlich, a_1 und q als konstant an, so ist dieser Zusammenhang eine Exponentialfunktion (s. Kapitel 4). Stellt man a_n als Funktion von n dar, so erhält man als „Kurve" eine isolierte Punktreihe, die auf einer Exponentialkurve liegt.

BEISPIEL

6.13. $a_1 = 0{,}5$; $q = 2$.

Folge: $a_1 = 0{,}5$; $a_2 = 1$; $a_3 = 2$; $a_4 = 4$; $a_5 = 8$; …; Darstellung Bild 6.3 ∎

6.1 Zahlenfolgen und Reihen

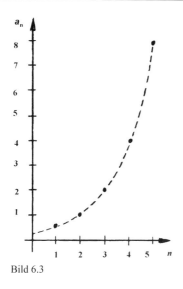

Bild 6.3

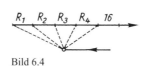

Bild 6.4

AUFGABEN

6.10 a) Wie groß ist die Summe aller Potenzen von 2 mit den Exponenten $n = 1$ bis $n = 10$?
b) Wie schreibt man diese geometrische Reihe mit dem Summenzeichen Σ?

6.11 Ein Widerstand ($R = 256\,\Omega$) von 4 Stufen (Bild 6.4) ist so gebaut, dass der in jeder Stufe ausgeschaltete Widerstand proportional dem vorher vorhandenen ist. Der Endwiderstand sei $16\,\Omega$. Wie groß sind die Teilwiderstände R_1, R_2, R_3 und R_4?

6.12 Berechnen Sie die folgenden Summen
a) $1 - x + x^2 - x^3 + x^4 - x^5$
b) $a^4 - a^3 b + a^2 b^2 - a b^3 + b^4$

6.13 In einer geometrischen Folge ist das 2. Glied 6, und die Summe des 3. und 4. Gliedes 72. Wie heißt die Folge?

6.14 Bei einer Drehmaschine ist die niedrigste Drehzahl $16\,\text{min}^{-1}$ und die höchste $90\,\text{min}^{-1}$. Es sollen noch 4 dazwischenliegende möglich sein, die geometrisch abgestuft sind. Wie heißt die gesamte Drehzahlreihe? (Ergebnisse bis auf eine Dezimalstelle genau angeben.)

6.1.2 Der Grenzwert einer Zahlenfolge

Der Begriff des Grenzwertes spielt in der Mathematik eine außerordentlich wichtige Rolle, da sich mit den Mitteln der Elementarmathematik viele Probleme der Praxis nicht lösen lassen. Die grundlegenden Operationen in der „sogenannten" höheren Mathematik werden mit dem Begriff des Grenzwertes erklärt. Dieser Begriff des Grenzwertes soll zunächst an einigen Beispielen dargestellt werden.

Wenn man die reelle Zahl $\sqrt{3}$ berechnen will, kommt man bei der schrittweisen Berechnung auf eine Folge rationaler Zahlen:

$$\sqrt{3} \approx 1{,}7;\ 1{,}73;\ 1{,}732;\ 1{,}7320;\ \ldots,$$

deren Quadrate jeweils kleiner als 3 sind, sich aber der Zahl 3 ständig annähern:

$$3 \approx 2{,}89;\ 2{,}9929;\ 2{,}999824;\ \ldots$$

Die Frage ist nun, ob sich die Zahlenwerte der Glieder beim Fortschreiten in der Zahlenfolge einer Zahl – hier $\sqrt{3}$ – beliebig dicht nähern. Ist dies der Fall, so bezeichnet man die Folge als konvergente Zahlenfolge, (s. auch Abschnitt 6.1.3) und nennt diese Zahl Grenzwert der Zahlenfolge. Dieser Begriff bildet die Grundlage für die Differenzial- und Integralrechnung.

Die Eigenschaften der Zahlenfolgen lassen sich durch die Aufeinanderfolge der einzelnen Glieder erkennen. Ähnlich wie bei Funktionen weisen Zahlenfolgen Besonderheiten auf, die ihre Eigenschaften charakterisieren. So bezeichnet man Zahlenfolgen als:

(streng) monoton wachsend,   wenn für alle n gilt $a_n < a_{n+1}$,

(streng) monoton fallend,   wenn für alle n gilt $a_n > a_{n+1}$,

alternierend,   wenn für alle n gilt $a_n \cdot a_{n+1} < 0$, und

konstant,   wenn für alle n gilt $a_n = a_{n+1}$.

Dabei ist es oft notwendig, außer den Anfangsgliedern auch „weiter entfernte" Glieder zu betrachten, um die Eigenschaften einer Zahlenfolge erkennen zu können. Betrachtet man hierzu die beiden Zahlenfolgen mit den allgemeinen Gliedern $a_n = 3n$ bzw. $a_n = \dfrac{2n-1}{n}$, ($n = 1, 2, 3, \ldots$), d. h.

$$\{a_n\} = 3,\ 6,\ 9,\ 12,\ 15,\ \ldots,\ 3n,\ \ldots$$

bzw. $\{a_n\} = 1,\ \dfrac{3}{2},\ \dfrac{5}{3},\ \dfrac{7}{4},\ \dfrac{9}{5},\ \ldots,\ \dfrac{2n-1}{n},\ \ldots$

so stellt man fest, dass beide Zahlenfolgen *monoton wachsen*. Verfolgt man aber das Verhalten beider Zahlenfolgen, so stellt man einen wesentlichen Unterschied fest. So erhält man für $n = 1000$ bei der ersten Zahlenfolge $a_{1000} = 3000$, bei der zweiten Zahlenfolge $a_{1000} = \dfrac{1999}{2000} \approx 2$. Die erste Zahlenfolge wächst unbeschränkt, ihre Glieder überschreiten jede noch so große Zahl, die zweite Zahlenfolge dagegen ist beschränkt, auch bei noch so großem n wird kein Glied den Wert 2 erreichen. Der Grund besteht darin, dass der Zähler stets um 1 kleiner ist als der Nenner. Entscheidendes Fazit hierbei ist, dass das unbeschränkte Wachsen der ersten Folge und das Beschränktsein der zweiten Folge auf die Beschaffenheit der Anfangsglieder keinen Einfluss hat. Diese Eigenschaften, die durch die sogenannten „fernen" Glieder hervorgerufen werden und das Verhalten einer Folge bei unbeschränkt wachsender Gliedanzahl beschreiben, bezeichnet man als infinitär[1].

---

[1] infinitär (lat.) das Unendliche

6.1 Zahlenfolgen und Reihen

> Eine Zahlenfolge heißt *nach unten beschränkt,* wenn sich eine Zahl S_U angeben lässt, die gleich oder kleiner als alle Glieder der Zahlenfolge ist: $S_U \leq a_n$ für alle *n*.
>
> Eine Zahlenfolge heißt *nach oben beschränkt,* wenn sich eine Zahl S_O angeben lässt, die gleich oder größer als alle Glieder der Zahlenfolge ist: $S_O \geq a_n$ für alle *n*.
>
> Eine Zahlenfolge heißt beschränkt, wenn sie nach unten und nach oben beschränkt ist.

Die Zahlen S_U und S_O bezeichnet am als untere bzw. obere Schranke einer Zahlenfolge. Im allgemeinen Sprachgebrauch sind bei Anwendung der Zahlengeraden auch die Begriffe linke und rechte Schranke üblich sowie nach links bzw. nach rechts beschränkt. In unserem Fall hat die erste Zahlenfolge eine untere Schranke $S_U = 3$, eine obere Schranke existiert nicht, da die Folgenglieder gegen ∞ streben. Bei der zweiten Folge ist die untere Schranke $S_U = 1$ und die obere Schranke $S_O = 2$, diese Zahlenfolge ist somit beschränkt.

Betrachtet man nun die Zahlenfolge mit den alternierenden Gliedern $a_n = (-1)^n \cdot n^2$;

also $\{a_n\} = -1, 4, -9, 16, -25, \ldots, (-1)^n \cdot n^2, \ldots,$

so stellt man fest, dass die Glieder mit wachsendem *n* betragsmäßig immer größer werden. Wie man beim Aufzeichnen auf eine Zahlengerade feststellen kann, besitzt diese Zahlenfolge weder eine untere noch eine obere Schranke. Diese Zahlenfolgen sollen hier aber nicht näher untersucht werden. Ziel unserer Betrachtungen ist der exakt bestimmbare Grenzwert einer Zahlenfolge. Dazu betrachten wir ein weiteres Beispiel:

BEISPIEL

6.14 Die Zahlenfolge $\{a_n\} = \dfrac{1}{2}, \dfrac{2}{3}, \dfrac{3}{4}, \dfrac{4}{5}, \dfrac{5}{6}, \ldots, \dfrac{n}{n+1}, \ldots$

ist beschränkt, da kein Glied (auch bei noch so großem *n*) größer als 1 werden kann, da der Zähler stets kleiner als der Nenner ist. Mit wachsendem *n* nähern sich die Glieder dem Wert 1, ohne ihn jedoch zu erreichen. Die Glieder nähern sich aber auch jedem anderen Wert >1, denn der Abstand zu diesen Zahlen wird ebenfalls kleiner. Dieser Umstand soll deshalb näher untersucht werden. Zunächst formt man das allgemeine Glied um und erhält:

$$\frac{n}{n+1} = \frac{n+1-1}{n+1} = \frac{n+1}{n+1} - \frac{1}{n+1} = 1 - \frac{1}{n+1}$$

Nach der Umformung stellt man fest, dass jedes Glied der Zahlenfolge <1 ist und mit wachsendem *n* der Abstand zu der Zahl 1 stets kleiner wird.

Betrachtet man nun eine sehr kleine Zahl $\varepsilon > 0$, dann ist $1 - \varepsilon$ eine Zahl in der Nähe von 1. Feststellen kann man auch, dass es stets ein Glied der Zahlenfolge geben muss, das noch größer als $1 - \varepsilon$ ist, also noch näher an 1 liegt. Wie die nachfolgende Rechnung zeigt, muss dann

$a_n = 1 - \dfrac{1}{n+1} > 1 - \varepsilon$ sein. Dann ergibt sich nach Umformung $\dfrac{1}{n+1} < \varepsilon$.

Löst man die Ungleichung nach n auf, erhält man

$$n+1 > \dfrac{1}{\varepsilon} \quad \Rightarrow \quad n > \dfrac{1}{\varepsilon} - 1.$$

Damit ist der kleinste Wert, der von der Gliednummer n mindestens erreicht werden muss, abhängig von ε. Er wird deshalb mit $N(\varepsilon)$ bezeichnet. Im vorliegenden Fall ist $N(\varepsilon) > \dfrac{1}{\varepsilon} - 1$. Es gilt die folgende fortlaufende Ungleichung: $n \geq N(\varepsilon) > \dfrac{1}{\varepsilon} - 1$, d. h. jedes Glied der Zahlenfolge, deren Gliednummer $n \geq N(\varepsilon)$ ist, ist größer als $1 - \varepsilon$ und liegt im Intervall $(1 - \varepsilon, 1)$. Wählt man etwa $\varepsilon = 0{,}001$, wird für $n \geq N(\varepsilon) > \dfrac{1}{\varepsilon} - 1 = 999$ (also $N(\varepsilon) = 1000$) der Wert $a_n = \dfrac{n}{n+1} > 1 - \varepsilon = 0{,}999$ (s. Bild 6.5). Da nur endlich viele Glieder $a_1, a_2, a_3, \ldots, a_{999} \leq 0{,}999$ sind, müssen sämtliche anderen Glieder a_n im Intervall $0{,}999 < a_n < 1$ liegen. Der Abstand des Gliedes a_n von der Zahl 1 beträgt $|a_n - 1| = \dfrac{1}{n+1}$ und wird mit größerem n immer kleiner. Man sagt, die Zahlenfolge konvergiert[1] mit wachsendem n gegen den Grenzwert $g = 1$, und schreibt dafür kurz:

$$\lim_{n \to \infty} a_n = 1$$

(lies: limes[2] a_n für n gegen unendlich gleich 1)

Beachte: Das Gleichheitszeichen bedeutet nicht, dass der Grenzwert erreicht wird!

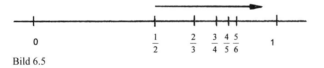

Bild 6.5

Allgemein gilt:

Die Zahlenfolge $\{a_n\}$ konvergiert gegen den Grenzwert g, wenn es zu jeder (beliebig kleinen) Zahl $\varepsilon > 0$ einen Index $N(\varepsilon)$ gibt, so dass

$$|a_n - g| < \varepsilon \quad \text{für alle } n \geq N(\varepsilon) \text{ gilt.}$$

g heißt Grenzwert oder Limes der Folge $\{a_n\}$ für $n \to \infty$, und man schreibt $\lim\limits_{n \to \infty} a_n = g$.

---

[1] vergere (lat.), sich neigen, convergere – zusammenstreben
[2] limes (lat.) die Grenze

6.1 Zahlenfolgen und Reihen

Weiterhin gilt:

Konvergiert eine Zahlenfolge $\{a_n\}$ gegen den Grenzwert 0, spricht man von einer **Nullfolge**.

> Die Zahlenfolge $\{a_n\}$ hat den Grenzwert g, wenn $\{a_n - g\}$ eine Nullfolge ist.

Eine Zahlenfolge kann sich auch – geometrisch gesprochen – von zwei Seiten einem Grenzwert nähern:

Die Glieder der Zahlenfolge $(-1)^n \cdot \dfrac{1}{n}$, also $\{a_n\} = -1; \dfrac{1}{2}; -\dfrac{1}{3}; \dfrac{1}{4}; \cdots$

wechseln das Vorzeichen, d. h. die Zahlenfolge alterniert. Wegen $\dfrac{1}{n} \to 0$ werden die absoluten Beträge der Glieder immer kleiner. Deshalb ist

$$\lim_{n \to \infty} (-1)^n \cdot \frac{1}{n} = 0.$$

Schlussfolgernd aus den letzten beiden Zahlenfolgen stellt man fest, dass beide Zahlenfolgen gegen einen Grenzwert streben. Solche Zahlenfolgen, die einen Grenzwert g haben, nennt man ***konvergente Zahlenfolgen***. Wie in den nachfolgenden Beispielen gezeigt, gibt es auch Zahlenfolgen, die keinen Grenzwert anstreben. Solche Zahlenfolgen, die keinen Grenzwert haben, nennt man ***divergente***[1] ***Zahlenfolgen***.

Die Zahlenfolge

$$\{a_n\} = 1; -1; 1; -1; \ldots$$

hat keinen Grenzwert, da die Glieder ständig zwischen $+1$ und -1 hin- und herspringen. Solche Zahlenfolgen werden ***unbestimmt divergente Zahlenfolgen*** genannt.

Auch die Zahlenfolge

$$\{a_n\} = 2;\ 4;\ 6;\ 8;\ 10;\ \ldots;\ 2n\ ;\ \ldots$$

strebt für $n \to \infty$ keinem bestimmten Zahlenwert g zu. Mit wachsendem n überschreiten die Glieder jede noch so große Zahl. Man schreibt in diesem Falle

$$\lim_{n \to \infty} 2n = \infty$$

Allgemein wird eine Zahlenfolge mit $\lim\limits_{n \to \infty} a_n = \infty$ oder $\lim\limits_{n \to \infty} a_n = -\infty$ ***bestimmt divergent*** genannt.

Die Berechnung von Grenzwerten gelingt häufig erst nach geeigneten Umformungen. Sind nur die ersten Glieder einer Zahlenfolge gegeben, so sollte man vor der Grenzwertberechnung zunächst das Bildungsgesetz der Glieder aufschreiben.

---

[1] divergere (lat.) – auseinanderstreben

348   6 Grenzwerte und Stetigkeit

BEISPIELE

6.15   Es ist nachzuweisen, dass $\left\{\dfrac{2}{3n-1}\right\}$ eine Nullfolge ist. Von welcher Gliednummer an sind sämtliche Glieder kleiner als $\varepsilon = 10^{-3}$?

Lösung: Da $g = 0$ sein soll, muss es für beliebiges $\varepsilon > 0$ einen Index $N(\varepsilon)$ geben, so dass gilt:

$|a_n - 0| < \varepsilon$ für alle $n \geq N(\varepsilon)$

Aus $|a_n - 0| = \dfrac{2}{3n-1} < \varepsilon$ folgt $3n - 1 > \dfrac{2}{\varepsilon}$

Man erhält $3n > \dfrac{2+\varepsilon}{\varepsilon}$ und $n > \dfrac{2+\varepsilon}{3\varepsilon}$.

Zu jedem $\varepsilon > 0$ existiert also ein Index $N(\varepsilon) > \dfrac{2+\varepsilon}{3\varepsilon}$. Die Zahlenfolge ist eine Nullfolge.

Setzt man $\varepsilon = 10^{-3}$ in $N(\varepsilon)$ ein, erhält man:

$N(\varepsilon) > \dfrac{2 + 10^{-3}}{3 \cdot 10^{-3}} = 667$,   also $N(\varepsilon) = 668 > 667$.

Es gilt: Ab der Gliednummer $n = 668$ sind alle Glieder $< 0{,}001$. $a_{668} = 0{,}0009985$. ∎

6.16   Welchen Grenzwert hat die Zahlenfolge $\left\{\dfrac{2n}{4n-1}\right\}$?

Lösung: Formt man die Zahlenfolge um, indem man Zähler und Nenner durch n dividiert $\dfrac{2n}{4n-1} = \dfrac{2}{4-\dfrac{1}{n}}$, erhält man im Nenner die Nullfolge $\left\{\dfrac{1}{n}\right\}$ und den Grenzwert

$g = \dfrac{1}{2}$,   also $\lim\limits_{n\to\infty} \dfrac{2n}{4n-1} = \dfrac{1}{2}$.

Beweis: $\left|a_n - \dfrac{1}{2}\right| = \left|\dfrac{2n}{4n-1} - \dfrac{1}{2}\right| = \dfrac{1}{2(4n-1)}$.

Aus $\dfrac{1}{2(4n-1)} < \varepsilon$ folgt $8n - 2 > \dfrac{1}{\varepsilon}$ also $n > \dfrac{1+2\varepsilon}{8\varepsilon}$.

Damit lässt sich zu jedem $\varepsilon > 0$ ein Index $N(\varepsilon) > \dfrac{1+2\varepsilon}{8\varepsilon}$ angeben, so dass für alle $n \geq N(\varepsilon)$ gilt: $\left|a_n - \dfrac{1}{2}\right| < \varepsilon$. Die Zahlenfolge hat also den angegebenen Grenzwert. ∎

6.1 Zahlenfolgen und Reihen

6.17 Desgl. für $\{a_n\} = \dfrac{1}{3};\ \dfrac{2}{5};\ \dfrac{3}{7};\ \dfrac{4}{9};\ \ldots$

Lösung: Im Zähler stehen die natürlichen, im Nenner die ungeraden Zahlen ab 3. Man findet $a_n = \dfrac{n}{2n+1}$. Der Grenzwert für $n \to \infty$ ist nun nach Kürzen mit n leicht zu ermitteln, da dann das Glied $\dfrac{1}{n}$ im Nenner eine Nullfolge ist.

$$\lim_{n\to\infty} \frac{n}{2n+1} = \lim_{n\to\infty} \frac{1}{2+\dfrac{1}{n}} = \frac{1}{2}$$ ∎

6.18 Desgl. für $\displaystyle\lim_{n\to\infty} \frac{10^6}{n} = \lim_{n\to\infty} 10^6 \frac{1}{n}$.

Lösung: Der Faktor $\dfrac{1}{n}$ ist eine Nullfolge, also wird $\displaystyle\lim_{n\to\infty} \frac{10^6}{n} = 0$. ∎

6.19 Desgl. für $\displaystyle\lim_{n\to\infty} \frac{2n^2 - n + 1}{n^2 + 1}$

Lösung: Bei diesem Grenzwert wird mit n^2 gekürzt. Das liefert

$$\lim_{n\to\infty} \frac{2 - \dfrac{1}{n} + \dfrac{1}{n^2}}{1 + \dfrac{1}{n^2}} = 2, \quad \text{denn} \quad \frac{1}{n} \quad \text{und} \quad \frac{1}{n^2} \quad \text{sind Nullfolgen.}$$ ∎

6.20 Es sind die Grenzwerte $\displaystyle\lim_{n\to\infty} a^n$ für positives $a > 1$, $a = 1$ und $a < 1$ zu bilden.

Lösung: $a > 1$: Die Potenz a^n wächst mit $n \to \infty$ über alle Grenzen: $\displaystyle\lim_{n\to\infty} a^n = \infty$

$a = 1$: Es ist stets $1^n = 1$ für alle n, also $\displaystyle\lim_{n\to\infty} 1^n = 1$.

$a < 1$: Es läßt sich $a = \dfrac{1}{b}$, also $a^n = \dfrac{1}{b^n}$ mit $b > 1$ setzen. Für $n \to \infty$ strebt auch $b^n \to \infty$, also ist $\dfrac{1}{b^n}$ eine Nullfolge. Folglich gilt: $\displaystyle\lim_{n\to\infty} a^n = 0$. ∎

6.21 Welchen Grenzwert hat die Zahlenfolge $\{a_n\} = \left\{\dfrac{n-1}{2n+2}\right\}$?

Lösung: Man teilt Zähler und Nenner durch n und erhält:

$$\lim_{n\to\infty} \frac{n-1}{2n+2} = \lim_{n\to\infty} \frac{1 - \dfrac{1}{n}}{2 + \dfrac{2}{n}} = \frac{1}{2}.$$ ∎

6.22 Bestimmen Sie den Grenzwert der Zahlenfolge $\{a_n\} = \left\{\left(1+\dfrac{1}{n}\right)^n\right\}$!

Lösung: Die Berechnung des Grenzwertes einer Zahlenfolge ist nicht immer mit elementaren Mitteln zu erreichen. Eine solche Zahlenfolge ist $\left\{\left(1+\dfrac{1}{n}\right)^n\right\}$. Den Grenzwert dieser Zahlenfolge kann man ermitteln, indem man z. B. für n Zehnerpotenzen einsetzt. Es ergeben sich dann folgende Zahlenwerte für die Zahlenfolge:

$a_{10} = 2{,}59374246$, $\quad a_{100} = 2{,}704813829$, $\quad a_{1000} = 2{,}716923932$,

$a_{10000} = 2{,}718145927$, $\quad a_{100000} = 2{,}718268237$, $\quad a_{1000000} = 2{,}718280469$.

Die Glieder dieser Zahlenfolge streben mit wachsendem n einem Zahlenwert zu, der auch als **Eulersche Zahl** bekannt ist und mit dem Buchstaben e bezeichnet wird.

$$\lim_{n\to\infty}\left(1+\dfrac{1}{n}\right)^n = \mathrm{e} \approx 2{,}71828\ldots \tag{6.14}$$

∎

Die Zahl e ist eine **irrationale Zahl** (siehe Abschnitt 2.3.3) und spielt eine außerordentlich wichtige Rolle in der höheren Mathematik, z. B. als Basis des natürlichen Logarithmensystems $\log_e x = \ln x$ und als Basis der Exponentialfunktion $y = \mathrm{e}^x$. Für die Praxis ist die Funktion $y = a \cdot \mathrm{e}^{bx}$ von Bedeutung, da sie die Prozesse des Wachstums und des Abklingens beschreibt.

6.1.3 Zahlenreihen, die geometrische Reihe

Der Ausgangspunkt für eine Reihe ist eine Zahlenfolge der Form

$$\{a_n\} = a_1, a_2, a_3, \ldots, a_n, \ldots$$

Durch formale Addition der einzelnen Glieder dieser Zahlenfolge erhält man eine Reihe

$$\sum_{n=1}^{\infty} a_n = a_1 + a_2 + a_3 + \ldots + a_n + \ldots \qquad\qquad \text{I}$$

Diese Erklärung für eine Reihe ist jedoch nur eine Bezeichnung, denn die Addition von unendlich vielen Gliedern ist nicht durchführbar, die Summenbildung also nicht möglich. Will man hier überhaupt von einer Summe sprechen, so muss dieser Begriff anders erklärt werden als bei einer endlichen Summe. Aus diesem Grunde bildet man bei a_1 beginnend, schrittweise Teil- oder Partialsummen.

6.1 Zahlenfolgen und Reihen

$s_1 = a_1$

$s_2 = a_1 + a_2$

$s_3 = a_1 + a_2 + a_3$

...

$s_n = a_1 + a_2 + a_3 + \ldots + a_n$

...

s_n ist die sogenannte *n*-te Teilsumme. Sie ergibt sich aus der Summe der *n* ersten Glieder der Folge. Die gebildeten Teilsummen $s_1, s_2, s_3, \ldots, s_n, \ldots$ ergeben die Teilsummenfolge

$$\{s_n\} = s_1, s_2, s_3, \ldots, s_n, \ldots \qquad \text{II}$$

Die Teilsummenfolge stellt lediglich einen anderen Ausdruck für die unendliche Reihe I dar. Aus dieser Problematik lässt sich dann Folgendes schlussfolgern:

> Wenn $\{a_n\} = a_1, a_2, a_3, \ldots, a_n, \ldots$ eine unendliche Folge ist, dann ist eine Reihe der
> Ausdruck $\sum_{n=1}^{\infty} a_n = a_1 + a_2 + a_3 + \ldots + a_n + \ldots$
> unter dem die Folge $\{s_n\}$ der Teilsummen $\{s_n\} = s_1, s_2, s_3, \ldots, s_n, \ldots$ zu verstehen ist.

Die Feststellung, ob eine solche unendliche Reihe eine Summe *s* hat, ist dann gleichbedeutend mit der Frage, ob die Teilsummen s_n mit stetig wachsendem *n* einen als Grenzwert bezeichneten Wert *s* zustreben. Eine Reihe besitzt die Reihensumme *s*, wenn die Folge der Teilsummen $s_1, s_2, s_3, \ldots$ dem Grenzwert *s* zustrebt.

BEISPIEL

6.23 Welche Summe besitzt die fallende geometrische Reihe $1 + \frac{1}{2} + \frac{1}{4} + \ldots + \frac{1}{2^{n-1}} + \ldots$?

Lösung: Diese Reihe besitzt nach (6.11) die *n*-te Teilsumme

$$s_n = a_1 \frac{1-q^n}{1-q} = \frac{1-\left(\frac{1}{2}\right)^n}{1-\frac{1}{2}} = 2 - \left(\frac{1}{2}\right)^{n-1}$$

s_n wird sich mit wachsendem *n* der Zahl 2 beliebig dicht nähern. Für $n = 11$ ist der Unterschied $2 - s_n$ kleiner als 0,001; denn $\left(\frac{1}{2}\right)^{10} = \frac{1}{1024}$. Die Folge $\left\{\left(\frac{1}{2}\right)^{n-1}\right\}$ hat den Grenzwert Null, wenn *n* über alle Grenzen wächst, also $\lim_{n \to \infty} \left(\frac{1}{2}\right)^{n-1} = 0$

Wenn die Gliederzahl n unserer Reihe gegen ∞ geht, wächst die Summe der Reihe trotzdem nicht über alle Grenzen, sondern nähert sich dem Grenzwert 2, also
$$\lim_{n\to\infty} s_n = 2 \qquad \blacksquare$$

Unter der *Summe der betrachteten geometrischen Reihe* versteht man diesen (endlichen) Grenzwert. Eine solche Reihe ist **konvergent**. Arithmetische Reihen sind divergent, ebenso steigende geometrische Reihen.

Die notwendige Bedingung für die Konvergenz einer mit den Gliedern (6.9) gebildeten geometrischen Reihe ist die Bedingung $|q| < 1$, darin sind auch alternierende Reihen eingeschlossen. Dann gilt nämlich $\lim_{n\to\infty} q^n = 0$ und nach (6.11) erhält man für die Summe s der geometrischen Reihe

$$\boxed{s = \frac{a_1}{1-q} \qquad (|q| < 1)} \qquad (6.15)$$

Im Beispiel 6.23 für die fallende geometrische Reihe $1 + \frac{1}{2} + \frac{1}{4} + \ldots + \frac{1}{2^{n-1}} + \ldots$ ist $a_1 = 1$ und $q = \frac{1}{2}$; folglich findet man nach der letzten Formel $\sum_{n=1}^{\infty} \frac{1}{2^{n-1}} = s = \frac{1}{1-\frac{1}{2}} = 2$.

BEISPIELE

6.24 In der Reihe $\sum_{n=1}^{\infty} \left(-\frac{1}{2}\right)^{n-1} = 1 - \frac{1}{2} + \frac{1}{4} - \frac{1}{8} + - \ldots$ ist $q = -\frac{1}{2}$, $a_1 = 1$ und der Summenwert $s = \frac{1}{1+\frac{1}{2}} = \frac{2}{3}$. Das Ergebnis kann geometrisch gedeutet werden: Durch fortgesetztes Halbieren kann man eine Strecke oder einen Kreisbogen angenähert dritteln (Bild 6.6). $\qquad \blacksquare$

6.25 Der unendliche periodische Dezimalbruch $0,\overline{6}$ ist eine unendliche geometrische Reihe $0,6 + 0,06 + 0,006 + \ldots$, in der $a_1 = 0,6$ und $q = 0,1$ ist. Mit der Summenformel (6.15) findet man
$$s = \frac{0,6}{1-0,1} = \frac{0,6}{0,9} = \frac{2}{3}, \quad \text{d. h.,} \quad 0,\overline{6} = \frac{2}{3} \qquad \blacksquare$$

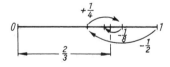
Bild 6.6

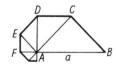
Bild 6.7

6.1 Zahlenfolgen und Reihen

AUFGABEN

6.15 Bestimmen Sie den Summenwert der folgenden geometrischen Reihen:

a) $18 + 12 + 8 + \ldots$ b) $2 + 0,4 + 0,08 + \ldots$

c) $-3 - \dfrac{9}{4} - \dfrac{27}{16} - \ldots$ d) $3 + \sqrt{3} + 1 + \ldots$

e) $2,7 - 1,8 + 1,2 + - \ldots$ f) $\sqrt{5} - \sqrt{\dfrac{5}{2}} + \dfrac{\sqrt{5}}{2} + - \ldots$

6.16 Berechnen Sie die Summe der geometrischen Reihe mit dem Anfangsglied $a_1 = 1$, wenn

a) $q = \dfrac{1}{4}$ b) $q = -\dfrac{1}{4}$ c) $q = \dfrac{1}{5}$ d) $q = -\dfrac{1}{5}$

e) $q = \dfrac{1}{n}$ f) $q = -\dfrac{1}{n}$ (n eine positive ganze Zahl, q Stammbruch)

6.17 Berechnen Sie die Summe der Reihe $\dfrac{b^2}{a} - \dfrac{b^3}{a^2} + \dfrac{b^4}{a^3} - + \ldots$

Welche Bedingung muss erfüllt sein, damit die Reihe konvergiert?

6.18 a) Wie groß ist der in Bild 6.7 skizzierte Streckenzug BCD ... !

b) Vergleichen Sie das Ergebnis mit dem Umfang u des Dreiecks ABC!

6.1.4 Anwendungen der geometrischen Folgen und Reihen

Vorzugszahlen

Wenn man in der Technik einen Gegenstand in mehreren Größen herstellen will, so kann man entweder die arithmetische oder die geometrische Folge zugrunde legen. Die Größen können z. B. Längen, Höhen, Durchmesser, aber auch Flächen oder Rauminhalte sein. Denken wir z. B. an Rohre, deren kleinster Durchmesser 10 mm und deren größter Durchmesser 105 mm sein soll, so ergeben sich, wenn noch 4 Größenstufen eingeschaltet werden, folgende 2 Möglichkeiten:

arithmetische Stufung: 10 29 48 67 86 105 mm

geometrische Stufung: 10 16 25,6 41 65,5 105 mm

In der geometrischen Folge wächst der Durchmesser von Glied zu Glied um 60 %, d. h., der Quotient ist $q = 1,6$.

Ein Vergleich lässt erkennen, dass der 1. Sprung in der arithmetischen Reihe[1] $d = 19$ mm rund dreimal so groß ist wie in der geometrischen Reihe. Zwischen dem 5. und 6. Glied beträgt dagegen der Sprung in der arithmetischen Reihe nur die Hälfte von dem in der geometrischen Reihe.

Im Bild 6.8 sind die beiden Arten der Stufung veranschaulicht (Maßstab 1 : 2). Stellen die Kreise beispielsweise die Querschnitte von Röhren dar, so erkennt man, dass im Falle der arithmetischen Stufung der Sprung bei kleinen Durchmessern zu krass, bei großen Durchmessern zu schleppend ist; im Falle der geometrischen Stufung ist der Sprung an allen Stellen zweckmäßig. Die geometrische Stufung ist daher in der technischen Anwendung zu bevorzugen, vor allem wenn man einen Gegenstand in verschiedenen Größen herstellen will. Die sogenannten *Vorzugszahlen* nach ISO-Empfehlung 3 sind Zahlenwerte, die in ihrem Aufbau die Gesetzmäßigkeit der geometrischen Folge erkennen lassen. Beim Aufstellen von solchen Reihen hat man die 1 (10, 100) als Anfangsglied und die 10 (100, 1000) als Endglied festgesetzt und damit das dekadische Zahlensystem berücksichtigt. Soll das 1. Glied 10 sein und das 21. Glied 100, dann ist das 2. Glied $10 \cdot \varphi$, das 3. Glied $10 \cdot \varphi^2$ usw., wobei der Faktor φ dem Quotienten q entspricht. Der Faktor φ (auch Stufensprung genannt) ist leicht zu berechnen. Für das 21. Glied muss gelten $10 \cdot \varphi^{20} = 100$.

Daraus folgt $\varphi = \sqrt[20]{10}$ $\quad$ $\lg \varphi = \dfrac{1}{20} \cdot \lg 10 = \dfrac{1}{20} = 0{,}05$ $\quad$ $\varphi = 1{,}122$

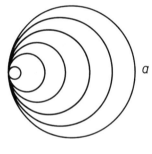

a

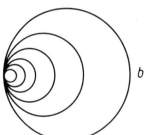

b

Bild 6.8

---

[1] Aufgrund der zu Beginn dieses Abschitts gegebenen Definition müßte es hier eigentlich arithmetische Folge heißen. Der Sprachgebrauch in der Technik hält sich aber häufig nicht an diese Definition. Bei arithmetischer und geometrischer Stufung insbesondere bei den Vorzugszahlen wird unbekümmert das Wort Reihe anstelle des Wortes Folge verwendet.

Damit sind die sämtlichen Glieder der Reihe bestimmbar.

Das 2. Glied ist $10 \cdot \varphi = 10 \cdot \sqrt[20]{10}$

das 3. Glied ist $10 \cdot \varphi^2 = 10 \cdot \sqrt[20]{10^2}$ usw.

Auf diese Weise erhält man eine Reihe von 21 Zahlen mit dem Anfangsglied 10 und dem Endglied 100.

Durch Division mit 10 gewinnt man hieraus die Vorzugszahlen für den Bereich 1 bis 10 (1 = Anfangsglied, 10 = Endglied), durch Multiplikation mit 10 die Vorzugszahlen für den Bereich 100 ... 1000.

Außer der eben behandelten Unterteilung in 20 Stufen gibt es (im Allgemeinen) noch 3 andere Reihen, bei denen die Unterteilung in 40, 10 bzw. 5 Stufen erfolgt. Jede Reihe ist gekennzeichnet durch den Wert von φ. Es ergibt sich folgende Zusammenstellung:

40 er Reihe, bezeichnet mit R 40 $\qquad \varphi = \sqrt[40]{10} = 1{,}0592 \approx 1{,}06$

20 er Reihe, bezeichnet mit R 20 $\qquad \varphi = \sqrt[20]{10} = 1{,}1220 \approx 1{,}12$

10 er Reihe, bezeichnet mit R 10 $\qquad \varphi = \sqrt[10]{10} = 1{,}2589 \approx 1{,}26$

5 er Reihe, bezeichnet mit R 5 $\qquad \varphi = \sqrt[5]{10} = 1{,}5849 \approx 1{,}58$

Je kleiner der Faktor φ ist, desto feiner ist die Stufung, und desto mehr Vorzugszahlen enthält die Reihe.

Aus Gründen der Zweckmäßigkeit sind die Stufenwerte gerundet und ausgeglichen worden. Man vergleiche hierzu die ISO-Empfehlung 3, die die sogenannten Hauptwerte (im Gegensatz zu den Genauwerten) für den Bereich 100 bis 1000 enthält.

In der Praxis werden die Vorzugszahlen auch zum Stufen von Leistungen, Geschwindigkeiten usw. bei Kraftmaschinen zugrunde gelegt. Zu diesem Zweck hat man einige Werte der Hauptwertreihen noch stärker gerundet. Diese Werte heißen Rundwerte. Zum Beispiel sind die Rundwerte der Reihe R 10:

 10   12,5   16   20   25   32   40   50   63   80   100

Man vergleiche hierzu die in Aufgabe 6.14 errechneten Werte für die Drehzahlen.

Für sämtliche standardisierte Abmessungen bei Anschlussstücken, Wellen, Schrauben usw. werden Vorzugszahlen der nachfolgend aufgestellten 4 Reihen verwendet.

Durch Einführung der Vorzugszahlen sollen willkürliche Zahlen möglichst vermieden werden. Es werden dann weniger Werkzeuge, Vorrichtungen und Messzeuge gebraucht. Technische Einzelteile können vielseitig verwendet und daher billiger hergestellt werden.

In der nachfolgenden Tabelle sind die Hauptwerte der bereits genannten 4 Reihen in Tabellenform dargestellt. Die Reihen R 20, R 10 und R 5 kann man aus der Reihe R 40 bequem ableiten. Überspringt man nämlich in der 40er Reihe immer ein Glied, so erhält man die Reihe R 20. Auf gleiche Weise geht R 10 aus R 20 und R 5 aus R 10 hervor.

Tabelle 6.1

Hauptwerte der Reihen R 5, R 10, R 20 und R 40

R 5	R 10	R 20	R 40	R 5	R 10	R 20	R 40
100	100	100	100				335
			106			355	355
		112	112				375
			118	400	400	400	400
	125	125	125				425
			132			450	450
		140	140				475
			150		500	500	500
160	160	160	160				530
			170			560	560
		180	180				600
			190	630	630	630	630
	200	200	200				670
			212			710	710
		224	224				750
			236		800	800	800
250	250	250	250				850
			265			900	900
		280	280				950
			300	1000	1000	1000	1000
	315	315	315				

Zinseszinsrechnung

Ein weiteres Anwendungsgebiet der geometrischen Reihe ist die Zinseszinsrechnung. Werden die für ein Jahr zu zahlenden Zinsen jedesmal am Ende eines Jahres dem Grundbetrag zugefügt und im folgenden Jahr mitverzinst, so steht der Grundbetrag auf Zinseszins.

BEISPIEL

6.26 Es sei K_0 das Anfangskapital, p der Zinssatz, K_n der Endbetrag nach n Jahren, $K_0 = 200$ €, $p = 3$ %. Zu ermitteln sei K_3.

Lösung: Die Zinsen für ein Jahr sind $Z = \dfrac{K_0 \cdot p}{100} = \dfrac{200 \cdot 3}{100}$ € $= 6{,}00$ € und der Endbetrag nach dem 1. Jahr

$$K_1 = K_0 + \frac{K_0 \cdot p}{100} = K_0\left(1 + \frac{p}{100}\right)$$

$K_1 = 200 \cdot 1{,}03$ € $= 206{,}00$ €. Nach dem 2. Jahr ergibt sich

$$K_2 = K_1 + \frac{K_1 \cdot p}{100} = K_1 \cdot \left(1 + \frac{p}{100}\right)$$

$K_2 = 200 \cdot 1{,}03^2$ € $= 212{,}18$ €

6.1 Zahlenfolgen und Reihen

Setzt man für K_1 den Wert aus der 1. Zeile ein und setzt $1+\dfrac{p}{100}=q$,

dann wird $\qquad K_2 = K_0 \cdot q^2$

und dementsprechend $\quad K_3 = K_0 \cdot q^3$. In unserem Beispiel folgt

nach dem 3. Jahr $\qquad K_3 = 200 \cdot 1,03^3 \ € = 218,55 \ €$. ∎

Fährt man in dieser Weise fort, so ergibt sich für den Endbetrag nach n Jahren die

| **Zinseszinsformel** $\qquad K_n = K_0 \cdot q^n$ | (6.16) |

Hierin wird $q = 1 + \dfrac{p}{100}$ der *Zinsfaktor* genannt.

Für die Berechnung verwendet man einen wissenschaftlichen Taschenrechner. Die Hauptaufgaben der Zinseszinsrechnung liegen den folgenden Beispielen zugrunde.

BEISPIELE

6.27 Der Endbetrag K_n ist gesucht:

Zu welcher Summe wachsen 3.000 €, zu 4,5 % verzinst, in 9 Jahren an?

Lösung: $K_9 = 3000 \cdot 1,045^9 \ € = 4458,29 \ €$ ∎

6.28 Der Anfangsbetrag K_0 ist gesucht:

Durch welche Summe kann man heute eine Zahlung von 5000 €, die erst in 6 Jahren fällig ist, ablösen ($p = 3$ %)?

Lösung: Aus Formel (6.16) folgt $K_0 = \dfrac{K_n}{q^n} = \dfrac{5000}{1,03^6} \ €$.

Die Berechnung ergibt $K_0 = 4187,42 \ €$. ∎

6.29 Die Zeit (in Jahren) ist gesucht: Nach wie vielen Jahren verdoppelt sich ein Grundbetrag bei 3,5 % Verzinsung?

Lösung: Aus der Gleichung $2K_0 = K_0 \cdot q^n$ findet man $n = \dfrac{\ln 2}{\ln q}$[1] und erhält für

$q = 1,035$ die Jahre $n = \dfrac{\ln 2}{\ln 1,035} = 20,149$. d. h. in ca. 20 Jahren hat sich der Grundbetrag oder das eingesetzte Kapital fast verdoppelt. ∎

---

[1] Vgl. Abschnitt Exponentialgleichungen

6.30 Der Prozentsatz p ist gesucht: Das Anfangskapital betrug 5000 €. Es verdoppelte sich in 12 Jahren 10000 €. Wie groß war der jährliche Zinssatz?

Lösung: Aus $K_n = K_0 \cdot q^n$ erhält man durch Umformung für

$$q = \sqrt[n]{\frac{K_n}{K_0}} \quad \text{oder} \quad q = \left(\frac{K_n}{K_0}\right)^{\frac{1}{n}} = \left(\frac{10000}{5000}\right)^{\frac{1}{12}}.$$

Die Berechnung ergibt $q = 1{,}05946$ und für $p = 5{,}946\,\%$. ∎

AUFGABEN

6.19 Zu welcher Summe wachsen 5000 € in 4 Jahren bei 4,5 % Zinseszins an?

6.20 Ein Grundbetrag wuchs in 22 Jahren bei 4 % Zinseszins auf 8500 € an. Wie groß war er?

6.21 In wie vielen Jahren wachsen 22500 € bei 5 % Verzinsung auf 59699 € an?

6.22 Zu wie viel % steht ein Grundbetrag, der sich in 20 Jahren verdreifacht?

Wachstum in der Natur

Die im Abschnitt Zinseszinsrechnung betrachteten Ausführungen können auf das Wachstum in der Natur erweitert werden. Die behandelte Formel (6.16) ist vielmehr immer in den Fällen anwendbar, wo ein Anfangswert in konstanten Zeitabständen prozentual um den gleichen Betrag vermehrt oder, wenn $q < 1$, vermindert wird. Die betrachtete Formel für die Zinseszinsrechnung $K_n = K_0 \cdot q^n$ geht dann über in $b_n = b \cdot q^n$, wobei man den Buchstaben b als das biologische Wachstum bezeichnen könnte. $q = 1 + \dfrac{p}{100}$ ist in diesem Fall der Wachstumsfaktor in der Natur. Ist b der Anfangsbestand und b_n der Bestand nach n Jahren, so gilt

$$\boxed{b_n = b \cdot q^n} \qquad (6.17)$$

BEISPIEL

6.31 Der Prozentsatz p für den jährlichen Zuwachs eines Waldbestandes ist gesucht: Ein junger Wald hatte einen Bestand von 90 m³ je ha. Der Bestand wuchs in 12 Jahren auf 114 m³ je ha. Wie viel % betrug der jährliche Zuwachs?

Lösung: Aus der Formel (6.17) $b_n = b \cdot q^n$ erhält man

$$q^n = \frac{b_n}{b}, \quad q = \sqrt[n]{\frac{b_n}{b}} \quad \text{oder} \quad q = \left(\frac{b_n}{b}\right)^{\frac{1}{n}} = \left(\frac{114}{90}\right)^{\frac{1}{12}}.$$ Die Berechnung ergibt

$q = 1{,}0199$ und $p = 1{,}99\,\%$. ∎

6.1 Zahlenfolgen und Reihen

Vermehrung (Verminderung) des Grundwertes durch regelmäßige Neuanpflanzung (Aufforstung) bzw. Abholzung eines Waldes

Wenn zu einem Waldbestand (Grundwert b_0 z. B. in m³), der jährlich auf p % Zuwachs steht, regelmäßiges Aufforsten durch eine bestimmte Menge r (z. B. in m³) an Baumpflanzen bis zum Ende eines jeden Jahres hinzukommt, dann kann man die Menge des gesamten Baumbestandes nach n Jahren folgendermaßen berechnen:

Es beträgt der Baumbestand am Ende des

1. Jahres $\quad b_1 = b_0 q + r \quad\quad\quad (q -$ Wachstumsfaktor$)$

2. Jahres $\quad b_2 = b_0 q^2 + rq + r$

3. Jahres $\quad b_3 = b_0 q^3 + rq^2 + rq + r$

n-ten Jahres $\quad b_n = b_0 q^n + rq^{n-1} + rq^{n-2} + \ldots + rq + r$

Hierin stellen die Glieder mit r eine geometrische Reihe dar, und man erhält unter Anwendung der Summenformel für die geometrische Reihe als Endwert

$$b_n = b_0 \cdot q^n + \frac{r(q^n - 1)}{q - 1} \quad\quad (6.18\text{ a})$$

BEISPIEL

6.32 Ein Waldbestand von 80000 m³ wächst pro Jahr um 3 %. Bis zum Ende eines jeden Jahres werden $r = 600$ m³ aufgeforstet. Wie groß ist der Waldbestand nach 7 Jahren?

Lösung: Nach der soeben aufgestellten Formel (6.18a) ist

$$b_7 = 80000 \cdot 1,03^7 + 600 \cdot \frac{1,03^7 - 1}{0,03}$$

$$b_7 = 80000 \cdot 1,22987 + 20000 \cdot 0,22987 = 98389,91 + 4597,48 = 102987,39$$

Der Waldbestand ist nach 7 Jahren auf 102987,39 m³ angewachsen. ∎

Wenn dagegen aus einem Waldbestand (Grundwert b_0), der jährlich auf p % Zuwachs steht, regelmäßig eine bestimmte Menge r durch jährliche Holzentnahme entnommen wird, dann liegt der Fall regelmäßiger Verringerung des Baumbestandes vor. Ist die Abholzung innerhalb eines Jahres größer als der jährliche Zuwachs, vermindert sich der Waldbestand, d. h. $r > b_0 \cdot \frac{p}{100}$. Nach n Jahren ist bei einem Waldbestand b_0 und einer Abholzung r bis zum Ende eines jeden Jahres der Waldbestand gegeben durch

$$b_n = b_0 \cdot q^n - \frac{r(q^n - 1)}{q - 1} \quad\quad (6.18\text{ b})$$

(Prüfen Sie die Richtigkeit dieser Formel selber nach!)

BEISPIEL

6.33 Ein Waldbestand wird auf 100000 m^3, sein jährlicher Zuwachs auf 4 % geschätzt. Wie viel Waldbestand wird nach 20 Jahren vorhanden sein, wenn jährlich 1500 m^3 abgeholzt werden?

Lösung: Die Aufgabe wird gelöst mit der soeben aufgestellten Formel. Es ist zu setzen $b_0 = 100000$, $r = 1500$, $q = 1{,}04$ und $n = 20$.

$$b_{20} = 100000 \cdot 1{,}04^{20} - \frac{1500(1{,}04^{20} - 1)}{0{,}04}$$

$$b_{20} = 219112 - 44667 = 174445$$

Der Waldbestand beträgt nach 20 Jahren angenähert 174000 m^3. Trotz der jährlichen Holzentnahme ist also der Waldbestand um 74 % gewachsen. Schätzt man den jährlichen Zuwachs nur auf 3 %, so errechnet man aus

$$b_{20} = 100000 \cdot 1{,}03^{20} - \frac{1500(1{,}03^{20} - 1)}{0{,}03}$$ einen Waldbestand von 140306 m^3, das bedeutet eine Zunahme des Waldbestandes von ca. 40 %.

Wie würde sich das Ergebnis für einen Zuwachs von 2 % gestalten? ■

Bemerkung: Überträgt man diese in Formel (6.18a) und (6.18b) genannten Fälle auf die Zinsrechnung erhält man entweder eine Vermehrung (Verminderung) des Grundwertes durch regelmäßige Zuzahlungen (Rückzahlungen). Diese Aufgaben treten bei der Rentenberechnung auf und werden ausführlich in [3] behandelt.

Sonderfälle

Behält man im letzten Beispiel $b_0 = 100000$ m^3, $q = 1{,}04$, und $n = 20$ bei und ändert die jährliche Holzentnahme r so ab, dass sie gleich dem jährlichen Zuwachs ist, dann tritt weder eine Vermehrung noch eine Verminderung des Waldbestandes ein.

Setzt man demgemäß $r = b_0(q - 1)$, so geht die Formel (6.18b) über in $b_n = b_0$. Dies würde im Beispiel der Fall sein, wenn die jährliche Abholzung $r = 100000$ m^3 · 0,04 = 4000 m^3 statt 1500 m^3 betrüge.

(Der Leser übertrage diesen Fall auf eine auf Zinseszins stehende Geldsumme!)

Beträgt im Beispiel die jährlich geschlagene Holzmenge schließlich mehr als 4000 m^3, dann tritt von Jahr zu Jahr eine Verringerung des Holzbestandes ein (Raubbau); es gilt in diesem Fall $b_n < b_0$. Nach einer gewissen Zeit wird $b_n = 0$, das bedeutet für unser Beispiel: Der Wald ist gänzlich abgeholzt. In diesem Fall erhält man:

$$b_0 \cdot q^n - \frac{r(q^n - 1)}{q - 1} = 0 \qquad (6.19)$$

Überträgt man diesen Fall sinngemäß auf Geldsummen, so spricht man von einer „Tilgung" und erhält die im Bereich Wirtschaft und Finanzen sogenannte **Tilgungsformel** (6.19). Auch dieses Problem wird ausführlich in [3] behandelt, des Weiteren der Barwert einer Rente und die Rentenformel.

6.1 Zahlenfolgen und Reihen

BEISPIEL

6.34 Ein Waldbestand von 230000 m³ hat einen jährlichen Zuwachs von 3,9 %. Wie groß muss die jährliche Verringerung des Holzbestandes sein, wenn er innerhalb der nächsten 15 Jahre vollständig abgeholzt und anschließend als Bauland genutzt werden soll.

Lösung: $b_0 = 230000$, $q = 1{,}039$, $n = 15$, $r = ?$

$$230000 \cdot 1{,}039^{15} - \frac{r(1{,}039^{15} - 1)}{0{,}039} = 0$$

Löst man die Formel nach r auf, erhält man

$$r = \frac{230000 \cdot 1{,}039^{15} \cdot 0{,}039}{1{,}039^{15} - 1} = 20542{,}07$$

Die jährliche Abholzung beträgt 20542,07 m³.

Verzinsung in momentanen Zeiträumen

Schlägt man die Zinsen schon nach einem Halbjahr zum Grundbetrag, dann beträgt dieser Zuschlag für 100 € nur $p/2$ €, da 100 € in einem Jahr p € Zinsen bringen.

Der Wert des Grundbetrags nach n Jahren, d. h. $2n$ Halbjahren, ist dann allgemein

$$b_n = 100\left(1 + \frac{p}{200}\right)^{2n}.$$

Erfolgt der Zinszuschlag in noch kleineren Abschnitten, dann gelten entsprechende Formeln:

vierteljährliche Verzinsung $\quad b_n = 100\left(1 + \dfrac{p}{400}\right)^{4n}$

monatliche Verzinsung $\quad b_n = 100\left(1 + \dfrac{p}{1200}\right)^{12n}$

wöchentliche Verzinsung $\quad b_n = 100\left(1 + \dfrac{p}{5200}\right)^{52n}$

tägliche Verzinsung $\quad b_n = 100\left(1 + \dfrac{p}{36000}\right)^{360n}$

Während in diesen Formeln der Wert für den Zinsfaktor immer kleiner wird, wächst der Exponent immer mehr. Je mehr Teilzeiten man aus einem Jahr bildet, desto kleiner werden die Zinszuschläge, aber sie erfolgen häufiger. Man könnte meinen, dass dadurch ein Ausgleich erfolgt und die Höhe der Endsumme nach einem Jahr oder 10 Jahren unabhängig sei von der Art der Unterteilung des Jahres. Die Verzinsung in Teilzeiten des Jahres hat jedoch einen Einfluss auf die Endsumme, wovon ein Beispiel am besten überzeugt.

BEISPIEL

6.35 1000 € ergeben bei 4 % in 5 Jahren die Endsumme

 1216,65 € jährlich verzinst   1221,00 € monatlich verzinst
 1219,00 € halbjährlich verzinst 1221,31 € wöchentlich verzinst
 1220,19 € vierteljährlich verzinst 1221,39 € täglich verzinst   ∎

Offensichtlich wächst die Endsumme mit noch weiter geführter Unterteilung. Wächst sie unbegrenzt, oder gibt es einen Grenzwert (s. Abschn. 6.1.2)? Um diese Frage zu beantworten, müssen wir die Teilzeiten noch kleiner wählen, d. h. wir müssen die Zinsen nicht täglich, sondern stündlich hinzufügen, schließlich nach jeder Minute oder Sekunde.

Auf diese Weise kommen wir der momentanen Verzinsung immer näher. Wir denken dabei an das Wachsen des Holzbestandes im Wald, an das Wachsen jeder Pflanze und jedes Tieres, das nicht stufenweise wie beim Zinseszins, sondern stetig vor sich geht. Die gestellte Frage ist also nicht etwa ein rein mathematisches Problem, sondern es handelt sich um die mathematische Erfassung eines natürlichen Vorganges, um die Gesetzmäßigkeit des organischen Wachstums.

Eine weitergehende Untersuchung ist in diesem Fall nicht notwendig, da das Ergebnis im Abschnitt 6.1 bereits behandelt worden ist. Diese Untersuchung führte auf die EULERsche Zahl e, die mit Hilfe der Grenzwertbetrachtung $\lim_{n \to \infty}\left(1+\frac{1}{n}\right)^n = e$ erhalten wurde (e ≈ 2,718281828459...).

Vergleichender Rückblick

Bei der Verzinsung ist der Zuwachs immer proportional dem vorhandenen Grundbetrag. Bei einfacher Verzinsung bleibt der Grundbetrag immer der gleiche, daher ist auch der Zuwachs immer der gleiche. Unter einer Annahme von $p = 10$ und $n = 10$ würde bei einfacher Verzinsung ein Grundbetrag b um das Zehnfache der Jahreszinsen, das wäre auf das Doppelte, also auf $2b$ anwachsen (vgl. Bild 6.9a). Bei Verzinsung in momentanen Zeiträumen dagegen wächst derselbe Grundbetrag bei gleichen Bedingungen in der gleichen Zeit auf das e-fache, auf rund 2,7 b an (vgl. Bild 6.9b).

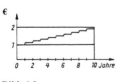   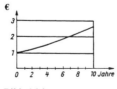
Bild 6.9 a   Bild 6.9 b

Bei diesem Vorgang erfolgt die Zunahme in jedem Augenblick und ist proportional dem *augenblicklich vorhandenen* Betrag. Insofern gleicht er dem Wachstumsvorgang in der lebenden Natur; denn nach den biologischen Gesetzen erzeugt jeder Zuwachs selbst wieder einen neuen Zuwachs. Somit haben wir auch die Erklärung, warum das Logarithmensystem mit der Basis e das „natürliche" genannt wird.

AUFGABEN

6.23 Ein Hausbesitzer kauft das an seinem Grundstück angrenzende Wäldchen zu Beginn eines Jahres mit einem geschätzten Baumbestand von 500 m³. Im Laufe der nächsten 10 Jahre vermehrt sich der Baumbestand durch Neuanpflanzung um jeweils 30 m³. Wie groß ist der Baumbestand, wenn der jährliche Zuwachs des Bestandes 4,5 % beträgt?

6.24 Ein Baumbestand von geschätzten 80000 m³, dessen Zuwachs 3,5 % beträgt, soll jährlich um 10000 m³ durch Abholzung verringert werden. In welcher Zeit ist der gesamte Baumbestand abgeholzt?

6.25 Ein Waldbestand wird auf 145000 m³ geschätzt, sein jährlicher Zuwachs beträgt 5,4 %.

a) Wieviel m³ Waldbestand wird nach 15 Jahren vorhanden sein, wenn jährlich 8500 m³ abgeholzt werden?

b) Wieviel m³ Waldbestand wird nach 15 Jahren vorhanden sein, wenn jährlich 10000 m³ abgeholzt werden, der Zuwachs aber nur 2,2 % beträgt?

c) Wieviel m³ Holz müssen jährlich abgeholzt werden, wenn der Waldbestand aufgrund des Neubaus einer Talsperre in 10 Jahren vollständig verschwunden sein muss?

6.2 Grenzwerte von Funktionen

6.2.1 Der Grenzwert einer Funktion an der Stelle $x = a$

In der Praxis treten sehr häufig Funktionen auf, bei denen der sonst stetige Kurvenverlauf an einer beliebigen Stelle unterbrochen ist. Solche Funktionen werden in der Praxis an dieser Stelle als unstetig bezeichnet.

BEISPIELE

6.36 Das plötzliche Auftreten einer Zentralbeschleunigung, wenn ein Schienenfahrzeug aus einer geraden Strecke in eine Kreisbahn einbiegt, ist ein Vorgang aus der Mechanik (vgl. Bild 6.10). In der Mathematik bezeichnet man eine solche Unstetigkeitsstelle als einen Sprung. ∎

6.37 Nimmt eine Funktion $y = f(x)$ in der Umgebung der Stelle $x = a$ extrem große Werte an, wie dies bei der Funktion $y = f(x) = \dfrac{1}{x^2}$ in der Umgebung von $x = 0$ der Fall ist (s. Bild 6.11), so gelangt man zu einer weiteren Klasse von Unstetigkeiten, den sogenannten Polen. ∎

6.38 Der dritte Fall einer Unstetigkeit ist das Auftreten einer Lücke. Hier ist an der Stelle $x = a$ kein Funktionswert erklärt, d. h. der Graph der Funktion $y = f(x)$ hat eine Lücke ($x = 1$ in Bild 6.12), die Werte der Funktion bleiben aber in der Umgebung der Lücke (im Gegensatz zum Pol) beschränkt, und es ist auch kein Sprung vorhanden. ∎

364　6 Grenzwerte und Stetigkeit

Solche Stellen, in denen eine Funktion unstetig ist, müssen genauer untersucht werden. Dazu benutzt man die Grenzwerte von Funktionen. So wurde im vorangehenden Abschnitt das Verhalten von Zahlenfolgen bei wachsendem n betrachtet. Lässt man in einer Funktion $y = f(x)$ die Veränderliche x eine Zahlenfolge durchlaufen, so durchläuft y ebenfalls eine Zahlenfolge. Betrachtet man z. B. die Funktion $y = \dfrac{x+1}{x}$, und setzt man für x die Werte x_n einer beliebigen Zahlenfolge $\{x_n\}$ mit der Eigenschaft $\lim\limits_{n \to \infty} x_n = \infty$ ein, so gilt $\lim\limits_{n \to \infty} y_n = \lim\limits_{n \to \infty} \dfrac{x_n+1}{x_n} = \lim\limits_{n \to \infty}\left(1 + \dfrac{1}{x_n}\right) = 1$, da $\lim\limits_{n \to \infty} \dfrac{1}{x_n} = 0$. Dann schreibt man: $\lim\limits_{x \to \infty} \dfrac{x+1}{x} = \lim\limits_{x \to \infty}\left(1 + \dfrac{1}{x}\right) = 1$. Gleiches gilt für $x_n \to -\infty$.

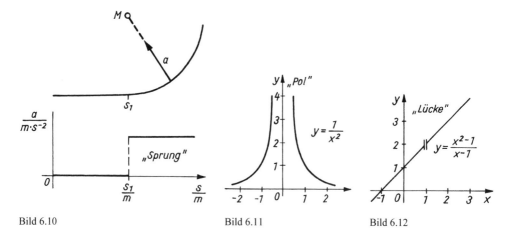

Bild 6.10　　　　　　　　　　Bild 6.11　　　　　　　　　　Bild 6.12

Es soll nun der Grenzwert an einer beliebigen Stelle $x = a$ untersucht werden. Diese Stelle $x = a$ soll jedoch die Besonderheit aufweisen, dass ein Funktionswert an dieser Stelle nicht erklärt ist.

BEISPIEL

6.39　Für $x = 0$ ist die Funktion $y = f(x) = \dfrac{x+1}{x}$ nicht definiert, da eine Division durch 0 nicht erlaubt ist. Aus diesem Grunde soll das Verhalten dieser Funktion in einer Umgebung dieser Stelle untersucht werden.

Lösung: Zunächst nähert man sich dem Wert 0 von der positiven Seite, d. h. x bleibt zwar positiv, strebt aber gegen Null, was man durch die mathematische Schreibweise $x \to +0$ andeutet.

x	1	0,1	0,01	0,001	0,0001
y	2	11	101	1001	10001

6.2 Grenzwerte von Funktionen

Für $x \to +0$ wird der Funktionswert $y = f(x)$ immer größer, wie aus der Wertetabelle zu entnehmen ist. Wählt man eine auch noch so große Zahl G, so lässt sich doch stets ein Argument x finden, für das der Funktionswert y noch größer als G wird. Wird etwa $G = 10^{100}$ gewählt – eine sicher sehr große Zahl, die unser Vorstellungsvermögen schon bei weitem überschreitet – so gibt es y-Werte, die noch größer sind.

Für $x = 10^{-100}$ wird z. B. $f(10^{-100}) = \dfrac{10^{-100}+1}{10^{-100}} = 1 + 10^{100} > G = 10^{100}$

Dem Wachsen von y ist also für $x \to +0$ keine Schranke gesetzt. Für $x \to +0$ strebt $y \to +\infty$. Es ergibt sich bestimmte Divergenz mit

$$\lim_{x \to +0} \frac{x+1}{x} = +\infty. \tag{I}$$

Es bleibt noch zu untersuchen, wie sich $y = \dfrac{x+1}{x}$ verhält, wenn $x \to -0$ strebt, d. h. wenn x stets negativ bleibend gegen 0 strebt.

x	-1	$-0,1$	$-0,01$	$-0,001$	$-0,0001$
y	0	-9	-99	-999	-9999

Für $x \to -0$ wird, wie aus der Tabelle zu entnehmen ist, y immer kleiner, strebt also gegen $-\infty$. Es ergibt sich wiederum bestimmte Divergenz mit

$$\lim_{x \to -0} \frac{x+1}{x} = -\infty. \tag{II}$$

Das Verhalten der Funktion für $x \to \pm 0$ und $x \to \pm\infty$ (das bereits einleitend untersucht wurde), spiegelt sich im Kurvenbild wider (s. Bild 6.13). ∎

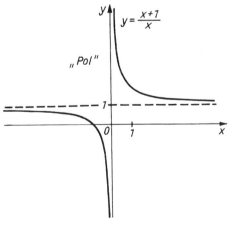

Bild 6.13

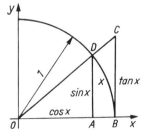

Bild 6.14

Dieser Fall kann wie folgt verallgemeinert werden:

Strebt x gegen einen festen Wert a, so kann die Bewegung auf der Abszisse ebenfalls von rechts oder von links gegen den Wert a erfolgen. Diese Bewegungen unterscheidet man dann durch die Ausdrücke $x \to a+0$ bzw. $x \to a-0$. Es heißt dann

$$\lim_{x \to a+0} f(x) = g^+ \quad \text{(oder } g_R \text{)} \quad \textbf{rechtsseitiger Grenzwert,}$$

$$\lim_{x \to a-0} f(x) = g^- \quad \text{(oder } g_L \text{)} \quad \textbf{linksseitiger Grenzwert}$$

der Funktion $y = f(x)$, sofern die Grenzwerte $g^+, g^- \in \mathbf{R}$ existieren.

Sind rechts- und linksseitiger Grenzwert einer Funktion gleich, so ist die Unterscheidung in der Schreibweise nicht notwendig, und man schreibt kurz

$$\lim_{x \to a} f(x) = g.$$

Im folgenden Beispiel ist die Anwendung einer besonderen Beweisführung notwendig. Ein solcher Grenzwert, der oft benötigt wird, ist $\lim_{x \to 0} \dfrac{\sin x}{x}$, der in den nachfolgenden Betrachtungen bestimmt werden soll.

BEISPIEL

6.40 Grenzwertbestimmung der Funktion $y = f(x) = \dfrac{\sin x}{x}$ für $x \to 0$.

Lösung: Setzt man $x = 0$ in die Funktion $y = f(x) = \dfrac{\sin x}{x}$ ein, so erhält man den Ausdruck $\dfrac{0}{0}$. Dieser Ausdruck ist im Bereich der Zahlen sinnlos, da die Division durch 0 eine nicht erlaubte Rechenoperation ist. Die Funktion ist also für $x = 0$ nicht erklärt.

Setzt man etwa $\dfrac{0}{0} = k$, so folgt daraus nach den Rechengesetzen $0 = 0 \cdot k$. Diese Gleichung ist aber für jeden endlichen Wert k richtig. Man spricht deshalb auch bei „$\dfrac{0}{0}$" von einem unbestimmten Ausdruck.

Da $y = \dfrac{\sin x}{x}$ eine gerade Funktion ist, denn:

$$f(-x) = \frac{\sin(-x)}{-x} = \frac{-\sin x}{-x} = \frac{\sin x}{x} = f(x),$$

gilt $\lim_{x \to +0} f(x) = \lim_{x \to -0} f(x)$.

Die Grenzwerte sind also gleich, falls sie existieren. Es braucht daher nur ein Grenzwert untersucht zu werden. Nach Bild 6.14 gilt (bezüglich der Flächeninhalte) Dreieck OAD < Sektor OBD < Dreieck OBC,

also $\dfrac{\sin x \cdot \cos x}{2} < \dfrac{1 \cdot x}{2} < \dfrac{1 \cdot \tan x}{2}.$

6.2 Grenzwerte von Funktionen

Für $0 < x < \dfrac{\pi}{2}$ kann durch $\dfrac{\sin x}{2}$ dividiert und der Kehrwert gebildet werden:

$$\cos x < \frac{x}{\sin x} < \frac{1}{\cos x},$$

$$\frac{1}{\cos x} > \frac{\sin x}{x} > \cos x.$$

Für $x \to 0$ ist $\dfrac{\sin x}{x}$ zwischen $\lim\limits_{x \to +0} \dfrac{1}{\cos x} = 1$ und $\lim\limits_{x \to +0} \cos x = 1$ eingeschlossen.

Daher gilt

$$\lim_{x \to 0} \frac{\sin x}{x} = 1 \qquad (6.20)$$

Nach der Erklärung des Grenzwertes ist für x-Werte, die dem Betrage nach genügend klein sind, $\dfrac{\sin x}{x} \approx 1$, also $\sin x \approx x$. (Vgl. hierzu auch Abschnitt 5.8). Für Funktionen, die bei Grenzwerten auf sogenannte unbestimmte Ausdrücke der Form „$\dfrac{0}{0}$" oder „$\dfrac{\infty}{\infty}$" führen, kann auch die Regel von l'Hospital (s. [1] Abschnitt 2.5.1) angewendet werden. ∎

Das Rechnen mit Grenzwerten – Unstetigkeitsstellen (Lücke, Polstelle, Sprung)

Treten bei Funktionen $y = f(x)$ an gewissen Stellen x insbesondere unerlaubte Divisionen durch Null auf, so ist die Funktion an diesen Stellen nicht erklärt, dort also unstetig, denn der Kurvenverlauf von $y = f(x)$ ist dort unterbrochen (im Abschnitt 6.2.3 werden wir die Stetigkeit einer Funktion noch genauer erklären). Die Funktion kann sich aber an derartigen Stellen unterschiedlich verhalten.

BEISPIELE

6.41 Untersuchen Sie das Verhalten der Funktion $y = f(x) = \dfrac{\sin x}{x}$ an der Stelle $x = 0$.

Lösung: Bei dieser Funktion liegt der Fall einer unerlaubten Division „$\dfrac{0}{0}$" vor. Am existierenden Grenzwert des Beispiels 6.40 und am Bild 6.15 erkennt man, daß es sich hier lediglich um eine Lücke in der Kurve handelt, die man schließen kann, indem man der Funktion an der Stelle $x = 0$ den Wert $y = 1$ zuordnet. Man erhält eine neue Funktion, die sich von $y = f(x) = \dfrac{\sin x}{x}$ nur unwesentlich unterscheidet:

$$y = f^*(x) = \begin{cases} \dfrac{\sin x}{x} & \text{für } x \neq 0, \\ 1 & \text{für } x = 0. \end{cases} \qquad (x \in \mathbf{R})$$

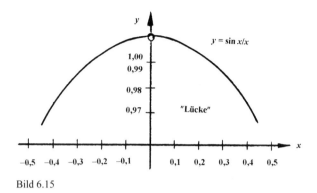

Bild 6.15

Man spricht bei der vorliegenden Unstetigkeit von einer hebbaren Unstetigkeit. ∎

6.42 Es ist das Verhalten der Funktion $y = f(x) = \dfrac{1}{x}$ in der Umgebung von $x = 0$ zu untersuchen.

Lösung: An der Stelle $x = 0$ ist die Funktion nicht definiert wegen unerlaubter Division „$\dfrac{1}{0}$". Zur näheren Untersuchung an dieser Stelle soll eine Wertetabelle für $x \to -0$ und $x \to +0$ aufgestellt werden.

x	0,1	0,01	0,001	$-0,1$	$-0,01$	$-0,001$
y	10	100	1000	-10	-100	-1000

Nähert man sich aus der positiven Richtung der x-Achse dem Wert $x = 0$, so stellt man fest, dass y unbegrenzt wächst. Bei der Annäherung aus der negativen Richtung der x-Achse an den Wert $x = 0$ erhält man für y ebenfalls betragsmäßig wachsende Zahlenwerte. Daraus folgt bei links- bzw. rechtsseitiger Annäherung bestimmte Divergenz:

$$\lim_{x \to +0} \dfrac{1}{x} = +\infty \quad \text{bzw.} \quad \lim_{x \to -0} \dfrac{1}{x} = -\infty.$$

Die Funktion ist in Bild 6.16 dargestellt. Die Darstellung ergibt zwei nicht miteinander verbundene Kurvenäste, da der Funktionswert $f(0)$ nicht existiert. Die Unstetigkeitsstelle dieser Funktion bei $x = 0$ bezeichnet man als *Polstelle oder Pol*. Bei einer *Polstelle* ist f bestimmt divergent, d. h. $f(x)$ strebt gegen $+\infty$ oder $-\infty$. Man überlege sich selbst, dass eine solche Unstetigkeitsstelle, im Gegensatz zu einer Lücke, nicht beseitigt werden kann. ∎

6.43 Untersucht werden soll die Funktion $y = f(x) = \dfrac{x}{|x|}$, die an der Stelle $x = 0$ nicht definiert ist.

6.2 Grenzwerte von Funktionen

Lösung: Da hier wieder der Fall einer unerlaubten Division „$\frac{0}{0}$" vorliegt, könnte man zunächst annehmen, dass es sich – wie im Falle $\frac{\sin x}{x}$ – um eine hebbare Unstetigkeit handelt. Dies ist jedoch nicht so, wie die nachfolgenden Betrachtungen zeigen. Zur näheren Untersuchung an dieser Stelle soll wieder eine Wertetabelle für $x \to -0$ und $x \to +0$ aufgestellt werden.

x	0,1	0,01	0,001	$-0,1$	$-0,01$	$-0,001$
y	1	1	1	-1	-1	-1

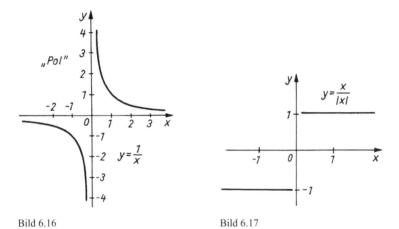

Bild 6.16　　　　　　　　　　　　　　　Bild 6.17

Je nachdem, von welcher Seite aus man sich der Stelle $x = 0$ nähert, ergeben sich zwei verschiedene Grenzwerte. Nähert man sich aus negativer x-Richtung dem Wert $x = 0$, so strebt y gegen -1, nähert man sich aus positiver x-Richtung, so strebt y gegen $+1$. Daraus folgen die beiden einseitigen Grenzwerte:

$$\lim_{x \to +0} \frac{x}{|x|} = +1 \quad \text{bzw.} \quad \lim_{x \to -0} \frac{x}{|x|} = -1.$$

Die Funktion ist in Bild 6.17 dargestellt. Die Darstellung ergibt 2 nicht miteinander verbundene Geradenstücke. Die Unstetigkeitsstelle dieser Funktion bei $x = 0$ bezeichnet man als *Sprungstelle* oder als *Sprung*. Bei einem *Sprung* sind der links- und rechtsseitige Grenzwert grundsätzlich verschieden (Sprünge treten z. B. bei Funktionen, die Einschaltvorgänge in der Elektrotechnik beschreiben, auf). Es handelt sich aber immer um genau definierte Zahlenwerte. Man überlege sich selber, dass auch diese Unstetigkeitsstelle eine nicht hebbare Unstetigkeit darstellt. ■

370   6 Grenzwerte und Stetigkeit

Grenzwertsätze:

Für die Grenzwertberechnung sind oft einige Sätze über Grenzwerte sehr nützlich, die hier ohne Beweis angegeben werden sollen. Existieren die Grenzwerte $\lim\limits_{x \to a} u(x)$ und $\lim\limits_{x \to a} v(x)$, so gelten folgende Grenzwertsätze:

$$\lim_{x \to a} c \cdot u(x) = c \cdot \lim_{x \to a} u(x) \tag{6.21}$$

$$\lim_{x \to a} [u(x) \pm v(x)] = \lim_{x \to a} u(x) \pm \lim_{x \to a} v(x) \tag{6.22}$$

$$\lim_{x \to a} [u(x) \cdot v(x)] = \lim_{x \to a} u(x) \cdot \lim_{x \to a} v(x) \tag{6.23}$$

$$\lim_{x \to a} \frac{u(x)}{v(x)} = \frac{\lim\limits_{x \to a} u(x)}{\lim\limits_{x \to a} v(x)} \tag{6.24}$$

$$\lim_{x \to a} e^{u(x)} = e^{\lim\limits_{x \to a} u(x)} \tag{6.25}$$

Formel (6.24) ist nur anwendbar unter der Voraussetzung, dass $\lim\limits_{x \to a} v(x) \neq 0$ ist!

BEISPIELE

6.44   Berechnen Sie die Grenzwerte an den Unstetigkeitsstellen der gegebenen Funktion $y = f(x) = e^{\frac{2}{x^2 - 1}}$ und klassifizieren Sie die Unstetigkeitsstellen.

Lösung: Die Funktion ist für $x = 1$ und $x = -1$ nicht definiert, da der Nenner des Exponenten in beiden Fällen den Wert 0 annimmt. Zur Bestimmung der Unstetigkeitsstellen müssen also 4 Grenzwerte berechnet werden.

a) $\lim\limits_{x \to 1+0} e^{\frac{2}{x^2-1}} = \infty$ b) $\lim\limits_{x \to 1-0} e^{\frac{2}{x^2-1}} = 0$

c) $\lim\limits_{x \to -1+0} e^{\frac{2}{x^2-1}} = 0$ d) $\lim\limits_{x \to -1-0} e^{\frac{2}{x^2-1}} = \infty$

Hinweis: Im Fall a) strebt der Exponent für $x \to 1 + 0$ gegen $+\infty$, da der Nenner aufgrund der Subtraktion gegen den Wert $+ 0$ strebt. Im Fall b) strebt der Exponent für $x \to 1 - 0$ gegen $-\infty$, weil der Nenner aufgrund der Subtraktion gegen den Wert $- 0$ strebt. Da $e^{-a} = \dfrac{1}{e^a}$ ist, erhält man bei der Grenzwertbetrachtung den Ausdruck „$\dfrac{1}{e^\infty}$" und daraus den Grenzwert $g^- = 0$. Analog erhält man die Ergebnisse unter c) und d). Die Klassifizierung der beiden Unstetigkeitsstellen ist eindeutig. In beiden Fällen handelt es sich um Polstellen, da jeweils einer der beiden einseitigen Grenzwerte ∞ ist, also $x_{P1} = +1$; $x_{P2} = -1$.   ∎

6.2 Grenzwerte von Funktionen

6.45 Ermitteln Sie den Grenzwert $\lim\limits_{x\to 1}\dfrac{x^2-1}{x-1}$!

Lösung: Da sowohl Zähler als auch Nenner bei $x = 1$ den Wert 0 annimmt, ist $y = f(x) = \dfrac{x^2-1}{x-1}$ nicht definiert. Wegen $x^2 - 1 = (x+1)(x-1)$ kann aber für $x \neq 1$ gekürzt werden. Deshalb ergibt sich $\lim\limits_{x\to 1}\dfrac{x^2-1}{x-1} = \lim\limits_{x\to 1}\dfrac{(x-1)(x+1)}{x-1} = \lim\limits_{x\to 1}(x+1) = 2$.

Die Funktion $y = \dfrac{x^2-1}{x-1}$ besitzt im Punkt $P_L(1;2)$ eine Lücke. ∎

6.46 Desgl. für $\lim\limits_{x\to 0}\dfrac{\sin x \cos x}{x}$

Lösung: $\lim\limits_{x\to 0}\dfrac{\sin x \cos x}{x} = \lim\limits_{x\to 0}\dfrac{\sin x}{x} \cdot \lim\limits_{x\to 0}\cos x = 1 \cdot 1 = 1$ ∎

6.47 Desgl. für $\lim\limits_{x\to +0}\left(\sin x - \dfrac{\cos x}{x}\right)$

Lösung: $\lim\limits_{x\to +0}\left(\sin x - \dfrac{\cos x}{x}\right) = \lim\limits_{x\to +0}\dfrac{x\sin x - \cos x}{x} = -\infty$ ∎

6.48 Desgl. für $\lim\limits_{x\to 2}\dfrac{x^3-8}{x^2-4}$

Lösung: $\lim\limits_{x\to 2}\dfrac{x^3-8}{x^2-4} = \lim\limits_{x\to 2}\dfrac{(x-2)(x^2+2x+4)}{(x-2)(x+2)} = \lim\limits_{x\to 2}\dfrac{(x^2+2x+4)}{(x+2)} = \dfrac{12}{4} = 3$ ∎

6.49 Desgl. für $\lim\limits_{x\to 0} x \cdot \cot x$

Für $x = 0$ ist $\cot x$ nicht definiert. Eine entsprechende Umformung führt aber auch bei folgendem Grenzwert zum Ziel.

Lösung: $\lim\limits_{x\to 0}(x \cdot \cot x) = \lim\limits_{x\to 0}\left(\dfrac{x}{\sin x}\cdot \cos x\right) = \lim\limits_{x\to 0}\dfrac{x}{\sin x} \cdot \lim\limits_{x\to 0}\cos x$

$= \lim\limits_{x\to 0}\dfrac{1}{\dfrac{\sin x}{x}} \cdot 1 = \dfrac{1}{\lim\limits_{x\to 0}\dfrac{\sin x}{x}} = \dfrac{1}{1} = 1$.

Somit folgt $\lim\limits_{x\to 0}(x \cdot \cot x) = 1$ ∎

6.50 Die Funktion $y = f(x) = \dfrac{x-2}{x^2-4x+4}$ ist auf Unstetigkeitsstellen zu untersuchen!

Lösung: Die Funktion ist für $x = 2$ nicht definiert. Zähler und Nenner werden gleichzeitig 0. Da sich der Nenner in ein Produkt umformen läßt, kann für $x \neq 2$ gekürzt werden:

$$\lim_{x \to 2} \frac{x-2}{x^2-4x+4} = \lim_{x \to 2} \frac{x-2}{(x-2)^2} = \lim_{x \to 2} \frac{1}{x-2}.$$ Die Stelle $x = 2$ ist also eine Unstetigkeitsstelle mit

$$\lim_{x \to 2+0} \frac{1}{x-2} = +\infty \quad \text{und} \quad \lim_{x \to 2-0} \frac{1}{x-2} = -\infty.$$

$x = 2$ ist also eine Polstelle. ∎

6.2.2 Grenzwerte von Funktionen für $x \to \pm\infty$

Bei der Darstellung von Funktionen interessiert sehr häufig das Verhalten einer Funktion im „Unendlichen" (s. auch Beisp. 6.39). Eine Funktion $f(x)$ ist also daraufhin zu untersuchen, ob sie für $x \to +\infty$ bzw. $x \to -\infty$ x einen Grenzwert besitzt, gegen $+\infty$ oder $-\infty$ strebt oder unbestimmt divergiert. Folgende Beispiele sollen dies zeigen.

BEISPIELE

6.51 Bestimmen Sie die Grenzwerte $\lim\limits_{x \to \pm\infty}(-3x^3 + 2x^2 - 23)$!

Lösung: $\lim\limits_{x \to \pm\infty}(-3x^3 + 2x^2 - 23) = \lim\limits_{x \to \pm\infty} x^3 \left(-3 + \frac{2}{x} - \frac{23}{x^3}\right) = \mp\infty$

D. h. für $x \to +\infty$ strebt $y \to -\infty$ und für $x \to -\infty$ strebt $y \to +\infty$. Wie aus der Umformung zu entnehmen ist, wurde der Faktor x^3 ausgeklammert. Dadurch ist das Vorzeichen der bestimmten Divergenz zu ersehen. ∎

6.52 Desgl. für die Funktion $y = f(x) = \dfrac{1}{x^n}$ $(n > 0, n \in N)$

Lösung: $\lim\limits_{x \to \pm\infty} \dfrac{1}{x^n} = 0.$

Aus diesem Ergebnis ist ersichtlich, dass die Gerade $y = 0$, also die x-Achse, die Asymptote der Funktion ist. ∎

6.53 Desgl. für $\lim\limits_{x \to \pm\infty} \dfrac{3x^2 - 6x}{2x^2 + 1}$

Lösung: $\lim\limits_{x \to \pm\infty} \dfrac{3x^2 - 6x}{2x^2 + 1} = \lim\limits_{x \to \pm\infty} \dfrac{3 - \dfrac{6}{x}}{2 + \dfrac{1}{x^2}} = \dfrac{3 - 0}{2 + 0} = \dfrac{3}{2}$

Die Funktion $y = f(x) = \dfrac{3x^2 - 6x}{2x^2 + 1}$ hat die Gerade $y = 1{,}5$ zur Asymptote (siehe Bild 6.18). ∎

6.2 Grenzwerte von Funktionen

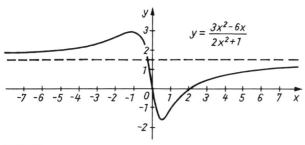

Bild 6.18

6.2.3 Die Stetigkeit einer Funktion

Soll eine Funktion in einem Koordinatensystem dargestellt werden, so stellt man gewöhnlich eine Wertetabelle auf, trägt die erhaltenen Wertepaare als Punkte im Koordinatensystem ein und verbindet die einzelnen Punkte zu einem Kurvenzug. Man nimmt dabei stillschweigend an, dass sich alle anderen nicht berechneten Punkte des Funktionsbildes ohne Unterbrechung auf der Verbindungslinie aneinanderreihen. Voraussetzung für den letzten Arbeitsgang ist also, dass die Kurve zwischen den einzelnen Punkten keine Lücken aufweist, Sprünge macht oder gar unbeschränkt wächst oder fällt. Eine Funktion, deren Kurvenbild in einem bestimmten Bereich einen ununterbrochenen Linienzug aufweist, heißt in diesem Bereich **stetig**, trifft das nicht zu, heißt sie **unstetig**. Knicke sind durchaus zugelassen, denn an einem Knick hat der Linienzug keine Unterbrechung.

Diese zwar sehr anschauliche Erklärung der Stetigkeit einer Funktion leistet in vielen einfachen Fällen sicherlich gute Dienste; sie reicht aber im Allgemeinen für eine Entscheidung über Stetigkeit oder Unstetigkeit nicht aus. Daher ist es notwendig, den Begriff der Stetigkeit genauer zu formulieren:

Eine Funktion ist in einem zusammenhängenden Intervall I immer dann stetig, wenn ihr Graph oder Kurvenzug in diesem Intervall eine ununterbrochene Kurve ist. Die Voraussetzung ist jedoch, dass die Funktion an jeder Stelle dieses Intervalls I definiert ist. Des Weiteren müssen an jeder Stelle dieses Intervalls I der rechts- und linksseitige Grenzwert der Funktion gleich sein und mit dem Funktionswert übereinstimmen.

Fasst man den vorhergehenden Abschnitt in mathematische Begriffe, so erhält man:

Eine Funktion f, deren Definitionsbereich $D(f)$ eine Umgebung der Stelle $x = a$ enthält, ist an dieser Stelle $x = a$ genau dann stetig, wenn

1. der Grenzwert $\lim\limits_{x \to a} f(x) = g$ existiert,
2. $f(a) = g$ gilt.

Ist eine dieser Bedingungen nicht erfüllt, ist die betrachtete Funktion an der Stelle $x = a$ unstetig.

Eine Funktion ist in einem betrachteten Intervall nur dann stetig, wenn sie in jedem Punkt dieses Intervalls stetig ist.

---

374 6 Grenzwerte und Stetigkeit

Stetige Funktionen (bezogen auf die gesamte reelle x-Achse) sind z. B. alle ganzrationalen Funktionen, alle gebrochenrationalen Funktionen, bei denen der Nenner nirgends verschwindet und die Funktionen $f(x) = \sin x$, $f(x) = \cos x$ und $f(x) = k \cdot a^x$ ($a > 0$, $k \in \mathbf{R}$).

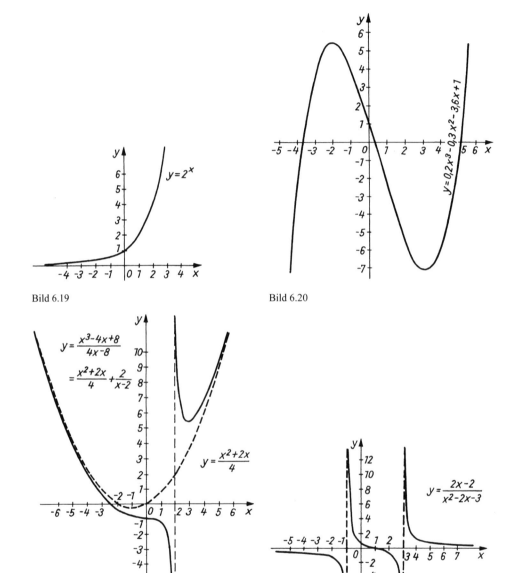

Bild 6.19

Bild 6.20

Bild 6.21

Bild 6.22

6.2 Grenzwerte von Funktionen

BEISPIELE

6.54 Nach der vorhergegangenen Definition sind folgende Funktionen für alle x stetig (Bilder 6.19, 6.20, 6.25):

$$y = f(x) = \frac{x^2 + 3x + 1}{x^2 + 1} \qquad y = f(x) = 2^x \qquad y = f(x) = 0,2x^3 - 0,3x^2 - 3,6x + 1 \qquad \blacksquare$$

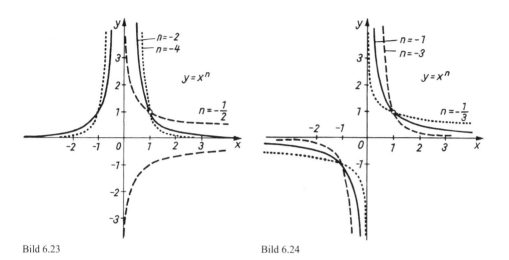

Bild 6.23　　　　　　　　　　　　　Bild 6.24

6.55 Folgende Funktionen sind unstetig (Bilder 6.21, 6.22, 6.23, 6.24):

$$y = f(x) = \frac{x^3 - 4x + 8}{4x - 8} \qquad \text{bei } x = 2$$

$$y = f(x) = \frac{2x - 2}{x^2 - 2x - 3} \qquad \text{bei } x = 3 \text{ und } x = -1$$

$$y = f(x) = x^n \quad \left(n = -1, -2, -3, \ldots; -\frac{1}{2}, -\frac{1}{3}, -\frac{1}{4}, \ldots\right) \quad \text{bei } x = 0$$

(Für $x^{-\frac{1}{2}}, x^{-\frac{1}{4}} \ldots$ ist die Funktion nur für $x > 0$ definiert). ■

6.56 Die folgenden unstetigen Funktionen sind in bestimmten Intervallen stetig. Zum Beispiel ist:

$$y = f(x) = \frac{2x - 2}{x^2 - 2x - 3} \quad \text{stetig in} \quad -\infty < x < -1; \quad -1 < x < 3; \quad 3 < x < +\infty;$$

$$y = f(x) = \frac{x^2 + x - 2}{x - 1} \quad \text{stetig in} \quad -\infty < x < 1; \quad 1 < x < +\infty; \qquad \blacksquare$$

6.57 $y = f(x) = \dfrac{\sin x}{x}$ ist bei $x = 0$, wie bereits im Beispiel 6.40 (siehe Abschnitt 6.2.1) festgestellt, unstetig. Da aber $\lim\limits_{x\to +0}\dfrac{\sin x}{x} = \lim\limits_{x\to -0}\dfrac{\sin x}{x} = 1$ ist, kann man $f(0) = 1$ setzen und so die Unstetigkeit beheben. Man erhält die neue überall stetige Funktion

$$f^*(x) = \begin{cases} \dfrac{\sin x}{x} & \text{für } x \neq 0, \\ 1 & \text{für } x = 0. \end{cases}$$ ∎

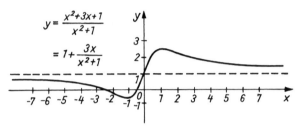

Bild 6.25

6.3 Anwendungsaufgaben

Die folgenden Grenzwerte sind zu bestimmen, falls sie existieren!

6.26 a) $\lim\limits_{n\to\infty} \dfrac{2}{n-1}$ b) $\lim\limits_{n\to\infty} \dfrac{n^2+1}{n}$ c) $\lim\limits_{n\to\infty} \dfrac{10^5 n}{n^2}$

  d) $\lim\limits_{n\to\infty} \dfrac{2-n^3}{10n^2-n}$ e) $\lim\limits_{n\to\infty} \left(\dfrac{1}{2}\right)^n$

6.27 a) $\lim\limits_{n\to\infty} \left(\dfrac{1}{2}\right)^{-n}$ b) $\lim\limits_{n\to\infty} \left(-\dfrac{1}{2}\right)^n$ c) $\lim\limits_{n\to\infty} \sqrt{n}$ d) $\lim\limits_{n\to\infty} 10^{-n}$

6.28 a) $\lim\limits_{x\to -3} \dfrac{x^2-9}{x+3}$ b) $\lim\limits_{x\to \frac{1}{2}} \dfrac{2x^2+x-1}{4x^2-1}$ c) $\lim\limits_{x\to 2} \dfrac{-x^2-3x+10}{2x^2+x-10}$

  d) $\lim\limits_{x\to 0} \dfrac{(x+2)^2-4}{x}$ e) $\lim\limits_{x\to -2} \dfrac{x^3+8}{x+2}$ f) $\lim\limits_{x\to a} \dfrac{x^4-a^4}{x-a}$

6.29 a) $\lim\limits_{x\to 1} \dfrac{1-x}{1-\sqrt{x}}$ b) $\lim\limits_{x\to +\sqrt{2}} \dfrac{x^4+x^2-6}{x+3}$ c) $\lim\limits_{x\to 0} \dfrac{\sqrt{1+x}-1}{x}$

6.30 a) $\lim\limits_{x \to 0} \dfrac{\tan x}{x}$ b) $\lim\limits_{x \to 0} \dfrac{\sin^2 x}{x}$ c) $\lim\limits_{x \to 0} \left(\dfrac{1}{2}\right)^x$

  d) $\lim\limits_{x \to 0} \dfrac{\sin x \cos x}{x^2}$ e) $\lim\limits_{x \to 0} \dfrac{1 - \cos x}{\sin x}$ f) $\lim\limits_{x \to \frac{\pi}{2}} \dfrac{1 - \sin x}{\cos x}$

6.31 a) $\lim\limits_{x \to 1} \dfrac{x - 1}{2x^2 - 2x}$ b) $\lim\limits_{x \to -2} \dfrac{x^2 - 3x - 10}{x + 2}$ c) $\lim\limits_{x \to 2} \dfrac{2x^2 - 8}{x - 2}$

Untersuchen Sie folgende Funktionen auf Stetigkeit!

6.32 a) $y = f(x) = \dfrac{x - 2}{x^2 - 4}$ b) $y = f(x) = \dfrac{x}{1 + x^2}$ c) $y = f(x) = \dfrac{x}{x}$

  d) $y = f(x) = \dfrac{\sqrt{x^2}}{x}$ e) $y = f(x) = 2^{\frac{1}{x}}$ f) $y = f(x) = 2^{\frac{1}{(x-1)^2}}$

  g) $y = f(x) = \dfrac{1}{1 + 2^{\frac{1}{x}}}$ h) $y = f(x) = \dfrac{x}{x} + \dfrac{1}{x - 2}$

Bestimmen Sie das Verhalten der folgenden Funktionen im Unendlichen!

6.33 a) $y = f(x) = x^2 - 10x$ b) $y = f(x) = \dfrac{1}{x^3 + x^2}$

  c) $y = f(x) = -x^3 + 12x^2 + 9$ d) $y = f(x) = -4x^4 + 10x^3 + 3$

  e) $y = f(x) = \dfrac{1}{1 + x}$ f) $y = f(x) = \dfrac{x}{1 + x}$

  g) $y = f(x) = \dfrac{x^2}{1 + x}$ h) $y = f(x) = \dfrac{x}{x^2 - 2x + 2}$

  i) $y = f(x) = \dfrac{2x^3 + 1}{10x^2 + 5x}$ j) $y = f(x) = \dfrac{1 + x^2}{1 - 10x}$

  k) $y = f(x) = \dfrac{1 - x^2}{1 + x^2}$

6.34 Der Anschaffungswert einer Maschine betrug 65000,00 €. Durch jährliche Abschreibung von 8,5 % hat sie noch einen Buchwert von 32000,00 €. In welchem Zeitraum (in Jahren) fand die Abschreibung statt.

6.35 Nach welcher Zeit verdoppelt sich der Holzbestand eines Mischwaldes, wenn die Wachstumsintensität $\alpha = 0{,}028$ 1/a (1a = 1 Jahr) beträgt?

6.36 Die Produktion einer Aktiengesellschaft soll in 5 Jahren von 12,5 Millionen € auf 17 Millionen € gesteigert werden.

a) Welches jährliche Wachstumstempo ist zu planen?
b) Wie groß ist die jährlich zu planende Zuwachsrate?
c) Um wie viele Millionen € ist die Produktion im 1., 2., 3., 4., 5. Jahr zu steigern?

6.37 Ein Nadelwald hat einen Holzbestand von 110000 m³. Der Holzbestand wurde 15 Jahre zuvor auf 80000 m³ geschätzt. Wie groß ist die auf das Jahr bezogene Wachstumsintensität?

6.38 Ein Kondensator wird über einen Widerstand entladen ($C = 47$ μF, $R = 270$ kΩ).

a) Wann ist seine Spannung auf den e-ten Teil abgeklungen?
b) In welcher Zeit ist die Anfangsspannung von $U_0 = 150$ V auf 10 V abgesunken?

$\left(\text{Formel für die Entladung des Kondensators } U_C = U_0 e^{-\frac{t}{RC}} \right)$

6.39 Auf welchen Betrag wächst ein Grundbetrag von 5200,00 € bei 4 % Zinseszins
a) in 5 Jahren,
b) in 10 Jahren an?
c) In welcher Zeit hat sich ein Grundbetrag bei 3,5 % Zinseszins verdoppelt?

Lösungen

1.1 Die gesuchte Wahrheitsfunktion hat folgende Wertetafel:

p	q	entweder p oder q
w	w	f
w	f	w
f	w	w
f	f	f

1.2 Eine solche Situation gibt es nicht, da im Schauspielhaus (vorausgesetzt es gibt ein solches) eine Vorstellung stattfindet oder aber keine Vorstellung ist. Somit ist stets einer der beiden Teilsätze und damit auch die Disjunktion wahr.

1.3 Aus der folgenden Tabelle ersieht man, dass a) und d) aussagenlogische Gesetze sind:

p	q	$\overline{q \wedge \overline{q}}$	$\overline{p \wedge \overline{q}}$	$\overline{p \vee \overline{p \wedge \overline{q}}}$	$\overline{\overline{p \wedge \overline{q}} \wedge q \vee \overline{q}}$
w	w	**w**	w	f	**w**
w	f	**w**	f	f	**w**
f	w	**w**	w	f	**w**
f	f	**w**	w	f	**w**

1.4 Dieselbe Wahrheitsfunktion haben die Paare b) und c)

p	q	$\overline{p \wedge \overline{q}}$	$\overline{q \wedge \overline{p}}$	$\overline{p \vee \overline{p \wedge \overline{q}}}$	$\overline{\overline{p} \wedge \overline{q}} \wedge p$	$\overline{p \wedge \overline{q}}$	$\overline{\overline{p} \vee q}$
w	w	w	w	f	f	f	f
w	f	f	w	f	f	w	w
f	w	w	f	f	f	f	f
f	f	w	w	f	f	f	f

1.5 a) Alle drei Ausdrücke haben dieselbe Wahrheitsfunktion.
b) Nur $\overline{p} \to \overline{q}$ und $q \to p$ haben dieselbe Wahrheitsfunktion, die sich aber von der Wahrheitsfunktion für $p \to q$, unterscheidet.

1.6 Aussagenlogische Gesetze sind:
a), b), d), f), g) und h).

1.7 a)

p	q	r	$p \to q$	$q \to r$	$p \to r$	$(p \to q) \wedge (q \to r)$	$(p \to q) \wedge (q \to r) \to (p \to r)$
w	w	w	w	w	w	w	w
w	w	f	w	f	f	f	w
w	f	w	f	w	w	f	w
w	f	f	f	w	f	f	w
f	w	w	w	w	w	w	w
f	w	f	w	f	w	f	w
f	f	w	w	w	w	w	w
f	f	f	w	w	w	w	w

b)

p	q	r	$p \to q$	$(p \to q) \to r$	$(p \to q) \land ((p \to q) \to r)$	$(p \to q) \land ((p \to q) \to r) \to r)$
w	w	w	w	w	w	w
w	w	f	w	f	f	w
w	f	w	f	w	f	w
w	f	f	f	w	f	w
f	w	w	w	w	w	w
f	w	f	w	f	f	w
f	f	w	w	w	w	w
f	f	f	w	f	f	w

c)

p	q	r	$p \to q$	$r \to q$	$(p \to q) \land (r \to q)$	$p \lor r \to q$	$(p \to q) \land (r \to q) \to (p \lor r \to q)$
w	w	w	w	w	w	w	w
w	w	f	w	w	w	w	w
w	f	w	f	f	f	f	w
w	f	f	f	w	f	f	w
f	w	w	w	w	w	w	w
f	w	f	w	w	w	w	w
f	f	w	w	f	f	f	w
f	f	f	w	w	w	w	w

1.8 Behauptung: Wenn $a > b$ und $b > c$, so stets $a > c$. Sei nun $a > b$ und $b > c$. Das bedeutet, dass es natürliche Zahlen d und e gibt, so dass $a = b + d$ $(d \geq 1)$ und $b = c + e$ $(e \geq 1)$. Wenn man in der ersten Gleichung b durch die rechte Seite der zweiten Gleichung ersetzt, so erhält man $a = c + e + d$ $(d \geq 1, e \geq 1)$. Folglich gilt $a = c + f$, wobei $f = e + d$, und wegen $d \geq 1$, $e \geq 1$ ist auch $f \geq 1$. Damit ist schließlich gezeigt, dass $a > c$.

1.9 Induktionsbasis: Die Winkelsumme im Dreieck beträgt, wie bekannt, 180°. Da nun $(3 - 2) \cdot 180° = 180°$, ist die Behauptung für $n = 3$ bewiesen.

Induktionsschritt: Vorausgesetzt, die Behauptung sei für $n = k$ bewiesen, zeigt man nun, dass sie auch für $n = k + 1$ zutrifft: In einem konvexen $k + 1$-Eck verbindet man die einem Punkt benachbarten Punkte mit einer Geraden und erhält so ein konvexes k-Eck. Die Winkelsumme in dieser Figur beträgt nach Voraussetzung $(k - 2) \cdot 180°$. Die Winkelsumme im $k + 1$-Eck ist nun gerade um die Summe der Winkel des „abgeschnittenen" Dreiecks, also um 180° größer als die Winkelsumme des k-Ecks, sie beträgt also $(k - 2) \cdot 180° + 180° = (k - 1) \cdot 180°$. Genau das aber war zu zeigen. Nach dem Induktionsprinzip ist damit die Behauptung für beliebige n bewiesen.

1.10 Ein Beweis für diese Behauptung kann analog zum indirekten Beweis in 1.1.3 geführt werden. Man nimmt also an, $\sqrt{7}$ sei eine rationale Zahl und somit als Bruch $\dfrac{p}{q}$

darstellbar, wobei p und q keine gemeinsamen Teiler enthalten. Aus $\dfrac{p^2}{q^2} = \left(\dfrac{p}{q}\right)^2 = 7$ erhält man $p^2 = 7 \cdot q^2$. Daher muss 7 Teiler von p sein, also $p = 7 \cdot p'$. Nach Einsetzen und Division der Gleichung durch 7 erhält man $7 \cdot p'^2 = q^2$. Dann muss aber 7 Teiler auch von q sein, ein Widerspruch zur Voraussetzung, dass p und q keine gemeinsamen Teiler haben.

1.11 a) $M = \{3; 4; 5; 6; 7\}$ b) $Z = \{2; 4; 8; 16; 32; ...\}$

c) $B = \left\{1; \dfrac{1}{2}; \dfrac{1}{3}; ...; \dfrac{1}{10}\right\}$ d) $M_1 = \{0; 6; 12; 18; 24; ...\}$

e) $M_2 = \{2; 3; 4; 6; 8; 9; 10; ...\}$ f) $K = \{1; 8; 27; 64; 125; ...\}$

g) $R = \left\{\dfrac{1}{2}; \dfrac{2}{3}; \dfrac{3}{4}; \dfrac{4}{5}; \dfrac{5}{6}; ...\right\}$ h) $L = \varnothing$

i) Die Lösung hängt hier vom gewählten Grundbereich ab: Sind dies die natürlichen Zahlen, so gilt wie zuvor $L = \varnothing$; ansonsten ist L die Menge der rationalen (reellen) Zahlen zwischen 5 und 6.

1.12 a) $A \subset B$ b) $M_1 = M_2$ c) $Q \subset R$ d) $G = H$

e) Keine der beiden Relationen besteht zwischen A und B

f) Keine der beiden Relationen besteht zwischen S und T.

g) $P \subset \mathbf{N}$ h) $A = B$ i) $A_1 = B_1$ j) $C \subset B \subset A$

1.13 $G_1 \cap G_2$ enthält ein einziges Element, den Schnittpunkt der beiden Geraden.

1.14 $E_1 \cap E_2$ ist die Gerade, in der sich die beiden Ebenen schneiden.

Sind die beiden Ebenen parallel, so ist $E_1 \cap E_2 = \varnothing$.

1.15 a) $E \cap K$ ist die Kreislinie, in der die Ebene die Kugel schneidet

b) $E \cap K$ ist der Punkt, in dem die Ebene die Kugel tangiert;

c) $E \cap K = \varnothing$, eine geometrische Bedeutung wird in diesem Fall nicht zugeordnet.

1.16 a) Zum Beweis dieser Behauptung genügt schon eine einfache Skizze. Aus dieser wird ersichtlich, dass für beliebige Mengen A und B stets $A \cup B = B \cup A$. Man kann aber auch über die Elementbeziehung den Nachweis führen: Sei $x \in A \cup B$. Das heißt aber, dass $x \in A \vee x \in B$. Da die Disjunktion kommutativ ist, gilt gleichwertig $x \in B \vee x \in A$, somit $x \in B \cup A$.

b) Sei $x \in A$. Dann ist auch $x \in (A \cap B) \cup A$, also gilt $A \subseteq (A \cap B) \cup A$.

Sei nun umgekehrt $x \in (A \cap B) \cup A$. Das bedeutet, dass $x \in A \cap B$ oder $x \in A$. In beiden Fällen gilt, dass $x \in A$. (Im zweiten Fall trivialerweise, im ersten ergibt sich dies aus der Definition des Durchschnitts.) Also erhält man $(A \cap B) \cup A \subseteq A$. Beide Teilmengenbeziehungen zusammenfassend erhält man $A = (A \cap B) \cup A$.

c) Aus der Definition des Durchschnitts erhält man unmittelbar $(A \cup B) \cap A \subseteq A$. Um die umgekehrte Inklusion zu zeigen, nimmt man an, dass $x \in A$. Dann ist aber auch $x \in A \cup B$, mithin gilt $x \in (A \cup B) \cap A$, also $A \subseteq (A \cup B) \cap A$. Aus der wechselseitigen Inklusion folgt wiederum die Gleichheit der beiden Mengen, d.h., $A = (A \cup B) \cap A$.

1.17 a) K_2 b) K_1 c) Kreisring d) $\varnothing$

1.18 a) K_2 bzw. K_1 ($K_2 = K_1$) b) K_2 bzw. K_1 c) $\varnothing$ d) $\varnothing$

1.19 $M_1 \cup M_2 \setminus M_1 \cap M_2$ oder gleichwertig $M_1 \setminus M_2 \cup M_2 \setminus M_1$

1.20 a) $A \cap B = A$ b) $A \cup B = B$ c) $\varnothing$ d) keine Vereinfachung möglich

1.21 a) $M_1 \subseteq M_2$ b) $M_1 \subseteq M_2$ c) M_1 und M_2 sind disjunkt.
      d) $M_1 = M_2 = \varnothing$ e) M_1 und M_2 sind disjunkt. f) $M_2 \subseteq M_1$

1.22 a) $A \cap B = \{5; 6; 7; 8; 9; 10\}$ b) $A \cup B = \{1; 2; 3; ...; 15\}$
      c) $A \setminus B = \{1; 2; 3; 4\}$ d) $B \setminus A = \{11; 12; 13; 14; 15\}$
      e) $A \times C = \{(1, a); (2, a); ...; (10, a); (1, b); (2, b); ...; (10, b)\}$

1.23 a) A b) A c) $\varnothing$ d) A e) $\varnothing$ f) A g) $\varnothing$
      h) Dies ist die Menge aller (geordneten) Paare, deren erste Komponente a ist und deren zweite Komponente jeweils ein Element aus A ist.

2.1 a) $6a + 4b + 3c$ b) 7 km oder 7000 m c) 2026 V d) $53x + 16y$

2.2 a) 14 b) 4 c) -9 d) -124 e) 96 f) -25

2.3 a) 14 K b) 38 K c) 50 K d) 124 K

2.4 a) -13 b) -3 c) 13 d) 3 e) 3 f) 3

2.5 a) -36 b) $47z$ c) $22u - 12v$

2.6 a) (Add.) $64x - 29y - 3z$ (Subtr:) $-8x + y + 21z$
     b) (Add.) $14a - 14b + 4c - d$ (Subtr:) $4a - 2b + 10c - 5d$
     c) (Add.) $9x + y + 6u - 16v$ (Subtr:) $-x - 7y + 12u$
     d) (Add.) $2m - 7n + 1$ (Subtr:) $n + 2p - 15$

2.7 a) $96stw$ b) $-8xy$ c) $-27abc$ d) $-35(c^2 + d^2)$

Lösungen

2.8 a) $56p - 60q$ b) $x^2 + 9xy$ c) $12a^2b - 21ab^2$ d) $15u - 24$
     e) $2s + 80t$ f) $15ax + 10ay - 5a$ g) $60x + 12$ h) $-5a$

2.9 a) $2\pi r(r + h)$ b) $24x(3x^2 + 2x - 4)$ c) $3a(19a - 7b - 14c)$
     d) $(x - 3)(x + y)$

2.10 a) $mn + 3n - 4m - 12$ b) $xy + 3x - 5y - 15$ c) $x^2 - 7x + 6$
     d) $3ac + bc + 24a + 8b$ e) $2uw - 6vw + 4uz - 12vz$
     f) $-14s^2 - st + 30t^2$ g) $18p^2 + 41pq + 2pr - 10q^2 + 5qr$
     h) $32c^2 - 48cd + 32c + 10d^2 - 24d + 8$
     i) $28p^2 - 13pq + 9pr - 63q^2 + 48qr - 9r^2$

2.11 a) $16a^2 + 8ab + b^2$ b) $9c^2 - 6cd + d^2$ c) $25x^2 + 20xy + 4y^2$
     d) $64u^2 - 80u + 25$ e) $m^2 - 2m + 1$ f) $81 - 18z + z^2$
     g) $4a^2 - 9$ h) $16u^2 - 4p^2$ i) $x^2y^2 - 4$

2.12 a) $2ab$ b) $-2ab + 2b^2$ c) $4ab$
     d) $2x^2 + 2y^2$ e) $-16a^2 + 42a - 5$ f) $45u^2 - 58uv + 16v^2$
     g) $16x^4 - 625y^4$ h) $-a^3 + a^2b + ab^2 - b^3$

2.13 a) 2601 b) 5329 c) 11025 d) 9604 e) 2496

2.14 a) $(x+1)^2$ b) $(4u - 5v)^2$ c) $(2x+3)^2$
     d) $(8a + 5b)(8a - 5b)$ e) $(3r+1)(3r-1)$ f) $2(x+4)(x-4)$

2.15 a) $(8-2)(8+2) = 6 \cdot 10 = 60$ b) 109 c) $2n - 1$

2.16 a) $x^2 + 8x + 16$ b) $x^2 - 10x + 25$ c) $4x^2 + 8x + 4$
     d) $9x^2 - 27x + 20,25$ e) $4a^2 - 24ab + 36b^2$ f) $25u^2 + 70uv + 49v^2$

2.17 $132\ m^2$

2.18 $9\ cm^2$

2.19 a) -16 b) -8 c) $-9a$ d) -9 e) $-2v$
     f) $-9z$ g) $-9xyz$ h) $-4ab^2$

2.20 a) -19 b) -19 c) 19 d) $-12qr$ e) $-5ac$

2.21 a) $a - b$ b) $2x + 3y$ c) $2p - 3q$ d) $-8r + 7s - 3$
     e) $4c - 3b + a$

Lösungen

2.22 a) $5x(4a-7b-8x)$ b) $7y(9x-12y+14z)$
c) $(5n-7x)(2n-3y)$ d) $(8x+1)(5x-2p)$
e) $(13x-16m)(7x+5n)$ f) $(18x-5a)(5x-16b)$
g) $(p+q+r)(x-y)$ h) $(2x-5y+1)(a-b)$
i) $(a-3)^2$ k) $(x+2)^2$
l) $x(x+1)^2$ m) $(6x+5y)(6x-5y)$
n) $(x-13y+2z)(x-13y-2z)$ o) $(x+5)(x+7)$
p) $(x+5)(x-4)$ q) $(x+3)(x-8)$
r) $(a-3b)(a-4b)$ s) $(a-2b)(a-5b)$
t) $(x+a)(x-b)$ u) $(x-n)(x+3)$
v) $(a-5b)(a+2b)$ w) $(a+5b)(a-3b)$
x) $(x^2+1)(x+1)$ y) $x(x-3y)(x-8y)$

2.23 a) $3b-2a$ b) $3v-4x+7u$ c) 4 d) $3(a+3)$
e) $4(2x-y)$ f) $u+v$ g) $3a-15b$

2.24 a) $a+1$ b) a^2-2a+3 c) $x+y$ d) $2x-4y$
e) $2x+3y$ f) $z-4$ g) $4a+3b$ h) $4x-y+3z$
i) $2a-3b-\dfrac{2b^2}{3a+4b}$

2.25 a) $\dfrac{4a}{b}$ b) $\dfrac{6}{7}$ c) $\dfrac{3x-2a}{2x-3a}$ d) $-\dfrac{3}{4}$
e) $-\dfrac{ax}{x+a}$ f) $\dfrac{x+1}{m+1}$

2.26 a) $\dfrac{abc(a-b)}{ab(a^2-b^2)}$ b) $\dfrac{a^2(a+b)}{ab(a^2-b^2)}$ c) $\dfrac{b^2(a-b)}{ab(a^2-b^2)}$ d) $\dfrac{a^2-b^2}{ab(a^2-b^2)}$

2.27 a) $\dfrac{x}{a}$ b) 2 c) $x+y$ d) $\dfrac{3r^2-r+1}{m}$

2.28 a) $\dfrac{a+b}{ab}$ b) $\dfrac{bc+ac-ab}{abc}$ c) $\dfrac{2a}{a^2-b^2}$ d) $\dfrac{x^2-y^2}{y}$
e) $\dfrac{u^2+ux-ux^2}{x^2}$ f) $\dfrac{25a}{6x}$ g) $\dfrac{nx+my+nmr+1}{mn}$ h) $\dfrac{2y}{x^2-y^2}$
i) $\dfrac{2}{r-1}$ k) 1 l) $\dfrac{1}{x}$ m) $\dfrac{3(2a^2-b^2)}{4ab(2a-b)}$
n) $-\dfrac{x^2+4x+39}{12(x^2-1)}$ o) $\dfrac{20}{a^2-1}$ p) $\dfrac{a^3+1}{a(a-1)^3}$ q) $\dfrac{a-13}{24}$
r) $\dfrac{33b-10a}{24}$ s) $\dfrac{uv+uw+vw}{uvw}$ t) $\dfrac{1}{b}$ u) $\dfrac{a^2+b^2}{ab}$

Lösungen 385

2.29 a) $\dfrac{2x}{3}$ b) $-\dfrac{3a^2}{2}$ c) $\dfrac{4ab}{c}$ d) $2-\dfrac{n}{m}-\dfrac{m}{n}$ e) a^2-16b^2

f) $\dfrac{x^4-y^4}{xy}$ g) $(2a-b)b^2$ h) $\dfrac{1}{4}$ i) $\dfrac{2abx}{3}$ k) $99vr$

l) $\dfrac{abxy}{x^2-y^2}$ m) $\dfrac{1}{(x-4)^2}$ n) $\dfrac{u+v}{2}$ o) $\dfrac{a^2}{b^2}+2+\dfrac{b^2}{a^2}=\dfrac{(a^2+b^2)^2}{a^2b^2}$

p) $\dfrac{16x^2}{9a^2}-\dfrac{9y^2}{25b^2}$ q) $\dfrac{1}{x^2}+\dfrac{1}{y^2}+\dfrac{1}{z^2}+\dfrac{2}{xy}+\dfrac{2}{xz}+\dfrac{2}{yz}=\left(\dfrac{xy+xz+yz}{xyz}\right)^2$

2.30 a) $\dfrac{2x}{15ab}$ b) $-\dfrac{5}{2nr}$ c) $-\dfrac{4}{5bc}+\dfrac{3}{7ad}$ d) $\dfrac{2}{5vx}-\dfrac{3}{14ux}+\dfrac{1}{uv}$

e) $\dfrac{a-5}{5a}$ f) 36 g) $36xz$ h) $\dfrac{(p-2r)pr}{2}$

i) $\dfrac{6}{x}$ k) $\dfrac{8n}{m}$ l) $\dfrac{5(p+q)}{ab}$ m) $\dfrac{x^2+y^4}{y(x+y)}$

n) $-\dfrac{x^2+xy+y^2}{xy}$ o) $\dfrac{2(a+b)}{a}$

2.31 a) $\dfrac{3b-5a}{5b-3a}$ b) $\dfrac{1}{a}$ c) $\dfrac{x}{y}$ d) $\dfrac{b-a}{b+a}$

e) $\dfrac{22}{7}$ f) $\dfrac{ab}{a^2+b^2}$

2.32 a) x^{n+1} b) a^{n+1} c) b^{2n} d) p^{n-1} e) x^{m+n}

f) y^4 g) $24a^2b^3c^4$ h) $10x^8$ i) $36a^7b^2$ k) a^5b^6

l) $x^n y^{n-1}$ m) a^{2m-7} n) $-x^7$ o) $-a^{13}$ p) b^{3n}

2.33 a) q^n b) $q^{n+1}-1$ c) $q^{n+1}-q$ d) $q^{n+1}-q^n$

2.34 a) $x^4-2x^3+2x^2-2x+1$ b) $a^6+2a^4b^2+2a^2b^4+b^6$

c) $x^5-x^3y^2-x^2y^3+y^5$ d) x^4-y^4

2.35 a) $x^4(x^4+x^2-1)$ b) $a^3b^2(b^4-ab+a^2)$ c) $2a(a-b)$

2.36 a) 100^4 b) 2^4 c) 3^x d) $\dfrac{25}{4}$ e) 6^3

f) $a^n b^n x^n y^n$ g) $\dfrac{c}{a}$ h) $\left(\dfrac{3}{5}\right)^n$ i) $\left(-\dfrac{7}{10}\right)^m$ k) $\dfrac{(a-b)^2}{(x+y)^2}$

2.37 a) $x^5+15x^4+90x^3+270x^2+405x+243$
b) $y^6-1,2y^5+0,6y^4-0,16y^3+0,024y^2-0,00192y+0,000064$
c) $6m^2n+2n^3$ 　　　　　　　　　　　d) $a^6-2a^4+a^2$
e) $125a^3-225a^2x^2+135ax^4-27x^6$ 　f) $2(a^4+6a^2x^2+x^4)$
g) $40a^3+1000a$ 　　　　　　　　　　h) $480x^4+2160x^2+486$

2.38 a) a^{n-3} 　b) a^{2-n} auch: $\dfrac{1}{a^{n-2}}$ 　c) a^2 　d) $\dfrac{1}{a^4}$
e) a^{x-2} 　f) $\dfrac{1}{a^{x-3}}$ 　g) a^{2n-2} 　h) $\dfrac{1}{a^{3m-3}}$
i) a^{10} 　k) x^{m-n+1} 　l) $\dfrac{ay^2}{b^2x^3}$ 　m) a

2.39 a) $\dfrac{1}{x^3}$ 　b) $\dfrac{1}{x^{2n+2}}$ 　c) x^{3n-13} 　d) x^{2n-2}
e) $\dfrac{a^{n-1}}{b^{n-1}}$ 　f) $\dfrac{1}{ab}$ 　g) $\dfrac{x^9}{a}$

2.40 a) $(a-1)(x-1)$ 　b) $\dfrac{a^4}{(y-x)^3}$ 　c) $\dfrac{ay^5}{bx^2}$ 　d) $\dfrac{4a^2c^n xy^{n-1}}{bz^{n-1}}$

2.41 a) $ax^2+bx-c+\dfrac{d}{x}-\dfrac{e}{x^2}$ 　b) $ax^n+bx^{2n-m}+cx^{2n}$ 　c) $\dfrac{a^3}{b}+a^2+ab+b^2+\dfrac{b^3}{a}$

2.42 a) x^m+y^n 　　　　　b) x^3+x^2+x+1 　　　　c) $a^3-a^2b+ab^2-b^3$

2.43 a) x^{3n+3} 　b) a^{3n-3} 　c) $81x^4y^8$ 　d) a^5b^6 　e) 729
f) $\dfrac{1}{x^6}$ 　g) $\dfrac{b^4y^6}{ax^3}$ 　h) $\dfrac{16y}{3}$ 　i) $\dfrac{(2a+3b)^3(2x-3y)^3}{b^3x^3}$

2.44 a) $(x^{2m}-y^{2n}):(x^m+y^n)=x^m-y^n$
b) $(x^{3m}-y^{3n}):(x^m-y^n)=x^{2m}+x^my^n+y^{2n}$

2.45 a) $a^{\frac{3}{4}}$ 　b) $x^{\frac{n}{2}}$ 　c) $(2+a)^{\frac{2}{3}}$ 　d) $(2a)^{\frac{1}{3}}$ 　e) $a^{-\frac{2}{3}}$
f) $b^{-\frac{1}{2}}$ 　g) $3^{-\frac{4}{3}}$ 　h) $3^{-\frac{3}{2}}$ 　i) $x^{\frac{1}{6}}$ 　k) $x^{\frac{3}{4}}$

2.46 a) $\sqrt[6]{x^5}$ 　b) $\sqrt[n]{a}$ 　c) $a^3\cdot\sqrt[10]{a}$ 　d) $\dfrac{1}{\sqrt[5]{a^2}}$

Lösungen

2.47 a) 6   b) 14   c) $5\sqrt{2}$ d) $2\sqrt{ax}$ e) $a\sqrt{3}$
f) abx g) 30   h) 12   i) a^2 k) q^n
l) $\sqrt{6}$ m) 3   n) $5\sqrt{15}-1$ o) $2\sqrt{15}-6$ p) -3
q) $3x\sqrt[3]{3}$ r) $4a - 2\sqrt[3]{2a^2b^2} + 2\sqrt[3]{4ab} - 2b$

2.48 a) $5\sqrt{2}$ b) $10\sqrt{5}$ c) $2\sqrt[3]{9}$ d) $40\sqrt[3]{3}$ e) $-3\sqrt[3]{3}$
f) $2b\sqrt{a}$ (für $b \geq 0$)   g) $3a^2b\sqrt{c}$ (für $b \geq 0$)   h) $2b\sqrt[3]{a}$
i) $z\sqrt{z}$ k) $z^2 \cdot \sqrt[3]{z}$ l) $x^n\sqrt{x}$ m) $x^n\sqrt{\dfrac{1}{x}}$, auch: $x^{n-1}\sqrt{x}$

2.49 a) $2\sqrt{5}$ b) 8   c) 2

2.50 a) $\sqrt{6}$ b) $\sqrt{ab}$ c) $\sqrt[3]{3}$ d) $\sqrt{x^2-y^2}$ e) $\sqrt{\dfrac{a}{b}}$
f) $\sqrt{\dfrac{a+1}{a-1}}$ g) $\sqrt[3]{ab(b^2-a^2)}$ h) $\sqrt[3]{\dfrac{1}{a^2}+\dfrac{1}{a}-1}$

2.51 a) $2\sqrt{2}$ b) $(a+b)\sqrt[3]{a-b}$

2.52 $\sqrt{2}$

2.53 a) $\sqrt{2}$ b) $\sqrt{3}$ c) $x\sqrt{\dfrac{a}{b}}$ d) $2\sqrt{2}$ e) 2
f) $\sqrt{5}$ g) $\dfrac{\sqrt{3}}{3}$ h) $3\sqrt{6}$ i) $4\sqrt{2x}$ k) $\dfrac{3}{2}\sqrt{15}$
l) $\sqrt[3]{z}$ m) $12\sqrt[3]{4x^2}$ n) $\dfrac{\sqrt{10}}{10}$ o) $\sqrt{ab}$ p) $z\sqrt{az}$
q) $\dfrac{\sqrt{ax}}{x^2}$ r) $2\sqrt{5}$ s) $\dfrac{\sqrt{ab}}{ab}$ t) $\sqrt{ab}$ u) $\dfrac{a}{b}$

2.54 a) $\dfrac{\sqrt{2}}{2}$ b) $\dfrac{1}{4}\sqrt{14}$ c) $\dfrac{2}{3}\sqrt{3}$ d) $\sqrt[3]{c^2x}$ e) $\dfrac{3}{2b}\sqrt{ab}$
f) $\dfrac{\sqrt{a^2-1}}{a-1}$ g) $\dfrac{n}{n-1}\sqrt{n-1}$ h) $\dfrac{x}{2x+4}\sqrt{2x+4}$ i) $\dfrac{1}{r}\sqrt[3]{r^2(r^2+1)}$

2.55 a) $\dfrac{3}{2}(\sqrt{5}-1)$ b) $3(3+\sqrt{5})$ c) $\sqrt{6}+\sqrt{5}$ d) $\sqrt{3}$
e) $\dfrac{a-2\sqrt{ab}+b}{a-b}$ f) $\dfrac{\sqrt{3}+\sqrt{2}}{a}$ g) $\dfrac{(a+\sqrt{b})(b-\sqrt{a})}{b^2-a}$

Lösungen

h) $\dfrac{15+\sqrt{x}-6x}{25-9x}$ i) 1 k) $4\sqrt{5}-5\sqrt{3}$

l) $\sqrt{2}$ m) $4-\sqrt{3}+\sqrt{2}$ n) $(1-\sqrt{3}-\sqrt{5})^2(\sqrt{5}+2)$

2.56 a) $a-b$ b) $a+2\sqrt{ab}+b$ c) $3+2\sqrt{2}$ d) $x-2+\dfrac{1}{x}$

e) $\sqrt{b}+\sqrt{ab}-b$ f) $1+\sqrt{a}$ g) $\dfrac{2}{5}\sqrt{5a}$

2.57 a) $\sqrt{5}$ b) $\sqrt{2}$ c) 9 d) $\sqrt[3]{a}$ e) $\sqrt[3]{a^2 x}$

2.58 a) 25 b) 64 c) 1000 d) 0,04 e) 3

2.59 a) $\sqrt[6]{2^5}$ b) $\sqrt[6]{3^3 \cdot 4^2}$ c) $\sqrt[12]{4^4 \cdot 3^3}$ d) $a\sqrt[6]{a}$ e) $\sqrt{c}$

f) $\sqrt[4]{ab}$ g) $\sqrt[3]{\dfrac{m}{n}}$ h) $\sqrt[12]{\dfrac{x}{y}}$ i) $\sqrt[6]{2}$ k) $6\sqrt{10}$

l) $a\sqrt[12]{a}$ m) $\dfrac{1}{\sqrt[6]{a^5}}$ n) $\sqrt[6]{m}$

2.60 a) $\sqrt[3]{10}$ b) 4 c) $\sqrt{10}$ d) $\sqrt{2}$ e) $\sqrt[3]{3}$
 f) $\sqrt[6]{a}$ g) $\sqrt[6]{a}$ h) $\sqrt[4]{45}$ i) $\sqrt[4]{x^3}$ k) $\sqrt{x}$
 l) $\sqrt[3]{x^2}$ m) $\sqrt[3]{3}$ n) 2 o) $\sqrt{a}$ p) $\sqrt[3]{4a^2}$

2.61 a) $x^{\frac{3}{4}} = \sqrt[4]{x^3}$ b) $x^{\frac{5}{6}} = \sqrt[6]{x^5}$ c) $a^{\frac{1}{6}} = \sqrt[6]{a}$ d) $a^{-\frac{3}{20}} = \dfrac{1}{\sqrt[20]{a^3}}$

e) $a^{\frac{1}{3}} = \sqrt[3]{a}$ f) $a^{\frac{m+n}{mn}} = \sqrt[m\cdot n]{a^{m+n}}$ g) $a^{\frac{m+n}{2}} = \sqrt{a^{m+n}}$

h) $6^{\frac{7}{4}} = \sqrt[4]{6^7} = 6\sqrt[4]{6^3}$ i) $5^{\frac{5}{8}} = \sqrt[8]{5^5}$ k) $2^{-\frac{5}{2}} = \dfrac{1}{8}\sqrt{2}$

l) $-2^{\frac{5}{2}} = -4\sqrt{2}$ m) $(xy)^{\frac{1}{5}} = \sqrt[5]{xy}$

2.62 a) $a^{\frac{1}{2}} = \sqrt{a}$ b) $a^{\frac{1}{3}} = \sqrt[3]{a}$ c) $a^{\frac{1}{8}} = \sqrt[8]{a}$ d) $c^{-\frac{1}{2}} = \dfrac{1}{\sqrt{c}}$

e) $c^{-0,5} = \dfrac{1}{\sqrt{c}}$ f) $z^{-1} = \dfrac{1}{z}$ g) $3^{\frac{1}{4}} = \sqrt[4]{3}$ h) $8^{\frac{1}{2}} = 2\sqrt{2}$

i) $\left(\dfrac{m^3}{n}\right)^{\frac{1}{2}} = m\sqrt{\dfrac{m}{n}}$ k) $a^{\frac{3}{2}} = \sqrt{a^3}$ l) $c^{-\frac{2}{3}} = \dfrac{1}{\sqrt[3]{c^2}}$ m) $x^{\frac{1}{6}} = \sqrt[6]{x}$

n) $x^{\frac{3}{10}} = \sqrt[10]{x^3}$

Lösungen

2.63 a) $\dfrac{2}{3}$ b) $6\dfrac{1}{4}$ c) 3   d) 4   e) $\dfrac{3}{2}\sqrt{3}$

2.64 a) $p = 1{,}6 \cdot \sqrt{2}$ bar   b) $p = 0{,}8 \cdot \sqrt[4]{2}$ bar

2.65 a) 3   b) 7   c) 0   d) 1   e) -3 f) -1 g) -4 h) 3

2.66 a) 81   b) 3   c) 4   d) 64   e) 5   f) 12

2.67
a) $\lg a + \lg b + \lg c$ b) $\lg a + \lg b - \lg c - \lg d$ c) $1 + \lg a + \lg(b - c)$
d) $-\lg(x + y)$ e) $3(\lg a + \lg b)$ f) $\lg(a+1) + \lg(a-1)$
g) $\lg a + \dfrac{1}{3}\lg b$ h) $\dfrac{1}{3}(2\lg a + 4\lg b)$
i) $\lg 9 + \lg x + 2\lg y + \dfrac{1}{2}\lg(x^2 + y^2) + \dfrac{1}{2}\lg c$ k) $2\lg x + \dfrac{1}{2}\lg a - 3\lg c$
l) $-2(\lg u + \lg v)$ m) $2\lg b - 2\lg a$ n) $\dfrac{2}{3}(2\lg a - \lg b)$
o) $-\dfrac{1}{2}\lg x - 3\lg y$

2.68 a) $2 + \lg 5$ b) $\lg 3 - 1$ c) $\dfrac{3}{4}$ d) 0   e) $6 + \lg 3{,}291 + \lg 1{,}835$

2.69 a) $\lg \dfrac{ab}{cd}$ b) $\lg \dfrac{x^2}{\sqrt{y}}$ c) $\lg \sqrt[3]{u^2 - v^2}$ d) $\lg \dfrac{1}{a^2 \sqrt{b}}$
e) $\lg \sqrt{(x-y)^3}$ f) $\lg 100 = 2$ g) $\lg \dfrac{x^2}{(x-y)^3}$ h) $\lg \dfrac{x}{\sqrt{y}}$

3.1 a) $7\mathrm{i}$ b) $|x|\mathrm{i}$ c) $\dfrac{1}{3}\mathrm{i}$ d) $5\mathrm{i}\sqrt{2}$
e) $|xy|\mathrm{i}$ f) $4|a|\mathrm{i}\sqrt{2}$ g) $6\mathrm{i}\sqrt{3}$ h) $\left(2\sqrt{3} - 2\sqrt{2} + \sqrt{0{,}6}\right)\mathrm{i}$

3.2 a) -3 b) -4 c) $\mathrm{i}\sqrt{ab}$ d) $5\mathrm{i}\sqrt{3}$ e) $10\mathrm{i}$
f) $-12\mathrm{i}$ g) $10\mathrm{i}$ h) $-\mathrm{i}$ i) 4   k) $\mathrm{i}\sqrt{2}$
l) $-3\mathrm{i}$ m) i n) $-\mathrm{i}$ o) $-2\sqrt{3}$ p) $\dfrac{1}{\sqrt{a}}$ $(a \neq 0)$
q) 0   r) i für $y > x$, $-\mathrm{i}$ für $x > y$, keine Lösung für $x = y$
s) $(a - b)\mathrm{i}$ für $a > b$, $(b - a)\mathrm{i}$ für $b > a$, 0 für $b = a$
t) $-\dfrac{6\mathrm{i}}{|a|}$ $(a \neq 0)$

3.3 a) $6-18i$ b) $\sqrt{6}+3i\sqrt{2}$ c) $7+26i$ d) $23+2i$
   e) $3+\sqrt{6}+(3\sqrt{3}-\sqrt{2})i$

3.4 a) $4\sqrt{2}+\frac{1}{2}i$ b) $-\frac{\sqrt{3}}{2}-2i$ c) $-0{,}24+0{,}68i$ d) $\frac{1}{2}-\frac{1}{2}i$
   e) $4+2i\sqrt{7}$ f) $2{,}08-0{,}44i$ g) $2i$ h) $8+4i\sqrt{3}$

3.5 a) 10 b) $6i$ c) 34 d) $\frac{8}{17}+\frac{15}{17}i$
   e) $-1+2i\sqrt{2}$ f) $4-6i\sqrt{5}$

3.6 a) $(2x+3yi)(2x-3yi)$ b) $(\sqrt{a}+i\sqrt{b})(\sqrt{a}-i\sqrt{b})$ c) $(4+i)(4-i)$

3.7 a) $14+8i$ und $14-8i$ b) $0{,}1+0{,}8i$ und $0{,}1-0{,}8i$
   c) z_1 und z_1^* haben dieselbe Norm

3.8 a) $13(\cos 67{,}38°+i\cdot\sin 67{,}38°)$ b) $5(\cos 306{,}87°+i\cdot\sin 306{,}87°)$
   c) $3{,}4(\cos 151{,}93°+i\cdot\sin 151{,}93°)$ d) $\cos 180°+i\cdot\sin 180°$
   e) $2(\cos 90°+i\cdot\sin 90°)$ f) $2(\cos 300°+i\cdot\sin 300°)$
   g) $2(\cos 120°+i\cdot\sin 120°)$ h) $8(\cos 270°+i\cdot\sin 270°)$

3.9 a) $-6\sqrt{3}-6i$ b) $-4\sqrt{2}+4i\sqrt{2}$ c) $-3-3i\sqrt{3}$

3.10 a) $z=6(\cos 60°+i\cdot\sin 60°)=3+3i\sqrt{3}$
   b) $z=5(\cos 120°+i\cdot\sin 120°)=-\frac{5}{2}+\frac{5}{2}i\sqrt{3}$

3.11 a) $z=(\cos 45°+i\cdot\sin 45°)=\frac{1}{2}\sqrt{2}+\frac{i}{2}\sqrt{2}$
   b) $z=2(\cos 150°+i\cdot\sin 150°)=-\sqrt{3}+i$
   c) $z=(\cos 330°+i\cdot\sin 330°)=\frac{1}{2}\sqrt{3}-\frac{1}{2}i$

3.12 Der Multiplikation einer Zahl mit $-i$ (d. i. $(\cos 270°+i\cdot\sin 270°)$) entspricht eine positive Drehung des zugehörigen Pfeils um $270°$. Der Division einer Zahl durch $-i$ entspricht eine negative Drehung des zugehörigen Pfeils um $270°$ (oder, gleichwertig, eine positive Drehung um $90°$).

3.13 $3\sqrt{3}+3i$ entspricht ein Pfeil mit $r_1=6$, $\varphi_1=30°$. Daraus ergibt sich im Fall
   a) $z=12(\cos 75°+i\cdot\sin 75°)=3{,}106+11{,}591i$
   b) $z=3(\cos 150°+i\cdot\sin 150°)=-\frac{3}{2}\sqrt{3}+\frac{3}{2}i$

Lösungen

3.14 a) Dies ist der Fall, wenn $r_1 = r_2$ und $\varphi_1 + \varphi_2 = 360°$.

b) Dies ist der Fall, wenn $r_1 = r_2$ und $\varphi_2 = \varphi_1 + 180°$

3.15 a) $-4 + 4i$ b) 16   c) $-8 - 8i\sqrt{3}$ d) $\dfrac{1}{2} - \dfrac{i}{2}\sqrt{3}$

3.16 a) $(\cos 50° - i \sin 50°)^4 = [\cos(-50°) + i \sin(-50°)]^4$

$= (\cos(-200°) + i \sin(-200°) = (\cos 200° - i \sin 200°)$

b) $(\cos \varphi - i \sin \varphi)^n = \cos(n\varphi) - i \sin(n\varphi)$

3.17 a) $z_1 = 2 + 3i$ $z_2 = -2 - 3i$

b) $z_1 = 2{,}331 + 0{,}308i$ $z_2 = -1{,}433 + 1{,}865i$ $z_3 = -0{,}8985 - 2{,}173i$

c) $z_1 = -0{,}364 + 1{,}671i$ $z_2 = -1{,}265 - 1{,}151i$ $z_3 = 1{,}629 - 0{,}520i$

d) $z_1 = \dfrac{1}{2}\sqrt{2} + \dfrac{i}{2}\sqrt{2}$ $z_2 = -0{,}966 + 0{,}259i$ $z_3 = 0{,}259 - 0{,}966i$

e) $z_1 = 0{,}966 + 0{,}259i$ $z_2 = -0{,}259 + 0{,}966i$ $z_3 = -0{,}966 - 0{,}259i$

$z_4 = 0{,}259 - 0{,}966i$

f) $z_1 = 0{,}679 + 1{,}432i$ $z_2 = -1{,}152 + 1{,}088i$ $z_3 = -1{,}391 - 0{,}759i$

$z_4 = 0{,}292 - 1{,}558i$ $z_5 = 1{,}572 - 0{,}203i$

g) $z_1 = \dfrac{1}{2} + \dfrac{i}{2}\sqrt{3}$ $z_2 = -1$ $z_3 = \dfrac{1}{2} - \dfrac{i}{2}\sqrt{3}$

3.18 a) $z = 7{,}071\, e^{-0{,}785i}$ oder $z = 7{,}071\, e^{-i45°}$

b) $z = 8{,}944\, e^{-1{,}107i}$ oder $z = 8{,}944\, e^{-i63{,}435°}$

c) $z = 19{,}849\, e^{-0{,}714i}$ oder $z = 19{,}849\, e^{-i40{,}914°}$

3.19 a) $z = 1{,}8134 + 1{,}7209i$ b) $a = 3{,}22576$ $b = -2{,}36524$

c) $z = 0{,}438 + 0{,}899i$

3.20 a) $-\sqrt{3} + i$ b) $2 \cdot e^{i\,150°}$

3.21 a) $a = -1$ $b = +1$ b) $z = \sqrt{2}(\cos 135° + i \sin 135°)$

Hinweis zu den Aufgaben 4.1 bis 4.18

Einfache Aufgaben von ausschließlich graphischem Charakter sind nicht behandelt.

4.1 graphisch 4.2 graphisch 4.3 graphisch 4.4 graphisch

4.5 Bild L4.1   4.6 Bild L4.1

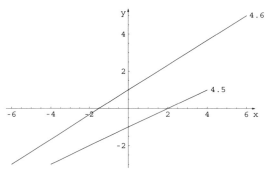

Bild L4.1

4.7 Bild L4.2, Minimum bei $x = 2$ 4.8 Bild L4.2, Minimum bei $x = -1,5$

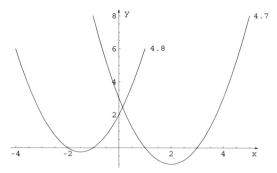

Bild L4.2

4.9 Bild L4.3, Minimum bei $x = 7$ 4.10 Bild L4.3, Minimum bei $x = -4,5$

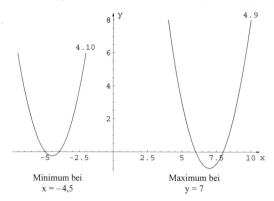

Bild L4.3

Lösungen

4.11 Bild L4.4

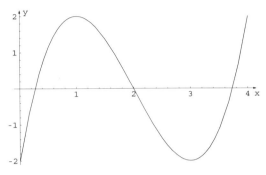

Bild L4.4

4.12 Bild L4.5

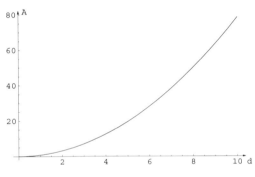

Bild L4.5

4.13 Bild L4.6

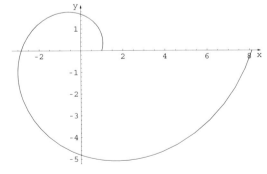

Bild L4.6

4.14 graphisch

4.15 Bild L4.7, Wurfweite 90 m

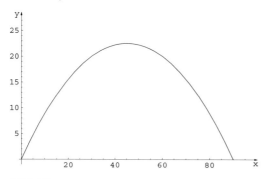

Bild L4.7

4.16 Bild L4.8

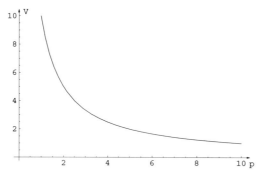

Bild L4.8

4.17 P_1, P_2, P_3 nicht auf der Kurve; P_4 auf der Kurve

4.18 P_1, P_2 auf der Kurve; P_3, P_4 nicht auf der Kurve

4.19 $y = \dfrac{2}{3}x + \dfrac{1}{3}$ 　　　4.20 　$y = 2x + 5$

4.21 $y = -3x + \sqrt{\dfrac{13}{2}}x; \quad y = -3x - \sqrt{\dfrac{13}{2}}x$

4.22 $y = 4x - 1 + \sqrt{14x^2 - 5x + 5}; \quad y = 4x - 1 - \sqrt{14x^2 - 5x + 5}$

4.23 $y = 5x - 3 + \sqrt{29x^2 - 28x + 14}; \quad y = 5x - 3 - \sqrt{29x^2 - 28x + 14}$

4.24 $y = -0{,}125x + 0{,}75$

4.25 $y = 4 + \sqrt{13}x$

4.26 $y = x + x\sqrt{1 - x^2}; \quad y = x - x\sqrt{1 - x^2}$

Lösungen 395

4.27 a) $y = f^{-1}(x) = \frac{1}{3}x + \frac{2}{3}$ b) $y = f^{-1}(x) = 2x + 6$

c) $y = f^{-1}(x) = \frac{4}{3}x - \frac{7}{3}$

d) im Bereich $-\infty < x \leq 0$: $y = f_1^{-1}(x) = -\frac{1}{2}\sqrt{x}$, $D(f_1^{-1}) = \mathbf{R}$

im Bereich $0 \leq x < \infty$: $y = f_2^{-1}(x) = \frac{1}{2}\sqrt{x}$, $D(f_2^{-1}) = \mathbf{R}$

e) im Bereich $-\infty < x \leq 3$: $y = f_1^{-1}(x) = 3 - \sqrt{x+1}$, $D(f_1^{-1}) = \mathbf{R}$

im Bereich $3 \leq x < \infty$: $y = f_2^{-1}(x) = 3 + \sqrt{x+1}$, $D(f_2^{-1}) = \mathbf{R}$

f) im Bereich $-\infty < x \leq -1$: $y = f_1^{-1}(x) = -1 - \sqrt{x+9}$, $D(f_1^{-1}) = \mathbf{R}$

im Bereich $-1 \leq x < \infty$: $y = f_2^{-1}(x) = -1 + \sqrt{x+9}$, $D(f_2^{-1}) = \mathbf{R}$

g) $y = f^{-1}(x) = \sqrt[5]{x}$, $D(f^{-1}) = \mathbf{R}$

4.28 a) (1; 1) b) (−6; −6) c) (1; 1) d) (0; 0) und (0,25; 0,25)

e) (5,56; 5,56) und (1,44; 1,44) f) (2,37; 2,37) und (−3,37; −3,37)

g) (0; 0) und (1; 1) und (−1; −1)

4.29 graphisch   4.30 graphisch   4.31 graphisch   4.32 graphisch

4.33 graphisch   4.34 graphisch

4.35 Gleichung der x-Achse: $y = 0$;   Gleichung der y-Achse: $x = 0$

4.36 Bild L4.9

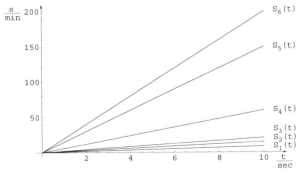

Bild L4.9

4.37 Bild L4.10

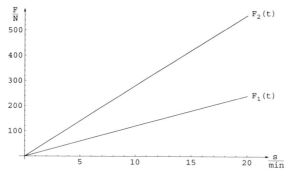

Bild L4.10

4.38 g_1) $y = 2,5x+5$ g_2) $y = -0,75x+3$ g_3) $y = 0,5x-2,5$

4.39 Bild L4.11

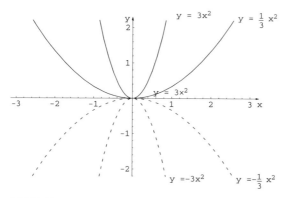

Bild L4.11

4.40 Bild L4.12

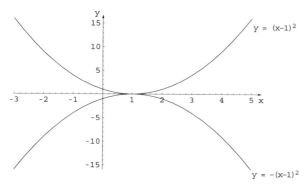

Bild L4.12

Lösungen 397

4.41 Bild L4.13, Nullstellen: a) $x = 2$ und $x = 4$; b) $x = 3$; c) nicht vorhanden

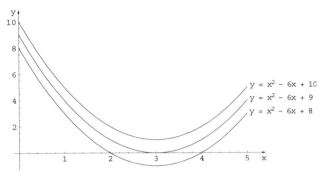

Bild L4.13

4.42 Bild L4.14, Nullstellen: a) $x = -3$ und $x = 1$; b) $x = -1$; c) nicht vorhanden

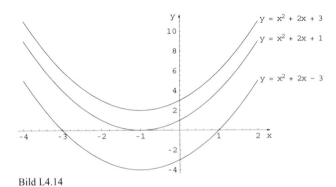

Bild L4.14

4.43 graphisch   4.44   graphisch

4.45 Bild L4.15

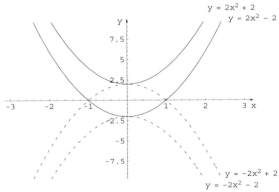

Bild L4.15

Besonderheiten:
- Scheitelpunkt (Maximum oder Minimum) liegt auf der y-Achse
- Die Funktionen y_1 und y_3 verlaufen parallel verschoben zueinander, ebenso die Funktionen y_2 und y_4

Für $a > 0$ und $c > 0$ oder $a < 0$ und $c < 0$ besitzen die Funktionen keine reellen Nullstellen (vgl. auch Bild L 4.15)

4.46 Bild L4.16

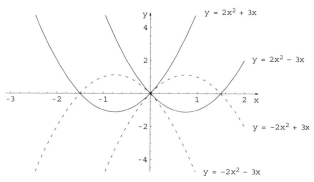

Bild L4.16

a) Nullstellen $x_1 = 0$; $x_2 = -1,5$ Min.: $x = -0,75$
b) Nullstellen $x_1 = 0$; $x_2 = 1,5$ Max.: $x = 0,75$
c) Nullstellen $x_1 = 0$; $x_2 = 1,5$ Min.: $x = 0,75$
d) Nullstellen $x_1 = 0$; $x_2 = -1,5$ Max.: $x = -0,75$

Besonderheiten:
- Für $c = 0$ verlaufen alle Funktionen durch den Koordinatenursprung (Nullstelle)
- Die Funktionen a) und c) sowie b) und d) liegen spiegelbildlich zur y-Achse
- Die Funktionen a) und d) sowie b) und c) liegen spiegelbildlich zur x-Achse (vgl. auch Bild L4.2)

4.47 $f(2,8) = 24,16$; $f(-4,2) = 92,34$

4.48 $f(1,8) = 0,908$; $f(-4,7) = 11,737$

4.49 $f(1,3) = 8,9402$; $f(-2,7) = -142,7198$

4.50 $f(1,7) = 3,838$; $f(-1,9) = -10,4538$

4.51 $f(2,7) = 21,9792$; $f(-4,3) = 716,7460$

4.52 $f(1,1) = 0$; $f(-1,5) = 10,31264$

4.53 Bild L4.17   4.54 Bild L4.17

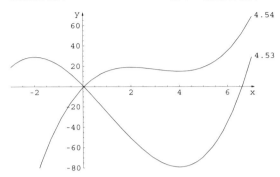

Bild L4.17

4.55 $y = f(x) = 0,4x^2 - 3,8x + 4,7$

4.56 $y = f(x) = 1,2x^2 + 5,64x - 3,78$

4.57 $y = f(x) = 3,6x^2 - 1,6x + 2,4$

4.58 $y = f(x) = 2,5x^3 - 1,5x^2 + 3,5x - 4,5$

4.59 $y = f(x) = 1,2x^3 - 4,8x^2 - 1,8x + 3,2$

4.60

	Nullstellen	Schnittpunkt	Polstellen	Asymptote	$D(f)$	$W(f)$
a)	–	$y_S = \dfrac{4}{5}$	$x_P = -\dfrac{5}{2}$	$y_A = 0$	$X \in P \setminus \left\{-\dfrac{5}{2}\right\}$	$Y \in P \setminus \{0\}$
b)	$x_N = 0$	$y_S = 0$	$x_P = \dfrac{5}{3}$	$y_A = \dfrac{2}{3}$	$X \in P \setminus \left\{\dfrac{5}{3}\right\}$	$Y \in P \setminus \left\{\dfrac{2}{3}\right\}$
c)	$x_N = -2$	$y_S = -1$	$x_P = 4$	$y_A = 4$	$X \in P \setminus \{4\}$	$Y \in P \setminus \{2\}$
d)	$x_N = 2$	$y_S = 2$	$x_P = -1$	$y_A = -1$	$X \in P \setminus \{-1\}$	$Y \in P \setminus \{-1\}$

(vgl. auch Bild L 4.18 bis L4.21)

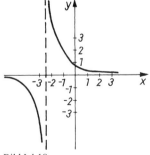

Bild L4.18

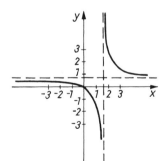

Bild L4.19

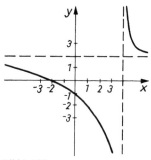
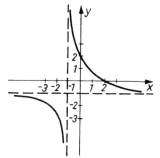

Bild L4.20 Bild L4.21

4.61

	Nullstellen	Schnittpunkt	Polstellen	Asymptote	D(f)	W(f)
a)	–	$y_S = \frac{1}{2}$	$x_P = 2$	$y_A = 0$	$X \in P \setminus \{2\}$	$Y \in P \setminus \{0\}$
b)	$x_N = -2$	$y_S = 2$	$x_P = 2$	$y_A = -2$	$X \in P \setminus \{2\}$	$Y \in P \setminus \{-2\}$
c)	–	$y_S = 1$	$x_P = 1$	$y_A = 2$	$X \in P \setminus \{1\}$	$Y \in P \setminus \{2\}$
d)	$x_N = 0; 2$	$y_S = 0$	–	$y_A = \frac{2}{3}$	$X \in P$	$Y \in P \setminus \left\{\frac{2}{3}\right\}$
e)	$x_N = \frac{1}{2}; 1$	$y_S = -\frac{1}{4}$	$x_P = -\frac{1}{2}; 2$	$y_A = \frac{1}{2}$	$X \in P \setminus \left\{-\frac{1}{2} ; 2\right\}$	$Y \in P \setminus \left\{\frac{1}{2}\right\}$
f)	$x_N = 0$	$y_S = 0$	$x_P = -2; 2$	$y_A = 0$	$X \in P \setminus \{-2; 2\}$	$Y \in P$

(Hinweis: Die graphischen Darstellungen, speziell die der Aufgaben c bis f sollten im Rahmen einer Kurvendiskussion bzw. Kurvenuntersuchung ermittelt werden, siehe Lehrbuch Differenzialrechnung dieser Lehrbuchreihe!)

4.62

	Definitionsbereich	Wertebereich	Nullstellen	Schnittpunkt y-Achse
a)	$0 \leq x < \infty$	$0 \leq y < \infty$	$x_N = 0$	$y_S = 0$
b)	$-\frac{3}{2} \leq x < \infty$	$-\infty < y \leq 1$	$x_N = -1$	$y_S = 1 - \sqrt{3}$
c)	$-\infty < x \leq \frac{5}{3}$	$-\infty < y \leq 2$	$x_N = -\frac{1}{3}$	$y_S = 2 - \sqrt{5}$
d)	$-\infty < x \leq 2{,}5$	$-\infty < y \leq 0$	$x_N = 2{,}5$	$y_S = -\sqrt{2{,}5}$
e)	$-\infty < x \leq 2$	$1 \leq y < \infty$	$x_N =$ keine	$y_S = 1 + \sqrt{6}$
f)	$-2 \leq x < \infty$	$0 \leq y < \infty$	$x_N = -2$	$y_S = \sqrt{5}$

(vgl. auch Bild L4.22)

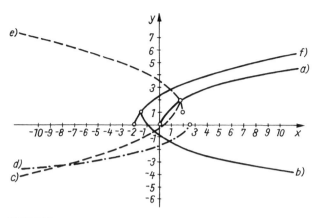

Bild L4.22

4.63

	Spiegelung	
	an der y-Achse	an der x-Achse
a)	$y = -\sqrt{2x}$	$y = -\sqrt{2x}$
b)	$y = \sqrt{2x+3} - 1$	$y = 1 - \sqrt{3-2x}$
c)	$y = \sqrt{5-3x} - 2$	$y = 2 - \sqrt{5+3x}$
d)	$y = \sqrt{2,5-x}$	$y = -\sqrt{2,5+x}$
e)	$y = -1 - \sqrt{6-3x}$	$y = 1 + \sqrt{6+3x}$
f)	$y = -\sqrt{2,5x+5}$	$y = \sqrt{5-2,5x}$

(vgl. auch Bild L4.23 – Spiegelung der Funktionen von Bild L4.22 an der x-Achse und Bild L4.24 – Spiegelung der Funktionen von Bild L4.22 an der y-Achse)

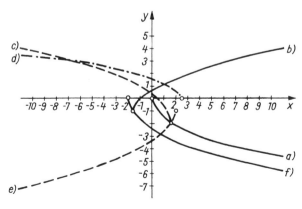

Bild L4.23

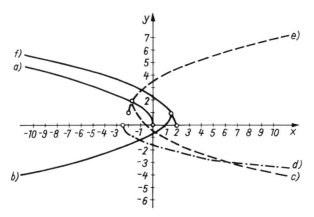

Bild L4.24

4.64 Umkehrfunktionen der Aufgabe 4.62

a) $y = \dfrac{1}{2}x^2$ $\qquad$ D(f): $0 \leq x < \infty$

b) $y = \dfrac{1}{2}x^2 - x - 1$ $\qquad$ D(f): $-\infty < x \leq 1$

c) $y = -\dfrac{1}{3}x^2 + \dfrac{4}{3}x + \dfrac{1}{3}$ $\qquad$ D(f): $-\infty < x \leq 2$

e) $y = 2{,}5 - x^2$ $\qquad$ D(s): $-\infty < x \leq 0$

f) $y = -\dfrac{1}{3}x^2 + \dfrac{2}{3}x + \dfrac{5}{3}$ $\qquad$ D(f): $1 \leq x < \infty$

g) $y = \dfrac{2}{5}x^2 - 2$ $\qquad$ D(f): $0 \leq x < \infty$

(vgl. auch Bild L4.25)

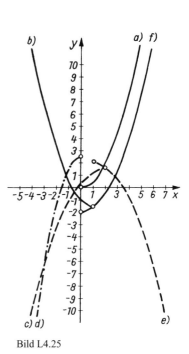

Bild L4.25

4.65 $T_{1/2} = 1600$ a $\qquad$ (vgl. auch Bild L4.26)

4.66 $t = 25$ s $\qquad$ (vgl. auch Bild L4.27)

4.67 Schnittpunkte mit den Achsen:

a) $x_s = y_s = 0$ $\qquad$ b) $x_s = 1{,}151$; $\;y_s = -4{,}5$;

c) $x_s = -$; $\;y_s = -4$; $\qquad$ d) $x_s = -$; $\;y_s = 5$;

(vgl. auch Bild L4.28)

4.68 Funktionswerte:

a) $y_1 = 0{,}3$; $\;y_2 = 2{,}7$; $\qquad$ b) $y_1 = 5{,}2$; $\;y_2 = 0{,}7$; $\qquad$ c) $y_1 = -5{,}5$; $\;y_2 = -1{,}5$;

(vgl. auch Bild L4.29)

Lösungen

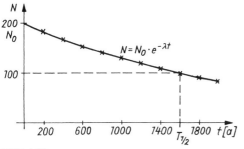

Bild L4.26

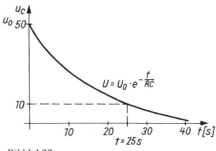

Bild L4.27

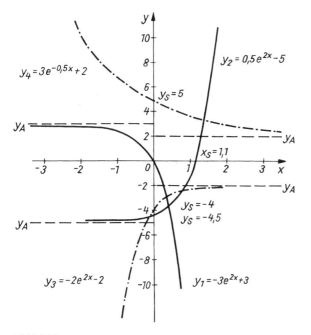

Bild L4.28

4.69 a) $y = \log_2 3x = \dfrac{\ln 3x}{\ln 2} = \dfrac{\ln 3 + \ln x}{\ln 2} = 1{,}585 + 1{,}443 \ln x$

b) $y = \log_2 x = \dfrac{\ln x}{\ln 2} = 1{,}443 \ln x$

c) $y = \log_2 \sqrt{x} = \dfrac{\ln x}{2\ln 2} = 0{,}721 \ln x$ (vgl. auch Bild L4.30)

4.70 $-\infty < x < -1, \quad 1 < x < \infty;$ oder $D(f) = \mathbf{R}\setminus[-1; +1]$
$-\infty < y < \infty;$ oder $W(f) = \mathbf{R}$
$y = f^{-1}(x) = \sqrt{e^x + 1} \qquad D(f^{-1}) = \mathbf{R}$ (vgl. auch Bild L4.31)

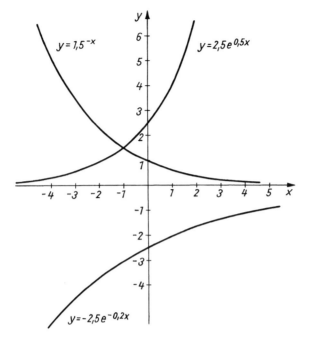

Bild L4.29

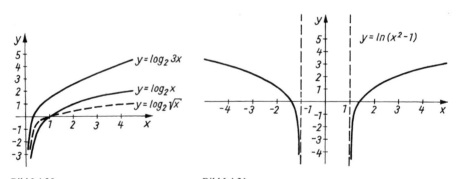

Bild L4.30 Bild L4.31

4.71 a) $u_C = f^{-1}(t) = \tau \ln \dfrac{u_0}{t}$ b) $y = f^{-1}(x) = 4(1 - e^{-0,6x})$

4.72 graphisch

4.73 Lösungen zu a)

	Nullstellen	Schnittpunkt	Asymptote	D(f)	W(f)
a)	$x_N = \dfrac{2}{7}$	$y_S = -$	$x = 0$ (y-Achse)	$0 < x < +\infty$	$-\infty < y < +\infty$
b)	$x_N = 2$	$y_S = -$	$x = 0$ (y-Achse)	$0 < x < +\infty$	$-\infty < y < +\infty$
c)	$x_N = \dfrac{2}{3}$	$y_S = -2\ln 3$	$x = 1$	$-\infty < x < 1$	$-\infty < y < +\infty$
d)	$x_N = \dfrac{2-e}{3}$	$y_S = -4 - \dfrac{1}{2}\ln 2$	$x = \dfrac{2}{3}$	$-\infty < x < \dfrac{2}{3}$	$-\infty < y < +\infty$
e)	$x_N = \dfrac{e+2}{2}$	$y_S = -$	$x = 1$	$1 < x < +\infty$	$-\infty < y < +\infty$
f)	$x_N = -1$	$y_S = 4\ln 3$	$x = -\dfrac{3}{2}$	$-\dfrac{3}{2} < x < +\infty$	$-\infty < y < +\infty$
g)	$x_N = \dfrac{e+3}{-3}$	$y_S = -$	$x = -1$	$-\infty < x < -1$	$-\infty < y < +\infty$

(vgl. zu den Lösungen auch Bild L4.32)

Lösungen zu b)

Umkehrfunktionen zu Aufgabe 4.72

		Definitionsbereich	Wertebereich
a)	$f^{-1}(x) = y = \dfrac{2}{7}e^x$	$-\infty < x < +\infty$	$0 < y < +\infty$
b)	$f^{-1}(x) = y = 2e^{-\frac{x}{2}}$	$-\infty < x < +\infty$	$0 < y < +\infty$
c)	$f^{-1}(x) = y = 1 - \dfrac{1}{3}e^{-\frac{x}{2}}$	$-\infty < x < +\infty$	$-\infty < y < 1$
d)	$f^{-1}(x) = y = \dfrac{2}{3} - \dfrac{1}{3}e^{-2(x+4)}$	$-\infty < x < +\infty$	$-\infty < y < \dfrac{2}{3}$
e)	$f^{-1}(x) = y = 1 + \dfrac{1}{2}e^{\frac{1}{2}(x-2)}$	$-\infty < x < +\infty$	$1 < y < +\infty$
f)	$f^{-1}(x) = y = \dfrac{1}{2}e^{\frac{x}{4}} - \dfrac{3}{2}$	$-\infty < x < +\infty$	$-\dfrac{3}{2} < y < +\infty$
g)	$f^{-1}(x) = y = -\dfrac{1}{3}e^{\frac{1}{3}(3-x)} - 1$	$-\infty < x < +\infty$	$-\infty < y < -1$

(vgl. zu den Lösungen auch die Ausgangsfunktionen in Bild L4.32)

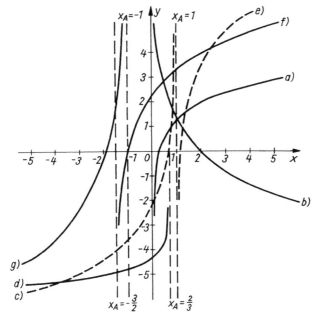

Bild L4.32

4.74 3	4.75 10	4.76 $\dfrac{2}{3}$	4.77 -1
4.78 $-\dfrac{100}{11}$	4.79 $\dfrac{c-b}{a}$	4.80 $\dfrac{a+b}{m}$	4.81 $\dfrac{a}{m+n}$
4.82 $\dfrac{b-d}{a-c}$	4.83 $2+\sqrt{3}$	4.84 $\sqrt{a}+\sqrt{b}$	4.85 4
4.86 3	4.87 -1	4.88 $\dfrac{3}{2}$	4.89 $\dfrac{a+c-bn}{m-2n}$
4.90 p	4.91 4	4.92 4	4.93 0,25
4.94 3	4.95 600	4.96 62	4.97 1
4.98 $\dfrac{b}{a}$	4.99 $\dfrac{a+b}{a+1}$	4.100 1	4.101 1
4.102 $-\dfrac{1}{6}$	4.103 1	4.104 5	4.105 24
4.106 45	4.107 10	4.108 -1	4.109 $0,\overline{3}$
4.110 7	4.111 6	4.112 3	4.113 100

| 4.114 17 | 4.115 10 | 4.116 9 | 4.117 9 |

4.118 4,9   4.119 11

4.120 $V = \dfrac{V_0 \cdot p_0}{p}(1+\alpha \cdot \Delta t)$ $p = \dfrac{V_0 \cdot p_0}{V}(1+\alpha \cdot \Delta t)$ $p_0 = \dfrac{V \cdot p}{V_0}(1+\alpha \cdot \Delta t)$

$V_0 = \dfrac{V \cdot p}{p_0(1+\alpha \cdot \Delta t)}$ $\alpha = \dfrac{V \cdot p - V_0 \cdot p_0}{V_0 \cdot p_0 \cdot \Delta t}$ $\Delta t = \dfrac{V \cdot p - V_0 \cdot p_0}{\alpha \cdot V_0 \cdot p_0}$

4.121 $U_1 = IR + U_2$ $U_2 = U_1 - IR$ $R = \dfrac{U_1 - U_2}{I}$

4.122 $U = \dfrac{I(nR_i + R_a)}{n}$ $R_i = \dfrac{nU - IR_a}{nI}$ $R_a = \dfrac{n(U - IR_i)}{I}$ $n = \dfrac{IR_a}{U - IR_i}$

4.123 $U = \dfrac{I(R_i + nR_a)}{n}$ $R_a = \dfrac{nU - IR_i}{nI}$ $R_i = \dfrac{n(U - IR_a)}{I}$ $n = \dfrac{IR_i}{U - IR_a}$

4.124 20   4.125 75   4.126 359 €   4.127 40 Stück

4.128 Polier: 24,38 €   Maurer: 19,88 €

4.129 Gewinn: 18.000 €   A) 7.200 €   B) 5.800 €   C) 5.000 €

4.130 68.600 €;   109.760 €

4.131 18.000 m³/Tag;   8.000 m³/Tag;   6.000 m³/Tag;   12.000 m³/Tag;

4.132 1 m³ = 1000 l;   0,001 m³/min = 10 l/min   4.133 6.710 kg

4.134 5,940 km;   38.360 €;   37.240 €

4.135 80 € und 60 €   4.136 24 min

4.137 3 h 20 min   4.138 a) 250 h   b) 249 h 57 min 30 s

4.139 1477 Bäume   4.140 594 Stück;   3,570 km

4.141 42 min;   37 min   4.142 $d_1 = 178$ mm; $d_2 = 668$ mm

4.143 $n \approx 19$ min^{-1} 4.144 28 km

4.145 Nach 40 min; 24 km vom Start des ersten Fahrzeugs entfernt

4.146 40 s   4.147 120 m   4.148 10 m/s   4.149 67,5 km

Lösungen

4.150 0,5 km/s²   4.151 0,5 km/s²; 1 km   4.152 15 h; 16 h 40 min

4.153 43,6 min   4.154 1 m/s

4.155 $v_{Schiff} = 20$ km/h; $v_{Strom} = 5$ km/h; $\Delta v = 3$ km/h

4.156 $\frac{35}{8}$ l   4.157 $\frac{70}{9}$ l   4.158 $82,91\overline{6}$ %   4.159 $\frac{760}{1000}$

4.160 8,783 kg/dm³   4.161 7,983 kg/dm³

4.162 798 g Cu; 130 g Sn   4.163 12,136 kg Cu; 2,864 kg Zn

4.164 37,2 kg Zn; 39,9 kg Zn   4.165 120 l   4.166 3000 l

4.167 a) 10 g Salpeter zusetzen oder $\frac{40}{11}$ g Schwefel (S) entziehen

b) $\frac{40}{7}$ g Salpeter und $\frac{40}{7}$ g Schwefel entziehen

c) $\frac{8}{3}$ g Salpeter zusetzen und $\frac{8}{3}$ g Schwefel entziehen

4.168 17,5 m³ zu 90 %   2,5 m³ zu 50 %   4.169 $51,6\overline{6}$ %

4.170 15°C   4.171 43,1 t   4.172 3,125 %   4.173 200 N

4.174 3,1 bar   4.175 18,75 cm; 23,44 cm

4.176 205,406 g Ag; 66,194 g Cu   4.177 1,479 kg

4.178 11 cm; 22 cm   4.179 16 cm; 256 cm²

4.180 14,5 cm; 130,5 cm   4.181 $g_1 = \frac{75}{4}$ cm; $g_2 = \frac{125}{4}$ cm

4.182 a) 2 : 3; 3 : 5; 4 : 7; 7 : 9   b) 4 : 5; 4 : 3; 2 : 7; 9 : 10
c) 5 : 6; 3 : 10; 3 : 1000; 2 : 15   d) 7 : 13; 7 : 9; 323 : 342
e) 7 : 9; 13 : 14; 55 : 16

4.183 a) $a : b = 7 : 4$ b) $u : v = 6 : 5$ c) $1 : x = 1 : 6$
d) $3 : 1 = 4y : 1$ e) $1 : 1 = a : 5c$ f) $1 : 1 = x^2 : 25$

4.184 a) 0,234 = 0,234 (Richtig)   b) 26,1 = 26,1 (Richtig)
c) 42,63 = 42,63 (Richtig)   d) 6 = 6 (Richtig)

Lösungen

4.185 a) $5 : p = 3 : 2$ b) $q : (-2) = 4 : (-1)$ c) $r : 3 = 11 : 1$
d) $x : y = u : v$ e) $2x : 3y = 5a : (3b - 4c)$ f) $x : y = a : b$
g) $x : y = (3a + 4b) : (5a - 6b)$

4.186 a) 20   b) 12   c) $\dfrac{1570}{11}$ d) 35   e) 2,5   f) $38\,a^2$
g) 1   h) $\dfrac{a}{c}$ i) $\dfrac{1}{3}$ k) $\dfrac{b}{c}$ l) 10   m) 8
n) 3   o) $\dfrac{ab}{a+b}$ p) $\dfrac{b^2 - ab}{a}$ q) $\dfrac{2a-b}{a-b}$

4.187 a) 12   b) 77   c) 21   d) 7,6   e) 1,05   f) $\dfrac{v \cdot w}{u}$

4.188 a) 7,35   b) 13,86   c) 11,62   d) $\sqrt{xy}$

4.189 a) $a : b : c = 6 : 1 : 15$ b) $a : b : c = 30 : 56 : 63$ c) $a : b : c = 10 : 18 : 13$
d) $a : b : c = 24 : 45 : 70$ e) $a : b : c : d = 84 : 90 : 68 : 75$
f) $a : b : c : d = 126 : 231 : 91 : 120$

4.190 $3 : 2$ 4.191 $2 : 3$ 4.192 6000 Steine   4.193 $4 : 1$

4.194 $4 : 5$ 4.195 1,775 kg   4.196 $1,583 : 1$ 4.197 $\rho_1 : \rho_2 = h_1 : h_2$

4.198 2,9 l   4.199 a) 1500 l; b) 1000 l; 750 l; 500 l; 250 l

4.200 $625 : 4 = 156,25 : 1$ 4.201 $+13; -13$

4.202 $+\sqrt{\dfrac{b+c}{a}}$; $-\sqrt{\dfrac{b+c}{a}}$;   4.203 $+2; -2$ 4.204 $\dfrac{3}{4}; -\dfrac{3}{4}$

4.205 $3; -3$ 4.206 $7; -9$ 4.207 $5; 3$ 4.208 $7; -13$

4.209 $37; 3$ 4.210 $0,41; -2,41$ 4.211 $5,236; 0,764$ 4.212 $1+i; 1-i$

4.213 $5+i\sqrt{7};\ 5-i\sqrt{7}$ 4.214 $-a+\sqrt{a^2+b};\ -a-\sqrt{a^2+b}$

4.215 $a+\sqrt{a^2-b};\ a-\sqrt{a^2-b}$ 4.216 $-\dfrac{a}{2}+\sqrt{\dfrac{a^2}{4}+b};\ -\dfrac{a}{2}-\sqrt{\dfrac{a^2}{4}+b}$

4.217 $\dfrac{a}{2}+\dfrac{1}{2}\sqrt{a^2-4b};\ \dfrac{a}{2}-\dfrac{1}{2}\sqrt{a^2-4b}$

4.218 $\dfrac{b}{a}+\dfrac{1}{a}\sqrt{b^2-ac};\ \dfrac{b}{a}-\dfrac{1}{a}\sqrt{b^2-ac}$

4.219 $\dfrac{b}{a}+\dfrac{1}{a}\sqrt{b^2+ac};\ \dfrac{b}{a}-\dfrac{1}{a}\sqrt{b^2+ac}$ 4.220 $5;\ \dfrac{7}{3}$

4.221 $\dfrac{5}{7};\ -\dfrac{9}{13}$ 4.222 $\dfrac{7}{3};\ \dfrac{3}{5}$ 4.223 $\dfrac{11}{2};\ -\dfrac{3}{7}$ 4.224 $1{,}13;\ 0{,}07$

4.225 $\dfrac{31}{5};\ \dfrac{17}{3}$ 4.226 $\dfrac{1}{2a}(b+\sqrt{b^2+4ac});\ \dfrac{1}{2a}(b-\sqrt{b^2+4ac})$

4.227 $a+\dfrac{bc}{a};\ a-\dfrac{bc}{a}$ 4.228 $-d+\sqrt{c-\dfrac{bd}{a}};\ -d+\sqrt{c-\dfrac{bd}{a}}$

4.229 $\sqrt{\dfrac{a}{2}}+\sqrt[4]{\dfrac{3}{4}a};\ \sqrt{\dfrac{a}{2}}-\sqrt[4]{\dfrac{3}{4}a}$ 4.230 $\dfrac{7}{12}b+\dfrac{4}{7}abc;\ \dfrac{7}{12}b-\dfrac{4}{7}abc$

4.231 $\sqrt[3]{\dfrac{b^2}{2}}+\sqrt[6]{\dfrac{a-d}{2}};\ \sqrt[3]{\dfrac{b^2}{2}}-\sqrt[6]{\dfrac{a-d}{2}}$ 4.232 $1;\ \dfrac{12}{5}$

4.233 $3;\ \dfrac{7}{5}$ 4.234 $5;\ \dfrac{16}{7}$ 4.235 $5;\ \dfrac{5}{2}$ 4.236 $2;\ \dfrac{11}{2}$

4.237 $\dfrac{am-bn+\sqrt{(a^2-b^2)(m^2-n^2)}}{an-bm};\ \dfrac{am-bn-\sqrt{(a^2-b^2)(m^2-n^2)}}{an-bm}$

4.238 $0;\ \dfrac{2ab}{a+b}$ 4.239 $\dfrac{a+b}{2};\ \dfrac{a-b}{2}$ 4.240 $(x-3)(x-4)=0$

4.241 $(x+10)(x+3)=0$ 4.242 $(x+9)(x+3)=0$ 4.243 $(x+7)(x-5)=0$

4.244 $(x+3a)(x+a)=0$ 4.245 $(x-2b)(x+b)=0$ 4.246 $24;\ -37$

4.247 $49;\ 16$ 4.248 $324;\ 576$ 4.249 $4{,}5\ \%$

4.250 Vor der Preissenkung   1,20 € bzw. 0,67 €;
     Nach der Preissenkung   1,00 € bzw. 0,60 €;

4.251 30 cm; 40 cm   4.252 8 cm; 6 cm   4.253 56 m; 33 m

4.254 21 cm; 20 cm   4.255 7,24 cm   4.256 133,5 m; 81,5 m

4.257 10 cm; 6 cm; 14 cm   4.258 23 cm; 18 cm   4.259 28 cm; 21 cm

4.260 1. Winde: 4500 N/min, in 8 min;   2. Winde: 4000 N/min, in 9 min

4.261 21 Tage; 28 Tage   4.262 84 min   4.263 15 h und 10 h

4.264 Intercity: 56,25 km/h; 4 h;   Regionalexpress: 30 km/h; 7,5 h

Lösungen 411

4.265 13 cm/s   4.266 4 s   4.267 60 km   4.268 151 m

4.269 160 m   4.270 678,6 cm²;   1017,9 cm³; $r = 9$ cm; $s = 15$ cm

4.271 $D = 26$ cm; $d = 20$ cm   4.272 4 A; 30 Ω   4.273 0,5 Ω; 1,5 Ω

4.274 18 N; 24 N   4.275 8 Ω; 12 Ω; 2,4 Ω   4.276 26,8 Ω; 226,8 Ω

4.277 40 Ω; 10 Ω   4.278 $R_1 = R_2 = 110$Ω   4.279 ≈ 22500 Flaschen

4.280 $x^3 - 3x^2 - 10x + 24 = 0$ $(x-2)(x+3)(x-4) = 0$

4.281 $x^3 - \dfrac{13}{12}x^2 + \dfrac{9}{24}x - \dfrac{1}{24} = 0$ $\left(x - \dfrac{1}{2}\right)\left(x - \dfrac{1}{3}\right)\left(x - \dfrac{1}{4}\right) = 0$

4.282 $x^3 + 4{,}1x^2 - 0{,}72x - 11{,}52 = 0$ $(x-1{,}5)(x+2{,}4)(x+3{,}2) = 0$

4.283 $x_2 = 3$; $x_3 = -7$ 4.284 $x_2 = 2{,}6$; $x_3 = 3{,}4$

4.285 $x_2 = 4{,}4142\ldots$; $x_3 = 1{,}5858\ldots$ 4.286 $x_1 = 3{,}104\ldots$

4.287 $x_1 = 0{,}5642$ 4.288 $x_1 = 1{,}876$ 4.289 $x_1 = 1{,}5$

4.290 $x_1 = -2{,}8$ 4.291 $x_1 = 1{,}75$ 4.292 $x_1 = 1{,}44$

4.293 $x_1 = 6{,}542$ 4.294 $x_1 = 1{,}2$; $x_2 = 2{,}3$; $x_3 = 3{,}4$

4.295 $x_1 = 12{,}5$; $x_2 = 0{,}8$; $x_3 = -1{,}6$

4.296 $x_1 = 0{,}936\ldots$; $x_2 = 3{,}305\ldots$; $x_3 = 7{,}75\ldots$

4.297 $x_1 = 0{,}456\ldots$; $x_2 = 6{,}866\ldots$; $x_3 = 12{,}679\ldots$

4.298 $x_1 = 2{,}345$; $x_2 = 1{,}5$; $x_3 = 1{,}5$

4.299 $x_1 = 1{,}5$; $x_2 = 3{,}6$ 4.300 $x_1 = 0{,}4142\ldots$; $x_2 = -2{,}4142\ldots$

4.301 $x_1 = 1{,}5$; $x_2 = 1{,}5$; $x_3 = 5{,}23606\ldots$; $x_4 = 0{,}76393\ldots$

4.302 $x_1 = 2$; $x_2 = 2{,}5$; $x_3 = 3$; $x_4 = 3{,}5$

4.303 $x_1 = 1{,}5$; $x_2 = 1{,}8$; $x_3 = 2{,}4$; $x_4 = 3{,}2$

4.304 $x_1 = 4{,}73205\ldots$; $x_2 = 1{,}26795\ldots$; $x_3 = 5{,}44948\ldots$; $x_4 = 0{,}55051\ldots$

4.305 3; −3; 2; −2   4.306 4; −4; 1,732 i; −1,732 i

412　Lösungen

4.307　1,225; −1,225; 1,183 i; −1,183 i

4.308　$(a+b)$; $-(a+b)$; $(a-b)$; $-(a-b)$

4.309　5; −5; 2 i; −2 i　　4.310　2,646; −2,646; i; −i

4.311　1,871; −1,871; 1,291 i; −1,291 i

4.312　2; −0,2, $-1+i\sqrt{3}$; $-1-i\sqrt{3}$, $\dfrac{1+i\sqrt{3}}{10}$; $\dfrac{1-i\sqrt{3}}{10}$

4.313　$\dfrac{1}{3}$; $-\dfrac{1}{3}$

Hinweis zu den Aufgaben 4.314 bis 4.391

Bei den Wurzelgleichungen sind sämtliche Ergebnisse angegeben. Sofern wegen der Eigenart der Aufgabe eine Probe notwendig ist, hat jedes Ergebnis, das durch die Probe als Lösung bestätigt bzw. nicht bestätigt wird, den Vermerk: (Lsg) bzw. (Nicht Lsg).

4.314　2 (Lsg)　　　　4.315　$a+(b+c)^2$ (Lsg)　　　4.316　1 (Lsg)

4.317　9 (Lsg)　　　　4.318　7 (Lsg)　　　　　　　　4.319　0,5 (Lsg)

4.320　$\dfrac{4}{3}$ (Lsg)　　　4.321　$\dfrac{5}{8}$ (Lsg)　　　　　　4.322　−5 (Lsg)

4.323　$\dfrac{(e-a)^2-b^2d}{b^2c}$ (Lsg), wenn a, b, c, d, e positiv　　4.324　9 (Lsg)

4.325　3 (Lsg)　　　4.326　$\dfrac{(e-a)^2-d(b-f)^2}{(b-f)^2c}$ (Lsg), wenn a, b, c, d, e, f positiv

4.327　2 (Lsg)　　4.328　15 (Lsg)　　4.329　3 (Lsg)　　4.330　5 (Lsg)

4.331　3 (Lsg)　　　4.332　2 (Lsg); 1 (Lsg)　　4.333　4 (Lsg); 2 (Lsg)

4.334　5 (Lsg); −3 (Lsg)　　4.335　1 (Lsg); 0,5 (Lsg)

4.336　2 (Lsg)　　4.337　6 (Lsg)　　4.338　3 (Lsg)　　4.339　$\dfrac{1}{3}$ (Lsg)

4.340　−5 (Lsg)　　4.341　$\dfrac{d^2f-a^2c}{a^2b-d^2e}$ (Lsg)　　4.342　23 (Lsg)

4.343　17 (Lsg)　　4.344　1 (Lsg)　　4.345　19 (Lsg)　　4.346　$\left(\dfrac{a^2-b^2}{2b}\right)^2$ (Lsg)

4.347　16 (Lsg)　　4.348　3 (Lsg)　　4.349　7 (Lsg)　　4.350　10 (Lsg)

Lösungen

4.351 −1 (Lsg)   4.352 $\dfrac{a^2+b^2}{2ab}$ (Lsg)   4.353 5 (Lsg); −3 (Lsg)

4.354 a (Lsg); b (Lsg)   4.355 6 (Lsg)   4.356 10 (Lsg)

4.357 −1 (Lsg); 11 (Nicht Lsg)   4.358 4 (Lsg); 164 (Nicht Lsg)

4.359 5 (Lsg); 13 (Nicht Lsg)   4.360 6 (Lsg); 222 (Nicht Lsg)

4.361 4,11 (Lsg); 13 (Nicht Lsg)   4.362 6 (Lsg); $\dfrac{38}{25}$ (Nicht Lsg)

4.363 0 (Lsg); $\pm 2\sqrt{1-a^2}$ (Nicht Lsg)   4.364 4 (Lsg)   4.365 7 (Lsg)

4.366 10 (Lsg)   4.367 4 (Lsg)   4.368 1 (Lsg); $-\dfrac{25}{3}$ (Nicht Lsg)

4.369 81 (Lsg)   4.370 9 (Lsg)   4.371 2 (Lsg)   4.372 10 (Lsg)

4.373 7 (Lsg)   4.374 5 (Lsg)   4.375 10 (Lsg)   4.376 $\dfrac{ab}{a+b}$

4.377 6 (Lsg); −28 (Nicht Lsg)   4.378 2 (Lsg); $-\dfrac{31}{3}$ (Nicht Lsg)

4.379 5 (Lsg); −5 (Lsg)   4.380 2,5 (Lsg); 9,5 (Nicht Lsg)

4.381 13 (Lsg)   4.382 11 (Lsg)   4.383 $+\dfrac{2\sqrt{a^3 b}}{a+b}$; $-\dfrac{2\sqrt{a^3 b}}{a+b}$ (Lsg)

4.384 6 (Lsg)   4.385 −17 (Lsg)   4.386 10 (Lsg)   4.387 7 (Lsg)

4.388 10 (Lsg)   4.389 5 (Lsg)   4.390 3 (Lsg)   4.391 11 (Lsg)

4.392 7   4.393 −5   4.394 −4   4.395 7

4.396 1   4.397 2   4.398 1   4.399 4

4.400 0   4.401 22   4.402 −7; 1   4.403 6

4.404 0; $m+n$ 4.405 0; $m+n$ 4.406 $\dfrac{a-b}{a+b}$ 4.407 11

4.408 −5   4.409 $-\dfrac{7}{3}$ 4.410 −0,4   4.411 −0,4

4.412 $\dfrac{\lg a}{\lg m + \lg n}$ 4.413 $\dfrac{\lg c}{\lg a + m \lg b}$ 4.414 $\dfrac{n \lg a - \lg 2}{\lg a + \lg b}$

4.415 $\dfrac{p \lg a - q \lg b}{m \lg a - n \lg b}$ 4.416 2,0959   4.417 2,8613

4.418	−1,8726	4.419	0,9691	4.420	0,075588	4.421	6,3524
4.422	1,3368	4.423	6,5937	4.424	0,2233	4.425	−1,2301
4.426	0,44094	4.427	3,4571	4.428	4,7424	4.429	−1,4823
4.430	2,1401	4.431	1,7077	4.432	31,974	4.433	−1,3194
4.434	0,38976	4.435	−2,7382	4.436	−5,1286	4.437	0,43544

4.438 $\dfrac{\lg(b^{-v} - b^u) - \lg(a^p - a^{-q})}{\lg a - \lg b}$ 4.439 1,1358

4.440 0,94172   4.441 Bei der 919 Schwingung   4.442 210°

4.443 2,5119   4.444 $6,651 \cdot 10^{-5}$ 4.445 820,9

4.446 212,31   4.447 1,0329   4.448 0,68121   4.449 16,091

4.450 6,2361; 1,7639   4.451 5,026   4.452 22,746

4.453 $A = \dfrac{F}{B^{C+\lg D+E}}$ $B = \left(\dfrac{F}{A}\right)^{\frac{1}{C\lg D+E}}$ $C = \dfrac{\lg F - \lg A - E\lg B}{\lg B \lg D}$

$D = 10^{\frac{\lg F - \lg A}{C\lg B} - \frac{E}{C}}$ $E = \dfrac{\lg F - \lg A - C\lg B\lg D}{\lg B}$

5.1 a) 48,0043 gon   b) 31,9277 gon   c) 19°17′52″
    d) 38°11′46″   e) 32,8068°   f) 81,3764°

5.2 a) 2,0944   b) 5,25848   c) 2,5516   d) 0,09240

5.3 a) 5°43′46″   b) 57°17′45″   c) 45°

5.4 a) 111,200 km   b) 1667,953 km   c) 1853,3 m (≈1 Seemeile)   d) 30,89 m

5.5 a) 120,96 cm^2 b) 17,5 cm^2

5.6 0,1477 mm

5.8 a) $\cos x = \dfrac{4}{5}$ $\tan x = \dfrac{3}{4}$ $\cot x = \dfrac{4}{3}$

   b) $\sin x = \dfrac{1}{4}\sqrt{7}$ $\tan x = \dfrac{1}{3}\sqrt{7}$ $\cot x = \dfrac{3}{7}\sqrt{7}$

   c) $\sin x = \dfrac{2}{5}\sqrt{5}$ $\cos x = \dfrac{1}{5}\sqrt{5}$ $\cot x = \dfrac{1}{2}$

Lösungen 415

5.10 a) $\cos x$ für $x \neq \dfrac{\pi}{2} \cdot k$ b) $\sin x$ für $x \neq \dfrac{\pi}{2} \cdot k$, $k \in \mathbb{Z}$
     c) 1 für $\cos x > 0$ und -1 für $\cos x < 0$

5.11 a) $\sin x = 0{,}4429$ $\cos x = 0{,}8966$ $\tan x = 0{,}4940$ $\cot x = 2{,}0243$
     b) $\sin y = 0{,}9676$ $\cos y = 0{,}2525$ $\tan y = 3{,}8328$ $\cot y = 0{,}2609$

5.12 a) $\alpha = 19{,}75°$ b) $\alpha = 38{,}12°$ c) $\alpha = 62{,}09°$ d) $\alpha = 79{,}57°$

5.13 a) $-\cos x$ b) $\tan x$ c) $\sin 2x$ d) $-\sin x$

5.14 a) $\dfrac{1}{2}\sqrt{2+\sqrt{3}}$ b) $\dfrac{1}{2}\sqrt{2-\sqrt{3}}$ c) $2+\sqrt{3}$ d) $2-\sqrt{3}$
     e) $\dfrac{1}{2}\sqrt{2-\sqrt{3}}$ f) $\dfrac{1}{2}\sqrt{2+\sqrt{3}}$ g) $2+\sqrt{3}$ h) $\dfrac{1}{2}\sqrt{2-\sqrt{2}}$
     i) $\dfrac{1}{2}\sqrt{2+\sqrt{2}}$ j) $\sqrt{2}-1$ k) $\sqrt{2}+1$ l) $\dfrac{1}{2}\sqrt{2-\sqrt{2+\sqrt{2}}}$
     m) $\dfrac{1}{2}\sqrt{2+\sqrt{2}}$ n) $\dfrac{1}{2}\sqrt{2-\sqrt{2}}$ o) $\sqrt{2}+1$ p) $\sqrt{2}-1$

5.15 a) $\cos\alpha$ b) $\sin\alpha$ c) $\sqrt{2}\cos\alpha$ d) $\tan x$
     e) 1   f) $\cos x \sin 2x$

5.16 $\sin\alpha + 2\sin(180°+\alpha)\cos 60° = \sin\alpha - \left(2\cdot\dfrac{1}{2}\sin\alpha\right) = 0$

5.17 $4\cos\dfrac{\alpha}{2}\cdot\cos\dfrac{\beta}{2}\cdot\cos\dfrac{\gamma}{2}$

5.18 a) $\sin^5 x = \dfrac{1}{16}\cdot(\sin 5x - 5\sin 3x + 10\sin x)$
     b) $\sin^6 x = \dfrac{1}{32}\cdot(10 - 15\cos 2x + 6\cos 4x - \cos 6x)$
     c) $\cos^6 x = \dfrac{1}{32}\cdot(10 + 15\cos 2x + 6\cos 4x + \cos 6x)$

5.19 a) $x = -\dfrac{7\pi}{12}$ b) $x = \dfrac{5\pi}{12}$

5.20 a) $x > -1$ b) $-1 \leq x < 1$

5.21 a) $\bar{x}_1 = \dfrac{13\pi}{12}$, $\bar{x}_2 = \dfrac{23\pi}{12}$,

     $x_1 = \dfrac{\pi}{12} + (2k+1)\pi$, $x_2 = -\dfrac{\pi}{12} + 2k\pi$, $k \in \mathbf{Z}$.

b) $\bar{x}_1 = \dfrac{\pi}{5},$ $\bar{x}_2 = \dfrac{9\pi}{5},$

$x_1 = \dfrac{\pi}{5} + 2k\pi,$ $x_2 = \dfrac{9\pi}{5} + 2k\pi,$ $k \in \mathbf{Z}.$

c) $\bar{x}_1 = \dfrac{7\pi}{8},$ $\bar{x}_2 = \dfrac{15\pi}{8},$ $x_{1,2} = \dfrac{7\pi}{8} + k\pi,$ $k \in \mathbf{Z}.$

d) $\bar{x}_1 = \dfrac{5\pi}{6},$ $\bar{x}_2 = \dfrac{11\pi}{6},$ $x_{1,2} = \dfrac{5\pi}{6} + k\pi,$ $k \in \mathbf{Z}.$

e) $\bar{x}_1 = \dfrac{17\pi}{15}$ $\bar{x}_2 = \dfrac{28\pi}{15},$

$x_1 = \dfrac{2\pi}{15} + (2k+1)\pi,$ $x_2 = \dfrac{13\pi}{15} + (2k+1)\pi,$ $k \in \mathbf{Z}.$

f) $\bar{x}_1 = 0{,}26761$ $\bar{x}_2 = 6{,}01557,$ $x_{1,2} = \pm 0{,}26761 + 2k\pi,$ $k \in \mathbf{Z}.$

g) $\bar{x}_1 = 0{,}85521,$ $\bar{x}_2 = 3{,}99680,$ $x_{1,2} = \bar{x}_1 + k\pi,$ $k \in \mathbf{Z}.$

h) $\bar{x}_1 = 2{,}49582,$ $\bar{x}_2 = 5{,}63741,$ $x_{1,2} = 2{,}49582 + k\pi$ $k \in \mathbf{Z}.$

5.22 Addiere $2\sin^2 \dfrac{x}{3} \cos^2 \dfrac{x}{3}$. Wegen

$$\sin^4 \dfrac{x}{3} + 2\sin^2 \dfrac{x}{3}\cos^2 \dfrac{x}{3} + \cos^4 \dfrac{x}{3} = \left(\sin^2 \dfrac{x}{3} + \cos^2 \dfrac{x}{3}\right)^2 = 1 \quad \text{folgt}$$

$2\sin^2 \dfrac{x}{3} + \cos^2 \dfrac{x}{3} = 1 - \dfrac{5}{8},$ $\sin^2 \dfrac{2x}{3} = \dfrac{3}{4},$ $\sin \dfrac{2x}{3} = \pm \dfrac{\sqrt{3}}{2},$

$x = \dfrac{\pi}{2} + 3k\dfrac{\pi}{2},$ $x = -\dfrac{\pi}{2} + 3k\dfrac{\pi}{2},$ $k \in \mathbf{Z}.$

5.23 a) $x_1 = \dfrac{\pi}{8}$ $x_2 = \dfrac{9\pi}{8}$ $x_3 = \dfrac{5\pi}{8}$ $x_4 = \dfrac{13\pi}{8}$

b) $x_1 = \dfrac{\pi}{4}$ $x_2 = \dfrac{7\pi}{4}$

c) Weil $\cos x \neq 0$ sein muss, folgt $\tan x = \dfrac{\sqrt{3}}{3}$: $x_1 = \dfrac{\pi}{6},$ $x_2 = \dfrac{7\pi}{6}.$

d) 1. $\sin x = 0$, es folgt: $x_1 = 0,$ $x_2 = \pi.$
2. Falls $\sin x \neq 0$, muss $\sin^4 x - \dfrac{5}{4}\sin^2 x + \dfrac{1}{4} = 0$ sein (vgl. Beispiel 5.22). Daher ist $\sin^2 x = \dfrac{5}{8} \pm \sqrt{\dfrac{25-16}{64}}$ und deshalb $\sin^2 x = 1$ oder $\sin^2 x = \dfrac{1}{4}.$ Also ist $\sin x = \pm 1$ bzw. $\sin x = \pm \dfrac{1}{2}$ und folglich $x_3 = \dfrac{\pi}{2},$ $x_4 = \dfrac{3}{2}\pi,$ $x_5 = \dfrac{\pi}{6},$ $x_6 = \dfrac{5}{6}\pi,$ $x_7 = \dfrac{7}{6}\pi,$ $x_8 = \dfrac{11}{6}\pi.$

e) Man setze $\cos^2 x = 1 - \sin^2 x$. $x_1 = \dfrac{\pi}{6}$, $x_2 = \dfrac{5}{6}\pi$.

f) $x_1 = \dfrac{\pi}{2}$, $x_2 = \pi$.

g) Mit Hilfe von Tabelle 5.6 und (5.23), (5.33), (5.38) verwandle man die gegebene Gleichung in $\sqrt{3}\sin 2x - \cos 2x = 2$. Damit liegt ein Problem vom Typ 5.5.4 vor, dessen Lösung $\sin 2x = \dfrac{\sqrt{3}}{2}$ ist. Hieraus folgt $2x_1 = \dfrac{\pi}{3} + 2k\pi$; $2x_2 = \dfrac{2\pi}{3} + 2k\pi$, also $x_1 = \dfrac{\pi}{6} + k\pi$; $x_2 = \dfrac{\pi}{3} + k\pi$, $k \in \mathbf{Z}$. Einsetzen bestätigt nur x_2 als Lösung. Hauptwerte sind $\dfrac{\pi}{3}$, $\dfrac{4\pi}{3}$.

h) Die Gleichung formt man um: $\cos x \cdot (4\sin^2 x - 3\sin x - 1) = 0$. Es folgt $\cos x = 0$ oder $\sin^2 x - \dfrac{3}{4}\sin x - \dfrac{1}{4} = 0$. Lösungen sind $x_1 = \dfrac{\pi}{2}$, $x_2 = \dfrac{3}{2}\pi$, $x_3 = 3{,}39427$, $x_4 = 6{,}03051$.

5.24 Wegen $\sin(x-y) + 1 \leq 2$ und $2\cos(2x-y) + 1 \leq 3$ können x, y nur Lösungen sein, wenn gleichzeitig $\sin(x-y) + 1 = 2$ und $2\cos(2x-y) + 1 = 3$ gelten. Also ist $\sin(x-y) = 1$ und $\cos(2x-y) = 1$, d.h. $x - y = \dfrac{\pi}{2} + 2n\pi$ und $2x - y = 2m\pi$; $n, m \in \mathbf{Z}$. Folglich ist $x = 2(n-m)\pi - \dfrac{\pi}{2}$, d.h., $x = 2k\pi - \dfrac{\pi}{2}$, $k \in \mathbf{Z}$, und $y = (2(k-m)-1)\pi$, d. h., $y = (2l+1)\pi, l \in \mathbf{Z}$.

5.25 a) $\alpha = 74{,}85°$; $c = 21{,}604$ m; $A = 430{,}92$ m^2

b) $\gamma = 89{,}4°$; $a = 12{,}880$ m; $A = 82{,}95$ m^2

c) $\alpha = 64{,}6°$; $a = 32{,}686$ m; $A = 413{,}96$ m^2

5.26 $h_c = 71{,}137$ m

5.27 $s = 8{,}749$ cm; $U = 314{,}96$ cm; $A = 7874$ cm^2

5.28 Einbeschriebenes 10000-Eck: $u = 2r \cdot 10000 \cdot \sin 0{,}018°$, also $u = 2r \cdot 3{,}14159$.

Umbeschriebenes 10000-Eck: $U = 2r \cdot 10000 \cdot \tan 0{,}018°$, also $U = 2r \cdot 3{,}14159$.

Für den Kreisumfang K muss $u < K < U$ gelten. Mithin ist $3{,}14159 \leq \dfrac{K}{2r} \leq 3{,}14159$ und daher $\pi \approx 3{,}14159$. Die Übereinstimmung von u und U ergibt sich daraus, dass für den kleinen Winkel $\alpha = 0{,}018°$ ein Unterschied zwischen $\sin\alpha$ und $\tan\alpha$ bei fünfstelliger Rechnung nicht auftritt.

418   Lösungen

5.29 $y = h \cdot \cot 2\alpha$, $x + y = h \cdot \cot \alpha$, $x = h \cdot (\cot \alpha - \cot 2\alpha)$, $x = 172{,}76$ m

5.30 $l = (2 \cdot 4{,}4988 + 0{,}3 \cdot 3{,}18604 + 0{,}2 \cdot 3{,}09714)$ m $= 10{,}573$ m

5.31 $b - s = r \cdot \left(\alpha - 2\sin\dfrac{\alpha}{2}\right) = 0{,}196$ cm

5.32 $p = r \cdot \left(1 - \cos\dfrac{\alpha}{2}\right) = r \cdot \left(1 - \cos\left(\dfrac{b}{2r}\right)\right) = r - \dfrac{1}{2}\sqrt{4r^2 - s^2} = \dfrac{s}{2} \cdot \tan\dfrac{\alpha}{4}$.

Daher wird: a) $p = 0{,}304$ m;   b) $p = 1{,}46$ m;   c) $p = 9{,}194$ m.

5.33 Aus Bild 5.37 entnimmt man nach dem Höhensatz des EUKLID

$\left(\dfrac{s}{2}\right)^2 = p \cdot (2r - p) = 2rp - p^2$, und daher ist $r = \dfrac{s^2}{8p} + \dfrac{p}{2}$; im konkreten Beispiel ergibt sich $r = 625{,}25$ m. Da p im Verhältnis zu s klein ist, sind die beiden Nachkommastellen unsicher. Man schreibt besser $r \approx 625$ m.

5.34 $A = 24{,}359$ m²

5.35 $\tan\dfrac{\alpha}{4} = \dfrac{2p}{s}$; $2r\sin\dfrac{\alpha}{2} = s$; $A = \dfrac{\alpha}{2}d(d + 2r)$; $V = Al$; $m = Vp$.

$\alpha = 101{,}8528°$; $r = 4{,}0575$ m; $A = 5{,}1477$ m²; $V = 41{,}1816$ m³; $m = 92658{,}6$ kg.

5.36 $\alpha = 106{,}260°$; $r = 4{,}5$ m; $s_1 = 2(r + c)\sin\dfrac{\alpha}{2} = 10{,}56$ m;

$p_1 = r + d - (r + c)\cos\dfrac{\alpha}{2} = 1{,}84$ m; $\alpha_1 = 76{,}8516°$; $r_1 = 8{,}4956$ m;

$e = r_1 - (r + d) = 2{,}6956$ m; $A = \dfrac{r_1^2}{2}\alpha_1 - \dfrac{r^2}{2}\alpha - \dfrac{es_1}{2} = 15{,}4$ m².

5.37 $r_1 = \dfrac{c}{2} \cdot \tan\dfrac{\alpha}{2} = 9{,}93$ cm; $r = \dfrac{c}{2\sin\gamma} = 22{,}41$ cm.

5.38 $\alpha = 4{,}57°$ $h = 5{,}98$ m

5.39 $B = 160$ Lux

5.40 a) $\beta = 52{,}7636°$ $a = 24{,}239$ m $c = 59{,}206$ mm $F = 571{,}28$ m²

b) $\gamma = 48{,}5803°$ $b = 197{,}223$ m $c = 150{,}597$ m $r = 100{,}413$ m

c) $\gamma = 39{,}1367°$ $\alpha = 28{,}0375°$ $a = 38{,}621$ m

d) $\alpha_1 = 31{,}0840°$ $\alpha_2 = 148{,}9160°$ $\beta_1 = 121{,}9104°$ $\beta_2 = 4{,}0784°$

$b_1 = 530{,}327$ m $b_2 = 44{,}435$ m

Lösungen

e) $\beta_1 = 73{,}2961°$ $\quad\quad \beta_2 = 106{,}7039°$ $\quad\quad \gamma_1 = 57{,}9761°$ $\quad\quad \gamma_2 = 24{,}5683°$

$\quad\;\, c_1 = 385{,}557$ m $\quad\;\, c_2 = 189{,}079$ m

f) $\alpha = 93{,}8450°$ $\quad\quad \beta = 47{,}0995°$ $\quad\quad c = 122{,}422$ m $\quad\quad F = 8692{,}5$ m^2

g) $\alpha = 61{,}6525°$ $\quad\quad \gamma = 64{,}6050°$ $\quad\quad b = 183{,}862$ m $\quad\quad F = 16665$ m^2

h) $\beta = 91{,}5460°$ $\quad\quad \gamma = 40{,}2634°$ $\quad\quad a = 42{,}971$ m $\quad\quad r = 28{,}825$ m

i) $\alpha = 53{,}0127°$ $\quad\quad \beta = 79{,}4477°$ $\quad\quad \gamma = 47{,}5396°$ $\quad\quad r_i = 59{,}116$ m

$\quad\;\, F = 19148$ m^2

k) $\alpha = 41{,}2087°$ $\quad\quad \beta = 26{,}1788°$ $\quad\quad \gamma = 112{,}6125°$ $\quad\quad r_i = 41{,}012$ m

$\quad\;\, F = 12829$ m^2

l) $\alpha = 48{,}1590°$ $\quad\quad \beta = 17{,}7863°$ $\quad\quad \gamma = 114{,}0547°$ $\quad\quad r_i = 4{,}563$ m

$\quad\;\, r = 21{,}557$ m $\quad\quad F = 193{,}14$ m^2

5.41 $a = 32$ cm; $\quad b = 20$ cm; $\quad c = 28$ cm; $\quad \alpha = 81{,}7868°$; $\quad \beta = 38{,}2132°$

5.42 $\overline{P_1P_2} = a_1 = b \sin \alpha$, $\quad \overline{P_2P_3} = a_2 = a_1 \cos \alpha$, $a_3 = a_2 \cos \alpha$, ... Die Strecken bilden eine konvergente unendliche geometrische Folge mit dem Anfangsglied $a = b \sin \alpha$ und dm Quotienten $q = \cos \alpha$. Die Summe der Reihe wird $s = \dfrac{a}{1-q} = b \cot \dfrac{\alpha}{2} = 26{,}124$ cm.

5.43 $\cos \alpha = \dfrac{1}{6}$; $\alpha = 80{,}4059°$.

5.44 $V = \dfrac{Gh}{3} = \dfrac{1}{3} \cdot \dfrac{a^2}{4} \cdot \sqrt{3} \cdot \dfrac{a}{2} \cdot \sqrt{3} \cdot \tan \alpha = \dfrac{a^3}{8} \tan \alpha = 9{,}79$ cm^3

5.45 a) $\cos \alpha = \dfrac{5}{13}$, $\quad\quad\quad\quad \alpha = 67{,}3801°$

b) $\cos \beta = \dfrac{5}{13 \sin 36°}$, $\quad\quad \beta = 49{,}1299°$

c) $h' = 12$ cm ; $\quad\quad\quad \cos \gamma = \dfrac{5}{12 \tan 36°}$, $\quad \gamma = 55{,}0059°$

d) $\sin \dfrac{\delta}{2} = \dfrac{\sin 54°}{\sin \alpha}$, $\quad\quad \delta = 122{,}4306°$

5.46 $V_P = c^2 \dfrac{\sin \alpha \cdot \sin \beta}{2 \sin(\alpha + \beta)} h;$ $\quad V_Z = \pi r^2 h = \pi \cdot \dfrac{c^2 h}{4 \sin^2(\alpha + \beta)};$

$V_Z = \dfrac{200\pi \text{ cm}^3}{\sin \alpha \sin \beta \sin(\alpha + \beta)} = 1072{,}8$ cm^3.

5.47 $\cos \alpha = \dfrac{1}{2}$; $\quad \alpha = 60°$

5.48 $r = \dfrac{a\sin(\alpha-\beta)}{2\sin\alpha}$; $\qquad h = a\sin\beta$; $\qquad V = \dfrac{\pi}{3}r^2 h = 2264{,}7$ cm^3

5.49 $r' = r\cot\left(45° - \dfrac{\gamma}{2}\right)$; $\qquad h = r'\cot\gamma$; $\qquad s = \dfrac{r'}{\sin\gamma}$

$A_M = \pi r' s = 15476$ cm^2 $\qquad V = \dfrac{\pi}{3}r'^2 h = 181813$ cm^3

5.50 $A_M = 4\pi R^2 \cos 45° \sin 5° = 31435489$ km^2

$r_1 = R\cos 40° = 4880{,}6$ km $\qquad r_2 = R\cos 50° = 4095{,}3$ km

5.51 $e = \dfrac{322{,}332 + 322{,}326}{2}$ m $= 322{,}329$ m

5.52 $\mu = 38°07'40''$ $\qquad \varphi = 48°29'14''$ $\qquad \psi = 72°33'42''$

$x = 844{,}481$ m $\qquad y = 620{,}196$ m $\qquad z = 635{,}747$ m

5.53 Lösungsweg analog zu Aufgabe 5.52; $x = 113{,}629$ m

5.54 $x = h \cdot \dfrac{\tan\delta + \tan\varepsilon}{\tan\delta - \tan\varepsilon} = h \cdot \dfrac{\sin(\delta+\varepsilon)}{\sin(\delta-\varepsilon)} = 534{,}09$ m

5.55 $\overline{A'B'} = 304{,}056$ m; $\quad \angle A_1 BA = 1°42'11''$; $\quad x = 304{,}190$ m;

Steigung beträgt 2,973%

5.56 $x = \dfrac{e\tan\alpha + (h_A - h_B) + (i_A - i_B)}{\tan\beta - \tan\alpha} = 206{,}181$ m; $\qquad h_T = 435{,}088$ m

5.57 $\delta = 6'53''$; $\qquad h = 6{,}00$ m

5.58 $x = 36{,}668$ m; $\quad \beta = 74°40'39''$

5.59 Mit Hilfe rechtwinkliger Dreiecke, die entstehen, wenn vom Punkt E das Lot auf die Horizontale gefällt wird, lässt sich die Lösung finden:

$x = 496{,}930$ m; $\qquad v = 2°39'15''$

5.60 Durch Ansatz des Sinussatzes in den drei Teildreicken und Eliminieren von c_1 und c_2 ergibt sich die goniometrische Gleichung:

$\sin\psi\sin(\psi+\beta) - k\sin\varphi\sin(\varphi+\alpha) = 0$, wobei $k = \dfrac{a\sin\beta}{b\sin\alpha}$ gesetzt wird. Aus der Dreieckswinkelsumme folgt: $\psi = 180° - (\varphi+\alpha+\beta+\gamma)$. Einsetzen liefert die goniometrische Gleichung $\sin(\varphi+\alpha+\beta+\gamma)\cdot\sin(\varphi+\alpha+\gamma) - k\cdot\sin\varphi\cdot\sin(\varphi+\alpha) = 0$ mit der Unbekannten φ, die nach (5.56) umgeformt wird zu $\cos\beta - \cos(2\varphi+2\alpha+2\gamma+\beta) + k\cdot\cos(2\varphi+\alpha) - k\cdot\cos\alpha = 0$. Man setze $d = 2\gamma+\alpha+\beta$ und ermittle zuerst $z = 2\varphi+\alpha$ aus der Gleichung $k\cdot\cos z - \cos(z+d) = k\cdot\cos\alpha - \cos\beta$. Dazu wen-

Lösungen   421

de man (5.22) an und verfahre anschließend wie in Abschnitt 5.5.2. Man findet
$\varphi = 40°04'15''$; $\psi = 55°18'15''$ und

$$x = \frac{a \sin \gamma \sin \varphi}{\sin \alpha \sin(\psi + \beta)} = \frac{b \sin \gamma \sin \psi}{\sin \beta \sin(\varphi + \alpha)} = 98{,}778 \text{ m.}$$

5.61 Entfernung: 13,978 km = 7,5475 sm   Kurs: S 72°07'50" W

5.62 Wenn ein zweites Flugzeug in B startet, befindet sich das in A mit der Geschwindigkeit 400 km/h abgeflogene Flugzeug in A' (Bild L5.1) und hat den Flugweg $\overline{AA'} = \frac{953}{9}$ km zurückgelegt. Im Dreieck $A'BT$ gilt: $\frac{\sin \beta}{\sin \gamma} = \frac{b}{c} = \frac{t \cdot 450 \text{ km/h}}{t \cdot 400 \text{ km/h}} = \frac{9}{8}$. Im Dreieck $A'BC$ folgt nach Grundaufgabe SWS $\varepsilon = 83°53'43''$, $\beta = 53°36'17''$, $d = 335{,}72$ km. Aus $\sin \gamma = \frac{8}{9} \sin \beta$ ergibt sich $\gamma = 45°41'05''$.

Daher ist der gesuchte Kurs $\alpha = $ N 38°12'38" W. Wegen $c = 400 \cdot t$ wird $t = 36^{\min}31^s$, die Flugzeuge treffen sich $11^h 12^{\min} 24^s$. Schließlich ist $\overline{TC} = 250{,}71$ km.

5.63 Aus Bild L5.2 folgt: $s = 398{,}33$ m; $a = 999$ m; $\alpha = 11°30'$; $h \approx 979$ m.

5.64 $\alpha = 56{,}595°$ $F_N = 547{,}3$ N

5.65 $\alpha = 60°$ $F_Z = 3464{,}1$ N

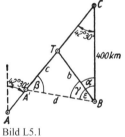
Bild L5.1

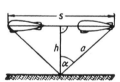
Bild L5.2

5.66 a) $a = 12{,}96$ m;   b) $s = 10{,}80$ m   c) $\gamma = 22{,}432°$
  d) In jedem Seil ist $F_Z = 19281{,}1$ N und im Ausleger $F_D = 46306{,}7$ N.

5.67 $\tan \beta = \tan \alpha \sin \frac{\varepsilon}{2}$; $\tan \frac{\delta}{2} = \frac{\tan \frac{\varepsilon}{2} \cos(\alpha + \gamma)}{\cos \alpha}$; $\varepsilon = 76{,}5239°$; $\beta = 9{,}4212°$

5.68 $\overline{AB} = \frac{d}{\cos \beta}$; $\frac{\sin \alpha}{\sin \beta} = n$; $v = \overline{AB} \sin(\alpha - \beta)$;

$$v = d \sin \alpha \cdot \left(1 - \frac{\cos \alpha}{\sqrt{n^2 - \sin^2 \alpha}}\right) = 0{,}194 \text{ cm.}$$

6.1 a) $a_n = 32$; $s_n = 185$ b) $a_n = 5$; $s_n = 377$
c) $n = 16$; $a_n = 72$ d) $n = 61$ $a_n = 16$
e) $a_1 = 7$; $n = 9$ f) $a_1 = -2$; $n = 13$

6.2 a) $s_n = n^2$ b) $\sum_{v=1}^{n}(2v-1)$

6.3 a) $a_{10} = 93,1$ m   b) $s_{10} = 490$ m; $s_{20} - s_{10} = 1470$ m

6.4 a) $a_{10} = 5,5 \cdot \pi$ cm   b) $s_{10} = 32,5 \cdot \pi$ cm

6.5 $35°$; $45°$; $55°$; $65°$; $75°$; $85°$

6.6 $a_1 = 11$; $a_n = 99$; $n = 9$; $s_n = 495$;

6.7 a) 7; 8,5; 10; 11,5; 13; 14,5; 16   b) $s_n = 80,5$;

6.8 $s_n = 355$;   6.9   0

6.10 a) $s_{10} = 2046$;   b) $s_{10} = \sum_{n=1}^{10} 2^n$

6.11 $R_1 = 128\,\Omega$; $R_2 = 64\,\Omega$; $R_3 = 32\,\Omega$; $R_4 = 16\,\Omega$;

6.12 a) $s_6 = \dfrac{1-x^6}{1+x}$ $x \neq -1$ ($s_6 = 6$ für $x = -1$)

b) $s_5 = \dfrac{a^5 + b^5}{a+b}$ $a \neq -b$ ($s_5 = 5b^4$ für $a = -b$)

6.13 $\{a_4\} = 2;\ 6;\ 18;\ 54$ und $\{a_4\} = -1,5;\ 6;\ -24;\ 96$

6.14 $q_1 = \sqrt[5]{\dfrac{90}{16}} \approx 1,413$;   Drehzahlreihe: 16; 22,6; 31,9; 45,1; 63,7; 90 min^{-1}

6.15 a) 54   b) 2,5   c) -12 d) $\dfrac{9+3\sqrt{3}}{2}$ e) 1,62   f) $\sqrt{20} - \sqrt{10}$

6.16 a) $\dfrac{4}{3}$ b) $\dfrac{4}{5}$ c) $\dfrac{5}{4}$ d) $\dfrac{5}{6}$ e) $\dfrac{n}{n-1}$ f) $\dfrac{n}{n+1}$

6.17 $s = \dfrac{b^2}{a+b}$; $q = -\dfrac{b}{a}$; $|b| < |a|$ 6.18 a) $s = a \cdot (1+\sqrt{2})$ b) $s = u$

6.19   5962,59 €   6.20   3586,62 €   6.21   20 Jahre   6.22   5,647 %

6.23   1145,13 m^3 6.24   9,549 Jahre (9 Jahre 200 Tage, Jahr-365 Tage)

Lösungen

6.25 a) 130099,4 m^3 b) 25515,3 m^3
c) Zuwachs 5,4 %; 19144,7 m^3 Zuwachs 2,2 %; 16311,7 m^3

6.26 a) 0 b) ∞ c) 0 d) −∞ e) 0

6.27 a) ∞ b) 0 c) ∞ d) 0

6.28 a) −6 b) $\frac{3}{4}$ c) $-\frac{7}{9}$ d) 4 e) 12 f) $4a^3$

6.29 a) 2 b) 0 c) $\frac{1}{2}$

6.30 a) 1 b) 0 c) 1 d) GW existiert nicht e) 0 f) 0

6.31 a) 0,5 b) −7 c) 8

6.32 a) hebbare Unstetigkeit bei $x = 2$; $g^+ = g^- = \frac{1}{4}$

b) überall stetig
c) hebbare Unstetigkeit bei $x = 0$; $g^+ = g^- = 1$
d) nicht hebbare Unstetigkeit bei $x = 0$; $g^+ = 1, g^- = -1$
e) nicht hebbare Unstetigkeit bei $x = 0$; $g^+ = +\infty, g^- = 0$
f) nicht hebbare Unstetigkeit bei $x = 1$; $g = +\infty$
g) nicht hebbare Unstetigkeit bei $x = 0$; $g^+ = 0, g^- = 1$
h) hebbare Unstetigkeit bei $x = 0$; $g^+ = g^- = \frac{1}{2}$

nicht hebbare Unstetigkeit bei $x = 2$; $g^+ = +\infty, g^- = -\infty$

6.33 Grenzwerte für $x \to \pm\infty$
a) $+\infty$ b) 0 c) $\mp\infty$ d) $-\infty$
e) 0 f) 1 g) $\pm\infty$ h) 0
i) $\pm\infty$ j) $\mp\infty$ k) −1

6.34 8 Jahre

6.35 24,8 a

6.36 a) 106,3 % b) 6,3 % c) in Mio €: 0,788; 0,843; 0,897; 0,953; 1,014

6.37 0,02146 1/a $p = 2,146$ %

6.38 a) $t = RC = 12,69$ s b) $t = 34,4$ s

6.39 a) 6326,60 € b) 7697,27 € c) in 20,15 Jahren

Literaturverzeichnis

[1] Preuß, W.; Wenisch, G.: Lehr- und Übungsbuch Mathematik Band 2: Analysis. 3. Auflage. – Leipzig: Fachbuchverlag, 2003, im Carl Hanser Verlag München Wien

[2] Preuß, W.; Wenisch, G.: Lehr- und Übungsbuch Numerische Mathematik. – Leipzig: Fachbuchverlag, 2001, im Carl Hanser Verlag München Wien

[3] Preuß, W.; Wenisch, G.: Lehr- und Übungsbuch Mathematik in Wirtschaft und Finanzwesen. – Leipzig: Fachbuchverlag, 1998, im Carl Hanser Verlag München Wien

[4] Dobner, H.-J.; Engelmann, B.: Mathematik Studienhilfen: Analysis 1, Grundlagen und Differenzialrechnung. – Leipzig: Fachbuchverlag, 2002, im Carl Hanser Verlag München Wien

[5] Leupold, W.: Mathematik – ein Studienbuch für Ingenieure Band 1: Algebra – Geometrie – Analysis für eine Variable. – Leipzig: Fachbuchverlag, 1994, im Carl Hanser Verlag München Wien

[6] Stingl, P.: Einstieg in die Mathematik für Fachhochschulen. – 2. Auflage. – München; Wien: Carl Hanser Verlag, 2002

[7] Stingl, P.: Mathematik für Fachhochschulen: Technik und Informatik. – 6. Auflage. – München; Wien: Carl Hanser Verlag, 1999

[8] Richter, M.: Grundwissen Mathematik für Ingenieure. – Stuttgart; Leipzig; Wiesbaden: Teubner Verlag, 2001

[9] Papula, L.: Mathematik für Ingenieure und Naturwissenschaftler Band 1. – 9. Auflage. – Braunschweig: Vieweg Verlag, 2000

[10] Brauch, W.; Dreyer,H.-J.; Haake, W.: Mathematik für Ingenieure. – 9. Auflage. – Stuttgart; Leipzig; Wiesbaden: Teubner Verlag, 2001

[11] Bartsch, H.-J.: Taschenbuch mathematischer Formeln. – 19. Auflage – Leipzig: Fachbuchverlag, 2001, im Carl Hanser Verlag München Wien

[12] Bartsch, H.-J.: !Switch On – Kleine Formelsammlung Mathematik mit Mathcad®5.0 – CD-ROM mit Booklet. Leipzig: Fachbuchverlag, 1998, im Carl Hanser Verlag München Wien

Sachwortverzeichnis

Abbildung 138
Ableitung 181
Abschnittskonstante 168
absoluter Betrag 44, 116
absolutes Glied 226
Abszisse 141
Addition natürlicher Zahlen 41
Addition und Subtraktion 59, 110
Additionstheoreme 119, 281, 284, 304
algebraische Gleichung n-ten Grades 236
algebraische Gleichungen 3. Grades (Kubische Gleichungen) 238
algebraische Gleichungen höheren Grades 236
Allquantor 24
alternierende Folge 339, 344
Altgradteilung 261
analytische Funktionen 138
Anfangsglied 333
Anfangskapital 356
Ankathete 269
Anstieg 168
Äquivalenz 19
Archimedische Spirale 147
Arcusfunktionen 294
Argument 116, 138
arithmetische Folge 332
arithmetische Form der komplexen Zahl 108
arithmetische Interpolation 335
arithmetisches Mittel 333
arithmetische Stufung 353
Assoziativgesetz 41, 45
Asymptote 185
Ausklammern 48
ausmultiplizieren 48
Aussage 11
Aussageformen 24
Aussagenlogik 13
aussagenlogische Gesetze 17
Aussagenverknüpfungen 13
axialsymmetrisch 159, 184

Basis 66, 92
Beschränktheit 157
bestimmt divergente Zahlenfolge 347
Bestimmungsgleichung 98, 218
Beweis 21
Beziehungen trigonometrischer Funktionen 274
binomischer Satz 71
binomische Formeln 49, 66, 70
biquadratische Gleichung 242
Bogenmaß 130, 261, 262
Brüche 59

charakteristische Eigenschaft einer Menge 27
CORDIC-Algorithmen 331

Definitionsbereich 138, 139, 145
dekadische Logarithmen 94
Dezimalbrüche 53
Diagramm 135
Differenz 35, 43, 332, 333
Differenz zweier Mengen 35
Differenzen trigonometrischer Funktionen 290
Differenzenfolge 336
Differenzmenge 35
direkter Beweis 22
direkte Proportionalität 220
disjunkt 29
Disjunktion 15
Diskriminante 229
Distributivgesetz 47
divergent 352
divergente Zahlenfolgen 347
Dividend 51
Division 51, 62, 72, 113
Divisor 51
Doppelbrüche 63
Dreher 128
Drittengleichheit 100
Durchschnitt von Mengen 33

echte Teilmenge 30
eindeutig 142
eindeutig umkehrbar 142
eindeutige Zuordnung 145
Eindeutigkeit 155, 162
eineindeutig 158
Elemente 26, 27
empirische Funktionen 138, 147
Endglied einer Folge 334, 335
Erfüllungsmenge 99
Ersetzungsprinzip 101, 103
erweitern 58
Eulersche Gleichung 126, 127
Eulersche Zahl 80, 94, 196, 350, 362
Existenzquantor 24
explizite Funktion 153
Exponenten 66
Exponentenvergleich 254
Exponentialform komplexer Zahlen 126
Exponentialfunktion 196, 350
Exponentialgleichung 254, 256

Faktor 45
Faktorenzerlegung 55
fallende Folge 332

Sachwortverzeichnis

„ferne" Glieder 344
Folge 1. Ordnung 336
Folge 2. Ordnung 336
Folge 3. Ordnung 336
Folgebeziehung 20
fortlaufende Proportion 219
Fundamentalsatz der Algebra 228, 236, 237
Funktion, 138
– analytische 138
– echt gebrochene 184
– empirische 138, 147
– ersten Grades 167
– explizite 153
– exponentielle 196, 153
– gebrochenrationale 184
– gemischtquadratische 176
– gerade 159, 280
– implizite 153, 154
– inverse 161
– lineare 167
– logarithmische 199
– periodische 160
– quadratische 173
– trigonometrische 261
– unecht gebrochenrationale 184, 186
– ungerade 160, 280
– zyklometrische 293
Funktionsbegriff 137
Funktionsgleichung 98, 145
Funktionswerte für besondere Winkel 276

ganze Zahlen 43
Gaußsche Zahlenebene 109
gebrochenrationale Funktionen 184
Gegenkathete 269
gemischt-quadratische Funktion 176
gemischtquadratische Gleichungen 232
geometrische Folgen 338
geometrische Interpolation 342
geometrisches Mittel 339
geometrisches Mittel von a und b 83
geometrische Reihe 350
geometrische Stufung 353
geordnetes n-Tupel 38
geordnetes Paar 38
gerade Funktion 159, 280
gerader Pol 186
gestauchte Normalparabel 176
gestreckte Normalparabel 176
gleichnamig 59
Gleichungen, 97, 201
– algebraische n-ten Grades 236
– biquadratische 242
– Eulersche 126, 127
– Exponential- 254, 256
– gemischtquadratische 232

– 1. Grades 202, 206
– 2. Grades 225
– goniometrische 297
– goniometrische mit zwei Unbekannten 305
– identische 98, 202, 203
– kubische 238
– Kurven- 145
– lineare 202
– lineare goniometrische 297, 300
– logarithmische 258
– mit Winkelfunktionen 302
– Näherungsverfahren zur Lösung von 243
– Normalform der quadratischen 226
– numerische Lösung von 243, 252
– Produktform der quadratischen 230, 231
– quadratische 225
– quadratische goniometrische 298
– reinquadratische 232
– triquadratische 243
– Umformung von 100
– Verhältnis- 218
– Wurzel- 248
Gleichungen 1. Grades 202, 206
Gleichungen 2. Grades 225
Gleichungen mit Winkelfunktionen 302
Glieder einer Folge 332
goniometrische Darstellung 115
goniometrische Gleichungen 297
goniometrische Gleichungen mit zwei Unbekannten 305
Grad des Nennerpolynoms 184
Grad des Zählerpolynoms 184
Gradmaße 261
Graph 135, 164
graphische Darstellung 144
graphische Lösung goniometrischer Gleichungen 306
graphisches Verfahren 228
Grenzwert 346
Grenzwert einer Zahlenfolge 343
Grenzwerte von Funktionen 363, 372
Grenzwertsätze 370
Grundwert 359

Halbwinkelsätze 318
Hansensche Aufgabe 320
Hauptnenner 60
Hauptwert 78, 125, 297, 298
Heronische Formel 318
Hilfsveränderliche 149
hinreichende Bedingung 19
Höhenmessung 321
Hornersches Schema 180, 241
Hyperbeläste 184

identische Gleichung 98, 202, 203
imaginäre Einheit i 104, 105

Sachwortverzeichnis

imaginäre Zahlen 104
Implikation 18
implizite Funktionen 153, 154
Index n 332
indirekter Beweis 22
Induktionsbasis 23
Induktionsschritt 23
infinitär 344
Inklusion 30
Inkreisradius 318, 319
Interpolationsproblem 182
Intervall 103
inverse Funktion 161
irrationale Zahl 78, 350
iteratives Verfahren 252

kartesisches Koordinatensystem 140
kartesisches Produkt 38
kartesisches Produkt zweier Mengen 38
kleinster gemeinsamer Nenner 60
Koeffizienten 179, 225
Kofunktion 278
Kommutativgesetz 41, 45
Komplement einer Menge 37
Komplementwinkel 278
komplexe Lösungen 227
komplexe Zahlen 108, 227
konjugiert komplex 108
Konjunktion 14
konstant 344
Konstante 137
konvergent 352
konvergente Zahlenfolgen 347
Konvergenzdefinition 346
Koordinatensysteme 140
Kosinusfunktion 265
Kosinussatz 315
Kotangensfunktion 265
Kubikwurzel 78
Kurvengleichung 145
Kurvenverlauf 270
kürzen 58

leere Menge 28
Lehrsatz von MOIVRE 122
Limes 346
lineare Funktionen 167
lineare Gleichungen 202
lineare goniometrische Gleichungen 297, 300
lineares Glied 226
Linearfaktor 240
linksseitiger Grenzwert 366
Logarithmen 92
Logarithmensystem 362
Logarithmieren 77
Logarithmierung 254

logarithmische Funktionen 199
logarithmische Gleichungen 258
Logarithmus 92
Logarithmusfunktionen 196
Lösungsformel 226
Lösungsmenge 99
Lösungsverfahren der Substitution 242
Lücke 363

Maximum 176
Menge 25, 26
Mengengleichheit 30
Minimum 155, 173
Minuend 43
mittlere Proportionale 219
monatliche Verzinsung 361
monoton fallend 344
monoton wachsend 344
Monotonie 158
Multiplikation 45, 61, 67, 112
n Fakultät 70
nach oben beschränkt 345
nach unten beschränkt 345
Näherungsformeln für trigonometrische Funktionen 329
Näherungsverfahren zur Lösung von Gleichungen 243
natürliche Logarithmen 94
natürliche Zahlen 40
natürlicher Logarithmus 200
natürliches Logarithmensystem 350
Negation 13
negative Zahlen 42
Neugrad 261
Norm 114, 116
Normalform 225
Normalform der quadratischen Gleichung 226
Normalparabel 146, 174
notwendige Bedingung 19
(n-te) Wurzel 77
Nullfolge 347
Nullstelle 160, 170, 176
numerische Lösung von Gleichungen 243, 252
Numerus 92, 256

Obermenge 30
Ordinate 141
Ordnungsrelation 42, 101

Parameter 149
Parameterdarstellung 149
Partialdivision 56, 240
Pascalsches Dreieck 69
Periode 160, 267
periodische Funktion 160
Periodizität 160, 266

Pol 116, 186, 363
Polarabstand 142
Polarachse 116
Polarkoordinaten 115, 142, 147
Polarkoordinatensystem 140, 142
Polarwinkel von P 142
Polstelle 186, 272, 368
Polynom 2. Grades 225
Polynom 3. Grades 180
Polynom n-ten Grades 179
positive Zahlen 42
Potenzen 66, 68
Potenzen trigonometrischer Funktionen 292
Potenzfunktionen 184, 189
Potenzieren 76, 122
Prädikatenlogik 24
Produkt 45
Produktform der quadratischen Gleichung 230, 231
Proportion 218, 219
Proportionalitätsfaktor 220
Prozentsatz 358
punktsymmetrisch 184

Quadranten 142
quadratische Ergänzung 226
quadratische Funktionen 173
quadratische Gleichungen 225
quadratische goniometrische Gleichungen 298
quadratisches Glied 226
Quadratwurzel 78
Quotient 51, 338

Radiant 262
Radikand 77
Radius-Vektor 142
radizieren 77, 122
rationale Zahlen 51
rechtsseitiger Grenzwert 366
rechtwinkliges Dreieck 308
reelle Zahlen 65, 79
Reflexivität 99
Regel von l'Hospital 367
Regula falsi 243
reinquadratische Gleichungen 232
reziprok 61

Satz von Moivre 122
Scheinlösungen 248
Scheitel 173
Scheitelpunkt 174
schiefwinkliges Dreieck 313
sexagesimale Teilung 261
Sinusfunktion 265
Sinussatz 314, 315
Snelliussche Aufgabe 324
Sprungunstetigkeit 363

steigende Folge 332
stetig 219
Streckenzug 353
streng monoton fallend 158, 162
streng monoton steigend 158, 162
Subtrahend 43
Subtraktion 42, 59
Summe 41
Summe der arithmetischen Folge 333
Summen trigonometrischer Funktionen 290
Summenzeichen 335
Supplementwinkel 278
Symmetrie 99, 159

tägliche Verzinsung 361
Tangensfunktion 265
Taschenrechner 181
Tautologie 17
Teilmenge 30
Teilsumme 351
Teilsummenfolge 351
Tilgungsformel 360
Transitivität 100
transzendente Zahlen 81, 128
trigonometrische Funktionen 261
trigonometrische Funktionen von Vielfachen eines Winkels 285
trigonometrischer Pythagoras 274
triquadratische Gleichung 243

Umformung von Gleichungen 100
umgekehrte indirekte Proportionalität 220
Umkehrfunktion 161, 162
Umkehrfunktionen der zyklometrischen Funktionen 293
Umkehroperation 43, 51, 65, 77
Umkreisradius 318
unbestimmt divergente Zahlenfolgen 347
unecht gebrochenrationale Funktion 184, 186
ungerade Funktion 160, 280
ungerader Pol 186
Ungleichungen 97, 101
Unstetigkeit 186
Unstetigkeitsstellen 367

Variable 137
Veränderliche 137
veränderliche Größen 137
Vereinigung von Mengen 32
Verfahren von Newton 182
Verhältnisgleichung 218
Vermehrung des Grundwertes 359
Verminderung des Grundwertes 359
vierteljährliche Verzinsung 361
vollständige Induktion 23
Vollwinkel 261

Sachwortverzeichnis 429

Vorzeichenregel 46, 52
Vorzugszahlen 353

Wachstum 358
Wachstumsfaktor 358
Wahrheitsfunktionen 13, 16
Wendepunkt 190
Wertebereich W(f) 138
Wertetabelle 143
Widerspruch 17, 22, 203
Winkelfunktionen 268
wöchentliche Verzinsung 361
Wurzelexponent 77
Wurzelfunktionen 193
Wurzelgleichungen 248

Wurzeln 77
Wurzelsatz von VIETA 229, 238

Zahlenfolge 345
Zahlengeraden 80
Zähler 53
Zeiger 132
zentralsymmetrisch 160, 184
Zinsen 356
Zinseszinsformel 357
Zinseszinsrechnung 356
Zinsfaktor 357
Zinssatz 356
Zweiwertigkeitsprinzip 11
zyklometrische Additionstheoreme 296
zyklometrische Funktionen 293

Lehr- und Übungsbuch Mathematik

Band 2: Analysis

1 **Grundlagen**
Abbildungen und Funktionen – Eigenschaften von Funktionen – Inverse und verkettete Funktionen – Folgen und Reihen – Funktionsgrenzwert und Stetigkeit

2 **Differentialrechnung einer reellen Variablen**
Ableitung einer differenzierbaren Funktion – Ableitungsregeln – Ableitung der elementaren Funktionen – Mittelwertsatz der Differentialrechnung – Anwendungen der Differentialrechnung

3 **Integralrechnung einer reellen Variablen**
Bestimmtes Integral – Unbestimmtes Integral – Integrationsmethoden – Uneigentliches Integral – Anwendungen der Integralrechnung

4 **Potenzreihen und Fourierreihen**
Einführung – Potenzreihen – Fourierreihen – Anwendungen

5 **Funktionen mehrerer reeller Variablen**
Grundlagen – Grenzwert und Stetigkeit

6 **Differentialrechnung mehrerer Variablen**
Partielle Ableitungen – Totales Differential und Fehlerrechnung – Kettenregel, Implizites Differenzieren – Mittelwertsatz und Satz von Taylor – Minima und Maxima – Extremwertaufgaben mit Nebenbedingungen – Ausgleichsrechnung

7 **Integralrechnung für Funktionen mehrerer reeller Variablen**
Allgemeines – zweidimensionales Bereichsintegral – Parameterintegrale und Normalbereiche – Doppelintegrale – Integrale über räumliche Bereiche – Anwendungen – Transformation von Mehrfachintegralen – Bogenlänge und Kurvenintegral – Oberflächenintegrale

8 **Gewöhnliche Differentialgleichungen**
Einführung und Grundbegriffe – Gewöhnliche Differentialgleichungen 1. und höherer Ordnung – Eliminationsverfahren zur Lösung von Systemen gewöhnlicher Differentialgleichungen – Numerische Verfahren zur Lösung von Anfangswertaufgaben – Anwendungen

Band 3: Algebra – Stochastik

Lineare Algebra

1 **Geometrie im Raum mit Vektoren**
Punkte und Geraden – Vektoraddition und Multiplikation von Vektoren mit reellen Zahlen – Ebene und räumliche Figuren in Vektordarstellung – Ebenen im Raum – Lineare Gleichungssysteme – Koordinatenschreibweise von Ebenen – Abstände und Winkel zwischen Geraden und Ebenen – Skalarprodukt und Norm – Volumina und senkrechte Vektoren – Vektor-/Spatprodukt

2 **Matrizen und Determinanten**
Matrizenrechnung (Definitionen und Bezeichnungsweisen) – Addition und skalare Multiplikation – Matrizenmultiplikation – Rechenregeln – Matrixinversion – Rang einer

Matrix – Lineare Unabhängigkeit von Zeilen und Spalten – Determinanten – Definition und Eigenschaften – Berechnung von Determinanten

3 Lineare Gleichungssysteme
Lineare Gleichungssysteme in Geometrie und Technik – Lösung linearer Gleichungssysteme – Eliminationsverfahren – Inversion von Matrizen – Determinanten und lineare Gleichungssysteme

4 Vektorräume und lineare Abbildungen
Reelle und komplexe Vektorräume – Definition und Eigenschaften – Lineare Abbildungen – Definition und Eigenschaften

5 Eigenwerte
Eigenwerte und Eigenvektoren – Definition und Eigenschaften – Berechnung von Eigenwerten

6 Bemerkungen zu linearen Ungleichungen

Wahrscheinlichkeitsrechnung und mathematische Statistik

7 Grundbegriffe der Wahrscheinlichkeitsrechnung
Ereignisfeld und Wahrscheinlichkeitsraum – Wahrscheinlichkeitsverteilung auf der reellen Achse und auf einer endlichen Punktmenge

8 Berechnung von Wahrscheinlichkeiten
Kombinatorik – Hypergeometrische Verteilung

9 Zufallsgrößen und Verteilungsfunktionen
Diskrete und stetige Zufallsgrößen – Wahrscheinlichkeitsverteilung – Bernoullischema – Binomialverteilung – Grenzwertsatz von Poisson – Diskrete Gleichverteilung – Normal-, Rechteck-, Exponential- und Weibullverteilung

10 Erwartungswert und Streuung
Schiefe und Exzeß – Tschebyscheff-Ungleichung – Rechenregeln – Standardisierte Zufallsgrößen – Toleranzbereiche

11 Stochastische Unabhängigkeit – Bedingte Wahrscheinlichkeit
Multiplikationssatz – Formel der totalen Wahrscheinlichkeit

12 Zentraler Grenzwertsatz

13 Funktionen von Zufallsgrößen

14 Mehrdimensionale Verteilungen
Zufällige Vektoren – Verteilungstabellen – Korrelationskoeffizient – Regressionsgerade

15 Deskriptive Statistik
Stichprobenfunktionen – Aufbereitung von Datenmaterial – Rechenverfahren

16 Vertrauensintervalle

17 Einfache statistische Tests
Parametertests – Mittelwerttest – χ^2-Streuungs-, χ^2-Anpassungs- und Kolmogoroff-Test

18 Fehler 1. und 2. Art

19 Schätzen und Testen als eine der Grundaufgaben in der Statistik
Parameterschätzung – Konfidenzschätzung – Prüfverteilungen und ihre Quantile – Anwendungsfälle für die t-, χ^2- und F-Verteilung

20 Nichtlineare Regression

21 Simulation von Zufallszahlen und Anwendung von PC-Software

HANSER

Mathematik zum Nachschlagen.

Hans-Jochen Bartsch
Taschenbuch mathematischer Formeln
19., neu bearbeitete Auflage
2001. 704 Seiten. Kartoniert.
ISBN 3-446-21792-4

Die praktische Formelsammlung für Studenten technischer Fachrichtungen, Lehrer und für den Praktiker zum Nachschlagen. Bisher weit über eine halbe Million verkaufter Exemplare bestätigen den Erfolg.
Das Buch enthält Integraltabellen mit fast 600 unbestimmten und bestimmten Integralen, moderne stochastische Methoden im Kapitel Wahrscheinlichkeitsrechnung und Statistik und eine inhaltliche Überarbeitung der Differenzial- und Matrizenrechnung.
Zusätzliches Plus: die Formelsammlung ist in vielen Fällen zu Klausuren zugelassen.

 Fachbuchverlag Leipzig im Carl Hanser Verlag.
Mehr Informationen unter **www.fachbuch-leipzig.hanser.de**